Knaus

K

Peter Farb

DAS IST DER MENSCH

Ursprung · Werden · Zukunft

Aus dem Amerikanischen übersetzt von
Charlotte Franke und Hans Hermann

Albrecht Knaus

Titel der amerikanischen Originalausgabe:
‹Humankind›.
Erschienen bei Houghton Mifflin Company, Boston, 1978.

1.–10. Tsd.

Redaktion: Dr. Edith Mundt
Schutzumschlag: Manfred Limmroth
Gesetzt aus Korpus Garamond
Satz: Fotosatz Otto Gutfreund, Darmstadt
Druck u. Einband: Clausen & Bosse, Leck
ISBN 3-8135-2626-7
Printed in Germany

Für meine Mutter
und meinen Vater

Ungeheuer ist viel. Doch nichts
Ungeheuerer, als der Mensch.
Denn der, über die Nacht
Des Meers, wenn gegen den Winter wehet
Der Südwind, fähret er aus
In geflügelten sausenden Häusern.
Und der Himmlischen erhabene Erde,
Die unverderbliche, unermüdete,
Reibet er auf; mit dem strebenden Pfluge,
Von Jahr zu Jahr,
Treibt sein' Verkehr er, mit dem Rossegeschlecht,
Und leichtträumender Vögel Welt
Bestrickt er, und jagt sie;
Und wilder Tiere Zug,
Und des Pontos salzbelebte Natur
Mit gesponnenen Netzen,
Der kundige Mann.
Und fängt mit Künsten das Wild,
Das auf Bergen übernachtet und schweift.
Und dem rauhmähnigen Rosse wirft er um
Den Nacken das Joch, und dem Berge
Bewandelnden, unbezähmten Stier.

Und die Red und den luftigen
Gedanken und städtebeherrschenden Stolz
Hat erlernet er, und übelwohnender
Hügel feuchte Lüfte, und
Die unglücklichen zu fliehen, die Pfeile. Allbewandert,
Unbewandert. Zu nichts kommt er.
Der Toten künftigen Ort nur
Zu fliehen weiß er nicht,
Und die Flucht unbehaltener Seuchen
Zu überdenken.

SOPHOKLES, ANTIGONE
ins Deutsche übertragen von FRIEDRICH HÖLDERLIN

Inhalt

I. DER AUFSTIEG DES MENSCHEN

1. Affe oder Engel?

Die Menschen sind einander lange mit Scheu, Verwirrung, Hochmut und Furcht begegnet, denn sie wußten nicht, was sie von sich halten sollten. «Was ist der Mensch?» fragt der Psalmist – und gibt zur Antwort: «Um wenig geringer denn Gott», gekrönt «mit Ehre und Ruhm». Andere sahen vor allem eine Menschheitsgeschichte voller abscheulicher Gewalttaten und Bestialität, und für sie gehört unsere Spezies an den entgegengesetzten Pol: nur wenig über den Tieren stehend. Die hinter diesen extremen Ansichten von der eigentlichen Natur des Menschen stehende Frage wurde im Viktorianischen Zeitalter von Benjamin Disraeli gestellt: «Ist der Mensch ein Affe oder ein Engel?»* Das Bild, das wir von uns selbst haben, hat sich tatsächlich oft zwischen den beiden Extremen hin- und herbewegt.

Wo aber liegt denn nun der Unterschied zwischen uns und allen anderen Lebewesen? In jeder Gesellschaftsform haben Menschen immer wieder versucht, ihrer eigenen Besonderheit auf den Grund zu gehen. Natürlich ist jede Art von Leben auf unserer Erde einzigartig, denn sonst würde man nicht von einer eigenen Art sprechen. So könnte man zwar für jede von ihnen eine Liste mit ihren charakteristischen Merkmalen aufstellen, aber mich interessieren in diesem Buch nur die charakteristischen Merkmale der Spezies Mensch. Einige der frühesten Versuche, die Einzigartigkeit des Menschen zu definieren, gingen davon aus, daß der Mensch eine Seele besitze. Da sich die Reaktionen einer Seele nicht beobachten

---

* Dies ist die einzige Fußnote im ganzen Buch. Sämtliche Hinweise, Belege und ergänzenden Ausführungen stehen unter der Rubrik «Anmerkungen und Quellen», die auf Seite 489 beginnt. Ein * wird den Leser jeweils darauf aufmerksam machen.

In diesem Zitat von Disraeli*, «Is man an ape or an angel?», bezieht sich «man» auf die ganze Menschheit, Männer *und* Frauen. Um mir meine Perspektive nicht durch ein einseitig maskulines Vokabular verzerren zu lassen, habe ich in meinen eigenen Sätzen solche irreführenden maskulinen Wörter vermieden und dafür Begriffe wie *humankind, human beings* und *people* verwendet. (Anm. d. Ü.: Im Deutschen war das – wegen der anderen sprachlichen Voraussetzungen – nicht konsequent nachzuvollziehen.)

ließen, änderte man später die Definition, und an die Stelle der Seele trat das rationale Denkvermögen; im Zeitalter des Rationalismus erhielt unsere Spezies schließlich die wissenschaftliche Bezeichnung *Homo sapiens*, «vernunftbegabter Mensch». Doch auch diese Definition hielt einer streng wissenschaftlichen Prüfung nicht stand, denn Tiere, die auf der Stufenleiter der Evolution weit unter dem Menschen stehen, legen Verhaltensweisen an den Tag, die offensichtlich von der Vernunft gesteuert sind.

Nach und nach fand man weitere Definitionen für die menschliche Einzigartigkeit. Eine davon geht auf Benjamin Franklin zurück und besagt, der Mensch sei das einzige Lebewesen, das Werkzeuge benutze. Es gibt jedoch sehr viele Tierarten, die Werkzeuge verwenden, so zum Beispiel den kalifornischen Meerotter, der unter Wasser einen Stein mit sich schleppt, um damit Weichtiere von den Klippen loszuschlagen. Wiederum wurde die Definition revidiert und der Mensch als das einzige Lebewesen ausgewiesen, das Werkzeuge *herstellt.* Diese Version hielt jahrzehntelang, bis man Schimpansen, die unter natürlichen Umweltbedingungen lebten, bei der Herstellung von Werkzeugen beobachtete. In jüngster Zeit konzentrierte man sich auf die Sprache als das besondere, als einzigartig zu diagnostizierende Merkmal der Menschheit. Zumindest vorläufig scheint damit ein gültiges Unterscheidungsmerkmal gefunden, auch wenn in den letzten Jahren ein paar Schimpansen in Versuchsstationen beigebracht werden konnte, sich mit Hilfe der amerikanischen Zeichensprache, durch eine unterschiedliche Anordnung von Kunststoffplättchen und durch das Betätigen von Druckknöpfen an einem computergesteuerten Pult zu verständigen.

Auf jeden Fall ist die Suche nach einem solchen einmaligen, einzigartigen Merkmal unsinnig. Naturwissenschaftler wissen, daß die Kluft zwischen Mensch und Tier nicht so groß ist, wie früher angenommen wurde. Manche Tierarten haben ein umfassendes Kommunikationssystem entwickelt, während andere Werkzeuge herstellen und benutzen, schwierige Probleme lösen, ihre Jungen erziehen, in komplizierten sozialen Verbänden leben und offenbar einen Schönheitssinn besitzen. Andererseits reicht keine andere Spezies an den Menschen heran, wenn man Umfang und Intensität dieser Verhaltensweisen zum Maßstab nimmt. Die Methoden, mit denen Menschen Werkzeuge herstellen und benutzen, übersteigen zweifelsohne bei weitem die Fähigkeiten jeder anderen Spezies. Der Mensch mißt dem lebenslangen Lernen eine Bedeutung zu, die bei keinem anderen Lebewesen zu finden ist, und er hat mit diesem Lernen Gesellschaften und Zivilisationen entwickelt, die für jede andere Spezies undenkbar sind. Die menschliche Sprache ist so viel komplexer und kann so viel mehr Dinge rasch und wirksam ausdrücken, daß man sie nicht mit der Zeichensprache der trainierten Affen gleichstellen kann. Daher müßte sich jede Definition der menschlichen Einzigartigkeit offensichtlich auf graduelle Unterschiede stützen. Menschen zeigen von bestimmten Verhaltensweisen mehr als andere Lebewesen. Dazu kommt, daß zwar verschiedene Tierarten Verhaltensweisen zeigen, die den menschlichen ähnlich scheinen, daß sich aber bei keiner anderen Spezies das ganze Spektrum der menschlichen Verhaltensweisen findet.

Die Beschäftigung der Menschheit mit ihrer eigenen Natur ist, soweit sich das feststellen läßt, ein charakteristisches menschliches Merkmal. Wir wissen von keinem anderen Lebewesen, das sich so quälerisch mit sich selbst beschäftigt wie der Mensch. Dieses Interesse spiegelt sich in der Vorliebe vieler Gesellschaften für Geschichten von «Wolfskindern», die angeblich als Kleinkinder in der Wildnis ausgesetzt und dort von Wölfinnen aufgezogen wurden. Der Prototyp derartiger Mythen ist die Geschichte der Zwillinge Romulus und Remus, der Gründer Roms, die der Sage nach von einer Wölfin am Ufer des Tiber gefunden und gesäugt wurden. Geschichten von solchen Kindern haben immer großes Interesse geweckt. Scheinbar liefern sie eine Basis, von der aus sich die Mindestvoraussetzungen für das Menschsein ermitteln lassen. Da sie ohne die Regulative der Gemeinschaft aufwachsen, erscheinen diese Kinder sozial gesehen «nackt», so daß die wahre Natur unserer Spezies zum Vorschein kommt. Die Existenz solcher wildlebender Kinder wirft eine wichtige Frage auf: Wird ein Individuum allein schon dadurch ein Mensch, daß es in die Spezies *Homo sapiens* hineingeboren wird, oder setzt das Menschsein noch mehr voraus?

Im strengen Winter des Jahres 1799 tauchte in Frankreich der «Wilde Knabe von Aveyron» auf, ein verwilderter Junge von etwa zwölf Jahren, der sich ein Jahr lang nicht hatte einfangen lassen und nun auf der Suche nach Wärme und Nahrung aus seinem Walde herauskam. Sofort wurde er zum Gegenstand allgemeiner Spekulation und Verwunderung. Manche sahen in ihm einen Beweis für die außerordentliche physische Widerstandsfähigkeit des Rousseauschen «edlen Wilden», der nackt in einem strengen Klima überlebt hatte, sich einer robusten Gesundheit erfreute und nicht den zahllosen Lastern der Gesellschaft ausgesetzt war. Für andere zeigte er beispielhaft, wie tief der Mensch ohne gesellschaftliche Zwänge sinken kann. Wieder andere sahen in ihm – zu ihrem Entsetzen – die Verkörperung ihrer eigenen verborgenen und ungezähmten Natur. Für die Romantiker beschwor er das Bild einer glorreichen Vergangenheit herauf, in der die Menschen noch im Einklang mit der ganzen Natur standen. Und schließlich diente er dem Klerus als ein Zeugnis für die Güte des Schöpfers, der sich auch noch um Seine Kinder kümmerte, wenn sie von ihren Eltern und von der Gesellschaft verstoßen worden waren. Der Gegenstand all dieser Betrachtungen entpuppte sich als ein schrecklich verdreckter Junge, der sich vor- und zurückwiegte wie ein Affe im Zoo, von krampfartigen Zuckungen geschüttelt wurde, biß und kratzte und denen, die ihm zu essen gaben, keinerlei Zuneigung entgegenbrachte. Die Philosophen kamen schließlich zu demselben Schluß wie die Mehrheit der Ärzte: der Junge sei in den Wäldern zurückgelassen worden, weil man ihn für schwachsinnig gehalten hatte. Dr. Jean-Marc-Gaspard Itard war anderer Meinung. Für ihn benahm sich der Junge wie ein Schwachsinniger, weil man ihn in den Wäldern ausgesetzt hatte. Itard nannte den Jungen Victor und nahm sich vor, einen gesitteten Menschen aus ihm zu machen.

Itard konnte bei seinem Versuch auf keinen Präzedenzfall zurückgreifen und war deshalb auf Herumprobieren, Experimentieren und neue, bahnbrechende wissenschaftliche Verfahren angewiesen. In wenigen Jahren brachte er Victor bei, sich in einigermaßen akzeptabler Weise zu kleiden und zu benehmen. Victor lernte auch, Französisch zu verstehen, ohne es jedoch zu sprechen. Beim Erwerb der Sprechfähigkeit spielt es offenbar eine entscheidende Rolle, daß man in früher Kindheit andere Menschen sprechen hört. Itard kam letztlich zu dem Schluß, daß Victor keineswegs zurückgeblieben sei, sondern daß die soziale Isolierung katastrophale und nicht mehr rückgängig zu machende Folgen gehabt hatte:

> Ohne körperliche Kraft oder angeborene Ideen kommt der Mensch in diese Welt, von sich aus unfähig, den fundamentalen Gesetzen seiner Natur zu folgen, die ihm den höchsten Rang im Tierreich einräumen; und so kann er nur im Schoß der Gesellschaft zu der hervorragenden Stellung finden, die die Natur ihm vorbehalten hat. Ohne die menschliche Kultur wäre er eines der schwächsten und am wenigsten intelligenten Lebewesen.*

Heute weiß die Wissenschaft erheblich mehr über verwilderte Kinder, die von geistesgestörten oder grausamen Verwandten in völliger Isolierung gehalten wurden. Diese Kinder sind nur selten schwachsinnig. Ihr ungewöhnliches Verhalten resultiert nicht aus der Isolierung, sondern daraus, daß ihnen jede Möglichkeit fehlte, von anderen Menschen zu lernen. Wir erben unsere menschliche Gestalt und die lebenserhaltenden Systeme unseres Körpers, aber wir brauchen noch etwas anderes, um zu einem voll funktionierenden menschlichen Wesen zu werden: den Kontakt mit anderen Mitgliedern unserer Spezies. Kinder, die von anderen Kindern ferngehalten werden, sind nur potentiell Menschen, nicht aber in ihrem Verhalten. Sieht man von solchen Reflexen wie dem Umklammern und dem Saugen ab, kommen Kinder mit sehr wenigen ererbten spezifischen Verhaltensmustern auf die Welt. Sie können nicht überleben ohne diese Muster, die sie nur durch die Zugehörigkeit zu einer bestimmten menschlichen Gesellschaft erwerben. Das Kleinkind und das Kind brauchen andere Menschen zur Befriedigung ihrer physischen Bedürfnisse – und sie brauchen

Menschlicher Kontakt
Es ist für Menschen schwierig, ohne Kontakt mit anderen Mitgliedern ihrer Spezies ihre Menschlichkeit aufrechtzuerhalten. Selbst in der Isolation des Gefängnisses gibt es eine Interaktion: Zwei Insassen spielen Karten.

deren Liebe und Aufmerksamkeit, wie ein grausames Experiment zeigte, das Friedrich II. als König von Sizilien im dreizehnten Jahrhundert angeordnet haben soll. Der begabte Dichter, Künstler und Naturforscher wollte auch

> ... herausfinden, welche Sprache und Sprechweise Kinder wohl hätten, wenn sie älter werden und vorher mit keinem gesprochen hatten. Er wies also Pflegemütter und Ammen an, die Kinder zu stillen, zu baden und zu waschen, aber auf keinen Fall mit ihnen zu schäkern oder sie anzusprechen, denn er wollte herausbringen, ob sie nachher Hebräisch – die älteste Sprache – oder Griechisch oder Lateinisch oder Arabisch oder vielleicht die Sprache ihrer leiblichen Eltern sprechen würden. Doch es war umsonst, da die Kinder alle starben. Sie konnten ohne die Zärtlichkeiten und heiteren Gesichter und liebenden Worte ihrer Pflegemütter nicht leben.*

Diese traurige Erkenntnis ist in neuerer Zeit bestätigt worden. 1915 stellte ein Arzt am Johns-Hopkins-Hospital fest, daß von den Kleinkindern, die in Waisen- und Findelhäuser in Baltimore (Maryland) eingewiesen wurden, erstaunliche neunzig Prozent innerhalb eines Jahres starben – obwohl man sich ausreichend um sie gekümmert hatte. Und vor etwa drei Jahrzehnten kam ein Psychoanalytiker bei seinen Forschungen zu dem Ergebnis, daß das Fehlen der mütterlichen Anteilnahme, Anregung und Liebe zu einer physischen und emotionalen Verkümmerung und darüber hinaus zu einer hohen Sterblichkeitsrate führt. Von den 91 Kleinkindern, die er in Findelhäusern im Osten der USA und Kanadas erfaßte, starben nicht weniger als 34 «trotz guter Ernährung und sorgfältiger medizinischer Betreuung».* Zahlreiche andere Untersuchungen haben ebenfalls ergeben, daß die spezifisch menschlichen Fertigkeiten und Eigenschaften der Persönlichkeit sich nur durch den Umgang mit anderen Menschen – vor allem in den ersten Lebensjahren – entwikkeln. Dieser enge Kontakt mit der menschlichen Gesellschaft weckt wiederum weitere Bedürfnisse, und auch diese verzweigen sich wieder, und so ist dann schließlich der voll entwickelte Mensch eine komplizierte Mischung aus Neigungen, Motivierungen, Fertigkeiten und Emotionen.

Diese Eigenschaften, die uns zu Menschen machen, sind – bei einer viele hundert Millionen Jahre dauernden Evolution der Tierwelt – nur ein paar Millionen Jahre alt. Ihnen liegen jedoch die elementaren Strukturen unseres Körpers zugrunde, die wir fast alle von urtümlichen Lebensformen übernommen haben. Der Mensch ist zum Beispiel bilateral symmetrisch – das heißt, er hat eine unterscheidbare rechte und linke Körperhälfte, einen Rücken und eine Vorderseite, und die meisten Organe und Gliedmaßen sind paarweise angeordnet. Dieser Schritt in der Entwicklungsgeschichte des Lebens vollzog sich erstmals bei Meerestieren vor über einer halben Milliarde Jahren. Unser zentrales Nervensystem ist entlang der Rückseite unseres Körpers angeordnet, ein typisches Merkmal, das sich vor über 400 Millionen Jahren bei den primitiven Fischen zu entwickeln begann. Die ersten Tiere, die auf zwei Beinen gingen, waren bestimmte Reptilien, die schon vor etwa 225 Millionen Jahren auftraten. Schweißdrüsen, die es dem Menschen möglich machten, seine Körpertemperatur unabhängig von der Temperatur seiner Umgebung zu regulieren, entwickelten sich beim Säugetier möglicherweise vor 200 Millionen Jahren. Selbst unser stereoskopisches Sehvermögen, das uns das räumliche Sehen ermöglicht, ist mindestens 50 Millionen Jahre alt.

Um besser begreifen zu können, wie alt unser Erbgut aus der Evolution tatsächlich ist, wollen wir uns einmal vorstellen, die Entwicklungsgeschichte – beginnend beim einzelligen Organismus – werde in ein einziges Jahr zusammengedrängt. Wir würden also die Welt der einzelligen Organismen, die schon vor 750 Millionen Jahren existierten, auf den 1. Januar datieren. Mehrzellige Organismen würden nach dieser Zeitrechnung nicht vor Ende April auftauchen, und die ersten Wirbeltiere (die ältesten Fische) würden sich Ende Mai entwickeln. Amphibien würden im August ans trockene Land kriechen, und die ersten Reptilien würden etwa Mitte September auftreten. Dinosaurier würden den Oktober und November beherrschen. Die ersten primitiven Säugetiere würden im November erscheinen, und die Vorfahren der Affen und Menschenaffen im Dezember. Erst am 31. Dezember um die Mittagszeit würden sich die Vorläufer des Menschen in den Steppen Afrikas zeigen. Etwa eine Stunde vor Ablauf des Jahres würden die ersten Menschen beginnen, Werkzeuge aus Stein zu hauen Ganze fünfzehn Minuten vor Ende des Jahres würden sie eine primitive Form des Ackerbaus entwickeln. Und etwa eine Minute vor Mitternacht würden komplexe Kulturen im Nahen Osten, in China und Südostasien, in Mexiko und Peru entstehen. Auf dieser komprimierten Zeitskala bleiben also für die Existenz des Menschen nur ungefähr zwölf Stunden aus einem ganzen Jahr – und die meisten der intellektuellen und technologischen Errungenschaften, deren er sich rühmt, fallen in die letzten Sekunden.

Ausgehend von der Tatsache, daß der Mensch einerseits uralt, andererseits sehr jung ist, muß jede Definition der Menschheit ein halbes Dutzend entscheidender Merkmale berücksichtigen:

Die Menschheit ist eine Spezies des Tierreichs. Menschen schikken Raumschiffe zum Mond und zu den Planeten, erfinden eine Vielfalt von komplexen sozialen und politischen Systemen, schaffen Institutionen, verehren Gottheiten und reden sachkundig über unendlich viele Dinge. Trotzdem ändert keine dieser Errungenschaften etwas daran, daß Menschen als Tiere einzustufen sind – was nicht heißen soll, daß Menschen nur Tiere sind und sonst nichts. Tatsächlich sind sie eine ganz besondere Art von Tier (so wie jede andere Art auch, von der Amöbe bis zum Elefanten). Die Schachteln auf den folgenden Seiten stellen die zoologischen Kategorien dar, in die der Mensch gehört. Von Schachtel zu Schachtel werden immer weitere Tierarten eliminiert, bis zuletzt allein der Neuzeit-Mensch übrigbleibt, der seine besonderen Merkmale und seine Entwicklungsgeschichte mit keinem anderen Lebewesen auf der Erde teilt. Denn der Mensch ist keineswegs, wie gelegentlich behauptet wurde, ein «nackter Affe». Er gehört nämlich einer anderen Art, Gattung und Familie an als sämtliche Affen und Menschenaffen.

Der Mensch besitzt die allgemeinen, spezifisch tierischen Eigenschaften. Er sieht zwar nicht so gut wie der Adler, nimmt Gerüche nicht so gut wahr wie der Hund, läuft nicht so schnell wie die Antilope, schwimmt nicht so gut wie der Delphin und besitzt nicht soviel Kraft wie der Löwe. Durch derlei physische Fähigkeiten sind die Tiere jedoch auf begrenzte Lebensräume spezialisiert. Die Menschen können es mit den besonderen Fähigkeiten dieser Spezialisten nicht aufnehmen – aber sie haben alle Voraussetzungen, um gut sehen, riechen, laufen und schwimmen zu können, und besitzen ein hohes Maß an physischer Kraft. Kurzum, die Menschen tun sich durch sehr wenige spezifische Merkmale hervor und können trotzdem viele Dinge erfolgreich bewältigen, weil alle diese Fähigkeiten in ihnen angelegt sind. Die Spezies Mensch hat es vermieden, ihr Überleben ganz und gar von einer bestimmten Lebensweise abhängig zu machen, so wie das der Elefant, die Giraffe und andere hoch spezialisierte Säugetiere getan haben. Das heißt freilich nicht, daß der Mensch keinerlei Spezialisierung aufweist. Er besitzt ja ein sehr großes und komplexes Gehirn, eine aufrechte Körperhaltung und die Fähigkeit, auf zwei Beinen zu gehen. Paradoxerweise bestand jedoch unsere wichtigste Anpassung im Fehlen spezialisierter Verhaltensweisen. Wir sind Spezialisten darin geworden, uns nicht festzulegen. Mit anderen Worten: Der Mensch besitzt die Fähigkeit, auf wechselnde Bedingungen mit neuen Formen der Anpassung zu reagieren und seinen Nutzen daraus zu ziehen.

Der Mensch hat sich von der angestammten Körperstruktur nur wenig, von den angestammten Verhaltensmustern dagegen sehr weit entfernt. Strukturelle Unterschiede zwischen Menschen und Affen betreffen weitgehend den Grad und nicht die Sache selbst. Fossile Zeugnisse lassen erkennen, daß sich der Aufbau der menschlichen Hand kaum von der vieler Affenarten unterscheidet, die vor 25 Millionen Jahren lebten, abgesehen von einigen unbedeutenden Verfeinerungen wie dem Zusammenwachsen gewisser Handwurzelknochen und einer Verschiebung in den Muskeln des Daumens. Obschon der Mensch seinem Körperbau nach unverkennbar zu den Primaten gehört, differiert er in seinem Verhalten beträchtlich von den anderen Primaten. Der Schlüssel zu den unterschiedlichen Entwicklungen des Körperbaues und des Verhaltens liegt in der Natur des menschlichen Gehirns. Dieses Gehirn kann Sinnesreize nicht nur empfangen, sondern auch analysieren, als Erinnerung speichern und in einer Synthese zusammenfügen – und darauf werden diese Reize zu einem umfangreichen Repertoire von Verhaltensweisen umgewandelt. Dieses Repertoire wäre nicht möglich, wenn der menschliche Körper eine Spezialisierung durchgemacht hätte. Für einen Hund zum Beispiel kämen gewisse Verhaltensweisen gar nicht in Frage, selbst wenn man ihm ein menschliches Gehirn einpflanzen könnte. Dieses Gehirn würde ihm zwar komplizierte Anweisungen erteilen, doch die Spezialisierung des Geruchssinnes, der Zähne und des Laufens auf vier Füßen würde das Tier daran hindern, sie auszuführen.

Auch wenn man alle Arten berücksichtigt, ist der Mensch das zahlenmäßig stärkste und am weitesten verbreitete Säugetier der Erde. An Körpergröße wird der Mensch zwar von bestimmten Arten von Walen, Haien, Flußpferden, Giraffen, Elefanten, Krokodilen, Schlangen und zahllosen anderen Tieren übertroffen, aber mehr als 99 Prozent aller Tierarten sind kleiner als die Menschen. Von den ungefähr 200 heute lebenden Primatenarten ist nur der Gorilla größer.

Das Gesamtgewicht aller Menschen auf der Erde, das auf annähernd 200 Millionen Tonnen geschätzt wird, übersteigt bei weitem das Gesamtgewicht jeder anderen Säugetierart. Und keine andere Art – außer Hunden, Nagetieren, Kleiderläusen und den ausschließlich vom Menschen lebenden Innenparasiten – ist in so vielen Umgebungen zu Hause. Menschen leben auf Meereshöhe und darunter, und sie leben in Bergdörfern in 5000 Meter Höhe; sie bewohnen die tropischen Regenwälder und die eiskalte Arktis; sie haben es sogar

Der Mensch als eine Spezies im Tierreich

Die gesamte Tierwelt läßt sich in einer Hierarchie zunehmender Spezifizierung darstellen – bis schließlich jede Spezies ihre eigene Kategorie mit ihren eigenen typischen Merkmalen einnimmt. Man kann sich diesen Prozeß als eine Reihe von immer kleiner werdenden Schachteln vorstellen, wie das die Zeichnung auf S. 21 verdeutlicht. Die größte Schachtel steht für das Tierreich (zu unterscheiden vom Pflanzenreich und vom Einzellerreich aus Bakterien und anderen Mikroorganismen, die weder eindeutig Tier noch Pflanze sind). Die zweite Schachtel steht für den Stamm der Chordatiere, die bestimmte Unterscheidungsmerkmale aufweisen, etwa ein Rückgrat, einen in einem Gehirn endenden Nervenstrang und – in irgendeinem Stadium des Lebenszyklus – Kiemenspalten. Diese Merkmale finden sich auch in der nächsten Kategorie, der Klasse der Säugetiere. Jedoch haben Säugetiere ihre eigenen Merkmale, zum Beispiel Haare, Milchdrüsen und die Fähigkeit, eine unabhängig von der Temperatur der Umwelt gleichbleibende Körpertemperatur aufrechtzuerhalten. Diese Beschreibung würde gleichermaßen auf alle Säugetiere zutreffen (auch auf primitive Beuteltiere wie z.B. Känguruhs und Opossums, die den Embryo in einem außen auf der Bauchhaut liegenden Beutel ernähren). Die nächst kleinere Schachtel repräsentiert deshalb jene Säugetiere, die zur Unterklasse der Plazentatiere gehören: sie unterscheiden sich von der vorhergehenden vor allem durch eine Plazenta, die den sich entwickelnden Embryo im Mutterleib ernährt.

Plazentatiere gibt es in vielfältigen Formen – wie Katzen, Hunde, Fledermäuse, Wale, Elefanten, Nagetiere, um nur einige zu nennen, und eben auch als Menschen. Die nächste Schachtel steht daher für die verschiedenen Merkmale einer Anpassung an das Baumleben, die die Ordnung der Primaten kennzeichnen: ein großes Gehirn, räumliches Sehen und manuelle Geschicklichkeit. Die nächste Kategorie unterscheidet die Anthropoiden (Affen, Menschenaffen, Menschen) von den anderen Primaten, die Prosimii oder Halbaffen genannt werden (Spitzhörnchen, Lemuren, Koboldmakis, Loris). In die Kategorie der Überfamilie der Hominoidae oder Menschenartigen gehören nur solche Antropoiden, deren Schwanz völlig zurückgebildet ist und die zwei Arten der Fortbewegung entwickelt haben: Brachiation (Schwinghangeln) und Bipedie (Gehen auf den beiden Hinterbeinen). Die Hominoidae haben außerdem das «Rhinarium» verloren, einen feuchten Hautstreifen, der die Oberlippe mit der Nase verbindet und als Geruchsorgan dient, zu erkennen auf der feuchten Schnauze der meisten Säugetiere. Dem Menschen sind vom Rhinarium nur die zwei vertikalen Linien zwischen der Nase und der Oberlippe geblieben.

Die Familie der Hominiden ist noch enger begrenzt. Sie umfaßt nur die menschenähnlichen Primaten, die die aufrechte Haltung und das Gehen auf zwei Beinen entwickelt haben. Die Gattung *Homo* setzt sich sowohl aus frühen als auch aus modernen Formen der Hominiden zusammen, die ein großes Gehirn besitzen, Werkzeuge herstellen und sich mit Hilfe abstrakter Symbole verständigen. Die kleinste und letzte Schachtel im Zentrum steht für die einzelne Spezies *Homo sapiens,* zu der der Neandertaler, der Cro-Magnon-Mensch und alle Menschen der Gegenwart gehören.

Als Tiere sind wir also, um es zusammenzufassen, seit ungefähr 400 Millionen Jahren Chordatiere, seit 125 Millionen Jahren Plazentatiere, seit 70 Millionen Jahren Primaten, seit mindestens 40 Millionen Jahren Anthropoiden und seit vielleicht 5 Millionen Jahren Hominiden. Erst in den letzten paar Millionen Jahren begannen unsere Vorfahren ihre Nahrung auf dem Erdboden zu sammeln – und vor etwa hunderttausend Jahren entstanden erkennbar moderne Formen. Vor etwa 12000 Jahren war es dann soweit, daß einige wenige Gruppen neuzeitlicher Menschen dauerhafte Siedlungen errichteten, sich zahlenmäßig vermehrten, auf den Ackerbau verlegten und die phantastische Vielfalt des menschlichen Lebens entwickelten, wie wir es heute kennen.

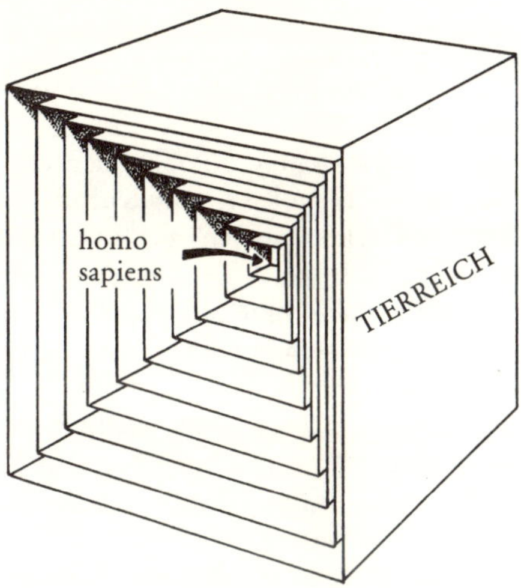

Kategorie	*Bezeichnung*	*Beispiel*
Reich	Tierreich	Alle Lebewesen, die nicht Pflanzen oder Einzeller sind. Generell können diese Tiere gezielte Bewegungen ausführen, sind aber nicht fähig, ihre Nahrung durch Photosynthese herzustellen.
Stamm	Chordatiere	Fische, Amphibien, Reptile, Vögel, Säugetiere
Klasse	Säugetiere	Alle Säugetiergruppen: Beuteltiere, Nagetiere, Katzen, Hunde, Elefanten, Affen, Menschenaffen, Menschen usw.
Unterklasse	Plazentatiere	Plazentale Säugetiere
Ordnung	Primaten	Tarsiidae (Koboldmakis), Lemuren, Affen, Menschenaffen, Menschen

Kategorie	*Bezeichnung*	*Beispiel*
Unterordnung	Anthropoiden	Affen, Menschenaffen, Menschen
Überfamilie	Hominoiden	Orang-Utans, Gibbons, Gorillas, Schimpansen, Menschen
Familie	Hominiden	Ausgestorbene Formen mit menschenähnlichen Merkmalen, moderne Menschen
Gattung	*Homo*	Ausgestorbene Formen früher Hominiden, Neandertaler, moderne Menschen
Spezies	*Homo sapiens*	Neandertaler, moderne Menschen

geschafft, ihre Umwelt mit sich zu nehmen und so in der Tiefe des Meeres und im Weltraum zu überleben.

Die Menschen haben eine Kultur entwickelt. Sozialwissenschaftler streiten sich zwar über die exakte Definition von Kultur (eine deskriptive Darstellung zählte 164 Einzelposten auf*), doch in bezug auf ihren allgemeinen Charakter sind sie sich einig. Die Kultur ist ein Produkt des Menschen; sie umfaßt Ideen, Werte und Zeichen, die alle Mitglieder der Gruppe kennen; sie ist ein erlerntes Verhaltenssystem, das sich auf Symbole stützt; sie wird von Generation zu Generation weitergegeben. Eine Kultur existiert erst, wenn sie mit anderen Menschen geteilt wird. Sie beeinflußt die Art und Weise, wie sich einer gegen andere in der Gruppe verhält, und auch, wie sich dieser eine das Verhalten der anderen vorstellt. Die Kultur stellt eine neue Stufe in der Evolution dar: die Fähigkeit, Informationen zu erwerben, zu sammeln und auszutauschen und dann an die nächste Generation weiterzugeben, damit diese nicht wieder von vorne beginnen muß. So bringt ein einzelner Mensch sehr viel mehr Information zusammen, als er allein durch Erfahrung jemals erwerben könnte.

Der Mensch verwendet Symbole. Die Entwicklung der Kultur hängt eng mit der menschlichen Fähigkeit zusammen, Symbole zu benutzen, vor allem die der gesprochenen und geschriebenen Sprache, aber auch alle anderen, die sich in der Malerei, Musik, Kleidung, Körperbemalung und Gesten manifestieren. Das Faszinierende an einem Symbol ist, daß es einen Punkt aus der Erfahrung eines Menschen herausgreift und damit in bezug auf andere Erfahrungspunkte Emotionen und Handlungsweisen, Meinungen und Bewußtseinsinhalte beeinflußt. Symbole unterlegen also Dingen und Ereignissen Bedeutungen, die über die rein sinnliche Wahrnehmung hinausgehen. Die Verwendung von Symbolen erreicht ihren höchsten Ausdruck in der menschlichen Sprache. Nichts an dem Klang der Silbe *heim* (daheim, heimisch, Heimkehr, heimgehen) verweist auf den Symbolgehalt, den sie für den, der deutsch spricht, haben kann: Familie, Kinderstimmen, Vorfahren, Feiertagsstimmung, Frieden, Schlichtheit usw. Die Fähigkeit zum Umgang mit Symbolen, insbesondere in der Sprache, hat zu Verhaltensweisen geführt, die sich in allen menschlichen Gesellschaften finden, niemals aber bei einer anderen Tierart – man denke nur an Eßtabus, Beerdigungsrituale, Regelung der Erbschaft, Festlegung von Verwandtschaftsbegriffen, Mythologie, Eigentumsrechte, Beschwichtigung übernatürlicher Wesen, Einschränkung im Sexualverhalten.

Die Menschheit reitet heute auf dem Kamm der Evolutionswelle. Sie ist unseres Wissens die einzige Spezies mit der Fähigkeit, gegenwärtige Hoffnungen, Ängste und Vorstellungen in zukünftige Aktionen umzusetzen. Vor allem aber sind die Menschen mit Sicherheit die einzigen Lebewesen, die zu erforschen suchen, was für eine Art von Lebewesen sie eigentlich sind. Aristoteles leitet seine *Metaphysik* mit dem Satz ein: «Alle Menschen streben von Natur aus nach Wissen.» Als einzige Spezies ist der Mensch – für sich selbst – eine ständige Quelle des Staunens und Nachdenkens. Man bezeichnet eine solche ichbezogene Weltanschauung mit dem Fachausdruck «anthropozentrisch» (nach dem griechischen *anthropos* = Mensch). Während des größten Teils der überlieferten Geschichte nahm der Mensch an, die existierende Welt sei ausschließlich zu seinem Nutzen geschaffen worden. Die ökologische Krise der Neuzeit hat zwar die Gefahren des Anthropozentrismus schlagartig sichtbar gemacht, aber er ist eine solide Ausgangsbasis für dieses Buch, weil er eines der herausragenden Merkmale unserer Spezies ist. Es gehört zur anthropozentrischen Weltanschauung, daß die Menschen sich selbst höher einstufen als alle anderen Lebensformen. Diese Denkweise ist dem Menschen durchaus angemessen, so wie sie jedem anderen Lebewesen – die entsprechenden Fähigkeiten vorausgesetzt – angemessen wäre. Wenn ein Individuum der Ordnung Coleoptera (Rüsselkäfer) in der Lage wäre, sich ein Bild von seiner eigenen Spezies zu machen, so wäre seine Betrachtungsweise ohne Zweifel «coleopterozentrisch». In der Vorstellung eines Käfers wäre der *Homo sapiens* unter den vielleicht eine Million zählenden Arten auf unserem Planeten kaum bemerkenswert – und sicherlich auch unbedeutend, verglichen mit der astronomischen Zahl von Individuen, die sich auf rund 250000 Käferarten verteilen. Die Perspektive dieses Buches wird deshalb – ohne besondere Rechtfertigung – anthropozentrisch sein.*

Um in Zukunft zu unserem Vorteil handeln zu können, müssen wir heute bereits unsere Spezies verstehen: ihre Entwicklung bis zum gegenwärtigen Zustand, die Möglichkeiten und Grenzen unserer Fähigkeiten. Der Mensch hat sich offenbar als erste Spezies auf dem Planeten in so großer Zahl vermehrt und sein Nest so sehr beschmutzt, daß er zur Gefahr für das eigene Überleben wird. Er hat seinen beispiellosen Einfluß auf die Umweltbedingungen dazu benutzt, Flora und Fauna in immer noch mehr Menschen zu verwandeln. Mit dieser Alchimie ist eine Bevölkerung entstanden, die bereits heute vier Milliarden übersteigt und sich voraussichtlich in 35 Jahren verdoppelt haben wird.

Dieses Buch ist ein Versuch, einige der verwirrenden Unbekannten der menschlichen Gleichung zu lösen; die Voraussetzungen und Bedingungen unserer biologischen Existenz und unseres Verhaltens zu untersuchen und aus diesen Variablen wenigstens ein gewisses Maß an Einsicht in unsere Vergangenheit zugunsten unserer Zukunft zu gewinnen. Das Buch gliedert sich in fünf Hauptabschnitte und schließt mit einem Epilog, der die Variablen in der menschlichen Gleichung von heute abschätzt. Will man den Kern unseres biologischen Erbguts sichtbar machen, so muß man den Entwicklungen nachgehen, die uns heute noch beeinflussen. Dementsprechend befaßt sich der erste Abschnitt mit den – alten und neueren – Fähigkeiten, die sich im Laufe der menschlichen Entwicklung immer weiter vererbt haben. Der nächste Abschnitt faßt die wichtigsten Anpassungen zusammen, die wir gemacht haben: Jagen und Sammeln, Nahrungsmittelproduktion, Landleben, Verstädterung und Modernisierung. Der dritte Abschnitt analysiert die erstaunliche Vielfalt in der Biologie und im Verhalten des modernen Menschen. Der vierte Abschnitt untersucht unsere ungewöhnlichen Fähigkeiten, die Welt, die wir bewohnen, wahrzunehmen und zu verstehen. Der letzte Abschnitt stellt die Individuen, aus denen sich die Menschheit zusammensetzt, in das komplizierte Sozialgefüge, das sie geschaffen haben.

Ich habe mich bemüht, weise Beschränkung zu üben und weder alles noch zu wenig über die Menschheit zu erzählen – ein Problem, dem sich auch die Gelehrten gegenübersahen, die, wie Anatole France in *Les opinions de Jérôme Coignard* berichtet, von dem persischen Prinzen Zémire den Befehl erhielten, die Geschichte der Menschheit aufzuschreiben, damit seine Regierung aus den Erfahrungen der Vergangenheit ihre Lehre ziehen könne. Zwanzig Jahre danach erschienen die Gelehrten vor Zémire, der inzwischen König geworden war, mit einer Karawane von zwanzig Kamelen, deren jedes mit 500 Büchern beladen war. Der König forderte eine kürzere Version, und als sie daraufhin mit drei schwerbeladenen Kamelen wiederkamen, verlangte er, daß sie sich noch kürzer fassen sollten. Zehn Jahre später brachten die Gelehrten eine einzige Kamelladung; als sie vom König wiederum abgewiesen wurden, kamen sie zu guter Letzt mit einem einzigen gewaltigen Buch, das von einem Esel getragen wurde. Der König aber lag auf dem Sterbebett und klagte: «Nun werde ich sterben, ohne die Geschichte der Menschheit zu kennen.» Der letzte überlebende Gelehrte erwiderte: «Herr, ich will sie für euch in drei Sätzen zusammenfassen: Sie wurden geboren. Sie litten. Sie starben.»

Vor allem anderen aber kommt es darauf an, einen entscheidenden Aspekt des Menschseins im Auge zu behalten: unser Erbgut als Primaten.

2. Was es bedeutet, ein Primat zu sein

Gegen Ende des fünfzehnten Jahrhunderts stießen europäische Forschungsreisende erstmals auf die großen Menschenaffen: zuerst auf den Schimpansen in Westafrika, später auf den Orang-Utan in Sumatra und Borneo und schließlich auf den Gorilla in Zentralafrika. Von da an konnten die Europäer die Spezies Mensch nie mehr so sehen wie früher. Diese Tiere waren in Größe und Gesichtsausdruck dem Menschen beunruhigend ähnlich, sie liefen gelegentlich auf den Hinterbeinen, und ihr intelligentes Verhalten glich auf unheimliche Weise dem des Menschen. Besonders angetan waren die Europäer von den menschenähnlichen Eigenschaften des Orang-Utan (ein malaiisches Wort, das «Waldmensch» bedeutet). Der Präsident der Berliner Akademie der Wissenschaften berichtete 1768, Reisende hätten Waldmenschen (d. h. Orang-Utans) gesehen, behaarte Menschen mit Schwänzen, eine Spezies, die zwischen dem Affen und dem Menschen einzuordnen sei; und er fügte hinzu, er würde sich lieber eine Stunde mit ihnen unterhalten als mit dem größten Gelehrten Europas.* Genau zu dieser Zeit waren die größten Gelehrten in Europa dabei, Menschenaffen zu sezieren und zu studieren, inwieweit sie dem Menschen glichen. Manche regten sogar an, einen Orang-Utan mit einer Prostituierten zu paaren, um so vielleicht neue Erkenntnisse zu gewinnen.

Über den Status der nach Europa gebrachten Menschenaffen wurde endlos debattiert. Waren es einfach ungewöhnliche Tiere oder möglicherweise ein «fehlendes Zwischenglied» zwischen Mensch und Tier oder gar irgendeine primitive Form eines menschlichen Wesens? 1699 veröffentlichte Edward Tyson, ein angesehener englischer Arzt, die nicht schlüssigen Ergebnisse seiner sorgfältigen Untersuchung der Anatomie eines Schimpansen. Er führte 48 Merkmale auf, die den Schimpansen zum Verwandten des Menschen machten, fügte aber weitere 34 hinzu, die für eine engere Verknüpfung mit den niederen Tieren sprachen. Das Skelett des von Tyson untersuchten Tieres ist bis heute in einem Schaukasten im British Museum of Natural History in London zu sehen. Es wurde in stehender Haltung montiert und dokumentiert so Tysons schließliche Überzeugung, daß der Schimpanse eine zwergenhafte Form des menschlichen Lebens darstelle.

Tysons anatomische Untersuchung war seinerzeit ein kühner Vorstoß, denn sie postulierte eine unmittelbare Verbindung zwischen dem Menschen und dem Rest der Tierwelt. Bis dahin war den Menschen in der Hierarchie des Lebens ein Platz eingeräumt worden, der sie vom Rest der Schöpfung abhob und nur wenig niedriger einstufte als die Engel. Tyson sah die Verwandtschaft des Menschen mit den großen Menschenaffen 172 Jahre bevor Darwin *Die Abstammung des Menschen* veröffentlichte und 250 Jahre vor dem biochemischen Nachweis einer engen Verwandtschaft zwischen Menschen und Menschenaffen. Heutzutage würde natürlich kein angesehener Wissenschaftler bestreiten, daß Menschen Primaten sind oder daß ein großer Teil der menschlichen Biologie und des menschlichen Verhaltens als ein direktes Ergebnis der Evolution unserer Spezies innerhalb dieser biologischen Ordnung zu erklären ist. Wenn man eine solch enge Verwandtschaft zugibt, sagt man damit jedoch nicht, daß wir Menschen der Neuzeit von Schimpansen, Gorillas, Pavianen oder irgendeiner anderen der heute lebenden Primatenarten abstammen. Wenn von Leuten – die Darwin falsch interpretierten – behauptet wird, der Mensch stamme vom Affen ab, dann ist das ebenso falsch, als wenn man behaupten würde, zwei Vettern ersten Grades würden voneinander abstammen, weil sie dasselbe Großelternpaar haben. Die Wahrheit ist vielmehr, daß verschiedene Primaten, so wie Vettern ersten Grades dieselben Großeltern, in frühen Stadien ihrer Entwicklung die gleichen Vorfahren gehabt haben.

Die ersten Primaten, die Prosimier (wörtlich: «die vor den Affen und Menschenaffen»), erschienen vor vielleicht siebzig Millionen Jahren unter den Säugetieren als eine Linie der Insektivoren («Insektenfresser»), zu der auch Spitzmäuse, Maulwürfe und Igel gehören. Diese Prosimier oder Halbaffen eroberten sich immer mehr Lebensraum, sowohl was die Anzahl ihrer verschiedenen Arten als auch ihre geographische Verbreitung betrifft. Sie bevölkerten einen großen Teil der wärmeren Gebiete der Erde und nahmen schließlich eine so beherrschende Stellung ein, wie sie bis zur Evolution des modernen Menschen kein anderer Primat erreichte. Im Gegensatz zu anderen auf Bäumen lebenden Säugetieren, die beim Erklettern eines Baumes ihre Krallen in die Rinde schlagen, klettern Prosimier mit Klammergriffen. Dieser Unterschied mag belanglos erscheinen, aber die Prosimier hatten damit eine neue Methode gefunden, sich in ihrer Umwelt zu bewegen und die Insekten und kleinen Tiere zu suchen, die von den meisten ihrer modernen Nachfahren noch immer gejagt und verspeist werden. Im Verlauf von mehreren zehn Millionen Jahren wurden ihre Finger und Zehen allmählich länger, und an den Spitzen entstanden fleischige Polster mit schützenden Nägeln auf der Rückseite. Wülste und Linien auf diesen Polstern – die Vorläufer des menschlichen Fingerabdrucks – ermöglichten ein besseres Greifvermögen und ein feineres Tastgefühl.

Ein Prosimier: Das Buschbaby

Galagos oder Buschbabies bevölkern weite Teile des Regenwaldes und des aufgelockerten Waldlandes im tropischen Afrika. Sie weisen mehrere typische Merkmale des Prosimiers auf, die später beim Menschen wichtig wurden: eine halb aufgerichtete Haltung, bewegliche Vorderfüße, gut entwickelte Hände, Fingernägel anstelle von Krallen und ein ausgezeichnetes Sehvermögen. Obwohl das Verhalten dieser Tiere in ihrer natürlichen Umgebung noch kaum untersucht worden ist, weiß man, daß sie gesellig sind und Ansätze einer sozialen Ordnung zeigen.

Solche scheinbar geringfügigen Veränderungen des Körperbaus erschlossen den Prosimiern neue ökologische Nischen, denn nun konnten sie sich problemlos von Ast zu Ast bewegen und sich damit den Wald bis zu den höchsten Baumwipfeln zunutze machen. Ihre geschickten Hände konnten die Beutetiere mit schnellem Zugriff packen, während die meisten Insektivoren die Beute erst ausschnüffeln und dann mit dem Maul schnappen müssen. Die neue Bedeutung, die dem Gesichtssinn zukam, erforderte größere, nach vorne gerichtete Augen, so daß sich durch die Überschneidung zweier

Gesichtsfelder ein teilweise räumliches Sehen ergab. Trotzdem gehören die Prosimier zur primitivsten Gruppe innerhalb der Ordnung der Primaten. Angefangen bei den Prosimiern – und weiter durch die Gruppen der Affen, Menschenaffen und Hominiden – hat jedes Stadium in der Evolution der Primaten seine Spuren beim modernen Menschen hinterlassen.

Die Herrschaft der Prosimier war kurz, gemessen an der Dauer der Evolution. Ihre Anpassung an die Bäume blieb nur unvollkommen. Bei den meisten Prosimiern überschneiden sich die Blickfelder der Augen nur zum Teil, so daß es nicht zu einem echten dreidimensionalen Sehen kommt, was aber lebenswichtig ist für Tiere, die sich bei der Jagd auf die Augen verlassen oder exakte Sprünge von Ast zu Ast machen müssen. Sie behielten die lange Schnauze bei, ebenso wie die Tasthaare um die Mundöffnung und das feuchte Maul der meisten Säugetiere – Hinweise darauf, daß Riechen und Betasten immer noch sehr wichtig für sie sind. Einige ihrer Abkömmlinge entwickelten sich zu Affen, die sich weit besser an das Baumleben anpaßten. So verloren die Prosimier an Bedeutung, sowohl was die Zahl der Arten betrifft, als auch die geographische Verbreitung. Heute können sie sich in Afrika und Südostasien neben den Affen behaupten, weil sie Nachttiere geworden sind und sich einer speziellen Nahrung angepaßt haben.

Affen tauchten erstmals vor etwa fünfzig Millionen Jahren auf. So rasch übernahmen sie die vorher von Prosimiern besetzten Lebensräume, daß sich in einem Zeitraum von nur zehn Millionen Jahren bereits jede größere Affengruppe entwickelt hatte. Außerdem war bereits vor ungefähr 35 Millionen Jahren eine weitere Trennung vollzogen: zwischen den Altweltaffen, die als Vorläufer der Menschenaffen und Menschen anzusehen sind, und den Neuweltaffen, auf die das nicht zutrifft. Ein besonderes Kennzeichen der Affen ist der Schwanz; er fehlt nur bei einigen wenigen Arten. Sämtliche Menschenaffen und Menschen sind dagegen schwanzlos. Das Rudiment eines Schwanzes zeigt sich allerdings am menschlichen Embryo während einer bestimmten Phase seiner Entwicklung. Der Schwanz eines Altweltaffen leistet hervorragende Dienste beim Balancieren, da er gewöhnlich länger ist als Kopf und Leib zusammen. Nur die Affen der Neuen Welt besitzen einen Greifschwanz, der als fünftes Glied benutzt wird. Einige Neuweltarten wie etwa der gewandte Klammeraffe, der in den Wäldern zwischen Mexiko und Bolivien zu Hause ist, besitzen einen so kräftigen Greifschwanz, daß das Tier sich daranhängen kann; gleichzeitig ist die Spitze so empfindlich, daß es damit eine Beere aufzulesen vermag. Daß fast alle Affenarten einen Schwanz haben, Menschenaffen und

Menschen dagegen nicht, weist auf unterschiedliche Fortbewegungsarten hin. Da Affen sich auf allen vieren fortbewegen, brauchen sie den Schwanz als Gegengewicht zum Körper, aber auch als Luftbremse und Ruder. Weder Menschenaffen, die mit ihren Armen «schwinghangeln», noch Menschen, die aufrecht gehen, benötigen einen Schwanz.

Für den anthropozentrischen Beobachter, der sich ausschließlich für die Entwicklung zum Menschen hin interessiert, verkörpern die Affen nach den Prosimiern gewiß einen wesentlichen Schritt in dieser Richtung. Die Augen aller Affen sind nach vorn ausgerichtet und erlauben ein vollkommen dreidimensionales Sehen. Eine weitere Verbesserung des Sehvermögens ist die Fähigkeit, Farben zu unterscheiden; Prosimier und fast alle anderen Säugetiere – außer Menschenaffen und Menschen – können das nicht. Früchte gehören zu den wichtigsten Nahrungsmitteln in den Bäumen, und mit Hilfe des Farbsehens sind sie auch aus großer Entfernung zu entdecken. Affen gebrauchen ihre Hände sehr viel geschickter als Prosimier; sorgfältig pflücken sie eine Frucht von dem Zweig, schälen sie richtig und brechen behutsam Stückchen um Stückchen davon ab. Eine weitere Entwicklung bei den Affen wurde später auch für den Menschen wichtig. Die meisten Säugetiere tragen gleichzeitig mehrere Junge aus, doch beim Affen – wie auch beim Menschenaffen und Menschen – sind schon Zwillinge eine Seltenheit. In der fortschreitenden Entwicklung vom Affen zum Menschenaffen und vom Menschenaffen zum Menschen sind die Neugeborenen zunehmend hilflos und von der Mutter abhängig. Mit einem ist sie bereits voll ausgelastet.

Vor ungefähr 35 Millionen Jahren begannen einige Altweltaffen sich einem unverkennbar anderen Lebensstil zuzuwenden: dem der Menschenaffen. Bei diesem Richtungswechsel in der Evolution wurden gewisse schon bei den Affen vorhandene Tendenzen stärker ausgeprägt – das Sehvermögen und die Koordination Auge-Hand wurden verbessert; vor allen Dingen aber wurde das Gehirn größer und komplizierter. Eine grundlegende Veränderung der Fortbewegung führte dazu, daß praktisch das gesamte Affenskelett umgestaltet wurde. Fast alle Affen laufen auf vier Beinen. Die Menschenaffen dagegen haben die Fähigkeit zum Schwinghangeln – d.h. sie hängen sich mit einem oder beiden Armen an einen Ast und schwingen sich auf diese Weise geschickt durch den Wald. Dabei wurden Hand- und Ellbogengelenke des Menschenaffen zunehmend kräftiger und auch die Schulter wurde grundlegend umgeformt, so daß der Arm um 180 Grad gedreht werden konnte.

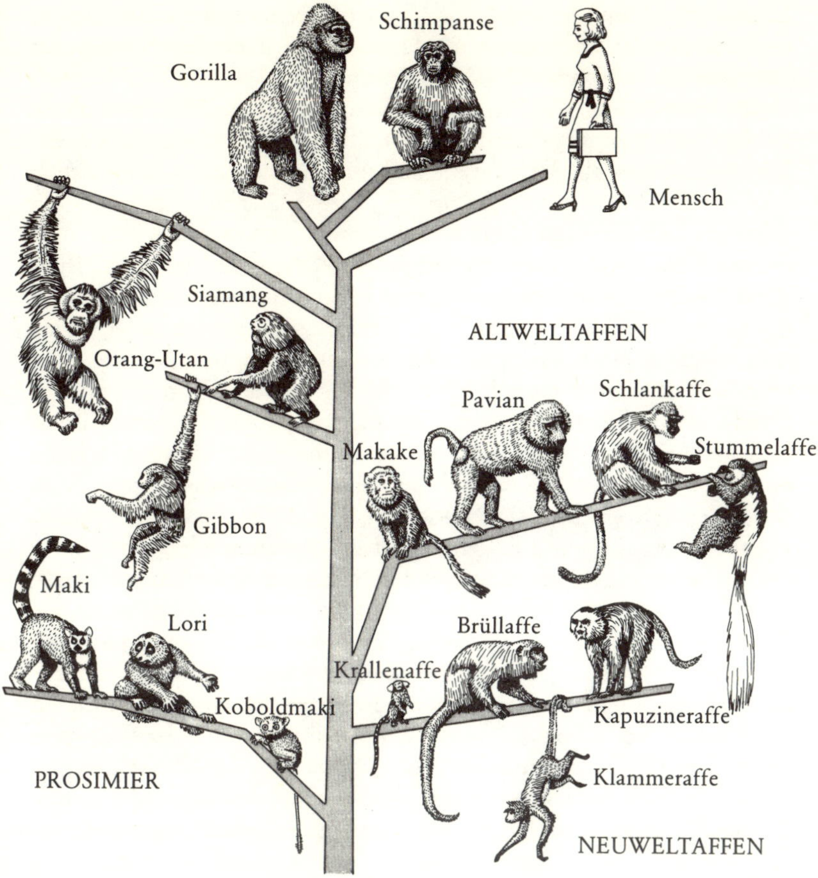

Der Stammbaum der Primaten

Diese Tafel zeigt die Evolutionstadien (Prosimier, Neu- und Altweltaffen, Menschenaffen), die schließlich zum Menschen hinführen. Alle hier aufgeführten Arten existieren heute noch, daher kann keine von ihnen als Vorfahr des modernen Menschen angesehen werden, so wenig wie ein Vetter der Vorfahr eines anderen Vetters sein kann. Primatologen sehen ausreichende Unterschiede zwischen den Gibbons in Asien und den großen Menschenaffen (Schimpansen, Gorillas und Orang-Utans), um sie einer eigenen Familie zuzuordnen. Viele Primatologen unterteilen diese Familie noch einmal in Gibbon und Siamang.

Dasselbe gilt für Schulter und Arm des Menschen – aus diesem Grunde wurden schließlich die Halteriemen über den Köpfen der Fahrgäste in Bussen und U-Bahnen erfunden.

Die Anpassung des Menschenaffen war eine Zeitlang äußerst erfolgreich. Vor ungefähr fünfzehn Millionen Jahren gab es mehr Menschenaffen- als Affenarten, und ihre Gesamtzahl war erheblich größer. Doch ein paar Millionen Jahre später war es mit dem Übergewicht der Menschenaffen zu Ende, und es gab wieder weit mehr Affen. Heute leben nur noch vier Arten von Menschenaffen: der Schimpanse und der Gorilla in Afrika und der Orang-Utan und die Gibbons in Südostasien. Die Verbreitungsgebiete aller Menschenaffen sind zu kleinen Enklaven geschrumpft, und ihre Zahl geht immer weiter zurück. Tatsächlich sind der Gorilla und der Orang-Utan vom Aussterben bedroht, wenn es nicht gelingt, ihren Lebensraum zu erhalten und zu verhindern, daß der Mensch sie ausrottet. Niemand kann mit Sicherheit sagen, warum vor zehn Millionen Jahren der jähe Niedergang der Menschenaffen begann, aber eine naheliegende Erklärung ist die zunehmende Konkurrenz durch die um diese Zeit entstehenden menschenähnlichen Formen.

Ein anthropozentrischer Rückblick auf die siebzig Millionen Jahre der Primatenevolution macht deutlich, daß bestimmte biologische Merkmale immer mehr an Bedeutung gewonnen haben. Die Primaten veränderten sich allmählich: auf das vierbeinige Laufen der Prosimier und Affen folgte das aufrechte Schwinghangeln der Menschenaffen und schließlich das zweibeinige Gehen des Menschen, das die Hände frei machte zur Herstellung von Werkzeug. Vor allem aber wurde das Sehen wichtig. Das Leben in den Bäumen erforderte eine genaue Abschätzung der Entfernungen zwischen den Ästen; verschätzte sich das Tier nur um ein paar Zentimeter, so bedeutete das einen folgenschweren Sturz zum Waldboden. Ein so exaktes Abschätzen geht nur mit Hilfe des räumlichen Sehens und des Farbsehens, das die Unterscheidung zwischen einem morschen und einem gesunden Ast erleichtert. Die Verlagerung des Schwergewichts der Sinne vom Riechen auf das Sehen führte zu Verhaltensmodifikationen bei den Affen, den Menschenaffen und schließlich den Menschen. Der Verlust der für Säugetiere typischen feuchten Schnauze gab beispielsweise den Lippen eine neue Beweglichkeit, die den mimischen Ausdruck von Emotionen ermöglicht. Eine Katze kann nur grinsen, doch ein Zoobesucher kann bei Affen und Menschenaffen eine große Zahl von Gesichtsausdrücken beobachten.

Eine verbesserte Koordination von Auge und Hand erforderte eine größere Differenzierung des Gehirns. Im Verhältnis zu ihrer

Körpergröße haben die Primaten ein großes und komplexes Gehirn, das ankommende Sinnesimpulse aufzunehmen, zu analysieren, zusammenzufügen und in ein angemessenes Verhalten umzusetzen vermag. Seit den Prosimiern nahm das Primatengehirn ständig an Volumen zu. Das einfachste Affengehirn, das des winzigen südamerikanischen Krallenaffen, ist bereits dreimal so schwer wie das Gehirn der Galagos, einer etwa gleich großen Prosimierart. Die Zunahme an Größe und Gewicht beruht teilweise darauf, daß sich die mit dem Tast- und Gesichtssinn verbundenen Regionen der Großhirnrinde (der «grauen Substanz») von Entwicklungsstufe zu Entwicklungsstufe weiter ausdehnt, zum Teil auch darauf, daß mehr und mehr Verbindungen zwischen den einzelnen Teilen des Gehirns entstanden. Das Gehirn des Menschen ist größer als das anderer Primaten, sowohl absolut als auch im Verhältnis zum Körpergewicht. Ein Gorillamännchen kann zum Beispiel fast dreimal so schwer sein wie ein Mann, doch sein Gehirn ist nicht einmal halb so groß.

Schließlich gab es in der Evolution der Primaten noch die Tendenz zu einer stetig steigenden Lebensdauer und einer Verlängerung jenes Lebensabschnitts, den man beim Menschen als Kindheit und Jugend bezeichnet. Bei vielen Prosimierarten können die Muttertiere ihre Jungen schon bald nach der Geburt allein im Nest zurücklassen, und Affenjunge können sich vom Augenblick ihrer Geburt an am Fell der Mutter festklammern. Aber bei den Menschenaffen können sich die Neugeborenen mindestens einen Monat lang nicht festhalten und müssen deshalb getragen werden. Wir Menschen müssen allerdings als Kinder in der Familie, von Freunden und in der Schule viele Jahre lang soziale Verhaltensweisen erlernen, bevor wir vollwertige Mitglieder der Gesellschaft werden können. Bei den nichtmenschlichen Primaten tragen die weiblichen Tiere bis ins hohe Alter ihre Jungen aus. Beim Menschen dagegen bekommt die Frau mit Eintritt der Menopause keine Kinder mehr, lebt aber gewöhnlich noch etliche Jahrzehnte und kann in dieser Zeit für die zuletzt Geborenen sorgen und zu ihrem Überleben beitragen. Bei Affen und Menschenaffen haben die Spätgeborenen weit geringere Überlebenschancen, da sie gewöhnlich die Mutter verlieren, bevor sie selbständig geworden sind.

Die Ausdehnung der Kinder-, Jugend- und Reifezeit beim Menschen ist eine evolutionäre Tendenz, die fraglos mit dem Entstehen einer vielschichtigen Kultur zusammenhängt. Der Mensch muß viel mehr wissen als jeder andere Primat und braucht deshalb zusätzliche Lernzeit. Die Verzögerung des Reifeprozesses hat jedoch in den letzten paar hundert Jahren der Menschheitsgeschichte ein soziales

Problem mit sich gebracht. Da gewisse technische Fertigkeiten entwickelt werden müssen, wird der Heranwachsende erst selbständig, wenn er längst die körperliche Reife erreicht hat. So sind heute Schüler und Studenten in sexueller und sozialer Hinsicht bereits Erwachsene, in technologischer Beziehung dagegen noch Jugendliche. Da ihnen die wirtschaftlichen und gesellschaftlichen Privilegien, die einem Erwachsenen zustehen, versagt bleiben, weil sie noch nicht alle in der modernen Welt erforderlichen technischen Fertigkeiten erworben haben, können junge Menschen in ihrem Verhalten leicht rastlos und antisozial werden. Diese Situation würde sich natürlich bessern, wenn es eine Tendenz zur Verzögerung der geschlechtlichen Reife gäbe. Eine verbesserte Ernährung und Gesundheitsfürsorge haben jedoch dafür gesorgt, daß die Pubertät heute eher früher als später eintritt. Das Alter der Mädchen bei der ersten Menstruation lag 1900 in den Vereinigten Staaten zwischen 14 und 15; heute liegt es fast schon bei 12,6 Jahren.

Bisher haben wir uns in diesem Kapitel auf die biologischen Merkmale der Primaten konzentriert, die besondere Bedeutung für die Entwicklung des modernen Menschen haben. Die meisten dieser Merkmale gelten für die Säugetiere im allgemeinen. Sie stehen für Verfeinerungen und nicht für so extreme Veränderungen im Körperbau, wie es der Hals der Giraffe, der Rüssel des Elefanten oder der Höcker des Kamels sind. Die Primaten haben jedoch nicht nur alte Verhaltensweisen verfeinert, sondern auch radikal neue Reaktionen auf ihre Umwelt entwickelt. Obschon verschiedene Säugetiere Verhaltensweisen kennen, die denen der Primaten ähneln, finden wir allein bei den Primaten die ganze Palette dieser Verhaltensweisen. Vier wesentliche Punkte sind es vor allem, durch die sich die Primaten abheben – soziales Lernen, Werkzeugherstellung, Zusammenarbeit beim Jagen und Gruppenorganisation – und alle hatten wichtige Folgen für die spätere Entwicklung des menschlichen Lebensstils.

Die meisten Säugetiere lernen durch Erfahrung. Sie modifizieren ihr Verhalten, wenn sie durch Ereignisse dazu angehalten sind, an denen sie selbst beteiligt waren und die sie bei anderen ihrer Art beobachtet haben. Die Anthropoiden zeichnen sich dadurch aus, daß sie diese Art des sozialen Lernens weiter entwickelt haben als jedes andere Säugetier. Von klein an verbringen Primaten viel Zeit damit, das Verhalten anderer zu beobachten: zuerst das ihrer Mutter, später das der Geschwister, der Gleichrangigen und der anderen Gruppenmitglieder. Schließlich geht der heranwachsende Affe oder Menschenaffe in der Gruppe auf, die fast seine gesamte kleine und vertraute Welt ausmacht. Natürlich leben auch andere Tierarten in Gruppen, aber keine kennt auch nur annähernd das reiche und vielfältige soziale Leben der Primaten. Tausende von Ameisen leben in ein und demselben Bau, aber ihre Pflichten werden bei der Geburt festgelegt, und sie bleiben ihr ganzes Leben lang, Tag für Tag, bei dem einmal festgelegten Verhalten. Die Primaten dagegen haben das Gruppenleben in einer Art und Weise ausgebaut, die ihnen zahllose Vorteile bei der Anpassung bringt. Aus dem Repertoire solcher Vorteile seien nur die genannt, die für das Verständnis des menschlichen Verhaltens besonders wichtig sind: die Sicherheit unter Gefährten, die man seit der Kindheit kennt; verwandtschaftliche Bindungen an die Mutter und an Geschwister, auf deren Schutz man sich verlassen kann; die Sicherheit, die die ständige Gegenwart von erwachsenen männlichen Tieren bietet; und die angenehmen sozialen Interaktionen einer vorhersehbaren Lebensweise.

Bis in die frühen 1960er Jahre galt der Mensch als das einzige Lebewesen, das regelmäßig Werkzeuge für bestimmte Zwecke herstellt. Als jedoch im Gombe-Waldschutzgebiet in Tansania Schimpansen in ihrer natürlichen Umgebung sehr genau beobachtet wurden, stellte sich heraus, daß der Mensch in dieser Hinsicht nicht einzig dasteht. Man sah Schimpansen mehrere Arten von Werkzeugen herstellen, die zwar primitiv, aber vom Konzept her eindeutig als Werkzeuge zu verstehen sind. Sie zerknüllen Blätter und verwenden sie als Schwämme, mit denen sie Wasser aus Baumlöchern holen und Schmutz von ihrem Körper wischen. Schimpansen stellen auch Werkzeuge her, um sich Termiten als Nahrung zu besorgen. Zuerst suchen sie Zweige oder steife Grashalme in der erforderlichen Stabilität und Größe, und verwerfen dabei viele, bis sie gefunden haben, was sie brauchen; ähnlich müssen die frühen Hominiden immer wieder Steine verworfen haben, bis sie die ihren Zwecken angemessenen Exemplare fanden. Als nächstes streifen sie die Blätter ab, beißen gegebenenfalls gekrümmte Enden ab und machen dicke Stecken dünner. Sie lassen eindeutig ein Vorausplanen erkennen, wenn sie erst für die geeigneten Werkzeuge sorgen, ehe sie nach einem Bau suchen, in dem die Termitengänge dicht unter der Oberfläche verlaufen. Hat ein Schimpanse gefunden, was er sucht, kratzt er die Erde von einem Loch und steckt die selbstgefertigte Sonde hinein. Die aufgescheuchten Termiten verbeißen sich in die Sonde, und der Schimpanse zieht sie nun behutsam heraus, um die gefangenen Insekten nicht wieder abzustreifen.*

Schimpansen setzen Werkzeuge auch als Waffen ein, und ihr Vorgehen muß dem der frühesten Hominiden ähnlich sein, die sich aus den Wäldern in die Grassteppen wagten. Vor einigen Jahren

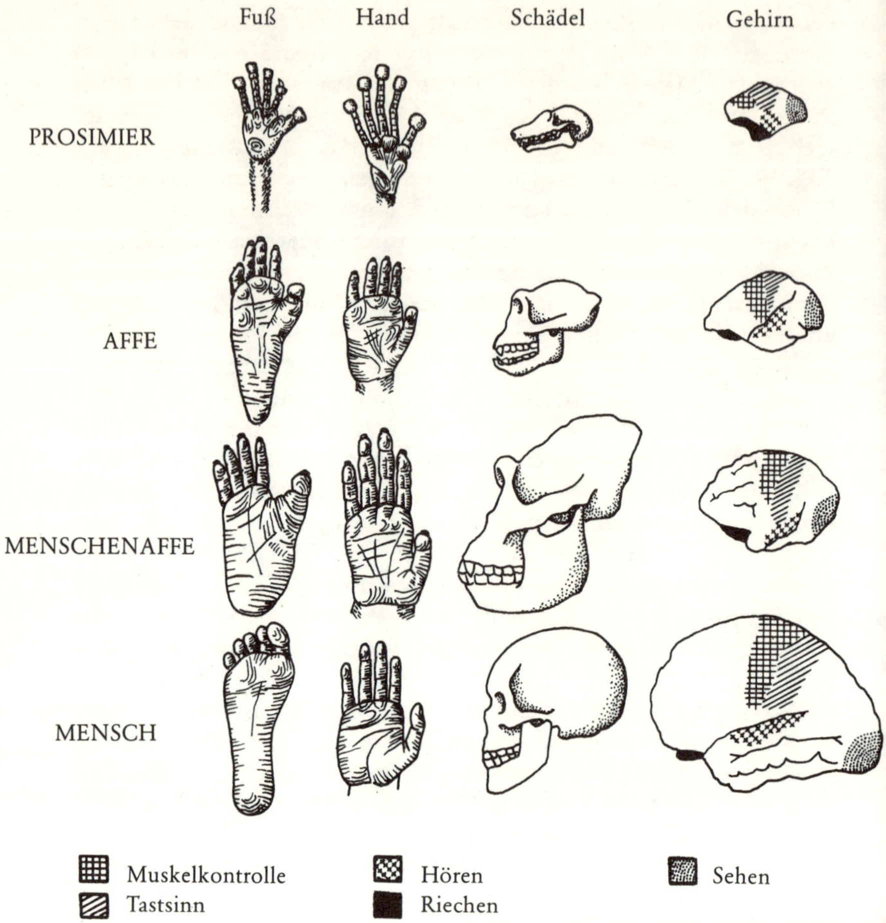

Die Hauptmerkmale der Primatenevolution

Diese Darstellung umreißt – beginnend mit den Prosimiern – die Evolution von Merkmalen, die für den Menschen wichtig wurden: die Füße und Hände, den Schädel und die Zähne, das Gehirn. Im großen und ganzen hat sich der Mensch nur wenig vom Urbild des Primaten entfernt, doch diese Zeichnungen verdeutlichen mehrere wesentliche Verfeinerungen. Die Füße des Menschen haben sich dem Gehen auf zwei Beinen angepaßt; der Daumen kann sich frei bewegen und eine Oppositionsstellung zu jedem anderen Finger einnehmen und damit Werkzeuge präzise handhaben; die Form des Schädels hat sich verändert – eine Folge des aufrechten Ganges, des größeren Gehirns und der Tatsache, daß Kinnbacken und Zähne an Bedeutung verloren; die Größe und Komplexität des Gehirns haben gewaltig zugenommen. Primaten verzehren eine höchst abwechslungsreiche Nahrung aus Pflanzen, Insekten, Schalentieren, Eidechsen und zähem Fleisch, begünstigt durch die Anordnung ihrer verschiedenartigen Zähne: vorne liegen die Schneidezähne (die zum Abbeißen benützt werden), an den Seiten die größeren Eckzähne (zum Reißen und Durchbohren) und ganz hinten die Backen- und Vorbackenzähne (zum Mahlen und Zerdrücken). Man beachte, daß ähnliche Gehirnregionen beim Prosimier, Affen, Menschenaffen und Menschen gleich schraffiert sind. Diese Schattierungen machen deutlich, daß der Anteil der fürs Riechen und Hören zuständigen Bereiche stetig abnimmt; dagegen wächst der Umfang der nicht festgelegten Großhirnrinde (der «grauen Substanz», die dem intelligenten Verhalten der Menschenaffen und Menschen dient.)

machten Primatologen diesen Versuch: sie fabrizierten einen künstlichen Leoparden, dessen Kopf und Schwanz durch Fernsteuerung bewegt werden konnten. Als man den Leoparden aus seinem Versteck zog, zeigten die Schimpansen folgende Reaktion: sie schleuderten Steine oder warfen lange Stecken, allerdings ohne damit die gleiche Wirkung zu erzielen wie Menschen, die mit dem Speer jagen. Den Normen menschlicher Gesellschaften entsprechend waren es die männlichen Tiere, die mit diesen Waffen die Gruppe verteidigten. Diese gegen Raubtiere gerichteten Bemühungen sind jedoch alles andere als wirkungsvoll: in 47 Fällen von Waffengebrauch, die im Gombe-Schutzgebiet beobachtet wurden, trafen die Steine oder Stöcke tatsächlich nur fünfmal das Ziel.* Dennoch ist die Fähigkeit zur Herstellung und Verwendung von Werkzeugen und Waffen im Primaten-Erbgut des Menschen fest verankert.

Fast die ganzen drei Millionen Jahre seit Beginn der Menschheitsgeschichte wurden geprägt von der Jagd nach Nahrung. Anthropologen waren bisher der Ansicht, der Mensch sei der einzige Primat, der gemeinsam auf Jagd gehe und die Beute teile, doch die jüngsten Beobachtungen nichtmenschlicher Primaten in freier Natur haben gezeigt, daß das nicht stimmt. Im Verlauf von zehn Jahren wurden in Gombe etwa 50 Schimpansen beobachtet, die 95 Säugetiere töteten und – allerdings erfolglos – auf 37 weitere Jagd machten. Vermutlich wurden – von den Primatologen unbemerkt – noch andere Beutetiere erlegt. An diesen Jagden nahmen fast ausschließlich ausgewachsene oder fast ausgewachsene Männchen teil; Weibchen schienen nur zu jagen, wenn keine Männchen in der Nähe waren. Dabei wurde immer deutlicher, daß die Schimpansenmännchen nicht nur gemeinsam jagen, sondern auch die Beute teilen. Normalerweise teilen Primaten ihre Nahrung nicht, nicht einmal ein Weibchen mit seinen Jungen. Doch wenn ein Schimpanse ein

Beutetier erlegt, wird dieses für kurze Zeit zum gemeinsamen Eigentum. Dann dürfen sich selbst Schimpansen, die die Jagd nicht mitgemacht haben, Fleischstücke schnappen, und es ist beobachtet worden, daß sich bis zu fünfzehn Tiere einen einzigen Kadaver teilten. Bald danach beansprucht jedoch derjenige, der das Tier zur Strecke gebracht hat, die Beute für sich allein, und andere in der Nähe betteln um ein Stück davon. Nicht jedes bettelnde Tier erhält Fleisch. Anhaltende Bitten von ausgewachsenen männlichen Geschwistern, von Weibchen mit hohem Ansehen in der Gruppe oder von kopulationswilligen Weibchen werden am ehesten erhört.

Diese neuesten Beobachtungen des kooperativen Jagens und der anschließenden Aufteilung der Beute haben viele bisherige Vorstellungen vom Verhalten der frühen Hominiden revidiert. Es galt als anthropologisches Dogma, daß nur Menschen ein ausgeprägtes Jagdverhalten zeigen – d. h. eine Zusammenarbeit der männlichen Jäger und das anschließende Verteilen der Beute. Möglicherweise war jedoch ein derartiges Verhalten schon vor dem Auftreten des Menschen im Primaten angelegt. Immer mehr Primatenarten werden in freier Natur beobachtet, und allmählich kommt man dahinter, daß Schimpansen nicht die einzigen Jäger sind. Ein Primatologe beobachtete etwa 1000 Stunden lang eine Gruppe von Pavianen und notierte, daß in dieser Zeit 47 kleine Tiere getötet und gefressen wurden. Jede Paviangruppe bevorzugt anscheinend einige wenige Arten – und die von der einen Gruppe bevorzugten Beutetiere sind andere als die benachbarter Gruppen. Ein Pavianmännchen entfernt sich bei der Jagd bis zu drei Kilometer von seiner Gruppe. Wenn es keinen Erfolg gehabt hat, jagt es an den darauffolgenden Tagen oft wieder hinter der gleichen Beute her. Die Hominiden entwickelten gewiß nicht auf einmal und aus dem Nichts heraus jene Verhaltensweisen bei der Jagd, die mehrere Millionen Jahre lang eine Grundlage ihres Lebens blieben. Die ersten dem Menschenaffen noch nahestehenden Menschen, die sich aus den Wäldern in die Grassteppen wagten, müssen dieses Verhalten bereits in irgendeiner rudimentären Form gezeigt haben.*

Wir haben gesehen, daß das Lernen, das Herstellen von Werkzeugen und das kooperative Jagen in unseren Erbanlagen als Primaten verwurzelt sind. Das vierte wichtige Verhaltensmerkmal der nichtmenschlichen Primaten – die soziale Organisation – läßt sich wegen der großen Vielfalt der Primatenarten nur schwer auf einen allgemeinen Nenner bringen. Zwei Aspekte dieser sozialen Organisation sind jedoch auffällig. Erstens können unter den Primaten alle sozialen Vorgänge – Kämpfe zwischen männlichen Tieren, Paarung, Geburt, Verlegung des Standorts – jederzeit vonstatten gehen,

Kooperatives Jagen und Beuteteilung

Diese Schimpansen sind damit beschäftigt, nach der gemeinsamen Jagd auf einen jungen Affen die Beute zu teilen. Das erlegte Tier wird von den Jägern, die es zur Strecke gebracht haben, eifersüchtig bewacht, während ein anderer Schimpanse den Arm ausstreckt und um ein Stück Fleisch bettelt. Wenn er nichts bekommt, schließt er sich den anderen Gruppenmitgliedern an, die sich um die Jäger drängen und betteln. Schließlich bekommen die meisten Mitglieder des Haufens eine kleine Portion.

während bei den meisten Säugetieren nur ganz bestimmte Zeiten im Jahr dafür in Frage kommen. Weil sich diese und zahlreiche andere Ereignisse in der Primatengruppe gleichzeitig abspielen können, müssen die Individuen lernen, rasch von einer familiären Situation auf eine andere umzuschalten. Zweitens sind Affen und Menschenaffen im Gegensatz zu den meisten anderen Säugetieren auf immer an eine soziale Gruppe gebunden. Ein einsamer Bär, Elch oder Biber kann sehr wohl ohne fremde Hilfe überleben, aber ein einsamer Anthropoide ist gewöhnlich ein toter Anthropoide. Bei einigen Primatenarten gibt es zwar Einzeltiere, aber im allgemeinen ist das Gruppenleben unvermeidlich, nicht nur zum Schutz gegen räuberische Angreifer, sondern auch, weil es erst den ganzen Komplex des sozialen Lernens ermöglicht, das der Lebensart der Primaten den Stempel aufdrückt. Diese beiden Merkmale des sozialen Lebens der Primaten haben im Menschen ihren vollkommensten Ausdruck gefunden.

Jeder Affe, Menschenaffe und Mensch wird in eine soziale Gruppe hineingeboren, die für den Rest seines Lebens bestimmend ist. Deshalb muß jedes Individuum eine Unmenge feinster Unterscheidungsmerkmale sammeln, die jedes Gruppenmitglied, seinen besonderen Status und die Identität aller Freunde und Verwandten erkennen lassen. Sobald zwei Affen oder Menschenaffen aufeinander zugehen, kommt es unweigerlich zu einer ziemlich komplizierten Interaktion. Jeder muß wissen, ob er oder der andere mächtiger ist, ob der andere ein verträglicher oder reizbarer Typ ist und ob er sofort mit der Hilfe seiner Geschwister rechnen kann, falls es zum Kampf kommen sollte. Ein junges Männchen, das kein Gefühl für das Verhalten der anderen Männchen hat, wird ständig belästigt. Es wird vielleicht gezwungen sein, die Gruppe zu verlassen und allein zu leben – eine leichte Beute für Raubtiere. Bleibt es in der Gruppe, erhält es einen sehr niederen Status und ist immer unter den letzten, die zu fressen bekommen; die Folgen sind körperliche Schwäche, Krankheit und möglicherweise ein früher Tod. Selbst wenn ein solches Männchen zur Geschlechtsreife kommt, lassen die anderen Männchen kaum zu, daß es in einer Zeit mit Weibchen kopuliert, wo diese empfangen können. Wie immer sein Schicksal im einzelnen aussehen mag, die Gene dieses instinktlosen Männchens werden wahrscheinlich nicht weitervererbt. Von Generation zu Generation wurden so die nicht in die Sozialordnung passenden Tiere ausgeschaltet, und daraus ist den modernen Primatenarten – einschließlich des Menschen – die außergewöhnliche Fähigkeit erwachsen, komplexe soziale Situationen richtig zu erfassen und entsprechend zu handeln.

Ein Teil des für die Spezies Mensch so kennzeichnenden sozialen Verhaltens – die an Alter und Geschlecht geknüpften Rollen, die Dominanz des männlichen Geschlechts, Familienverbände und die Bande zwischen den Geschlechtern – findet sich, zumindest als Prototyp, auch unter den anderen Primaten. Heute verurteilen viele Menschen ein dominantes Verhalten, da es sich auf Gewaltandrohung stützt; doch unter Primaten ist es seit langem ein Akt der Anpassung, der die soziale Harmonie fördert. Erwachsene Männchen dominieren fast immer über Weibchen (wenn man die Mutter des einzelnen Männchens ausnimmt), und die Weibchen haben ihre eigene Hierarchie. Diese Hierarchien erwachsen aus sozialen Erfahrungen, die kurz nach der Geburt beginnen und die den jungen Affen oder Menschenaffen lehren, über wen er dominieren kann und über wen nicht. Mit der Zeit finden alle Mitglieder der Gruppe ihren Platz in der Hierarchie.*

Früher einmal hielt man die Dominanz für eine ziemlich einfache Angelegenheit: Tier A dominiert über Tier B, B über C und so fort. Die Primatologen haben aber herausgefunden, daß es doch etwas komplexer ist. Tier A dominiert vielleicht über Tier B in bezug auf aggressive Interaktionen, aber Tier B ist vielleicht frecher, wenn es ans Fressen geht. Zwei Brüder, die einzeln irgendwo in der Mitte der Machthierarchie stehen, tun sich manchmal zusammen und entreißen einem stärkeren, aber allein dastehenden Männchen die dominierende Stellung. Die Dominanz fällt auch nicht automatisch dem größten und stärksten Männchen zu. Persönlichkeit und Temperament spielen ebenfalls eine Rolle. Manche Affen und Menschenaffen reagieren prompt, wenn sie sich bedroht fühlen, während andere so friedlich veranlagt sind, daß sie sich nur widerwillig auf bedrohliche Situationen einlassen. Wie wichtig individuelle Wesenszüge bei der Festlegung der Hierarchie sind, zeigt der Fall eines Schimpansenmännchens in Gombe. Dieser Schimpanse, der in der Machthierarchie einen niedrigen Rang einnahm, entdeckte eines Tages, daß er mit zwei leeren, aus dem Lager der Primatologen gestohlenen Petroleumkannen einen gewaltigen Lärm erzeugen und die ranghöheren Männchen vertreiben konnte. Sofort kletterte er in der Hierarchie nach oben.

Eine stabile Hierarchie, in der jedes Männchen seinen Rang kennt, begünstigt zweifellos die Anpassung von Tieren, die in einer Gruppe zusammenleben müssen, in der es tagtäglich zu zahllosen Interaktionen kommt. Wenn es solche Hierarchien nicht gäbe, müßten zwei Männchen jedesmal kämpfen, wenn sie es beide auf denselben Bissen oder auch nur einen bequemen Sitzplatz auf einem Ast abgesehen hätten; die Folgen wären soziale Spannungen, Kraftverschwendung und möglicherweise Wunden, die in den Tropen leicht zu einer Infektion führen. Tatsächlich kommt es nur selten zu Kämpfen, da einer der Kontrahenten weiß, daß er einen geringeren Rang einnimmt und deshalb nachgeben muß. Die dominierenden Männchen müssen die anderen nur von Zeit zu Zeit daran erinnern, wie die Rangfolge aussieht. Dazu genügt oft schon ein Gähnen, das dezent die Eckzähne bloßlegt, oder ein längerer starrer Blick. Jede Gruppe, die sich aus vielen in potentieller Konkurrenz stehenden Individuen zusammensetzt – mag es nun ein Geschäftsunternehmen sein oder ein Club oder selbst eine religiöse Organisation –, würde ineffektiv bleiben, wenn ständig Führungskämpfe ausgefochten würden. Aber jedes Gruppenmitglied kennt die offiziellen wie die inoffiziellen Hierarchien ganz genau. Alle Mitglieder wissen, wer bei Sitzungen Anspruch auf den begehrtesten Platz hat, wer bei einem Arbeitsessen als erster seine Bestellung aufgibt, wessen Zustimmung eingeholt werden muß, bevor etwas unternommen werden kann. Dieses Wissen beugt zeitraubenden Zänkereien vor und ermöglicht es, produktive Energien auf die wirklich wichtigen Funktionen der Gruppe zu konzentrieren.

Bis in die jüngste Zeit konzentrierte man sich bei der Beobachtung der Primaten in der Wildnis meistens auf die männlichen Tiere, vor allem wegen ihres dramatischen Wettstreits um die Dominanz. Heute wissen wir jedoch, daß sich die grundlegende Interaktion im Sozialverhalten der Primaten zwischen dem Muttertier und seinen Jungen abspielt. Die meisten Säugetiere verstoßen ihre Jungen bald nach der Entwöhnung, doch bei vielen Affen und Menschenaffen hält die Bindung an die Mutter lebenslang und ist höchst emotionsgeladen. Enge «menschliche» Bande zwischen Männchen und Weibchen gibt es nur bei ganz wenigen Arten von Affen oder Menschenaffen, so zum Beispiel unter den Krallenaffen in Südamerika, den Mantelpavianen in Äthiopien und den Gibbons in Südostasien. Solche Familieneinheiten sind sowohl bei Männchen wie Weibchen eine wichtige Methode der Anpassung – es ist die gleiche Art der unbewußten Verhaltenslenkung, die auch beim Menschen so erfolgreich war. Das Weibchen kann sicher sein, daß ein Männchen sie und ihre Jungen stets beschützt und damit eine bessere Überlebenschance für den Nachwuchs schafft. Auch aus der Perspektive des Männchens bietet diese Art der Aufgabenverteilung handgreifliche Vorteile. Wenn es eine kleine Zahl von Jungen beschützt, von denen es weiß, daß es seine eigenen sind, wird es wahrscheinlich eher für den Fortbestand der eigenen Gene sorgen, als wenn es eine große Zahl von Weibchen befruchtet und nie weiß, welche Jungen es gezeugt hat.*

Diese Handlungsweise ist bei den Primaten allerdings die große Ausnahme. Das Primatenweibchen ist ein paar Tage vor und nach der Wanderung des Eies vom Eierstock zur Gebärmutter empfängnisbereit («brünstig» oder, wissenschaftlich gesprochen, «im Östrus»). In dieser Zeit paart es sich mit bis zu zwanzig erwachsenen Männchen und stellt so die Befruchtung sicher – das macht es allerdings unmöglich, festzustellen, welches Männchen der Vater ist. Bei den Menschen wurde zwar der Menstruationszyklus der anderen Primaten beibehalten, doch kein äußeres Zeichen deutet mehr auf den Eisprung hin (während bei einigen Primatenweibchen die auffallend helle Haut im Vaginalbereich in dieser Phase anschwillt). Vielmehr bleibt beim Menschen die Bereitschaft zur geschlechtlichen Aktivität das ganze Jahr über gleich – eine biologische Entwicklung und Verhaltensänderung, die die Bande zwischen Mann und Frau zweifellos gefestigt und der menschlichen Sexualität eine Bedeutung und Intensität gegeben hat, die im gesamten Tierreich ihresgleichen sucht. Beim Affen oder Menschenaffen kommt dagegen ein Weibchen, das Nachwuchs erwartet, erst dann wieder in den Östrus, wenn das Kleine entwöhnt ist.

Schon diese kurze Darstellung der sozialen Organisation bei den Primaten macht deutlich, daß die Anpassungsmechanismen bei Affen und Menschenaffen oft stark von denen abweichen, die der Mensch entwickelt hat. Und doch war ein großer Teil des für den Menschen so typischen Sozialverhaltens offensichtlich schon lange in den Primaten angelegt, bevor die ersten Hominiden erschienen. Die Primaten bereiteten der menschlichen Evolution – sowohl was den Körperbau als auch was das Verhalten betrifft – in einer Weise den Weg, wie das keine andere Gruppe von Säugetieren hätte tun können. Der Mensch ist also, mit anderen Worten, nicht zufällig ein Primat; er ist es vielmehr als natürliches Ergebnis einer Reihe von Anpassungen, die in der Linie der Primaten schon angelegt waren.*

Die Lebensweise des Menschen lassen also auch die nichtmenschlichen Primaten in ihrer «Protokultur» ahnen – etwas, das sich durchaus mit dem komplexen Prozeß vergleichen läßt, bei dem die menschliche Kultur neue Handlungsweisen hervorbringt und sie sowohl an andere Mitglieder der Gruppe als auch an künftige Generationen weitergibt. Die Protokultur wurde ganz zufällig bei der Beobachtung japanischer Makaken in ihrer natürlichen Umgebung entdeckt. (Diese Tiere sind das traditionelle Vorbild jener drei Affenfiguren, die die buddhistische Weisheit des «Sieh nichts Böses, hör nichts Böses, sprich nichts Böses» mimisch darstellen.) Um die Tiere zu Futterstellen in der Nähe der offenen Meeresküste zu locken, wo sie leichter zu beobachten waren, legten Primatologen Weizen und Kartoffeln aus, Nahrungsmittel, die nicht zur naturgegebenen Kost der Makaken gehören. Nachdem das ranghöchste Männchen einer Gruppe den zurückgelassenen Weizen probiert und zu fressen begonnen hatte, folgte innerhalb von vier Stunden die gesamte Gruppe seinem Beispiel.

Da der Weizen auf den Sand geschüttet worden war, hatten die Affen Mühe, die Weizenkörner von den Sandkörnern zu trennen. Jahr um Jahr klaubten die Affen die Weizenkörner sorgfältig mit den Fingerspitzen auf, bis ein junges Weibchen auf eine ganz neue Lösung kam: sie schaufelte eine Handvoll aus dem Gemisch und lief auf den Hinterbeinen zum Meer. Als sie die Hände im Wasser öffnete, gingen die schwereren Sandkörner sofort unter, während die Weizenkörner an der Wasseroberfläche schwammen, wo sie sich leicht abschöpfen ließen. Mit der Zeit wurde diese Methode, den Weizen zu sieben, zu einem Brauch der Gruppe. Ganz ähnlich muß sich das auch bei den Menschen entwickelt haben, die in ihrer Kultur schon früh diese Neuerung einführten, mit der sich die Spreu vom Weizen trennen läßt. Das Weizensieben der Makaken ist ein echtes Stück Protokultur: eine Verhaltensänderung gegenüber anderen Gruppen, die derselben Spezies angehören und sich denselben Möglichkeiten und Einschränkungen in ihrer Umwelt gegenübersehen – eine Verhaltensänderung, die dann innerhalb der Gruppe und von Generation zu Generation weitergegeben wird.

Hat sich eine neue Tradition erst einmal eingebürgert, kann sie andere Teilgebiete der Protokultur beeinflussen. Nachdem die Makaken sich angewöhnt hatten, Weizen zu sieben und später auch Kartoffeln zu waschen, orientierten sie sich immer mehr zum Meer hin, einem Teil ihrer Umwelt, den sie bis dahin ignoriert hatten. Die jungen Tiere begannen im Wasser zu spielen, und später lernten einige Makaken, nach Meerespflanzen zu tauchen. Mindestens ein Affe schwamm zu einer nahe gelegenen Insel. Das Kennenlernen neuer Nahrungsmittel führte also zuerst zu der neuen Praxis, die Nahrungsmittel zu waschen, danach zu einer neuen Einstellung gegenüber dem Meer und schließlich zu einer Nutzung des Meeres als eines Ortes, der neue Nahrungsmittel bietet und in dem man sich fortbewegen kann. Andere Gruppen japanischer Makaken, die die von den Primatologen angebotenen Nahrungsmittel nicht annahmen, entwickelten diese neuen Verhaltensweisen nicht. Und sie ignorierten auch weiterhin das Meer, obwohl sie es fast den ganzen Tag vor Augen hatten.*

Die Entwicklung neuer Verhaltensformen innerhalb kleiner Gruppen japanischer Makaken ist die stärkste Annäherung an die menschliche Kultur, die wir bisher im Detail kennen. Weizensieben, Kartoffelwaschen und Schwimmen sind jedoch eher als Protokultur anzusehen denn als eine voll entwickelte Kultur, wie wir Menschen sie kennen. Bei den Makaken kam es durch unmittelbare Nachahmung von und Experimentieren mit Verhaltensweisen, die die Billigung der dominierenden Tiere in der Gruppe fanden, zu überlieferten Handlungsweisen. Beim Menschen sieht die Reaktion auf eine Erfindung anders aus. So rollte der Erfinder des Skateboards nicht einfach monatelang durch die Gegend, bis endlich jemand merkte, daß das Spaß macht und eine gute Übung ist und daraufhin das Vorbild zu kopieren begann, um wiederum von einem dritten kopiert zu werden. Bei uns Menschen sichert sich ein Erfinder mit Hilfe gesetzlicher Institutionen die Besitzrechte an seiner Neuerung und gibt ihr einen Namen; danach wird sie verpackt, geht an die Händler, kommt auf den Markt, wird durch Werbung bekanntgemacht und unter die Leute gebracht. In jedem Stadium verwendet der Erfinder Symbole, um bestimmte Verhaltensweisen auszulösen, die seiner Erfindung zu einer schnelleren Verbreitung in der ganzen Gesellschaft verhelfen. Im Gegensatz dazu waren es von den sechzig japanischen Makaken einer Gruppe nur vier, die im ersten Jahr nach der Neuerung das Kartoffelwaschen übernahmen.

Ein entscheidender Unterschied zwischen der Protokultur und der menschlichen Kultur besteht darin, daß die menschliche Kultur durch Symbole – meistens durch Sprache – vermittelt wird. Bei den von den japanischen Makaken angenommenen Bräuchen waren dagegen keinerlei Symbole im Spiel. Die Makaken maßen dem Weizen oder den Kartoffeln keine symbolische Bedeutung bei – wie es zum Beispiel die Christen tun, wenn sie Brot und Wein als Symbole für den Leib und das Blut Christi betrachten, oder die Juden, wenn sie ungesäuertes Brot essen, um des Auszugs aus Ägypten zu gedenken. Und während die Makaken die Kartoffeln ausschließlich als Nahrungsmittel verwendeten, geht der Mensch darüber hinaus, wenn er zum Beispiel das Brot bricht, um symbolisch einen Akt der Freundschaft zu vollziehen. Ein japanischer Makak oder irgendein anderer nichtmenschlicher Primat wird nie auf sein Fressen verzichten, um Buße zu tun oder gegen eine soziale Ungerechtigkeit zu protestieren. Er stattet natürliche Substanzen nicht mit übernatürlichen Eigenschaften aus, wie die Katholiken es mit dem Weihwasser oder geweihten Palmzweigen tun. Ein gläubiger Moslem oder Jude bleibt hungrig, wenn ihm etwas so Nahrhaftes wie Schweinefleisch vorgesetzt wird, weil es von Mitgliedern seiner Kultur als unrein erklärt wurde – ein nicht zur menschlichen

Rasse gehöriger Primat tut das nicht. Alle diese kulturellen Verhaltensweisen des Menschen beruhen auf dem Gebrauch von Symbolen: Dingen und Vorgängen werden Bedeutungen beigemessen, die weit über das hinausgehen, was die Sinne erfassen können – etwas, was andere Primaten nur in ganz geringen Ansätzen erkennen lassen.

Daß Menschen Primaten sind und nicht einer anderen Ordnung von Säugetieren angehören, war für unseren Werdegang von allergrößter Bedeutung. Vor über einem halben Jahrhundert machte sich der Humorist Clarence Day in *This Simian World* Gedanken darüber, wie der Mensch sich wohl entwickelt hätte, wenn er von der Familie der Katzen und nicht von den Simiern (Affen und Menschenaffen) abstammte:

> Eine von den großen Katzen abstammende Rasse kultivierter Lebewesen wäre reich an Einsiedlern und einsamen Denkern. Der Eremit würde nicht, wie bei uns Simiern, als Sonderling bezeichnet. Es wären keine leichtgläubigen und nur schwerlich religiöse Menschen geworden. Falsche Propheten und Schwindler hätten nur wenige Opfer gefunden... Nur der letzte Abschaum einer solchen Rasse wäre Anwalt geworden, der sein ganzes Leben auf dieser geheimnisvollen Erde damit zubringt, die langen staubigen Protokolle von vergessenen und vergangenen Streitereien zu studieren. Wir Simier bewundern natürlich einen Berufsstand, der sich auf Gezänk und Geschwätz versteht, aber diese Art, einen Streit zu schlichten, entspricht ganz der Affen- und nicht der Katzennatur... Was [den Simier] in Rage bringt, ist jeder Versuch, ihm den Mund zu stopfen.

Mit den im Primaten vorgegebenen Eigenschaften wurden der Entwicklung der Hominiden sowohl Möglichkeiten eröffnet als auch Grenzen gesetzt. Die Primaten lassen eine bemerkenswerte Vielfalt an sozialen Organisationen erkennen, wie das nicht anders zu erwarten ist, leben doch annähernd zweihundert Arten unter ganz verschiedenen ökologischen Bedingungen. Diese Organisationen reichen von monogamen Paaren (Gibbons und Krallenaffen) über Haremssysteme (bestimmte Paviane) bis zu lose organisierten Familiengruppen mit dem Muttertier als Mittelpunkt (Schimpansen). Trotzdem gibt es einen fundamentalen Unterschied zwischen der Gruppenorganisation beim Menschen und bei den anderen Primaten. Weil es so viele nichtmenschliche Primatenarten gibt, finden wir bei ihnen auch so viele unterschiedliche Organisationsformen – während im Gegensatz dazu allein die Spezies Mensch jede Form der Gruppenorganisation aufweist, die bei allen anderen Primatenarten insgesamt zu finden ist. Die Menschen sind sogar noch über die Vielfalt anderer Primaten hinausgegangen und haben eine einzigartige Form der sozialen Organisation entwickelt, die Polyandrie – d. h. eine Gruppe aus einer Frau und mehreren Männern, zu finden in einigen Gegenden Indiens und Tibets und auf gewissen Inseln im Pazifik.

Aus der Beobachtung nichtmenschlicher Primaten in freier Wildbahn während der letzten Jahrzehnte wissen wir, daß sie die ungeahnte Fähigkeit besitzen, Informationen zu sammeln und neue Verhaltensformen zu entwickeln. Diese Leistungen sind allerdings weniger beeindruckend, wenn man sie mit denen der Menschen und selbst einiger anderer Säugetiere vergleicht. Erst wenn man Primaten in der Versuchsstation mit menschlichen Trainern zusammenbringt, zeigt sich deutlich ihre Fähigkeit, Probleme zu lösen, bei der Lösung von Aufgaben mitzuwirken und mit Symbolen zurechtzukommen. Man hat Schimpansen zum Beispiel beigebracht, eine Art von Spielautomat zu bedienen, der den Gewinn in Form von Früchten ausschüttet. Von selbst haben sie jedoch gelernt, Spielmarken von einer bestimmten Farbe zu hamstern, da diese später dazu verwendet werden konnten, besonders begehrte Früchte aus dem Automaten herauszuholen. In der Versuchsstation zeigt sich, daß ein Primat mit seinen geistigen Fähigkeiten anderen Werkzeugbenutzern, den kalifornischen Meerottern etwa, überlegen ist. Die Fähigkeiten eines Meerotters sind spezialisiert und genetisch fixiert, die Fähigkeiten eines Primaten dagegen sind flexibel und stellen ein gewaltiges Potential zur Entwicklung neuer Verhaltensweisen dar. Niemand konnte bisher genau erklären, weshalb die Primaten diese flexiblen Fertigkeiten – das eigentliche Abhebungsmerkmal der Hominiden – unter Trainingsbedingungen zeigen, nicht aber in ihrer naturgegebenen Umgebung. Ein Grund ist natürlich der, daß Primaten auf der Station mit Menschen in Kontakt kommen, von denen sie lernen können. Aber selbst Menschenaffen und Affen, die mit ihren Pflegern nur minimalen Umgang haben, legen Verhaltensweisen an den Tag, die in freier Wildbahn nie beobachtet worden sind. Wie immer auch die Erklärung aussehen mag, es scheint, daß die frühesten Hominiden von Anfang an ihre von Primatenvorfahren ererbten flexiblen Fertigkeiten dazu verwendeten, ihre einzigartige Lebensweise zu gestalten.*

3. Die Grundstruktur der Hominiden

Bei allen menschenähnlichen Eigenschaften der Menschenaffen gibt es zwischen ihrer Anatomie und der des Menschen doch größere und kleinere Unterschiede. Beim Menschen besitzt zum Beispiel die Frau große Brüste, während beim Menschenaffen das Weibchen selten auch nur leicht vorstehende Milchdrüsen aufweist. Dank geringer anatomischer Unterschiede im Stimmbandbereich können Menschen im Gegensatz zu allen anderen Primaten sprechen. Menschen sind auch die einzigen Primaten, die in melodischen Sequenzen die Höhe der einzelnen Töne variieren und somit singen können. Wir sind die Primaten mit der geringsten Behaarung, aber es gibt Säugetiere, die noch weniger behaart sind (der Elefant, das Flußpferd und der Wal haben pro Quadratzentimeter Haut weniger Haare als der Mensch). Wir haben zwar auf jedem Fleckchen unseres Körpers ebenso viele Haare wie Affen und Menschenaffen, aber die meisten Menschen bringen nur einen feinen Flaum hervor und nicht die langen kräftigen Haare, die den Körper nichtmenschlicher Primaten bedecken. Im Gesicht allerdings weist der Mann eine stärkere Behaarung auf als jeder andere Primat, und er hat fast so viele Haare auf der Brust wie ein Gorilla. Die Kahlköpfigkeit beim reifen Mann halten manche für eine rein menschliche Eigenschaft, aber sie ist in der Tat ein Charakteristikum der Primaten. Beim Schimpansen, Orang-Utan und verschiedenen Affenarten stellte man unter den heranreifenden Männchen eine Tendenz zur Kahlköpfigkeit fest.

Schädel, Gesicht und Kiefer des Menschen unterscheiden sich in den Proportionen beträchtlich von denen des Menschenaffen. Der menschliche Schädel ist gewaltig, da er ein sehr großes Gehirn umschließt; das Gesicht ist – abgesehen von der vorspringenden Nase – in der Relation viel kleiner als bei den Menschenaffen. Auch Zähne und Kiefer sind beim Menschen viel kleiner, denn die Nahrung der Menschen ist im allgemeinen weicher oder muß erst durch Kochen weich gemacht werden. Die riesigen Eckzähne männlicher Affen und Menschenaffen werden bei der Drohgebärde anderen Männchen gezeigt und als Waffen eingesetzt, doch die Eckzähne des Menschen sind klein und liegen auf einer Ebene mit den übrigen Zähnen. Menschen brauchen keine gewaltigen Eckzähne mehr, um anzugreifen oder sich zu verteidigen, aber sie empfinden es immer noch als Drohung, wenn jemand beim Lächeln die Eckzähne entblößt. So droht Gefahr, wenn in einem Melodrama oder Film der Bösewicht ein breites Lächeln aufsetzt – ein «lächelnder, verdammter Schurke», wie Shakespeare in seinem *Hamlet* den

Mörder Claudius beschreibt.* Aber nicht nur der Kiefer wurde beim Menschen kleiner, er verlor auch die kräftigen Wülste über den Augen, die vielen Primaten als eine Art Widerlager für die Zugkraft der mächtigen Kaumuskeln dienen.

Die Skelette von Mensch und Gorilla ähneln sich – Knochen für Knochen. Die Hauptunterschiede finden sich im Gesicht und bei gewissen Knochen, die für die aufrechte Haltung des Menschen, für das Gehen auf zwei Beinen und für die Geschicklichkeit der Hände entscheidend sind – also bei den Knochen der Gliedmaßen, in der Form des Beckens und in der Krümmung der Wirbelsäule. Der Gorilla, der sich beim Gehen auf seine Fingerknöchel stützt, hat lange Arme und kurze Beine, während beim Menschen alle Gliedmaßen lang sind. Die Hände des Gorillas sind lang und schmal und haben einen kurzen Daumen; menschliche Hände sind dagegen kurz und dick, und der lange Daumen kann mit dem Zeigefinger eine Zange bilden. Das sind jedoch eher graduelle als sachliche Unterschiede, und sie spiegeln die verschiedenartige Lebensweise von Menschenaffe und Mensch wider. Vergleicht man das Skelett des Gorillas mit dem des Menschen, dann ist das etwa so, als vergleiche man einen Lieferwagen mit einem Personenauto. Bei beiden handelt es sich eindeutig um Kraftfahrzeuge, doch sie unterscheiden sich in Konstruktion und Leistung, da sie verschiedenen Zwecken dienen.

Neue biochemische Methoden, mit denen man die Epochen der Evolution präzise bestimmen kann, weisen eine noch stärkere Verwandtschaft nach, als der anatomische Vergleich allein schon vermuten läßt. Tatsächlich stehen sich Menschen und Schimpansen in ihrer biochemischen Zusammensetzung so nahe, wie das eben möglich ist bei zwei Arten, die in ihrer Anatomie, ihrer Physiologie und ihrem Verhalten immer noch erkennbare Unterschiede aufweisen. Ganz geringfügige genetische Veränderungen hatten offensichtlich bedeutsame Folgen für die Entwicklung der Lebensumstände des Menschen. So macht zum Beispiel eine leichte Abweichung im Bau des Daumens den Unterschied aus zwischen der Fähigkeit des Affen, eine Banane zu schälen, und der außerordentlichen Geschicklichkeit, mit der der Mensch einen elektronischen Schaltkreis verlegt.

Wir werden wohl nie erfahren, welche Veränderungen es im Detail waren, die den Menschen der Neuzeit zum Herrn der Erde gemacht und die Affen auf ein paar Arten reduziert haben, deren Zahl immer weiter zurückgeht und deren geographische Verbreitung eng begrenzt ist. Wer versucht, die Evolution der Hominiden auch nur in gröbsten Umrissen darzustellen, sieht sich sofort mit unüberwindlichen Problemen konfrontiert. Da ist einmal der extreme Mangel an gut erhaltenen Fossilien, an denen sich vielleicht der exakte Ablauf dieser Evolution aufzeigen ließe. Das zweite Problem liegt in der Schwierigkeit, sich auf einen festen Punkt zu einigen, an dem die Evolution der Hominiden begann. Eine Zeitlang suchten Wissenschaftler nach dem «fehlenden Bindeglied», jenem einen Fossil, das den unverkennbaren Übergang vom menschenähnlichen Affen zum affenähnlichen Menschen markieren würde. Die Suche nach einem solchen «missing link» ist jedoch sinnlos, da keine einzelne Form den Übergang verkörpert; vielmehr entwickelten sich die Hominiden über einen langen Zeiraum hin aus einer Vielfalt von menschenähnlichen Affen. Ein drittes Problem ist die Definition dessen, was einen Hominiden ausmacht. Die für eine Definition des «Menschlichen» entscheidenden Eigenschaften hinterlassen keine Spuren auf Schädeln und Knochen. Kein Fossil verrät, wie es um die Kommunikationsfähigkeit des lebenden Organismus bestellt war oder wie die soziale Ordnung ausgesehen hat, in der es lebte. Für zusätzliche Verwirrung sorgten Anthropologen, die nicht immer die gleichen Kriterien anwandten, wenn sie zu definieren versuchten, was «menschlich» ist. Ist es für die einen die Fähigkeit, aufrecht zu gehen, so ist es für die anderen der Besitz geschickter Hände und für eine dritte Gruppe ein großes und komplexes Gehirn.

Jeder, der ein Buch über hominide Fossilien liest, stößt auf eine verwirrende Aufzählung von Schädelfunden, zungenbrecherischen Bezeichnungen für die ausgegrabenen Stücke, Diskussionen über ihre Datierung und andere Dinge, die in erster Linie für Fachleute von Interesse sind. Wer in diese faszinierenden Kontroversen einsteigen will, wird sich für einige Bücher interessieren, die in den «Anmerkungen und Quellen» zu diesem Kapitel aufgeführt sind. Diese Einzelheiten geben jedoch keinen wesentlichen Aufschluß über die Lebensumstände der Hominiden und ihre Relevanz für unser heutiges Verhalten. Man muß wissen, daß es in einem Zeitraum, der vor etwa 25 Millionen Jahren begann und vor etwa 10 Millionen Jahren zu Ende ging, eine große Vielfalt an Primaten gab, von Spanien bis China und südwärts über fast ganz Asien und Afrika. Große Teile dieses Verbreitungsgebietes waren dicht bewaldet, aber es gab auch viel aufgelockertes Waldland und große Grasflächen mit vereinzelten Bäumen (Savannen), wie wir sie in ähnlicher Form heute in Afrika finden. Zahlreiche Primatenarten hatten sich von den Bäumen heruntergewagt und versuchten, das Nahrungsangebot dieser offenen Landschaft zu nutzen. Besonders die Savanne muß für die wagemutigen Primaten mit einem anpassungsfähigen Verdauungsapparat ergiebig gewesen sein. Zweifellos gab es viele Arten, die diese Anpassung an ein Leben am Boden nicht schafften. Doch einige hatten Erfolg, darunter die Vorfahren der modernen Schimpansen, Gorillas, Makaken, Paviane – und der Menschen.

Der erste Meilenstein auf dem Weg zur Menschwerdung war dieses Verlassen der Bäume auf der Suche nach einem Lebensraum, der noch nicht von Primaten besetzt war. Der zweite Schritt war das Gehen auf zwei Beinen zur besseren Nutzung des neuen Lebensraums: mit den freien Händen konnten Nahrungsmittel transportiert und Werkzeuge benutzt werden. Schimpansen und – wie im vorausgehenden Kapitel erwähnt – japanische Makaken laufen gelegentlich auf zwei Beinen; die Vorfahren des Menschen haben das wahrscheinlich ständig getan. Diese Vorläufer des Menschen müssen das Laufen vor dem Gehen gelernt haben, denn es ist erheblich leichter, zu laufen, als das Gleichgewicht langsam von einem Bein aufs andere zu verlagern – wie man beobachten kann, wenn man einem kleinen Kind bei seinen ersten Schritten zusieht. Das Gehen auf zwei Beinen brachte zahllose Probleme mit sich, wie etwa die Verkleinerung der für die Geburt entscheidenden Beckenöffnung mit den daraus resultierenden Schwierigkeiten. Ein weiteres Problem muß die Beseitigung der Exkremente gewesen sein. Gewisse Säugetiere wie Katzen und Hunde sind genetisch darauf programmiert, ihre Abfälle zu verscharren. Nichtmenschliche Primaten lassen ihren Kot einfach fallen, wo immer sie gerade sind, und da Primaten gewöhnlich jede Nacht an einem anderen Ort schlafen, bringt diese Methode kaum Hygieneprobleme mit sich. Da die nichtmenschlichen Primaten keine Hinterbacken haben, löst sich der Kot glatt vom Afterbereich. Die für die aufrechte Haltung des Menschen erforderliche Muskulatur bestimmte auch die Entwicklung der Hinterbacken und führte dazu, daß die Afterregion tief zwischen die Hinterbacken zu liegen kam, so daß der Kot leicht an der Haut hängenbleibt. Alle menschlichen Gesellschaften haben das Problem der Abfallbeseitigung gelöst, indem sie bestimmte Plätze innerhalb der Siedlung für das Ausscheiden des Kots reservierten und außerdem den Kindern die in ihrer Kultur akzeptierte Methode der Afterreinigung beibrachten. Wir würden vielleicht lieber Kunstformen wie den Tanz und das Ausmalen der Höhlenwände für frühe Merkmale der menschlichen Kultur halten, doch das waren erst spätere Entwicklungen; die Reinlichkeitserziehung war mit Sicherheit eine der frühesten.

Der am Boden lebende, bipedische, alles fressende und Werkzeuge benutzende Primat konnte in der neuen Welt der Savanne mit üppigen Nahrungsvorräten rechnen, und die meisten anderen Primaten haben ihm wohl das Feld überlassen. Er mag auch vielen neuen Gefahren begegnet sein, etwa den räuberischen Vorfahren des Löwen, der Hyäne und des Schakals. Vermutlich unterschied sich aber dieser bipedische Erdbewohner kaum von den menschlichen Jägergruppen unserer Zeit, die auf eine enge Zusammenarbeit angewiesen sind. Die straffe soziale Organisation, die den modernen Pavianen in den afrikanischen Savannen Schutz gegen Räuber bietet, mag auch diesen bipedischen Erdbewohner wirkungsvoll beschützt haben. Die Erbanlagen, die sie von ihrem Leben in den Bäumen mitbrachten – wo es auf eine blitzschnelle Auge-Gehirn-Muskel-Koordination ankommt –, hat diese Vorfahren des Menschen sicherlich in die Lage versetzt, rasch auf Gefahren zu reagieren. Ohne Zweifel waren sie mindestens ebenso kühn, wachsam, listig und geschickt wie ihre potentiellen Angreifer, wenn die Fossilien auch erkennen lassen, daß sie – verglichen mit den modernen Menschenaffen und Menschen – im allgemeinen ein kleines Gehirn hatten. Die wichtigste aller Primateneigenschaften, die diese Zweibeiner nach einer Millionen Jahre dauernden Evolution in den Bäumen mit auf die Erde herunterbrachten, war vielleicht die Neigung, alles zu untersuchen, zu beobachten, mit ihren Erfahrungen zu vergleichen – und dann mit einer raschen Verhaltensänderung auf die neue Information zu reagieren.

Diese Pioniere unter den Zweibeinern gehörten offenbar einer Gruppe an, die man Ramapithecus genannt hat. Der Ramapithecus war überaus lebenstüchtig. Seine fossilen Überreste sind in Indien, in der Türkei, in Europa und Ostafrika ausgegraben worden. Es gibt nur wenige gesicherte Erkenntnisse, die ihn betreffen, aber ein paar Dinge lassen sich aus dem Studium der Fossilien herleiten, zumal wir wissen, was für ein Klima zur damaligen Zeit herrschte. Der Lebensraum der Ramapithecine war nicht der tropische Wald, der das ganze Jahr hindurch Früchte und andere weiche pflanzliche Nahrung hervorbringt und der auch die modernen Menschenaffen beherbergt. In ihren subtropischen Wäldern, in denen das Wachstum von der Jahreszeit abhängig war, hätten also die Ramapithecinen nicht ausreichend Nahrung gefunden. Überlebt hätten nur diejenigen, die den Boden und den Waldrand nach so widerstandsfähigen Pflanzenteilen wie Nüssen und Wurzeln absuchten. Ihre Nahrungssuche unterschied sich von der der anderen Menschenaffen. Diese Hypothese würde eine Erklärung für die besonderen Kiefer und Zähne geben, die den Ramapithecus von anderen Menschenaffen seiner Zeit abheben – und auch bereits Hinweise auf den Schädel und den Kiefer der frühesten Hominiden bieten. Auf jeden Fall sind die Ramapithecine diejenigen unter den Primaten, die mit einiger Sicherheit als die am weitesten zurückreichenden Vorläufer des Menschen identifiziert werden können.*

Auf das Verschwinden des Ramapithecus – nach den fossilen Zeugnissen vor etwa acht Millionen Jahren – folgte mutmaßlich eine Kette von weiteren Abkömmlingen, die immer deutlicher die Kennzeichen des Hominiden aufwiesen. In den fossilen Überresten, die bis in die Zeit vor ungefähr fünf Millionen Jahren zurückreichen, werden die Umrisse der Hominiden-Evolution schließlich weniger vage. Immer häufiger tauchen Schädel und Knochen von Hominiden auf – und daneben auch Werkzeuge und die Reste von Tieren, die vermutlich ihres Fleisches wegen getötet wurden. Sie dokumentieren die Evolution ganz charakteristischer Lebensformen, durch die sich die Hominiden von allen anderen Lebewesen abhoben. Von dieser Zeit an lassen sich die Fossilien bequem in drei Hauptstufen der menschlichen Evolution gruppieren: die frühesten Hominiden, den *Homo erectus* und die Menschen der Neuzeit.

Bis vor fünf Millionen Jahren hatten sich mehrere Arten der frühesten menschenähnlichen Primaten entwickelt. Darunter waren zwei Australopithecinen («südliche Menschenaffen»): der große *Australopithecus robustus* und der viel kleinere *Australopithecus africanus.* Von beiden sind Fossilien in verschiedenen Teilen Afrikas gefunden worden, wahrscheinlich weil dort mehr gesucht worden ist als anderswo; offenbar haben sie auch Teile Asiens bevölkert. *Robustus* kann mit Sicherheit als menschlicher Vorfahr ausgeschlossen werden. Er wog etwa soviel wie die meisten Menschen von heute, aber sein Gehirn war nicht größer als das des kleinen *africanus.* Er hatte einen massiven Kiefer und, wie der moderne Gorilla, einen sich über die Mitte des Schädels nach hinten ziehenden Kamm als Ansatzleiste für die kräftigen Kaumuskeln. Vermutlich lebte er von harter pflanzlicher Nahrung, wie sie heute die Gorillas fressen. Drei weitere Punkte sprechen gegen *robustus* als menschlichen Vorfahr: Seine Beinknochen lassen darauf schließen, daß er laufen, aber nicht gehen konnte; er scheint keine Werkzeuge hergestellt zu haben; und sein Gehirn wurde in den etwa vier Millionen Jahren bis zu seinem Aussterben nicht wesentlich größer. Alle Einzelheiten deuten darauf hin, daß *robustus* ein großer, einfältiger Vegetarier war.

Der andere Australopithecus, *africanus,* ist wesentlich interessanter. Die zu seinen Fossilien gehörenden mannigfaltigen Werkzeuge und die Überreste von Beutetieren zeigen, daß er bereits die Kulturstufe der Jäger und Sammler erreicht hatte, wie sie für alle Menschen auf der Erde bis vor etwa 12000 Jahren typisch war (und die noch heute bei isolierten Gruppen von Pygmäen, Buschmännern, australischen Ureinwohnern und verschiedenen südamerikanischen Stämmen zu finden ist). Die Beinknochen des *africanus* beweisen, daß er sowohl gehen als auch laufen konnte, und seine Kiefer und Zähne lagen genau auf der Linie, die zum Menschen hinführte. Sein Gehirn war klein; es maß im Schnitt weniger als 500 Kubikzentimeter und lag damit etwas unter der durchschnittlichen Gehirngröße des heutigen Gorilla, und ganz beträchtlich unter den 1450 Kubikzentimetern, die beim modernen Menschen im Durchschnitt zu finden sind. Solche Vergleiche sind allerdings irreführend. Die Gehirngröße muß im Verhältnis zur Körpergröße gesehen werden, und *africanus* wog vielleicht zwischen knapp zwanzig und vierzig Kilogramm und war zwischen neunzig und höchstens hundertfünfundzwanzig Zentimeter groß.

Dieser kleine Primat ging also offensichtlich auf zwei Beinen, jagte Säugetiere, die ihm an Körpergröße überlegen waren, und gebrauchte Werkzeuge zur Bearbeitung des Fleisches. Bei diesen ersten Werkzeugen der Hominiden handelte es sich um Steine, die gewöhnlich nicht größer waren als ein Tennisball; durch ein paar grobe Schläge splitterten Stücke ab; eine Schneide entstand, und das stumpfe Ende des Steins ließ sich gut mit der Handfläche packen. Natürlich waren diese Steinwerkzeuge primitiv, aber man darf die schöpferische Leistung, sie herzustellen, nicht unterschätzen. Das Fertigen von Werkzeugen ist nach der Umsiedlung in die Savanne und dem Gehen auf zwei Beinen der dritte Meilenstein in der Entwicklung der Hominiden. Allein schon die Tatsache, daß *africanus* einen Gegenstand herstellte, bevor er ihn benutzte, verweist auf die Fähigkeit, gegenwärtige Wünsche auf zukünftige Vorgänge zu projizieren. Einen Stein zu finden und ihn dann so zu formen, daß er eine vorherbestimmte Aufgabe erfüllt, ist ein wahrhaft kreativer Akt, mag das Werkzeug selbst auch noch so ungefüge gewesen sein.

Africanus der Jäger lebte offenbar mehrere Millionen Jahre lang neben *robustus* dem Vegetarier; jeder bewohnte seine eigene ökologische Nische und kam dem anderen sowenig in die Quere wie in der Neuzeit der Gorilla dem Schimpansen. Bis vor kurzem glaubten die meisten Experten auf dem Gebiet der menschlichen Evolution, die Anfänge der Hominiden hätten einen sehr geradlinigen Verlauf genommen: *Africanus,* so glaubte man, habe sich einfach weiter entwickelt zu moderneren Formen des *Homo.* Neue Zeugnisse lassen es jedoch als fast sicher erscheinen, daß *africanus* nur ein mit einem kleinen Gehirn versehener Zeitgenosse des wahren Vorfahren der Menschen war; beide hatten sich offenbar aus einem früheren, aber noch nicht entdeckten Australopithecus entwickelt. 1972 fanden Anthropologen bei Ausgrabungen am Ostufer des Turkanasees (früher Rudolfsee) in Kenia den Schädel eines Hominiden, der eine ungewöhnlich große Hirnschale besaß – etwa um die Hälfte größer als der des durchschnittlichen *africanus.* Als dann auch noch einige sehr menschenähnliche Unter- und Oberschenkelknochen entdeckt wurden, bestand kein Zweifel mehr, daß diese frühe Form des *Homo* aufrecht gehen konnte. Am meisten überraschte das unbestreitbare Alter der Fossilien: sie waren über zweieinhalb Millionen Jahre alt. Sie stammten also aus derselben Zeit wie jene Australopithecinen, von denen sie angeblich abstammten.

Inzwischen fand man am Turkanasee einige andere Fossilien mit der gleichen großen Hirnschale und der gleichen modernen Schädelform – und sie reichen noch weiter zurück, etwa drei Millionen Jahre. Außerdem fand man zahlreiche Steinwerkzeuge, die in derselben Schicht des Vulkangesteins begraben lagen. Jahr um Jahr brachten neue Ausgrabungen am Turkanasee und anderswo in Ostafrika weitere fossile Überreste der frühesten Hominiden zutage, deren Zähne, Schädel und Knochenfragmente sie als wahre Vorfahren des Menschen auswiesen, und nicht nur als dem Menschen nahestehende Menschenaffen. Tatsächlich stieß man in Äthiopien auf ein fast komplettes und über drei Millionen Jahre altes Skelett, dessen Becken, Knie und Fuß dem bipedischen Gehen schon so gut angepaßt sind wie die des Menschen von heute.*

Diese neuen Belege führten zu einer viel deutlicheren Vorstellung über die Anfänge des Hominiden (wenn sie auch von den Wissenschaftlern, die sich mit dem Problem der Herkunft des Menschen befassen, noch nicht einstimmig übernommen worden ist). Der Urtyp des Hominiden entstand offenbar vor ungefähr fünf Millionen Jahren. *Australopithecus africanus* war insofern menschenähnlich, als er auf zwei Beinen ging und Werkzeuge benutzte, doch vom Hals an aufwärts war er dem Menschenaffen immer noch näher. Die fossilen Funde vom Turkanasee stammen dagegen von einem Lebewesen, das vom Hals abwärts einen menschenähnlichen Körper hatte und dazu ein Gehirn, das beträchtlich größer war als bei den Australopithecinen. Noch wesentlicher ist aber, daß sich das *Homo*-Gehirn mehr und mehr vergrößert hatte, während das des Australopithecus über einen Zeitraum von mehreren Millionen Jahren hin die Größe eines Schimpansengehirns beibehielt. *Australopithecus robustus* und *Australopithecus africanus* waren also mit anderen Worten keine Durchgangsstationen in der Evolution des Menschen. Sie waren vielmehr verwandte, zeitgenössische Formen, die vor mindestens drei Millionen Jahren in großen Bereichen Afrikas (und möglicherweise auch Asiens) in derselben Umgebung lebten wie die eigentlichen Hominiden. Mit der Zeit jedoch gelang es den frühen Hominiden, die den Vorteil des größeren Gehirns hatten, sich die Umwelt wirkungsvoller zunutze zu machen. Die Australopithecinen trieben nach und nach dem Untergang entgegen, auch wenn einige in Afrika bis vor einer Million Jahren überlebt haben.

Diese neue Betrachtungsweise der frühesten Stufe der Hominiden-Evolution scheint die überzeugendste Erklärung für die ausgegrabenen Funde. Ganz gleich, wie sich die Geschichte eines Tages im Detail darstellen wird, die Hominiden waren jedenfalls vor fast vier Millionen Jahren bereits in der afrikanischen Savanne heimisch. Sie stellten eine Reihe von Werkzeugen her, mit denen sie jagten und die großen Beutetiere zerlegten. Wenn diese Steinwerkzeuge auch primitiv waren, so ließ sich mit ihnen doch eine neue Umwelt ausnutzen, die nichts mehr mit den Bäumen zu tun hatte, in denen die Vorfahren der Menschen herangewachsen waren. Diese ersten Hominiden folgten einer Richtung, die sich grundsätzlich von der unterschied, die alle Primaten vor ihnen eingeschlagen hatten. Von nun an wäre es ihnen immer schwerer gefallen, zu dem Leben im Walde zurückzukehren. Gerade das bipedische Gehen, das die Hominiden auf dem Erdboden so lebenstüchtig machte, wäre ihnen in den Bäumen zum Hindernis geworden. Je mehr sich diese Hominiden nach und nach darin vervollkommneten, um so größere Vorteile errangen sie. Schließlich verdrängten sie diejenigen, deren Anpassung an das Leben auf dem Erdboden weniger gut gelungen war.*

In bezug auf das früheste Stadium der Hominidengeschichte gehen die Meinungen der Anthropologen immer noch auseinander. Weit weniger kontrovers ist dagegen das nächste Stadium, *Homo erectus;* unter dieser Bezeichnung faßt man heute eine Spezies aus vielen einander ähnlichen Formen zusammen, die man früher «Java-Mensch» und «Peking-Mensch» genannt hat. Das älteste Fossil dieser Gruppe ist etwa 1,5 Millionen Jahre alt. Vor etwa einer Million Jahren begann *erectus* seine Anpassungsfähigkeit zu demonstrieren, indem er sich über alle Kontinente der Alten Welt ausbreitete. Er wurde auch in der äußeren Erscheinung immer moderner. Verglichen mit dem Gehirn eines Menschen von heute waren die frühesten *erectus*-Gehirne zwar noch klein, aber vor 250000 Jahren hatten sie bereits ein Volumen von etwa 1100 Kubikzentimetern (und waren damit nur wenig kleiner als die kleinsten Gehirne normaler Menschen von heute). Die Größe des Gehirns ist zwar wichtig, aber ebensosehr kommt es auf den inneren Aufbau des

Gehirns an. Einige wesentliche Merkmale des menschlichen Gehirns von heute gab es offenbar im *erectus*-Gehirn noch nicht. Der Schädel weist Einbuchtungen auf an Stellen, die beim Gehirn eines heutigen Menschen mit dem Sprechen, dem Denken und dem Gedächtnis zu tun haben. Auch andere primitive Kennzeichen des Vorgängers blieben erhalten – die niedere Stirn, der starke Kiefer und die großen Zähne –, doch in bezug auf die aufrechte Haltung und das bipedische Gehen war *erectus* so weit entwickelt wie der Neuzeitmensch. Dasselbe gilt auch für den Bau der Hand. Anscheinend setzte sich zu Zeiten des *erectus* die Rechtshändigkeit durch, was sich nach der Entdeckung einiger seiner Werkzeuge, die besser in der rechten als in der linken Hand liegen, belegen läßt. Daß er die eine Hand der anderen vorzog – heute sind 85 bis 95 Prozent der Weltbevölkerung Rechtshänder –, bedeutete für den Hominiden eine weitere Steigerung der Geschicklichkeit, die nun auf eine Hand konzentriert wurde, anstatt sich auf zwei Hände zu verteilen.

Daß *erectus* mit den Händen geschickter geworden war, beweisen einige der Werkzeuge, die bei den Fossilien gefunden wurden. In den vorausgegangenen paar Millionen Jahren waren über die Herstellung grober Hackwerkzeuge hinaus praktisch keine Fortschritte gemacht worden. Gemessen an den frühesten Steinwerkzeugen, die mit *Homo* und den Australopithecinen in Verbindung gebracht werden und denen lediglich mit einem halben Dutzend Schlägen eine scharfe Kante gegeben worden war, sind die Werkzeuge von *erectus* vielfältig und zeugen von großer Geschicklichkeit. Vor ungefähr 500000 Jahren hatte *erectus* fast überall, wo er lebte, den Faustkeil entwickelt, der nicht nur eine erhebliche Verfeinerung des Hackmessers, sondern auch von der Konzeption her eine Weiterentwicklung war. Splitter, die bei der Herstellung des Faustkeils abfielen, wurden nicht einfach weggeworfen; man fertigte aus ihnen andere Spezialwerkzeuge zum Schlachten und Schneiden. Die Technologie machte Fortschritte. Die *erectus*-Völker verwendeten nun auch andere Materialien zur Herstellung von Werkzeugen und legten offenbar beträchtliche Entfernungen zurück, um zu suchen, was sie brauchten. Und zum erstenmal begannen Hominiden, hölzerne Speere herzustellen, deren Spitzen im Feuer gehärtet wurden.

Die frühen Hominiden lebten ausschließlich in tropischen Gegenden, doch *erectus* wanderte auch nach Norden und breitete sich in den kühleren Regionen der Alten Welt aus. Diese Erweiterung des Lebensraums wurde durch technologische Neuerungen möglich gemacht: nicht nur durch neue und bessere Werkzeuge, sondern mehr noch durch den kontrollierten Umgang mit dem

Feuer. Hinweise auf einen gezielten Einsatz des Feuers – sowohl bei der Herstellung von Werkzeugen als auch für den häuslichen Herd – fand man an verschiedenen Orten in Europa und Asien; die ältesten Zeugnisse sind 750 000 Jahre alt, und danach muß sich die neue Technik schnell durchgesetzt haben. Feuer hielt bei Nacht die Raubtiere fern, lieferte Wärme, konnte durch chemische Veränderungen Holz härten und half, Tiere in Schluchten zu treiben, wo sie leicht getötet werden konnten. Die Kontrolle über das Feuer muß eine markante Verbesserung in der Verwertung von Fleisch bedeutet haben. Heute werden Schlachttiere auf zartes Fleisch gezüchtet, doch das Fleisch wilder Tiere ist zäh. Beim Kochen gehen chemische Reaktionen vor sich, die das Fleisch mürbe machen. Damit wurden neue Nahrungsquellen erschlossen und die bis dahin vorhandenen besser genutzt. Das sind aber noch nicht alle Vorteile des Kochens. Im tierischen Gewebe lebende Parasiten, die sonst auch den Menschen befallen würden, werden getötet. Außerdem läßt sich gekochtes Fleisch länger lagern, denn auch Mikroorganismen, die die Verwesung beschleunigen, werden abgetötet. Der kontrollierte Einsatz des Feuers durch *erectus* war eine enorme Leistung, die nur übertroffen wird von der Werkzeugherstellung.

Mit Hilfe des Feuers wurden sogar große Säugetiere – Säbelzahntiger, Höhlenbären und Hyänen – aus ihren angestammten Höhlen vertrieben, die danach von den Menschen als Behausung übernommen wurden. Eine solche Höhle findet sich in Chou-kou-tien in der Nähe von Peking. Die Archäologen fanden bei den Ausgrabungen, daß sie lange Zeit ausschließlich großen Säugetieren als Unterschlupf gedient hatte. Dann kommen ganz plötzlich eindeutige Hinweise auf Feuer, und damit verschwinden die Spuren der Säugetiere und machen den ersten Anzeichen einer ständigen Belegung durch Menschen Platz. Viele der in Chou-kou-tien ausgegrabenen menschlichen Schädel lassen erkennen, daß sie an der Basis aufgebrochen worden waren, vermutlich um das Gehirn herauszulösen, und daß die Knochen der Beine und Arme gespalten worden waren, wohl weil man an das Mark wollte. Derartige kannibalistische Verhaltensweisen werden von Menschen in modernen Gesellschaften mit Abscheu betrachtet. Oft aber zeigt der Kannibalismus eher Züge von Menschlichkeit als vom Gegenteil. Wenn in jüngerer Zeit Kannibalismus praktiziert wurde, haben die Menschen das – sieht man einmal von außergewöhnlichen Hungersnöten ab – nicht getan, um zu Fleisch zu kommen, sondern vielmehr als Teil eines feierlichen Rituals, um ihre Ehrerbietung für die Toten auszudrücken, um durch Übertragung die Eigenschaften der Person zu erwerben, von deren Körper man aß, oder um die Götter zu beschwichtigen.

Homo erectus hatte sich vor weniger als einer Million Jahren endgültig als erfolgreiche biologische Spezies durchgesetzt. Zu der Zeit waren die ihm am nächsten stehenden Konkurrenten, der Australopithecus und die frühen Hominidenformen, bereits verschwunden. Ausgehend von der tropischen Wiege der Menschheit hatte sich *Homo erectus* immer weiter verbreitet und ein Gebiet kolonisiert, das sich von Nordwesteuropa quer durch Asien bis nach Nordchina und im Süden bis nach Java und Südafrika erstreckte. Er hatte gelernt, vielerlei Werkzeuge herzustellen, gemeinsam großangelegte Treibjagden auf riesige elefantenähnliche Säugetiere zu machen, sich Behausungen einzurichten und mit Feuer umzugehen. Als Jäger entwickelte *erectus* offenbar etwas, das der Technik und dem kooperativen sozialen System nahekam, die bei allen Menschen üblich waren, ehe sie sich vor etwa 12000 Jahren dem Ackerbau zuzuwenden begannen. *Homo erectus* war jedoch noch nicht *Homo sapiens,* weder physisch noch kulturell. Wie diese Lücke – in dem Zeitraum von vor 250000 bis vor 100000 Jahren – im einzelnen überbrückt wurde, ist immer noch nicht bekannt, da bisher nicht genügend Fossilien aus dieser Periode gefunden wurden. Eins steht jedoch fest: keine *Homo-erectus*-Mutter brachte einfach ein *Homo-sapiens*-Kind zur Welt. Die Evolution von einer Spezies zu einer anderen ist immer ein allmählicher Vorgang und mit Sicherheit kein Ergebnis, das sich zu einer bestimmten Zeit an einem bestimmten Ort beobachten läßt. Bevor der Neuzeitmensch endgültig die Szene betrat, durchliefen die Hominiden erst noch eine kurze, aber wichtige Entwicklungsstufe, die vor etwa 80000 Jahren begann: die Zeit des Neandertalers (benannt nach dem Neandertal bei Düsseldorf, wo er erstmals gefunden wurde).

Das populäre Bild des Neandertalers ist immer noch das eines gebeugten Höhlenbewohners mit rundem Rücken, vorstehenden Brauen und schleppendem Gang. Diese irrige Vorstellung wurde durch das Skelett eines frühen Neandertalers geweckt, eines alten Mannes, der – wie neuere Untersuchungen ergeben haben – an fortgeschrittener Arthrose der Wirbelsäule, der Kiefergelenke und vielleicht auch der Gelenke der unteren Extremitäten litt. Tatsächlich waren die Neandertaler ganz anders, und an Gehirngröße kommen sie dem Neuzeitmenschen so nahe, daß die Biologen sie derselben Spezies wie *sapiens* zuordnen. Andererseits differierten sie – wenn auch geringfügig – doch in so vieler Hinsicht, daß man sie als Subspezies mit der Bezeichnung *Homo sapiens neanderthalensis* einstufte. Einige der Neandertaler waren dem *Homo sapiens sapiens* – dazu gehören alle Menschen, die seit ungefähr 40000

Jahren die Erde bevölkert haben – sehr ähnlich. Andere dagegen, vor allem im nördlichen Europa, zeigten bemerkenswerte Unterschiede. Der europäische Neandertaler hatte einen oben abgeflachten Schädel mit dicken Wülsten über den Augen und einem massiven Kiefer, und er hatte offenbar eine untersetzte Figur, ähnlich dem Eskimo der Neuzeit – wie bei Menschen, die in einer sehr kalten Umwelt leben, nicht anders zu erwarten ist, denn eine stämmige Statur konserviert die Körperwärme besser als eine schlanke.

Die Neandertaler haben zwei denkwürdige Leistungen in der Menschheitsgeschichte vollbracht. Das ist erstens ihr Vordringen in neue ökologische Zonen: die nördlichen Wälder und die arktische Tundra, wo sie sich dem rauhen Klima anzupassen vermochten und so mächtige Säugetiere wie Wollnashorn, Moschusochs, Mammut und Höhlenbär jagten und sich auch an die riesigen Rentierherden heranmachten. Ihre zweite Leistung ist die geschickte Erschließung ganz neuer Nahrungsquellen; Wissenschaftler sprechen dabei von «unverdienten» im Gegensatz zu «verdienten» Nahrungsquellen. Bis hin zu den Neandertalern waren Hominiden weitgehend von verdienten Nahrungsquellen abhängig – d. h., sie jagten Tiere, die den engeren Lebensbereich mit ihnen teilten und die sich, da sie ständig zugegen waren, als Beutetiere geradezu anboten. Die Neandertaler gingen weiter: Sie siedelten entlang der Täler, durch die ganze Herden von Wandertieren zogen, und konnten dadurch «unverdiente» Nahrungsquellen anzapfen: Säugetiere, die außerhalb des Lebensbereichs der Neandertaler fett geworden waren und nun auf der Wanderung erlegt wurden. Anstatt also das Nahrungsangebot ihrer eigenen Umwelt zu erschöpfen, verlegten sich die Neandertaler auf Beutetiere, die ihr Fleisch anderswo angesetzt hatten.*

Die Zähne der Neandertaler zeigen die gleiche Art von Abnützung, wie wir sie heute bei den Eskimos sehen können, die Tierfelle kauen, um sie weich zu machen. Werkzeuge der Neandertaler – Schaber, Messer und Stichel für das Säubern und Zerschneiden der Felle und das Stanzen der Löcher zum Zusammennähen der Fellstücke – bestätigen, daß sie für ihre Kleidung auf Tierfelle angewiesen waren. Heutzutage dient die Kleidung offensichtlich mehreren Zwecken: sie schützt vor Kälte, vor Sonneneinstrahlung und oberflächlichen Hautverletzungen; dient der Sittsamkeit und der Eitelkeit und ermöglicht, daß man Dinge mit sich herumtragen kann. Von all diesen Funktionen war wohl die letztere ursprünglich die wichtigste: der Transport von Kleinkindern, Werkzeugen, Waffen und Nahrungsmitteln. Eine Erfindung, die den Transport von

Gegenständen ermöglichte und gleichzeitig die Hände freiließ, war fraglos eine wertvolle Hilfe im Überlebenskampf. Möglicherweise war das erste Kleidungsstück nichts weiter als ein Stück Fell oder der Stamm einer Kletterpflanze, die um die Schulter oder um die Hüften geschlungen wurden, den zwei natürlichen Verbreiterungen des Körpers also, die am leichtesten ein Gewicht tragen können. Der Leibriemen – an den sich Waffen, Werkzeuge, Beutel und ein Lendenschurz hängen lassen – ist immer noch eines der am weitesten verbreiteten Kleidungsstücke der Welt.

Ein weiterer Meilenstein in der Entwicklung des menschlichen Verhaltens geht ebenfalls auf den Neandertaler zurück. Während die Fossilien älterer Hominiden erkennen lassen, daß die meisten infolge von Verletzungen und Krankheiten in jungen Jahren starben, erreichten bemerkenswert viele Neandertaler ein hohes Alter. Manche schafften das trotz schwerer Verwundungen, ein klarer Beweis dafür, daß sie in ihrer Invalidenzeit gut gepflegt und ernährt worden waren. Es gibt sogar das Fossil eines Neandertalers, der trotz einer Armamputation noch viele Jahre weiterlebte. Hier tritt zum ersten Mal ein verblüffend neues Verhalten auf unserer Erde in Erscheinung – die fürsorgliche Pflege der Behinderten und Älteren – und zeugt von einer vollkommen neuen Auffassung vom Wesen des Menschen. Diese Auffassung erstreckte sich auf die rituelle Bestattung der Toten, für die uns der Neandertaler ebenfalls die ersten Beispiele in der Geschichte der Hominiden liefert. Zahllose Gräber von Neandertalern lassen erkennen, daß die Toten oft zeremoniell bestattet wurden und Beigaben von Werkzeugen und Nahrungsmitteln erhielten. In einer Grabstätte in Südfrankreich fand man einen Mann, dessen Kopf auf einem Kissen aus Flintsteinen ruhte, umgeben von diversen Steinwerkzeugen und Tierknochen.

Die Neandertaler legten manchmal auch Blumenkränze auf ihre Toten. Vor einigen Jahren fand man in einer Grabstätte im nördlichen Irak Blumengirlanden, die ein Alter von 60000 Jahren hatten. Als sie auf ihren Pollengehalt untersucht wurden, stellte sich heraus, daß die Pflanzen nicht willkürlich ausgewählt worden waren. Aus den Hunderten von Blumenarten, die für den Kranz zur Verfügung standen, waren bis auf eine einzige nur solche ausgewählt worden, die als Heilpflanzen bekannt sind (und die eine Ausnahme mag symbolische Bedeutung gehabt haben, die wir derzeit noch nicht verstehen). Diese Pflanzen werden im Nahen Osten seit jeher zur Wundheilung und als Heiltrank gegen die Ruhr gebraucht, sie dienen als Anregungsmittel oder Adstringentien oder als Zutaten zu verschiedenen pflanzlichen Heilmitteln. Auch die Neandertaler müssen die Heilkräfte dieser Blumen gekannt haben, denn das

Überleben der Menschen hing von der genauen Kenntnis der Umwelt ab, in der sie lebten.*

Das Selbstverständnis des Neandertalers, das in der Fürsorge für die Kranken und Verletzten zum Ausdruck kommt, wird auch durch Funde von polierten Tierzähnen und Steinen bestätigt – die frühesten Schmuckgegenstände, wie es scheint, die bisher ausgegraben wurden. Dieser Schmuck hat, auch wenn man ihn gewöhnlich als nutzlosen Plunder abtut, bei der Entwicklung des menschlichen Verhaltens seine tiefe Bedeutung. Wenn Menschen eine soziale Gruppe bilden, brauchen sie irgend etwas, um ihre Familienzugehörigkeit zu zeigen und ihren jeweiligen Status zu dokumentieren. Solche Unterscheidungen wären nicht sichtbar, wenn die Leute splitternackt blieben. Deshalb machen sie ihre soziale Identität deutlich, indem sie an der nächstbesten Stelle, nämlich am Körper selbst, Symbole anbringen. Wahrscheinlich kündete ursprünglich die Haut vom Status des Individuums: sie wurde mit verschiedenen farbigen Mustern bemalt. Später ritzte man Ornamente in die Haut oder trug verzierte Armbänder, Halsketten, Ohrringe, Lippenpflöcke und Penisfutterale.

Vor ungefähr 40000 Jahren wurden die Neandertaler von der einzigen heute existierenden Subspezies des Menschen abgelöst, dem *Homo sapiens sapiens.* Niemand kann mit letzter Sicherheit sagen, wodurch das Aussterben der Neandertaler bewirkt wurde. Früher stellten sich die Wissenschaftler vor, die unbeholfenen, einfältigen Neandertaler seien von den listigen Cro-Magnon-Menschen getötet worden, so wie in Goldings Roman *Die Erben.* Heute wissen die Anthropologen, daß die Neandertaler einen in jeder Beziehung modernen Körper hatten und daß ihr Gehirn im Durchschnitt etwas größer war als das der Cro-Magnon-Menschen. Es gibt mehrere Erklärungen für das Aussterben der Neandertaler. Eine Version unterstellt, sie könnten sich bei ihrer Anpassung an das Leben in den Randbezirken der Eisdecke zu sehr spezialisiert haben; als sich das Eis langsam zurückzog, und mit ihm die von den Neandertalern gejagten und an die Kälte gewöhnten Säugetiere, sei es mit ihnen zu Ende gegangen. Eine Möglichkeit ist auch, daß die Werkzeuge der modernen Menschen so eindeutig überlegen waren, daß die Neandertaler im Kampf um die Nahrungsquellen einfach den kürzeren zogen. Wenn ein Werkzeug sorgfältiger gemacht, besser ausgewogen oder symmetrischer ist, dann ist es auch wirkungsvoller. Ein sorgfältig gemachtes Werkzeug braucht nicht sehr überlegen zu sein, um seinem Hersteller einen Vorteil zu verschaffen. Eine Waffe, die das Beutetier nur um fünf Prozent genauer oder häufiger trifft, wird ihren Herstellern erheblich mehr Fleisch einbringen. Für Menschen mit den verbesserten Werkzeugen steigt damit die Wahrscheinlichkeit, daß sie überleben und für Nachkommen sorgen werden. Bleibt diese geringfügige Überlegenheit, die auf der Verbesserung des Werkzeugs beruht, von Generation zu Generation bestehen, werden schließlich die Hersteller solcher Werkzeuge diejenigen verdrängen, die nicht so tüchtig sind.

Eine faszinierende Hypothese über den Untergang der Neandertaler betrifft das Verhältnis zwischen dem Körperbau und den ihm angemessenen Waffen. Ein Speer erzielt offensichtlich eine bessere Wirkung, wenn seine Geschwindigkeit und damit seine Durchschlagkraft erhöht werden. Diese Wirkung ist zu erzielen, wenn der Speerwerfer einen langen Wurfarm und einen langen Rumpf besitzt, die zusammen als Hebel wirken. Hier wären die Neandertaler im Nachteil gewesen, weil sie stämmig gebaut und eher auf Kraft als auf Schnelligkeit angelegt waren. Dieser Nachteil muß noch gravierender geworden sein, als die Cro-Magnon-Menschen die Speerschleuder erfanden – einen dicken Stecken oder ein Brett von dreißig bis neunzig Zentimetern Länge und einer ebenso langen Nut (vgl. Abbildung auf Seite 65). Die Speerschleuder wird in einer Hand gehalten, und das hintere Ende des Speers liegt in der Nut; wird dann der Speer geworfen, wirkt die Schleuder wie eine künstliche Verlängerung des Arms, und dadurch erhält der Speer eine wesentlich höhere Geschwindigkeit.*

Die wahrscheinlichste Erklärung für das Verschwinden der Neandertaler ist jedoch einfach die, daß sie sich zu modernen Menschen entwickelten. Hinweise darauf liefern Höhlen in Israel, wo viele Generationen von Neandertalern vor weniger als 45000 Jahren lebten. Die dort aufgefundenen fossilen Schädel lassen auf viele verschiedene Typen schließen, vom unbestreitbaren Neandertaler bis zu solchen, die praktisch von heutigen Menschen nicht zu unterscheiden sind. Der Übergang vom Neandertaler zum *Homo sapiens sapiens* muß sich für die betroffenen Menschen unmerklich vollzogen haben.

Wirklich moderne Menschen tauchten vor etwa 40000 Jahren im Nahen Osten, in Südostasien und nur wenig später in Europa auf. Da in Europa fleißiger gegraben worden ist als irgendwo sonst, ist der bekannteste unter den frühen modernen Typen der europäische Cro-Magnon-Mensch, benannt nach einer Ausgrabungsstätte in Frankreich. Aus der großen Zahl von Fundorten in Europa, wo nach Skeletten und Schädeln des frühen *Homo sapiens sapiens* gesucht wurde, sollte aber nicht geschlossen werden, daß der Entwicklungsprozeß hin zum *sapiens sapiens* ein rein europäisches Phänomen gewesen wäre. Noch zu Anfang dieses Jahrhunderts pochte Europa auf seine Prioritätsansprüche und suchte Beweise dafür, daß die Europäer anderen Völkern dieser Welt überlegen seien. Tatsache ist, daß sich dieser Prozeß in allen Kontinenten, in Europa, Afrika und Asien ganz ähnlich und annähernd zur gleichen Zeit abgespielt hat. Europa ist mit Sicherheit nicht die «Wiege» des modernen Menschen, auch wenn dort mehr Fossilien ausgegraben worden sind als irgendwo sonst.

In vielen naturgeschichtlichen Museen werden immer noch Rekonstruktionen eines Cro-Magnon-Menschen gezeigt, der groß und aufrecht und mit wehenden blonden Haaren dasteht, und als Kontrast daneben ein dunkelhäutiger, vornübergebeugter Neandertaler. Solche Rekonstruktionen sind nicht nur falsch, sondern sie sind auch eine in die Vergangenheit gewandte Projektion moderner Rassenvorurteile. Solche idealisierten Rekonstruktionen der Cro-Magnon-Menschen haben mit der Wirklichkeit nicht mehr zu tun als etwa die Behauptung, alle modernen Europäer seien groß und schlank und hätten blaue Augen und blonde Haare. Die individuellen Unterschiede waren offenbar bei den Cro-Magnon-Menschen genauso groß wie bei den modernen Europäern. Es gab größere und kleinere, es gab solche mit breiteren Gesichtern oder längeren Nasen, und wahrscheinlich zeigten auch ihre Haut- und Haarfarben allerlei Unterschiede.

Die anatomischen Unterschiede zwischen einem Neandertaler und einem Cro-Magnon-Menschen mögen dem Laien nicht signifikant erscheinen, doch für ihre technischen Leistungen trifft das nicht zu. Die Neandertaler schafften zwar kleine Verbesserungen in der Werkzeugherstellung, aber die wirklich großen Fortschritte erzielten erst die Cro-Magnon-Menschen. Mehrere Millionen Jahre lang hatte es kaum etwas aufregend Neues in der Werkzeugherstellung gegeben, und das Ausgangsmaterial war im Grunde der Stein geblieben. Doch dann, vor etwa 35000 Jahren, tauchten plötzlich viele verschiedene neue Werkzeuge auf, und sie waren nicht nur aus Stein, sondern auch aus Knochen, Geweihen und Holz. Diese Rohstoffe waren zwar gelegentlich auch schon von *erectus*-Gruppen in Spanien verwendet worden, aber erst die Cro-Magnon-Menschen nahmen sie bei der Herstellung einer Vielfalt von Werkzeugen in ständigen Gebrauch. Zu ihren radikal neuen Techniken gehörte das Polieren von Steinwerkzeugen. Anstatt die vielen vom Abschlagen der Splitter herrührenden Kanten zu belassen, wandten sie eine Menge Zeit und Geduld auf, das Werkzeug mit Schleifmitteln wie Sandstein und Schmirgel zu bearbeiten. Durch diese zusätzliche Arbeit wurden die Werkzeuge sehr viel wirkungsvoller und haltbarer, wie ein Experiment in Dänemark bewies. Drei Holzfällern gelang es, mit Äxten, die die alten polierten Steinklingen trugen, in nur vier Stunden einen etwa 500 Quadratmeter umfassenden Bestand an Laubbäumen zu roden. Und eine der Klingen stellte sich als so widerstandsfähig heraus, daß sie erst stumpf wurde, nachdem mit ihr etwa hundert Bäume gefällt worden waren.*

Cro-Magnon-Menschen nutzten ihren Lebensbereich zweifellos sehr viel wirkungsvoller und vielfältiger als Neandertaler. Sie hinterließen Angelhaken und Harpunen aus Knochen, die eindeutig

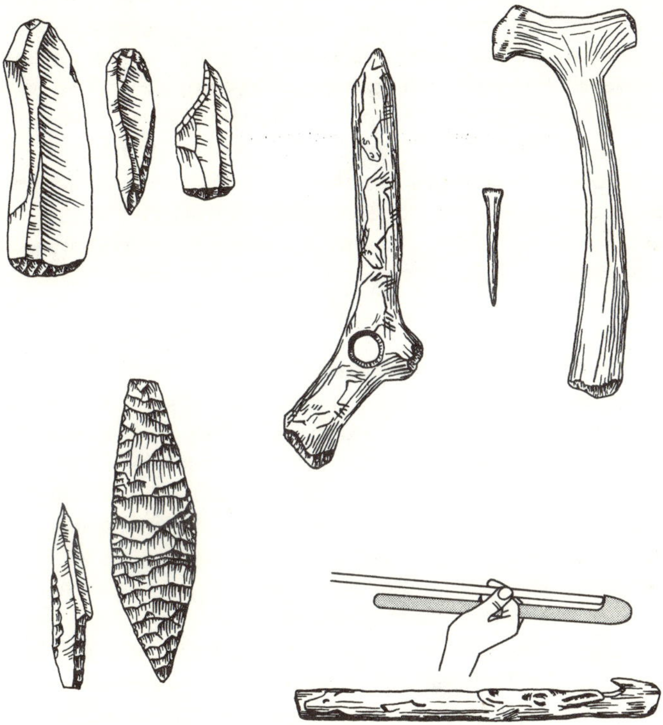

Werkzeuge des Cro-Magnon-Menschen
Die Cro-Magnon-Menschen Europas stellten eine erstaunliche Vielfalt von spezialisierten Werkzeugen her. Unsere Abbildung zeigt nur einige wenige Arten davon *(im Uhrzeigersinn, beginnend links oben):* Schaber, Messer, Bohrer, ein zurechtgeschnitztes Rentiergeweih mit einem Loch – möglicherweise zur Begradigung von Speeren, eine Ahle für die Herstellung von Fellkleidern, einen aus einem Geweih angefertigten Hammer, eine geschnitzte Speerschleuder, Speerspitzen. Die kleine Skizze zeigt die Funktion der Speerschleuder, die den Arm des Jägers verlängerte und damit dem Speer beim Abwurf mehr Beschleunigung gab.

erkennen lassen, daß sie ihre Nahrungssuche auf Flüsse und Meeresküsten ausweiteten. Eine Vielfalt winziger Spitzen für kurze Speere beweist, daß sowohl kleine als auch große Tiere gejagt wurden. Und die Ausbeute dieser Jagden muß sich nach der Erfindung der Speerschleuder gewaltig verbessert haben. Man fand zahlreiche Spuren von Unterkünften des Cro-Magnon-Menschen in Gegenden, wo keine natürlichen Höhlen zur Verfügung standen. Darunter gab es halb in die Erde gegrabene Behausungen mit einem Dachgerüst aus den Rippen großer Tiere, die mit Tierfellen bedeckt wurden. Kuppelförmige Konstruktionen gab es also schon lange, bevor Buckminster Fullers geodätische Kuppel Popularität erlangte; Kuppeln waren tatsächlich überall in der Welt schon immer die dominierende Form für den Hausbau. Die kuppelförmigen Hütten, die unter anderem von Pygmäen, Buschmännern, australischen Ureinwohnern und vielen amerikanischen Indianerstämmen gebaut werden, bestehen aus geschmeidigen jungen Baumstämmen, die nach innen gebogen und dann entweder mit Tierfellen oder Grasmatten, Rinde und Laub bedeckt werden. Und auch das aus Eisblöcken gebaute Iglu gewisser Eskimos ist eine selbsttragende Kuppel.

Eine weitere Erfindung der Cro-Magnon-Jäger sind Pfeil und Bogen, ein merklicher Fortschritt gegenüber dem Speer, denn der gespannte Bogen speichert die menschliche Muskelkraft. Da die Geschwindigkeit des Pfeils von der Energie in der gespannten Bogensehne abhängt, ist derjenige der wirkungsvollste Bogenschütze, der kurze Arme und kräftige Muskeln hat – genau das Gegenteil des langgestreckten Körperbaus, der beim Speerwerfen die größte Wirkung erzielt. Dieser Unterschied erklärt wahrscheinlich, weshalb der Bogen bei gewissen Gruppen mit schlankem Körperbau, etwa den Ostafrikanern, nicht zur dominierenden Waffe wurde, obwohl diese Stämme durchaus wissen, daß benachbarte Völker mit Pfeil und Bogen jagen. Der Körperbau des Bogenschützen erklärt möglicherweise auch die ästhetischen Normen der Europäer für die Idealgestalt des Mannes – schmale Taille, breite Schultern und kräftige Armmuskulatur –, die während der gesamten Zeit, in der das Bogenschießen die beliebteste Kampfart war, bestehenblieben, vom Cro-Magnon-Menschen bis in die jüngste Vergangenheit vor etwa fünfhundert Jahren.*

Die Cro-Magnon-Menschen waren die ersten, die klare Zeugnisse über ihre Beschäftigung mit Musik und Kunst hinterließen. Als russische Archäologen vor kurzem eine 20000 Jahre alte Cro-Magnon-Fundstätte ausgruben, entdeckten sie einen Bau, der als Zentrum für festliche und rituelle Veranstaltungen gedient hatte. Im

Innern fanden sie eine ganze Sammlung von Mammutknochen. Viele davon waren rot bemalt und mit geometrischen Mustern verziert. Nach der Art und Weise, wie sie an der Oberfläche abgenützt waren, konnten sie als Schlaginstrumente identifiziert werden. Von einem elfenbeinernen Armband – abgeflachte Ringe aus einem Mammutstoßzahn – nimmt man an, daß es von einem Tänzer getragen wurde, dessen Bewegungen es zum Rasseln brachten. Es muß ähnlich geklungen haben wie Kastagnetten.

Stupende künstlerische Leistungen der Cro-Magnon-Menschen sind jedoch die eindrucksvollen Malereien und Flachreliefs, die sie an den Wänden tiefer Höhlen hinterlassen haben. Die meisten dieser Wandbilder stellen die großen Pflanzenfresser und andere jagdbare Tiere der Eiszeit dar. Menschliche Figuren fehlen gewöhnlich, doch an manchen Stellen finden sich Hinweise auf die Gegenwart des Menschen: Abdrücke von Händen, Tiere, in denen der Jagdspeer noch steckt, und symbolische Darstellungen von Geschlechtsorganen. Wenn menschliche Figuren überhaupt dargestellt sind, so sind sie – verglichen mit der realistischen Darstellung der Säugetiere – meist stark stilisiert. Die Höhlenmalereien finden sich im wesentlichen in Südwestfrankreich und Nordspanien; die meisten sind zwischen 15000 und 11000 Jahre alt, aber es gibt auch Malereien, die 30000 Jahre zurückliegen.

Plastische Darstellungen von Menschen und Tieren entstanden und gediehen in Ost- und Mitteleuropa viel früher als im Westen des Kontinents. Es ist leichter, plastische Figuren zu formen, als dreidimensionale Objekte auf eine ebene zweidimensionale Fläche zu malen. Skulpturen basieren auf einem anderen Konzept, da man ihren Standort ändern kann. Gewisse erhaltengebliebene Skulpturen waren offensichtlich als realistische Porträts bedeutender Personen gedacht. Ein aus Elfenbein geschnitztes Gesicht, das in der heutigen Tschechoslowakei ausgegraben wurde, zeigt eine schiefe Mund- und Augenpartie – wie bei einem Menschen, der eine Schädigung der Gesichtsnerven davongetragen hat. Man hält dieses Porträt für lebensecht, weil ganz in der Nähe das Skelett einer alten Frau mit linksseitigen Schädelverletzungen gefunden wurde. Da sie mit großem Zeremoniell bestattet worden war, war sie (oder möglicherweise ihr Mann) wohl eine bedeutende Persönlichkeit. Bildhafte Zeugnisse aus alten Kulturen und auch aus der Kunst heute noch existierender Jäger-Sammler-Gesellschaften lassen erkennen, daß die Tradition, Darstellungen wichtiger Personen zu bewahren, uralt ist, denn das Abbild eines Individuums kann nach seinem Tode zum Zusammenhalt der Gruppe oder Sippe beitragen. Man stieß an Fundorten der Cro-Magnon-Menschen von Frankreich bis Rußland

Die künstlerische Virtuosität des Cro-Magnon-Menschen
Etwa 30000 bis 10000 Jahre vor unserer Zeit schufen die Cro-Magnon-Menschen in Frankreich und Spanien eine große Zahl von Höhlenmalereien. Die außerordentliche Vielfalt von Stilen und Techniken läßt sich an diesen Darstellungen von Pferdeköpfen erkennen, die aus etwa zehn verschiedenen Höhlen stammen. Sie sind in die Wände geritzt, als Flachrelief gearbeitet oder in verschiedenen Rot-, Braun-, Gelb-, Violett- und Schwarztönen gemalt. Es ist erstaunlich, wie unzugänglich die meisten Malereien sind. Entweder befinden sie sich in tiefen Kammern, die man nur durch kaum passierbare Gänge erreicht, oder in kleinen Nischen, wo sie dem Auge praktisch verborgen bleiben. Es hat ungezählte Erklärungen für diese Malereien gegeben: sie seien nur schmückendes Beiwerk gewesen oder aber magische Beschwörungen zur Erhöhung des Jagderfolgs, oder Erinnerung an große Jagden oder Darstellungen von Mythen oder Dekoration für Kammern, die rituellen Zwecken vorbehalten waren. Experten kamen zum Schluß, daß die Höhlenkunst der Cro-Magnon-Menschen wahrscheinlich all diesen Zwecken diente – und darüber hinaus noch anderen, die wir bis heute nicht kennen.*

auch auf ungewöhnliche kleine Steinfiguren. Weil bei ihnen Brüste, Gesäß und Schamgegend anscheinend übertrieben dargestellt sind, hält man sie für Fruchtbarkeitssymbole oder Erdgöttinnen. (In jüngster Zeit gab es allerdings auch Zweifel daran, daß diese Figurinen für Fruchtbarkeitsriten geschaffen worden seien, ja sogar daran, daß sie überhaupt weibliche Figuren darstellen sollen.)

Aus mehreren Gründen hat diese frühe Kunst sowohl Wissenschaftler als auch Philosophen fasziniert. Eine Untersuchung der Gegenstände, die über einen Zeitraum von etwa 20000 Jahren geschaffen wurden, kann möglicherweise über die Ursprünge der künstlerischen Kreativität – die allein beim Menschen zu finden ist – wichtige Aufschlüsse geben. Und weil diese Kunst offenbart, daß sie mit Ritualen und dem Übernatürlichen in Verbindung steht, gibt es für jemanden, der den Wurzeln der Religionen nachspürt, in den Höhlen der Cro-Magnon-Menschen eine Menge zu untersuchen. Wichtig ist die Kunst aber auch für den, der am Gesamtverhalten des Menschen interessiert ist, denn sie repräsentiert einen weiteren Meilenstein in der Entwicklung des menschlichen Lebens. Sie liefert den klarsten Beweis dafür, daß das Gehirn die Fähigkeit gewonnen hatte, so zu abstrahieren, wie es uns heute vertraut ist. Die Cro-Magnon-Kunst unterscheidet sich in ihrer Konzeption von dem am Körper getragenen Schmuck, der bei den Neandertalern gefunden wurde – Schmuckstücken aus Mammutzähnen und polierten Steinen, die eindeutig zu ihrem Träger gehörten. In der Malerei und Skulptur der Cro-Magnon-Menschen lösen dagegen die bildlichen Darstellungen die Person oder Sache aus ihrem normalen Kontext. Solche Abbilder sind echte abstrakte Symbole, denn sie überbringen Botschaften von Dingen, die nicht gegenwärtig sind. Überdies werden in jeder Darstellung notwendigerweise nur ein paar charakteristische Merkmale angedeutet: die Abstrahierung einer komplexen Sache, die sie verkörpert. Ein paar Dutzend Striche verweisen zum Beispiel ganz klar auf die Millionen Haare im Fell eines zotteligen Mammuts. Dem Menschen von heute versetzt die Cro-Magnon-Kunst den Schock des Wiedererkennens. Diese Menschen von damals – das sind die Menschen von heute.

4. Das ist der Mensch

Keine kritische Auseinandersetzung mit den Hominiden kann darauf verzichten, die Bedeutung des menschlichen Intellekts hervorzuheben. Von Anfang an war das Gehirn der ersten Hominiden größer und vermutlich komplexer als bei gleich großen Vorfahren der großen Menschenaffen, und das ist bis hin zum modernen *Homo sapiens* so geblieben. Heute ist das Gehirn des Menschen fast dreimal so groß wie das des Gorillas, obschon der Gorilla fast dreimal soviel wiegt wie der Durchschnittsmensch. Allein die Größe ist kein zuverlässiger Maßstab für die intellektuellen Fähigkeiten. Das schwerste Gehirn, das je registriert wurde, war das des russischen Schriftstellers Iwan Turgenjew; es wog 2012 Gramm. Das kleinste bei einem normalen Menschen nachgewiesene Gehirn gehörte Anatole France, der zur selben Zeit lebte und ein nicht weniger angesehener Autor war; es wog nur etwa 1170 Gramm.* Bei den meisten erwachsenen Menschen wiegt das Gehirn nicht ganz 1400 Gramm. Wichtiger als die Größe des Gehirns sind sein Aufbau und die Vernetzung seiner Nervenbahnen. Ein mikrocephaler Mensch hat ein Gehirn, das nur etwa so groß ist wie das eines Gorillas. Dennoch ist der Mikrocephale in seinem Verhalten Mensch, nicht Gorilla, und besitzt die Fähigkeit zu sprechen und Sprache zu verstehen. Aus den Überresten eines fossilen Schädels auf die genaue Struktur des Gehirns zu schließen, das er einmal beherbergte, ist aus naheliegenden Gründen recht schwierig. Es scheint aber, daß neben den optischen und motorischen Rindenfeldern auch die Assoziationsfelder im Gehirn der frühen Hominiden sich vergrößerten und komplexer wurden. Ein solches Gehirn muß den Hominiden einen unbestreitbaren Vorteil im Wettbewerb mit anderen Primaten gegeben haben. Da sie rascher handeln konnten, einfallsreicher waren und leichter lernten, erschloß sich den klugen Hominiden eine ganz neue Welt, die den nichtmenschlichen Primaten verschlossen geblieben war.

Das Gehirn der frühesten Hominiden steigerte die bereits im Primatengehirn vorhandenen evolutionären Tendenzen aufs Äußerste: die Erweiterung der nicht zweckgebundenen Hirnrinde, die Verlagerung vom Riechen auf das Sehen und eine hervorragende Auge-Hand-Koordination. Diese und andere Tendenzen haben das Gehirn des Jetztmenschen hervorgebracht, ein überaus aktives Organ, durch das in jeder Minute soviel Blut gepumpt werden muß, wie seinem eigenen Gewicht entspricht. Bei einem Erwachsenen macht das Gehirn nur zwei Prozent des gesamten Körpergewichts aus, aber es verbraucht etwa zwanzig Prozent des gesamten Sauerstoffvorrates des Körpers und ungefähr den gleichen Prozentsatz an Zucker. Wird die Blutzufuhr zum Gehirn länger als ein paar Sekunden unterbrochen, so daß es zu einem Sauerstoff- und Zukkermangel kommt, fällt der Betreffende in Ohnmacht. Durch diesen Anpassungsmechanismus sinkt der Kopf herab, so daß das Blut leichter zum Gehirn strömen kann und nicht mehr nach oben gepumpt werden muß. Bleibt auch beim Ohnmächtigen die Zufuhr von Sauerstoff und Zucker unzureichend, tritt schnell der Tod ein.*

Schon im Mittelalter fanden die Anatomen die äußere Ähnlichkeit zwischen dem menschlichen Gehirn und der Walnuß heraus. Der Nußkern in der Walnußschale besteht aus zwei stark zerklüfteten Hälften, die am Ansatz zusammengewachsen sind. Weil dieser Nußkern so gewunden und faltig ist, hat er eine um ein Mehrfaches größere Oberfläche als etwa eine Kugel mit dem gleichen Durchmesser. Auch das Gehirn besteht aus zwei Hälften, den halbkugelförmigen Hemisphären, dem jüngsten Produkt der Gehirn-Evolution. Die Hemisphären sind durch einen dicken Stiel aus Nervenfasern (dem «Balken») verbunden, und ihre Oberfläche (Cortex oder Hirnrinde) zeigt vielfältige Windungen, ganz wie die Walnuß. Zu diesen Falten und Zerklüftungen ist es gekommen, weil eine gewaltige Menge Hirnrinde auf begrenztem Raum unterzubringen war. Flach ausgebreitet wäre die Hirnrinde fast so groß wie die Seite einer Tageszeitung. So wichtig sind die Hemisphären und die sie umhüllende Hirnrinde geworden, daß sie fast die ganzen bereits in niederen Tieren vorhandenen Gehirnteile überdecken. Tatsächlich machen sie zusammen fünf Sechstel der gesamten Hirnmasse des Menschen aus.

Vielen niederen Wirbeltieren, zum Beispiel den Vögeln, fehlt eine Gehirnrinde, aber ihr Verhalten kann dennoch ganz komplex sein. Säugetiere besitzen zwar eine Großhirnrinde, doch ist sie nicht bestimmend für ihr allgemeines Verhalten. Ein Säugetier, dessen Großhirnrinde entfernt wurde, lebt unter Laborbedingungen weiter, bewegt sich, frißt, säuft und schläft. Es neigt jedoch in seinem Verhalten zu automatischen, stereotypen Reaktionen, die dem Geschehen um das Tier herum nicht immer angemessen sind. Daß die Anatomen in der Antike und im Mittelalter Tiere besser kannten als Menschen, rührt daher, daß sie einem für den Menschen so wichtigen Organ wie der Großhirnrinde nur wenig Beachtung geschenkt haben. Tatsächlich unterschätzten sie oft die Leistung des Gehirns bei der Regulierung des menschlichen Verhaltens. So glaubte zum Beispiel Aristoteles, das Gehirn sei lediglich ein Kühlmechanismus für das Blut, und das Herz sei der eigentliche Sitz des Denkvermögens. Heute kennen wir natürlich die ehrfurchtgebietenden Fähigkeiten des menschlichen Gehirns in vollem Umfang, auch wenn wir sie noch nicht völlig verstehen. Selbst die jüngste Forschung hat trotz gewaltiger Anstrengungen noch nicht genau erklären können, wie das Gehirn eine Energie von nur zehn Watt und einige chemische Verbindungen in ganz neue Ideen, in Erinnerungen an vergangene Erfahrungen, in kreative Leistungen, Gefühle und Träume umwandeln kann – wie es, mit anderen Worten, ein totales Bewußtsein unserer Umwelt und unser selbst schaffen kann.

Das menschliche Gehirn

Das menschliche Gehirn ähnelt in gewisser Weise einer Zwiebel: die älteren Teile liegen tief im Innern, während spätere Entwicklungen immer neue äußere Schichten gebildet haben. Tief innen liegen bestimmte urtümliche Gebilde, die schon vor mehreren hundert Millionen Jahren bei den Reptilien entwickelt waren – etwa der Hirnstamm und der Hypothalamus, deren relative Größe beim Menschen stark reduziert ist, und die unter später entwickelten Gehirnteilen begraben liegen. Diese sehr alten Bündel aus Nervenzellen werden mit einigen starken Trieben und Emotionen in Verbindung gebracht: Hunger, Durst, Furcht, Zorn, Schmerz, Lust und Reproduktion. Hinter diesem alten Gehirn liegt das faustgroße Kleinhirn, einer der wenigen Bereiche des Gehirns, deren spezifische Funktion man genau kennt. Es kontrolliert die präzisen Muskelbewegungen, die es einem Wirbeltier möglich machen, sicher nach einem Gegenstand zu greifen, ohne ihn dabei umzustoßen oder ganz zu verfehlen. (Störungen des Kleinhirns kommen häufig bei älteren Menschen vor und sind für das Zittern der Hände und den Verlust der muskulären Koordination verantwortlich.) Die frühen Säuger entwickelten eine primitive Hirnrinde, eine «Denkmütze», die als limbisches System bezeichnet wird und die den reptilischen Kern umschließt. Dieses den Säugetieren gemeinsame Gehirn steuert viele intuitive Reaktionen des Menschen (z. B. jemanden von ferne zu erkennen); es spielt auch bei Erinnerungen und Emotionen eine zentrale Rolle. Verbunden damit ist der Mandelkern (nucleus amygdalae), der das aggressive Verhalten mitbestimmt. Der Schlüssel zu Erinnerungen liegt im Ammonshorn (Hippocampus), einem winzigen, etwa zweieinhalb Zentimeter langen Gebilde. Menschen mit Verletzungen in diesem Bereich behalten gewöhnlich Informationen, die sie vor der Verletzung erworben haben, können sich aber an neue Dinge nur ein paar Minuten oder höchstens über ein paar Stunden erinnern. Das Kurzzeitgedächtnis bleibt davon allerdings unberührt, und ein beschädigtes Ammonshorn hindert den Betroffenen nicht, zu wiederholen, was er eben gehört hat. Das Ammonshorn entscheidet offenbar, welche Informationen vom Kurz- ans Langzeitgedächtnis weitergegeben werden. Die äußerste Schicht des Gehirns wird schließlich vom jüngsten Erzeugnis der Evolution, der Großhirnrinde (Neocortex) der Primaten, gebildet, die beim Menschen am größten und komplexesten ist.

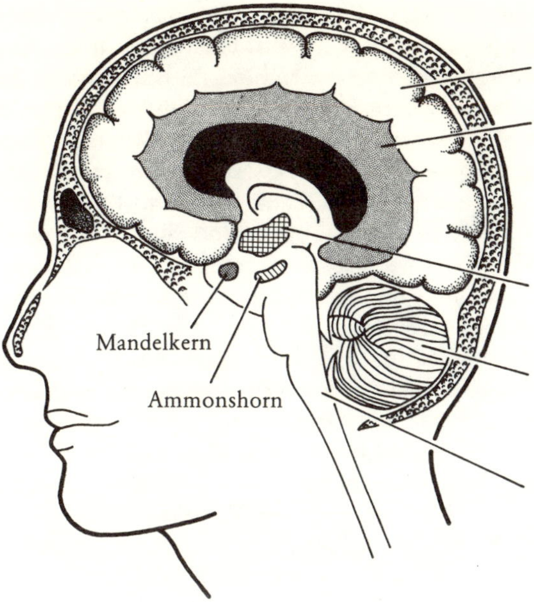

Als die Neurobiologen die Großhirnrinde sozusagen kartographierten, stellte sich überraschend heraus, daß die meisten Partien nichts mit so eindeutigen Gehirnfunktionen wie dem Sehen, dem Hören oder den Muskelbewegungen zu tun haben. Mindestens zu drei Vierteln ist die Großhirnrinde, die aus sogenannten «Assoziationsfeldern» besteht, nicht auf eine spezifische Aufgabe festgelegt. Darin zeigt sich ein ganz wesentlicher Unterschied zwischen dem Gehirn des Menschen und dem aller anderen Wirbeltiere. Zu komplexen Verhaltensweisen sind natürlich auch andere Wirbeltiere fähig. Ein Lachs schwimmt aus dem offenen Meer zielstrebig in den Fluß zurück, aus dem er stammt; Nagetiere finden sich in komplizierten Labyrinthen zurecht, das Liebeswerben der Vögel folgt einem ausgedehnten Ritual. Dabei handelt es sich jedoch weitgehend um stereotype Verhaltensweisen – das heißt, sie sind im Gehirn fest programmiert. Natürlich gibt es auch im menschlichen Verhalten Stereotype, beispielsweise, wenn das kleine Kind nach der Brustwarze der Mutter sucht. Der Mensch besitzt aber darüber hinaus große Rindenfelder, die nicht auf ein bestimmtes Verhalten programmiert sind, sondern vergangene Erfahrungen mit künftigen Problemen verbinden und verschiedene, miteinander nicht in Beziehung stehende Ereignisse zusammenfügen und neue Kombinationen herstellen können.

Wenn auch die eine Hemisphäre des Gehirns das Spiegelbild der anderen zu sein scheint, trifft das in Wirklichkeit nicht zu. Beide Hälften beherbergen nämlich ganz verschiedene Kapazitäten. Man könnte sagen, daß sie so verschieden sind wie ein Buchhalter und ein Künstler. Bei den meisten Menschen denkt die linke Hemisphäre folgerichtig und analytisch und ist zudem für das Sprechen zuständig. Die rechte Gehirnhälfte denkt intuitiv. Ihre Domäne sind räumliche und formale Beziehungen, und sie ist weit überlegen, wenn es darum geht, zwei Muster miteinander zu vergleichen, Gesichter zu erkennen und die Anordnung von Gegenständen im Raum wahrzunehmen. Seltsamerweise hat die linke Hemisphäre mit der rechten Körperhälfte zu tun, und die rechte Hemisphäre mit der linken Körperhälfte – das heißt, daß beispielsweise ein Schaden im motorischen Bereich der rechten Großhirnhälfte die Geschicklichkeit der linken Hand beeinträchtigen kann. Man weiß nicht genau, wieso es zu dieser merkwürdigen Links-Rechts-Vertauschung gekommen ist. Obwohl die Gehirne aller Wirbeltiere nach demselben Grundmuster gebaut sind, hat nur im menschlichen Gehirn jede Hemisphäre ihre eigenen Funktionen entwickelt.

Die meisten Menschen sind Rechtshänder. Das heißt, daß ihre rechte Hand von der linken Hemisphäre gesteuert wird. Das macht die linke zur «dominierenden» Hemisphäre. Dort liegt auch das Sprechzentrum des Gehirns, während die entsprechenden Regionen der rechten Hemisphäre in funktioneller Hinsicht fast stumm bleiben. Die Zuordnung des Sprechens und der Rechtshändigkeit an eine Hemisphäre bedeutet eine grundlegende Umorganisation des menschlichen Gehirns gegenüber dem Gehirn anderer Säugetiere, denn es verfügt dadurch über die hochspezialisierten und ausschließlich menschlichen Fähigkeiten, zu sprechen, präzise Handgriffe auszuführen und mit dem nicht beanspruchten Teil des Gehirns noch andere, ebenso komplexe geistige Leistungen zu vollbringen.*

Alle Rechtshänder haben das Sprechzentrum in der linken Gehirnhemisphäre, Linkshänder aber nur etwa zu sechzig Prozent. Die übrigen bewältigen das Sprechen entweder mit der rechten Hemisphäre, oder sie gebrauchen dazu beide Hemisphären. Deshalb kann ein Rechtshänder, dessen linke Gehirnhälfte entsprechend beeinträchtigt ist, die Sprache verlieren, während bei einem Linkshänder die gleiche Beeinträchtigung möglicherweise weniger folgenschwer ist: in seinem Gehirn sind die Funktionen der Hemisphären nicht so stark spezialisiert. Oft springen andere Teile des Gehirns ein und stellen die Sprechfähigkeit, die vorübergehend verloren war, wieder her. Aber die Linkshänder zahlen einen hohen

Preis für diese Fähigkeit. Epilepsie, Stottern, Legasthenie und geistige Retardierung finden sich bei ihnen häufiger als bei Rechtshändern. Bisher ist zwar noch keine signifikante Beziehung zwischen der Links- oder Rechtshändigkeit einerseits und der Intelligenz andererseits gefunden worden, doch die Intelligenz scheint beim Linkshänder anders geartet zu sein als beim Rechtshänder. In Verbal-Tests schneiden Linkshänder besser ab als Rechtshänder, schlechter dagegen in Tests, die das räumliche Vorstellungsvermögen betreffen.

Beträchtliche Meinungsverschiedenheiten gibt es unter Neurobiologen immer noch in der Frage, inwieweit die zwei Hälften des Gehirns zusammenarbeiten, einander behindern oder miteinander konkurrieren. Einige Aufschlüsse erhielt man von Versuchspersonen, die sich freiwillig zur Messung elektrischer Ströme in den beiden Hemisphären Elektroden auf die Kopfhaut kleben ließen. Bei Rechtshändern, die einen Brief zu schreiben hatten, erzeugte die linke Gehirnhälfte rasch aufeinanderfolgende Stromwellen, während die rechte Hemisphäre nur wenig Aktivität zeigte. Zu den gleichen Ergebnissen kam es, als die Versuchspersonen aufgefordert wurden, lediglich ans Briefeschreiben zu *denken* – oder andere Denkarbeit zu leisten, etwa zu lesen, zu rechnen und Sätze mit bestimmten Wörtern zu bilden. Als die Versuchspersonen gebeten wurden, sich an Musiktöne zu erinnern, bunte Würfel zu arrangieren und zu zeichnen, beobachtete man eine Aktivität der anderen Hemisphäre. Verschiedene Aufgaben aktivieren die Hemisphären offenbar auf verschiedene Weise. Meistens sind beide gleichzeitig in Aktion, dank der 200 Millionen Nervenfasern, die den Balken bilden und als dickes Kabel eine Kommunikation zwischen den Hemisphären ermöglichen. Sprache und Rechtshändigkeit sind also – zumindest bei den meisten Menschen – eindeutig die Domäne der linken Hemisphäre, während die schöpferische Abstraktion die entsprechende Domäne der anderen Hälfte ist. Bei vielen anderen Verhaltensweisen des Menschen wissen wir jedoch noch nichts Genaues über den Anteil der Hemisphären.

In zahllosen raffinierten Experimenten testete man die Symmetrie des menschlichen Gehirns. Dabei trägt die Versuchsperson einen Stereo-Kopfhörer, damit er auf dem rechten und linken Kanal verschiedene Signale hören kann. Nun kann der Versuchsleiter zum Beispiel gleichzeitig über den linken Kanal *Junge* und über den rechten Kanal *Mädchen* senden. Die Versuchsperson wird mit sehr viel größerer Wahrscheinlichkeit Wörter identifizieren, die sie über das rechte Ohr gehört hat. Dieser Test wurde wiederholt mit verschiedenen Personen durchgeführt, und zwar sowohl mit englischen Wortpaaren als auch mit sinnlosen Silben. Die größere Genauigkeit zeigt fast immer das rechte Ohr – das von der dominierenden linken Hemisphäre kontrolliert wird. Als die Wörter durch nicht-verbale Laute – Musiknoten, Straßengeräusche, Gelächter – ersetzt wurden, gab das linke (von der rechten Hemisphäre kontrollierte) Ohr die Laute sehr viel häufiger richtig wieder. Damit erwies sich, daß die linke Hemisphäre nicht bei der Verarbeitung aller

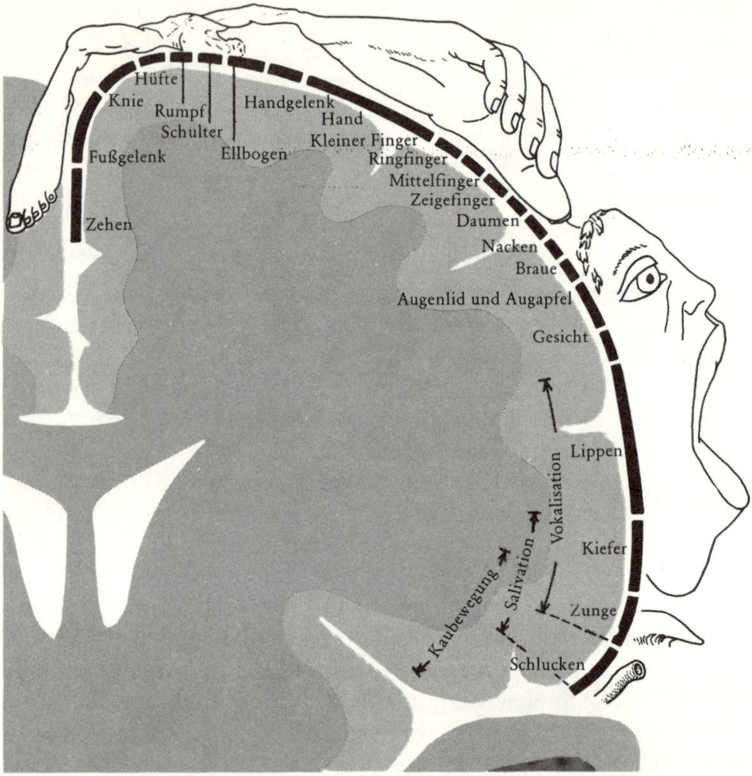

Zentren bestimmter Funktionen im menschlichen Gehirn
Diese Darstellung zeigt am Querschnitt einer Gehirnhemisphäre die verschiedenen Bereiche der Großhirnrinde, die die motorischen Funktionen steuern. Die Verzerrung macht deutlich, welche Bedeutung diesen Bereichen bei der Kontrolle verschiedener Körperteile zukommt. So ist beispielsweise zu sehen, daß Lippen, Zunge und Finger eine proportional größere Bedeutung haben als der ganze übrige Körper zusammen. Welchen Raum Sprache und Werkzeugbenutzung im Gehirn einnehmen, macht dieses Bild drastisch sichtbar.

Laute überlegen ist, sondern nur bei Lauten, die unmittelbar mit der Sprache zu tun haben. Wie immer dieser Prozeß der Trennung der Gehirnfunktionen zwischen den beiden Hemisphären im einzelnen aussehen mag, er beginnt jedenfalls im Alter von zwei Jahren und ist beim Zehnjährigen praktisch abgeschlossen.*

Mit diesem größeren und komplizierteren Gehirn ausgestattet, nahm die Mentalität des Hominiden eine Entwicklung, die ganz extrem von der Entwicklung jedes anderen Primaten abweicht. Das entscheidende Merkmal des menschlichen Geistes ist seine Fähigkeit, Symbole zu schaffen: Objekte und Ideen mit willkürlichen Bedeutungen zu unterlegen. Das menschliche Haar zum Beispiel hat in allen Gesellschaften einen bestimmten Symbolgehalt, der allerdings von Gesellschaft zu Gesellschaft variiert. Biologisch gesehen ist das Haar kaum dazu geeignet, die Haut der modernen Menschen vor Kälte oder Verletzungen zu schützen. Es wächst im allgemeinen ziemlich spärlich und ist nur auf der Kopfhaut, unter den Armen und um die Genitalien etwas dichter. Es ist relativ träge, auch wenn man sagt, daß sich einem gelegentlich «die Haare sträuben».

Trotzdem haben die Menschen diesem dürftigen, trägen und fast nutzlosen Anhängsel ihres Körpers große symbolische Kraft zugemessen. In der abendländischen Überlieferung ist das Haar seit langem ein Symbol für sehr große Zahlen; man denke nur an das Wort Jesu im Neuen Testament: «Nun aber sind auch die Haare auf eurem Haupte alle gezählt.» Man benutzt es als Begriff für äußerste Feinheit, wie etwa «Haaresbreite», «haarspalterisch» und «haargenau». Es ist aber auch ein Symbol für etwas Grobes, so etwa in der Bibel beim Kontrast zwischen dem derben Esau, «ganz rauh wie ein Fell», und dem sanften Jakob, dessen Haut glatt war. Heute verzichten viele Frauen bewußt darauf, die Haare an den Beinen oder unter den Armen zu entfernen, und sehen darin ein Symbol für die Befreiung der Frau. Ähnliche Beispiele lassen sich ohne weiteres für andere Kulturen aufstellen.*

Kein Schimpanse könnte den Unterschied zwischen Weihwasser und gewöhnlichem Trinkwasser verstehen. Aber der Mensch kann das. Alle Menschen sind bestrebt, die sie umgebende sichtbare Welt neu zu schaffen und zu verwandeln. Sie schmücken ihren Leib, sie zeichnen an Höhlenwänden und malen auf Leinwand, sie meißeln und formen Bildnisse aus Stein und Lehm, und sie errichten Bauwerke aus steinernen Blöcken. Aber man hat noch nie erlebt, daß ein Schimpanse außerhalb der Versuchsstation zeichnet, schnitzt, Objekte gruppiert oder einen tatsächlich vorhandenen oder imaginären Gegenstand herstellt. Auf der Fähigkeit, Symbole zu schaffen, beruhen alle jene komplexen Verhaltensweisen, die die menschliche Kultur ausmachen: etwa einen Tag zum Sabbat zu erklären und zu heiligen, mit Münzen oder Muscheln den Handelswert von Waren festzusetzen oder eine Flagge als Symbol der Gruppeneinheit zu respektieren. Solange Menschen nicht die Fähigkeit besaßen, Symbole zu schaffen, konnte eine Kultur offensichtlich nicht entstehen.

Erst die Sprache macht alle anderen kulturellen Tätigkeiten möglich, sie ist die höchste Form der Versinnbildlichung. Die Sprache ist ein spezifisch menschliches Attribut. Eine sprachliche Befähigung hat man zwar etwa einem Dutzend Schimpansen, mehreren Orang-Utans und einem Gorilla zugesprochen, denen beigebracht worden war, sich auf die eine oder andere Weise zu verständigen – tatsächlich sind ihre Fertigkeiten jedoch minimal, wenn man sie an den Möglichkeiten der menschlichen Sprache mißt. Weder in freier Wildbahn noch in Versuchsstationen und zoologischen Gärten ist bei untrainierten Menschenaffen jemals ein der menschlichen Sprache auch nur entfernt ähnliches Kommunikationsmittel beobachtet worden. Tatsächlich hatte ein Schimpanse nach jahrelangem intensivem Training die Gesten der amerikanischen Zeichensprache für etwa hundert Wörter gelernt, aber ein Menschenkind auf der entsprechenden Entwicklungsstufe hat schon einen Wortschatz von vielen tausend Wörtern und, wichtiger noch, es kann mit diesen Wörtern zahllose Sätze in seiner Muttersprache bilden. Ein Mensch kann Sätze vom Aktiv ins Passiv verwandeln, subtile Unterscheidungen zwischen ähnlichen Wörtern machen und mit Hilfe der Sprache betrügen – alles Dinge, die einem trainierten Menschenaffen unerreichbar bleiben.

Menschenaffen teilen sich natürlich ständig mit, und sie haben dazu ein ganzes System von Signalen, die Ohr, Auge, Tast- und Geruchssinn ansprechen. Soweit man weiß, ist dieses System mit der menschlichen Sprache nicht zu vergleichen. Dazu fehlen den Menschenaffen unter anderem die Schädelkapazität, die erforderliche Entwicklung des Nervensystems und die Assoziationsfelder, ohne die offenbar Sprache nicht möglich ist. Außerdem ist ihr Stimmapparat so konstruiert, daß sie die wichtigen Vokale nicht bilden können. Dieser Mangel ist nicht so unbedeutend, wie es auf den ersten Blick scheint. Er wird vielleicht verständlicher, wenn man einen riesigen Computer mit einem kleinen Taschenrechner vergleicht. Beide verwenden zwar Schaltelemente von grundsätzlich gleicher Bauart, doch mit seiner hohen Geschwindigkeit, seinem großen Speichervermögen und seiner Programmierbarkeit bewältigt der große Computer viele Arbeiten, die dem Taschenrechner verwehrt bleiben. Die menschliche Sprache ist mit dem großen Computer zu vergleichen, da auch sie Informationen sehr schnell verarbeiten kann. Das rührt daher, daß der Mensch seinen Stimmapparat zur Kommunikation in einer Weise einsetzen kann, denen die Menschenaffen mit ihrem nicht-verbalen Stimmapparat nichts Gleichwertiges entgegensetzen können. Das wird deutlich, wenn man die Natur der Sprechgeräusche untersucht. Menschen können pro Sekunde bis zu zehn elektronisch erzeugte, rasch aufeinanderfolgende Tonimpulse zählen. Was darüber hinausgeht, verschmilzt für das menschliche Ohr zu einem anhaltenden Ton. Menschen sprechen jedoch mit ungefähr zwanzig Impulsen pro Sekunde – ohne daß diese verschmelzen. Es sind die den Konsonanten beigefügten Vokale, die uns die Laute als Sprachsignal entschlüsseln lassen; und eben diese Vokaltöne sind es, die der Stimmapparat der Menschenaffen nicht hervorbringen kann.*

Durch die Sprache kann der Mensch Grenzen überschreiten, die seine Umwelt und die biologische Evolution ihm gesteckt haben. Die Evolution brachte erst nach vielen Millionen Jahren eine Amphibie wie den Vorfahren des Frosches hervor, der an Land und im Wasser leben konnte. Dagegen brachte die kulturelle Evolution (die letztlich auf Sprache basiert) in nur wenigen Jahrzehnten eine andere Art von Amphibie hervor, den Astronauten, der sowohl auf dem Planeten als auch im Weltraum zu Hause ist. Die biologische Evolution mußte sich langsam vollziehen und durch genetische Veränderungen und eine allmähliche natürliche Selektion die Amphibienformen entwickeln, die außerhalb des Wassers existieren konnten. Die kulturelle Evolution spielte sich dagegen so ab, daß Informationen von Generation zu Generation weitergegeben wurden und sich so akkumulierten. So konnte jede Menschengeneration dank der Speichermöglichkeiten der Sprache dort weitermachen, wo die letzte Generation aufgehört hatte; sie hatte es nicht nötig, immer wieder von vorne zu beginnen. Deshalb brauchten die Menschen nicht zu warten, bis die biologische Evolution ihre Anatomie so veränderte, daß sie im Weltraum überleben konnten. Mit Hilfe der Sprache suchten sie nach Möglichkeiten, ihre Anatomie zu vervollständigen und damit den Bedingungen im Weltraum anzupassen.

Die stimmlichen Äußerungen von Affen und Menschenaffen sind nicht im eigentlichen Sinne kommunikativ, so wie das die Sprache ist. Es sind höchstens ausdrucksvolle Signale, die den Gefühlszustand eines Tieres in einem bestimmten Augenblick ausdrücken. Die menschliche Sprache dagegen kann nicht nur Gefühle ausdrükken, sondern auch Informationen über die gesamte Umgebung vermitteln, ob diese nun sichtbar oder unsichtbar, real oder imaginär ist. Wenn ein Schimpanse auf Nahrungssuche einen mit Früchten überladenen Baum findet, reagiert er auf diese Entdeckung, indem er eine Reihe von Schreien ausstößt. Früher glaubte man, solche Signallaute beim Affen oder Menschenaffen sollten lediglich auf die Nahrung hinweisen. Tatsächlich sind es Laute der Erregung, die zwar oft mit der Nahrung zu tun hat, aber auch von anderen Dingen herrühren kann. An der Intensität, Dauer und Häufigkeit der Schreie können andere Schimpansen abschätzen, wie groß die Erregung des Rufers ist. Die Richtung, aus der die Laute kommen, hilft anderen Mitgliedern der Gruppe, den Rufer und damit auch die Nahrungsquelle zu finden. Darüber hinaus hat der Schimpanse wirklich sehr wenig über seine Entdeckung mitgeteilt. Ein Mensch würde in derselben Situation vielleicht ebenfalls einen Schrei der Erregung ausstoßen, etwa *Juhuu!*. Im Gegensatz zum Menschenaffen hat er aber die Möglichkeit, außerdem zu sagen: *Kommt alle her! Ich bin noch etwa zehn Schritt vom Fluß entfernt. Da steht ein Baum voll reifer Früchte. Wenn wir alle zusammen helfen, haben wir sie in einer Viertelstunde gepflückt. Gebt aber acht, wenn ihr herkommt. Ich glaube, ich habe einen Leoparden gesehen.* Es liegt auf der Hand, daß ein Mensch, der auf diese Weise Informationen weitergeben kann, seine Umwelt weit besser nutzen kann.

Die einfachste Symbolisierung durch Sprache ist das Benennen der Dinge in der Umwelt. Menschen teilen einem Objekt eine bestimmte Reihe von Lauten zu und stellen dann eine Gedankenverbindung zwischen dem Objekt und den Lauten her. Das menschliche Gehirn hat sich so weit entwickelt, daß es eine unermeßliche Zahl solcher Gedankenverbindungen herstellen kann. Diese Gedankenverbindungen oder Assoziationen sind echte kulturelle Symbole, die sich von Gruppe zu Gruppe unterscheiden und die der Spezies Mensch nicht von Natur aus mitgegeben sind. Im Gegensatz dazu bleibt beispielsweise beim Rhesusaffen das Repertoire an stimmlichen Äußerungen etwa gleich groß, ganz gleich, ob man nun die Affen in ihrer natürlichen Umgebung in Indien antrifft oder ob sie ihr ganzes Leben als Versuchstiere in den USA verbracht haben. Menschen, die in verschiedenen Teilen der Welt leben, sprechen dagegen nicht schon aufgrund ihrer Biologie notwendigerweise die gleiche Sprache.

Man hat vielfach versucht, den Unterschied zwischen der menschlichen Sprache und der Kommunikation der Tiere genau zu definieren. Ein Linguist hat sechzehn diesbezügliche Merkmale zusammengestellt. Die meisten davon finden sich auch bei irgendeiner Tierart, aber nur der Mensch weist alle sechzehn auf. Und einige entscheidende Merkmale scheinen – nach dem derzeitigen Wissensstand – überwiegend oder ausschließlich dem Menschen vorbehalten: Offenheit, Zufälligkeit, Verlagerung, Getrenntheit und Dualität in der Wortbildung.

Menschliche Sprachen sind *offene* Systeme, während die Lautsysteme der Tiere *geschlossen* sind. Die Sprache ermöglicht es dem Menschen, fortwährend Dinge auszudrücken, die er noch nie vorher gesagt hat und die möglicherweise in der ganzen Geschichte der Sprache noch von keinem anderen Menschen gesagt worden sind. Dieser letzte Satz zum Beispiel ist von mir wahrscheinlich noch nie in genau dieser Form aufgeschrieben worden – und meines Wissens auch noch nie von einem anderen Menschen. Dasselbe läßt sich für den nächsten Satz sagen, den ich gerade eben aufgeschrieben habe. Kurzum, die menschliche Sprache ist ein Medium, das eine unendliche Kreativität ermöglicht. Da sie ein *offenes* System darstellt, ist sie folgerichtig auch *zufällig*. Der Mensch kommt offenbar mit der angeborenen Fähigkeit auf die Welt, eine Sprache zu sprechen, doch welche er dann tatsächlich spricht, das wird zufällig von der Gruppe bestimmt, in die er hineingeboren wird. Überdies hat diese Gruppe willkürlich verschiedene Lautkombinationen dazu ausersehen, ganz bestimmte Objekte und Ideen zu bezeichnen. Das Gebell von Hunden, die derselben Rasse angehören, stimmt weitgehend überein, ob das Tier nun in den USA oder in Finnland geboren wurde – während die Sprache, die in den USA gesprochen wird, ein Kind willkürlich dazu gebracht hat, dieses Bellen in bau-wau zu übersetzen, während das Kind in Finnland hau-hau sagen wird. Die Menschen in deutschsprachigen Ländern nennen ein gewisses vierbeiniges Haustier *Hund;* die Menschen in Ländern, in denen französisch gesprochen wird, sagen *chien,* und bei Kisuaheli sprechenden Menschen in Afrika heißt es *mbwa.* Diese innerhalb der Spezies Mensch gebrauchten verschiedenen Lautkombinationen sind alle zufällig und haben überhaupt nichts mit den Merkmalen des so bezeichneten Tieres zu tun.

Verlagerung ist der Aspekt der menschlichen Sprache, der den Sprecher befähigt, Informationen über weit entfernte Zeiten und Orte mitzuteilen. Auch wenn ein Schimpanse, der einige Zeichen beherrscht, eine rudimentäre Form von Verlagerung zeigte, als er das Zeichen für *Hund* machte, sobald er in der Ferne ein Bellen hörte, ist dieses Beispiel einer Verlagerung – gemessen an dem, was Menschen leisten können – trivial. Ein Schimpanse zeigt in seinem Verhalten auch ein gewisses Maß an Verlagerung, wenn er sich im voraus einen Stecken zurechtmacht, mit dem er nach Termiten stochern will. Dabei denkt der Schimpanse wahrscheinlich an frühere Erfahrungen mit anderen Stecken zurück. Er läßt so zwar eine begriffliche Erinnerung an vergangene Ereignisse und einen Vorgriff auf die Zukunft erkennen, aber das geschieht nur in seinem Verhalten und nicht in der Sprache. Menschen können dagegen von ihrer Kindheit oder vom bevorstehenden Alter sprechen; sie können voraussagen, daß sie nach der lauten Party, die sie am Abend besuchen werden, morgen Kopfschmerzen haben werden; sie können sich über die Anfänge der Hominiden, die fünf Millionen Jahre zurückliegen, ebenso Gedanken machen wie über die Zukunft ihrer Spezies.

Ein weiteres wichtiges Kennzeichen der Sprache ist die *Getrenntheit.* Wenn ein Rhesusaffe leicht beunruhigt ist, läßt er ein Knurren hören, das dem eines Hundes ähnelt – einen Laut von unbegrenzter Dauer, wohingegen das Wort *Knurren* eine abgetrennte, in sich geschlossene Einheit ist, mit einem Anfang und einem Ende. In ähnlicher Weise ist jedes Wort in einer Sprache eine getrennte Botschaft, gebildet aus einer exakten und begrenzten Zahl von Lauten, die in ähnlich exakten und begrenzten Kombinationen zusammengefügt sind. Diese beiden Komponenten, die Laute und ihre bestimmten Kombinationen, machen die letzte Besonderheit der menschlichen Sprache aus, die *Dualität in der Wortbildung.* Zum einen sorgen die einzelnen Laute, die die Grundlage jeder Sprache bilden, für feine Unterscheidungen, so daß keine Verwirrung entsteht. Die deutsche Sprache setzt zum Beispiel volles Vertrauen in die Unterscheidung zwischen den ähnlichen Lauten, die mit den Buchstaben *p* und *b* bezeichnet werden. Für sich allein ist diese Unterscheidung bedeutungslos. Wichtig wird sie jedoch bei Wörtern wie *Paß-Baß*, *Pein-Bein* und *Pulle-Bulle.* Zum zweiten können die Laute zu Einheiten oder Wörtern zusammengefügt werden; damit ergeben sich viel mehr Möglichkeiten, Bedeutungen zu vermitteln. Jede Sprache beschränkt sich auf eine kleine, zwischen einem und fünf Dutzend liegende Zahl von Lauten, obschon die menschlichen Stimmbänder Tausende davon erzeugen können; das Englische verwendet beispielsweise etwa 45 Laute. Die Dualität in der Wortbildung läßt jedoch jede Sprache aus den wenigen und in sich bedeutungslosen Lauten, die sie verwendet, Hunderttausende von normalen Wörtern bilden.*

Niemand kann mit Sicherheit sagen, wann und wie die entscheidende Umorganisation des Gehirns stattfand, die die Sprache ermöglichte. So alt sind die erhitzten Debatten über den Sprachursprung, daß die Gesellschaft der Sprachwissenschaftler in Paris im Jahre 1866 verfügte, daß fortan auf all ihren Versammlungen nicht mehr über den Sprachursprung diskutiert werden dürfe. Da Wörter keine Fossilien hinterlassen, kann eine Diskussion natürlich immer nur spekulativ sein. Außerdem hat man die Sprache immer als eine singuläre Entwicklung angesehen und nicht erkannt, daß man zwischen ihren kommunikativen und begrifflichen Aspekten unterscheiden muß. Es gibt schließlich keinerlei Grund zu der Annahme, Kommunikation und begriffliche Vorstellung hätten sich zwangsläufig gemeinsam entwickelt. Bei den Hominiden gab es zweifellos von Anfang an eine stimmliche Kommunikation, so wie heute bei vielen Säugetieren und Vögeln. Mit der Zeit müssen dann die Hominiden ein vererbliches, stereotypes Kommunikationssystem entwickelt haben, das konventionelle Signale verwendete, ähnlich den 25 Rufen, mit denen sich Schimpansen verständigen. Ein kleiner Teil der menschlichen Kommunikation besteht immer noch aus solchen Ausrufen: das *Autsch!* wenn man verletzt wird, und das begeisterte *Juhuu!*. Ein solches einfaches Kommunikationssystem könnte sich selbst in den relativ kleinen Gehirnen der frühesten Hominiden entwickelt haben, so wie das in den noch viel winzigeren Vogelgehirnen geschehen ist. So betrachtet, könnte sich Sprache – als Kommunikation – dank dem Anpassungsstreben der Primaten schon früh bei der Evolution der Hominiden entwickelt haben.

Der zweite – begriffliche und kognitive – Aspekt der Sprache ist etwas wirklich Neues in der Geschichte des Lebens. Er konnte sich erst durchsetzen, als ein großes Gehirn mit komplexen Nervenbahnen existierte. Eine ganze Welt liegt zwischen dem Ausruf *Autsch!* und der unermeßlich großen Zahl von begrifflich-kognitiven Aussagen, die statt dessen gemacht werden könnten, etwa *Ich hab' mir den Kopf angestoßen*, *Bitte bringt mich zu einem Arzt* oder *Das war ein übler Kalauer.* Man braucht also ein andersgeartetes Gehirn, um sich an frühere Erfahrungen zu erinnern, Ursachen zu erforschen und Sinneswahrnehmungen zu beschreiben. Diese neue Fähigkeit erforderte eine gewaltige Menge Nervengewebe, was weitgehend zur Größenausdehnung des menschlichen Gehirns beigetragen hat.*

Manche Anthropologen setzen den Ursprung der Sprache gleich mit dem Auftauchen der ersten Hominiden, aber ein so frühes Datum ist unwahrscheinlich; man denke nur an den gewaltigen Zeitraum, den die Evolution brauchte, um das Primatengehirn zum Menschengehirn werden zu lassen. Andere sind der Ansicht, die Sprache müsse sich spätestens beim *Homo erectus* gebildet haben, denn sie können sich nicht vorstellen, daß die gemeinsame Jagd und die Werkzeugherstellung ohne ein differenziertes Kommunikationssystem möglich waren. Doch auch nichtmenschliche Primaten können jagen und primitive Werkzeuge herstellen, obwohl sie nur über eine begrenzte Auswahl von Gebärden, Mienen und stimmlichen Äußerungen verfügen. Und daß zur gemeinsamen Jagd keine Sprache erforderlich ist, demonstriert beispielsweise der Wolf mit seinen straff organisierten Rudeln. Sprachliche Äußerungen könnten sogar das verfolgte Wild warnen und so das ganze Unternehmen zunichte machen. Jäger, die sich sehr gut kennen, brauchen keine Sprache, denn sie können sich auf andere feine Signale verlassen, die mit den Augen oder mit Gebärden gegeben werden. Die Buschmänner in der Kalahari haben zum Beispiel ein sehr komplexes Kommunikationssystem aus Handsignalen entwickelt, mit denen sie sich verständigen, wenn sie lautlos auf Beutetiere Jagd machen.*

Wenn wir annehmen, daß die Sprache erst vor relativ kurzer Zeit entstand, dann hätten wir möglicherweise eine Erklärung für das plötzliche Aufblühen einer Kultur etwa in der Zeit, als *Homo sapiens sapiens* die Szene betrat. Davor hatten sich in einem Zeitraum von vielleicht drei Millionen Jahren die Techniken der Werkzeugherstellung nur in verhältnismäßig unbedeutenden Details verändert. Doch dann, vor nicht ganz 40000 Jahren, wurden plötzlich ganz neue Materialien verwendet, und die Zahl der verschiedenen Werkzeugtypen nahm rapide zu. Es entwickelten sich vollkommen neue Technologien, die von der Konzeption her ganz anders angelegt waren als die bis dahin üblichen. Wie aus dem Nichts tauchten plötzlich vollendet schöne Höhlenmalereien und Skulpturen auf. Etwa in dieser Zeit entstanden auch die ersten Aufzeichnungen in Gestalt von Mustern, die in verschiedene Gegenstände geritzt wurden. Auch wenn noch völlig ungewiß ist, wie diese Muster zu interpretieren sind, so setzen sie doch offensichtlich eine wesentliche Erweiterung der geistigen Fähigkeiten des Menschen voraus (siehe Abbildung). Dazu kommt, daß ungefähr zur gleichen Zeit die *Homo-sapiens*-Populationen zahlenmäßig rasch zunahmen und nun auch in Australien, Nordamerika und Südamerika auftauchten – in riesigen Gebieten also, die bis dahin noch kein Hominide betreten hatte. Die Spezies Mensch hatte offensichtlich etwas Neues und höchst Bedeutsames hinzugewonnen – und diese bis dahin fehlende Zutat könnte, so darf man logisch folgern, die Sprache gewesen sein.

Was wir über die Anatomie wissen, läßt ebenfalls darauf schließen, daß vor *Homo sapiens sapiens* bei den Hominiden keine voll ausgebildete Sprache entstanden sein kann. Die Sprache erfordert anatomische Veränderungen, die erst im letzten Stadium der Evolution zum Neuzeitmenschen eintraten: der Kiefer mußte kleiner werden und seine Lage ändern, und der Schädel mußte auf dem

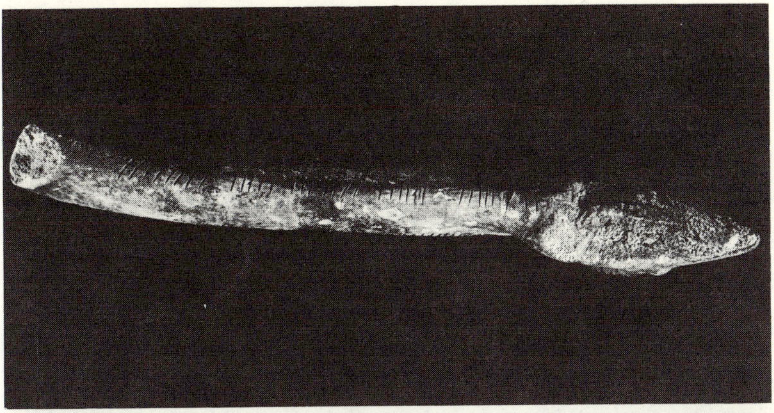

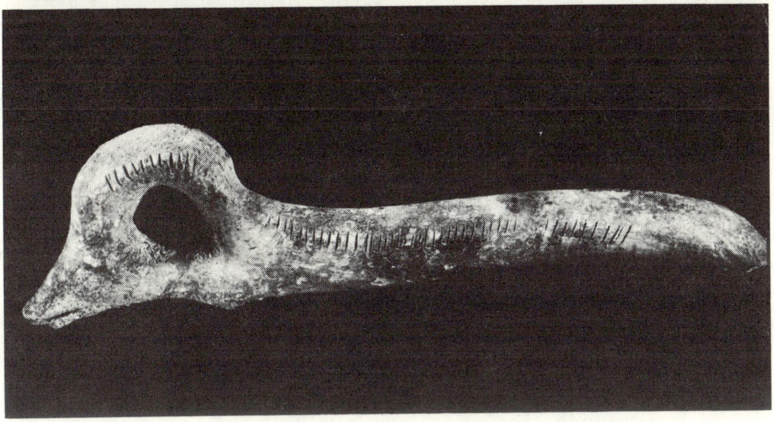

Ein frühes Aufzeichnungssystem

Diese Fotos zeigen zwei Seiten eines rätselhaften Gegenstandes der Cro-Magnon-Menschen aus Südwestfrankreich, den die Archäologen wegen seiner mutmaßlichen rituellen Funktionen einen *bâton de commandement* oder Kommandostab genannt haben. Der Stab, der aus einem Geweih geschnitzt wurde und an einem Ende den Kopf eines langgezogenen Fuchses erkennen läßt, ist vor allem wegen der Markierungen an beiden Seiten und an der Unterseite interessant. Die Bedeutung dieser Markierungen blieb lange Zeit ebenso geheimnisvoll wie der Zweck, dem diese Stäbe dienten. Bei einem so sorgfältig geschnitzten Gegenstand kann es sich kaum um zufällige Kratzer handeln, zumal sie offenbar in einer bestimmten Anordnung gruppiert sind. Ein Archäologe nimmt an, daß es sich dabei um Aufzeichnungen von Mondphasen für zwei Jahreszeiten handelt, und glaubt, zahllose andere Beispiele für Aufzeichnungen und Erinnerungssysteme aus der Cro-Magnon-Zeit entdeckt zu haben. Seine Hypothese wurde noch nicht völlig akzeptiert, aber einige Experten auf dem Gebiet der europäischen Vorgeschichte haben sie begeistert aufgenommen.*

Rückgrat exakt ausbalanciert sein. Diese Veränderungen führten zu einer neuen Anordnung der Stimmbänder, des Kehlkopfes und der Zunge, die alle genau aufeinander abgestimmt sein müssen, um die in der menschlichen Sprache verwendeten Laute erzeugen zu können. Ohne den kleineren Kiefer und das vorgeschobene Kinn des modernen Menschen hätte die Zunge nicht die erforderliche Bewegungsfreiheit gehabt. Und da sich der Kehlkopf immer weiter vom weichen Gaumen und von der Zunge wegbewegte, so daß die Rachenhöhle größer wurde, kann der Jetztmensch bestimmte Vokale artikulieren, die der Schimpanse nicht herausbringen kann. Vor einigen Jahren wurden Computeruntersuchungen an Schädeln der Neandertaler durchgeführt und man erkannte, daß den Neandertalern diese und andere Verfeinerungen fehlten und daß sie deshalb keine voll ausgebildete Sprache gehabt haben können. Diese Studie ist allerdings umstritten, da die kleine Anzahl der ausgewählten Schädel wahrscheinlich nicht für alle Neandertaler typisch war. Außerdem wird auch heute noch gelegentlich ein Mensch mit eben diesen anatomischen Besonderheiten geboren, die dem Neandertaler angeblich das Sprechen unmöglich machten – doch diese Menschen von heute können sprechen. Möglicherweise wird sich eines Tages herausstellen, daß die richtige Erklärung für den Ursprung der Sprache Aspekte beider Theorien zusammenfaßt – sowohl vom frühen als auch vom sehr späten Entstehen der Sprache. Hominiden mögen schon lange vor *Homo sapiens sapiens* ein wirkungsvolles Kommunikationssystem besessen haben, dem die begrifflich-kognitiven Feinheiten der modernen Sprache noch fehlten.*

Der menschliche Intellekt – fähig, Symbole zu gebrauchen, Kultur zu schaffen und sich durch Sprache zu verständigen – spielte zweifellos bei der Weiterentwicklung von der Lebensweise der Primaten zu der der Hominiden die entscheidende Rolle. Der Intellekt wuchs jedoch nicht unabhängig von anderen entscheidenden Schritten in der Evolution, sondern vielmehr auf Grund eines Wechselspiels zwischen Anpassung in der Anatomie und im Verhalten. Die Anfertigung von Werkzeugen hätte sich zum Beispiel nicht ohne anatomische Veränderungen durchsetzen können: ein größeres und komplexeres Gehirn (das sowohl die Spezialisierung auf den Gebrauch der rechten Hand bewirkte wie die überlegene Koordination von Auge, Gehirn und Hand), das Gehen auf zwei Beinen (das die Hände zum Gebrauch der Werkzeuge freimachte) und anatomische Veränderungen der Hände (die die Opposition des Daumens zu jedem Finger ermöglichten). Darüber hinaus wurde die Herstellung von Werkzeugen Teil einer ganzen Reihe kultureller Verhaltensweisen: es gab nun Besitz und Teilung des Besitzes, es gab

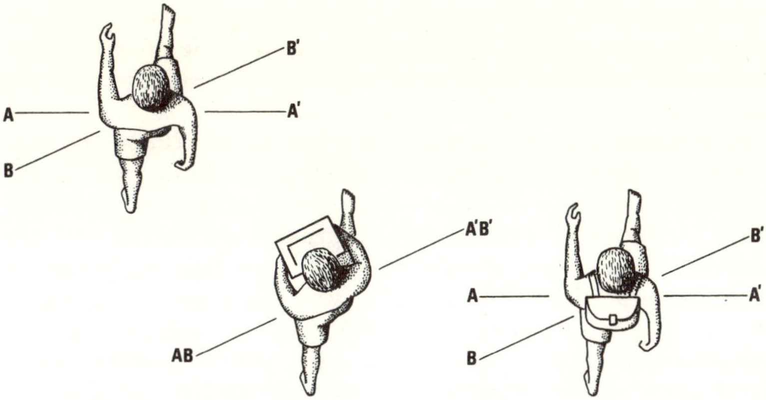

Der Gang des Menschen

Das Gehen auf zwei Beinen machte die Hände für die Werkzeugherstellung frei – doch den meisten Menschen ist nicht klar, daß die Arme beim Gehen nach wie vor eine Rolle spielen. Bei jedem Schritt geht der dem ausschreitenden Bein gegenüberliegende Arm mit nach vorn, um die Drehung des Beckens auszugleichen. (Dieses Armschwingen zeigt die obere Zeichnung: A-A' ist die Körperachse, B-B' die Achse des Beckens.) Nun stelle man sich vor, beide Arme seien unbeweglich, so wie das der Fall ist, wenn man einen schweren Gegenstand vor sich herträgt (s. mittlere Zeichnung). Diese Unbeweglichkeit zwingt die Körperachse und die Achse des Beckens in die gleiche Ebene. Daher muß sehr viel mehr Energie aufgewendet werden, um die jeden Schritt begleitende Beckendrehung auszugleichen. Der Gang der Frau ähnelt gewöhnlich dem in der mittleren Zeichnung, zum einen wegen des breiteren Beckens der Frau, zum andern, weil in vielen Gesellschaften die Meinung herrscht, es gehöre sich nicht für Frauen, die Arme zu schwingen. Die rollende Bewegung der Hüften beim Gehen ist in vielen Kulturen sogar zu einem besonderen Geschlechtsmerkmal der Frau geworden. Die rechte Zeichnung zeigt, daß trotz schwerer Lasten ein zweckmäßiges bipedisches Gehen möglich ist – solange diese Lasten nicht mit den Armen getragen, sondern in einem Rucksack, Tragekorb oder Schultertuch befördert oder auf dem Kopf balanciert werden. Der unterschiedliche Gang von Männern und Frauen mag auch erklären, weshalb Jungen und Mädchen ihre Schulbücher auf verschiedene Weise tragen. Die Mädchen halten ihre Bücher fast immer mit beiden Armen vor der Brust, während die Jungen sie fast durchweg seitlich neben dem Körper tragen, so daß der ausgestreckte Arm im Rhythmus des gegenüberliegenden Beines mitschwingen kann. Obwohl also die Arme beim zweckmäßigen bipedischen Gehen zwangsläufig mitwirken, bleiben doch die Hände frei – das heißt, sie brauchen kein Körpergewicht zu stützen, wie sie das bei Affen und bei den Knöchelgängern unter den Menschenaffen tun. Die Hände des Menschen konnten sich also unabhängig von den Armen entwickeln und sich auf präzises Zugreifen spezialisieren.

Zusammenarbeit beim Gewinnen von Rohstoffen und den Austausch von Werkzeugen, es gab Vorschriften, die den Gebrauch bestimmter Werkzeuge von Alter und Geschlecht abhängig machten.

Ein großes und komplexes Gehirn war für eine fortschrittliche Werkzeugherstellung ebenso unerläßlich wie die aufrechte Haltung und das Gehen auf zwei Beinen (Bipedie). Das Skelett eines vierfüßigen Säugetieres hat etwas von der Struktur einer selbsttragenden Brücke. Das Rückgrat des Tieres läßt sich mit dem Bogen und die vier Beine mit den Pfeilern vergleichen. Der Brustkorb hängt an diesem Bogen, der auch die inneren Organe des Rumpfes und des Unterleibs trägt. Ein solches Skelett läßt sich nicht einfach in die Senkrechte bringen, da sonst die selbsttragende Konstruktion, die das ganze Gewicht zum Scheitelpunkt des Bogens schiebt, keine Vorteile, sondern nur Nachteile haben würde. Beim aufrechten Gang wirkt die Gewichtsbelastung von oben nach unten – daher mußte aus dem einzelnen Bogen der Vierbeiner die S-förmige Krümmung der menschlichen Wirbelsäule werden. Darüber hinaus mußte der menschliche Fuß, der das Gewicht dieses senkrechten Skeletts zu tragen hatte, seine doppelte Funktion als Greif- und Gehwerkzeug aufgeben. Damit wurde er zu einem der am stärksten spezialisierten Teile der menschlichen Anatomie.

Der Mensch ist natürlich nicht das einzige Lebewesen, das sich jemals auf zwei Beinen bewegt hat. Vögel, bestimmte Echsen, Känguruhs, Bären und verschiedene andere Tierarten bewegen sich entweder immer oder doch häufig auf zwei Beinen, und das galt auch für einige Dinosaurier. Auch mehrere Arten der nichtmenschlichen Primaten bevorzugen gelegentlich den bipedischen Gang. Der Mensch ist jedoch das einzige Lebewesen, das auch die anderen, den Primaten eigentümlichen Merkmale besitzt und sich ständig in aufrechter Haltung fortbewegt. Der Gang des Menschen ist ausgesprochen rationell, während der Schimpanse beim bipedischen Laufen Hüften und Knie leicht abwinkelt und gleichzeitig die Beine spreizt. Das Körpergewicht des Schimpansen wird dann in übertriebener Weise von einer Seite zur anderen verlagert, während er einen Fuß nach dem anderen auf den Boden aufsetzt. Diesen rollenden Gang kann man oft bei Matrosen sehen, die an Bord nur durch breitbeiniges Gehen das Schwanken des Decks ausgleichen können. Normalerweise hält der Mensch jedoch die Beine beim Gehen nahe beieinander, das Körpergewicht schiebt sich über das belastete Bein und wird nicht von einer Seite zur anderen verlagert. Bei aller Perfektion und selbst noch nach einer Jahrmillionen dauernden Evolution bleibt das bipedische Gehen für den Menschen eine unstabile Fortbewegungsart. Leute mit einer – durch Krankheit, Alter, Alkohol oder Drogen – nur leicht beeinträchtigten Koordination laufen Gefahr, zu stürzen und sich zu verletzen. Aber auch Junge und Gesunde sind dagegen nicht gefeit: auch sie können leicht durch eine Falte im Teppich oder ein Loch im Asphalt zu Fall gebracht werden.*

Eine Folge der aufrechten Haltung und der Bipedie sind beim Menschen «die Narben der Evolution», wie manche Anatomen es nennen. Das menschliche Rückgrat ist eine unvollkommene Stütze, vor allem in dem Bereich, der das Fortpflanzungssystem beherbergt und in dem sich Rückgrat, Hüfte und Beine treffen. Viele Menschen leiden unter hartnäckigen Rückenschmerzen, und eine unübliche Körperbewegung kann dazu führen, daß die Bandscheiben zwischen den untersten Rückenwirbeln herausrutschen. Veränderungen des Beckens, die das Gehen erst ermöglichten, sind für die ausgeprägte Taille des Menschen verantwortlich; sie haben aber auch den Abstand zwischen der untersten Rippe und dem oberen Rand des Beckens vergrößert und damit die Bauchdecke des Menschen für Brüche anfällig gemacht. Eine weitere Folge war die Verkleinerung der Öffnung des kleinen Beckens, durch die das Kind bei der Geburt hindurch muß; das Problem wurde noch dadurch vergrößert, daß der menschliche Kopf mehr und mehr an Umfang zunahm, um dem größeren Gehirn Platz bieten zu können. Deshalb sind die Geburtswehen beim Menschen stärker ausgeprägt als bei jeder anderen Säugetierart. Eine Folge war auch die Beschränkung der Gesichtsgröße und damit des Kiefers, der nun für die Zähne zu klein war. Zähne, die im Verhältnis zum Kiefer zu groß sind, führen bei vielen Kindern zu einer unregelmäßigen Zahnstellung, so daß der Kieferorthopäde eine Zahnklammer anlegen muß. Es sieht so aus, als entwickle der menschliche Kiefer eine Anpassung an diese Schwierigkeit, indem er mit der Zeit die hintersten Backenzähne (die sogenannten «Weisheitszähne») eliminiert.*

Warum wurde die Bipedie, angesichts so vieler Nachteile, zur erfolgreichen Fortbewegungsart der Hominiden? Wohl darum, weil die Vorteile die Nachteile bei weitem überwogen. Die aufrechte Haltung gab die Hände frei und machte sie zum wichtigsten Organ für den Tastsinn. Tatsächlich ist die Hand zugleich ein sensorisches wie ein motorisches Organ. Sie kann durch Abtasten die Umwelt untersuchen und dank ihrer motorischen Geschicklichkeit sofort reagieren. Und sie kann bei der Erforschung der Umwelt Dinge tun, die dem Auge nicht möglich sind. Sie «sieht» im Dunkeln und um Ecken, da sie sich am Ende eines langen, biegsamen Armes befindet. Darüber hinaus kann die Hand auch Gesten machen. Sie kann auf Objekte hinweisen, Anweisungen geben, Richtungen anzeigen, Gedanken vermitteln und Gefühlszustände ausdrücken.

Mit diesen erstaunlich geschickten Händen begannen die Hominiden, sich nun in der Technologie auszuzeichnen. Auch andere Lebensformen verwenden Werkzeuge, aber nur Schimpansen, bestimmte Affen in Gefangenschaft und Menschen stellen sie her. Und nur die Menschen bauen Werkzeuge in ausreichenden Varianten und Mengen, um ihre Umwelt entscheidend verändern zu können. Werkzeuge müssen schon für die frühesten Hominiden eine Notwendigkeit gewesen sein, denn in der Savanne waren sie defensiv stark im Nachteil: sie hatten weder Fangzähne noch Krallen, ihre Haut war durch keinen Panzer geschützt, und wahrschein-

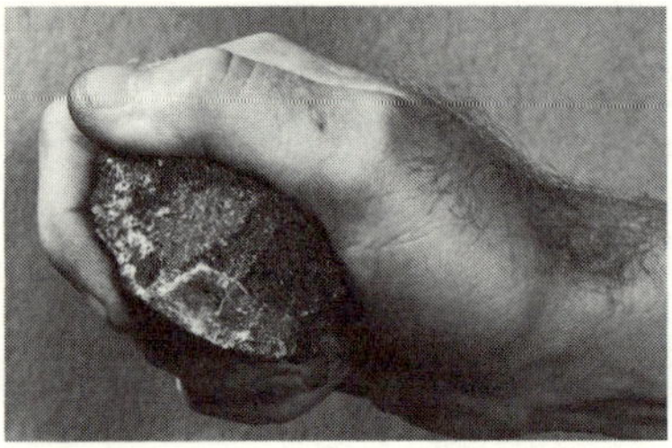

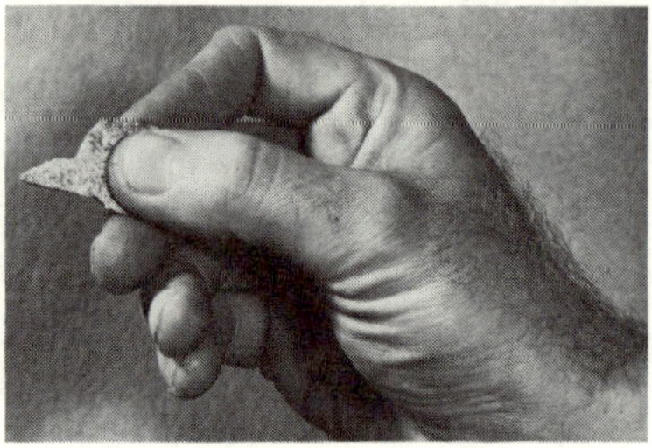

«Kraftgriff» und «Feingriff»

Die menschliche Hand kann fast ungezählte Haltungen annehmen, aber die allermeisten von ihnen passen in zwei Kategorien: den «Kraftgriff» und den «Feingriff». Das Bild links zeigt den Kraftgriff; ein *Australopithecus*-Hackmesser liegt zwischen der Innenseite der Finger und der Handfläche. Der starke menschliche Daumen, der bei diesem Griff keinem der Finger gegenübergestellt ist, trägt lediglich zur Stabilität bei, indem er dem Druck der Finger standhält. Beim Feingriff (rechts) wird das Objekt – in diesem Fall das Gravierwerkzeug eines Cro-Magnon-Menschen – zwischen die Spitzen von Zeigefinger und entgegengestelltem Daumen genommen, so daß die Berührungsfläche mit den feinfühligen Fingerspitzen möglichst groß ist. Sehr kleine Objekte lassen sich auf diese Weise handhaben, wobei der Druck fast nach Belieben reguliert werden kann – und dazu ist die Hand eines nichtmenschlichen Primaten niemals fähig. Daneben gibt es bei den nichtmenschlichen Primaten noch zwei andere Griffe, die aber der Mensch nur gelegentlich anwendet. Das ist einmal der Hakengriff der schwinghangelnden Menschenaffen, den auch Menschen anwenden, wenn sie nach den über Kopfhöhe angebrachten Halteriemen in Bussen oder U-Bahnen greifen, schwere Koffer tragen oder an einem Reck turnen. Der andere Griff ist der seltenste von allen. Er wird im allgemeinen nur dazu gebraucht, um eine Zigarette oder Zigarre zwischen dem zweiten und dem dritten Finger der Hand zu halten.

lich konnten sie sich infolge ihrer noch unvollkommenen Bipedie nur langsam bewegen. Fangzähne, Panzer und Schnelligkeit haben jedoch nur geringen Wert, gemessen an den Vorteilen, die sich aus der Technologie ziehen lassen. Eine schwere Holzkeule, von einem intelligenten Hominiden geschwungen, muß jedem Prankenhieb weit überlegen gewesen sein, und noch besser war ein Wurfgeschoß, von den geschicktesten Händen im ganzen Tierreich treffsicher geschleudert. Die Erbanlagen des Hominiden enthielten keine eingebauten Waffen und somit auch keine vorprogrammierten Verhaltensweisen für deren Gebrauch. Dafür waren die Erfindungsgabe und die Fingerfertigkeit, mit denen der Mensch geboren wurde, beispiellos, so daß er Technologien entwickeln konnte, die in seinen Erbanlagen nicht vorgegeben waren.

Auch die Werkzeuge, die der Mensch für praktische Zwecke brauchte – um mehr Wild erlegen, Fleisch verarbeiten und Häute besser zerschneiden zu können –, waren wahrscheinlich auf Grund seiner künstlerischen Kreativität von Anfang an so wirkungsvoll. Und die Metallbearbeitung, deren Anfänge etwa 8000 Jahre zurückliegen, wurde ursprünglich nicht zur Herstellung von Werkzeugen, sondern von Schmuck und Ornamenten aus Kupfer und Blei entwickelt. Erst mehr als zweitausend Jahre später wurden die gleichen metallurgischen Techniken zur Herstellung von Messern und anderen Gebrauchsgegenständen eingesetzt. Die ursprünglich in Griechenland und China entwickelten Gußtechniken wurden anfänglich nicht zur Herstellung von Waffen benutzt, sondern um Bronzestatuen und Weihgefäße herzustellen. Die frühesten Keramikgegenstände, die wir kennen, sind Fruchtbarkeitsidole aus Ton, die im Feuer gehärtet wurden; erst später wurde diese Technik auch dazu genutzt, Gefäße für die Vorratshaltung und fürs Kochen zu töpfern. Das Rad wurde zuerst für religiöse Objekte und als Spielzeug verwendet, ehe es später zur Fortbewegung benutzt wurde. Ohne den Drang des Menschen, sich künstlerisch kreativ zu betätigen, wären die großen Fortschritte in der Technologie wohl unmöglich gewesen.*

Gehirn, Sprache, Bipedie und Technologie zusammengenommen reichen aber immer noch nicht aus, um eine rundum befriedigende Erklärung für dieses ganz besondere Lebewesen zu geben, zu dem der Mensch sich entwickelte. Viele fundamentale Veränderungen, die die Evolution unserer Spezies prägten, ergaben sich im Zusammenhang mit neuen sozialen Beziehungen. Bei den nichtmenschlichen Primaten ist jedes Individuum (jung und alt, mit Ausnahme der Säuglinge) eine Versorgungseinheit für sich. Ist ein kleiner Affe oder Menschenaffe erst entwöhnt, muß er ganz allein für seine Ernährung sorgen, da Mütter die Nahrung nicht mit ihren Jungen teilen. Beim Menschen dagegen ist der Nachwuchs lange darauf angewiesen, von den Erwachsenen mit Nahrung versorgt und auch auf andere Weise mit Aufmerksamkeit bedacht zu werden.

Die Aussichten der Kinder, in dieser langen Zeit der Abhängigkeit die lebensnotwendige Nahrung und Fürsorge zu erhalten, wurden mit der Arbeitsteilung beim Nahrungserwerb zweifellos verbessert. Daß die Männchen es übernahmen, große und gefährliche Tiere zu jagen, während die Weibchen für das Einsammeln pflanzlicher Nahrung zuständig waren, läßt sich mit zwei elementaren Erfordernissen für das Fortbestehen der Gruppen erklären: es galt, den Lebensunterhalt zu sichern und für das Heranwachsen einer neuen Generation zu sorgen. Zu einer ausreichenden Ernährung gehört – zumindest in kleinen Mengen – tierisches Eiweiß, denn bestimmte Nährstoffe, die der Mensch braucht, sind nirgendwo sonst zu finden. Es ist noch keine überdauernde Gesellschaft entdeckt worden, die allein von pflanzlicher Nahrung gelebt hätte. Die von den Weibchen gesammelte Pflanzenkost mußte deshalb durch Fleisch ergänzt werden. Die Zusammenarbeit von Männchen und Weibchen war auch deshalb nötig, damit der Nachwuchs während der Säuglingszeit ausreichend beschützt war.

Für gemeinsam jagende Männchen waren die Erfolgsaussichten viel besser als für allein jagende Weibchen oder für gemischte Gruppen. Wegen der unterschiedlichen Beckenstruktur konnten Männchen bei der Verfolgungsjagd schneller laufen als Weibchen, zumal sie ganz allgemein auch mehr Muskelmasse haben. Überdies konnten Männchen, wenn sie Weibchen zur Jagd mitnahmen, sexuell abgelenkt werden. Und schließlich wäre es unklug gewesen, auf riskanten Jagden das Leben der Weibchen in Gefahr zu bringen, denn nur sie konnten Kinder gebären und Neugeborene stillen. Wahrscheinlich werden wir aus Fossilien niemals erfahren, ob irgendwelche Hominidenverbände jemals gemischte Gruppen oder gar nur Weibchen regelmäßig zur Jagd schickten. Aber man darf wohl annehmen, daß sie es versuchten, denn die einfallsreichen Hominiden scheinen jede Möglichkeit ausprobiert zu haben. Aus den obengenannten Gründen hätten solche Stämme keine Vorteile sondern nur Nachteile gehabt. Im Laufe der Zeit, so kann man annehmen, wären sie ausgestorben oder hätten ihren Fehler erkannt und angefangen, die Jagd den kooperierenden Männchen zu überlassen.

Die Arbeitsteilung nach Geschlechtern muß den frühesten Hominiden unmittelbar Vorteile gebracht haben. Erstens einmal wird die

Ernährung besser geworden sein, denn nun gab es ein ausgewogenes Angebot an fleischlicher und pflanzlicher Nahrung. Zweitens konnten sich Männchen und Weibchen nun auf einen Teil der für das Überleben erforderlichen Fähigkeiten konzentrieren und so in ihrem jeweiligen Bereich tüchtiger werden. Drittens kann die Arbeitsteilung nur funktionieren, wenn gerecht geteilt wird, und das mußte sich gegen das Überleben antisozialer Individuen auswirken, die versuchten, sich mehr als ihren Anteil an der Nahrung anzueignen. Und schließlich muß zum ersten Mal eine Tendenz bestanden haben, an einem Ort zu bleiben, und sei es auch nur für kurze Zeit. Nichtmenschliche Primaten sind ständig auf Wanderschaft, aber männliche Jäger und weibliche Sammler mußten einen Treffpunkt ausmachen, wo sie die Nahrung austauschen konnten, die sie im Laufe des Tages aufgetrieben hatten.

Die Familie, eine ausschließlich menschliche Institution, war ohne Arbeitsteilung kaum lebensfähig. Trotz der Verschiedenartigkeit der Familiensysteme in unserer Welt finden wir bei allen Familien ein gemeinsames Merkmal: bestimmte männliche Individuen haben eine mehr oder weniger dauerhafte Beziehung zu bestimmten weiblichen Individuen und zu deren Kindern. Im Rahmen dieser Familie hat jeder dem anderen Geschlecht und den Kindern gegenüber gewisse Verpflichtungen, auch dann, wenn der männliche Partner nicht der leibliche Vater dieser Kinder ist. Daß der soziologische Vater nicht auch der biologische Vater ist, ist eine heute sowohl in einfachen als auch in hochindustrialisierten Gesellschaften weitverbreitete Situation. In beiden kommt es häufig zu Scheidungen, und der neue Partner fungiert als Vater für die Kinder des bisherigen Partners.

Ohne gewisse Veränderungen im Sexualverhalten des Menschen wäre die Partnerschaft von Mann und Frau nicht möglich geworden. Bei allen Säugetierarten unterliegen die Weibchen um die Zeit des Eisprungs physiologischen und verhaltensspezifischen Veränderungen, die sie veranlassen, sich Männchen für die Paarung zu suchen. Wenn zum Beispiel bei den Schimpansen ein paar Weibchen im Östrus (in der «Brunst») sind, verleiten sie die ganze Gruppe zu einer Paarungsorgie, in deren Verlauf die Weibchen mit fast allen Männchen der Gruppe kopulieren. Der Östrus könnte sich für die Familie destruktiv auswirken, wenn er beim Menschen so verliefe wie bei den nichtmenschlichen Primaten. Welches Männchen würde auf die Jagd gehen und an die Ernährung der Familie denken, wenn brünstige Weibchen im Lager wären – oder wenn es annehmen müßte, sein eigenes «läufiges» Weibchen könne ihm untreu werden? Und wie sollte unter diesen Umständen eine dauerhafte Partnerbeziehung bestehen? Die Menschen haben den Östrus unterdrückt und durch eine kontinuierliche sexuelle Beziehung ersetzt, die von beiden Partnern bewußt kontrolliert werden kann. Entgegen einer weitverbreiteten Annahme ist jedoch bei der Frau der Östrus nicht völlig zurückgedrängt. Die meisten spüren um die Zeit des Eisprungs ein größeres sexuelles Verlangen, dem allerdings gewöhnlich psychische Schranken gesetzt sind. Und auch die Pheromone, Duftstoffe zur Anlockung des Sexualpartners, die bei anderen Tierarten in der zwischengeschlechtlichen Kommunikation eine große Rolle spielen, sind nicht ganz zurückgebildet. Bei Tests stellte sich heraus, daß Menschen zwischen den Duftstoffen des Mannes (von den Versuchspersonen meistens als «moschusartig» bezeichnet) und denen der Frau (als «lieblich» bezeichnet) normalerweise gut unterscheiden können.

Wie beim Menschen hat offenbar auch bei den Primaten der männliche Partner bei der Paarung einen Orgasmus; aber ein Orgasmus des weiblichen Partners scheint in der ganzen Säugetierwelt allein dem Menschen vorbehalten zu sein. Auch daß die Paarenden einander das Gesicht zuwenden, ist fast ausschließlich beim Menschen zu finden. (Bei Schimpansen und Gorillas liegt manchmal das Weibchen auf dem Rücken, und das Männchen hockt darüber; es legt sich jedoch nicht richtig zwischen die Beine des Weibchens.) Die frontale Koitusposition geht vielleicht darauf zurück, daß es für den aufrecht gehenden bipedischen Menschen die natürliche Ruhestellung ist, lang ausgestreckt dazuliegen – doch was immer dazu geführt haben mag, es kommt dabei jedenfalls zu einer engeren emotionalen Verständigung zwischen den beiden. Als Begleiterscheinung dieser Koitusposition traten die Geschlechtsmerkmale nun an der Vorderseite des Körpers in Erscheinung: der Bart des Mannes und die zarten Gesichtszüge der Frau, die Vorwölbung der Schamgegend bei beiden und die gerundeten Brüste der Frau.

Vermutlich lebten jeweils mehrere Familieneinheiten der Hominiden zusammen, zum wirksameren Schutz gegen Raubtiere und um gemeinsam zu jagen – auch wenn das vermutlich nicht die einzigen Gründe waren. Die Menschen sind, wie fast alle ihre anthropoiden Verwandten, gesellige Wesen. Wahrscheinlich gehört die Neigung zur Geselligkeit sogar zum genetischen Erbe des Menschen. Denn Hominiden, die in einer Gemeinschaft lebten, hatten die Chance, länger zu leben und damit auch mehr Nachkommen in die Welt zu setzen als Einzelgänger. «Solitäre» Hominiden mußten damit rechnen, wilden Tieren zum Opfer zu fallen oder krank und verwundet hilflos in der Savanne zusammenzubrechen. So mußten mehr Hominiden mit geselligen Anlagen überleben,

Generation um Generation, bis sie schließlich an die Stelle aller derer traten, die das Einzelgängerdasein vorgezogen hatten. Da die Menschen von heute in hohem Maße gesellig sind – und es ist nur billig, anzunehmen, daß sie es immer waren –, fällt es schwer, zu glauben, ein Leben unter den Bedingungen hoher Bevölkerungsdichte in Städten sei nachteilig. Im Gegenteil: die Menschen scheinen das weite offene Land viel weniger zu brauchen als den engen physischen Kontakt mit ihresgleichen. Selbst in der dünnbesiedelten Kalahari, wo es menschenleeres Land gibt, soweit das Auge reicht, drängen sich die Buschmänner in Lagern zusammen, die zu den am dichtesten bevölkerten Orten der Welt gehören.*

Früher überlegte man, ob komplexes Gehirn, Sprache, Bipedie, Werkzeugherstellung oder soziales Verhalten der Schnitt zwischen dem nichtmenschlichen und dem menschlichen Primaten sei.* Doch solche Erwägungen lassen einen elementaren Aspekt der Evolution außer acht. Veränderungen im Zuge der Anpassung kommen nicht isoliert vor, sondern als Komplexe von Veränderungen: sie betreffen sowohl Anatomie wie Physiologie wie Sozialverhalten. Veränderung in einem Teilbereich der Anpassung führt auch zu Veränderungen in anderen Bereichen. Als mit der Entwicklung der Bipedie die Hände zur Werkzeugherstellung frei wurden, konnten Waffen für die Jagd entstehen, die Fleisch einbrachte. Die Ernährung wurde besser und erhöhte die Überlebenschancen jener Individuen, die am sichersten auf ihren Beinen standen und mit den Händen Werkzeuge benutzten. Die wachsende Fertigkeit bei der Herstellung und Verwendung von Werkzeugen bedingte zugleich eine bessere Koordination von Auge, Gehirn und Hand, so daß sich nun Hominiden mit einem größeren Gehirn durchsetzten. Ein großes Gehirn und ein für die Bipedie geeignetes weibliches Becken bedeuteten aber, daß die Hominiden bei der Geburt noch nicht so weit entwickelt sein durften wie andere Primaten, denn der Kopf mußte die enge Beckenöffnung der Mutter passieren können. Darum dauerte es entsprechend länger, bis der Nachwuchs selbständig wurde, und es entstanden soziale Einrichtungen zum Schutz der hilflosen Kinder.

Alle diese Veränderungen führten schon sehr früh in der Hominidengeschichte zu einer Lebensweise – zum Jagen und Sammeln –, die bis vor etwa 12000 Jahren überall auf der Erde vorherrschte (und für einen sehr kleinen Teil der Menschheit heute noch gilt. Mehr als 99 Prozent ihrer Geschichte verbrachten die Hominiden als Jäger und Sammler und prägten damit weitgehend die Menschen von heute.

II. DER MENSCH PASST SICH AN

5. ... als Jäger und Sammler

Es mögen insgesamt 100 Milliarden Menschen sein, die seit dem Auftauchen der ersten Hominiden das Licht der Welt erblickt haben. Etwa sechs Prozent von ihnen waren Ackerbauern, knapp vier Prozent lebten in industrialisierten Gesellschaften, und alle übrigen – ungefähr neunzig Prozent – lebten als Jäger und Sammler. Erst seit 12000 Jahren – zunächst an einigen wenigen Orten, seit ungefähr 5000 Jahren in den meisten Teilen der Welt – domestiziert der Mensch Pflanzen und Tiere, lebt in festen Dörfern, entwickelt vielschichtige Gesellschaften und macht andere Energiequellen als die eigenen Muskeln nutzbar. Diese 12000 Jahre seit Beginn des Ackerbaus umspannen nur etwa fünfhundert Generationen, die für umwälzende genetische Veränderungen sicherlich nicht ausreichen. Deshalb müssen wir die allen Menschen gemeinsamen Ursprünge des Intellekts, des Körperbaus, der Emotionen und des sozialen Lebens in eine Zeit zurückverfolgen, als es noch keinen Ackerbau gab. Der Mensch ist das Ergebnis einer erfolgreichen Anpassung an das Jagen, auch wenn der *Homo sapiens* von heute diesen Lebensstil fast ganz aufgegeben hat. Die im Laufe von Jahrmillionen bei diesem Anpassungprozeß erworbenen Eigenschaften sind auch die Grundvoraussetzung dafür, daß der moderne Mensch mit seiner Umwelt zurechtkommt. Heute noch beeinflußt uns die Tatsache, daß Jagen und Sammeln mehr ist als nur eine bestimmte Art, sich den Lebensunterhalt zu sichern. Es bestimmt die gesamte Daseinsform, in biologischer, psychologischer, technologischer und sozialer Hinsicht.

Die physische Evolution hat beim Menschen dazu geführt, daß er sich der Jagd auf wilde Tiere und dem Sammeln wild wachsender Pflanzen angepaßt hat – beides erfordert Beweglichkeit, Ausdauer und Kraft. Als einziges Lebewesen ist der Mensch imstande, ein, zwei Kilometer zu schwimmen, dann dreißig Kilometer zu gehen – dabei unterwegs über Felsbrocken zu hasten – und zum Abschluß noch auf einen Baum zu klettern. Im Ziehen von Lasten ist der Mensch dem Schimpansen etwa gleichwertig, und was das Tragen von Lasten auf dem Rücken angeht, so ist er im Verhältnis zu seinem Körpergewicht dem Esel eindeutig überlegen (man denke nur an die Sherpas im Himalaja). Viele Säugetiere können zwar schneller laufen als der Mensch, aber sie haben nicht dessen Ausdauer. Wahrscheinlich bringt kein anderes Landsäugetier die Zähigkeit und Dauergeschwindigkeit des Marathonläufers auf, der eine Strecke von mehr als 42 Kilometern mit einem Stundenmittel von 18 bis 19 Kilometern zurücklegt. Und keine andere Spezies besitzt die Fähigkeit des Menschen, sich den Belastungen sehr unterschiedlicher Umweltbedingungen körperlich anzupassen: er kann in sehr großen Höhen und Tiefen überleben, unter extrem heißen und extrem kalten Temperaturen, im Dauerschatten tropischer Wälder und in der Sonnenglut von Wüstengebieten. Jede dieser Umgebungen liefert eine völlig andersgeartete tierische und pflanzliche Nahrung, doch dem Verdauungssystem des Menschen bereitet es keine Schwierigkeit, mit einer oder allen von ihnen fertig zu werden. Und zu dieser bemerkenswerten physischen Flexibilität kommen eine rasche Auffassungsgabe, ein überragendes Gedächtnis und die Befähigung zum kreativen Denken. So ist der Mensch als einziges Lebewesen in der Lage, ein Pferd oder eine Antilope einzuholen, indem er sie einfach in tagelanger Jagd müde macht – und sich hinterher zu entscheiden, ob er auf dem Tier reiten, ein Bild von ihm malen, es anbeten oder aufessen soll.

Auch wenn wir ohne die Entwicklung der frühen Hominiden zu Jägern und Sammlern sicher nicht die Lebewesen geworden wären, die wir sind, müssen die Menschen von heute, die in industrialisierten Gesellschaften leben, für den Körper büßen, der sich in diesem Anpassungsprozeß entwickelt hat. Während der langen Anpassung an das Jäger-Sammler-Dasein entwickelte der menschliche Körper gewisse biologische Reaktionen auf Notfälle und Belastungen. Die große Lungen- und Herzkapazität erlaubt zum Beispiel eine rasche Sauerstoffzufuhr an die Muskeln. In der verschmutzten Atmosphäre der Großstadt wird diese große Kapazität zum Nachteil, denn die Schmutzstoffe geraten in die Lunge und bleiben dort. Bei den Nebennieren bewirkte die Anpassung, daß sie den ganzen Körper in sofortige Aktion versetzten, ob diese Aktion nun Flucht oder Kampf bedeutete. Hormone, die in die Blutbahn gelangen, mobilisieren immer noch Fettstoffe, die früher den vom Kampf oder von der Jagd ermüdeten Muskeln neue Energie zuführten. Diese Reaktionen sind in der urbanen Welt von heute nicht mehr angemessen. Wenn man vom professionellen Sport absieht, zeichnet heutzutage die Gesellschaft solche Individuen aus, die ihre Impulse und Handlungen am besten beherrschen, nicht aber diejenigen, die rasch ihre ganze Körperkraft mobilisieren können. Daher ist der Stoffwechsel des Menschen der Überernährung – vor allem mit Fett und Zucker – in den Industriestaaten nicht gewachsen. Ernährungsbedingte Krankheiten greifen infolgedessen in den hochindustrialisierten Gesellschaften mehr und mehr um sich. Schließlich ist die Aggressivität, die den erfolgreichen Geschäftsmann, Arbeiter oder gar Soldaten von heute ausmacht, nicht mehr die eines Raufbolds. Bei steigender Bevölkerungszahl und der Ausbreitung der Industrialisierung gibt es auch immer mehr Gesellschaften, die in unkontrollierten physischen Aktivitäten ein abweichendes Verhalten sehen und jeden, der diese Aktivitäten nicht unterdrücken kann, aus der Gemeinschaft ausstoßen, ins Gefängnis sperren oder in die Nervenklinik einweisen.

Die Jäger und Sammler behielten die Nahrung der Primaten, Früchte, Nüsse, Wurzeln und andere pflanzliche Nahrung, bei und steigerten nach und nach den Anteil des eiweißhaltigen Fleisches an ihrem Speisezettel. So paßten sie sich einer Ernährung an, die sich zwischen zwei weit auseinanderliegenden Extremen variieren ließ. Heute reicht die Skala von Gesellschaften, die fast ausschließlich Fleisch essen (manche Eskimos), zu anderen, die fast nur von Pflanzen leben (gewisse südamerikanische Indianerstämme). Aber selbst die Beinahe-Vegetarier beschränken sich nicht freiwillig auf pflanzliche Nahrung (sieht man einmal von religiösen Gruppen wie den Dschainas in Indien ab), denn sie verzehren große Mengen Fleisch, sobald sie einmal bei der Jagd Erfolg haben. Die Jäger und Sammler, die heute noch in wenigen Gebieten der Erde leben, stopfen sich tagelang voll, wenn sie einmal das Glück hatten, ein großes Tier zu erlegen – und leben dann wieder völlig ohne Fleisch, wenn ihnen das Jagdglück untreu wird. Diesen «Jägerhunger» – den übermäßigen Verzehr von Nahrung, wenn sie verfügbar ist – trifft man sogar noch in modernen Gesellschaften an, obwohl er nicht mehr als schicklich gilt. Die Menschen essen immer noch zuviel, so als rechneten sie mit einer Notzeit, wie sie in industrialisierten Gesellschaften nur mehr selten eintritt. Wer regelmäßig zuviel ißt – und seinen Körper nicht genügend bewegt – muß natürlich mit ernährungsbedingten Krankheiten, zumindest aber mit Übergewicht rechnen, etwas, das die heute noch lebenden Jäger und Sammler praktisch nicht kennen.*

Wegen seines Stoffwechsels braucht der Mensch wenigstens ein Minimum an tierischer Nahrung. Denn neun (möglicherweise auch zehn) der etwa zwanzig Aminosäuren, die die Proteinbausteine darstellen, können vom menschlichen Körper nicht synthetisiert werden. Er muß sie deshalb mit der Nahrung aufnehmen. Eine ausreichende Ernährung muß das ganze Spektrum der essentiellen Aminosäuren bieten. Außerdem müssen sie im richtigen Verhältnis

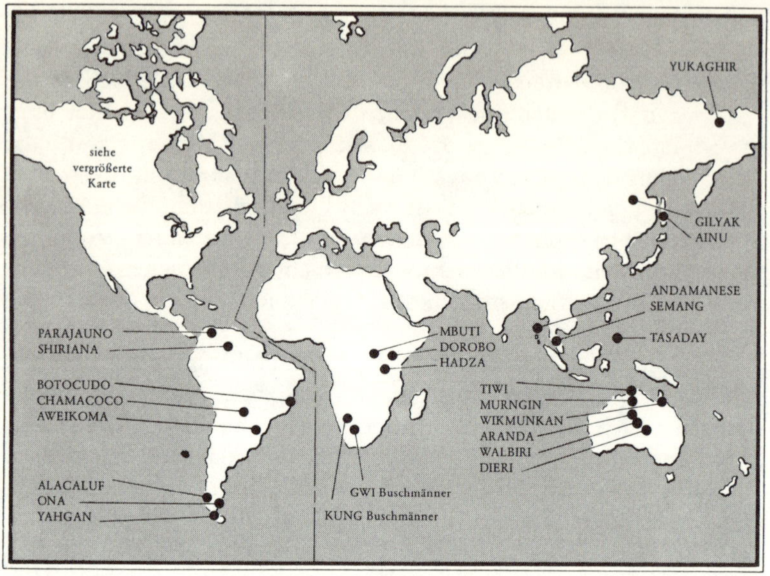

Wo die Jäger und Sammler leben
Diese Karten zeigen die Verbreitung einiger Jäger-Sammler-Gesellschaften, die bis in die geschichtlich erfaßbare Zeit hinein überlebten, so daß Forscher und Anthropologen ihre Kulturen beschreiben konnten. Die meisten der hier gezeigten Gruppen haben diese Daseinsform aber bereits aufgege-

und mit ein und derselben Mahlzeit aufgenommen werden, wenn der Körper den vollen Nutzen daraus ziehen soll. Zahllose Pflanzen enthalten zwar eine Reihe essentieller Aminosäuren, aber eine streng vegetarische Ernährung bringt kaum jemals alle bei derselben Mahlzeit zusammen. Aber eine vegetarische Mahlzeit, bei der auch nur eine dieser Aminosäuren fehlt, ist – was die Proteine angeht – wertlos, da das Fehlen dieser einen Aminosäure den Körper hindert, alle die anderen nutzbar zu machen. Dieser Einwand gilt nicht für tierische Proteinspender wie Fleisch, Eier und Milch. Sie enthalten alle essentiellen Aminosäuren in genau der Zusammensetzung, mit der der menschliche Körper sie in das benötigte Protein umwandeln kann.*

Eine weitere Entwicklung bei den Jägern und Sammlern führte zu einem Geschlechtsleben, das reichhaltiger und variabler war als das jeder anderen Säugetierart. Die Jäger-Sammler-Anpassung wäre wahrscheinlich nicht gelungen, hätte nicht eine fundamentale Veränderung der Sexualität bewirkt, daß Männer und Frauen jederzeit

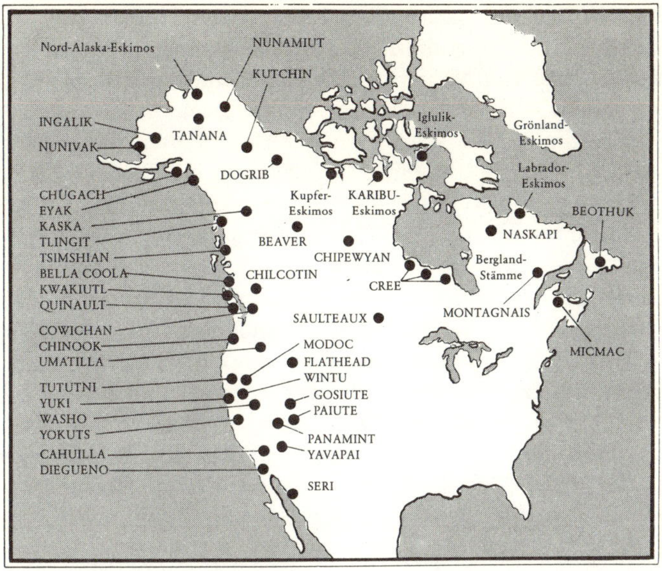

ben. Eine Untersuchung ergab vor einigen Jahren, daß es von den bekannten Gesellschaften unserer Erde nur noch 74 waren, die ihren Lebensunterhalt wenigstens zu drei Vierteln durch die Jagd, den Fischfang und das Sammeln von Pflanzen sicherstellen. Inzwischen ist die Zahl dieser Gesellschaften weiter zurückgegangen, und es werden mit jedem Jahr weniger.

sexuell empfänglich waren. Schließlich war eine dauerhafte Bindung zwischen dem männlichen Jäger (dessen Beutezug nicht immer erfolgreich war) und der weiblichen Pflanzensammlerin (die fast immer Erfolg hatte) von entscheidender Bedeutung. Die sexuelle Bindung garantierte dem erfolglosen Jäger, daß ihn bei der Rückkehr ins Lager eine Frau mit der pflanzlichen Nahrung erwartete, die sie eingesammelt hatte. Und auch sie brauchte die Sicherheit, daß ihr Partner zurückkehren und gelegentlich für sie und ihre Kinder Fleisch mitbringen würde.

Vor 12000 Jahren gab es vielleicht zehn Millionen Menschen auf der Erde, die alle als Jäger und Sammler lebten. Zur Zeit der Geburt Christi hatten Ackerbauern in zumindest der Hälfte der bewohnten Gebiete der Erde die Jäger und Sammler verdrängt. Als Kolumbus 1500 Jahre später in die Neue Welt kam, belegten Jäger-Sammler-Gesellschaften immer noch schätzungsweise fünfzehn Prozent der bewohnbaren Erdoberfläche, doch ihr zahlenmäßiger Anteil an der

Gesamtbevölkerung machte nur noch etwa ein Prozent aus. Danach ging die Zahl der Jäger und Sammler rapide zurück, und heute sind es von den rund vier Milliarden Menschen auf der Erde noch ganze 0,005 Prozent, die so leben. Die mächtigeren Ackerbauern, und nach ihnen die noch mächtigeren industrialisierten Gesellschaften, haben den Jägern und Sammlern ungestraft das Land weggenommen. Jäger-Sammler-Völker sind ganz direkt mit modernen Waffen und indirekt durch die Vernichtung ihrer Jagdgebiete ausgerottet worden, aber auch durch neue Krankheiten und verschiedene andere Belastungen. Viele alte Jäger-Sammler-Völker sind gezwungen worden, in begrenzten Reservaten zu leben, andere mußten sich zwangsläufig auf ein Leben umstellen, das auf Ackerbau und urbaner Arbeit basiert. Zudem hat man sie weitgehend in Randgebiete abgedrängt, wo der Ackerbau sehr schwierig oder unwirtschaftlich ist: in die Kalahari-Wüste Afrikas und das große Wüstengebiet Inneraustraliens, die tropischen Regenwälder im Kongo und in Südamerika und die arktischen Regionen Sibiriens und Nordamerikas.

In der Vorstellung der meisten Menschen leben die Jäger und Sammler in der prekären Situation, ständig ums Überleben kämpfen zu müssen. Man stellt sich vor, daß sie morgens beim Aufwachen noch nicht wissen, was sie tagsüber essen werden, daß die Nahrungssuche ihr Leben zu einer unablässigen Plackerei macht, so daß ihnen keine Zeit bleibt, Kunst zu produzieren oder auch nur den Ackerbau zu entwickeln. Sie werden auch nicht alt, denn sie müssen ständig mit der Gefahr eines schnellen Todes durch angreifende Tiere oder eines schleichenden Todes durch Hunger und Krankheit leben. Thomas Hobbes zeichnete in seinem *Leviathan* (1651) das klassische Bild der unglückseligen Jäger und Sammler: «... keine Künste, keine Literatur, keine gesellschaftlichen Beziehungen, und es herrscht, was das Schlimmste von allem ist, beständige Furcht und Gefahr eines gewaltsamen Todes – das menschliche Leben ist einsam, armselig, ekelhaft, tierisch und kurz.»* Von dieser ganzen Darstellung bleibt jedoch nur eine Behauptung übrig, die sich als richtig herausgestellt hat: das Fehlen einer Literatur. Es stimmt, daß keine Jäger-Sammler-Gesellschaft jemals eine Schrift entwickelt hat – aber das trifft auch auf viele Ackerbaugesellschaften zu.

Diese falschen Vorstellungen von den Jägern und Sammlern haben ihren Ursprung möglicherweise in der tiefsitzenden Voreingenommenheit der frühesten Landbebauer gegen die Jäger. Das archetypische Beispiel findet sich in der Bibel: die Ausbreitung der Abkömmlinge des Bauern Jakob auf Kosten des Jägers Esau, der als der ältere Sohn der rechtmäßige Erbe Isaaks hätte sein müssen. Und der römische Philosoph Lukrez zeichnete das gleiche düstere Bild vom Lebensstil der Jäger und Sammler wie auch Mark Twain. In einer Zeit, in der die Regierung der Vereinigten Staaten die indianischen Jäger-Sammler-Gruppen aus dem Gebiet zwischen den Rocky Mountains und der Sierra Nevada vertrieb, beschrieb er in *Durch Dick und Dünn* (1871) die im westlichen Utah lebenden Gosiuts als Menschen,

> ... die überhaupt nichts produzieren, keine Ansiedlungen haben und nicht in Stammesgemeinschaften zusammengeschlossen sind – Geschöpfe, deren einziges Obdach ein über einen Busch geworfener Lumpen ist, der einen Teil des Schnees abhalten soll, und die dennoch eine der felsigsten, winterlichsten, abstoßendsten Einöden bewohnen, welche unser oder ein anderes Land aufzuweisen hat.
>
> Die Buschmänner und unsere Goshoots [d. h. die Gosiuts] stammen ganz offensichtlich von eben demselben Gorilla oder Känguruh oder Wanderratz oder sonstigem Adam-Tier ab, auf das die Darwinisten sie zurückführen.*

Wo immer diese Einstellung herrühren mag, sie hat sich jedenfalls bis zum heutigen Tag gehalten und lebt jedesmal von neuem auf, wenn eine Agrargesellschaft den Jägern das Land wegnimmt und eine Rechtfertigung dafür braucht.

Die Wirklichkeit der Jäger und Sammler sieht ganz anders aus, als Hobbes und Twain glaubten. Auch wenn die überlebenden Gruppen in Randgebiete abgedrängt worden sind, so repräsentieren sie dennoch «die erste Gesellschaft im Überfluß», wie ein Anthropologe sie bezeichnete.* Da ihre Kenntnis der Fauna und Flora ihrer Umgebung sie zu ökologischen Experten macht, fällt es den meisten Jägern und Sammlern den größten Teil des Jahres über ziemlich leicht, die erforderliche Nahrung zu besorgen. Sie haben deshalb viel freie Zeit, weit mehr als Bauern oder Fabrikarbeiter – und sie verbringen diese Zeit mit kreativer Tätigkeit auf den Gebieten der Malerei, der Literatur (nicht der geschriebenen sondern der mündlich überlieferten), der Musik und des Tanzes. Nordamerikanische oder europäische Gewerkschaftsführer, die sich damit brüsten, die Vierzigstundenwoche für Arbeiter durchgesetzt zu haben, vergleichen die heutigen Bedingungen mit dem erbärmlichen Leben eines Arbeiters im neunzehnten Jahrhundert. Sie reden nicht von einem Fortschritt gegenüber der Arbeitszeit der Jäger und Sammler, die selbst eine Vierzigstundenwoche für unmenschlich halten würden. Jäger und Sammler arbeiten nicht mehr als zwölf bis zwanzig

Stunden in der Woche, und es gibt im Laufe des Jahres viele Wochen oder Monate, in denen sie überhaupt nicht arbeiten. Außerdem ist die Kost der meisten Jäger und Sammler reichhaltig und nahrhaft. Sie gehören nicht nur zu den bestgenährten, sondern auch zu den gesündesten Menschen der Erde. Unter natürlichen Bedingungen werden sie kaum einmal Opfer von Epidemien, die von Zeit zu Zeit die Bevölkerung in vielschichtigeren Gesellschaften dezimieren. Wenn es bei einigen Jäger-Sammler-Gesellschaften zum Massensterben kam, so ging das auf neue Infektionskrankheiten zurück, die sie durch den Kontakt mit Europäern erworben hatten und gegen die sie noch keine Immunität besaßen. Daß wilde Tiere attackieren, kommt praktisch nicht vor. Jäger und Sammler kennen auch keine erbarmungslosen Kriege; der Gedanke des Krieges spielt bei ihnen eine so untergeordnete Rolle, daß sie oft nicht mal ein Wort dafür haben.

Wenn wir trotzdem auf die Jäger und Sammler herabsehen, dann ist das eine Folge unserer eigenen, mit unserer Kultur verbundenen Vorstellungen von gutem Leben. Nach unserer Auffassung müssen solche Völker am Rande des Hungertods stehen, sonst würden sie nicht Eidechsen, Schlangen, Termiten, Heuschrecken und ähnliches Getier essen, das wir für ekelhaft und ungenießbar halten. Wir sprechen abfällig von einem Mangel an Voraussicht, wenn sie nacheinander alles aufessen, was sie in ihrem Lager haben, anstatt etwas für künftige Notzeiten zurückzulegen. Aber warum sollten sie Vorräte anlegen, wenn ihnen doch die Erde so verschwenderisch ihre Produkte geschenkt hat, ihnen, die mit jeder Pflanze und den Gewohnheiten jedes Tieres vertraut sind? In *The Jesuit Relations* (1616) sprach Father Biard voller Staunen von der Leichtigkeit, mit der die Micmac-Indianer von New Brunswick in Kanada sich Essen in Hülle und Fülle verschaffen: «Nicht einmal König Salomo hatte besser und regelmäßiger zu essen ... sie führen ein Leben der Muße, Tag für Tag. Nie sind sie in Eile. Ganz im Gegensatz zu uns, die wir nichts ohne Hast und Unruhe tun können.»*

Genügsamkeit, Sparsamkeit, Vorsorge für einen Regentag – das sind moderne nordamerikanische und europäische Begriffe. Wenn wohlmeinende Missionare Jägern und Sammlern nahelegen, nicht so verschwenderisch zu sein und von den Gaben der Natur etwas für Notzeiten zurückzulegen, müssen sie damit rechnen, für einen so lächerlichen Vorschlag Gelächter zu ernten. Den meisten Jäger-Sammler-Gesellschaften fehlt eine geeignete Technik für die Lagerung von verderblichem Fleisch (abgesehen natürlich von den Eskimos, die in einer natürlichen Tiefkühltruhe leben). Und auch pflanzliche Nahrung kann gewöhnlich nicht gelagert werden, da diese Völker keine Keramikgefäße haben, um solche Nahrungsmittel vor Nagern und Insekten zu schützen. Würde irgendein törichter Jäger den Rat der Missionare befolgen, zöge er so oder so den kürzeren. Da seine Gesellschaft verlangt, daß jeder Jäger seine Beute mit den anderen teilt, würde er Tag und Nacht arbeiten müssen, um die übrigen Lagerbewohner zu füttern, denn die würden sich damit zufriedengeben, von seiner Arbeit zu leben. Oder aber er würde sich weigern, von seinem Überschuß etwas abzugeben; mit dem Anlegen von Vorräten aber würde er sich eines ernsthaften Verstoßes gegen die Bräuche schuldig machen – seine Gesellschaft würde ihn ächten. Tatsächlich ist das Teilen selbst eine Art von Vorratshaltung. Ein Jäger, der mit einem anderen teilt, verdient sich damit das Recht, ein anderes Mal dafür entschädigt zu werden, wenn er einmal bei der Jagd keinen Erfolg gehabt hat. Die nutzbringende Vorratshaltung findet also bei den Jägern und Sammlern nicht in Keramikgefäßen oder irgendwelchen Speisekammern statt, sondern im Magen eines anderen Jägers, der sich seiner Verpflichtung bewußt ist, mit gleicher Münze heimzuzahlen.

Es ist neuerdings unter romantischen Nordamerikanern und Europäern Mode geworden, die Jäger und Sammler um ihr Dasein zu beneiden, um ein Leben ohne Inflation und Rezession, ohne verfallende Städte, Umweltverschmutzung und ohne Verlust der persönlichen Identität. Jäger und Sammler leben sicherlich in einer so harmonischen Übereinstimmung mit ihrer Umwelt, wie keine andere Form der Anpassung sie bietet. Entgegen Hobbes' Meinung, nach der es den Jägern und Sammlern an «gesellschaftlichen Beziehungen» fehlt, ist die soziale Gruppe für sie äußerst wichtig; sie verbringen einen großen Teil ihrer zahlreichen Mußestunden damit, die sozialen Bindungen zu stärken und Verwandte und Freunde zu besuchen. Und wenn einmal persönliche Reibereien auftreten, verhalten sie sich sehr viel vernünftiger, als wir das tun. Nach detaillierten Studien über das Verhalten von Pygmäen, Buschmännern, den Hadzapi in Tansania und anderen, gehen sich Widersacher aus dem Weg, ehe es zu gewalttätigen Auseinandersetzungen kommt. In Jäger-Sammler-Gesellschaften ist ein solches Verhalten besonders wichtig, denn sie haben zur Schlichtung ihrer Streitereien weder Häuptlinge noch Richter, weder Gerichte noch eine Polizei, noch irgendwelche andere Institutionen.

Wie groß auch immer die Versuchung für Jäger und Sammler gewesen sein mag, sich auf ein Agrarleben umzustellen, so haben doch viele dieser Versuchung widerstanden. Sie beobachteten benachbarte Ackerbauern und Viehzüchter und kamen zu dem vernünftigen Schluß, daß eine so harte Arbeit überflüssig sei. Es gibt für Jäger und

Sammler keinen zwingenden Grund, zu einem komplexeren Wirtschaftssystem überzugehen, das sich auf ein knappes Angebot am Markt stützen würde, wogegen ihre eigene Wirtschaft ganz rational auf einem reichlichen Angebot für alle basiert. Wenn sie Hunger haben, teilen sie einfach die Jagdbeute eines anderen Jägers oder legen einen kurzen Weg zurück, um ein paar Nüsse und Wurzeln zu sammeln. Wenn einer von ihnen ein Werkzeug braucht, kann er es ohne Schwierigkeiten ausleihen, da Begriffe wie «mein» und «dein» kaum eine Rolle spielen. Und das Ansehen innerhalb von Jäger-Sammler-Gesellschaften beruht auch nicht auf den angehäuften Reichtümern – wie sich 1971 zeigte, als im philippinischen Regenwald ein Volk von Höhlenbewohnern entdeckt wurde, die Tasaday. Die Filipinos versuchten ihnen Geschenke aufzuzwingen; sie legten glänzende Messer auf den Boden und ermunterten die Männer dazu, sich zu bedienen. Nachdem sich jeder Tasaday eins genommen hatte, blieb ein einziges Messer übrig. Die Tasaday ließen sich nicht dazu überreden, auch dieses an sich zu nehmen, und erklärten, jeder Mann besitze nun ein Messer, und ein Mann mit zwei Messern würde sich negativ auswirken, da er sich von allen anderen Männern in der Gruppe unterscheiden würde.*

Das Leben der Jäger und Sammler ist also mit Sicherheit nicht so «ekelhaft, tierisch und kurz», wie Hobbes sich das vorstellte. Eine Dürreperiode oder andere Naturkatastrophen können Millionen von Ackerbauern und Viehzüchtern den Hungertod bringen – wie es vor kurzem in der Sahelzone in Afrika und auf dem indischen Subkontinent geschehen ist –, doch solche Ereignisse machen auf Jäger-Sammler-Gesellschaften gewöhnlich nur wenig Eindruck. Sie können ihre bescheidenen Besitztümer zusammenpacken und weiterziehen in Gegenden, die von der Dürre nicht betroffen wurden. Wenn sie sich entschließen, an Ort und Stelle zu bleiben, läßt sich für ihre kleinen Gruppen selbst in der dürrsten Umgebung immer noch etwas Nahrung finden. Aufgrund dieser Flexibilität betrachten die Jäger und Sammler die ganze Natur als eine Art Vorratslager, in dem sich zum Überleben immer etwas finden läßt. Einen Nachteil hat jedoch auch diese Art der Anpassung: Jäger und Sammler müssen mit der Gefahr leben, daß «das Nahrungsangebot in ihrer Umgebung abnimmt».* Selbst eine kleine Gruppe, die nur aus ein paar Dutzend Menschen besteht, wird mit der Zeit die in bequemer Reichweite von ihrem Lager zu findenden Vorräte ausschöpfen. Die Gruppe bleibt vielleicht trotzdem in diesem Lager, aber sie bezahlt dafür einen Preis: ihre Anstrengungen bei der Nahrungsbeschaffung werden immer schlechter belohnt. Die Leute sind gezwungen, bei geringerer Aussicht auf Erfolg länger zu arbeiten, und jeden Tag müssen sie weitere Strecken zurücklegen, um neue Jagdgründe zu suchen. Früher oder später wird die Verknappung des Nahrungsangebots sie zwingen, in eine andere Gegend zu ziehen.

Die Anpassung der «sanften» Tasaday

Eine Gruppe von etwa 25 Steinzeitmenschen, die Tasaday, wurde 1971 in einem Regenwald auf der Philippineninsel Mindanao entdeckt. Die Tasaday leben in Höhlen, stellen nur sehr einfache Steinwerkzeuge her und fertigen Kleidung aus der inneren Rinde von Feigenbäumen, die sie durch Schläge bearbeiten. Für die Nahrungsbeschaffung genügen ihnen ein paar Stunden am Tag: in Fallen fangen sie Rotwild, Affen und Wildschweine, und aus einem nahe gelegenen Bach holen sie Frösche, Krebse und Fische. Sie stellten sich als ungewöhnlich gesund heraus, abgesehen von einigen in den Tropen üblichen Hautinfektionen und gewissen Erkrankungen der Atemwege, die auf die Feuchtigkeit des Regenwaldes zurückzuführen waren. Der Wortschatz dieser sanften Menschen kennt kein Wort für «Feind» oder «Krieg», und sie messen der Schönheit höchste Bedeutung bei. Was sie für ihre Ernährung brauchen, beschaffen sie sich leicht in ein, zwei Stunden täglich, indem sie die reichlich vorhandenen Früchte pflücken oder, wie auf diesem Bild zu sehen, kleine Tiere und Pflanzen aus dem Wasser schöpfen.

Jäger und Sammler sind also nicht aus freier Wahl beweglich, sondern aus Notwendigkeit. Und das Weiterziehen zu neuen Jagdgründen verlagert das Problem des abnehmenden Nahrungsangebots lediglich an einen neuen Standort. Zunächst wird es wieder reichlich Nahrung geben. Den Leuten wird viel freie Zeit bleiben, in der sie eine große Zahl von Werkzeugen herstellen, neue Gebrauchsgegenstände erfinden und Dinge ansammeln können, die das Leben angenehmer machen. Das Wissen jedoch, daß sie bald werden weiterwandern müssen, macht aus solchen Besitztümern mehr eine Last als eine Wohltat. Jeder Gegenstand wird mit unbarmherziger Objektivität danach beurteilt, ob er mitgeschleppt werden kann. Allen Jägern und Sammlern sind im Hinblick auf materiellen Besitz unweigerlich enge Grenzen gesteckt. Gewisse Stämme eliminieren sogar Mitglieder der Gruppe, die sich nicht aus eigener Kraft fortbewegen können: Kleinkinder, Alte und Schwache. Da eine umherziehende Mutter nur ein Kind mit sich tragen kann, muß ein zweites, das vor der Entwöhnung des ersten geboren wird, gleich bei der Geburt getötet werden; auch von Zwillingen oder Drillingen darf nur ein Kind am Leben bleiben.

Von allen heute noch existierenden Jäger-Sammler-Gesellschaften sind die Buschmänner der Kalahari-Wüste in den südafrikanischen Ländern Botswana, Namibia und Angola am gründlichsten erforscht worden. Seit 1963 wurden sie (insbesondere eine Gruppe von ihnen, die Kung) von einem Team von Wissenschaftlern aus den verschiedensten Disziplinen genauestens beobachtet: von Anthropologen, Archäologen, Linguisten, Psychologen, von Ernährungswissenschaftlern, Medizinern und Pädiatern. 1963 führten nur noch etwa 9000 Kung ein Jäger-Sammler-Leben; bis heute ist selbst diese kleine Zahl noch einmal stark geschrumpft. Diejenigen, die das Jagen und Sammeln aufgegeben haben, arbeiten auf den Farmen der Bantu und Europäer, betätigen sich selber als Farmer oder leben als Hilfsarbeiter in den Städten.*

Nach mehr als zehn Jahren hat die Studie zweifelsfrei ergeben, daß die Kung-Buschmänner über ein verläßliches Nahrungsangebot verfügen, das sich aus einer großen Vielfalt von Pflanzen und Tieren zusammensetzt – und das in einem der ödesten Wüstengebiete der Erde. Die Kung kennen die voraussichtliche Reifezeit von Beeren oder Nüssen einer bestimmten Pflanzenart; sie können feine Reste eines welken Blattes aufspüren, das auf eine eßbare Knolle unter der Erde schließen läßt; sie wissen, wann die einzelnen Tierarten in der Regel die Wasserlöcher aufsuchen. Diese Fähigkeiten sind gemeinsamer Besitz aller erwachsenen Buschmänner. Ihre präzise Kenntnis der Umwelt liefert jedoch nur eine Erklärung dafür, daß die Ernährung der Buschmänner gesichert ist. Wichtiger ist, daß pflanzliche Nahrung und nicht die Jagd die Basis ihrer Existenz ist. Tatsächlich liefern Pflanzen – je nach Jahreszeit – zwischen fünfzig und achtzig Prozent der gesamten Nahrungsmittel. Jagdbare Tiere sind manchmal schwer zu finden, und der Ausgang einer Jagd läßt sich nie vorhersehen. Dagegen haben Pflanzen ihren festen Standort und erlauben eine regelmäßige Ernte – wenn man weiß, wo und wann und wonach man schauen muß.

Die Pflanzen, die meistens von den Frauen eingesammelt werden, haben einen bemerkenswert hohen Nährwert. Die Mongongo-Nuß ist als Hauptnahrungsmittel fast ebenso nahrhaft – in bezug auf Vitamine, Proteine und Eisen – wie wichtige Nahrungsquellen der Ackerbauer und Viehzüchter, etwa Beefsteak, Reis und Sojabohnen. Die Buschmänner verzehren in jedem Monat des Jahres Millio-

Pflanzen: Grundnahrungsmittel der Buschmänner

Beobachtungen an den Buschmännern im südlichen Afrika haben gezeigt, daß die Stabilität ihrer Jäger-Sammler-Anpassung mehr auf Pflanzen beruht als auf dem Erfolg der Jagd. Das Bild zeigt eine Frau, die von den auf der Erde liegenden Mongongo-Nüssen einen Vorrat in ihr Felltuch sammelt. Diese Nüsse haben einen hohen Nährwert. Verglichen mit Erdnüssen enthalten sie weit mehr Eiweiß, etwa dreimal soviel Kalzium, zweimal soviel Kalium und fast genau die gleiche Menge an Eisen.

nen dieser Nüsse, aber es gibt sie in so großer Zahl, daß weitere Millionen am Erdboden verfaulen. Noch nahrhafter – allerdings nicht in dieser Menge zu finden – ist die Marula-Nuß; ihr Kern enthält 31 Prozent Eiweiß und außerdem eine enorme Menge Kalzium, Magnesium, Phosphor, Natrium und Kalium. Mongongo- und Marula-Nüsse und andere pflanzliche Nahrungsmittel sind besonders wertvoll, weil sie mit ihren Proteinen und Fetten immer dann das Fleisch ersetzen können, wenn das Wild knapp ist. So reichhaltig ist das Angebot an Pflanzen fast das ganze Jahr über, daß die Kung äußerst wählerisch sein können. Sie beschränken sich auf das, was ihnen gut schmeckt oder was sich leicht sammeln läßt, der Rest bleibt unberührt. Kein Wunder, daß ein Kung auf die Frage, warum er kein Ackerbauer geworden sei, zur Antwort gab: «Warum sollten wir etwas anpflanzen, wenn es doch so viele Mongongo-Nüsse auf der Welt gibt?»

Da die von den Männern auf der Jagd erlegten Tiere nur eine untergeordnete Rolle spielen – gemessen an der von den Frauen gesammelten pflanzlichen Nahrung –, fragt man sich, warum der Jagd seit jeher soviel Bedeutung beigemessen wird. Selbst wenn sich durch den Einsatz von Giftpfeilen die Erfolgsaussichten bei der Jagd gebessert haben, schätzt sich der Buschmann sehr glücklich, wenn es ihm im Laufe eines Jahres gelungen ist, sechs große Tiere zu erlegen. Bei den Hadzapi in Tansania ist die jährliche Ausbeute noch geringer. Etwa die Hälfte der erwachsenen Männer schafft nicht mal ein großes Tier pro Jahr, und manchen Jägern gelingt es in ihrem ganzen Leben nicht, auch nur ein einziges großes Tier zu töten. Entscheidend ist jedoch nicht der dramatische Erfolg des Jägers, der ein großes Tier zur Strecke gebracht hat, sondern vielmehr das Gesamtgewicht des Fleisches aller Tiere, die einer erlegt. So gesehen sind die Jäger und Sammler sehr gut mit eiweißreichem Fleisch versorgt. In einer typischen Jäger-Sammler-Gruppe erhält jeder im Durchschnitt fast 200 Gramm Fleisch pro Tag. Gruppen, die regelmäßig Fleisch essen, sind aber gesünder als andere, die das nicht tun, denn sie nehmen all die für das Körperwachstum und die Zellerneuerung erforderlichen essentiellen Aminosäuren zu sich. Sie bringen mehr Nachkommen zur Welt, und ihre Kinder haben eine bessere Chance, das zeugungsfähige Alter zu erleben. Darüber hinaus sind die sozialen Werte des Jagens fast ebenso wichtig wie das Fleisch selbst. Ohne das Jagen hätten sich viele spezifisch menschliche Verhaltensweisen – Arbeitsteilung nach Geschlechtern, Kooperation, dauerhafte Bindung zwischen Mann und Frau und so weiter – wahrscheinlich gar nicht entwickelt, zumindest nicht in ihrer ausgeprägt menschlichen Form.

Nahrhaftes Essen, Arbeitsteilung und ein streßfreies Leben sind die Ursache dafür, daß die Buschmänner zu den gesündesten Menschen der Erde gehören. Es gibt keinerlei Hinweise auf hohen Blutdruck, Erkrankungen der Herzkranzgefäße, hohen Cholesterinspiegel oder Übergewicht; nie ist über Unterernährung, Nervenleiden oder Selbstmordversuche berichtet worden; Buschmänner leiden auch nicht an Krampfadern, Hämorrhoiden oder einem Bruch. Erkrankungen der Atemwege sind dagegen weit verbreitet, was zweifellos mit der ausgeprägten Neigung der Buschmänner zum Tabak zu tun hat, den sie sich bei benachbarten Farmern besorgen und etwa vom zehnten Lebensjahr an ständig rauchen. Die Lebenserwartung der Erwachsenen ist höher als in vielen komplexeren Gesellschaften; die Säuglingssterblichkeit ist bei den Buschmännern allerdings höher, und auch Unfälle gehen häufiger tödlich aus, da es weder Ärzte noch Krankenhäuser gibt. Etwa jeder zehnte der von dem Wissenschaftlerteam untersuchten Buschmänner war über sechzig Jahre alt – also annähernd der Prozentsatz älterer Personen wie in vielen Ackerbau- und Industriegesellschaften, in denen es eine ärztliche Betreuung gibt.*

Die Buschmänner müssen natürlich auch nicht sehr schwer arbeiten. Daß Männer auf die Jagd gehen, wird erst erwartet, wenn sie geheiratet haben (gewöhnlich sind sie zu der Zeit zwischen zwanzig und fünfundzwanzig) und eine Familie ernähren müssen. An einem ganz normalen Tag verbringen also gesunde junge Männer ihre Zeit damit, Besuche in nahe gelegenen Lagern zu machen oder sich in ihrem eigenen Lager auszuruhen, während ihre älteren Verwandten Nahrung für sie herbeischaffen. Die meisten Männer ziehen sich übrigens in ihren Fünfzigern von der aktiven Jagd zurück. Bei dieser Kombination aus sorgenfreiem Heranwachsen und unbeschwertem Alter tragen etwa vierzig Prozent der Bevölkerung praktisch nichts zum Überleben der Gruppe bei. Männer und Frauen nutzen ihre Mußestunden für viele verschiedene Tätigkeiten: sie halten das Lager sauber oder stellen Werkzeug, Kleidung und Schmuck her. Doch den größten Teil der Zeit ruhen sie aus, besuchen andere Lager, kümmern sich um Besucher oder veranstalten immer wieder zeremonielle Tänze. Erstaunlich viel Zeit wird einfach mit Reden verbracht:

> Die Kung gehören bestimmt zu den redseligsten Menschen der Erde. Ein ständiges Stimmengewirr bildet den Hintergrund zu den Aktivitäten im Lager: endlose Unterhaltungen drehen sich um das Sammeln, die Jagd, das Wetter, die Verteilung der Nahrung, um Geschenke und Skandale... Oft reden in einer

einzigen Unterhaltung zwei oder drei Leute gleichzeitig, so daß die Zuhörer zwischen den Sendern wählen können, die sie einschalten wollen.*

Sehr oft handelt es sich dabei allerdings um Streitgespräche Buschmänner disputieren insbesondere über unfaires Teilen, armselige Geschenke und das Nicht-Erwidern von Gastfreundschaft. Über mehrere Stunden hinweg nimmt die Intensität der Streitgespräche stetig zu, und bald wirft man sich die Beschuldigungen offen an den Kopf. Die Wogen gehen hoch – und genauso plötzlich ist alles vorbei, anscheinend, ohne daß einer der Kontrahenten nachgegeben hat. Ein paar Minuten später können die Streithähne wieder unbeschwert plaudern und lachen. Zum Vergnügen am Wortstreit gehört es offenbar, hinterher darüber zu lachen. Gelegentlich kommt es jedoch zu einer ernsten Auseinandersetzung, die das Einschreiten eines Friedensstifters erforderlich macht. Nach einem ernsthaften Streit findet dann einer der Beteiligten etwa einen Tag später eine Ausrede, das Lager zu verlassen. Tatsächlich läßt sich solch ein Wechsel in ein anderes Lager oft mit den gespannten Beziehungen erklären, die nach einer ernsthaften Auseinandersetzung zurückbleiben. Die Leute packen einfach zusammen und gehen fort, anstatt sich auf einen Kampf einzulassen. Sie haben eine intuitive Angst vor Gewalttätigkeit, die, wie sie genau wissen, eine kleine Gruppe sprengen könnte. Und sie wissen auch, daß die stets greifbaren Giftpfeile einen Streitfall ganz schnell zu einem Mordfall machen können. Das erklärt, warum Kampf und Aggression bei den Buschmännern nichts Ehrenhaftes und Ruhmreiches sind. Ihre Kultur kennt keine Geschichten von Tapferkeit, keine Lobreden auf eine aggressive Männlichkeit, keine Kraftproben oder sportlichen Wettkämpfe. Die gewalttätige, kampffreudige, aggressive Persönlichkeit ist in der Gesellschaft der Buschmänner fehl am Platz.

Der persönliche Besitz der Buschmänner läßt sich leicht transportieren, und so können Familien mühelos von einem Lager zum anderen ziehen. Der gesamte Besitz eines Buschmannes wiegt gewöhnlich keine fünfundzwanzig Pfund, und das Ganze läßt sich in zwei Ledertaschen verstauen, die die Größe von Handkoffern haben. Da sie nicht ans Land gebunden sind wie der Bauer, dessen Besitz sich auf Haus, Scheune, schweres Gerät, Zäune und bebaute Felder erstreckt, ziehen sie in der Regel lieber weiter, als sich um Eigentumsrechte zu zanken. Es steht ihnen frei, weiterzuwandern, wohin und wann immer sie wollen – um zwischenmenschlichen Streitereien aus dem Weg zu gehen, sich mit Freunden und Verwandten zusammenzutun oder das Vorkommen einer bestimmten Pflanze zu nutzen, die sie besonders schätzen. Ein Unterschlupf läßt sich überall in wenigen Stunden errichten, und selbst eine stabilere Unterkunft für die Regenzeit erfordert nur die Arbeit eines Tages. Das Wanderleben hatte jedoch für die Buschmänner und auch für die anderen Jäger und Sammler einen schwerwiegenden Nachteil. Sobald sie in Kontakt mit Siedlern aus komplexeren Gesellschaften kamen, bestand ihre erste Reaktion gewöhnlich darin, das Land lieber aufzugeben als sich zu wehren. Bis die Jäger-Sammler-Gesellschaften lernten, daß sie Widerstand leisten mußten, um die für ihre Lebensart unerläßlichen Vorratskammern der Natur zu verteidigen, waren sie bereits in Randgebiete abgedrängt. Selbst die nicht-aggressiven Buschmänner lieferten schließlich den europäischen Kolonisten und eingeborenen afrikanischen Bauern einen tapferen Kampf – doch zu dem Zeitpunkt nützte das nicht mehr viel.

Die Anpassung anderer Jäger-Sammler-Gesellschaften sieht, entsprechend einer anderen Kultur und Umwelt, im Detail natürlich ein wenig anders aus. Dennoch scheinen die Buschmänner typische Vertreter der Jäger und Sammler, was die relative Bedeutung von Fleisch und Pflanzen für die Ernährung angeht. Die charakteristische Ernährung aller Jäger-Sammler-Gemeinschaften besteht etwa zu 35 Prozent aus tierischer und zu 65 Prozent aus pflanzlicher Nahrung – fast genau das Verhältnis, das bei den Kung-Buschmännern gefunden wurde. Für die Ernährung aller Jäger und Sammler bildet eine verläßliche pflanzliche Nahrung stets die Grundlage, und Fleisch kommt immer dann dazu, wenn es greifbar ist. Eine gemeinsame amerikanisch-australische Expedition nach Arnhemland, einer den Ureinwohnern vorbehaltenen Region im Nordterritorium Australiens, kam zu ähnlichen Ergebnissen, wie sie bei den Buschmännern gefunden und hier zusammengefaßt dargestellt wurden. Die Ureinwohner, die sogenannten «Aborigines», waren gut genährt; Erwachsene verwandten weniger als vier Stunden am Tag auf Arbeit, die mit der Nahrungsbeschaffung zu tun hatte; die Umwelt produzierte viel mehr, als die Aborigines brauchten, und diente deshalb als eine natürliche Vorratskammer; und die Menschen hatten unerhört viel freie Zeit zur Verfügung. All das traf auch auf die im Great Basin lebenden Shoshone-Indianer zu, deren scheinbare Trägheit Mark Twain so zusetzte. Ihr Hauptnahrungsmittel waren die Pinyonnüsse mit ihrem hohen Gehalt an Eiweiß und anderen Nährstoffen. Ergänzt wurde die pflanzliche Nahrung durch gemeinsame Jagden auf Gabelantilopen und Kaninchen; waren die großen jagdbaren Tiere einmal knapp, bezogen die Shoshone ihre Proteine von Eidechsen, Schlangen und Insekten.*

Studien über heute noch lebende Jäger und Sammler zeigen, daß sich viele der für alle menschlichen Gesellschaften charakteristischen Verhaltensweisen parallel zu dieser Anpassung entwickelt haben. Einige sind bereits erwähnt worden: Arbeitsteilung nach Geschlechtern, gemeinsame Verrichtungen, Teilen, Planen, intensive Ausbeutung der Umwelt und spezialisierte technische Fertigkeiten. Andere Aspekte des Verhaltens der Jäger und Sammler – zum Beispiel wie sie ihre eigene Welt sehen – blieben bisher unerwähnt. Am wichtigsten davon ist vielleicht die unterschiedliche Einstellung zum Raum bei nichtmenschlichen Primaten und bei Jägern und Sammlern. Affen und Menschenaffen besitzen ein ausgezeichnetes Sehvermögen, das sie noch weiter verbessern können durch ihre Fähigkeit, einen Aussichtspunkt im Wipfel eines hohen Baumes zu erklettern. Doch die meisten dieser Tiere verbringen ihr ganzes Leben in einem Gebiet, das vielleicht fünf bis fünfzehn Quadratmeilen umfaßt. Sie unternehmen keinerlei Versuch, die Weiten zu erkunden, die sich vor ihren Augen auftun. Im Gegensatz dazu erforschen menschliche Jäger nicht nur die Gegend, die sie von ihrem Lager aus sehen können, sondern gehen weit darüber hinaus. Schon im Verlauf einer mehrtägigen Jagd durchstreift ein Buschmann ein größeres Gebiet als die meisten Affen und Menschenaffen in ihrem ganzen Leben. Diese den Horizont überschreitende Neugier hat dem Menschen die Freiheit verschafft, sich das Nahrungsangebot in verschiedenen Umgebungen zu verschiedenen Jahreszeiten zunutze zu machen; sie hat es ihm ermöglicht, aus Gegenden zu fliehen, die von Dürreperioden und anderen Naturkatastrophen heimgesucht wurden; und sie hat ihm dazu verholfen, neue Rohstoffe zu finden und Erfindungen von anderen Gruppen zu übernehmen.

Ein zweiter wichtiger Aspekt der Welt-Anschauung, die unsere lange Geschichte als Jäger und Sammler uns beschert hat, ist eine veränderte Beziehung zur übrigen lebenden Welt. Affen und Menschenaffen bewegen sich gewöhnlich frei unter anderen Tierarten; sie lassen sich bei der Nahrungssuche nicht stören und saufen aus den gleichen Wasserlöchern wie die anderen Tiere. Als aber Hominiden die systematische Jagd entwickelten, war es mit dieser friedlichen Beziehung vorbei. Die Welt teilte sich, aus menschlicher Sicht, in zwei entgegengesetzte Lager: die Menschen und alle anderen. Auch heute noch kommt es den Menschen «natürlich» vor, auf andere Tiere Jagd zu machen. Obwohl es in Europa schon seit geraumer Zeit ein Anachronismus ist, aus Ernährungsgründen Jagd auf wilde Tiere zu machen, gibt es für Privilegierte immer noch Gebiete, wo sie, und nur sie, jagen können. In Nordamerika ist die

Jagd nach wie vor ein Freizeitvergnügen für Millionen von Menschen; nationale und kommunale Behörden geben Jahr für Jahr immense Geldsummen aus, um den Bestand an jagdbarem Wild zu vermehren und Flüsse mit Fischen zu besetzen. An Wochenenden verlassen die Menschen ihre Städte, um auf Rotwild und andere Tiere Jagd zu machen, an Flüssen zu angeln und am Meeresufer nach Muscheln zu suchen. Sie tun aus Vergnügen, was Jäger und Sammler zu ihrem Überleben tun.

Schließlich und endlich wäre die Jäger-Sammler-Anpassung nicht gelungen, wenn sich nicht eine Einstellung entwickelt hätte, die dem Wohlergehen anderer hohen Wert beimaß. Die schon bei den nichtmenschlichen Primaten existierenden sozialen Bindungen sind beim Menschen noch fester geworden. Jäger und Sammler hätten ihre ersten Schritte in die unbekannte afrikanische Savanne nicht überleben und sich später nicht überall auf der Erde in völlig neuen Umgebungen ausbreiten können, wenn sie nicht die Gewißheit gehabt hätten, daß sie bei Krankheiten, Verletzungen oder Hunger von den anderen versorgt werden würden. Auch wenn gewiß zahllose Jäger und Sammler im Laufe der Hominidengeschichte an Vernachlässigung, Krankheiten und Verletzungen zugrunde gegangen sind, müssen dennoch auch viele ihr Leben denen verdankt haben, die sich um sie kümmerten, als sie sich selber keine Nahrung mehr beschaffen konnten.

Dieses Kapitel hat sich mit einer Lebensweise befaßt, die rapide im Schwinden begriffen ist. In wenigen Generationen wird es sie zweifellos nicht mehr geben, außer vielleicht in einigen Reservaten, wo man einer Handvoll Jäger und Sammler erlauben wird, modernen Touristen eine erbärmliche Vorführung ihrer überkommenen Lebensgewohnheiten vorzuführen. Für Jahrmillionen war das Jagen und Sammeln jedoch eine höchst erfolgreiche Anpassung. Für die wenigen Überlebenden ist sie das heute noch – aber nur, solange sie bereit sind, beweglich zu bleiben, nur Dinge zu besitzen, die sie mit sich tragen können, und ihre Gruppen klein zu halten. Wenn sie sich von diesen Zwängen freimachen wollen, müssen sie sich dem Ackerbau zuwenden. Jäger und Sammler finden es jedoch extrem schwierig, sich auf den Lebensstil dieser komplexeren Anpassung einzustellen. Ackerbauern sind nicht mehr beweglich; sie sind ebenso domestiziert wie ihre Feldfrüchte und ihr Vieh. Besitztümer sind reichlich vorhanden, und ihre unterschiedliche Verteilung in der Gesellschaft verleiht manchen Leuten mehr Ansehen als anderen – ein scharfer Gegensatz zu der auf Gleichheit bedachten Gesellschaft der Jäger und Sammler. Gewalttaten und Kämpfe werden alltäglich, wenn Eigentum in Form von fruchtbaren Feldern und Viehherden verteidigt werden muß oder anderen mit Gewalt abgenommen wird. Wenn erst einmal die Regel nicht mehr gilt, daß die zur Verfügung stehende Nahrung unweigerlich schwindet, wird die Kultur zunehmend komplexer und von den Beschränkungen durch die Umwelt unabhängig. Schließlich brachten die Ackerbauern es sogar fertig, mit Bewässerungsanlagen neue Umgebungen in die Produktion mit einzubeziehen und ganze Städte zu ernähren – ja, es ist ihnen gelungen, in den Weltraum vorzudringen, eine Umgebung, in der es überhaupt keine natürlichen Bedingungen mehr für den Ackerbau gibt.

6. Nahrungsmittelproduktion und ihre Folgen

Die Anger sind voll von Schafen, und die Auen stehen dick mit Korn, daß man jauchzet und singet.

Psalm 65

Bevor der Psalmist diese Zeilen schreiben konnte, waren im Laufe einiger Jahrtausende große Gebiete im Nahen Osten umgewandelt worden: die vielfältige Umwelt der Jäger und Sammler war ersetzt worden durch gleichförmige Felder, auf denen eine einzige Pflanzenart kultiviert wurde: die Produktion von Nahrungsmitteln hatte das einfache Sammeln abgelöst. Das bedeutete eine entscheidende Wandlung in der Einstellung des Menschen zu seiner Umwelt. Diese Wandlung vollzog sich in weit auseinanderliegenden Gegenden der Erde: im Nahen Osten, in Südosteuropa, China, Südostasien, Mexiko und Peru. In jedem dieser Gebiete entwickelte sich die Nahrungsmittelproduktion auf ihre besondere Art, denn überall sah die Umwelt völlig anders aus, und entsprechend markant sind die Unterschiede zwischen den Pflanzen, die jeweils angebaut wurden. Im kalten Norden Chinas war es Hirse; im tropischen Thailand Reis; Weizen und Gerste im heißen und trockenen Nahen Osten; Mais im kühlen und trockenen Hochland Mexikos; und Kartoffeln waren es in den hohen Bergen Perus. Die Nahrungsmittelproduktion wurde zum Fundament, auf dem die großen Kulturen erst entstehen konnten: Sumer und Ägypten, die Königreiche Israel und Juda, die kretisch-minoische Kultur, China. Wenn man sich mit diesen frühen Hochkulturen beschäftigt, übersieht man jedoch oft, daß bis zum Beginn der industriellen Revolution vor etwa zweihundert Jahren die Nahrungsmittelproduktion fast nirgendwo über ein bescheidenes Niveau hinauskam: sie sorgte lediglich für das Existenzminimum. Selbst heute, im Zeitalter der Hochindustrialisation, verdient sich mehr als die Hälfte aller Menschen das tägliche Brot mit einer sehr einfachen Form von Ackerbau. In einigen wenigen Gebieten der Erde ist diese Anpassung zwar schon 12000 Jahre alt, aber überall sonst ist sie beträchtlich jünger. Und doch ergaben sich in diesen wenigen Jahrtausenden ganz wesentliche Konsequenzen, sowohl für den Körper und den Intellekt des Menschen, als auch für die Technologie, für Gesellschafts- und Wirtschaftssysteme und für politische und religiöse Einrichtungen. Wahrscheinlich bewirkte diese Anpassung ebenso viele fundamentale Veränderungen für das Leben des Menschen wie die vorausgegangenen Jahrmillionen zusammengenommen.

Die Nahrungsmittelproduktion wurde erst durch die Domestikation ermöglicht, die auf einer wechselseitigen Beziehung zwischen Menschen (den Domestikatoren) und einer kleinen Zahl von bevorzugten Pflanzen und Tieren (den Domestikanden) beruht. Der Gewinn des Domestikators besteht darin, daß er spezifische Nahrungsmittel und neue Rohstoffe – zum Beispiel Wolle – in größeren Mengen erhält, als ihm sonst möglich gewesen wäre. Indem er das Wachstum und die Vermehrung von Domestikanden fördert, die dem Menschen nützen, kann er schließlich Arten mit besonders wertvollen Eigenschaften produzieren. Schafe hatten vor ihrer Domestikation nur wenig Wolle, der Dschungelvorfahr des Huhnes legte nur periodisch Eier, und bei Wildrindern und Auerochsen gaben die weiblichen Tiere nur Milch, wenn sie Kälber hatten.*

Im Sinne eines biologischen Erfolges profitierten auch die Domestikanden: die Anzahl der Individuen wuchs und die geographische Verbreitung nahm zu. Weizen und Gerste gab es einst nur in ganz wenigen Gegenden im Nahen Osten – doch als Domestikanden wurden sie von Nahrungsmittelproduzenten in alle gemäßigten Klimazonen der Erde gebracht. Was die Domestikanden selbst nicht für sich tun konnten, erledigten die menschlichen Domestikatoren für sie. Menschen beseitigten konkurrierende Pflanzen und räuberische Tiere; sie sorgten für Lebensraum, Wasser und Düngemittel; und sie kümmerten sich um Domestikanden, die von Krankheiten oder Schädlingen befallen waren. So eng sind die Beziehungen zwischen Domestikatoren und Domestikanden geworden, daß es diesen fast durchweg schwerfallen würde, ohne Zutun des Menschen weiter zu existieren. Und einige Pflanzen – Mais, Banane, Dattelpalme, um nur drei zu nennen – würden mit Sicherheit aussterben, da sie die Fähigkeit eingebüßt haben, ohne menschliche Hilfe ihren Samen auszustreuen.

Vor etwa 20 000 Jahren begannen sich bei den Jägern und Sammlern zwei Tendenzen abzuzeichnen, die den Übergang zur Nahrungsmittelproduktion möglich machten. Denn Jäger und Sammler erweiterten ihren Speiseplan: sie ernteten wildes Getreide und fingen Fische und Weichtiere, die sie Jahr für Jahr an annähernd denselben Stellen finden konnten. Die Menschen begannen also mit neuen Nahrungsquellen zu experimentieren; das bedeutete, daß sie sich für längere Zeit in ihren Lagern einrichten konnten. Zweitens wurde eine Technologie zur Nutzung dieser neuen Nahrungsquellen entwickelt. Etwa zu dieser Zeit tauchte im Nahen Osten ein neues wichtiges Werkzeug auf, der Mikrolith. Er ist nicht nur Teil einer erweiterten Anpassung, sondern beweist auch eine neue Fähigkeit, komplexe Werkzeuge herzustellen. Mikrolithen sind flache, scharfkantige Stückchen aus Feuerstein, die in einer Reihe

Wilder und domestizierter Weizen

Die schwarze, senkrechte Achse ist die Spindel einer Weizen- oder Gerstenähre. Sie besteht aus vielen Nodien, an denen jeweils ein Korn hängt. Beim wilden Weizen lösen sich die Körner leicht vom Nodium und fallen einzeln herab oder werden vom Wind fortgeweht. Die Brüchigkeit der Spindel ist für den wilden Weizen von Vorteil, da die Samen nach und nach abfallen, einige also mit Sicherheit zu einem optimalen Zeitpunkt. Dies wirkte sich jedoch für den Menschen, der wilden Weizen erntete, nachteilig aus, denn bei der Berührung mit der Sichel fielen die Körner heraus und wurden fortgeweht.

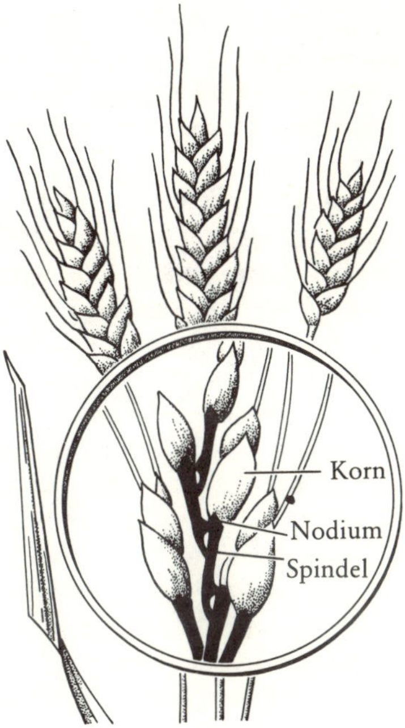

Der Weizen produziert von Zeit zu Zeit mutierte Ähren, die ihre Körner nicht ausstreuen. Diese Mutationen können sich unter natürlichen Bedingungen nicht fortpflanzen, da die Ähre zu Boden fällt. Vermutlich haben die Sammler den Vorteil der Ähren erkannt, die ihre Körner nicht ausstreuen, und sie müssen unwissentlich die Verbreitung der Pflanzen mit stabiler Spindel gefördert haben. Da diese Pflanzen immer noch Körner trugen, wenn die meisten der brüchigen Sorte bereits leer waren, müssen von der Mutation mit stabiler Spindel unverhältnismäßig viele Saatkörner eingesammelt worden sein. Manche Körner gingen verloren und keimten in der gelockerten Erde in der Umgebung von prähistorischen Lagern. Wir würden die Intelligenz unserer Vorfahren unterschätzen, wenn wir ihnen nicht zutrauten, daß sie einige dieser Saatkörner in der Nähe ihres Lagers einpflanzten. Das Ergebnis wäre jedenfalls: ein fast hundertprozentiger Bestand von Pflanzen mit einer stabilen, die Körner festhaltenden Spindel. Dies würde auch erklären, wie es zu den biologischen Veränderungen in den domestizierten Weizen- und Gerstensorten kommen konnte. Diese Vorgänge führten schon vor 9000 Jahren zu Weizen- und Gerstensorten mit stabiler Spindel an zahlreichen Orten zwischen Israel und Iran.

nebeneinander in einen Holz- oder Knochengriff eingesetzt wurden und auf diese Weise eine gut funktionierende Sichel bildeten. Daß sich mit solchen Sicheln enorme Mengen von wildem Getreide ernten ließen, demonstrierte ein Agronom aus den USA in der südöstlichen Türkei, wo es immer noch, wie vor vielen tausend Jahren, dichte Bestände von wildem Weizen gibt. Mit dem Mikrolithen erntete er in einer Stunde fünf Pfund Getreide. Nach seiner Schätzung konnte eine vierköpfige Familie, die während der ganzen dreiwöchigen Reifezeit dieser wilden Weizensorte erntete, leicht eine ganze Tonne davon einbringen – mehr als genug, um die Familie ein volles Jahr zu ernähren. Darüber hinaus ergab eine chemische Analyse, daß dieser wilde Weizen einen hohen Nährwert hat; er enthält 24 Prozent Eiweiß, während der Weizen, der heute in Nordamerika angebaut und zu Brot verarbeitet wird, nur 14 Prozent Eiweiß enthält.*

Den allmählichen Wandel vom Jäger-Sammler-Dasein zur Nahrungsmittelproduktion verdeutlichen die Natoufier (benannt nach einer Ausgrabungsstätte in Israel). Ihre Kultur erstreckte sich vor etwa 12500 bis vor 10000 Jahren über ein weites Gebiet von der Südtürkei bis zum Nil. Die Natoufier jagten wilde Gazellen, Rehe, Wildrinder, Ziegen und andere große Säugetiere. Sie holten auch allerlei Nahrung – wie Fische, Krustentiere, Schildkröten und Schnecken – aus Flüssen und Seen. Und wenn die Natoufier auch in ihrer Grundhaltung Jäger und Sammler blieben, so bestritten sie doch einen beträchtlichen Teil ihrer Ernährung mit wildem Getreide, das sie mit Hilfe von Mikrolithen ernteten. Steinerne Mörser und Stößel, die ursprünglich zum Zerreiben von Nüssen und anderen wild wachsenden Früchten entwickelt worden waren, wurden nun zum Mahlen des Getreides benutzt, von dem dann wenigstens ein paar Sorten domestiziert wurden. Noch wichtiger wurde, daß die Natoufier in dauerhaften Siedlungen lebten, die zunächst nur kleine Lager waren, sich aber rasch zu Dörfern mit mehreren hundert Menschen entwickelten.

Früher nahm man an, erst die Nahrungsmittelproduktion habe das Leben in ortsfesten Dörfern möglich gemacht und sei deshalb auch der Anlaß für die Vermehrung der Populationen, das Entstehen politischer Einrichtungen, die Ausprägung von gesellschaftlichen Unterschieden und die zunehmende Vielschichtigkeit der Kultur. Inzwischen haben jedoch die Natoufier und andere Stämme aus dem alten Nahen Osten – übrigens auch gewisse zeitgenössische Jäger-Sammler-Gesellschaften – genügend Beweise dafür geliefert, daß dauerhafte Siedlungen manchmal dem Ackerbau vorangehen können. Ein Beispiel dafür sind die Nordwestküstenindianer, die das Pazifikufer zwischen Kalifornien und Südalaska bewohnen, wo sie von dem üppigen Nahrungsvorrat im Meer, in den Flüssen und Wäldern leben. Ihr Nahrungsangebot ist sowohl reichhaltig als auch zum Lagern geeignet. Eicheln lassen sich leicht einsammeln und nach dem Mahlen als Mehl lagern; Fisch wird im Rauch getrocknet und in hölzernen Kisten aufbewahrt. Wegen des zuverlässigen Nahrungsangebots können die Nordwestküstenindianer in festen Dörfern leben, von denen manche eine Bevölkerung von mehreren tausend Menschen haben. Sie sind besonders deshalb berühmt, weil sie eine vielfältige Kultur entwickelt haben, die auf der einfachen Jäger-Sammler-Anpassung beruht. Sie haben – soweit bekannt – als einzige derartige Gruppe eine Reihe von Besonderheiten entwickelt: eine politische Hierarchie aus Häuptlingen und «Edlen»; ein komplexes Gesellschaftssystem, in dem jeder einen bestimmten Rang hat; eine ungleiche Verteilung des Wohlstands; die Bereitschaft zur Verteidigung des eigenen Territoriums und kriegerische Auseinandersetzungen mit dem Ziel, Land und Besitz von Nachbarn zu erobern. Und ihre technischen Leistungen – zu erkennen an ihren kompliziert geschnitzten Totempfählen, großen Kanus und prächtig verzierten Utensilien und Kleidern – zeugen nicht nur von den Beschäftigungen, denen sie in ihrer freien Zeit nachgehen, sondern auch von ihrer Fähigkeit, kunstfertige und an der Nahrungsbeschaffung nicht beteiligte Spezialisten zu ernähren.

Sowohl die alten Natoufier als auch die heutigen Nordwestküstenindianer zeigen, daß die Menschen selbst schon domestiziert waren, ehe sie sich daranmachten, Pflanzen und Tiere zu domestizieren. Seßhafte Jäger und Sammler waren ebenso fest an ihre Dörfer gebunden, wie sie das als Nahrungsproduzenten gewesen wären. Sie konnten ihre Siedlungen nicht ohne weiteres an einen anderen Standort verlegen, denn damit gaben sie alles auf: ihre Häuser, ihre großen Behälter, ihre unterirdischen Silos, in denen sie wildes Getreide und andere Nahrungsmittel lagerten, und ihre schweren Mahlsteine, die sie für die Verarbeitung brauchten. Wer so viel Zeit und Erfindungsreichtum aufwendet, läßt deutlich eine neue Einstellung erkennen: eine Bereitschaft, auf die zukünftige Nutzung eines einzigen Ortes zu setzen, der einem inzwischen vertraut geworden ist.

Die Natoufier und andere seßhafte Jäger und Sammler waren an die Nahrungsmittelproduktion «präadaptiert». (Als Präadaptation bezeichnet man in diesem Zusammenhang ein Verhaltensmuster, das sich zu einem bestimmten Zeitpunkt entwickelt und möglicherweise erst später richtig nützlich wird, wenn sich die Bedingungen geändert haben.) Man kann natürlich nur rückblickend von Präadaptationen sprechen. Wenn Menschen auf Neuerungen kamen, die erst später größere Bedeutung erlangten, so planten sie nicht bewußt für die Zukunft, sondern kümmerten sich lediglich um ihre augenblicklichen Bedürfnisse. Jäger und Sammler hatten sich längst Mahlsteine zur Verarbeitung wild wachsender Pflanzen gefertigt, bevor die Natoufier damit die dicken Hülsen von den Getreidekörnern entfernten. Und die Kisten und Silos, die als Speicher für die Überschüsse der Nahrungsmittelproduktion sehr wichtig waren, dienten ursprünglich als Behälter für die Lagerung «wilder» Nahrungsmittel wie Nüsse und – überraschenderweise – Schnecken, die eine wichtige Nahrungsquelle waren. Die vielleicht bedeutendste Präadaptation an die Produktion von Nahrungsmitteln bestand darin, daß die Jäger und Sammler alle Pflanzen und Tiere genauestens kannten und bereit waren, Werkzeuge und Techniken zu entwickeln, mit denen sie sich neue Nahrungsquellen zunutze machen konnten.

Bereits vor etwa 9000 Jahren gab es in vielen Landstrichen des Nahen Ostens Menschen, die mit der Domestikation von Tieren und Pflanzen experimentierten. Archäologen entdeckten im südjordanischen Beidha Weizenkörner, die sich in ihrer Größe stark unterscheiden; man nimmt an, daß sie aus einer Übergangszeit zwischen dem Sammeln wilden Weizens und seiner Domestikation stammen. Die Archäologen fanden auch zahllose Knochen von Ziegen, die verzehrt worden waren. Eine genaue Untersuchung der Knochen ergab, daß alle Ziegen annähernd gleich alt gewesen waren. Offensichtlich waren junge Tiere geschlachtet worden, während man ältere Tiere am Leben gelassen hatte, damit sie sich vermehren konnten.

Zu den bekanntesten Bauerndörfern aus dieser frühen Zeit gehört Dscharmo im nordöstlichen Irak, eine Gruppe von etwa 25 Häusern, in denen schätzungsweise 150 Menschen lebten. Man fand dort eine Menge Sichelblätter, Mahlsteine und andere Werkzeuge, die zum Ernten und zur Verarbeitung von Gerste und Weizen verwendet worden waren. Knochenreste von domestizierten Schaf- und Ziegenarten widerlegen die Ansicht, daß die Menschen zuerst Pflanzen und erst später Tiere domestizierten. Im Nahen Osten – und offenbar auch in Südosteuropa, China und Südostasien – wurden – bei einem gleichen Stand der Anpassung – Pflanzen und Tiere gleichzeitig domestiziert. Die Domestikation von Tieren trug auch zur Lösung des Problems bei, was mit dem Ertrag aus domestizierten Pflanzen geschehen sollte. Man konnte Farmtiere damit füttern, die so zu vierbeinigen Fleisch- und Wollspeichern wurden – «lebende Speisekammern und wandelnde Garderoben».*

Vor ungefähr 7000 Jahren war die Nahrungsmittelproduktion bereits an vielen Orten in vollem Gange: im Nordosten der USA, in Nordchina, Südostasien, Europa, Mexiko und möglicherweise auch in Peru. Schafe, Ziegen, Schweine und Rinder waren bereits im Nahen Osten und in Europa domestiziert worden, ebenso wie das Meerschweinchen in Peru. Die Töpferei, die für die Lagerung wichtig war, weil sich Insekten und Nager nicht durch Keramiktöpfe fressen können, wurde spätestens vor 8500 Jahren an mehreren Orten eingeführt. Bauerndörfer wurden nicht nur zahlreicher, sondern auch größer. Wälder wurden gerodet und abgebrannt; Trockengebiete wurden mit herbeigebrachtem Wasser bewässert und zum Blühen gebracht. Domestizierte Tiere grasten das hügelige Bergland ab und verdrängten dadurch die wilden Pflanzenfresser, denn zum einen fraßen sie die genießbaren Pflanzen, und zum anderen verursachten sie eine starke Erosion des Bodens, dem nun seine schützende Pflanzendecke fehlte. Die wilden Pflanzen und Tiere, die noch die Jäger und Sammler ernährt hatten, galten nun als Unkraut oder gefräßige Diebe – und sie wurden ausgerottet. In der Zwischenzeit hatte sich die Umwelt so stark verändert, daß diese Menschen unmöglich zur Lebensform der Jäger und Sammler zurückkehren konnten, selbst wenn sie das gewollt hätten.

Eine andere Art der Anpassung galt lange Zeit als eine Übergangsform zwischen den nomadisierenden Jägern und Sammlern und den seßhaften Nahrungsproduzenten. Tatsächlich sind die «Hirten-Nomaden», wie diese Anpassungsform genannt wird, alles andere als eine Übergangsform; es ist vielmehr eine eigenständige, wenn auch ungewöhnliche Art der Anpassung. Hirten-Nomaden halten sich domestizierte Tiere, um sich mit Milch, Käse und – wie die Massai in Ostafrika – kleinen Mengen Blutes zu versorgen; das Blut wird aus Einstichen im Hals der Rinder abgelassen und dann zusammen mit der Milch getrunken; das Fleisch ihrer Tiere verzehren sie nur selten. Die Nomaden haben das Jäger-Sammler-Dasein fast völlig aufgegeben, aber sie betreiben keinen Ackerbau, da sie fast immer in kalten oder trockenen Regionen leben, in denen Pflanzen schlecht gedeihen. So wandern die Nomaden mit ihren Viehherden durch die kärglicheren Gebiete der Erde und nutzen das Weideland, wo immer sie es finden – was die an ihr Land gebundenen Nahrungsproduzenten mit ihren domestizierten Tieren nicht tun können. Die Nomaden konnten jedoch die Verbindung zu den seßhaften Dorfbewohnern nie ganz abbrechen, da sie zur Ergänzung ihres Speisezettels ständig auf Getreide angewiesen sind. Oft entwickelt sich eine symbiotische Beziehung zwischen einer Gruppe von Hirten-Nomaden und bestimmten Dörfern, deren

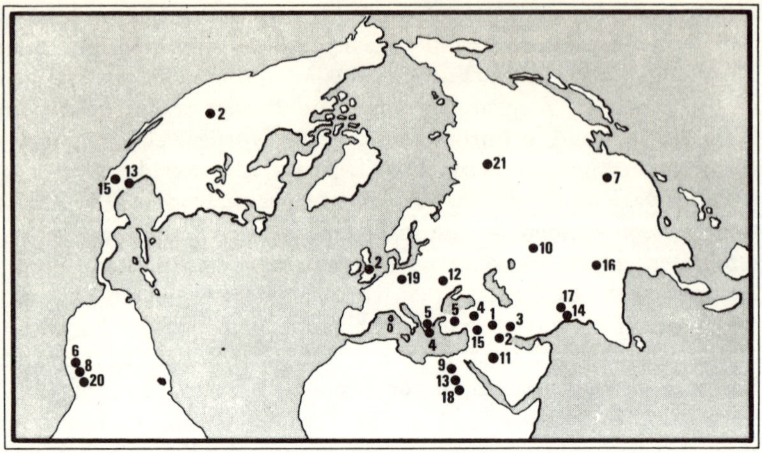

1 SCHAF – Zawi Tschemi Schanidar, Irak (9000 v. Chr.)

2 HUND – Dscharmo, Irak (9000 v. Chr.), Jaguarhöhle, Idaho (8400 v. Chr.), Star Carr, England (7500 v. Chr.)

3 ZIEGE – Ali Kosch, Iran (8000 v. Chr.)

4 SCHWEIN – Cayönü, Türkei; Griechenland (7000 v. Chr.)

5 RIND – Thessalien, Griechenland; Anatolien, Türkei (7000 v. Chr.)

6 MEERSCHWEINCHEN – Becken von Ayacucho, Peru (6000 v. Chr.)

Frühe Zeugnisse von domestizierten Tieren

Meistens wurden die Tiere zuerst domestiziert, die am häufigsten gejagt wurden. Es waren im allgemeinen auch die fügsamsten Arten (z. B. wilde Schafe und Ziegen), im Gegensatz zu anderen, die sich kaum einpferchen oder zähmen ließen (z. B. Rotwild). Eine wichtige Ausnahme bilden die Rinder. Der wilde Ur oder Auerochs war gefährlich und unberechenbar, deshalb wurden Rinder erst vergleichsweise spät domestiziert; außerdem scheinen sie ursprünglich als Opfertiere begehrt gewesen zu sein, und nicht so sehr wegen ihres Fleisches oder ihrer Milch. Man darf die Domestikation von Tieren nicht als einen von der Pflanzenkultivierung unabhängigen Prozeß sehen. Beide gehören zur Evolution dieser einen Anpassung an die Nahrungsmittelproduktion. Während Weizen und Gerste allmählich zu Kulturpflanzen wurden, müssen sich wilde Schafe und Ziegen immer mehr den menschlichen Siedlungen genähert haben. Jäger brauchten nicht mehr dem Fleisch nachzulaufen, da die Tiere, die kurz darauf domestiziert wurden, zum Weiden immer näher herankamen.

7 SEIDENSPINNER – Hsi-yin-t'sun, China (3500 v. Chr.)

8 LAMA – Andenhochland, Peru (3500 v. Chr.)

9 ESEL – Niltal, Ägypten (3000 v. Chr.)

10 KAMEL – Südliche UdSSR (3000 v. Chr.)

11 DROMEDAR – Saudiarabien (3000 v. Chr.)

12 PFERD – Ukraine, UdSSR (4350 v. Chr.)

13 HONIGBIENE – Niltal, Ägypten (3000 v. Chr.), Mexiko (? v. Chr.)

14 WASSERBÜFFEL – Industal, Pakistan (2500 v. Chr.)

15 ENTE – Naher Osten (2500 v. Chr.), Mexiko (? v. Chr.)

16 YAK – Tibet (2500 v. Chr.)

17 HAUSHUHN – Industal, Pakistan (2000 v. Chr.)

18 KATZE – Niltal, Ägypten (1600 v. Chr.)

19 GANS – Deutschland (1500 v. Chr.)

20 ALPAKA – Andenhochland, Peru (1500 v. Chr.)

21 RENTIER – Pasyryktal, Sibirien, UdSSR (1000 v. Chr.)

Diese Landkarte zeigt die Gebiete, in denen archäologische Funde eine sehr frühe Domestikation von Tieren bezeugen. Die relativ späte Domestikation des Hundes überrascht, da er den heutigen Jägern und Sammlern ein wertvoller Jagdgenosse ist, und vermutlich haben die Jäger und Sammler von damals ihn gleicherweise gebraucht. Vor kurzem wurde das Alter eines Hundeknochens aus dem Irak mit mindestens 11 000 Jahren angesetzt, aber die Domestikation liegt wahrscheinlich noch weiter zurück. Eine Zeitlang nahmen die Archäologen an, domestizierte Schafe, Ziegen, Schweine und Rinder wären den Menschen, die Pflanzen zu domestizieren versuchten, mit ihrem Nahrungsbedürfnis in die Quere gekommen, aber das stimmt offensichtlich nicht. Man hielt die Tiere bis nach der Ernte des Getreides von den Feldern fern und ließ sie dann die Pflanzenreste abweiden, die sich für die menschliche Ernährung nicht eigneten. Dabei düngten die domestizierten Tiere auch noch die Felder und erhöhten deren Ertrag. Die gleichzeitige Domestikation von Pflanzen und Tieren entwickelte sich sehr früh. In Ali Kosch in Iran wurden Reste von Weizen und Gerste wie auch von domestizierten Ziegen gefunden, die etwa 9500 Jahre alt sind.

Bewohner ihr Getreide gegen Felle, Käse und andere von den Nomaden erhältliche Tierprodukte tauschen. Früher oder später wird allerdings den meisten Nomaden klar, daß es auch ohne Tauschgeschäfte geht, da sie den Dorfbewohnern einfach wegnehmen können, was sie brauchen. Sie sind schließlich militärisch im Vorteil, da sie beweglich sind und auf ihren Pferden oder Kamelen plötzliche Angriffe reiten können. Die Mongolen in Asien und die Araber im Nahen Osten vervollkommneten die strategische Technik der Eroberung so gut, daß sie schließlich ausgedehnte Gebiete kontrollierten und Zivilisationen beherrschten, deren Technologie viel weiter fortgeschritten war als ihre eigene.*

Da die Archäologie im Nahen Osten eine so alte Tradition hat, wissen wir über diese Region mehr als über irgendeine andere, wenn es darum geht, wie sich die Anpassung an die Nahrungsmittelproduktion entwickelt hat. Noch vor einem halben Jahrhundert schien die Erklärung einfach. Die Nahrungsmittelproduktion, so glaubte man, ging vom Nahen Osten aus und verbreitete sich dann allmählich über die ganze Erde. So konnte der einflußreiche britische Archäologe V. Gordon Childe erklären: «Europa verdankt dem Orient [d. h. dem Nahen Osten] die Grundlagen des handwerklichen Könnens, das die Befreiung des Menschen aus seiner sklavischen Bindung an die Umwelt einleitete.»* Diese Ansicht gilt heute als überholt. Innerhalb von ein paar tausend Jahren entstanden unabhängig voneinander mindestens sechs bedeutende Domestikationszentren: der Nahe Osten, Europa, China, Südostasien, Mexiko und Peru.

Immer neue Hypothesen über die Anfänge der Domestikation wurden aufgestellt, aber überzeugen konnten sie alle nicht. Am ältesten und unkompliziertesten ist die Heureka-Hypothese (griech.: heureka = ich habe gefunden). In ihren verschiedenen Versionen wird die Nahrungsproduktion einem plötzlichen Segen zugeschrieben, den entweder ein Gott oder der Zufall den Menschen bescherte. Den alten Ägyptern zufolge waren die Menschen Fleischesser, bis sie der höchste Gott Osiris in der Kunst des Ackerbaus unterwies. Die Griechen verknüpften den Ursprung der Nahrungsproduktion mit der Göttin Demeter, die bei den Römern Ceres hieß (daher die lateinische Bezeichnung *cerealien* für Getreide, englisch: cereal). Als die mythologischen Erklärungen aus der Mode kamen, tauchte die Heureka-Hypothese in der neuen Form der Abfallgruben-Hypothese wieder auf. Sammler, die mit wildem Getreide auf dem Weg zu ihren Lagern waren, sollen ein paar Körner verloren haben, die auf alte Abfallhaufen fielen und

Die Rinder-Kulturen

Für die Hirten-Nomaden in Ostafrika sind ihre Rinder Status-Symbol und Zahlungsmittel, bzw. Brautpreis. Die Rinder werden selten oder nie verzehrt; Ausnahmen werden höchstens gemacht, wenn ein Tier überaltert ist, oder wenn Tiere geopfert werden. Denn die Rinder liefern Nahrung in Form von Milchprodukten und einer Mischung aus Blut und Milch. Blut wird von Zeit zu Zeit, wie hier gezeigt, aus der Halsader lebender Tiere entnommen; zu diesem Zweck schießt man aus kurzer Entfernung einen Pfeil in den Hals des Tieres und sammelt dann das Blut in einem Gefäß. Die Tiere erholen sich schnell, und die Ernährung der Hirten-Nomaden wird so durch wichtige Proteine und Spurenelemente bereichert.

dort Wurzeln schlugen. Solche Haufen würden mit ihrem hohen Stickstoffgehalt kräftige Pflanzen hervorgebracht haben; die Sammler wären mit Sicherheit darauf aufmerksam geworden und hätten nun absichtlich Saatkörner ausgestreut. Aber alle heute lebenden Jäger und Sammler wissen, auch wenn sie keinerlei Kontakt mit Ackerbaugesellschaften gehabt haben, über das Pflanzenwachstum so gut Bescheid wie ein Botaniker. Daß Samen keimen, war unter Jägern und Sammlern sicherlich allgemein bekannt, und eine plötzliche Entdeckung braucht nicht angenommen zu werden.

Auch die Oasen-Hypothese hatte einmal ihre Anhänger. Sie vertrat die Ansicht, mit dem Ende der letzten Eiszeit sei das Klima im Nahen Osten trockener geworden und habe Menschen, Pflanzen und Tiere gleichermaßen gezwungen, sich um die nie versiegenden Wasserlöcher in Oasen zusammenzudrängen. Dort, so glaubte man, sei es zu intensiven Wechselbeziehungen gekommen, die schließlich zur Domestikation geführt hätten. Nach neueren botanischen und geologischen Untersuchungen haben sich jedoch in diesem Zeitabschnitt im Nahen Osten keine derartigen klimatischen Veränderungen abgespielt; ja, an vielen Orten nahmen die Regenfälle sogar noch zu. Schließlich gibt es noch die Bergland-Hypothese, nach der Menschen erstmals in den höhergelegenen Gegenden des Nahen Ostens Pflanzen und Tiere domestiziert hätten – aber sie weiß keine Erklärung, wie und weshalb sie das taten. Es ist auch nicht wahrscheinlich, daß die Domestikation gerade in den Gebieten entstanden sein soll, wo sich wilde Pflanzen am leichtesten ernten ließen.

Zur Zeit halten sich die meisten Archäologen an eine der verschiedenen ökologischen Hypothesen. Im Prinzip gehen sie alle davon aus, daß sich die Nahrungsproduktion erst entwickeln konnte, nachdem die Menschen daran präadaptiert waren – ein Prozeß, der im Nahen Osten vor ungefähr 20000 Jahren begann, als Jäger und Sammler ihre Ernährung auf kleine Flußtiere (wie Panzerkrebse und Frösche), Schnecken, Getreidepflanzen und andere Dinge ausdehnten, die sich leicht sammeln, transportieren und lagern ließen. Gleichzeitig fanden andere bereits erwähnte Präadaptationen statt: Populationen wurden seßhaft, Mahlsteine wurden benutzt und Vorratskammern eingeführt. Waren die Menschen dann für die Domestikation präadaptiert, lag es nahe, daß jede Veränderung in der Beziehung zwischen ihnen und ihrer Umwelt vollends den Ausschlag zur Nahrungsproduktion gab. Eine solche Veränderung ergab sich wahrscheinlich mit dem Anwachsen der Bevölkerungszahl in einer der bedeutendsten von Menschen bevölkerten Gegenden des Nahen Ostens: den fruchtbaren Tälern zwischen den

Gebirgszügen. In dieser Zone gab es wilden Weizen, Gerste und andere Pflanzen, die später domestiziert wurden, in Hülle und Fülle.

In dieser günstigen Umgebung würde also die Bevölkerungsdichte immer weiter zugenommen haben, noch bevor die Nahrungsproduktion vor etwa 12000 Jahren einsetzte. Und doch war dies nicht die Umwelt, in der die Domestikation begann. Vielmehr muß der Bevölkerungsanstieg in dieser Umgebung manche Leute vertrieben und auf weniger vorteilhafte Gegenden verwiesen haben: auf Hochplateaus, in die Wiesenlandschaften der Vorgebirge und in Trockengebiete. Dort bemühten sie sich um eine ähnlich vielseitige Ernährung, wie sie sie in den fruchtbaren Bergtälern gehabt hatten – und die einzige Möglichkeit dazu war die Domestikation. Das Saatgut für das Getreide bekamen sie wohl in ihren angestammten Tälern, denn die Bewohner der verschiedenen Zonen hatten regelmäßig Kontakt, um Tauschgeschäfte zu machen. Erdpech (als Bindemittel bei der Werkzeugherstellung verwendet) war nur im Grasland der Vorgebirge zu finden, von dort aber gelangte es im Tauschhandel auch in andere Gebiete; Kupfer und Türkis kamen von den Hochplateaus; Obsidian für Speerspitzen und Schmuck wurde nur an bestimmten Stellen aus der Erde geholt, ebenso Salz. Nachdem Weizen und Gerste in neuen Umgebungen angepflanzt worden waren, müssen sich Veränderungen an den Pflanzen rasch vollzogen und zu Getreidesorten geführt haben, die in den weniger günstigen Regionen besser gediehen als die wilden Sorten. Die ökologische Hypothese bestätigt, daß es sinnlos ist, an einer einzigen Stelle im Nahen Osten nach den Ursprüngen der Domestikation zu suchen, denn sie muß sich gleichzeitig in mehreren Zonen in einem großen geographischen Bereich entwickelt haben.*

Wodurch wird aber dieser Bevölkerungsanstieg – und Angelpunkt der ökologischen Hypothese – ausgelöst? Die Buschmänner liefern dafür zumindest eine Teilerklärung. Eine normale Frau legt bei der Nahrungssuche pro Jahr annähernd 2500 Kilometer zurück. Da eine Mutter ihr Kind die ersten drei bis vier Jahre mit sich trägt, müßten die Geburten demzufolge ebensoviele Jahre auseinanderliegen, so daß das ältere Kind laufen kann und bereits selbständig ist, wenn ein neues Baby zur Welt kommt. Dieser große zeitliche Abstand zwischen den Geburten hat außerdem den Vorteil, daß sich die Mutter besser um jedes Kind kümmern kann. Und tatsächlich gebären die meisten Buschmann-Frauen in diesem Abstand – was auch damit zusammmenhängt, daß sie ihre Neugeborenen sehr lange stillen, in der Regel mindestens drei Jahre. Solange sie aber stillen, können sie ein aktives Geschlechtsleben aufrechterhalten, ohne schwanger zu werden, denn offenbar findet ein Eisprung erst wieder statt, wenn der Fettanteil des Körpergewichts den kritischen Prozentsatz überschreitet, der zwischen 20 und 25 Prozent liegt. Erst dann hat die Mutter genügend Energiereserven gespeichert, um den Ansprüchen des wachsenden Fötus gerecht zu werden. Eine stillende Mutter hat es jedoch schwer, diese Fettreserven anzulegen, da der Säugling ihrem Körper täglich etwa tausend Kalorien entzieht. Solange also das Kind Muttermilch erhält, ist die Wahrscheinlichkeit eines Eisprungs gering, wenn die Ernährung nicht gerade ungewöhnlich fettreich ist. Wenn sich der große Abstand zwischen den Geburten nicht auf natürliche Weise ergibt, müssen die Buschmänner jene Art der Geburtenkontrolle praktizieren, die in allen Jäger-Sammler-Gesellschaften üblich ist: Kindermord und Abtreibung.

Die Kinder der Buschmänner werden so lange gestillt, weil Jäger und Sammler normalerweise keine weiche, leicht verdauliche Nahrung haben, die die Milch ersetzen könnte. Bauern und Hirten dagegen verfügen über Mehlbrei und Milch, die eine frühe Entwöhnung ermöglichen. Darum ist die Stillperiode kürzer und folglich wird auch der Eisprung nicht so lange unterdrückt. Die Auswirkung «weicher» Speisen zeigte sich schon bei den Gruppen von Buschmännern, die in den letzten Jahren das Nomadendasein der Jäger und Sammler aufgegeben haben und als Bauern und Ziegenhirten seßhaft wurden. Der zeitliche Abstand zwischen den Geburten verkürzte sich rasch auf 33 bis 36 Monate, statt auf 48 Monate, wie bei den nomadisierenden Buschmännern. Schon eine Verkürzung dieses Abstandes um ein Jahr kann sich auf das Bevölkerungswachstum kumulativ auswirken: eine Frau, die bei der Jäger-Sammler-Lebensform bleibt, wird in ihrem ganzen Leben vielleicht vier oder fünf Kinder gebären; aber als Nahrungsmittelproduzentin könnte sie – wegen der kürzeren Abstände zwischen den Geburten – fünf oder sechs Kinder zur Welt bringen. Eine Gruppe von Nahrungsmittelproduzenten wäre also – theoretisch – schon nach wenigen Generationen doppelt so groß wie eine Jäger-Sammler-Gruppe.*

Ob nun eine solche Hypothese den mit einem seßhaften Leben verbundenen Bevölkerungsanstieg ausreichend erklären kann oder nicht – es steht jedenfalls fest, daß die Bevölkerungszahlen anstiegen. In der Zeit von vor 10000 bis vor 6000 Jahren – nicht mehr als 160 Generationen – stieg die Bevölkerung im Nahen Osten schätzungsweise von weniger als 100000 Menschen auf über drei Millionen. Dabei verstärkte sich der Druck auf die Nahrungsmittelproduzenten, neue Arten zu domestizieren und neue Technologien zu erfinden, zum Beispiel den Gebrauch des Pfluges und die Bewässerung der Felder. Die Menschen sahen sich nun in einer Tretmühle, von der sie bis zum heutigen Tag nicht mehr losgekommen sind. Sie wissen immer noch keinen Ausweg aus der paradoxen Problematik, die in der Nahrungsmittelproduktion steckt: eine wegen des Bevölkerungswachstums erforderliche Steigerung der Produktion führt zu einem immer schnelleren Wachstum der Bevölkerung.

Eine ökologische Betrachtungsweise des Ursprungs der Nahrungsmittelproduktion beantwortet eine Frage, die seit langem diejenigen plagt, die nach einer Erklärung für diese bedeutsame Veränderung im Leben des Menschen suchen: Warum kam es nicht schon früher zur Nahrungsmittelproduktion? Wilden Weizen und Gerste gab es schließlich in den fruchtbaren Bergtälern des Nahen Ostens schon lange vor der Domestikation. Und Ausgrabungen unter dem heutigen Mexico City beweisen, daß der wilde Mais vor seiner Domestikation mindestens schon 80000 Jahre dort zu Hause war. Außerdem hatten Schafe, Ziegen und Rinder schon längst ein Verdauungssystem entwickelt, das es ihnen ermöglichte, Gräser und andere Pflanzen mit hohem Zellulose- und niedrigem Proteingehalt zu fressen. Die Pflanzen und Tiere waren offenbar bereit zur Domestikation, nur der Mensch war noch nicht soweit. Einige wesentliche Voraussetzungen für eine Produktion, die in der Zeit von vor 20000 bis vor 12000 Jahren fehlten, sind bereits erwähnt worden: eine breit gefächerte Nutzung der Umwelt, das Anwachsen der Bevölkerung, mehr oder weniger permanente Siedlungen und eine präadaptierte Technologie – wie Mikrolithsicheln, Mahlsteine und Vorratsgefäße. Erst als alle diese Voraussetzungen geschaffen waren, konnte die Nahrungsmittelproduktion Wirklichkeit werden.

Vieles deutet darauf hin, daß der Bevölkerungszuwachs den eigentlichen Anstoß zur Nahrungsmittelproduktion gab. Sowohl archäologische Zeugnisse als auch Untersuchungen moderner Jäger-Sammler-Gesellschaften zeigen, daß Menschen – im Gegensatz zu vielen anderen Säugetieren, die gewöhnlich in einem natürlichen Gleichgewicht mit ihrer Umwelt bleiben – dazu neigen, an Zahl zuzunehmen, weil sie die intellektuelle Fähigkeit besitzen, Grenzen zu überwinden, die die Umwelt ihnen setzt. Für Jäger und Sammler bedeutet ein Bevölkerungszuwachs, daß sie mehr arbeiten und mit einer quantitativen und qualitativen Verschlechterung ihrer Ernährung rechnen müssen. Die Gruppe hat dann verschiedene Möglichkeiten. Wenn sie ihr Jäger-Sammler-Dasein aufrechterhalten will, kann sie das Bevölkerungswachstum durch Kindermord, Abtreibung und Empfängnisverhütung kontrollieren; wahrscheinlich tun das die Jäger und Sammler bereits. Wächst die Gruppe trotzdem weiter, kann sie ihre Nahrungssuche auf einen größeren Bereich ausdehnen oder häufiger das Lager wechseln. Diese Reaktionen verlangen allerdings einen erhöhten Arbeitsaufwand, und außerdem wird eine Gruppe, die ihr Aktionsgebiet erweitert, früher oder später mit einer anderen Gruppe zusammenstoßen, die dasselbe tut.

Gewöhnlich bleibt der Gruppe zuletzt nur eine Möglichkeit: Sie muß die Dichte der eßbaren Pflanzen in ihrem Sammelgebiet künstlich erhöhen. Das kann mit einer oder mit mehreren Techniken geschehen, mit denen die Gruppe sicherlich vertraut ist: sie kann konkurrierende Pflanzen als Unkraut entfernen, die erwünschten Pflanzen vor räuberischen Säugetieren und Vögeln schützen, durch Hacken die Wachstumsbedingungen verbessern und sich auf die Pflanzen beschränken, die am produktivsten sind. Zusammengenommen sorgen diese Techniken für einen Lebensunterhalt, dessen Grundlage die Nahrungsmittelproduktion ist. Anscheinend wurden diese Techniken über einen Zeitraum von mehreren tausend Jahren nach und nach eingeführt. Das muß jedesmal mit einem gewissen Widerstreben vor sich gegangen sein, denn ein vermehrter Arbeitsaufwand war unerläßlich. Doch letztlich setzten sich diese Techniken durch, einfach deshalb, weil sie unter den zur Wahl stehenden Möglichkeiten noch die angenehmsten waren.

In den letzten zehn Jahren haben Sozialwissenschaftler viele altvertraute Vorstellungen von der Nahrungsmittelproduktion als Mythen über Bord geworfen. So stimmt es zum Beispiel nicht, daß die Nahrungsmittelproduktion – gemessen am Jäger-Sammler-Dasein – eine überlegene Ernährung, ein verläßlicheres Nahrungsangebot oder ein bequemeres Leben bei der Nahrungsbeschaffung bieten würde. Genau das Gegenteil trifft zu. Die Produktion liefert wegen der mangelnden Abwechslung eine minderwertige Ernährung, ist wegen der Schädlinge und der Launen des Wetters weniger verläßlich und kostet mehr Arbeitsaufwand. Jäger und Sammler stellten sich auf die Nahrungsmittelproduktion nur um, weil sie einen sicheren Vorteil bietet: sie erlaubt bei gleich großer Fläche eine größere Ernte. Die Jäger und Sammler blieben lange bei ihrer überlegenen Ernährung, indem sie gewaltige Gebiete durchstreiften und ihre Populationen so niedrig hielten, daß sich die Ressourcen auf natürlichem Wege wieder komplettierten. Drängt man sie auf zu engem Raum zusammen, müssen sie verhungern – und genau das geschah im letzten Jahrhundert, als amerikanische Indianer gezwungen wurden, in Reservaten zu leben, die viel kleiner waren als ihre früheren Jagdgründe.*

Was war die Ursache, daß in mindestens sechs verschiedenen isolierten Gegenden der Erde plötzlich die Nahrungsmittelproduktion begann, und das alles in der bemerkenswert kurzen Zeitspanne von wenigen tausend Jahren? Die Antwort kann nur sein, daß die menschliche Spezies endlich reif dafür war. Das Verhältnis der Menschen zu ihrer Umwelt sah nun ganz anders aus als alles, was es bis dahin gegeben hatte. Die Spezies Mensch bevölkerte endlich alle Festlandgebiete der Erde und hatte alle wesentlichen ökologischen Zonen der Kontinente erobert. So hatten zum Beispiel die Vorfahren der Indianer in der Neuen Welt schon vor 10000 Jahren von den Wäldern, Wüstengebieten, Steppen, Flußtälern, Meeresküsten und der Tundra zwischen der Arktis und der Südspitze Südamerikas Besitz ergriffen. Als die Populationen immer weiterwuchsen, mußte sich die Technologie zur Erweiterung des Nahrungsangebots durch Produktion fast von selbst entwickeln – zumal die Produktion am Anfang keine Techniken erforderte, die den Jägern und Sammlern fremd gewesen wären. Diese Grundtechniken, mit denen sich das Wachstum bestimmter Pflanzen fördern läßt, sind auch allen modernen Jägern und Sammlern vertraut, obschon sie selbst keine Produktion betreiben. In mindestens einem halben Dutzend Regionen der Erde hatten sich die Jäger und Sammler so weit entwickelt, daß die Nahrungsmittelproduktion nicht nur notwendig geworden war, sondern sich gleichzeitig als eine natürliche Folge des Erfolges der Jäger-Sammler-Anpassung ergab.

Unsere Erörterung ist bisher weitgehend auf die Alte Welt beschränkt geblieben, doch gibt es in bezug auf die Anfänge der Nahrungsmittelproduktion viele Ähnlichkeiten zwischen der Alten und der Neuen Welt. In beiden Hemisphären fanden sich sehr unterschiedliche Umweltbedingungen – Täler, Ebenen, Grasland und Wüsten –, und sie lagen oft nicht sehr weit auseinander. Und in beiden Hemisphären durchliefen die nomadisierenden Jäger und Sammler eine Übergangsphase des breitgefächerten Sammelns, das der Nahrungsproduktion vorausging. Aber es kam weder in der Alten noch in der Neuen Welt zu einer «Ackerbau-Revolution», wie man früher einmal annahm. Die Umstellung auf die Nahrungsmittelproduktion war vielmehr ein langsamer, Jahrtausende dauernder Prozeß. Diese Entwicklung vollzog sich auch nicht losgelöst von allem anderen, was in menschlichen Gesellschaften vor sich ging. Populationen wuchsen, die Technologie wurde komplizierter, Siedlungen wurden größer und dauerhafter, ein Spezialistentum entwickelte sich, und soziale Ungleichheiten wurden mehr und mehr evident.

In einem Punkt der Nahrungsproduktion gibt es jedoch zwischen den beiden Hemisphären einen fundamentalen Unterschied: die Domestikation von Tieren fehlt in der Neuen Welt fast ganz. Das einzige Tier, das in einem großen geographischen Bereich domestiziert wurde – im ganzen Südwesten der Vereinigten Staaten, in Mexiko und in Zentralamerika –, war ein Vogel, der Truthahn. Alle großen Säugetiere der Neuen Welt waren entweder bereits ausgestorben (möglicherweise durch eine allzu intensive Jagd), oder sie waren zu schwer zu domestizieren. Bison, Gabelantilope, Rotwild, Schneeziege und Dickhornschaf waren nicht so fügsam wie die Säugetiere der Alten Welt. Das Pferd war zwar einst in der Neuen Welt heimisch gewesen, doch die Vorfahren der amerikanischen Indianer trugen zu seiner Ausrottung bei, bevor die Nahrungsmittelproduktion sich entwickelte; und der Auerochs existierte in der westlichen Hemisphäre überhaupt nicht. Das Fehlen großer domestizierter Tiere wie Pferd und Rind machte es den Indianern unmöglich, mit dem Pflug das jungfräuliche Grasland zu lockern. Der Hund wurde von indianischen Jägern und Sammlern schon früh domestiziert, und auch sein Fleisch wurde manchmal gegessen, doch als Eiweißlieferant hatte er nur begrenzten Wert, da er selbst Fleischfresser ist und damit beim Nahrungserwerb ein direkter Konkurrent des Menschen. Aus ähnlichen Gründen war auch die Domestikation des Truthahns in der Neuen Welt relativ unbedeutend, da er eben das Getreide wegfraß, das der Mensch brauchte. Die drei wichtigsten Säugetiere, die ziemlich früh nach der Entwicklung der Nahrungsproduktion domestiziert wurden, lebten in Südamerika. Die Domestikation von Lama und Alpaka brachte zwar den Andenvölkern etwas Fleisch, doch das Lama war in erster Linie ein Lasttier, und das Alpaka wurde wegen seiner Wolle gezüchtet. Die wichtigste Fleischquelle war das domestizierte Meerschweinchen, das sich rasch vermehrt und leicht zu halten ist.

Ein zweiter bedeutender Unterschied in der Nahrungsproduktion der Alten und der Neuen Welt betrifft die Nutzpflanzen. In der Karibik und in Südamerika waren es neben dem Mais vor allem Knollenfrüchte wie Kartoffeln und Maniok, aber auch Tomaten und Erdnüsse. Die nordamerikanische und mexikanische Landwirtschaft stützte sich vor allem auf Mais, Bohnen und Kürbisse, die einen hohen Nährwert haben. Zusammen gegessen, boten sie eine ausgewogene Ernährung mit den nötigen Proteinen und Vitaminen, auch wenn Fleisch fast völlig fehlte. Am wichtigsten von den dreien war der Mais. Nachdem er aus dem Teosinte-Gras, seinem wild wachsenden Vorläufer, in Mexiko domestiziert worden war, breitete er sich von dort über einen großen Teil der gemäßigten und der tropischen Regionen in der Neuen Welt aus (wenn er auch möglicherweise unabhängig davon in Peru domestiziert wurde). Mit der Domestikation der Maispflanze vollbrachten die Indianer wirklich eine außergewöhnliche Leistung. Sie schafften damit die radikalste Veränderung einer Feldfrucht, die die Welt je gesehen hat, und die umfassendste Anpassung an geographische Umweltbedingungen.*

Heute kennen wir den Mais als kräftigen Kolben mit vielen Reihen von großen Körnern, doch sein Vorläufer war ein unscheinbares Gras mit Ähren, nicht größer als der Filter einer Zigarette. Aus diesen bescheidenen Anfängen entwickelten sich – durch Mutation, Bastardierung und Förderung der vorteilhaften Eigenschaften durch den Menschen – etwa 150 moderne Maissorten, die in einer Vielfalt von Klimazonen rund um die Welt bestens gedeihen. Der Mais ist inzwischen so gründlich domestiziert, daß er ohne menschliche Hilfe seine Samen nicht mehr ausstreuen und sich fortpflanzen kann, weil eine stabile Spindel die Körner festhält und eine Hülse den ganzen Kolben umhüllt. Teosinte gedeiht bestens als Unkraut auch in Böden, die strapaziert worden sind. Wenn Jäger und Sammler an einen Lagerplatz zurückkehrten, den sie im Jahr zuvor geräumt hatten, fanden sie wahrscheinlich ein Teosinte-Feld. Eine planvolle Voraussicht war dazu nicht erforderlich. Man hat den Vorfahren der Indianer auch rühmend nachgesagt, sie hätten die vom Nährwert her so ausgewogene Mischung aus Mais, Bohnen und Kürbissen entwickelt. Dabei wachsen wilde Bohnen und wilde Kürbisse ganz natürlich auf den gleichen Böden wie das Teosinte-Gras, und die Bohnen ranken sich sogar um dessen Halme. In diesem Punkt brauchten die Indianer nur ein natürliches Vorbild zu kopieren.*

Über die Herkunft der Nahrungsmittelproduktion in der Neuen Welt gab es lange Zeit nur abenteuerliche Vermutungen und Theorien, weil die archäologischen Funde nicht ausreichten, eine selbständige Entwicklung in der Neuen Welt zu belegen. Ein Team von Archäologen und Botanikern, die in den frühen sechziger Jahren begonnen hatten, die Höhlen im Hochland Zentralmexikos zu erforschen, entdeckte schließlich im Tehuacan-Tal 250 Kilometer südlich von Mexico City die einzelnen Entwicklungsstufen der wichtigsten Nutzpflanze der Neuen Welt. Die Domestikation hatte dort vor etwa 9000 Jahren begonnen, und Pflanzen wie Teosinte, Kürbis, Paprika und Avocado machten ungefähr sechs Prozent der Nahrung aus. Die fossilen Reste dieser Pflanzen lassen keinen Zweifel daran, daß in der Neuen Welt eine eigenständige Nahrungsmittelproduktion entstanden war. Langsam hatte sie an Bedeutung zugenommen: vor etwa 5000 Jahren bestritten die Menschen im

Tehuacan-Tal schon ein Viertel ihrer Ernährung auf diese Weise: sie konzentrierten sich bereits auf die ausgewogene Ernährung durch die Dreiergruppe Mais – Bohnen – Kürbisse und hatten tatsächlich schon hybride Maissorten entwickelt. Wahrscheinlich wird man eines Tages in der Neuen Welt Orte finden, an denen Pflanzen noch früher domestiziert worden sind; zur Zeit jedenfalls bietet Tehuacan eindeutige Beweise für die gesamte Abfolge der Nahrungsmittelproduktion, angefangen bei den wilden Vorläufern der modernen Feldfrüchte. Früher wurde oft behauptet, ganze Schiffsladungen alter Phönizier, vergessener israelischer Stämme, Ägypter, Chinesen, Japaner, Griechen, Iren, Waliser oder Polynesier seien in die Neue Welt gekommen und mit ihnen der Segen des Ackerbaus. Wenn es solche Seefahrten tatsächlich gegeben hat, dann wurden den Fremden zweifellos Mahlzeiten aufgetischt, die aus einer großen Vielfalt bereits domestizierter Pflanzen der Neuen Welt bestanden.*

In dem Zeitraum von vor 10000 bis vor 5000 Jahren gab es im Leben der Menschen mehr Veränderungen als in den drei Millionen Jahren davor. Nach dem ersten Aufstieg der Hominiden zu bipedischen, Werkzeuge herstellenden Jägern und Sammlern wurde mit der Anpassung an die Nahrungsmittelproduktion zum ersten Mal in der Geschichte des Menschen eine Schwelle überschritten. Fast alles, was uns heute vertraut ist, ist eine natürliche Folge davon. Die Anpassung an diese Lebensform gab dem Menschen die elementare Freiheit, sich in neue Richtungen zu entwickeln – was zur Folge hatte, daß sich die biologische, technologische, soziale und intellektuelle Weiterentwicklung außerordentlich schnell vollzog.

Der Ackerbau verwandelte *Homo sapiens* aus einer raren in eine überaus zahlreiche Spezies, da auch Kinder als Arbeitskräfte gebraucht wurden. Damit war ein Ansporn gegeben, für zahlreichen Nachwuchs zu sorgen. Für Jäger und Sammler ist ein Jugendlicher bei der Nahrungssuche fast nicht zu gebrauchen, doch bei Nahrungsmittelproduzenten können selbst junge Kinder schon Aufgaben übernehmen. Der Bevölkerungsanstieg brachte jedoch Epidemien, Hungersnöte, Eroberungen und endlose Kriege mit sich. Kein Wunder, daß der Evangelist Johannes diese Geißeln, die er als apokalyptische Reiter darstellte, auf domestizierte Tiere setzte. Als die Menschen mehr und mehr in übervölkerten Siedlungen, in Dörfern und später in Städten zusammenlebten, tauchten neue Gesundheitsprobleme auf. Gewisse Parasiten konnten sich nun unter Bedingungen etablieren, die eine ständige Wiederinfektion ihrer menschlichen Wirte zuließen. Ein kultivierter Boden, vom Menschen bei der Feldarbeit immer und immer wieder betreten, wurde zur Sammelstelle für Überträger von Krankheiten wie Ratten, Zecken, Flöhe und Moskitos. Die vom Menschen domestizierten oder von den Feldern angelockten Vögel verbreiteten Bakterien, Protozoen, Viren, Würmer und andere Parasiten. Selbst die Rinder bedeuteten ein Gesundheitsrisiko. Auch die Tuberkulose muß den Menschen nach der Domestikation bestimmter Tiere befallen haben, da sie auf dem Umweg über das Fleisch oder die Milch von Rindern leicht übertragen werden kann.*

Die an Kohlehydraten reiche und an Proteinen arme Ernährung der Ackerbauern führte zu Beriberi, Pellagra, Rachitis und anderen Erkrankungen, die auf einem Mangel an Vitaminen und Aminosäuren beruhen. Die neue Ernährung führte wegen des hohen Zuckergehalts aber zu Übergewicht und Zahnkaries. Das Verlangen nach Süßigkeiten teilt der Mensch schon seit jeher mit anderen Primaten. Eine vielleicht 20000 Jahre alte Höhlenmalerei in Spanien zeigt Menschen, die mit Hilfe von Seilen einen Bienenstock mit seinen Honigvorräten zu erbeuten suchen. Bei Pygmäen, Buschmännern, australischen Eingeborenen und anderen heutigen Jägern und Sammlern ist Honig ebenfalls sehr geschätzt. Aber im Lebensraum der Jäger und Sammler gab es Honig nur in kleinen Mengen. Er war gewöhnlich so schwierig zu beschaffen, daß er der menschlichen Gesundheit kaum schaden konnte – bis ihn der Ackerbau verfügbar machte.

Bevölkerungsgruppen in Agrarregionen mit periodischem Ernteausfall entwickelten als Anpassung an die Hungersnöte den charakteristischen kleinen Wuchs, so daß sie weniger Kalorien und Proteine brauchten. Der Körperbau des Menschen paßte sich auch immer mehr dem Umgang mit einer Hacke an. Die Hacke und andere Agrarwerkzeuge zur Lockerung der Erde verlangen einen anderen Körper als der Speerwerfer, der lange Arme, und der Bogenschütze, der einen kräftigen und muskulösen Oberkörper braucht. Das mit der Hacke erbrachte Quantum an Arbeit entspricht direkt dem Quantum an Muskelenergie, das über viele Stunden ermüdender Arbeit konstant aufgebracht wird. Unter Ackerbauern ist deshalb bei der Nahrungsbeschaffung weder der langgliedrige Speerwerfer noch der breitschultrige Bogenschütze am erfolgreichsten, sondern vielmehr der ausdauernde Bauer von kleinem bis mittlerem Wuchs.*

Die Nahrungsmittelproduktion verursachte und begleitete drastische Veränderungen im politischen, sozialen und wirtschaftlichen Leben. Ohne diese Anpassung hätten sich komplexe Gesellschaften – der Staat, das Imperium und später die industrialisierten Nationen

– gar nicht erst entwickeln können. Diese Anpassung brachte auch eine neue Einstellung zu materiellen Gütern und Besitztümern mit sich. Jäger und Sammler teilten Nahrung, Rohstoffe und Land miteinander – doch mit der Einführung des Ackerbaus bestand der Säende darauf, auch der Erntende zu sein. Das Teilen beschränkte sich immer mehr auf die Familie; Eigentum rückte an die erste Stelle; und bislang unbekannte Verhaltensweisen entwickelten sich, wie etwa das Recht auf exklusive Nutzung, Abgrenzung und Verteidigung eines Territoriums oder die Vererbung von Besitz. Da die einen mehr Land zur Verfügung hatten als die anderen, wich die auf der Gleichheit aller aufbauende Gesellschaft der Wildbeuter den immer größer werdenden Unterschieden in Wohlstand, Macht und Status. Zum erstenmal teilten sich Gesellschaften in die Herrschenden und die Beherrschten, die Reichen und die Armen. Plötzlich gab es Wohlstand und Macht, und diese Güter wurden auch weitervererbt. Damit erhielten bestimmte Leute in der Gesellschaft politische Autorität und gesellschaftliche Privilegien, die mit ihren Fähigkeiten wenig zu tun hatten.

Im Gegensatz zu Jäger-Sammler-Gesellschaften, bei denen jedes Individuum viele verschiedene Fertigkeiten ausübt, hat die Anpassung an die Nahrungsmittelproduktion die Fertigkeiten als hoch spezialisierte Tätigkeiten auf die einzelnen Individuen verteilt. Ohne eine solche Spezialisierung wären die technologischen Errungenschaften, die sich während dieser Anpassung entwickelten, unmöglich gewesen. Schon eine unvollständige Liste dieser technologischen Errungenschaften macht deutlich, wieviel die moderne Welt den Erfindern der Nahrungsmittelproduktion verdankt: neue Arten von Architektur (Tempel, Pyramiden, Paläste, Bewässerungsdämme und -kanäle, Farmgebäude und Gehege, Straßen, Befestigungsanlagen); Stadtplanung; Pflüge und andere landwirtschaftliche Geräte; Spinnen und Weben, Töpfern, Metallbearbeitung; Fahrzeuge mit Rädern; Kalender, Gewichte und Maße, Buchführung. Diese Anpassung führte schon früh zu Techniken, die die natürlichen Substanzen zu verändern vermochten. Ton, Erde und Erz wurden umgewandelt und zu Töpfen geformt, zu Glasuren und Metallen geschmolzen. Wird beispielsweise Ton bei hohen Temperaturen gebrannt, verwandelt er sich in Steingut und Keramik, Substanzen, die sich nicht mehr in ihren ursprünglichen Zustand zurückbringen lassen. Die neue Fähigkeit der Menschen, das eigentliche Wesen der Materie zu verändern, muß ihr intellektuelles Selbstgefühl gewaltig gestärkt haben, aber auch das Vertrauen in die eigene Fähigkeit, für sich selbst sorgen zu können. Die Domestikation war schließlich nichts anderes als ein einfaches Steuern normaler biologischer Prozesse gewesen, während die neue Technologie eine Kontrolle über die Materie selbst darstellte.*

Die Menschen wurden von der Nahrungsmittelproduktion fraglos von Anfang an so sehr verändert, daß sie zu einem einfacheren Leben nicht mehr hätten zurückkehren können. In der verwandelten Umwelt, aus der die meisten jagdbaren Tiere und wilden Pflanzen eliminiert worden waren, wäre eine Jäger-Sammler-Ökonomie nicht mehr zu regenerieren gewesen. Und das neue politische, soziale und wirtschaftliche Gefüge war so straff, daß jedes Individuum unwiderruflich darin verstrickt war. Die Nahrungsmittelproduktion ließ sich, wenn sie erst Fuß gefaßt hatte, nicht mehr aufhalten; die ihr eigene Dynamik verhinderte jede Umkehr. Die Menschen hatten sich, mit den Worten eines Ökologen, «zu jenen ersten verhängnisvollen Schritten auf dem Weg zu der von Blumen gesäumten und vom Ehrgeiz geschmierten Rutschbahn der Zivilisation» verleiten lassen.*

Angesichts der Bedrohungen unseres Jahrhunderts blickt manch einer voller Neid auf die scheinbar idyllische Vergangenheit unbeschwerter Jäger und Sammler oder einfacher Ackerbauern zurück. Da aber eine Umkehr unmöglich ist, müssen wir heute mit allen – guten, bösen oder neutralen – Folgen von Neuerungen leben, die aus der Zeit der Entwicklung der Nahrungsmittelproduktion stammen. Noch heute ist uns der Weg durch diese viele Jahrtausende alten Errungenschaften vorgezeichnet. Die Bevölkerungsexplosion, die Verknappung der natürlichen Energiequellen, die Verschmutzung der Umwelt, die Ausbeutung einer Gruppe von Menschen durch eine andere, Hungersnot und Krieg – alle haben ihre Wurzeln in jener alles verändernden Adaptation der Wildbeuter an die Produktion. Wir sehen uns in der Bekämpfung der Mißstände der modernen Welt ernstlich durch das Paradoxon behindert, daß sich das menschliche Gehirn während der Anpassung an das Jäger-Sammler-Leben entwickelte, während unsere innersten moralischen und philosophischen Überzeugungen in der Frühphase der Anpassung an die Nahrungsmittelproduktion geformt wurden. Andererseits machte erst die Nahrungsmittelproduktion möglich, daß die Spezies Mensch ihr kulturelles Potential frei entfalten konnte.

Vor einigen Jahren stand ich an einer archäologischen Ausgrabungsstätte im Vorderen Orient, die bis in die Anfänge der Nahrungsproduktion zurückreicht. Die Archäologen hatten nichts Spektakuläres ausgegraben: ein kleines Dörfchen, das in seinen besten Tagen wahrscheinlich nicht mehr als ein paar Dutzend Menschen beherbergt hatte. Einige Scherben von grob verzierten Keramikgefäßen, ein paar Knochen von domestizierten Schafen und

Ziegen, Getreidekörner, die verstreut umherlagen, Werkzeuge und Schmucksachen – das war alles, was übrigblieb, als der Staub von Jahrtausenden beiseite geräumt war: es war bestimmt nie mehr gewesen als ein kleiner Strudel im dahinbrausenden Strom der Menschheitsgeschichte. Doch so hat unsere moderne Welt ihren Anfang genommen.

7. Ewig währt der Bauer

Nicht alle Menschen auf unserer Erde machen zwangsläufig alle Anpassungsstufen nacheinander durch. So werden zum Beispiel nicht alle Jäger und Sammler erst Nahrungsmittelproduzenten, bevor sie in Städte ziehen; die Eingeborenen Australiens, die sich von den Städten locken ließen, beweisen das. Und so wie zahlreiche verschiedene Arten der Anpassung an die räumliche Umwelt möglich sind, so gibt es Anpassungen an die sozialen, politischen und ökonomischen Umweltbedingungen, wie auch die Bauern sie durchlaufen haben. Nur wenigen Menschen ist bewußt, wie verbreitet die bäuerliche Lebensform war, ehe die industrielle Revolution damit begann, kleine Bauernhöfe zusammenzufassen und in große landwirtschaftliche Fabriken zu verwandeln. Selbst heute noch besteht mehr als die Hälfte der Weltbevölkerung – insbesondere in Lateinamerika, Asien, Osteuropa und Nordafrika – aus Bauern. Die Spanier und Portugiesen brachten das Agrarsystem der Feudalzeit nach Lateinamerika, wo es ihre Nachkommen selbst dann noch aufrechterhielten, als die Nationen unabhängig wurden. In El Salvador sind 65 Prozent einer Gesamtbevölkerung von fünf Millionen als kleine Bauern einzustufen. Das Land wird seit langem von einigen wenigen Familien beherrscht, denen das beste Ackerland ausnahmslos gehört. Die Bauern besitzen entweder unergiebige Äcker an erodierten Berghängen, oder sie bauen die Nutzpflanzen, die sie zu ihrer Ernährung brauchen, auf dem fruchtbaren Land in den Tälern an, das sie von den großen Landbesitzern gepachtet haben. Die Bauernfamilie könnte auf einem gepachteten Stück Land von zwei bis drei Morgen Größe genügend Mais anbauen, um ein Jahr davon zu leben – wenn sie die gesamte Ernte behalten dürfte. Das ist jedoch nicht möglich, weil ein Drittel der Ernte dem Landbesitzer als Pacht zu bezahlen ist. Zur Ergänzung ihres Einkommens müssen die Bauern zusätzlich für den Grundbesitzer arbeiten, und das für einen Ausbeuterlohn – beispielsweise in der Zuckerrohrernte für nur $ 1,25 am Tag.

Die meisten heute lebenden Nordamerikaner brauchen nur wenige Generationen zurückzugehen, um in ihrer Familie auf bäuerliche Vorfahren zu stoßen (geboren entweder in Übersee oder in Nordamerika, zu einer Zeit, als es üblich war, die Pacht mit einem Teil der Ernte zu bezahlen). Das Verhalten mancher heutiger Nordamerikaner – etwa der Argwohn gegen die Einmischung irgendwelcher Behörden, das konservative Denken, der liederliche Lebenswandel der Unterprivilegierten – läßt sich zum großen Teil auf den kulturellen Einfluß jener Vorfahren zurückführen, die vor noch nicht allzu langer Zeit als Bauern ein hartes Leben geführt hatten. In einem kaum mehr als hundert Jahre umfassenden Zeitraum nahmen die Vereinigten Staaten nach 1815 etwa 35 Millionen Bauern als Einwanderer aus allen Teilen Europas auf (oder ehemalige Bauern, die das Land verlassen hatten, um vorübergehend in Fabriken und Bergwerken zu arbeiten). Weit über vier Millionen kamen aus Großbritannien, zwischen vier und fünf Millionen aus Irland (vor allem nach den Kartoffel-Mißernten, die 1846 begannen). Zu ihnen gesellten sich bald zwei Millionen Skandinavier, ebenfalls von Mißernten und einer kommerzialisierten Landwirtschaft vertrieben, die den Bauern ihren kleinen Grundbesitz wegnahm. Und die Massenabwanderung vom Land ging weiter: sechs Millionen Deutsche, fünf Millionen Italiener, drei Millionen aus dem südlichen Balkan und Kleinasien und acht Millionen Osteuropäer, vertrieben von landwirtschaftlichen Großbetrieben, die sich in der Österreichisch-Ungarischen Monarchie und im zaristischen Rußland immer mehr durchsetzten. Diese Millionen von Bauern kamen entweder direkt vom Lande oder aus den wachsenden Städten, wo sie vielleicht seit einer Generation versucht hatten, ihr Auskommen zu finden. Keine Geschichte Nordamerikas oder Europas wäre komplett, wenn sie die Denkweise, Vorurteile, Ängste und Hoffnungen der heutigen Menschen ignorierte, die direkt auf das bäuerliche Erbe zurückgehen.

Obschon die Bauern, die überall auf der Erde leben, vielen Nationen angehören, eine Vielfalt von Sprachen sprechen und ganz unterschiedlichen Bräuchen huldigen, haben sie dennoch gewisse Grundeigenschaften. Daher machen sie oft den Eindruck, als seien sie – wie es Karl Marx einmal leicht übertrieben ausdrückte – einander so ähnlich wie Kartoffeln in einem Sack.* Aber die scheinbare Ähnlichkeit aller Bauern zu verschiedenen Zeiten und an verschiedenen Orten trügt. Die Details der bäuerlichen Lebensformen sind bemerkenswert vielfältig, entsprechend den ökologischen Bedingungen sowie den historischen Ereignissen, seien es Kriege, Revolutionen, Hungersnöte und Seuchen oder der Wechsel des Glaubensbekenntnisses. Das Leben eines russischen Leibeigenen unter einem Feudalsystem im dreizehnten Jahrhundert sah wohl anders aus als das eines russischen Bauern unter der sowjetischen Bürokratie im zwanzigsten Jahrhundert. Im mittelalterlichen Europa waren Bauern Abhängige, die ihr Land durch soziale Beziehungen erhielten (d. h. durch Dienstleistungen für einen Herrn oder durch verwandtschaftliche Bindungen). Zu Beginn des zwanzigsten Jahrhunderts waren Bauern zwar nach dem Gesetz frei und konnten Land kaufen oder pachten – doch in Wirklichkeit blieben sie nach wie vor sozial untergeordnet, arm, kaum gebildet, rückständig, vom kulturellen und politischen Leben ihrer Nation fast völlig abgeschnitten.

Auch wenn man kaum etwas nennen kann, was gleichermaßen auf alle Bauern in Vergangenheit und Gegenwart, in Europa, Asien, im Mittleren Osten und in Lateinamerika zutrifft, so gibt es doch generelle Ähnlichkeiten, weil die Bauern allenthalben gegenüber ihren mächtigen Herrschaftssystemen eine rechtlich und sozial so untergeordnete Stellung hatten, daß sie gewisse Anpassungen vollziehen mußten. So stehen beispielsweise zahllose Bauern in allen Gebieten der Welt in der Tradition der vier Hauptreligionen – Buddhismus, Christentum, Hinduismus, Islam –, die jeweils nach anderen religiösen Lehren und Vorschriften leben. Und dennoch folgen sie oft ganz ähnlichen Bräuchen. Nach einer umfangreichen Studie über bäuerliche Gemeinschaften in der ganzen Welt hatten mehr als die Hälfte der Bauern vergleichbare soziale Systeme entwickelt, vererben Grund und Boden an männliche Nachkommen, leben in Familien, die sich aus drei aufeinanderfolgenden Generationen zusammensetzen, und pflegen ähnlich geartete zwischenmenschliche Beziehungen innerhalb der Familie. Sie haben auch religiöse Bräuche entwickelt, die einander ähnlich sind, zum Beispiel Ahnenschreine und Rituale, die die enge Bindung zwischen der Familie und dem Land noch bestärken.*

Wenn man irgendwo Bauern trifft, hat man fast immer den gleichen Eindruck von ihnen: sie wirken konservativ, eigenbrötlerisch, mißtrauisch, eifersüchtig, neigen zu gewalttätigem Verhalten, sind abergläubisch und geizig. Sie betätigen sich fast alle, zumindest zeitweise, als Landwirt, können aber auch Händler, Töpfer und Weber sein. Sie betreiben eine Art von Landwirtschaft, die den meisten Nahrungsproduzenten in der modernen Welt fremd ist. Für den kleinen Bauern ist sein Bauernhof eher ein Haushalt als – wie die meisten modernen landwirtschaftlichen Betriebe in Nordamerika und Westeuropa – ein Geschäftsunternehmen, das Gewinn abzuwerfen hat. Der als Haushalt geführte Hof kann, wenn die Pacht und die Steuern abgeführt sind, kaum die Familie ernähren. Diese bäuerlichen Betriebe unterscheiden sich von der modernen industrialisierten Landwirtschaft auch dadurch, daß sie nicht die Hilfe von Maschinen, wissenschaftlich fundierten Techniken oder Lohnarbeitern in Anspruch nehmen. Die extreme Unzulänglichkeit ihrer Methoden läßt sich nur durch lange Stunden mühsamen Arbeitens wettmachen. Doch selbst dann kann die Bauernfamilie von der Landwirtschaft allein nicht leben. Bei den Bauern Jamaikas kümmert sich beispielsweise der Mann um die Felder, während die

Frau als Händlerin umherzieht. Zur Erntezeit kommen die indianischen Bauern aus Guatemala und den Andengebieten von den Bergen herab, um sich in den Plantagen an der Küste als Lohnarbeiter zu verdingen, und mexikanische Bauern gehen nach Norden in die Vereinigten Staaten, um als «Braceros» zu arbeiten.

Auch diese Merkmale definieren noch nicht genau, was ein Bauer ist, denn manche passen beispielsweise auch auf die Gartenbauern im Afrika südlich der Sahara, die man nicht als Bauern im eigentlichen Sinne bezeichnen kann. Der wesentliche Unterschied zwischen der bäuerlichen und allen anderen Arten von Landwirtschaft ist der: Bauern sind unauflösbar an eine Rolle gebunden, die der politischen, wirtschaftlichen und gesellschaftlichen Macht untersteht. Im Gegensatz zu jenen noch existierenden Stammesgruppen in verschiedenen Weltgegenden, die einen primitiven Ackerbau betreiben, leben Bauern immer innerhalb einer vielschichtigen Gesellschaft und produzieren die Nahrungsmittel, die diese Gesellschaft braucht. Mit ihrer Arbeit unterstützen sie die politischen und religiösen Machthaber, von denen sie dafür gegen fremde und einheimische, echte und eingebildete Feinde beschützt werden, die den Bauern aber die Macht vorenthalten. Es wird ihnen nur selten erlaubt, sich an nationalen Entscheidungen zu beteiligen; in der Regel müssen sie die Autorität der obersten Verwalter der Gesellschaft akzeptieren. Daß der Bauer individuell der Unterlegene bleibt, verdankt er Steuern, Militärdienst, Zwangsarbeit, Pacht, hohen Zinsen und dem geringen Erlös für seine Erzeugnisse. Die hoffnungslose Lage der chinesischen Bauern wurde in den dreißiger Jahren von einem britischen Historiker beschrieben:

> ... die Landbevölkerung leidet entsetzlich darunter, daß sie ihres Lebens und ihres Besitzes nicht sicher sein kann. Sie hat Abgaben an einen Halsabschneider zu zahlen, der sich General nennt, dann an einen zweiten, einen dritten, und dann hat sie, wenn sie alle diese abgefunden hat, immer noch Steuerschulden bei der Regierung... Es gibt Bezirke, in denen die Lage der Landbevölkerung der eines Mannes gleicht, der ständig bis zum Hals im Wasser steht, so daß schon die kleinste Welle genügt, um ihn zu ertränken.*

So ähnlich war die Lage der Bauern in fast allen Gesellschaften, seit sich vor etwa 6000 Jahren komplexe Zivilisationen entwickelten. Es gibt zwar keine genauen Belege für die Anfangsphase dieser Anpassung, aber es ist klar, daß Staaten im Aufbau so wie die späteren Imperien unweigerlich darangingen, den Bauerndörfern in ihrer Nachbarschaft Schutz anzubieten. Anfänglich war dieser Schutz zweifellos willkommen, nicht aber der Preis, der früher oder später dafür zu zahlen war: ein Tribut in Form von Lebensmitteln und anderen Gütern und obligatorische Arbeitseinsätze für Belange des Staates. Als mit der Zeit den Herrschenden selbst das nicht mehr genügte, beraubten sie die Nahrungsproduzenten ihres Landes und praktisch auch ihrer Existenz. Die ehemals selbständigen Bauern mußten nun lange und schwer arbeiten, um aus ihren kleinen Parzellen so viel herauszuholen, daß es für sie selbst und für die ständig wachsenden Abgaben reichte, die sie für das Privileg zahlen mußten, das nicht mehr ihnen gehörende Land bebauen zu dürfen. Die von oben verordnete Armut prägte von Generation zu Generation das Leben der Bauern; diese Armut war das Fundament, auf dem Sumer, Babylon, Ägypten, Griechenland, Rom und andere Weltreiche errichtet wurden.

Bei dem aussichtslosen Versuch, von vorne anzufangen und den Verordnungen des allmächtigen Staates zu entkommen, flohen die Bauern hier und da in jene nicht erschlossenen Gebiete, in denen sich immer noch die übriggebliebenen Jäger und Sammler hielten. Dabei nahmen die Bauern den Jägern und Sammlern und den Hirten das Land weg, brachten etliche dieser Menschen um und veranlaßten die anderen, ihre eigene Daseinsform zu übernehmen; so beschleunigten sie nebenher den Untergang der Jäger-Sammler-Lebensform. Im besten Fall behielten sie ihre Freiheit jedoch nur vorübergehend, wie schon immer, seit es Bauern gibt. Sie sind stets nur die Vorhut, die Pioniere, die es den Imperien erleichtern, ihre Macht auf Gebiete auszudehnen, die von den Bauern selbst erst mit großen persönlichen Anstrengungen urbar gemacht worden waren. So sehen die Grundzüge dessen aus, was sich in historischen Zeiten im Westen Nordamerikas abgespielt hat und was sich heute im Amazonasbecken in Brasilien wiederholt.

Es gibt ein ganz entscheidendes Kriterium, das den Bauern sowohl vom einfachen Nahrungsproduzenten als auch vom modernen Farmer-Unternehmer unterscheidet: er spürt den Druck der Macht in Form einer «Pacht», die mit barem Geld, einem Teil der Ernte oder mit harter Arbeit bezahlt wird. Der Bauer ist also der externen Macht ausgeliefert, die als erste seine Produktion beansprucht. Dabei kann es sich um einen politischen Machthaber, eine Aristokratie, eine religiöse Organisation oder einen wohlhabenden Grundbesitzer handeln. In jedem Fall steht die Macht des Staates hinter dem Oberherrn des Bauern und zwingt ihn notfalls mit Gewalt, die Pacht in der jeweils üblichen Form abzuleisten. Dies gilt gleichermaßen für Bauern in kommunistischen wie in kapitalistischen Gesellschaften. Für die Bauern erweist sich heute die Verwaltungsbürokratie in der Sowjetunion, in Osteuropa, in der Volksrepublik China und anderswo als ebenso despotisch wie die alte Feudalherrschaft. Der kommunistische Staat legt immer noch das Produktionssoll fest, reguliert die Preise und verlangt Pacht in Form von Ertragsanteilen und Verpflichtung zur Arbeit.

Das wirtschaftliche Los des «typischen» europäischen Bauern dokumentieren die Aufzeichnungen aus einem Bauernhof im norddeutschen Mecklenburg aus dem fünfzehnten Jahrhundert. Der vierzig Morgen große Hof produzierte im Durchschnitt 4600 Kilogramm Getreide im Jahr – auf den ersten Blick sicherlich mehr als genug, um eine große Familie zu ernähren. Doch ungefähr 1500 Kilogramm mußten als Saatgut für das nächste Jahr zurückgelegt werden und 1300 Kilogramm wurden als Futter für die Pferde benötigt, so daß nur noch 1800 Kilogramm übrigblieben. Aber selbst diese relativ kleine Menge Getreide war noch nicht für den Verzehr der Bauernfamilie bestimmt, denn mehr als zwei Drittel davon mußten als Pacht an den Gerichtsherrn des Landes bezahlt werden. So blieben von der ganzen Ernte nicht einmal 600 Kilogramm für die Ernährung der Familie übrig. Das bedeutete pro Kopf eine Tagesration von nur 1600 Kalorien, weit unter dem erforderlichen Minimum. Der Bauer mußte also, um überleben zu können, zusätzliche Nahrungsquellen erschließen und weitere Arbeitsstunden in seinem Garten aufbringen.* Kein Wunder, daß das Leben der Bauern zur gnadenlosen Plackerei wurde, weil sie genügend produzieren mußten, um sich selbst zu ernähren, Pacht zu zahlen, Saatgut zu speichern und Haustiere zu füttern.

Kein Wunder auch, daß die Bauern jahrhundertelang kleinwüchsig waren, weil diejenigen die besten Überlebenschancen hatten, die mit möglichst wenig Kalorien auskamen. Die Ernährung der Bauern ist unter den elementaren menschlichen Anpassungsformen insofern einmalig, als sie fast kein tierisches Eiweiß enthält. Daß ein Bauer Fleisch aß, war 1589 eine revolutionäre Vorstellung. Denn Heinrich IV. versprach bei der Krönung zum König von Frankreich seinen Untertanen: «Wenn Gott mir die übliche Lebensdauer gewährt, hoffe ich Frankreich zu einem blühenden Land zu machen, in dem jeder Bauer sonntags ein Huhn im Topf hat.» Derlei Versprechen werden jedoch selten eingehalten. Obwohl König Heinrich noch 21 Jahre und damit für seine Zeit überdurchschnittlich lange lebte, bescherte er Frankreich vor allen Dingen eine Folge von Kriegen. Aber er erkannte wenigstens, daß seine Bauern ernste Ernährungsprobleme hatten, und die haben sie auch heute noch. Eine Bauernfamilie sieht vielleicht gelegentlich ein Ei oder ein kleines Stück

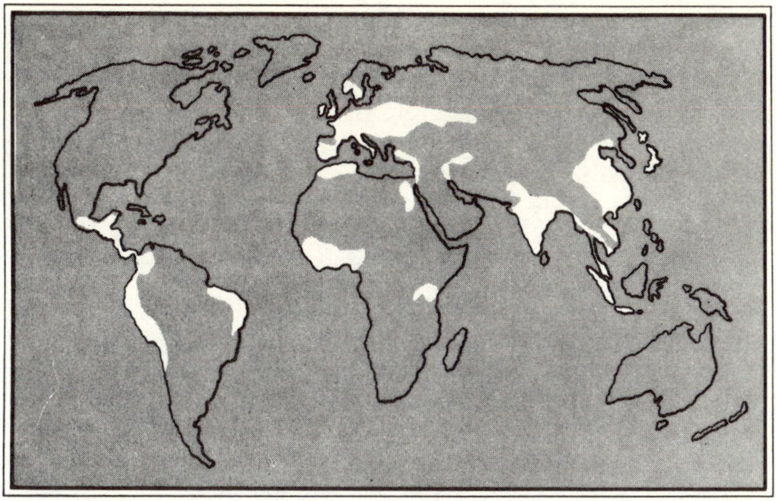

Wo die Bauern zu finden sind

Während die moderne Welt nach dem Weltraum greift, leben mehr als die Hälfte der Menschen immer noch als bäuerliche Dorfbewohner. Körperlich an ein Leben gebunden, das ihnen kaum genug zum Überleben und nur wenig Freiheit bietet, sind sie seelisch in einem Gespinst aus Bräuchen, Vorurteilen und Überzeugungen gefangen, das Außenstehenden oft irrational erscheint. Die weißen Stellen auf der Karte zeigen die wichtigsten bäuerlichen Regionen in der heutigen Welt. Die meisten Bauern leben in China, an zweiter Stelle steht Indien. Selbst in Europa hat sich das bäuerliche Leben bis zum heutigen Tag gehalten, insbesondere um das Mittelmeer, in Nordspanien und in gewissen Gebieten Osteuropas. Fast immer haben die Bauern einen niederen Lebensstandard, sie arbeiten von früh bis spät und suchen in ihrer kargen Freizeit das Einkommen aus der Landwirtschaft mit ihren handwerklichen Fertigkeiten aufzustocken. Strenggenommen hat es ein solches Bauerntum in den südlich der Sahara gelegenen Teilen Afrikas fast nirgendwo als einheimische Anpassungsform gegeben. Der einfache Ackerbau ist dort natürlich weit verbreitet, aber vor dem europäischen und arabischen Kolonialismus blieb die überwiegende Mehrheit der Bevölkerung außerhalb der Kontrolle eines umfassenderen Wirtschaftssystems. (Ausnahmen sind die komplexen Zivilisationen in Westafrika, wie Benin, und die im östlichen Zentralafrika, wie Uganda.) Nach der Eroberung Afrikas durch die Kolonialmächte wurde die Landbevölkerung vielerorts in einen Bauernstand umgewandelt, was jedoch eine aufgezwungene Veränderung und keine einheimische Anpassung war. Obwohl die Karte zwar in Nordamerika keine Bauern zeigt, gibt es sie noch vereinzelt. Früher waren sie als «sharecroppers» (Bauern, die die Pacht mit einem Teil der Ernte zahlen) im Süden der Vereinigten Staaten ebenso verbreitet wie im französischsprechenden Teil Kanadas und bei einigen in Reservaten lebenden Indianerstämmen.

Fleisch, doch im wesentlichen lebt sie von pflanzlicher Nahrung, die nur selten die ganze Palette der lebenswichtigen Aminosäuren enthält. Das Ernährungsproblem wird zusätzlich durch die Art der Nutzpflanzen erschwert, die die Bauern anbauen müssen. Mais, Kartoffeln und Bananen sind gut an die Umweltbedingungen der Zonen angepaßt, in denen die Bauern am zahlreichsten sind, aber für sich allein ist jede dieser Pflanzen nur ein dürftiger Lieferant von essentiellen Aminosäuren. Noch kritischer wird der Ernährungszustand durch die Darmparasiten, die sich viele Bauern einhandeln, weil Hygiene und medizinische Versorgung fehlen.

Der Körper des Menschen paßt sich dem Eiweißmangel an: Das Knochenwachstum verlangsamt sich und die körperliche Reife tritt später ein. Mit der Zeit führt der Proteinmangel schließlich zu dem kleinen und drahtigen Körperbau, der die Bauern überall auf der Welt kennzeichnet. Beim Manne geht das etwas anders vor sich als bei der Frau (offenbar wegen des hormonellen Unterschiedes). Männer sind erst mit Mitte Zwanzig ausgewachsen, statt mit neunzehn Jahren in Nordamerika und Westeuropa. Bauernfrauen sind mindestens ebenso unterernährt wie die Männer, und doch unterscheidet sich ihre Wachstumskurve nicht so sehr von der gut genährter Menschen in anderen Anpassungsformen. Sie erreichen die körperliche Reife früher als die Männer und speichern sogar eine Reserve an Aminosäuren in ihren Muskeln, so daß sie trotz der proteinarmen Ernährung einen Fötus austragen können. Sie sind also schon in jungen Jahren in der Lage, sich fortzupflanzen – solange sie klein bleiben und damit keine großen Ansprüche an den dürftigen Proteinvorrat stellen. Die größten Chancen zu überleben und eigene Kinder hervorzubringen haben also die Kleingewachsenen unter den Bauern. Mit der Zeit bilden sich auf diese Weise Populationen von fast einheitlich kleiner Statur heraus.*

Gewisse Historiker und Wirtschaftswissenschaftler waren der Ansicht, Aufgaben, Rechte und Verpflichtungen seien gleichmäßig auf die Bauern und die Machthabenden verteilt – mit anderen Worten, der Bauer bekomme eine angemessene Gegenleistung für den Preis, den er zu zahlen habe. In einem allegorischen Gedicht aus dem England des vierzehnten Jahrhunderts, *Piers Plowman*, werden die wechselseitigen Privilegien und Verpflichtungen zwischen dem Herrn und dem Bauern von Piers genannt, der verspricht, er wolle «für uns beide schwitzen und säen», aber dafür müsse der Herr auch weiterhin «die heilige Kirche und mich vor Taugenichtsen und Bösewichtern bewahren». Zur Zeit des Feudalismus in Europa boten die Herren den Bauern tatsächlich zahllose

Dienste an: Einsatz von Militär gegen Angreifer, Polizeischutz gegen Erntediebe, ein Rechtssystem zur Schlichtung von Streitereien zwischen Bauern, landwirtschaftliche Nutzung des herrschaftlichen Landes, Bereitstellung von Lebensmitteln für den Fall einer Mißernte und Geschenke zu Weihnachten und an anderen Festen. Der Herr ging gewiß zahlreiche Verpflichtungen ein, aber das entscheidende Kriterium fehlte, das dem Bauern mehr ermöglicht hätte als eine erbärmliche Existenz: die pachtfreie Nutzung des Landes. Solange sich eine herrschende Autorität – im Namen des Staates, privilegierter Adliger, einer religiösen Organisation oder einiger Großgrundbesitzer – das Monopol auf Grundbesitz vorbehält, so lange gibt es abhängige Bauern. Eine echte Landreform, die die Bauern zu Besitzern des Landes macht, würde fast alle ihre Probleme lösen – aber die lange Geschichte der Menschheit kennt nur wenige solcher Reformen.

Zu allen Zeiten und an allen Orten hatten Bauern fast ausnahmslos einen untergeordneten Status – rechtlich, politisch, gesellschaftlich und wirtschaftlich. Im mittelalterlichen Europa war es ihnen beispielsweise verboten, den Wohnort zu wechseln. Für die Waffen, die sie tragen durften, für ihre Kleidung und ihren Schmuck gab es ebenso Einschränkungen wie für die Speisen, die sie essen durften. Den Bauern war es nicht gestattet, ihr eigenes Getreide zu mahlen, ihr eigenes Vieh zu verkaufen oder ihre eigenen Töchter zu verheiraten, ohne vorher die Erlaubnis ihres Herrn einzuholen. Diese untergeordnete Position der Bauern innerhalb der Gesellschaft hat zu Verhaltensweisen geführt, die oft irrational, unökonomisch und letztlich selbstzerstörerisch erscheinen. Wenn man aus einem modernen Industriestaat in eine abgelegene bäuerliche Gemeinschaft kommt, fällt einem sofort auf, daß es dort fast überhaupt keine gemeinnützigen Einrichtungen gibt. Es gibt kein Äquivalent für das Rote Kreuz, für eine Wohlfahrtspflege, Pfadfinder, Rotarier oder irgendeine andere im Dienste der Gemeinschaft stehende Organisation. Keine Handelskammer macht Verbesserungsvorschläge, keine kirchliche Gruppe sammelt für wohltätige Zwecke. Manche Kinder aus dem Dorf besuchen zwar die Schule, aber es gibt nichts, was einem Elternbeirat entspräche.*

Nationale Regierungen stoßen auf taube Ohren, wenn sie die Bauern dazu überreden wollen, durch den Einsatz moderner technischer Methoden die landwirtschaftliche Produktion zu steigern. Und während sie anscheinend nichts unternehmen, um aus der ererbten Armut herauszukommen, verschlechtern sie sogar noch ihre Lage, indem sie Maßnahmen zur Geburtenkontrolle ablehnen. Wenn sie sich beharrlich weigern, die vom Staat angebotene

Gesundheitsfürsorge zu akzeptieren, lassen sie überdies zu, daß viele ihrer Kinder frühzeitig sterben. Manche Probleme ließen sich gewiß lösen, wenn es auf lokaler Ebene zur Zusammenarbeit und zu einer Rollenverteilung käme, aber die Bauern beharren hartnäckig auf ihrem Individualismus. Wenn wohlmeinende Fremde – etwa vom Peace Corps oder den Vereinten Nationen – als Helfer ins Dorf kommen, werden sie als potentielle Gefahr angesehen, kritisiert und verleumdet und manchmal tätlich angegriffen. Eine weitverbreitete Übung der Bauern im Umgang mit Fremden besteht darin, sich dumm zu stellen, um nicht von einem Vertreter der herrschenden Autorität angeschwindelt zu werden. Oder man antwortet dem Fremden mit einem Satz, der soviel heißt wie «Na ja, das tue ich dann morgen»; spanisch sprechende Bauern sagen *mañana*, italienische *domani*, und die Amharen in Äthiopien sagen *eshi naga*. Und als sei das noch nicht genug, verwirren sie Außenstehende mit diesem Brauch: Sobald die Bauern durch harte Arbeit oder einen Glücksfall einen kleinen Vorrat angelegt haben, wird alles bei einem großartigen Fest verjubelt.

Wie kommt es nur, fragt man sich, daß die Bauern nichts tun, um ihre Lage zu verbessern? Nach Ansicht mancher Wissenschaftler sind sie so hoffnungslos arm, daß ihnen keine Zeit für ein soziales Miteinander oder für politische Agitation bleibt. Andere meinen, sie seien so apathisch wie ihre Esel und Ochsen, und deshalb geschehe nichts. Eine dritte Erklärung sagt, die Bauern seien so lange ausgebeutet worden, daß sie mit den sozial Bessergestellten niemals gemeinsame Sache machen würden, aus Angst, hereingelegt zu werden. Diese Thesen stimmen alle bis zu einem gewissen Grad, aber für sich allein reicht keine von ihnen aus, um die Gleichgültigkeit der Bauern gegenüber dem eigenen Wohlergehen zu erklären. Die Bauern mögen arm sein, dennoch könnte jeder einen Tag für die freiwillige Mitarbeit an einem Gemeinschaftsprojekt aufbringen, etwa für Reparaturarbeiten an einem Schulhaus. Sie mögen apathisch sein, aber sie sind es weniger, als man allgemein annimmt. Man wird kaum einen Bauern finden, der nicht im persönlichen Gespräch über die Probleme dieser Welt und über mögliche Gegenmaßnahmen reden würde. Und wenn die Bauern ihren Regierungen so sehr mißtrauen, warum tun sie sich dann nicht zusammen? Offensichtlich kann keine der obenstehenden Erklärungen ihr Verhalten ganz plausibel machen.

Dieses Verhalten ist nämlich keineswegs irrational, wenn man von den Gegebenheiten ihrer Existenz ausgeht. Tatsächlich nehmen die Bauern wahrscheinlich die für sie einzig mögliche Haltung ein. Ein moderner Beobachter umschrieb ihre Anpassung bildhaft mit dem Begriff vom «begrenzten Vorrat an guten Dingen».* Die Bauern sehen sich, mit anderen Worten, einer Umwelt gegenüber, in der all die guten Dinge des Lebens – Land, Wohlstand, Macht, Freundschaft, sexuelle Beziehungen, Gesundheit und Ehre – nur begrenzt vorhanden sind. Dafür sehen sie zwei Gründe: Von ihnen, den Bauern, gibt es mehr als von den guten Dingen; und sie selbst meinen, es stehe nicht in ihrer Macht, die verfügbaren Mengen zu vergrößern. Der Bauer hat unbewußt die richtige Erkenntnis, daß das von ihm zu bestellende Land begrenzt sei, auf alle Aspekte des Lebens ausgedehnt. So wie das Land können die guten Dinge geteilt werden und den Besitzer wechseln – aber sie lassen sich nicht vermehren.

Weil das Gute nicht für alle reicht, kann eine Bauernfamilie ihre Lage nur auf Kosten anderer Familien im Dorf verbessern. Eine Familie, die sich aktiv bemüht, ihr Los zu verbessern, stellt also eine Bedrohung dar; wenn sie ihren Anteil an den «guten Dingen» vermehrt, kann dies nur auf Kosten anderer geschehen. Nach Ansicht der Bauern dienen moderne Agrartechniken folglich nur dazu, anderen ihren rechtmäßigen Anteil am Wohlstand wegzunehmen, und nicht etwa dazu, die Produktivität zu steigern und so neuen Wohlstand zu schaffen. Selbst aufgeklärte Bauern sind der Ansicht, daß sie nicht modernisieren können, auch wenn sie es für vorteilhaft hielten: die anderen Dorfbewohner würden nur glauben, sie wollten sich auf unfaire Weise Vorteile verschaffen, wenn sie ihren Anteil am begrenzten Vorrat an guten Dingen zu vermehren suchten. Dieser Glaube der Bauern, daß alles Wünschenswerte begrenzt sei, liegt jenem sozialen Verhalten zugrunde, das Außenstehenden oft als lächerlich, kläglich oder aufreizend erscheint.

Auch die wahre Freundschaft gehört zu den raren guten Dingen. Um sich wenigstens ein Minimum davon zu sichern, bemüht sich der Bauer, eine dauerhafte Beziehung zu einem Freund herzustellen. Ehre und Männlichkeit (der wohlbekannte *machismo* lateinamerikanischer Bauern und der *philotimo* griechischer Bauern) sind ebenfalls nur beschränkt vorhanden. Man muß also ständig auf der Hut sein, um jeden Verlust an Männlichkeit zu vermeiden – und das erklärt, weshalb die Männer bei den Bauern so empfindlich gegen Kränkungen sind und so gewalttätig auf tatsächliche oder eingebildete Angriffe auf ihre Ehre reagieren. Die Liste der Güter, die als begrenzt gelten, ist lang und enthält sogar die Gesundheit. Auch die Blutmenge im Körper gilt als begrenzt; bei einer Bluttransfusion würde also der Spender etwas abgeben, was nicht zu ersetzen ist.

Es ist daher kein Wunder, daß sich das Verhalten der Bauern durch einen extremen Individualismus und das Fehlen jeder Kooperation auszeichnet. Eine Kooperation setzt voraus, daß Autorität delegiert wird – doch unter den Bauern will keiner eine führende Rolle übernehmen, denn sonst könnten mißgünstige Nachbarn klagen, ihr eigener Anteil an Autorität werde geschmälert. Um ja nicht plötzlich im Vordergrund zu stehen, drücken sich also die Bauern um die Verantwortung für die Gemeinschaft, und so ist niemand da, der die Gemeinschaft aus dem Kreislauf der Armut herauszuführen vermöchte. Sie bezahlen für ihre mangelnde Bereitschaft zur Zusammenarbeit keine unmittelbare Strafe wie etwa die Jäger und Sammler (deren nacktes Überleben manchmal davon abhängt) oder Menschen, die in modernen Gesellschaften leben (deren komplexe politische, soziale und ökonomische Systeme ohne Zusammenarbeit nicht funktionieren könnten). Die Bauernfamilie kommt sehr gut ohne Kooperation zurecht, da sie eine fast autarke Einheit darstellt. Sie produziert beinahe alles, was sie zur eigenen Ernährung braucht, bewältigt die Arbeit auf dem Hof ausschließlich mit Familienangehörigen, stellt die eigenen Kleider und fast alle Haushaltsgeräte her und bringt die erwirtschafteten Produkte auch selbst zum Markt. Anstatt ihre Zeit mit Kooperationsversuchen zu vergeuden, ist es den meisten Familien wichtiger, darauf zu achten, daß sie genau ihren Anteil an den raren guten Dingen bekommen. Die Familie darf nicht ins Hintertreffen geraten, aber sie darf auch nicht den Anschein erwecken, als verbessere sie ihre relative Position, weil sie damit nur Argwohn und Neid erwecken würde. Fremden fällt bei einem Besuch in einem Bauerndorf meistens gleich die verblüffende Einheitlichkeit der Häuser und der Kleidung auf (etwa die einfachen schwarzen Kleider spanischer, italienischer und griechischer Bäuerinnen und die weißen Baumwollhosen und -hemden der Männer in Lateinamerika).

Das verzweifelte Bemühen der Bauernfamilien, sich den ihnen zustehenden Anteil an den begrenzten Gütern zu sichern, wird allein schon an der Zahl der Kinder sichtbar, die sie zeugen. Vom Standpunkt der Bauern aus ist es durchaus sinnvoll, viele Kinder zu haben. Nach ihrer Erfahrung spricht tatsächlich fast alles gegen die Ansicht, kleine Familien seien vorteilhaft. Da die Kindersterblichkeit auf dem Lande seit jeher hoch war, ist eine große Anzahl von Kindern so etwas wie eine Versicherung, daß wenigstens ein paar überleben werden. Schon kleine Kinder können sich im Haus und auf dem Feld nützlich machen. Wenn die kleineren herangewachsen sind, können die größeren bei der Feldarbeit entbehrt werden, anderweitig Arbeit annehmen und mit ihrem Lohn zum Wohlergehen der Familie beitragen (wie zum Beispiel die «braceros», die alljährlich aus Mexiko in die Vereinigten Staaten kommen). Mit der

Zahl der Söhne steigen auch die Chancen, daß einige von ihnen lange genug leben, um später für die Eltern zu sorgen, wenn diese krank und alt sind. In der Hoffnung, Söhne zu zeugen, kann es natürlich auch passieren, daß viele Töchter auf die Welt kommen. Doch die Töchter werden eines Tages heiraten und für ein weitverzweigtes Netz von Schwiegersöhnen sorgen, die man mitsamt ihren Familien in Zeiten der Not um Unterstützung angehen kann. Welchen Blickwinkel man auch einnimmt, fast immer ist die Logik des Bauern unanfechtbar. Der reiche Landwirt kann alles in modernen Maschinen investieren, aber der arme Bauer kann nur auf seine Kinder bauen.*

Eine große Kinderschar stellt für den Bauern keine erdrückende finanzielle Belastung dar. Daß Kinder Kosten verursachen, ist ein Phänomen der westlichen Industrieländer; überall sonst gilt genau das Gegenteil: Kinder bringen, auch wenn sie noch klein sind, wirtschaftliche Vorteile. Eine Studie über Bauernfamilien in Java zeigte, daß Kinder aus großen Familien in der Landwirtschaft tatsächlich mehr produktive Arbeit leisten als Kinder aus kleinen Familien. Sie können schon in jungen Jahren Tiere versorgen und füttern, Vögel von den Feldern fernhalten und Gras mähen oder Brennholz sammeln. Je mehr Kinder ein Bauer hat, desto mehr Arbeit kann von ihnen übernommen werden und desto mehr bringen sie zustande. Für diese gesteigerte Produktivität gibt es zwei Gründe. Ein kleines Kind wird von seinen älteren Geschwistern schon frühzeitig zu Arbeiten angespornt, die es andernfalls vielleicht erst später übernehmen würde; und wenn die jüngeren Geschwister die Arbeiten im Haus übernehmen, werden die älteren für die produktivere landwirtschaftliche Arbeit frei.

Aus eben diesen Gründen waren die Werbekampagnen für die Geburtenkontrolle – die den javanischen Bauern beweisen sollten, daß eine Beschränkung der Kinderzahl den Eltern zugute käme – von vornherein zum Scheitern verurteilt. Diese Behauptung stimmt nämlich nicht – und die Bauern wissen das. Vergleichbare Studien über die Produktivität einer javanischen Familie, die in die Stadt abgewandert ist, sind nicht gemacht worden. Auf den ersten Blick könnte man meinen, die Kinder fänden in der Stadt weniger Gelegenheit zu produktiver Arbeit. Dort wäre also eine Familie mit vielen Kindern gestraft, da die Produktivität der Kinder die Unterhaltskosten nicht wettmachen könnte. Wer jedoch Djakarta und andere Städte besucht, sieht, daß die Straßen von kleinen Kindern nur so wimmeln. Sie putzen Schuhe, sammeln Zigarettenkippen zur «Wiederverwertung», verkaufen alte Zeitschriften und andere Dinge oder betteln einfach.*

Was aber wäre, wenn man den Bauern begreiflich machte, daß die hohe Kindersterblichkeit nicht sein muß? Und wenn die nationale Regierung auf dem Lande Krankenhäuser und Ärzte etablierte? Abgesehen davon, daß die Regierungen der meisten Agrarländer die notwendigen sozialen Programme gar nicht finanzieren könnten, würde jeder Versuch sofort den tiefsitzenden Argwohn der Bauern wachrufen, die allem mißtrauen, was die herrschende Autorität für sie tun will. Anstatt ins Krankenhaus zu gehen, bleiben die Bauern daheim und quälen sich mit einer Krankheit, die womöglich leicht zu heilen wäre, und fragen sich, welche Tricks wohl hinter der Absicht ihrer Regierung steckt, auf dem Lande ein Krankenhaus zu bauen. Die Bauern sind so sehr daran gewöhnt, betrogen zu werden, daß kaum eine Hoffnung besteht, sie würden einmal ein Programm annehmen, das ihnen Vorteile bringen soll. Ihr Argwohn stellt sich oft genug als berechtigt heraus: Bauern in einem Indianerdorf in Ecuador überwanden schließlich ihr Mißtrauen gegen die nationale Regierung und übernahmen eine neue Rasse von Schafen, die der dort seit jeher gezüchteten Rasse überlegen war. Tatsächlich kam es zu einer spürbaren Steigerung der Wollprodukte – so sehr, daß die stärkeren Mestizen (Mischlinge mit europäischen und indianischen Vorfahren) begannen, die Schafe zu stehlen. Damit waren die Bauern weit schlechter dran als vorher.*

Ein Wirtschaftssystem, in dem es nicht möglich ist, daß eine Familie ohne Grundbesitz Land erwirbt oder daß ein kleiner Grundbesitzer zu einem Großgrundbesitzer wird, kann offensichtlich nicht zu Sparsamkeit, harter Arbeit und anderen kapitalistischen Tugenden ermutigen. Derartige Tugenden sind in einer bäuerlichen Gesellschaft völlig belanglos. Warum soll ich sparsam sein, wenn ich doch kaum einmal einen Vorrat herauswirtschaften kann – und damit, falls ich es doch einmal schaffe, bei anderen nur Neid und Argwohn wecke? Warum soll ich an die Zukunft denken und für einen Regentag planen, wenn ich in dieser Welt doch nur den Launen der Regierung ausgeliefert bin? Der Bauer, der reich werden möchte, muß entweder das Land verlassen und sich der Willkür der Regierenden ausliefern, oder er muß Bauer bleiben und den Reichtum Außenstehender anzapfen. Wenn der Wohlstand von außerhalb des Dorfes stammt, erregt er niemandes Mißtrauen und Angst; da er von anderswo kommt, reduziert er ja nicht die begrenzte Menge guter Dinge im Dorf. Der Lohn, den jedes Jahr Hunderttausende von mexikanischen Bauern für ihre Arbeit auf Farmen in den Vereinigten Staaten zurückbringen, wird ohne Kritik akzeptiert, da er eindeutig nicht auf Kosten anderer Dorfbewohner verdient worden ist.

Der zweite Weg zum Wohlstand setzt Glück voraus. Clevere Bauern versuchen sich in eine Position zu bringen, wo ihnen möglicherweise das Glück winkt – weshalb staatliche Lotterien bei Bauern sehr beliebt sind (bei den Nichtbegüterten in den Industrieländern sind es Rennwetten und allerlei Zahlenlottos). Bauern suchen oft die Nähe reicher Touristen, um von ihnen für irgendwelche Handarbeiten vielleicht einen überhöhten Preis zu bekommen, für Dienstleistungen reich belohnt zu werden oder eine Kamera oder ein Transistorradio zu klauen. Manchmal allerdings erklären Bauern, die es durch Sparsamkeit, Intelligenz oder harte Arbeit zu etwas gebracht haben, ihren Wohlstand mit irgendeiner erfundenen Geschichte, um kein Mißtrauen aufkommen zu lassen. So kommt es zuweilen zu phantasievollen Erzählungen: der Betreffende hat einen verborgenen Schatz entdeckt, ist von einem reichen Touristen fürstlich entlohnt worden oder hat von einem übernatürlichen Wesen ein

Die Anonymität der Bauernkleidung

Zur Anpassung an die bäuerliche Lebensform gehört es, dem Neid und Argwohn der anderen Dorfbewohner vorzubeugen. Man erreicht das zum Beispiel dadurch, daß man sich kleidet wie alle anderen. Diese griechischen Bauersfrauen tragen alle die gleichen form- und farblosen Kleider. Das ist charakteristisch für Bauernvölker in den Mittelmeerländern und in Lateinamerika. Die meisten Bauern besitzen darüber hinaus farbenfrohe Trachten für festliche Anlässe; aber auch dann sind alle anderen Bauern ähnlich gekleidet und tragen Jacken und Westen, Blusen und Röcke in kräftigen Farben.

Geschenk erhalten. Schatzgräbergeschichten sind mit der Zeit geradezu zu einem Markenzeichen der bäuerlichen Gesellschaften überall auf der Welt geworden; gebildete Eltern in Nordamerika und Europa, die heute ihren Kindern Volkssagen vorlesen, denken kaum daran, daß diese Geschichten im Bauerntum wurzeln.

Wo immer der neuerworbene Reichtum eines Bauern auch herkommen mag, stets kommt es innerhalb kurzer Zeit in der Gemeinschaft zu subtilen Bestrebungen, das Gleichgewicht wiederherzustellen. Gerüchte verbreiten sich: Es kann zu Anschuldigungen kommen, in denen vom Handel mit Dämonen und von anderen übernatürlichen Vorgängen die Rede ist. Der Druck wird stärker; das neue Vermögen soll rasch aufgebraucht, soll mit Verwandten und Freunden oder auch nur bloßen Bekannten aus Nachbardörfern geteilt werden. Das aus dem Rahmen fallende Vermögen muß in solche Kanäle gelenkt werden, da dem Dorf jeglicher Mechanismus fehlt, etwas daraus zu machen, das der ganzen Gemeinschaft zugute käme. Am häufigsten schiebt man der wohlhabenden Familie die Verpflichtung zu, ein üppiges Fest zu geben, bei dem der ganze Segen in den Kehlen der Dorfbewohner verschwindet und sich in Feuerwerksexplosionen in dünne Luft auflöst. In einer mexikanischen Bauerngemeinde wird die Rolle des *mayordomo* («Gönner») bei einer Fiesta dem wohlhabendsten Mann aufgedrängt, der dann seine ganzen Ersparnisse für Essen, Feuerwerkskörper, Kerzen und Musiker ausgeben muß. Das Ersparte ist rasch aufgebraucht – und die potentielle Ungleichheit im Dorf ist beseitigt. Diejenigen, die etwas haben, müssen es abgeben, und damit sind wieder einmal alle im Dorf Habenichtse.

Die Launen der Außenwelt, denen die Bauern schon immer ausgesetzt waren, haben sich mit der Entwicklung moderner Transportsysteme und der Ausdehnung des internationalen Handels noch verschlimmert. Je mehr Zwischenhändler und Weiterverarbeiter auftauchen, desto weiter wird der Bauer vom direkten Zugang zu Märkten und Versorgungsdepots abgedrängt. Die Bauern in Kolumbien können beispielsweise nicht verstehen, warum der Kaffee, den sie anbauen, im Preis fällt, wenn die Menschen im fernen Nordamerika oder Europa plötzlich eine andere Sorte bevorzugen. Und sie verstehen auch nicht, warum sie, obwohl der Marktpreis für ihren Kaffee sinkt, mehr für Macheten und andere Produkte zahlen müssen, die von den Industrienationen hergestellt werden. Die Bauern haben es nicht mehr mit der herkömmlichen Wirtschaft zu tun, in der die Gewohnheiten und Märkte der engeren Umgebung die Preise bestimmten, sondern sehen sich den internationalen Zwängen von Angebot und Nachfrage ausgesetzt, die sie weder kontrollieren noch auch nur verstehen können. Während eine weltweite Inflation Dinge immer teurer macht, die die Bauern kaufen, verlieren sie gleichzeitig Märkte für die handgearbeitete Ware, die sie verkaufen. Die Industrienationen haben gewaltige Mengen billiger Massenprodukte in die Bauernmärkte gepumpt. Auch wenn diese Waren nur Pfennige kosten, gibt es doch so viele Bauern rund um die Welt, daß den Industrienationen ein enormer Gewinn bleibt. Und die handwerklichen Produkte der Bauern – an denen sie gewöhnlich in ihrer Freizeit arbeiten, um das Familieneinkommen aufzubessern – können mit diesen billigeren Auslandserzeugnissen nicht mehr konkurrieren.

Zwei Lösungen drängen sich auf, wie die Bauern aus diesem Kreislauf der Armut ausbrechen könnten: entweder muß die Produktion erhöht oder der Verbrauch eingeschränkt werden. Beides ist versucht worden, beides ohne Erfolg. Um die Produktion erhöhen zu können, brauchen die Bauern Kapital – aber sie können kaum einmal mehr aufbringen, als sie für die Pacht und die Versorgung des eigenen Haushalts brauchen. Nur in Zeiten politischer Unruhe, wenn die herrschende Regierung zu schwach ist, die Pacht im ganzen Umfang einzutreiben, können Bauern einen Überschuß erwirtschaften. Beispiele dafür sind die «Yeomen» im sechzehnten Jahrhundert in England, die reichen Bauern in Nationalchina und die russischen «Kulaken» unmittelbar vor der Revolution. Viel geläufiger ist dem Bauern die andere Alternative: Einschränkung des Verbrauchs. Bauern errichten ihren Haushalt als eine Bastion gegen die Versuchungen der Außenwelt. Sie kaufen wenig und stellen statt dessen fast alles selbst her; beim Essen beschränken sie sich auf die Mindestmenge, die zum Überleben ausreicht; Neuerungen widerstehen sie hartnäckig. Aber auch diese Methode bringt auf die Dauer keine Lösung. Die Ablehnung von Neuerungen wirkt sich nachteilig aus, denn sie führt letztlich zu einem Rückgang der Produktion. Und wenn sich ein Bauer auf diese Weise tatsächlich einen kleinen Vorrat erwirtschaftet hat, so ist er ihn auf Grund der Verpflichtungen gegenüber der Gemeinschaft rasch wieder los.

Als weit erfolgreicher hat sich die Methode erwiesen, Verbänden und Vereinen beizutreten, die es den Bauern möglich machen, ihre Risiken zu teilen: eine durch Schädlingsbefall oder Unwetter verursachte Mißernte, den Neid anderer Dorfbewohner, die Ausbeutung durch Grundbesitzer und das scheinbar irrationale Verhalten der Regierungen. Ein solcher Verband kann eine höchst einfache Form haben, etwa die einer offiziell besiegelten Freundschaft; ein Beispiel dafür ist der *compadre* («Mit-Vater»), den man überall in Lateinamerika und, abgewandelt, auch in Mittelmeerländern, auf dem

Balkan und in Indien findet. Zwei Menschen, die nicht blutsverwandt sind, werden *compadres,* wenn einer von ihnen für das Kind des anderen aus Anlaß der Taufe, der Kommunion oder der Hochzeit die Patenschaft übernimmt. Es entsteht jedoch nicht nur die Verbindung zwischen dem Paten und seinem Patenkind; noch wichtiger ist das neue Bündnis zwischen den Familien der Eltern und der «Mit-Eltern». Zwischen den Familien der *compadres* wird ein fiktives Verwandtschaftsverhältnis aufgebaut: man gebraucht eine besondere Anrede, unterstützt einander und hält sich generell an die Rechte und Pflichten von Blutsverwandten.

Eine ganz andere Art von Patenschaft findet sich in einigen Mittelmeerländern, wo sich zwei nach Macht und Status völlig ungleiche Partner zusammentun – beispielsweise in der Verbindung zwischen Patron und Bauer, von der die Mafia Siziliens lebt. Mit der Übernahme der Patenschaft für das Kind verspricht der Patron, den Bauern – auch wirtschaftlich – vor externen Herrschaftsansprüchen zu schützen. Der Bauer revanchiert sich, indem er dem Patron bei Wahlen seine Stimme gibt, ihn über Klatsch und Intrigen auf dem laufenden hält und ihn ganz allgemein bei jeder sich bietenden Gelegenheit rühmt. Das System der Mafiosi dehnte sich durch zuwandernde Bauern auf die sizilianischen Städte aus und kam unverändert nach Amerika, wo es heute noch von gewissen Italo-Amerikanern aufrechterhalten wird.

Eine weitere Art von Bündnis entstand unter den Bauern in China, vor allem in den südlichen Regionen, wo ein intensiver Reisanbau einen gewissen Wohlstand ermöglichte. Wenn eine Familie angefangen hatte, Gewinne zu erwirtschaften, trat sie einem auf verwandtschaftlichen Beziehungen aufgebauten Verband bei, der als ein *tong* oder *tsu* («Sippe») bezeichnet wird. Wenn der Wohlstand der angeschlossenen Familien weiter wuchs, hielt man bald zeremonielle Versammlungen für die ganze «Sippe» ab, errichtete einen Tempel und beauftragte Genealogen, hervorragende Familienmitglieder ausfindig zu machen. Das *tsu* entwickelte sich schließlich zu einer weitläufigen Körperschaft, deren Mitglieder sich alle zu einem gemeinsamen Vorfahren bekannten. Mitglieder, die vom Lande wegzogen und in die Bürokratie oder in privilegierte Stände aufstiegen, zählten sich auch weiterhin zu der Großfamilie. Bauern, die arm blieben, zogen ebenfalls einen direkten Gewinn aus ihrer Zugehörigkeit. Arme Verwandte konnten damit rechnen, fruchtbareres Land zu bekommen, und sie konnten die Pacht direkt an die *tsu*-Bürokraten zahlen anstatt an fremde Grundbesitzer. Diese Günstlingswirtschaft ist Teil dessen, was westliche Beobachter als weitverbreitete Korruption in den Reihen der nationalchinesischen Beamten sahen. Im besten Fall gelangten etwa vierzig Prozent der über die Bürokratie eingesammelten Abgaben bis zur Zentralregierung. Die Volksrepublik China hat verständlicherweise versucht, diese großen Familiengruppen abzuschaffen und Kommunen einzurichten, deren Loyalität nicht mehr dem *tsu*, sondern der nationalen Regierung gehört.

Den chinesischen Bauern gelang es eher als den Bauern in anderen Ländern, ihre Lage zu verbessern, weil die herrschenden Dynastien ständig eine riesige Menge begabter Männer einberiefen, aus denen sich Beamte und Verwaltungsleute rekrutieren ließen. Überall wurden für Hunderttausende von ehrgeizigen jungen Männern Prüfungen abgehalten. Ein Erfolg in diesen Prüfungen brachte enormen Prestigegewinn, und der Staat sicherte sich auf diese Art ganz von allein die Dienste sämtlicher begabter junger Männer. Ein China-Experte beschrieb dieses ganze System als «ein gigantisches Roulettespiel, in dem die einzelnen Gemeinden versuchen, für die Besetzung eines Amtes im bürokratischen Apparat ihren Kandidaten ins Spiel zu bringen, der dort die richtige Nummer erwischen und seiner Heimatgemeinde Gewinn bringen soll».* Gewinnbringend war beispielsweise die Macht, die Interessen der Heimatgemeinde zu vertreten. Die Gemeinde ehrte ihren erfolgreichen Sohn und erhob damit einen Anspruch auf den Reichtum, die Macht und das Prestige, die er sich erworben hatte. Um dieser Verflechtung entgegenzuarbeiten, zwangen die chinesischen Herrscher ihre Beamten, weit entfernt von ihren Heimatdörfern Dienst zu tun – eine Maßnahme, die ohne Erfolg blieb, denn der begabte Bürokrat schöpfte einfach den Wohlstand der Dörfer seines abgelegenen Verwaltungsbezirks ab und ließ ihn seinem eigenen Dorf zukommen. Ganz ähnlich ist die Situation heute unter den begabten Kindern der Bauern in Sizilien, Griechenland, Ost- und Südasien und Puerto Rico, die in der Stadt oder irgendwo im Ausland Erfolg haben – und dann einen Teil ihres Einkommens nach Hause schicken, zum Nutzen nicht nur ihrer Verwandten, sondern des ganzen Dorfes, das sie verlassen haben.

Für die Lösung des ursächlichen Dilemmas der Bauern sind Bündnisse nur von beschränkter Wirksamkeit. Das *compadre*-Bündnis besteht oft nur vorübergehend, denn es kann einseitig werden: wenn einer der Freunde gleichbleibend mehr gibt als er erhält. Auch das Bündnis zwischen Patron und Bauer ist brüchig, denn leicht wird ein Patron zugunsten eines anderen aufgegeben, der größeren Schutz verspricht; und Zusammenschlüsse von Bauern, die die nationale Regierung zu umgehen versuchen, müssen mit Vergeltungsmaßnahmen rechnen, wenn der Staat auf seiner Autorität besteht. Es ist deshalb kein Wunder, daß sich von Zeit zu Zeit die angesammelte Frustration der scheinbar so trägen und gefügigen Bauern in hitzigen Aufständen entladen hat. Es gab überall in Europa kleine und große Rebellionen, als sich die Bauern in der Feudalzeit gegen die weltlichen Exzesse des Klerus und gegen die Ausbeutung durch den Adel zur Wehr setzten. Eine solche Revolte, oft auch «Jacquerie» genannt, abgeleitet vom Namen *Jacques Bonhomme*, mit dem der Adel die im Jahr 1358 rebellierenden französischen Bauern verspottete –, nimmt gewöhnlich einen äußerst blutigen Verlauf. Die Ausschreitungen der plündernden, brandschatzenden und mordenden Bauern führen unweigerlich zu einer blutigen Reaktion der mächtigeren Oberherren.

Die vielleicht blutigste aller Jacquerien war der Taiping-Aufstand (1850–1865), eine Art Vorbote der von Bauern getragenen und von Kommunisten angeführten Revolution des zwanzigsten Jahrhunderts. Den stärksten Rückhalt hatte dieser Aufstand in den südöstlichen Provinzen um die Hafenstadt Canton (die später auch zum Zentrum der kommunistischen Macht wurde). Der Taiping-Aufstand wurde schließlich von Regierungstruppen niedergeschlagen, nachdem er schätzungsweise zwanzig Millionen Menschen das Leben gekostet hatte. Viele der von den Rebellen angestrebten Reformen hatten eine bemerkenswerte Ähnlichkeit mit dem, was sich Mao – sehr viel später – zum Ziel gesetzt hatte. Die Herrschaft der privilegierten Klassen sollte ein Ende haben, die ganze Gesellschaft sollte in Bauern- und Soldatenkadern organisiert werden; jede Familie sollte Land bekommen, das sie bewirtschaften konnte, ohne es zu besitzen, und schließlich sollten alle Erträge, die nicht für den eigenen Verbrauch benötigt wurden, dem Gemeindespeicher übergeben werden. Die Frauen sollten gleichberechtigt sein; traditionelle Religionen, Ahnenverehrung und der Gebrauch literarischer Sprachen anstelle der Umgangssprache wurden verboten; Opium, das Konkubinat und die Prostitution wurden für illegal erklärt. Mao, der die Bauern aufrief (im Gegensatz zu Chiang Kaishek, der vor allem von Handelsleuten und Stadtbewohnern unterstützt wurde), hatte bei den Bauern so großen Erfolg, daß im Jahr 1949, als die Kommunisten die Kontrolle über ganz Festlandchina übernahmen, etwa achtzig Prozent der Parteimitglieder Bauern waren.

Die Gewalttätigkeit und Grausamkeit eines Bauernaufstandes bestürzt Außenstehende oft, da die traditionelle Passivität der Bauern dem nicht zu entsprechen scheint. Doch die Bauern nährten, während sie gehorsam ihre Pacht bezahlten, unter einer Maske der

Teilnahmslosigkeit seit jeher feindselige Gefühle gegen alle Vertreter der herrschenden Autoritäten, ob das nun Steuereintreiber oder Milizsoldaten waren. Bauernlieder und -sagen verherrlichen den, der sich gewaltsam gegen die ausbeuterische soziale Ordnung stellt: Robin Hood in England oder Wilhelm Tell in der Schweiz, Pancho Villa in Mexiko, die Samurai in Japan und gewisse Banditen-Helden in China. Gerade chinesische Bauern weichen vom Bilde des friedfertigen Dulders ab, wie Hollywoodfilme und populäre Vorstellungen ihn sehen. Sie verehren seit langem blutdürstige Helden, die die Reichen berauben und die Beute den Armen geben. Ein klassischer chinesischer Roman, die «Räuber vom Liang-Schan-Moor», erzählt die Geschichte von hundertacht dieser heldenhaften Banditen.*

Mao Tse-tungs Bauernrebellion gehört zu den ganz wenigen in der Weltgeschichte, die in einem großen geographischen Bereich Erfolg gehabt haben. Fast alle anderen Bauernaufstände waren von Anfang an zum Scheitern verurteilt, weil die Unfähigkeit der Bauern, sich zu vereinigen und stabile Bündnisse zu bilden, ein zu großes Handikap war. Jeder Sieg, den sie mit Gewalt erzwungen haben, wird gewöhnlich mit mindestens ebenso großer Brutalität in eine Niederlage umgewandelt – und an den Mißständen ändert sich nichts. In Rußland kam es allein in den 35 Jahren zwischen 1826 und 1861 zu der erstaunlichen Zahl von 1186 erfolglosen Bauernaufständen.* Karl Marx wertete die Bauern als potentielle Kraft beim Sturz von Regierungen, aber er wußte auch, daß sie, wenn sie erst Land in Besitz hatten, keine revolutionäre Kraft mehr darstellen würden. Das zeigte sich zum Beispiel in Mexiko. Im Jahr 1910 zog Emiliano Zapata mit seinen Bauernmassen aus den Dörfern des Hochlandes herab und eroberte schließlich sogar Mexico City selbst. Aber schon nach wenigen Jahren war seine Armee von 70000 auf ganze 10000 Mann geschrumpft, weil die Bauern in Massen desertierten. Sie wollten einfach Land – und als das Land erobert war, sahen sie keinen Anlaß mehr, zu kämpfen.

Auch in diesem Jahrhundert hat es viele Bauernrevolten gegeben, die keinen oder nur vorübergehenden Erfolg hatten, darunter in Guatemala, Bolivien, Peru, Chile und Indonesien. In anderen Ländern hatten die Bauern zwar Erfolg, behielten aber die Kontrolle nicht lange. Die einzige Änderung bestand darin, daß sie nun ihre Pacht an eine andere Autorität zahlten: nämlich an einen allmächtigen Staat (wie in Rußland, China und Jugoslawien), und nicht mehr an einen privaten Grundbesitzer. Bauernrevolten in Kambodscha und Kuba scheinen Erfolg gehabt zu haben, aber diese Nationen sind sehr stark von China und der Sowjetunion abhängig, weil sie deren Schutz und wirtschaftliche Unterstützung brauchen. Alles in allem haben sich Bauernaufstände im zwanzigsten Jahrhundert nur wenig von denen in der Vergangenheit unterschieden. Die Bauern haben ihr Leben aufs Spiel gesetzt und Blut vergossen – doch am Ende stehen sie immer noch ohne Land da, immer noch einer unberechenbaren externen Macht ausgeliefert, der sie die Früchte ihrer unermüdlichen Arbeit überlassen müssen.

Heute werden die Bauern immer mehr von der modernen Welt aufgesogen. Manche Sozialwissenschaftler sagen sogar voraus, ihre Lebensweise werde in einer von der Technik beherrschten Welt völlig verschwinden, doch dieses Ende ist keineswegs unvermeidlich. Wie zählebig die Anpassung der Bauern ist, sehen wir in der Sowjetunion, wo fast die Hälfte der Bevölkerung immer noch in ländlichen Gemeinden lebt, wo nur ungefähr ein Zehntel der landwirtschaftlichen Produktion voll mechanisiert ist und wo die Bestellung des Landes zum größten Teil immer noch mit primitiver Handarbeit bewältigt wird. Das beharrliche Fortbestehen der bäuerlichen Lebensweise läßt sich weder mit einem Wunsch der Regierungen erklären, diese Unzulänglichkeit auf sich beruhen zu lassen, noch mit dem Konservatismus der Bauern selbst, sondern vielmehr mit der unentrinnbaren Realität: Nicht nur für den Bauern sind die Rohstoffquellen begrenzt – sie sind es gleichermaßen für Bauer und Nichtbauer.

Während der Bevölkerungszuwachs bei den Bauern geradezu explosionsartige Formen annimmt, werden diese Rohstoffe in Wirklichkeit für immer mehr Menschen immer knapper. Von allen heute produzierten Gütern verbrauchen die in Industriestaaten lebenden dreißig Prozent der Menschheit gut und gern achtzig Prozent; und sie geben sich alle Mühe, ihren materiellen Reichtum noch zu steigern. So bleiben den Bauern nicht genügend natürliche Hilfsmittel für ein moderneres Leben übrig, nachdem die Industrienationen sie ausgebeutet haben. Die proklamierte «grüne Revolution» (die die Ernteerträge durch intensiven Anbau steigert) kann Wunder wirken, doch sie hängt von gewaltigen Energiemengen ab, zu denen die Bauern keinen Zugang haben. Die grüne Revolution basiert auf großen Wassermengen, für die treibstoff-durstige Pumpen benötigt werden, und auf Mengen chemischer Düngemittel, für deren Herstellung ebenfalls Öl gebraucht wird. Eine intensive Landwirtschaft ist nur möglich, wenn die eine Feldfrucht geerntet und sofort die nächste angebaut wird, so daß auf demselben Stück Land mehrmals im Jahr geerntet wird. Das ist nicht ohne Maschinen zu schaffen, die wiederum Energie verbrauchen. Der Einsatz von Traktoren und anderen landwirtschaftlichen Maschinen bedingt

Fabriken, die wiederum natürliche Energiequellen benötigen, die in den meisten Nationen mit bäuerlicher Bevölkerung knapp sind. 2500 Tonnen Wasser werden gebraucht, um nur eine Tonne Gummi für die Räder dieser Maschinen herzustellen – und auch dieses Wasser braucht vom Auffinden der Quellen bis hin zu den Pumpen in der Fabrik riesige Mengen von Energie.

Warum können die Entwicklungsländer nicht den Werdegang der Industrienationen nachvollziehen und die Arbeit der Bauern effizienter machen? Erstens kontrollieren die Industrienationen den größten Teil des Kapitals, der Industrien, Transportwege und Rohstoffe der Welt; sie werden kaum freiwillig ihren eigenen Lebensstandard einschränken, damit andere Nationen ihre Nahrungsmittelproduktion modernisieren können. Zweitens war die Modernisierung der Länder in Nordamerika und Europa ein langsamer Evolutionsprozeß, der mehr als zwei Jahrhunderte in Anspruch genommen hat; selbst die unerhört schnelle Industrialisierung Japans dauerte fast hundert Jahre. Bei der hohen Geburtenrate ihrer Bauern können die Entwicklungsländer eine so langfristige Entwicklung nicht abwarten. Drittens können diese Nationen nicht jene rücksichtslosen Methoden übernehmen – etwa die Unterjochung der einheimischen Arbeitskräfte und die Ausbeutung fremder Rohstofflager –, ohne die die Industrialisierung Europas und Nordamerikas unmöglich gewesen wäre.

Angesichts dieser Hindernisse ist es ein Wunder, daß Agrarstaaten auch nur in geringem Umfang modernisieren können. Die Bauern müssen im Rahmen der Modernisierung für jeden Schritt bezahlen, der die gesamte Wirtschaftsentwicklung voranbringt. Sie finanzieren den Fortschritt direkt mit der Pacht, die sie für die Benutzung des Landes aufbringen, und sie unterstützen ihn indirekt, indem sie ein Heer billiger Arbeitskräfte liefern. Am wichtigsten ist jedoch der Beitrag, den sie nur dadurch leisten, daß sie jener Teil der sich entwickelnden Gesellschaft sind, dessen Schulbildung, Gesundheitsfürsorge und Verkehr vernachlässigt wird, weil der Staat das erforderliche Kapital in die Modernisierung investieren müßte. Und am Ende bezahlen die Bauern auch noch den allerletzten Preis. Denn wenn die Landwirtschaft voll mechanisiert ist, wird ihre Arbeitskraft nicht mehr gebraucht. Sie werden vom Land vertrieben und ziehen in die Städte. Dort müssen sie mit einem vom Staat widerwillig herausgerückten Almosen auskommen, während sie – oft vergeblich – versuchen, sich dem urbanen Leben anzupassen. Die Verstädterung ist nicht zu verstehen, wenn man nicht weiß, welchen Beitrag die Bauern dazu geleistet haben.*

8. Urbane Einflüsse

Während des gesamten neunzehnten Jahrhunderts und noch bis vor wenigen Jahrzehnten sah die Wissenschaft die Geschichte der Menschheit als eine fortlaufende Evolution, die in gerader Linie von den «wilden» Jägern und Sammlern über die «Revolutionierung durch den Ackerbau» bis hin zur «urbanen Revolution» führte, die die großen Kulturen in Mesopotamien, Ägypten, Indien, China, Mesoamerika und im klassischen Griechenland hervorbrachte. Die urbane Revolution schien durch ein ganzes Bündel von Merkmalen leicht identifizierbar, unter anderem durch Bevölkerungskonzentration, Produktion eines Nahrungsmittelüberschusses, eine zentrale politische Autorität, soziale Ungleichheit, monumentale Architektur, eine Schrift und Handelsbeziehungen. Doch in den letzten zehn Jahren etwa erkannte die archäologische Forschung, daß diese Vorstellung von der Entstehung komplexer Kulturen nicht zutrifft. Einige der bekanntesten Kulturen kamen beispielsweise ohne Städte aus. Die von den Mayas errichteten kunstvollen Kultzentren standen (mit gewissen Ausnahmen) den größten Teil des Jahres leer. In den ersten 1500 Jahren der ägyptischen Kultur hatten die größeren Ansiedlungen nur einen provisorischen Charakter; sie entstanden beim Bau der Tempel und Pyramiden, die jeder Pharao errichten ließ. In vielen Teilen des Nahen Ostens wurde eine Schrift erst erfunden, als es schon jahrtausendelang blühende Städte gab. Es gab sogar Städte, wie zum Beispiel Jericho im Jordantal, die ohne Mehrerträge aus dem Ackerbau existierten; statt dessen kamen sie überwiegend durch Handel zu ihren Nahrungsvorräten. Soziale Ungleichheiten, die auf Unterschieden im Wohlstand und im Status beruhten, gab es zwar in vielen Kulturen, aber beileibe nicht in allen.

Andererseits zeigen manche nicht-urbanen Gesellschaften viele Kriterien einer urbanen Kultur. Bei den Indianern an der Nordwestküste, den neuseeländischen Maori und den Ureinwohnern Hawaiis gab es eine hohe Bevölkerungsdichte, eine zentrale politische Autorität, einen Nahrungsmittelüberschuß, eine monumentale Architektur, soziale Ungleichheiten und Handelsbeziehungen – ohne daß sie andere urbane Kriterien entwickelt hätten, wie Städte, Ackerbau oder eine Schrift. Eine monumentale Architektur ist zweifellos das Kennzeichen vieler komplexer Kulturen, doch die «Barbaren» des alten Europa bauten schon Tausende von Jahren, bevor sie städtische Zentren oder andere Merkmale der urbanen Revolution entwickelten, die monumentalen Gebilde, die in Stonehenge und vielen anderen aus Steinen errichteten Grabstätten gefunden wurden. Einige dieser Gräber aus gewaltigen Monolithen, deren jeder mehrere Tonnen wiegt, sind möglicherweise schon 2000 Jahre vor den ägyptischen Pyramiden errichtet worden. Und auch Schriftzeichen sind nicht das entscheidende Kriterium für eine Kultur. In einem kleinen Bauerndorf in Rumänien haben Menschen schon vor etwa 4500 Jahren Zeichen auf Tafeln geritzt, also nur kurz nach der Zeit, als das Schreiben angeblich von den urbanen Kulturen des Nahen Ostens erfunden worden war.*

Es stimmt auch nicht, daß die urbane Revolution von einem einzigen Ort – meistens als das «Kernland» Mesopotamiens bezeichnet – ausging und sich von da über den ganzen Nahen Osten ausbreitete, dann nach Osten in das Industal und bis nach China, nach Westen bis Europa und schließlich über den Atlantik in die Neue Welt. Heute wissen wir, daß sich die urbane Revolution selbständig in vielen Regionen der Welt vollzogen hat. Tatsächlich ist es schon eine allzu große Vereinfachung, wenn man das eine «Kerngebiet» in Mesopotamien durch mehrere andere ersetzt. Während man früher annahm, die Sumerer hätten in Mesopotamien die erste urbane Kultur mit allen entsprechenden Kriterien geschaffen, die sich anschließend über den ganzen Nahen Osten ausgebreitet hätte, haben die Archäologen inzwischen herausgefunden, daß ein signifikantes Kennzeichen der Kultur von Sumer – die monumentale Architektur – schon vorher an anderen Orten im Nahen Osten entstanden war. Neuere archäologische Erkenntnisse bestätigen nicht etwa die Sumerer als «Erfinder» der urbanen Kultur, sondern zeigen, daß viele nahöstliche Kulturen in Mesopotamien, in der Türkei und an anderen Orten schon vor 5500 Jahren erkennbare Strukturen eines urbanen Lebens entwickelt haben. Fünfhundert Jahre bevor sich diese Art von Kultur von Sumer aus verbreitet haben soll, standen diese Kulturen bereits miteinander in Handelsbeziehungen und beeinflußten sich gegenseitig auf die unterschiedlichste Art. Doch jede behielt ihre Besonderheiten – und das erklärt auch, weshalb nicht für alle urbanen Kulturen dieselben Kriterien gelten.

Die archäologische Lehre ging bisher davon aus, daß sich erst der Ackerbau entwickelte, danach bäuerliche Ansiedlungen, dann kleinere Städte und schließlich Megalopolen. Man sah im Ackerbau immer die «Grund»-Anpassung und betrachtete die Städte eher als parasitäre Folge. So ist es wohl auch in vielen Gegenden gewesen. Doch nun ist man auf die merkwürdige Tatsache gestoßen, daß einige der frühesten Städte weit weg von den Gebieten entstanden, in denen sich der Ackerbau entwickelt hatte, wie zum Beispiel die großen Kulturen Mesopotamiens in den Niederungen am Unterlauf von Euphrat und Tigris, viele Hunderte Kilometer entfernt von den Gebieten am Oberlauf der Flüsse, wo frühe Zeugnisse einer Nahrungsmittelproduktion entdeckt wurden. Schanidar im Irak existierte bereits vor 11000 Jahren als urbanes Zentrum und produzierte künstlerisch bearbeitete Metallgegenstände, bevor die Domestikation von Pflanzen und Tieren dort eine Rolle spielte. Tell Mureybit in Syrien etablierte sich vor etwa 10000 Jahren als urbanes Zentrum, doch unter seinen Bewohnern gab es mehr Händler als Bauern. Ein Bauerndorf, das sich ausdehnt, ist offensichtlich nicht die Vorbedingung für das Entstehen einer Stadt. Städte können entstehen, ohne daß irgendeine kleinere, vom Ackerbau lebende Siedlung vorausgeht – und sie können auch ohne Ackerbau überleben, sei es durch Tauschhandel oder Handwerk, sei es als politisches oder religiöses Zentrum.*

Wie soll man also die urbane Kultur definieren? Sie erfüllt natürlich die meisten der bereits erörterten Kriterien, doch darf man diese nicht als unabdingbar verstehen. Und es gibt auch nicht ein einzelnes Kriterium oder eine bestimmte Gruppe von Kriterien, die unbedingt zur urbanen Kultur gehören müssen. Das Phänomen der Stadt entstand auf unterschiedliche Weise und in verschiedenen Teilen der Welt. In gewisser Weise wurde es vielleicht schon von jenen Jäger-Sammler-Gruppen vorweggenommen, die ihre Toten bestatteten. Die ersten Menschen, die einen bleibenden Aufenthaltsort hatten, waren die Toten. Ihre Grabstätten waren die geweihten Orte, zu denen die lebenden Wanderer von Zeit zu Zeit zurückkehrten. Die Städte der Toten sind also älter als die Städte der Lebenden; die Nekropolen entstanden vor den Metropolen. Erinnerung und Heimweh nach den alten Nekropolen führte die Hebräer ins Gelobte Land zurück; sie erhoben Anspruch darauf, weil dort die Gräber ihrer Vorfahren waren. In späteren Kulturen entstanden Kultzentren in der Nähe der Nekropolen, und die Menschen kamen scharenweise dorthin, um ihre Andacht zu verrichten und zu den Göttern zu beten. Städte wie Rom, Jerusalem, Mekka, Benares, Peking, Kyoto und Mexico City beweisen noch heute die uralte Anziehungskraft, die ein Kultzentrum auf Menschen mit gemeinsamer religiöser Überzeugung ausübt.*

Auch der Handel, der lange unterschätzt wurde, zwang die Leute zum Zusammenleben in den Städten. In Gegenden, wo Rohstoffe zu finden waren, drängten sich die Menschen in dichtbesiedelten Niederlassungen, um ihre Ansprüche auf diese Materialien zu verteidigen, sie zu Gegenständen zu verarbeiten, mit denen man handeln konnte, und sie gegen landwirtschaftliche Produkte zu tauschen. Jericho war eine dieser Städte. Vor nicht ganz 10000 Jahren bedeckte Jericho eine Fläche von etwa vier Hektar und war von einem breiten Graben und einer Steinmauer mit Türmen umgeben, und von einem dieser Türme nimmt man an, daß er mindestens acht Meter hoch war. (Die Mauern, die Josua zerstören sollte, wurden sehr viel später erbaut, etwa vor 3200 Jahren, und sie waren noch eindrucksvoller: sie bildeten einen doppelten Ring um die Stadt, und jeder war fast zwei Meter dick und neun Meter hoch.) Derartige Befestigungsanlagen konnten wahrscheinlich nicht ohne eine politische Macht errichtet werden, die stark genug war, aus einer Bevölkerung von schätzungsweise 2000 Menschen die erforderlichen Arbeiter zusammenzubringen. Da Jericho zu dieser Zeit noch keine Nahrungsmittelproduktion entwickelt hatte, dienten die Verteidigungsanlagen offenbar dem Zweck, den Handel der Stadt mit Salz, Bitumen und Schwefel aus dem Toten Meer zu schützen.

Jericho war keine Ausnahme. In neuerer Zeit wurden in Iran, in der Türkei und in Südrußland urbane Zentren entdeckt, die mit Rohstoffen wie Lapislazuli, Obsidian und Kupfer Handel getrieben haben. Derartige Materialien waren überall in der antiken Welt begehrt, und die Bauern waren bereit, im Tausch dafür landwirtschaftliche Produkte in die Städte zu bringen. Zwischen den Städten gab es ebenfalls Handelsbeziehungen. Jericho konnte Salz liefern, hatte aber keinen Obsidian; Catal Hüyük im Süden der Zentraltürkei hatte reichlich Obsidian, aber keinen Asphalt; die Städte in Mesopotamien lieferten Getreide und erwarben dafür Lapislazuli. So gab es in der antiken Welt ein Netz von Handelsbeziehungen, von deren Umfang man noch vor wenigen Jahrzehnten keine Ahnung hatte. Auf diesen Handelswegen wurden natürlich auch Erfindungen, Fertigkeiten und Religionen ausgetauscht – wahrscheinlich der erste größere Austausch von Ideen in der Geschichte der Menschheit. Inmitten dieser intellektuellen Gärung fanden die Herrscher dieser alten Städte Möglichkeiten, ihre Macht immer weiter auszudehnen und die zahlreichen Kriterien der urbanen Kultur zu schaffen, die zu Beginn dieses Kapitels erörtert wurden.*

Der Handel brachte jedoch die Gefahr von Plünderungen mit sich. Ein paar tausend Jahre nach der Erbauung der Mauern von Jericho hielten es auch andere urbane Zentren für wichtig, Verteidigungsanlagen zu bauen. Bereits vor 6300 Jahren hatte sich im Vorderen Orient ein bedeutender Wandel vollzogen. Nicht nur Festungen, auch Soldatenunterkünfte wurden gebaut. Die Kasernen sind ein Beweis dafür, daß es nun ein Militär gab, das in den folgenden Jahrhunderten nichtendenwollende Kriege im Nahen Osten auslöste. Früher sahen die Historiker die Rivalität zwischen urbanen Zentren, Ackerbauern und Hirten-Nomaden als Katalysator für derlei Kriege an. Großer Wohlstand und die Kontrolle über günstig gelegene Handelsplätze reichen jedoch allein schon aus, um die plötzliche Zunahme gezielter Feindseligkeiten zu erklären. Und die politischen Bündnisse, die mit der Aktivierung der Handelsbeziehungen entstanden, waren wahrscheinlich eine Voraussetzung für eine zentrale Kontrolle, ohne die eine Kriegführung nicht möglich ist.

Wie diese Kriegführung aussah, zeigt das Beispiel Sargons von Akkad, der vor etwa 4500 Jahren einen großen Teil Mesopotamiens eroberte. Weil die Akkader Rohstoffe brauchten, die es in Mesopotamien nicht gab, brachte Sargon die Handelsrouten, die durch den Libanon zum Mittelmeer führten, unter seine Herrschaft; er drang im Norden vor bis in die Türkei und im Süden bis zu den Stadtstaaten am Persischen Golf. Von dort aus konnten die Handelswege nach Indien und Nordostafrika kontrolliert werden. Weitere Eroberungen folgten, da sich Sargon gezwungen sah, seine Handelsstraßen zu sichern – ähnlich, wie später die Hudson Bay Company, die East India Company und die europäischen Enklaven in chinesischen Häfen auf militärische Unterstützung angewiesen waren. So deutete sich schon früh in der Geschichte der urbanen Kulturen der Wirtschaftsimperialismus an, der in neuerer Zeit von den Europäern praktiziert wurde.

Krieg und Vorherrschaft waren in die alten Städte so unabdingbar eingebaut wie Lehmziegel und Steine in ihre Gebäude. Jede Stadt stellte eine bewaffnete Macht dar, die mit anderen wetteiferte, angeführt von einem absolutistischen König, der im Namen eines zornigen Gottes sprach. Die Gewalttätigkeit selbst war nichts Neues unter der Sonne. Jäger-Sammler-Gruppen bekriegten einander, und die Bauern brachten einst Menschenopfer dar, um mit deren Blut die Fruchtbarkeit der Felder zu sichern. Es hatte jedoch noch nie eine Anpassungsform gegeben, bei der eine Gesellschaft massive Waffengewalt aufbot, um eine andere zu unterwerfen oder auszulöschen. Die schwere wirtschaftliche Belastung, die eine stets einsatzbereite Armee darstellt, die Bürde, die die Bauern zu tragen hatten, denen sowohl Nahrungsmittel als auch ihre Söhne für Eroberungen in der Ferne abverlangt wurden, die immer weiter wachsenden militärischen Bürokratien – all diese Folgen der Kriegführung wirkten sich gegen das Überleben der urbanen Kulturen aus, und daran ging letztlich auch eine nach der anderen zugrunde.

Die alten Städte gerieten in einen Zugzwang, bei dem der augenblickliche Krieg immer schon den nächsten in sich barg. Ein Sieg in der Schlacht bedeutete Plünderungen und die Kontrolle über die Wirtschaft eines eroberten Stadtstaates, doch der daraus resultierende Wohlstand machte die Sieger zu einem natürlichen Ziel für Raubzüge von dritter Seite. Die äußere Gestalt der Stadt und selbst ihr gesellschaftliches Leben wurden so von Anfang an von den Erfordernissen des Krieges geformt. Mauern, Wälle, Wachtürme, Tore und Stadtgräben kennzeichnen Städte vom Altertum bis ins achtzehnte Jahrhundert in Europa (und in einigen anderen Teilen der Welt bis heute). Das war so bei der Akropolis (wörtlich «Oberstadt») – einer hoch über der Stadt gelegenen Festung in Athen und anderen Städten des antiken Griechenland –, und ebenso in Rom, Paris, London, New York, Pittsburgh (ursprünglich «Fort Pitt») und San Antonio («The Alamo»). Schon Platon schrieb in seinen *Nomoi,* «daß stets ein fortwährender Krieg aller gegen alle Staaten bestehe».* Man möchte eigentlich annehmen, die Menschen hätten schließlich den Versuch aufgegeben, in Städten zu überleben, die ständig im Belagerungszustand waren oder im Begriff, andere zu belagern. Doch Jahr für Jahr wurden die Städte durch die Ankunft junger Bauern aufgefüllt, die in ihrer ländlichen Einfalt doch klug genug waren, zu wissen, daß das Militär allein ihnen einen Weg aus der Armut bot. Die Bauern kamen, um zu töten und sich töten zu lassen, und die Städte gediehen weiter, trotz erschreckender Verluste an Menschenleben. Ohne den Zustrom der Bauern wäre die Stadt schon bald im wahrsten Sinne des Wortes ausgeblutet. Kein Wunder, daß die verstädterten Poeten bukolische Oden auf das Landleben schrieben und das dort heimische Elend ignorierten.

Mit dem Aufstieg der urbanen Zentren wurde die Kriegführung zu einer Industrie, die – mit nur wenigen Ausnahmen im Lauf der Geschichte – die Macht immer mehr dem Bauern-Bürger entzog und dem darauf spezialisierten Militär übertrug. In den älteren, einfacheren Lebensformen unterschieden sich die Kampfwaffen kaum von den Jagdwaffen. Jeder Mann konnte sie selber herstellen, und die Rohstoffe dafür waren mehr oder weniger gleichmäßig überall in der Umwelt zu finden. Doch in der urbanen Lebensform änderte sich das. Die Herstellungskosten von Bronze- und später Eisenwaffen konnten von den Ackerbauern nicht aufgebracht werden. Außerdem waren die Erze nicht frei zugänglich, sondern mußten von Spezialisten gebrochen und veredelt werden. Und doch führte die Massenproduktion dazu, daß schließlich auch die Bürger an Metallwaffen kamen und sich gegen die Elite erheben konnten, die über Pferde und Streitwagen verfügte. Als für Ritter und Pferde die Rüstung und der eiserne Steigbügel erfunden wurden, war der Bauernarmee wieder einmal die Wirkung genommen. Um Rüstungen anzufertigen, mußten Schmieden und geschickte Handwerker unterhalten werden – und das konnten sich nur die Militärs leisten.

Die Entwicklung der Armbrust und des Langbogens – mit dem die englischen Truppen 1415 in der Schlacht von Azincourt die berittenen Franzosen in ihren Rüstungen vernichtend schlugen – stellte die Überlegenheit der Bauernarmee über die Kavallerie wieder her. Als dann kleine Feuerwaffen und später Geschütze aufkamen, war dem Individuum erneut der Zugang zu den wirkungsvollen Waffen abgeschnitten. Die Produktion von Geschützen war Sache einer Schwerindustrie, und ihr Einsatz erforderte eine große Zahl von Pferden und Männern, die die Waffen bedienen und die schweren Geschosse und das Schießpulver transportieren mußten. Von da an blieb das ganze Kriegsgerät ausschließlich im Besitz nationaler Regierungen und der mit ihnen verbündeten Industrien, die es herstellten.

Die verstädterte Gesellschaft schuf soziale Einheiten von einer Größe und Vielschichtigkeit, die für Nahrungsmittelproduzenten unvorstellbar gewesen sein müssen. Die Gesellschaft spaltete sich in Herrscher und Beherrschte, Mächtige und Schwache, Reiche und Arme. Eine einschneidende Veränderung betraf auch den Status der Frau. Solange Frauen Sammlerinnen oder einfache Nahrungsproduzentinnen waren, teilten sie sich den Nahrungserwerb gleichmäßig mit den Männern. In einer urbanen Kultur hatten die Frauen jedoch kaum eine andere Aufgabe, als immer wieder für Nachkommen zu sorgen, der Stadt Soldaten zu gebären und die Arbeiter zu ersetzen, die laufend Krankheiten und unhygienischen Lebensbedingungen zum Opfer fielen. So wie mit der Erfindung des Pfluges der Grabstock der Frauen aus der Mode kam, so gewannen die Kriegsgötter wie Mars und der ägyptische Ptah, der «glorreiche Städtegründer», neben den Fruchtbarkeitsgöttinnen an Bedeutung.

Der Aufstieg der Städte brachte auch eine neue Art von zwischenmenschlichen Beziehungen mit sich, die eine hohe Bevölkerungsdichte zuließen. Es war nicht mehr möglich, sich nach Auseinandersetzungen einfach abzusetzen, wie das bei den Jägern und Sammlern üblich war. Menschen, die auf so engem Raum zusammenlebten, mußten lernen, miteinander auszukommen, und so setzten sich neue Verhaltensnormen durch, darunter Höflichkeit und gegenseitige Rücksichtnahme. Zum Teil war dieser große soziale Umbruch darauf zurückzuführen, daß bestimmte Individuen einen unverhältnismäßig großen Anteil an der politischen Macht in Händen hielten. Was zunächst nur ein geringfügiger politischer Vorteil gewesen sein dürfte, wandelte sich bald zu einem neuen Konzept: die Gottähnlichkeit des Herrschers, der Herrschaftsanspruch einer Regierung auf ein durchorganisiertes Territorium, politische und religiöse Bürokratie, ein stehendes Heer zur Sicherung der Autorität und die Vererbung von Reichtum und Macht wurden etabliert. Das erwünschte Verhalten wurde in Form von Gesetzen von oben verordnet, wogegen in weniger komplexen Anpassungsformen Bräuche und soziale Zwänge als Ordnungsfaktoren ausgereicht hatten. Urbane Gesellschaften, in denen persönliche Beziehungen zu Verwandten und vertrauten Nachbarn drastisch reduziert sind, erfordern wohlformulierte Gesetze, die der Bevölkerung die Folgen alternativer Handlungsweisen deutlich vor Augen halten. So konnte beispielsweise ein Gesetz dem Bauern eine bestimmte Strafe androhen, wenn er seine Pacht nicht bezahlte, aber es mußte dem Bauern andererseits auch versichern, daß er bei Bezahlung der Pacht weiterhin mit seiner Familie unter dem Schutz des Staates stehe. Die Gesetze waren im Altertum bemerkenswert präzise. Vor etwa 3250 Jahren legte Moses als Gesetzgeber den Juden sowohl die Zehn Gebote vor als auch das dritte, vierte und fünfte Buch der Bibel, die sich mit fast jedem vorstellbaren Aspekt des Verhaltens zu jener Zeit befaßten.

Gesetze können nur wirksam werden, wenn sie allen betroffenen Menschen auf eine unzweideutige Weise bekanntgegeben werden. Am besten läßt sich das erreichen, wenn die Gesetze in schriftlicher Form vorgelegt werden. Mit der Zeit entwickelten oder übernahmen alle großen Kulturen eine Schrift, zunächst zur Aufzeichnung wirtschaftlicher Transaktionen; doch schon bald wurde die Schrift benutzt, um Gesetze und administrative Entscheidungen dauerhaft festzuhalten. Die Inkas verwendeten für beides ein System zur Gedächtnisstütze, das sich keiner Schriftzeichen sondern einer Reihenfolge von Knoten in farbigen Schnüren, den *quipus*, bediente. Das System kam fast sofort nach der Eroberung von Peru durch Pizarro außer Gebrauch, so daß nichts Näheres darüber bekannt ist. Zumindest einige der *quipus* repräsentierten höchstwahrscheinlich ein Dezimal-Zahlensystem. Die Plazierung der Knoten an verschiedenen Stellen und die Verwendung verschiedenfarbiger Schnüre hatten wahrscheinlich auch stereotype verbale Bedeutungen. Man weiß, daß die Inkas bürokratische Entscheidungen sehr rasch in ihrem ganzen Reich zu verbreiten wußten, und das kann eigentlich nur durch Informationen geschehen sein, die in den *quipus* enthalten waren.

Die den Menschen in westlichen Gesellschaften vertrauteren Schreibsysteme entstanden in einem Bereich, der sich in einem weiten Bogen von Mesopotamien durch den nördlichen Nahen Osten bis nach Ägypten im Süden erstreckte. Zunächst, vor etwa

5000 Jahren, bestanden diese Systeme nur aus Piktogrammen – d. h. realistischen Symbolen: die vergröberte Darstellung eines Hauses verkörperte das tatsächliche Haus. Doch schon bald danach kam es zu einer neuen Entwicklung: Ideogramme oder Begriffssymbole, die piktographische Elemente verwendeten, um Abstraktionen auszudrücken. Während in einer einfachen Piktographie ein Kreis vielleicht die Sonne darstellt, kann in einer ideographischen Schrift dieser Kreis auch mehr bedeuten: Hitze, Licht, eine mit der Sonne assoziierte Gottheit oder das Wort *Tag*. Die Ägypter erweiterten schließlich dieses duale System durch die Einführung einiger Symbole, die Lautwerte verkörperten; aber auch so blieben ihre Hieroglyphen unbeholfen und konnten Informationen nur begrenzt weitergeben. Ein dem ägyptischen ähnliches System entwickelte sich früh in China und wird mit gewissen Abwandlungen noch heute verwendet; es kann sowohl wissenschaftliche Daten als auch die Feinheiten des poetischen Ausdruckes vermitteln.

Die Phönizier und andere semitisch sprechende Völker erfanden vor ungefähr 3500 Jahren ein rein phonetisches Alphabet anstelle der Kombination aus Piktogrammen, Ideogrammen und Lautzeichen. Das Wort *Alphabet* geht übrigens auf die beiden ersten Buchstaben des semitischen Alphabets zurück, *aleph* und *beth*, von den Griechen später *alpha* und *beta* genannt. Die Griechen verbesserten das semitische Alphabet, indem sie die vorher stillschweigend mitverstandenen Vokale ausschrieben. Die Römer schließlich wandelten zu ihrer Zeit das griechische Alphabet so ab, daß es zu ihrer eigenen gesprochenen Sprache paßte. In dieser Form wurde es dann von den meisten Völkern in Europa und in vielen Teilen der Welt übernommen. Der Verbreitung der Schrift nachzuspüren, ist eine faszinierende Beschäftigung für einen Wissenschaftler, aber eben diese Faszination hat gelegentlich vergessen lassen, welche Bedeutung dem Schreiben als einem Meilenstein in der Geschichte des Menschen zukommt. Zum erstenmal konnten Wissen und Erfahrung in eine Form gebracht werden, die über die Lebensspanne eines einzelnen Sprechers und der seiner Zuhörer hinaus weiterbestehen würde. Gesprochene Laute verlieren sich fast augenblicklich, und die Erinnerung an gesprochene Worte stirbt mit dem Zuhörer – doch in geschriebener Form leben diese Worte weiter und halten Ereignisse aus der Vergangenheit so frisch und lebendig, als spielten sie sich heute ab.*

In der Stadt des Altertums hatte jedes Individuum – wie heute – seine genau festgelegte Stelle als Dienstbote, Handwerker, Kaufmann, Beamter oder Mitglied der religiösen Hierarchie. Diese berufliche Spezialisierung war etwas ganz anderes als die Arbeits-

und Lebensweise der Jäger und Sammler, von denen jeder etwa gleich qualifiziert war, zu jagen, zu fischen, Feuersteine zu bearbeiten, Fallen herzustellen, Wurzeln auszugraben und zu tun, was eben die Umstände verlangten. Daß ein Mensch Jahr um Jahr ein und dieselbe Arbeit tun kann, wäre für die meisten Jäger und Sammler unvorstellbar gewesen; bis heute widersetzen sie sich einer spezialisierten Tätigkeit, wenn fremde Ausbeuter sie dazu zwingen oder überlisten wollen. Nur wenige der in Amerika heimischen Stämme, ob es nun Jäger und Sammler oder Nahrungsproduzenten waren, stellten ihren europäischen Eroberern Arbeiter, die bereit gewesen wären, immer gleiche Aufgaben nach einem festen Plan zu erledigen – und so holten sich die Europäer Sklaven aus komplexeren afrikanischen Gesellschaften, wo die Menschen längst gelernt hatten, gezielte Arbeiten für andere zu verrichten. In den urbanen Kulturen des Altertums waren die Leute erfolgreich, die sich auf eine bestimmte Tätigkeit spezialisiert hatten, denn sie brachten es darin zu einer Meisterschaft, die ohne diese Beschränkung nicht möglich gewesen wäre. Die Entwicklung des Spezialistentums erhöhte die Produktion um ein Vielfaches – und führte zu Neuerungen, die wahrscheinlich die direkte Folge von Ideen waren, wie sie

Die Entwicklung eines Schreibsystems
Vor etwa 2800 Jahren errichtete König Mesha von Moab ein gewaltiges Monument aus Stein zur Erinnerung an seinen Sieg über die Königreiche Israel und Juda. Die Inschrift auf diesem Stein bietet das Beispiel eines frühen (wenn auch nicht des frühesten) semitischen Alphabets. Unsere Darstellung zeigt in der ersten Zeile die Inschrift im Original; sie wird, wie in semitischen Sprachen üblich, von rechts nach links gelesen. In der zweiten Zeile ist die Botschaft umgedreht und nun von links nach rechts zu lesen. Die nächste Zeile ist die Übertragung der semitischen Lettern in das moderne Alphabet. Die vierte Zeile enthält zusätzlich die ungeschriebenen Vokale, um die Aussprache deutlich zu machen, und als letzte Zeile folgt die Übersetzung ins Deutsche.

nur einem Handwerker einfallen konnten, der es gewohnt war, ein einziges Produkt herzustellen. Eine weitere Folge war die Entstehung von Stadtbezirken, in denen jeweils ein bestimmtes Handwerk ausgeübt wurde und wo sich besondere Verhaltensregeln und Normen für die Lebensführung durchsetzten. Sumer, Babylon, Athen, Rom und andere frühe urbane Kulturen hatten alle ihre besonderen Distrikte, wie wir sie aus unseren modernen Städten kennen: in New York die Zusammenballung von Theatern am Broadway, die Kunstgalerien an der 57. Straße, die Finanzwelt der Wall Street, die Werbeagenturen an der Madison Avenue, in London die Zeitungen in der Fleet Street und die Arztpraxen in der Harley Street.

Der Aufstieg der Stadt setzte neue Schwerpunkte im Verhalten der Menschen. Die Jäger und Sammler hatten vor allem anderen eine enge Beziehung zu ihrer gesamten Umwelt. Diese ökologische Beständigkeit wurde beibehalten, als sich die Menschen der Nahrungsmittelproduktion zuwandten, auch wenn nun der technologische Aspekt mehr Gewicht erhielt. Das Interesse galt einigen bevorzugten Domestikanden und nicht mehr der gesamten Umwelt. Die Verstädterung rückte ein Verhältnis in den Vordergrund, das bis dahin noch kaum entwickelt war: das Verhältnis von Mensch zu Mensch. Mit anderen Worten, das urbane Leben wird nicht so sehr von ökologischen oder technischen als von sozialen Beziehungen geprägt. Soziale Fertigkeiten, mit denen sich die Harmonie in Jäger-Sammler-Gruppen und im einfachen Bauerndorf aufrechterhalten ließ, genügten nun nicht mehr. Die in der Stadt lebenden Menschen waren von ihrer sozialen Umwelt nicht weniger abhängig als vorher die Jäger und Sammler von ihrer naturgegebenen Umwelt. Gewalttätigkeiten als Folge von Streitereien oder Familienfehden waren nun von oben verboten. Die religiöse Hinwendung galt nicht mehr privaten Hausgöttern, sondern bestand nun in einer öffentlichen Huldigung an die Götter, die gerade verehrt wurden.

Zum erstenmal in der Geschichte der Menschheit beherrschte eine sehr kleine Minderheit nicht nur die Mehrheit derjenigen, die in der Stadt lebten, sondern auch diejenigen, die in den flächenmäßig größeren umliegenden Gebieten lebten. Bevor es Städte gab, war die Geschichte des Menschen anonym gewesen. Niemand kennt die Namen der Entdecker des Feuers oder jener Cro-Magnon-Menschen, die die Höhlenwände bemalten. Doch seit dem Aufstieg der Stadt hält die Geschichte die Namen einer kleinen Minderheit in Erinnerung, während die überwiegende Mehrheit der Menschen in der gleichen Anonymität dahinlebt wie vorher. Wer sich die großen Kulturen der Vergangenheit vorzustellen sucht, denkt als erstes an Babylon, Jerusalem, Athen, Alexandria, Rom und die anderen großen Städte. Dabei lebten in einer solchen Stadt fast nie mehr als zehn Prozent der Menschen aus dem betreffenden Kulturkreis, und oft waren es noch erheblich weniger. Wie sind wir überhaupt zu dieser falschen Einschätzung gekommen? Man kann es nur so erklären: die Geschichte ist von Leuten geschrieben worden, die in Städten lebten und das Leben schilderten, das sie kannten: das der herrschenden Schichten in den großen Zentren, nicht das Leben der ungebildeten, anonymen Bauern, die sich auf den Feldern abmühten.

Über Tausende von Jahren gab es für die Menschen, die unter wechselnden politischen Systemen und stark voneinander abweichenden Religionen lebten, keine wesentlichen Unterschiede in der äußeren Anlage ihrer Städte und in den Einrichtungen, die sie zur Verwaltung dieser Städte schufen. Nicht nur waren die antiken Städte im Nahen Osten äußerlich denen ähnlich, die später in Europa entstanden; sie waren ihren modernen Gegenstücken oft sogar in jedem Punkt überlegen. In den alten Städten waren die Straßen besser befestigt, Abwässerkanäle waren wirkungsvoller, die Wasserversorgung war sicherer und ergiebiger, Nachbarschaften wurden besser geplant, und öffentliche Gebäude und Monumente waren entsprechend größer. Mohenjo-Daro, vor etwa 5500 Jahren an den Ufern des Indus erbaut, war nicht weniger wohldurchdacht als das Paris Ludwigs XIV. Die Ähnlichkeit reicht vom Straßennetz bis zu den Aktivitäten, die sich hinter den Stadtmauern abspielten. Überall – ob im Nahen Osten oder im Industal, in China oder Europa – waren sich die Städte darin ähnlich, daß sie Zuwanderer aus ländlichen Gebieten absorbierten, eine breite wirtschaftliche Basis entwickelten, Güter herstellten und tauschten, ein berufliches Spezialistentum begünstigten, bürokratische Einrichtungen sowie ein einheitliches politisches System und eine Staatsreligion schufen.

Bis in die jüngste Vergangenheit blieb die Stadt das, was sie von Anfang an gewesen war: eine Ansammlung kleiner Dörfer mit Gärten und Haustieren, kleinen Werkstätten, Marktstraßen und den stattlicheren Häusern der Wohlhabenden, und das alles einträchtig nebeneinander. Die Leute im Viertel kannten einander, waren durch wirtschaftliche oder verwandtschaftliche Beziehungen miteinander verbunden, benutzten denselben Brunnen und wurden meist auf dem gleichen Friedhof begraben. Bis zu einem gewissen Grad ist diese Mischung und Vielfalt auch heute noch in manchen Städten Nordamerikas und Europas zu finden. So schrieb eine Volkswirtschaftlerin:

Reich und arm leben buchstäblich in benachbarten Straßen, ob in Chelsea [London] oder auf dem Montparnasse [Paris] oder in Brooklyn Heights [New York]. Es ist recht eigentlich das, was Dr. Johnson und James Boswell als das größte Geschenk der Städte ansahen – «die Gesamtheit des menschlichen Lebens in all seiner Vielfalt» – die Möglichkeit, verschiedene Kulturen und Erfahrungen zu vermischen und vielleicht sogar hinter all den Schrullen und Merkwürdigkeiten des menschlichen Verhaltens Spuren einer zugrundeliegenden gemeinsamen Menschlichkeit zu entdecken, die durch das Zusammenleben in derselben Gemeinde nicht gefährdet, sondern bereichert wird.*

Gewisse Stadtteile in New York, Boston, London und Paris haben in diesem weiter gesteckten Rahmen den Charakter des dörflichen Lebens aufrechterhalten. Und manche, wie Greenwich Village in New York, tragen sogar noch den alten Namen.

Jahrtausendelang wurden die Städte getreu nach dem alten Kanon erbaut – bis sich vor etwa hundertfünfzig Jahren unter dem Druck der Industrialisierung die eigentliche Vorstellung vom Stadtleben radikal zu verändern begann. Die neue Fabrikstadt – wie Manchester und Birmingham in England, Pittsburgh und Wilmington in den Vereinigten Staaten – war etwas völlig anderes. Entweder waren erst gar keine ehemaligen Dörfer ins Stadtbild eingebettet, oder aber der besondere Charakter dieser eingebetteten Dörfer wurde zerstört. Unterschiede durch Wohlstand und soziale Stellung hatte es in den urbanen Zentren immer gegeben, doch nun wurden sie mitsamt der Kluft zwischen den Klassen immer größer, bis es schließlich fast keine Kontakte mehr zwischen Fabrikbesitzern und Fabrikarbeitern gab. Ein Symptom für dieses Auseinanderwachsen waren die Vororte. So etwas hatte es noch nicht gegeben, ehe die Leute um 1790 anfingen, Manchester zu verlassen, um in frischer Luft, grüner Umgebung und offener Landschaft zu leben. Bis gegen Mitte des letzten Jahrhunderts war schließlich fast jede Industriestadt von Vororten umgeben, in denen die gerade zu Wohlstand gekommene Mittelschicht wohnte. Heute zeigt fast jede größere Stadt in den Industrienationen das gleiche Bild: die Armen leben im Schmutz und in engster Nähe der Industrieanlagen, oder sie bewohnen einen heruntergekommenen inneren Ring, bestehend aus ehemaligen Vororten, aus denen die Privilegierten längst weggezogen sind.

So hat sich in nicht mehr als ein- oder zweihundert Jahren und ungefähr 12000 Jahre nach den ersten dauerhaften Siedlungen des Menschen das eigentliche Wesen dieser Anpassung drastisch verändert. In dieser langen Zeit bis zum Beginn der industriellen Revolution im Jahr 1775 lebten etwa neunzig Prozent der Weltbevölkerung nicht in städtischen Niederlassungen sondern in kleineren Einheiten, in Weilern, Dörfern und Gehöften. Auch als die industrielle Revolution längst im Gang war, machte die Stadtbevölkerung immer noch erst fünfzehn Prozent der Gesamtbevölkerung aus. Doch 1960 kam schon auf zwei Landbewohner ein Stadtbewohner. Bis zum Jahr 2000 wird die Welt zweifellos mehr Stadt- als Landbewohner haben.

Nicht nur werden in immer rascherer Folge neue Städte gegründet; auch die älteren Städte werden immer größer. Vor Beginn des neunzehnten Jahrhunderts zählte eine große Stadt kaum mehr als 100000 Einwohner. Unter den wenigen Ausnahmen waren die Kaiserstadt Rom, die es einmal bis auf eine Million Menschen gebracht haben soll, und das chinesische Hankau, das nach Marco Polo im dreizehnten Jahrhundert mehrere Millionen Einwohner hatte. Zur Zeit der amerikanischen Revolution, die mit dem Beginn der industriellen Revolution in Europa zusammenfällt, waren Boston und Philadelphia die einzigen Städte, die auch nur auf 50000 Einwohner kamen. Dann begannen die Städte geradezu explosionsartig zu wachsen. Der Bevölkerung Londons war um 1820 auf etwa eine Million Menschen angewachsen. Im Jahr 1900 gab es elf solcher Städte, 1950 waren es 75, und 1985 werden es schätzungsweise etwa 275 sein.*

Wenn das Leben in den modernen Städten so anders aussieht als in den Städten des Altertums, so ist das in gewisser Weise auf diese Größe zurückzuführen. Nehmen wir einmal an, ein Stadtbewohner kann an einem Tag fünfzehn Kilometer in beliebiger Richtung zurücklegen: in seiner Reichweite liegt also ein Kreis mit einer Gesamtfläche von 706 Quadratkilometern. Nehmen wir weiter eine Bevölkerungsdichte von etwa 3000 Einwohnern pro Quadratkilometer an, was einer typischen amerikanischen Großstadt entspricht. An einem einzigen Tag könnte eine Person in einem solchen Großstadtbereich potentiell mit bis zu 2120000 Menschen in Kontakt kommen. Die Zahl der tatsächlichen Kontakte wird noch durch ein Phänomen erhöht, das die meisten Menschen intuitiv erfassen: das Leben vollzieht sich in der Großstadt tatsächlich in einem höheren Tempo als in kleineren Orten. Eine Untersuchung von fünfzehn Städten in sechs Ländern ergab, daß mit der Größe der Stadt auch die Schrittgeschwindigkeit der Menschen wächst. In Brooklyn gehen sie mit dem flotten Tempo von 1,5 Meter pro Sekunde und damit nur wenig langsamer als die Menschen im Herzen von Prag, die mit fast 1,8 Meter pro Sekunde durch die Stadt hetzen. In

Brooklyn und in Prag wohnen über eine Million Menschen. Im Gegensatz dazu bummeln die Dorfbewohner von Psychro in Griechenland (365 Einwohner) mit nur 0,8 Metern pro Sekunde, und in dem etwas größeren Corte in Frankreich (5500 Einwohner) liegt der Durchschnitt bei 1,0 Meter pro Sekunde.

Daß Menschen in großen Städten schneller gehen, scheint wenig mit ihrer nationalen Eigentümlichkeit oder Kultur zu tun zu haben. Die Erklärung liegt anscheinend in der menschlichen Reaktion auf die erhöhte Zahl von Kontakten in der Stadt. Die Leute scheinen zu glauben, daß sie mit schnelleren Schritten rascher durch das hektische Durcheinander kommen und nicht in die Angelegenheiten der anderen Passanten verwickelt werden. Dieses Verhalten ist jedoch nichts als eine Selbsttäuschung, da mit der höheren Schrittgeschwindigkeit lediglich die Zahl der Menschen wächst, mit denen man in einem beliebigen Augenblick in Kontakt kommt.*

Persönliche Kontakte sind in Städten nicht nur zahlreicher, sie sind auch von anderer Art. In einer kleinen Gemeinde hat man fast immer Kontakte mit Menschen, deren Verhalten und Gewohnheiten einem bereits vertraut sind, da man sie seit Jahren kennt. In großen Städten sind die Kontakte dagegen meist kürzer, weniger persönlich, dafür mehr von der Zweckmäßigkeit bestimmt. Leute, die in Städten leben, können die anderen Einwohner niemals so gut kennen, wie sie ihre Nachbarn in kleineren Siedlungen kennen würden. Und es dürfte auch gar nicht erstrebenswert für sie sein, denn sie würden sich quälenden Spannungen aussetzen, wenn sie versuchen wollten, sich mit den zahllosen Menschen, denen sie auf der Straße begegnen, emotional zu beschäftigen. Der einzig gangbare Weg im Umgang mit den ungezählten Fremden besteht also für den Stadtbewohner darin, von ihrer Rolle und nicht von ihrer Persönlichkeit Notiz zu nehmen. Die Person, die im Supermarkt an der Kasse sitzt, ist gewöhnlich nur ein anonymes Wesen, das den zu zahlenden Betrag ermittelt, und nicht etwa ein Geschöpf aus Fleisch und Blut mit einem vielleicht faszinierenden Privatleben außerhalb des Supermarkts.

Die Auseinandersetzung eines Stadtbewohners mit der großen Zahl von Menschen, denen er in der Regel begegnet, läßt an eine Analogie aus der Kybernetik denken: die Überlastung von Systemen oder die Unfähigkeit eines mechanischen oder elektrischen Systems, Inputs zu verarbeiten, die in zu rascher Folge eingehen. Ein überlastetes System paßt sich an, indem es Prioritäten setzt. So kann zum Beispiel Input A verarbeitet werden, während B zunächst zurückgestellt wird – und C muß vielleicht ganz aufgegeben werden. Das Leben in Großstädten bringt eine ständige Konfrontation mit Überlastungen, und es kommt unter anderem zu diesen Verhaltensanpassungen:

Achte nicht auf die Inputs mit geringer Priorität. Der Stadtbewohner spart sich seine Zeit und Energie für ein paar enge Freunde auf und weigert sich praktisch, die Existenz von Fremden wahrzunehmen, selbst wenn diese Hilfe brauchen.

Verlagere einige der Inputs auf andere Teile der sozialen Interaktion. Überforderte Busfahrer geben sich nicht mehr mit Wechselgeld ab; die Verantwortung für das genau abgezählte Geld wird auf den Fahrgast abgewälzt.

Blocke die Inputs ab, bevor sie in das System eindringen können. Viele Stadtbewohner entziehen sich störenden Telefonanrufen: Sie lassen den Hörer neben dem Telefon liegen, schalten einen Auftragsdienst ein oder lassen sich eine Geheimnummer geben.

Schaffe besondere Mechanismen, die Inputs einfangen. Wohlfahrtseinrichtungen kümmern sich um die Bedürftigen, damit diese nicht als Bettler Passanten auf der Straße behelligen.

Ignoriere gewisse Inputs ganz konsequent. Mitbürger werden oft streng in zwei Kategorien eingeteilt: in solche, die einem persönlich von Nutzen sein können, und solche, die man ohne Risiko ignorieren darf. Der Betreffende ist dann nicht bereit, sich mit Leuten einzulassen, die keinen persönlichen Anspruch auf seine Zeit und sein Engagement haben.*

Aus Tierexperimenten haben wir gelernt, daß Ratten, Mäuse und Kaninchen negativ auf Übervölkerung reagieren. Man hat angenommen, das träfe auch auf die Menschen zu, wenn sie zusammengepfercht in den Städten leben. Für eine schädliche Auswirkung auf Menschen gibt es jedoch bis heute keine klaren Beweise, und es sieht, alles in allem, danach aus, als habe die Übervölkerung keine negative Auswirkung. Ein Psychologe, der Erfahrungen der Menschen mit der Übervölkerung ausgewertet hat, kam zu folgendem Schluß:

> Erstens hat eine hohe Bevölkerungsdichte (Übervölkerung) generell keine negativen Auswirkungen auf Menschen... Sie führt nicht zu irgendwelchen körperlichen, geistigen oder sozialen Schädigungen. Menschen, die in einem sehr dichtbesiedelten Gebiet leben, sind genau so gesund, glücklich und produktiv wie andere, die in einem weniger dichtbesiedelten Gebiet leben. Zweitens hat eine hohe Bevölkerungsdichte zwar tatsächlich Auswirkungen auf die Menschen, aber ausschlaggebend sind andere Faktoren in der Situation. Unter gewissen Umständen macht eine

hohe Dichte die Menschen kampffreudiger und aggressiver, aber unter anderen Umständen hat sie den gegenteiligen Effekt. Sie kann Menschen freundlicher oder unfreundlicher machen. Und unter bestimmten Bedingungen sind die Reaktionen auch bei Männern und Frauen verschieden.*

Solche Ergebnisse scheinen dem gesunden Menschenverstand völlig zuwiderzulaufen, doch die Angst vor Großstädten geht zum großen Teil auf eine falsche Interpretation der Statistik zurück. Die Statistik sagt, in den Vereinigten Staaten sei die Verbrechensquote in großen Städten fünfmal höher als in kleinen Städten, und sie sei in Städten generell elfmal höher als in ländlichen Gebieten. Schwerverbrechen ereignen sich zwar am häufigsten in Gebieten mit hoher Bevölkerungszahl, aber das ist nicht das gleiche, als ob man sagt: sie ereignen sich in dichtbevölkerten Gebieten. Die Bevölkerungsdichte in den hundert größten Metropolen der Vereinigten Staaten weist gewaltige Unterschiede auf: sie reicht von 15 Einwohnern pro Quadratkilometer bis zu 5000. Man kann daher keine generellen Aussagen über Verbrechen in «übervölkerten» Städten machen. Aber offenbar spielt die Bevölkerungsdichte im Zusammenhang mit der Kriminalität eine geringere Rolle als der gesellschaftliche und wirtschaftliche Status. Nachbarschaften, die den annähernd gleichen sozio-ökonomischen Status aufweisen, haben auch ungefähr die gleiche Verbrechensquote, selbst wenn die eine Nachbarschaft dicht bevölkert ist und die andere nicht. Man möchte annehmen, daß in übervölkerten Gebieten pro Kopf mehr Verbrechen gegen Menschen (wie Mord, tätlicher Angriff und Vergewaltigung) begangen würden, aber auch das trifft nicht zu. Nachbarschaften, die am dichtesten bevölkert sind, haben auch keine höhere Quote an Kindersterblichkeit, Geisteskrankheiten, Geschlechtskrankheiten oder sonstigen pathologischen Befunden im Vergleich zu anderen Gebieten, in denen erheblich weniger Menschen auf den Quadratkilometer kommen.

Etwas scheinen Städte jedoch an sich zu haben, das gewisse antisoziale Verhaltensweisen fördert. Nach 1964 ist der Begriff der «Zuschauergleichgültigkeit» zum soziologischen Gemeinplatz geworden. Anlaß war der Mord an Kitty Genovese in New York. Als sie vor dem Mietshaus, in dem sie wohnte, angegriffen wurde, lockten ihre Entsetzensschreie 38 Leute in der Nachbarschaft an die Fenster. Über eine halbe Stunde lang kämpfte sie mit dem Mörder, doch in der ganzen Zeit kam ihr nicht einer der Nachbarn zu Hilfe, ja, man machte sich nicht einmal die Mühe, die Polizei zu rufen. Dieses totale Versagen des menschlichen Mitgefühls wirft zwangsläufig die Frage auf: Warum griff niemand ein? Es gab viele Erklärungen: Apathie, Angst, mangelnde Anteilnahme und die Entpersönlichung des Großstadtlebens. Jede dieser Erklärungen enthält ein Körnchen Wahrheit, aber die ganze Antwort ist sicher komplizierter.

Die meisten Menschen glauben, mit der Zahl der Zuschauer steige auch die Wahrscheinlichkeit, daß wenigstens einer von ihnen im Notfall zu Hilfe käme. Untersuchungen der Reaktionen von Augenzeugen eines heftigen häuslichen Streites, eines Raubüberfalls oder eines Brandes haben genau das Gegenteil ergeben. Ist in einer solchen Situation nur ein einziger Zuschauer zugegen, so ist die Entscheidung einfach: Der Zuschauer handelt oder er handelt nicht. Schaut aber eine ganze Menschenmenge zu, verteilt sich die Verantwortung auf viele. Jeder in der Menge nimmt an, irgendeiner werde schon etwas tun. Die unvermeidliche Folge ist, daß keiner etwas tut. Es gibt noch einen Grund für die Passivität der Augenzeugen: wer eingreift, zahlt einen hohen Preis und hat kaum Nutzen davon. In der Tat sind die Kosten gewöhnlich sehr hoch, denn man begibt sich in Gefahr und verliert überdies eine Menge Zeit. Wer einem Mitbürger, der tätlich angegriffen wird, zu Hilfe eilt, muß damit rechnen, ebenfalls angegriffen zu werden. Zudem wird er später vor der Polizei, vor Anwälten und Richtern als Zeuge aussagen müssen, und der Fall könnte sich jahrelang durch Vernehmungen, Verfahren und Berufungsverhandlungen schleppen. Der Lohn für ein so risikoreiches Engagement ist entmutigend gering. Wenn, wie im Fall Genovese, überhaupt niemand eingreift, so kommt das vielleicht in die Schlagzeilen; entschließt sich aber jemand einzugreifen, so findet das in der Regel kein ebenso nachhaltiges positives Echo. Genaugenommen besteht der einzige Lohn, den der eingreifende Zuschauer erwarten kann, in einem Dankeschön. In Jäger-Sammler-Gesellschaften oder in einem Bauerndorf stehen Kosten und Gewinn in einem ganz anderen Verhältnis zueinander. Eine Hilfeleistung lohnt sich: der Betreffende gewinnt an Prestige, man rühmt seine Tapferkeit, und er kann sich die Verwandten seines Schützlings zu Verbündeten machen, auf deren Unterstützung er künftig bauen kann.*

Das urbane Dasein hat ein wesentliches Evolutionsmerkmal der Hominiden schon fast in sein Gegenteil verkehrt: die Fähigkeit, sein Verhalten den gegebenen Umständen anzupassen. Mehrere Millionen Jahre lang hatte sich unsere Spezies nicht spezialisiert. So konnten die Menschen ohne weiteres Verhaltensweisen, die überholt waren, ablegen und bei Bedarf neue entwickeln. Die Individuen jedoch, denen die Anpassung an das Stadtleben gelang, hatten sich auf einen spezialisierten Lebensstil festlegen müssen. In der Zeit vor der Industrialisierung wurden in den meisten urbanen Gesellschaften Handwerker, noch bevor sie erwachsen waren, als Lehrlinge in einem ererbten Beruf ausgebildet. Die physischen Merkmale der Stadtbewohner wurden dadurch ebenso sehr zu einem Markenzeichen ihres Berufs wie die Kleidung, die sie trugen: die stämmigen Beine des Soldaten, der massige Oberkörper und die kurzen, kräftigen Beine des Schmieds, der Buckel und der gebeugte Nacken des Schneiders oder Goldschmieds. Auch bestimmte Fähigkeiten der Sinnesorgane, die für Jäger und Sammler wertvoll gewesen waren, veränderten sich, als sie in der Stadt keine große Rolle mehr spielten. Stadtbewohner können es mit der Sehschärfe und dem Hörvermögen der Buschmänner nicht aufnehmen, die in der Lage sind, vier Jupitermonde mit bloßem Auge zu erkennen und ein einmotoriges leichtes Flugzeug aus über hundert Kilometern Entfernung zu hören.

Die biologischen Folgen des Stadtlebens sind meist nicht so offensichtlich wie die sozialen Veränderungen. Nur wenige Leute haben eine Vorstellung davon, wie heftig Epidemien in den Städten – selbst in Industriestaaten – gewütet haben. Noch vor vielleicht hundert Jahren waren die Wasserleitungen in London so primitiv, daß Jauchegruben und Friedhöfe das Trinkwasser verunreinigten und auf diesem Wege in regelmäßigen Abständen Epidemien auslösten. In den städtischen Gebieten Englands lag die Sterblichkeitsquote um ein Drittel höher als in ländlichen Bezirken. Die höhere Bevölkerungsdichte und die zahlreicheren zwischenmenschlichen Kontakte in den Städten ließen Infektionskrankheiten hochschnellen: Cholera, Pocken, Mumps, Masern, Windpocken, Röteln und viele andere. Permanente Niederlassungen produzierten seit jeher mehr Abfall und schufen damit ideale Bedingungen für die Beulenpest, den Aussatz, den Hakenwurm und die Ruhr.

Viele der Infektionskrankheiten, die heute die Menschheit heimsuchen, traten erstmals mit dem Anwachsen der Städte auf, da sich diese Krankheiten immer dann ausbreiten und endemisch werden, wenn viele Menschen auf engem Raum zusammen leben, so wie das in Städten üblich ist. Salmonelleninfektionen, Typhus, «Lebensmittelvergiftungen» und andere Erkrankungen des Magen-Darm-Traktes grassieren wahrscheinlich nur unter Stadtbewohnern. Ein Jäger mag sich gelegentlich bei einem erlegten Tier mit Salmonellen angesteckt haben, aber die Bakterien haben dann wahrscheinlich nicht lange genug überlebt, um eine Epidemie auszulösen, denn während der kurzen Zeit, in der sie infektiös waren, kam es zu relativ wenigen menschlichen Kontakten. Erst als sich Städte mit einer hohen Bevölkerungsdichte und einer kommunalen Wasserversorgung entwickelten, konnten die Samonellen wirksam werden.

Eine der furchtbarsten Seuchen, die je unter Stadtbewohnern wütete, brach im Jahr 540 n. Chr. in Ägypten aus und breitete sich innerhalb weniger Jahre fast im ganzen Byzantinischen Reiche aus. 542 erreichte diese Beulenpest Byzanz, und bald stieg die Zahl der Toten pro Tag auf fast zehntausend. Man kam mit dem Ausheben der Gräber nicht mehr nach. So schnell breitete sich die Pest aus, daß ihr schätzungsweise die Hälfte der Bevölkerung des Reiches innerhalb von 25 Jahren erlag. Immer wieder kam die Seuche zurück und ließ im ganzen Reich keine größere oder kleinere Stadt aus, ehe sie schließlich um das Jahr 590 abflaute. (Interessanterweise starben nach zeitgenössischen Aufzeichnungen mehr Männer als Frauen – ein weiteres Beispiel dafür, daß die relative Sterblichkeitsziffer bei Männern höher ist, wenn beiden Geschlechtern die gleiche Lebensgefahr droht. In Kapital 10 wird mehr zu diesem Thema zu sagen sein.) Bevor die Pest das Reich überfiel, hatte Kaiser Justinian die Grenzen von Byzanz weit ausgedehnt und eine neue glanzvolle Ära eingeleitet. Als er 565 starb, hinterließ er ein Reich, das erheblich schwächer war, als er es bei seiner Thronbesteigung übernommen hatte. Städte und Dörfer waren verödet oder von ihren Bewohnern aufgegeben worden, die landwirtschaftliche Produktion war drastisch zurückgegangen, und eine Panikstimmung erfaßte das Reich, das sich gegen die Raubzüge von Hunnen, Slawen und Persern kaum mehr wehren konnte.

Noch verheerender als die «Pest des Justinian» war der «Schwarze Tod» zwischen 1346 und 1361. Diese Pestpandemie erfaßte ganz Europa; sie drang im Süden bis Afrika vor, im Osten bis China und im Norden bis in die skandinavischen Länder. Ein Augenzeuge der Epidemie von 1348 aus Avignon berichtete, nur ein Viertel der Bevölkerung habe überlebt. In einigen der dichtbevölkerten Gebiete Englands blieb kaum ein Zehntel der Menschen am Leben. Viele flohen aus den Städten und brachten die Pest aufs Land, aber bei der dünnen Besiedelung konnte sich die Krankheit, die nur anfangs einige Opfer forderte, nicht festsetzen. Ihre verheerende Auswirkung unter der skandinavischen Bevölkerung hat möglicherweise die europäische Kolonisierung der Neuen Welt beeinflußt. Erik der Rote hatte 936 einige Niederlassungen in Grönland gegründet, und von dort aus waren seine Nachfolger aufgebrochen, um in Kanada Kolonien zu gründen. Doch im vierzehnten Jahrhundert gelangte die Pest auch in diese Siedlungen und schwächte sie so sehr, daß sie den Angriffen der Eskimos und

Indianer nicht mehr gewachsen waren. Die letzten nordischen Ansiedlungen in der Neuen Welt verschwanden zu Beginn des fünfzehnten Jahrhunderts, und zurück blieben nur die Grundmauern und ein paar Eisenstücke.

Auch Viruskrankheiten wie Windpocken, Pocken, spinale Kinderlähmung, Masern und die gewöhnliche Erkältung hätten sich ohne die große Zahl zwischenmenschlicher Kontakte, die das Leben in der Stadt mit sich bringt, nicht ausbreiten können. Der Masernvirus braucht zum Beispiel eine Mindestzahl von Kontakten, die weit über dem liegt, was in kleinen, isolierten Jäger-Sammler-Gruppen oder in Gemeinschaften von Nahrungsmittelproduzenten möglich war. Der Virus braucht zum Überleben entweder eine so hohe Bevölkerungsdichte, daß stets eine ausreichende Anzahl Viren am Leben bleibt, oder aber er muß immer wieder durch bereits infizierte Individuen von außerhalb eingeführt werden. Beide Bedingungen finden sich meistens in dichtbevölkerten Städten, die laufend neue Zuwanderer aufnehmen. Epidemiologen fanden, daß der Masernvirus überleben kann, wenn die Bevölkerungszahl 300000 Personen übersteigt, und das bedeutet, daß jährlich mindestens 4000 bis 5000 Menschen angesteckt werden. Liegt die Bevölkerungszahl darunter, stirbt der Virus einfach aus. Wenige der antiken Städte in Mesopotamien, im Industal oder in China hatten auch nur 100000 Einwohner, und doch waren die Masern wahrscheinlich eine städtische Krankheit. Es ist damit zu erklären, daß viele dieser kleineren Städte durch Handelsbeziehungen, Kriege und Wanderbewegungen in regelmäßigem Kontakt miteinander standen, und damit war die Bevölkerungszahl hoch genug, um den Virus am Leben zu erhalten.*

Die Nachteile des Stadtlebens waren wahrscheinlich von Anfang an klar ersichtlich. Und doch wurden im Lauf der Jahrtausende immer mehr Städte gebaut, und die bereits bestehenden wuchsen weiter. Jedes Jahr strömen Landbewohner in allen Teilen der Welt in die Städte, um ihr Glück zu machen und dem unerträglichen Dasein des Bauern zu entkommen. Die Urbanisierung der Menschheit hat eine drastische Umverteilung der Weltbevölkerung mit sich gebracht. Bis zum letzten Jahrhundert machten die Stadtbewohner niemals mehr als fünf Prozent der gesamten Bevölkerung unseres Planeten aus. Noch im Jahr 1800 lebten nur 2,5 Prozent der Weltbevölkerung in Städten von 20000 Einwohnern oder mehr. Dieser Prozentsatz stieg inzwischen auf das Elffache. Niederlassungen mit über 100000 Einwohnern entwickelten sich zuerst vor mehreren tausend Jahren im Mittelmeerraum. Städte mit über einer Million Menschen gab es erstmals um das Jahr 1800; nur 150 Jahre später gab es Städte mit über zehn Millionen Einwohnern. Zahlreiche Städte in den Entwicklungsgebieten Asiens, Afrikas und Lateinamerikas könnten innerhalb der nächsten zwei Jahrzehnte die Zwölfmillionenmarke überschreiten: Mexico City, São Paolo, Buenos Aires, Rio de Janeiro, Lima, Bogotá, Kairo-Gizeh, Teheran, Karatschi, Neu-Delhi, Bombay, Kalkutta, Shanghai, Peking, Seoul, Bangkok, Manila und Djakarta. Die meisten dieser Städte sind heute schon aufs Äußerste übervölkert und nicht in der Lage, die Einwohner mit dem Notwendigsten zu versorgen. Fast jeder zehnte der in Kalkutta lebenden Menschen verbringt die Nächte auf der Straße; annähernd die Hälfte der Bevölkerung muß ohne Anschluß an die Kanalisation auskommen. Und doch strömen Tag für Tag Neuankömmlinge in diese Städte, bereit, die Gewißheit der Armut und des Hungers in ländlichen Gebieten gegen die ungewissen Aussichten des Stadtlebens einzutauschen.

Das Wachstum der Städte in den Vereinigten Staaten ist noch drastischer. Bei der ersten Volkszählung im Jahr 1790 betrug der Anteil der Stadtbewohner an der Gesamtbevölkerung nur 5 Prozent; heute sind es etwa 75 Prozent. Im Jahr 1800 hatte keine einzige Stadt in den Vereinigten Staaten mehr als 100000 Einwohner. Philadelphia und New York waren Kleinstädte, gemessen an London mit 800000 und Paris mit 500000 Einwohnern. Nur sechzig Jahre später war New York City (selbst ohne Brooklyn) die drittgrößte Stadt der Welt nach London und Paris, und Philadelphia hatte bereits mehr Einwohner als Berlin. 1880 gab es schon fast zwei Dutzend amerikanische Städte, in denen über 100000 Menschen lebten. Später kam es natürlich auch in gewissen Zentren der Vereinigten Staaten dazu, daß die Grenzen der einen Stadt auf die der nächsten stießen, und so entstanden Megalopolen mit Zehnmillionen von Einwohnern.

Weil Krankheiten und Hungersnöte in Städten mehr Menschenleben kosteten als anderswo, konnten sie sich nur vergrößern, indem sie fortlaufend Zuwanderer anzogen. Es war ein stets gleichbleibender Prozeß: das Land produzierte die Menschen, und die Stadt verbrauchte sie. Aus armen Landbewohnern wurden fast immer arme Stadtbewohner. Die Geschichte der Städte in den Vereinigten Staaten als Aufnahmestationen neuer Zuwanderer unterscheidet sich kaum von der anderer Städte zu anderen Zeiten und in anderen Ländern. Bis zu dem nicht weit zurückliegenden Zeitpunkt, als in den Städten die Zahl der Geburten die Säuglingssterblichkeit übertraf, kam das Wachstum der amerikanischen Städte nicht aus diesen selbst, sondern war die Folge des Zustroms von Landbewohnern.

Schwarze Amerikaner aus dem ländlichen Süden begannen zum Beispiel gleich nach dem Ersten Weltkrieg, auf der Suche nach Arbeit in die Städte im Norden zu strömen. Armut und Diskriminierung zwangen sie, in verwahrloste und überfüllte Behausungen zu ziehen, die eben erst von den vor ihnen aus anderen Gebieten Zugezogenen verlassen worden waren. 1910 lebten noch fast 75 Prozent der schwarzen Amerikaner im ländlichen Süden, doch die Umsiedlung ging so rasch vor sich, daß nur fünfzig Jahre später fast ebenso viele im Einzugsgebiet der Städte lebten.

In den meisten städtischen Gebieten kann der Bevölkerungszuwachs aus zwei Gründen nicht auf natürlichem Wege in den Städten selbst erfolgen. Das liegt einmal an der hohen Säuglingssterblichkeit als Folge unhygienischer Lebensbedingungen. Die Zuwanderer in den Slums versuchen vergeblich, ihre gewohnte, ländliche Lebensform auf die neue Umgebung zu übertragen. Die Abfallbeseitigung pflegt in ländlichen Gegenden keine größeren Probleme aufzuwerfen. Wenn man Abfälle aus einem Bauernhaus durch die Hintertür auf den Hof wirft, werden sie umgehend von Schweinen, Hühnern und Hunden beseitigt. Wenn man aber in der Stadt so verfährt, finden sich Ratten, Kakerlaken und Krankheitserreger ein. Der zweite Grund ist, daß es in den meisten Städten der Welt einen starken Überhang an Männern gibt, insbesondere an Männern im fortpflanzungsfähigen Alter zwischen zwanzig und vierzig Jahren. Diese Verzerrung des normalen Gleichgewichts der Geschlechter wird durch die männlichen Landbewohner bewirkt, die in Scharen auf Arbeitssuche in die Städte strömen und hoffen, sie könnten irgendwann ihre Frauen nachkommen lassen. Die meisten von ihnen kommen auch in der Stadt nie aus der Armut heraus, und so bleiben die Frauen auf dem Lande – mit dem Ergebnis, daß die Geburtenziffer in der Stadt sinkt und daß es in den von den jungen Männern verlassenen ländlichen Gebieten zu sozialen Spannungen kommt.*

Eine rasche Verstädterung durch Zuwanderer bringt unweigerlich Belastungen für die gesamte soziale Ordnung. Der typische Zuwanderer kommt aus einer homogenen Gesellschaft, deren Verhaltensregeln er sich unbewußt seit der Kindheit angeeignet hat. In der Stadt sehen sich Neuankömmlinge jedoch einer verwirrenden Vielfalt von Bräuchen gegenüber, die Zuwanderer aus anderen Orten mitgebracht haben. Sie geraten in eine unbekannte Welt mit nur wenigen familiären Bindungen, unpersönlichen Kontakten zu Fremden und Verhaltensregeln, die oft willkürlich scheinen. Das alles spielt sich vor dem Hintergrund eines allgemeinen Wirrwarrs und Gedränges ab. Die Zuwanderer müssen sich schnell an die ungewohnten Umstände anpassen, wenn sie sich ihren Lebensunterhalt verdienen wollen; doch sie haben nicht die Voraussetzungen für die in der Stadt anfallenden Arbeiten, sind fast immer Analphabeten oder Beinahe-Analphabeten und nicht an eine geregelte Arbeitszeit gewöhnt. Und als wäre das alles noch nicht entmutigend genug, stoßen die Zuwanderer zum erstenmal auf den augenfälligen Unterschied zwischen Besitzenden und Besitzlosen. Die Unterschiede fallen in ländlichen Gegenden nicht so stark auf und sind auch gewöhnlich, wie Soziologen sagen, keine «empfundenen Unterschiede», da die Menschen, mit denen man zu tun hat, genauso arm sind. In der Stadt bekommen die Zuwanderer jedoch die Ungleichheiten intensiv zu spüren, und dieses Gefühl steigert noch ihre Trübsal, ihre Frustration und ihre Unrast.

Zu Beginn dieses Kapitels war von der Entstehung der ersten Städte die Rede, die ihren Einwohnern wie eine ganze Welt vorgekommen sein müssen. 10000 Jahre danach wird die ganze Welt mehr und mehr zu einer einzigen Stadt. Ein großer Teil dieses Kapitels beschäftigte sich mit dem Elend und den düsteren Umständen, die die urbane Kultur dem Menschen gebracht hat. Paradoxerweise hat mit der zunehmenden Verstädterung der Welt auch der Argwohn gegen die Stadt zugenommen. Vor allem Personen in den Vereinigten Staaten, die durch ihre Position mit den Angelegenheiten der Städte befaßt waren, begegneten der urbanen Welt oft mit Mißtrauen. 1787 schrieb Thomas Jefferson an James Madison: «Ich glaube, unsere Regierungen werden auf Jahrhunderte hinaus unbescholten bleiben, solange sie überwiegend landwirtschaftlich orientiert sind; und das wird der Fall sein, solange es noch in irgendeinem Teil Amerikas unbebautes Land gibt.» Diese Einstellung hat sich bis in unser Jahrhundert gehalten. Frank Lloyd Wright schrieb vom Stadtmenschen: «... ist er erst einmal richtig verstädtert, so hat der Bürger längst das eigentliche Ziel des normalen menschlichen Daseins aus den Augen verloren. Er hat nicht nur Ersatzwege akzeptiert, sondern auch Ersatzziele und -zwecke.»*

Dennoch wollen wir über die Krankheit der Städte, die heute die geistige Kraft der ganzen Menschheit schwächt, hinausblicken und die positiven Auswirkungen des urbanen Daseins betrachten. In den Städten war die Spezies Mensch zum erstenmal in der Lage, ihre physikalische Umwelt zu kontrollieren. Überschwemmungen wurden in Kanäle geleitet, Wasser wurde für Trockenzeiten gespeichert, wetterfeste Unterkünfte wurden geschaffen, und Straßenlaternen machten die Nacht zum Tage. Ein Netz von Verkehrswegen wurde gebaut, auf dem sich die Menschen – und mit ihnen ihre Ideen und Neuerungen – rasch bewegen konnten. Die urbanen Kulturen schufen, bei allen Nachteilen, ein soziales Rechtsgefüge, mit dessen Hilfe die Menschen überhaupt erst in so großer Zahl relativ einträchtig zusammenleben konnten. Die Stadt hat die Skala menschlicher Aktivitäten erweitert. Mit der Errichtung von Bibliotheken, Archiven und Museen war die Stadt in der Lage, die immer rascher wachsende Summierung menschlichen Wissens zu speichern und künftigen Generationen unversehrt weiterzugeben. Die Stadt hat zufallsbedingte menschliche Aktivitäten aufgegriffen und ihnen Form und Richtung gegeben. Aber sie hat in erster Linie menschliche Energie in eine komplexe Kultur umgewandelt und damit neue soziale Einrichtungen geschaffen.

Doch die urbane Lebensweise ist an einem Punkt angelangt, wo sie dem Menschen im Kampf ums Überleben keine Vorteile mehr bietet. Wir sind unentwegt mit unwichtigen Flickarbeiten beschäftigt und wollen urbanen Problemen mit Planung, mit Bebauungsrichtlinien und Städtesanierungsmaßnahmen zu Leibe rücken, obschon es möglicherweise für die Krankheiten der Stadt nur eine erfolgversprechende Therapie gibt: die überholte Idee der Stadt selbst über Bord zu werfen. Es liegt auf der Hand, daß wir nicht wieder zu Jägern und Sammlern oder zu primitiven Ackerbauern werden können. Etwas Neues ist vonnöten, etwas, das man sich vor einem halben Jahrhundert noch kaum hätte vorstellen können. Wir sind bereits im Begriff, die nächste menschliche Anpassung zu entwickeln: die Modernisierung.*

9. Die moderne Welt: auf dem Weg zur totalen Verstädterung

Gegen Ende seines Lebens äußerte sich Henry Adams – Historiker, Romancier und direkter Nachkomme von Präsidenten und Staatsmännern – über die Veränderungen, die er erlebt hatte. Er fühlte sich dem neuen technischen Zeitalter nicht mehr gewachsen, denn zu Beginn des zwanzigsten Jahrhunderts «... war eine Erziehung des 19. Jahrhunderts so wertlos und irreführend, wie die Erziehung des 18. Jahrhunderts für ein Kind von 1838 [Adams' Geburtsjahr] war».* Innerhalb von etwa hundert Jahren hatte sich das menschliche Leben in all seinen Aspekten stürmischer und umfassender verändert als in den davor liegenden 10000 Jahren. So rasch geht dieser Wandel vor sich, daß dem einzelnen die vertraute Welt der Jugendzeit bereits fremd geworden ist, wenn er die Fünfzig überschritten hat. Die Unfähigkeit, mit einer dynamischen Gesellschaft fertig zu werden, ist eine entscheidende Ursache für die Verwirrung und Unzufriedenheit überall um uns her: soziale Reibungen, das Auseinanderbrechen der Familie, der Generationenkonflikt. Allenthalben vollzieht sich ein tiefgreifender Wandel. Keine Völkergruppe, weder die Eskimos nördlich der Hudson Bay noch die bodenständigsten Bauern in Indien, blieben von den außergewöhnlichen Veränderungen dieses Jahrhunderts unberührt. Einst suchten die Philosophen die ideale Gesellschaft in einem «Goldenen Zeitalter», das in der Vergangenheit lag; später neigte man der Ansicht zu, die ideale Gesellschaft würde – wenn überhaupt – irgendwann in der Zukunft zustande kommen. So hat in den letzten Jahrhunderten ein neues Wertsystem Veränderung mit Fortschritt gleichgesetzt, und die Gesellschaft belohnte diejenigen, die eine rasche Veränderung befürworteten oder selbst bewirkten. Alles deutet darauf hin, daß die alten Anpassungsformen aus den Fugen geraten sind und eine neue sich durchzusetzen beginnt.

Moderne Veränderungen werden häufig als «Europäisierung», «Verwestlichung» oder «Industrialisierung» bezeichnet, weil sie mit der Industrialisierung Westeuropas einhergingen. Diese Etikettierungen sind irreführend; die Veränderungen sind mehr als eine bloße Verpflanzung europäischer Institutionen oder auch nur die Verbreitung europäischer Ideen, sondern das, was viele Sozialwissenschaftler als «Modernisierung» bezeichnen. Diese rasch sich entwickelnde Anpassung läßt sich sowohl in europäischen als auch in nicht-europäischen Gesellschaften beobachten, und sie ist offenbar auf dem Weg, eine neue Weltkultur hervorzubringen. Ein wesentliches Merkmal der Modernisierung besteht darin, daß sich

Veränderungen in den politischen, gesellschaftlichen und wirtschaftlichen Systemen immer schneller vollziehen. In England und Wales zum Beispiel wuchs der Anteil der Stadtbewohner an der Gesamtbevölkerung von zehn auf dreißig Prozent im Verlauf von 79 Jahren. Die entsprechende Urbanisierung nahm in den Vereinigten Staaten nur 66, in Japan 36 und in Australien 26 Jahre in Anspruch.

Ein Maßstab dieser weltweiten Modernisierung ist die Zahl der Menschen, die ein Individuum persönlich kennt oder von deren Existenz es zumindest weiß – mit anderen Worten, die gesamte Erfahrung, die ein Mitglied unserer Spezies mit anderen Mitgliedern der Spezies macht. Vor hundert Jahren kannte ein Individuum in den Vereinigten Staaten vielleicht ein paar hundert Personen aus eigenem Erleben: Verwandte, Nachbarn, Händler und Freunde in Nachbargemeinden. Darüber hinaus waren nur sehr wenige Menschen bekannt, abgesehen von einigen führenden Persönlichkeiten auf nationaler Ebene. Heutzutage ist die Zahl der Menschen, die der einzelne aus eigenem Erleben kennt, wahrscheinlich genauso hoch. Gewaltig angestiegen ist jedoch die Zahl der Menschen, über die man etwas weiß. Das ist eine Folge des weltweiten Kommunikationsnetzes. Einem Nordamerikaner von heute ist das Gesicht eines ausländischen Staatsoberhauptes, eines Tennisstars, eines prominenten Künstlers oder Musikers oder eines indischen Gurus oft besser bekannt als die Gesichter von Nachbarn, die im nächsten Häuserblock wohnen.

Die erhöhte Geschwindigkeit von Verkehrs- und Nachrichtenmitteln hat es dem Menschen möglich gemacht, Güter und Ideen fast noch im gleichen Augenblick aufzunehmen, in dem sie übermittelt werden. Das schnellste Transportmittel, das dem Menschen vor etwa 3500 Jahren zur Verfügung stand, war der Streitwagen, der auf kurze Entfernungen eine Geschwindigkeit von gut 30 Kilometern in der Stunde erreichte. Doch der Streitwagen war ein spezielles Kriegsgerät; die höchste Geschwindigkeit, mit der sich Menschen und Güter über längere Strecken transportieren ließen, betrug dreizehn km pro Stunde und wurde von Kamelkarawanen erreicht. Die erste Postkutsche, die 1784 in England ihren Dienst aufnahm, verbesserte diese Geschwindigkeit nur um drei km pro Stunde – und die erste Dampflokomotive hatte 1825 eine Spitzengeschwindigkeit von nur 21 km pro Stunde. Danach ging es jedoch mit den Geschwindigkeiten rasch voran. Die Grenze von 100 Meilen (160 Kilometer) pro Stunde wurde um 1880 von weiterentwickelten Dampflokomotiven überschritten, und 1938 erreichten Flugzeuge bereits eine Geschwindigkeit von 650 km/h. Heute gibt es bekanntlich Überschallflugzeuge, die 2000 km/h und mehr in der Stunde zurücklegen. Wie der Warentransport war einst auch der Transport von Informationen nur so schnell wie die Füße von Menschen und Tieren. Heute ist es mit Hilfe der elektronischen Kommunikation durch Telefon, Satelliten und Computerschaltungen möglich, daß eine neue Erfindung aus New York oder London fast augenblicklich in Japan bekannt wird.

Die Schlüssel zur Modernisierung sind eine ständige Erweiterung des Wissens, die Anwendung dieses neuen Wissens auf die Technologie und der Einsatz immer größerer Energiemengen. Vor allem neue Energiequellen und immer neue Arten, sie zu nutzen, unterscheiden eine moderne Gesellschaft von allen früheren. Im Zuge der Modernisierung ist Energie in einem Umfang verbraucht worden, der in keinem Verhältnis mehr zum Bevölkerungszuwachs steht. Weltweit ist der Energieverbrauch in Form von Kohle, Öl, Gas und Strom aus Wasserkraftwerken allein im letzten halben Jahrhundert auf das Fünffache gestiegen. Solche statistischen Angaben, gewöhnlich in Steinkohleeinheiten (Tonnen) oder Energieeinheiten (erg) ausgedrückt, sind oft schwer zu begreifen. Eine bessere Vorstellung vom Energieverbrauch erhält man, wenn man in «pharaonischen» Einheiten denkt – das heißt, wenn man die Zahlen umrechnet in Einheiten, die menschlicher Sklavenarbeit entsprechen. Das Energiequantum, das jeder einzelne US-Amerikaner verbraucht, entspricht so dem Arbeitsaufwand von zweihundert schwer arbeitenden Sklaven. Diese «Sklaven-Maschinen» leisten für ihre Besitzer die Dienste, die früher von Sklaven geleistet wurden. Als Planierraupen bewältigen sie die Knochenarbeit, die beim Ausheben von Erde geleistet wurde; Staubsauger reinigen das Haus; automatische Backröhren und andere Küchengeräte ersetzen menschliche Arbeitskräfte, die andernfalls Brennholz sammeln, das Feuer in Gang halten und in mühsamer Kleinarbeit die Nahrung hätten zubereiten müssen; Motormäher mähen Rasenflächen und Schneefräsen räumen Garagenzufahrten und Straßen. Fernsehen, Telefone, Satelliten und Computer übermitteln Botschaften schneller und zuverlässiger, als das menschliche Kuriere jemals könnten. Und nicht zuletzt tragen diese Sklaven natürlich in Form von Automobilen ihre Besitzer pompöser daher, als je ein despotischer Pharao in seiner königlichen Sänfte ahnen konnte.

In der Jäger-Sammler-Anpassung sind die Menschen als Energieverbraucher unmittelbar von anderen lebenden Organismen abhängig. Sie zapfen diese Energie auf dreifache Art an: Sie ernähren sich von Pflanzen, sie essen ein Tier, das seinerseits die Pflanzen gefressen hat, und sie verbrennen die Energie, die in pflanzlichen Substanzen wie Holz und Torf gespeichert ist. Jäger und Sammler übertragen also einfach Energie von Pflanzen und Tieren auf sich selbst. Die Nahrungsmittelproduktion bleibt im wesentlichen bei diesem Übertragungsprozeß; sie konzentriert ihn lediglich selektiv auf einige wenige domestizierte Arten. Weiterentwickelte landwirtschaftliche Systeme zapfen jedoch zusätzliche Energiequellen an: sie nutzen den Wind zum Betreiben ihrer Bewässerungsanlagen, das Wasser zum Mahlen des Getreides und die Energie von Tieren zum Ziehen des Pfluges. Die moderne Gesellschaft erschließt völlig andersgeartete Energiequellen, die in fossilen und atomaren Brennstoffen enthalten sind. Im Jahr 1900 hatte die Kohle in den Vereinigten Staaten das Holz als wichtigsten Brennstoff abgelöst und deckte mehr als die Hälfte des gesamten Energiebedarfs. 1950 waren nicht mehr Holz, Kohle und Wasserkraftwerke die wichtigsten Energielieferanten, sondern Öl und Erdgas. Kurz danach wurde die Kernenergie eingeführt – und nun rechnet man damit, daß sie im Jahr 2000 den Vereinigten Staaten soviel Energie liefern wird, wie 1940 alle anderen Formen der Energiegewinnung zusammengenommen.*

Gewöhnlich denkt man bei dem Begriff Modernisierung hauptsächlich an die Industrie, doch hat sie sich auf alle vorausgegangenen Anpassungen ausgewirkt. Die moderne Landwirtschaft macht landwirtschaftliche Betriebe zu Fabriken mit Fließbandeinrichtung und produziert Weizen wie ein Industrieerzeugnis auf riesigen Feldern, die viele Tausende Hektar groß sind. Es besteht jedoch nicht nur ein Größenunterschied zwischen der modernen Landwirtschaft und der alten Nahrungsmittelproduktion. Der einfache Ackerbauer – der nur Handwerkzeuge benützt, jedes Jahr einen Teil des Landes unbebaut läßt und damit den Boden fruchtbar erhält, der auf den Regen angewiesen ist und nicht künstlich bewässert – produziert vielleicht für jede Kalorie, die er aufwendet, den Gegenwert von zehn Kalorien. Zum Vergleich: Eine industrialisierte Maisfarm in Iowa kann für jede Kalorie an menschlicher Arbeit, die der Farmer aufwendet, 6000 Kalorien produzieren. Doch die scheinbare Effizienz der modernen Farm ist trügerisch. Zusätzlich zu der vom Farmer selbst geleisteten Arbeit werden gewaltige Mengen an menschlicher Energie in die landwirtschaftliche Produktion gesteckt. Addiert man diese von außen eingebrachte Energie, dann ergibt sich für die Vereinigten Staaten – pro Hektar – ein Aufwand von 37 Tonnen an landwirtschaftlichen Maschinen, 200 Liter Treibstoff für den Einsatz dieser Maschinen und 92 Kilogramm Düngemittel – insgesamt 7,4 Millionen Kalorien pro Hektar. Oder, um es anders auszudrücken: 2790 Kalorien an Energie werden verbraucht, um nur eine Dose Mais, die 270

Kalorien enthält, zu erzeugen und an den Verbraucher in den Vereinigten Staaten zu liefern. Die Erzeugung eines Beefsteaks bringt ein noch erstaunlicheres Energiedefizit: um 270 Kalorien oder etwa 110 Gramm Fleisch zu produzieren, sind 22000 Kalorien an Energie erforderlich.

Für jede in der modernen Landwirtschaft tätige Person arbeiten also andere «Bauern» in den Fabriken, die Maschinen und chemische Düngemittel herstellen, auf Eisenbahnen und Lastwagen, die Getreide und Vieh transportieren, in Konservenfabriken und in Ölraffinerien. Die moderne Landwirtschaft kann sich also nicht rühmen, die Zahl der Arbeitskräfte reduziert zu haben, sie hat vielmehr bewirkt, daß die Arbeitskräfte vom Bauernhof abgezogen und in die übrige Wirtschaft integriert wurden. Der Bauer galt einmal als das Musterbeispiel eines Selbstversorgers. Heutzutage sind Bauern von der übrigen Wirtschaft nicht weniger abhängig als Büroangestellte in New York City, Hamburg oder London.*

Fast gleichzeitig mit dem Beginn der Modernisierung zu Anfang des neunzehnten Jahrhunderts in Nordeuropa setzte die Einsparung von Arbeitskräften in der Landwirtschaft ein. Millionen von Kleinbauern wurden von ihrem Stückchen Land verdrängt, als reiche Grundbesitzer auf intensiven Anbau und Viehzucht umschalteten. In diesem Jahrhundert haben es die infolge Massenproduktion billiger gewordenen Maschinen den Grundbesitzern ermöglicht, ihr Land ohne die Arbeitskraft der Bauern ökonomisch zu bewirtschaften. So konnten im Süden der Vereinigten Staaten die «sharecroppers» an Effizienz nicht mehr mit den mechanischen Baumwollpflückern und anderen Maschinen mithalten, und auch heute noch setzt sich dieser Prozeß überall auf der Welt fort, wo wohlhabende Grundbesitzer das für die Modernisierung erforderliche Kapital beschaffen können. Jedes Jahr werden Millionen von kleinen Farmern und Bauern vom Land vertrieben und müssen Maschinen Platz machen. Ganze Heerscharen von Enteigneten haben keine andere Wahl, als in die Städte zu ziehen, wo es für sie, die niemand auf die moderne Gesellschaft vorbereitet hat, keine Arbeit gibt. Sie gehen unter im Heer des erbärmlichen Großstadtproletariats, das sein Leben mit Geld von der Fürsorge, mit Betteleien und Diebstählen fristet.

Man sollte in der industriellen Revolution ebensowenig eine plötzliche Veränderung sehen wie in der Umstellung auf die Nahrungsmittelproduktion, die vor etwa 12000 Jahren begann. Zutreffender ist es, wenn man das Aufkommen der neuen Anpassungsform als eine langsame Evolution bezeichnet. Viele wichtige Komponenten der

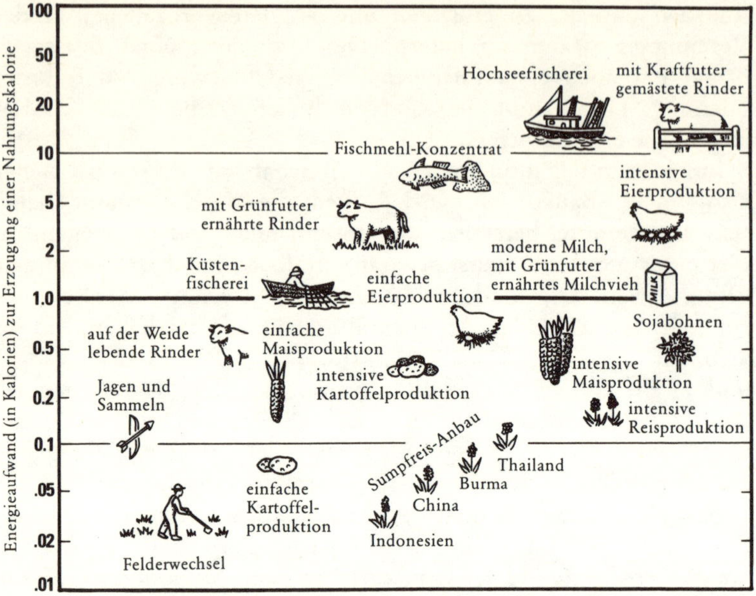

Die Energiebilanz der modernen Landwirtschaft

Wie viele Energiekalorien aufgewendet werden müssen, um eine Nahrungskalorie zu erzeugen, hängt von den Eigenschaften der jeweiligen Nutzpflanze und von der Art ab, wie die Landwirtschaft praktiziert wird. Oft kann schon eine einzige Energiekalorie eine Menge Nahrungskalorien hervorbringen – wie die Beispiele in der unteren Hälfte der Darstellung zeigen. In Indonesien erzielt eine einfache Landwirtschaft, die den Reisan-

industriellen Revolution – Wasserkraft, Metallurgie und Maschinen – waren in anderen Teilen der Welt längst bekannt, bevor die industrielle Revolution in Europa überhaupt begann. So stellen sich zwei Fragen: Warum dauerte es so lange, bis die Modernisierung einsetzte? Und warum ausgerechnet in Westeuropa, einem Gebiet, das am wenigsten dafür in Frage zu kommen schien?

Bevor wir diese Fragen beantworten können, müssen wir zwei politisch, sozial und wirtschaftlich unterschiedliche Systeme – in China und Westeuropa – miteinander vergleichen. Um das Jahr 1700 hätte wohl jeder vorausgesagt, die Modernisierung werde in China beginnen, wo die einheimischen technologischen Errungenschaften die europäischen längst in den Schatten gestellt hatten. Die Chinesen nutzten zu dieser Zeit bereits zahlreiche Erfindungen: Wassermühlen, Schießpulver, Papier, mechanische Winden, Hän-

bau mit dem Wasserbüffel betreibt, fünfzig Kalorien für jede als Arbeitsaufwand investierte Kalorie. In modernen Gesellschaften läuft es, wie die obere Hälfte der Darstellung zeigt, genau umgekehrt: viele Energiekalorien müssen aufgewendet werden, um eine Nahrungskalorie zu erhalten. Im Gegensatz zur herkömmlichen Landwirtschaft verbraucht also die moderne Landwirtschaft mehr Energie als sie erzeugt. Unter diesem Gesichtspunkt ist die moderne Landwirtschaft eindeutig weniger effizient als die einfache Landwirtschaft.

Was die moderne Landwirtschaft den einfacheren Methoden voraus hat, ist also nicht, daß sie mehr Kalorien produziert, sondern daß sie mit weniger Kalorien an *menschlicher* Energie auskommt. Der moderne Landwirt, der vielleicht nur eine Kalorie an menschlicher Energie zur Erzeugung von 400 Kalorien benötigt, verbraucht tatsächlich ein Vielfaches dieser 400 Kalorien an mechanischer und elektrischer Energie. Für seine Muskeln arbeiten andere Energiequellen: Maschinen, chemische Düngemittel, Schädlingsbekämpfungsmittel und fossile Brennstoffe wie Kohle und Petroleum. Menschliche Muskelkraft durch andere Energiequellen zu ersetzen, entspricht einem langjährigen Trend der nordamerikanischen Landwirtschaft. 1910 erzielten die Farmer in den Vereinigten Staaten kaum mehr als eine Nahrungskalorie für jede Kalorie, die sie aufwenden mußten. Doch 1970 wurden für jede geerntete Kalorie durchschnittlich fast zehn Kalorien an nicht-menschlicher Energie aufgewendet. Die moderne Landwirtschaft erzielt ihre hohe Produktivität nur durch eine Verschwendung der in fossilen Brennstoffen gespeicherten Energie. Entwicklungsländer können diese Techniken nicht so leicht übernehmen, da sie es sich nicht leisten können, mit Brennstoffen so verschwenderisch umzugehen. Gemessen an der erforderlichen menschlichen Arbeit bleibt ihre Landwirtschaft ineffizient – nimmt man aber den Kalorienertrag pro aufgewendete Energiekalorie zum Maßstab, dann ist sie äußerst effizient.*

gebrücken aus Eisen, Kanalschleusen, Spinnmaschinen und viele andere technische Neuerungen. Überdies hatten die Chinesen genügend Menschen, um ihre Technologie überhaupt anwenden zu können: eine hohe Bevölkerungszahl, fähige Arbeiter und eine straff organisierte Bürokratie.

Die Mandschu-Dynastie, die sich Mitte des siebzehnten Jahrhunderts die Herrschaft über China gesichert hatte, gründete ein Reich, das dichter bevölkert und mächtiger war als alle Imperien, die es bis dahin auf der Welt gegeben hatte. Es umfaßte den größten Teil Ostasiens mit mehr als 300 Millionen Menschen, damals etwa ein Drittel der gesamten Erdbevölkerung. Anstatt jedoch die Welt an die Modernisierung heranzuführen, büßte China seine Macht im Laufe der nächsten Jahrhunderte allmählich ein und wurde schließlich durch eine kleine Zahl von Europäern zu Fall gebracht.

Die scheinbare Macht Chinas im siebzehnten Jahrhundert stellte sich unter dem Gesichtspunkt der Modernisierung als Schwäche heraus. In dem politischen, sozialen und ökonomischen System Chinas stießen zwei entscheidende Merkmale der Modernisierung – Wandel und die freie Entscheidung zwischen Alternativen – auf Schwierigkeiten. Da die Regierung über ein ausgedehntes System an Bewässerungsanlagen verfügte, konnte sich die Bevölkerung vermehren und der Reichtum nahm zu. Um die Millionen von Arbeitern rekrutieren zu können, die zum Bau und zur Erhaltung dieser Anlagen gebraucht wurden, und um den Zehnmillionen von Kleinbauern das Wasser zuzuteilen, hatte man eine Beamtenhierarchie aufgebaut. Da ausreichend Arbeitskräfte zur Verfügung standen und die straff organisierte Bürokratie gut funktionierte, bestand keine Notwendigkeit zur Veränderung, etwa zur Benutzung von Maschinen, die als Ersatz für die menschliche Arbeitskraft bereits erfunden worden waren. Die Menschen selbst durften allerdings in dieser Frage nicht frei entscheiden. Unter solchen Bedingungen konnte nur selten Kapital angesammelt werden. Reiche Kaufleute und Großgrundbesitzer machten die Erfahrung, daß ihre Gewinne von einer korrupten Bürokratie abgeschöpft oder von despotischen Herrschern beschlagnahmt wurden. Außerdem war das ganze chinesische System so weitläufig und so unbeweglich, daß es gegen Veränderungen durch eine neue Technologie praktisch immun war.

In einem scharfen Gegensatz zum chinesischen stand das europäische System mit einer Landwirtschaft, die von den Launen des Wetters abhängig war, denn mangels zuverlässiger Bewässerungsanlagen war man in Europa auf das Regenwasser angewiesen. Dieser Mangel bewahrte jedoch Europa davor, unter die Herrschaft einer Zentralregierung zu geraten. Die Landwirtschaft, die auf die jahreszeitlichen Regenfälle vertraute, kannte keine umfassende Kooperation bei Bewässerungsprojekten, gesteuert von tyrannischen Machthabern, die die ganze Nation unter Druck setzen konnten. Bei all seiner Macht hatte der europäische Herrscher nirgends die Autorität des chinesischen Despoten. In England verhinderte die Magna Charta, die die Barone ihrem König Johann I. abgerungen hatten, den Aufstieg einer zentralen Macht und sicherte den einzelnen Baronen die absolute Autorität in ihren eigenen Schlössern zu. Die Autorität der europäischen Herrscher war jedoch noch zusätzlich eingeschränkt: durch den Adel und die Kirche, durch die Handwerkszünfte und die Bürger in den Städten. Anstelle einer Zentralregierung bildeten sich kleinere Feudalherrschaften in Europa und entwickelten das, was man später «Kapitalismus» nannte – die Anhäufung von Reichtum in den Händen einiger weniger Unternehmer. Die eigentliche Essenz des Kapitalismus ist jene freie Entscheidung, die den Chinesen versagt war: die Möglichkeit nämlich, den Reichtum auf die eine oder andere Weise zu nutzen, um zusätzlichen Reichtum zu produzieren. Im Mittelalter wurde jede Feudalherrschaft zu einem Zentrum des Kapitalismus. Jeder konkurrierte mit anderen in der Produktion und Verteilung von Gütern. Eine solche ökonomische Umwelt – in der ständig *Entscheidungen* über den produktivsten Einsatz des Kapitals getroffen wurden – mußte einfach *Veränderungen* begünstigen, da jede Spe-

Die Effizienz der ineffizienten Nahrungsmittelproduktion
Für die meisten Menschen in modernen Ländern ist das Bild des Bauern, der mit seinem Wasserbüffel oder einem Ochsen durch ein Reisfeld stapft, geradezu das Symbol einer ineffizienten Landwirtschaft. In Wirklichkeit gehört diese Art des Ackerbaus zu den effizientesten überhaupt, bringt sie doch für jede vom Menschen aufgewendete Energiekalorie bis zu fünfzig Nahrungskalorien. Der Wasserbüffel Asiens ist der einzige unter den Büffeln Europas, Afrikas, Asiens und Nordamerikas, der domestiziert wurde – wahrscheinlich schon vor mindestens 4500 Jahren im indischen Subkontinent. Der Wasserbüffel wird als Zugtier für den Pflug in den Reisfeldern hoch geschätzt. Er verbringt als einziger der großen domestizierten Säuger schon von Natur aus viel Zeit im Wasser, lebt weitgehend von Wasserpflanzen und ist gegen viele der durch Wasser übertragenen und für Rinder gefährlichen Krankheiten resistent.

kulation, die möglicherweise das Kapital vermehren würde, bereitwillig unterstützt wurde.*

Die Forschungsreisenden im fünfzehnten und sechzehnten Jahrhundert waren zum Beispiel ebenso sehr Unternehmer wie die Kaufleute ihrer Zeit. Ihre Reisen wurden gewöhnlich mit Risikokapital finanziert; ihre Schiffe wurden von privaten Werftbesitzern gebaut und von privaten Gesellschaften ausgerüstet; die Crew wurde jeweils von dem Unternehmer angeheuert. Gelegentlich investierte auch ein Monarch oder ein Kirchenfürst Kapital in ein solches Unternehmen, dem nationalen Prestige zuliebe, aber auch zur persönlichen Bereicherung – man denke nur an Kolumbus, den Ferdinand und Isabella von Spanien unterstützten. Als der Freibeuter Sir John Hawkins 1564 als Sklavenhändler zwischen Afrika und Westindien unterwegs war, zählte Königin Elizabeth zu seinen Investoren. Er kaufte und verkaufte 400 Afrikaner – und die Königin machte mit ihrer Investition einen Gewinn von sechzig Prozent. Kardinal Richelieu gründete eine Gesellschaft, die in der ersten Hälfte des siebzehnten Jahrhunderts den französischen Pelzhandel in Nordamerika kontrollierte und außerdem Schußwaffen an die Indianer verschacherte.

Die Antwort auf die Fragen, die einige Seiten zuvor gestellt wurden: Warum setzt die Modernisierung nicht früher ein, und warum begann sie ausgerechnet in Europa? – fängt an, sich abzuzeichnen. Die Modernisierung konnte nicht einsetzen, solange die Gesellschaften nicht – zuallererst – das erforderliche Kapital angesammelt hatten. England schaffte es durch den sogenannten «Dreieckshandel». In England hergestellte Güter wurden erst als Kaufpreis für Sklaven nach Afrika transportiert. Diese Sklaven wurden dann in die Neue Welt verfrachtet, wo Plantagenbesitzer mit Zukker, Baumwolle, Melasse und anderen Produkten den Kaufpreis für sie bezahlten – und die Verarbeitung dieser Produkte schuf neue Industrien, nachdem sie auf der letzten Etappe des Dreiecks nach England gebracht wurden. Um 1750 gab es in England kaum eine Handels- oder «Industrie»-Stadt, die nicht in irgendeiner Weise an diesen Dreieckshandel angeschlossen war, aus dem schließlich die Gewinne flossen, die die finanzielle Grundlage für die industrielle Revolution bildeten.*

Um modernisieren zu können, mußten Gesellschaften auch eine wissenschaftliche Technologie, eine Fähigkeit zu autarkem Wachstum und eine auf die Produktion ausgerichtete Wirtschaft entwikkeln. Es war das Besondere an den kleineren und größeren Städten Westeuropas gegen Ende des Mittelalters, daß sie alle drei Voraussetzungen erfüllten. China dagegen hatte wohl eine hochstehende

Technologie, aber es fehlte die Fähigkeit zum Wachstum und der Drang zur Produktion. Den Azteken in Mexiko fehlte eine angemessene Technologie, und obschon die Voraussetzungen zum Wachstum gegeben waren, war ihre Produktion im Gegensatz zur europäischen nur auf den Verbrauch ausgerichtet, denn sie hatten eine klerikale Bürokratie zu unterstützen und ein großes Heer zu unterhalten, das Menschenopfer für die religiösen Rituale beschaffen mußte. In Europa diente die Produktion eher einem Selbstzweck. Zum Beispiel wenn Maschinen hergestellt wurden, mit deren Hilfe wieder andere Maschinen gebaut werden konnten. Europäische Handwerker waren Bürger mit allen Rechten; sie bildeten das eigentliche Herz des städtischen Wirtschaftslebens, während die Handwerker in China, bei den Azteken in Mexiko und in anderen prämodernen Staaten den politischen Herrschern, der klerikalen Hierarchie oder den Feudalherren untertan waren. Der europäische Wohlstand resultierte aus Handel und Industrie, er fand sich also vor allem bei Handwerkern und Kaufleuten, und damit wurde der nichtmilitärischen Technologie der Vorrang gegeben. Im Gegensatz dazu zogen prämoderne Gesellschaften ihren Wohlstand aus Grund und Boden und aus Kriegsbeute; sie übertrugen die Macht auf Soldaten und Priester und setzten die Technologie vorrangig für militärische Zwecke ein.

Zwei Tatsachen sind im Zusammenhang mit der Modernisierung kaum zu bestreiten. Protestantische Nationen waren die ersten, die modernisierten, und sie waren es auch, die das höchste Niveau der wirtschaftlichen Entwicklung erreichten. So wurde denn auch – vor allem von dem Soziologen Max Weber in *Die protestantische Ethik und der Geist des Kapitalismus* (1905) – die Meinung vertreten, der Kapitalismus habe den religiösen Ansichten protestantischer Sekten, insbesondere der Calvinisten und Puritaner, ein gut Teil seines Aufstiegs zu verdanken. Zur *protestantischen Ethik* gehört die Überzeugung, harte Arbeit trage ihren Lohn in sich, individuelle Initiative sei wünschenswert und Sparsamkeit löblich. Seinem Wesen entsprechend mußte also der Protestantismus Verhaltensweisen unterstützen, die geschäftlichen «Erfolg» und «Fortschritt» versprachen.

Und doch besagt eine solche Wechselbeziehung zwischen dem Protestantismus und der Modernisierung in Wirklichkeit nicht viel, da beide Phänomene offenbar aus gemeinsamen Quellen stammen. Wenn man sagt, der Protestantismus habe den Briten in Hinsicht auf den Kapitalismus einen Vorsprung vor den Katholiken in Europa verschafft, so ist damit noch nicht erklärt, weshalb sich die Briten überhaupt erst für den Protestantismus entschieden haben.

Weder Calvinismus noch Puritanismus gingen dem Kapitalismus voraus. Vielmehr waren diejenigen, die diese Bewegungen unterstützten, städtische Kaufleute und Handwerker – mit anderen Worten: Kapitalisten im Anfangsstadium –, die vor allem in kommerziellen Zentren wie Genf, Antwerpen, Amsterdam und London lebten. Auch wenn weder die protestantischen Sekten den Kapitalismus hervorbrachten, noch der Kapitalismus den Protestantismus, muß es doch zwischen den beiden so etwas wie eine Rückkoppelung gegeben haben. Kaufleute, die sich zu den neuen Sekten bekannten, erhielten sicher die Bestätigung, daß sie einem ehrbaren Beruf nachgingen, und wurden in ihrem Bestreben bestärkt, möglichst große Gewinne herauszuholen. Aber es wäre höchst ungerecht, aus dieser Rückkoppelung nun weiter zu folgern, an der Armut der unterentwickelten Nationen sei allein die Tatsache schuld, daß diese die protestantische Ethik nicht übernommen hätten. Die Unterentwicklung läßt sich nicht mit einem Mangel an den protestantischen Tugenden der Sparsamkeit, der strengen Arbeitsmoral und der individuellen Verantwortung erklären. Ihre Ursache ist vielmehr in den harten Realitäten des politischen, gesellschaftlichen und wirtschaftlichen Lebens zu suchen – Realitäten, die in diesen Ländern meist gegen die Vermögensbildung arbeiten; Produktion und Wachstum werden durch sie verlangsamt und die Aussichten auf einen Wandel verringert. Der Protestantismus hat mit dem Problem einer Entwicklung oder Unterentwicklung nichts zu tun. Tatsächlich sind die Tugenden, die wir mit der protestantischen Ethik in Verbindung bringen, am deutlichsten in solchen nicht-protestantischen Ländern wie China zu sehen.

In der kurzen Zeitspanne, die seit James Watts kommerzieller Produktion der verbesserten Newcomen-Dampfmaschine im Jahr 1775 vergangen ist, hat auf allen Ebenen der Gesellschaft eine in der Geschichte der Menschheit beispiellose Revolution stattgefunden und alle Aspekte der Zivilisation verändert. Die technischen Neuerungen sind natürlich ephemer, aber ebenso bedeutsam sind die biologischen, politischen, sozialen und ökonomischen Folgen der Modernisierung. Die wichtigste biologische Konsequenz ist die Verlängerung des menschlichen Lebens und das Anwachsen der Weltbevölkerung. In den letzten zwei Jahrhunderten hat sich die Lebenserwartung fast verdreifacht und die Zahl der Menschen ist um das Fünffache gestiegen. Die erbliche Regierungsgewalt als politisches Faktum ist fast völlig verschwunden und durch Systeme ersetzt worden, die demokratischer sind oder sich zumindest um Gesten in dieser Richtung bemühen. Mit der Demokratie kam auch die Ausdehnung der Regierungsverantwortung und der Bürokratie. Die wichtigste soziale Veränderung ist vielleicht die Verwässerung der Loyalität gegenüber der Familie, dem Geburtsort und der angestammten Gruppe der Gesellschaft. Sie ist weitgehend von einer anderen Loyalität abgelöst worden: gegen die Berufskollegen überall auf der Welt und gegen die staatliche und industrielle Bürokratie oder die Religionsgemeinschaft, der man angehört. Daß sich in allen modernen Nationen eine wahrhaft globale Kultur entwickelt hat, läßt sich an den weltweiten Ähnlichkeiten ersehen, die heute in bezug auf Kleidung, Musik, Kunst, Sprache und selbst den Glauben zu beobachten sind. Der wirtschaftliche Erfolg der Modernisierung zeigt sich an den enorm gewachsenen Produktions- und Verbrauchsziffern; pro Kopf der Bevölkerung wird in modernen Gesellschaften mindestens zehnmal soviel produziert und verbraucht wie in Ackerbaugesellschaften.*

Diese Veränderungen wären wahrscheinlich nicht möglich gewesen, wenn sich nicht gleichzeitig ein grundlegender Wandel in der menschlichen Persönlichkeit vollzogen hätte. Die Menschen müssen sich ihr Leben lang seelisch immer wieder – und immer häufiger – auf plötzliche, unerwartete und scheinbar irrationale Veränderungen neu einstellen. Viele dieser Veränderungen liegen außerhalb vom Wissen oder der Kontrolle des Individuums; andere wiederum gehen den einzelnen Menschen ganz persönlich an. So schicken zum Beispiel die meisten modernen Firmen eine große Zahl ihrer Angestellten alle paar Jahre in einen anderen Teil der Welt; – unter Angestellten der IBM kursiert der Spruch, die Initialen der Firma stünden für «I've Been Moved» («Ich bin versetzt worden»). Diese geographische Beweglichkeit kennzeichnet heute auch das Leben der Geschäftspartner und Berater dieser Firmen, der Lehrer und Wissenschaftler und der Mitglieder einer neuen internationalen Bürokratie. Es ist heute nicht ungewöhnlich, daß jemand im Verlauf seiner beruflichen Karriere an einem halben Dutzend verschiedener Orte auf mehreren Kontinenten gelebt hat. Die Fähigkeit, sich alle paar Jahre an neue Vorgesetzte und neue Aufgaben, an ein neues Zuhause, an neue Schulen für die Kinder und oft an eine neue Sprache anzupassen, bedingt eine besondere Art von Persönlichkeit – eine Persönlichkeit, die unerwartete Veränderungen ohne die Spannungen und Beklemmungen verkraftet, die normalerweise in prämodernen Gesellschaften jede Veränderung begleiteten.

Kein Wunder, daß im Zuge der Modernisierung die Kernfamilie (d. h. Eltern und ihre Kinder) eine Bedeutung gewonnen hat, die sie seit der Anpassung an das Leben der Jäger und Sammler nicht mehr hatte. Die moderne Familie muß fast so beweglich sein wie die

750000 v. Chr.	Kontrollierter Einsatz des Feuers
10000	Domestikation des Hundes
8000	Anfänge der Nahrungsmittelproduktion
7000	Domestikation des Rindes
4350	Domestikation des Pferdes
3500	Verwendung des Rades
3500	Metall wird geschmolzen
3000	Domestikation des Kamels
2600	Seetüchtige Schiffe
2500	Domestikation des Wasserbüffels und des Yaks
1200	Die Bearbeitung von Eisen wird entwickelt
300	Flaschenzug, Hebebaum, Schraube, Pumpe und Wasserrad werden erfunden
650 n. Chr.	Erster Einsatz von Windmühlen bei den Moslems
850	Schießpulver in Sprengkörpern (China)
852	Kohle wird als Heizmaterial verwendet (England)
900	Weitverbreiteter Einsatz von Wassermühlen zum Mahlen des Getreides (Nordeuropa)
1250	Verwendung von Wassermühlen bei der Tuchherstellung, bei Sägewerken und Ölpressen
1250	Kohle dient Schmieden als Energiequelle
1386	Mechanische Uhr (an der Kathedrale von Salisbury, England)
1448	Buchdruck mit beweglichen Holzlettern in Deutschland (Gutenberg-Bibel)
1606	Experimentelle Dampfmaschine (Italien)
1709	Verwendung von Kohle in der Eisenindustrie
1712	Kommerziell nutzbare Dampfmaschine von Newcomen erfunden (England)
1765	Moderne Dampfmaschine von Watt erfunden (England)
1787	Dampfschiff (USA)
1790	Nähmaschine (England)
1800	Elektrische Batterie (Italien)
1812	Dampflokomotive (England)
1831	Erzeugung von elektrischem Strom (England)
1852	Personenaufzug (USA)
1859	Erste Ölquelle gebohrt (USA)
1862	Dynamit (Schweden)
1874	Fahrrad mit Kettenantrieb (England)
1874	Telefon (USA); Viertakt-Benzinmotor und Vergaser (Deutschland)
1880	Patent der elektrischen Glühbirne (USA)
1882	Kommerzielle Stromerzeugung in Wasserkraftwerken (USA)
1887	Mit Benzin betriebenes Automobil (Deutschland)

1892	Dieselmotor (Deutschland); mit Benzin betriebener Traktor (USA)
1900	Starres Luftschiff (Deutschland)
1903	Flug der Brüder Wright (USA)
1923	Bulldozer (USA)
1926	Rakete, die mit Flüssigtreibstoff in Bewegung gesetzt wird (USA)
1926	Fernsehen (Schottland, USA)
1937	Düsentriebwerk (England)
1945	Kernexplosion (USA)
1946	Elektronenrechner (USA)
1951	Wasserstoffbombe (USA)
1954	Kernkraftwerk in Betrieb genommen (UdSSR)
1957	Künstlicher Satellit (UdSSR)
1958	Laser (USA)
1969	Astronauten landen auf dem Mond (USA)
1975	Austronauten aus den USA und der UdSSR koppeln ihre Raumfahrzeuge
1976	Linienflüge mit Überschallflugzeugen (UdSSR, Großbritannien-Frankreich)

Die Eroberung der Energie

Man kann die Geschichte des Menschen auch so interpretieren, daß man sie als eine Reihe von technologischen Eroberungen sieht, mit denen andere Energiequellen als die menschliche Muskelkraft erschlossen wurden. Diese Tabelle stellt einige Meilensteine der Nutzbarmachung von Energie vor. (Beim ersten Dutzend dieser Meilensteine handelt es sich bei den Zeitangaben nur um Annäherungswerte, da sie auf archäologischen Funden beruhen, deren Datierung nie ganz präzise sein kann; die nachfolgenden Angaben stützen sich auf historische Zeugnisse und sind deshalb genauer.) Die Tabelle zeigt, daß die Menschen die Grundprinzipien von Maschinen schon mehr als 1000 Jahre vor den ersten Ansätzen der industriellen Revolution beherrschten. Prototypen von Maschinen, die später die menschliche Energie ersetzten, sind sogar schon viel früher von den alten Chinesen, Ägyptern, Griechen und Römern erfunden worden. Diese Erfindungen konnten noch nicht genutzt werden, da noch keine politischen, sozialen und wirtschaftlichen Einrichtungen für sie bereit waren.

Kernfamilie der Buschmänner. Bei den Buschmännern wechselt etwa ein Drittel aller Familien jedes Jahr den Standort und zieht in ein neues Lager; das entspricht ungefähr dem Anteil der Angestellten einer modernen Firma oder gewisser amerikanischer Regierungsbehörden, die immer wieder ihren Wohnort verlegen müssen. Ein Angestellter, der damit zu rechnen hat, innerhalb weniger Monate von Texas in den Iran oder nach Indonesien geschickt zu werden, kann sich nicht mit altgewordenen Eltern, unverheirateten Onkeln und Tanten oder anderen Mitgliedern einer erweiterten Familie belasten – sowenig wie es sich ein Jäger und Sammler leisten kann, durch zu viele Habseligkeiten unbeweglich zu werden. Die älteren Menschen gehen in Pflege- und Altenheime, und die Kinder werden gewöhnlich in Internatsschulen gesteckt. Eine weitere Ursache für die Verwässerung der Verwandtschaftsbeziehungen in der modernen Gesellschaft hängt damit zusammen, daß man von Verwandten kaum noch Nutzen hat. Unter Jägern und Sammlern und Nahrungsproduzenten war ein Verwandter noch jemand, mit dem man das Essen teilte und der einem in Zeiten der Not half. In der modernen Gesellschaft fragt einen jedoch niemand nach den Verwandten, wenn man im Supermarkt seine Einkäufe macht oder sein Auto zur Reparatur bringt. Und auch das berufliche Vorankommen hängt gewöhnlich nicht von verwandtschaftlicher Unterstützung ab. Beförderungen richten sich nach Kompetenz, Dienstalter oder Persönlichkeit; verwandtschaftliche Beziehungen spielen dabei selten eine Rolle (ausgenommen vielleicht die Fälle, wo eine enge Verwandtschaft mit einer prominenten Persönlichkeit von Nutzen ist).

Heute bricht sich die Modernisierung Bahn inmitten aller Konflikte, Unausgeglichenheiten und scheinbar widersprüchlicher Verhaltensweisen um uns her. Manche Tendenzen sind klar zu erkennen; andere sind bisher nur undeutlich wahrzunehmen. Fünf allgemeine Komponenten dieser neuen Anpassung lassen uns die oft verwirrende moderne Welt wesentlich besser verstehen:

Neue Aufgaben für die Arbeitskräfte. Die Modernisierung bringt es mit sich, daß nur noch relativ wenige Menschen unmittelbar mit der Nahrungsmittelproduktion und der industriellen Fertigung zu tun haben. Sie führen vielmehr Dienstleistungen aus: im Nachrichten- und Finanzwesen, in Verwaltung, Handel und Verkehr, Erziehung, Forschung, Erholung und Gesundheit. Etwa sechzig Prozent der Arbeitskräfte in den Vereinigten Staaten stehen in Dienstleistungsberufen, ihre Zahl wächst von Jahr zu Jahr. Die USA sind das erste Land, in dem mehr als die Hälfte der Erwerbstätigen Dienstleistungen verrichtet, das macht mehr als die Hälfte des Bruttosozialprodukts aus; andere moderne Nationen werden bald die Fünfzigprozentgrenze überschreiten. Im Zuge der vollen Modernisierung wird mit anderen Worten die eigentliche Produktion von Gütern einen viel geringeren Aufwand kosten als die genaue Planung in bezug auf ihre Menge, Vielfalt, Verteilung und Verwendung.

Der Aufstieg einer Akademiker- und Techniker-Elite. Ein

bedeutsamer Wandel in den Reihen der immer zahlreicher werdenden Angestellten hat bereits eingesetzt. Immer größer wird der Anteil der hochqualifizierten Akademiker und Techniker, die sich ihr ganzes Leben lang weiterbilden müssen, um mit den Entwicklungen der Technologie Schritt halten zu können. In den Vereinigten Staaten machen sie heute etwa fünfzehn Prozent der Bevölkerung aus. Ihr Anteil wird weiterhin wachsen, da sie mit hohem Prestige und guter Entlohnung rechnen können und da ständig noch mehr Leute für die Koordinierung von Produktion und Dienstleistungen gebraucht werden.

Der Vorrang des theoretischen Wissens. Jede Anpassung erfordert Wissen. Der Jäger muß über die Gewohnheiten des Wildes Bescheid wissen, der Bauer über das Ackerland und das Wetter, der in der Industrie Beschäftigte über Rohstoffe. In der modernen Gesellschaft hat sich im Hinblick auf die Art dieses Wissens ein Wandel vollzogen. Es ist heute eher theoretisch als praktisch, eher abstrakt als konkret. Die Zeit, in der einsame Erfinder eine neue Technologie entwickeln konnten, ist vorbei. Heuzutage muß der Erfinder nicht nur kenntnisreich, geschickt und kreativ sein, sondern auch mit anderen Erfindern und Planern im Team zusammenarbeiten können.

Die Planung der Technologie. Die industrielle Revolution ließ neue Technologien zu, ohne den Versuch zu machen, deren Langzeitwirkung abzuschätzen. So war das Automobil zwar bedeutend effizienter als die Pferdekutsche, aber es hat die Luft mit Abgasen verpestet; ihm zuliebe wurde Ackerland der Produktion entzogen und in Straßen und Einkaufszentren umgewandelt, und schließlich haben tödliche Autounfälle die Sterblichkeitsziffer in die Höhe schnellen lassen. Eine moderne Gesellschaft wird einen solchen Mißbrauch der Technologie nicht mehr hinnehmen. Moderne Gesellschaften neigen mehr und mehr dazu, sich vor der allgemeinen Anwendung einer neuen Technologie über deren Konsequenzen Gedanken zu machen, wie sich in den anhaltenden Debatten über potentielle Gefahren von Schädlingsbekämpfungsmitteln, Zusätzen in Lebensmitteln, Arzneimittel, Umweltverschmutzung durch Fabriken, Kernkraft und Überschallflugzeugen zeigt. Solche Debatten gab es früher nicht, wenn neue Erfindungen eingeführt wurden – man denke nur an die Entdeckung der Röntgenstrahlen. Zum erstenmal in der Geschichte der Menschheit geht technologischen Neuerungen eine Planung voraus; man läßt nicht mehr zu, daß sie sich einfach aufs Geratewohl entwickeln.

Die Schaffung einer neuen «intellektuellen» Technologie. Die erste große Erfindung in der Frühphase der Modernisierung war die

Methode des Erfindens selbst: so wurden die Eisenbahn, das Telefon, das Automobil, das Flugzeug und viele andere technische Wunderdinge hervorgebracht. Heute befaßt sich die jüngste Form der modernen Technologie mit ganzen Systemen. Kybernetik, Informationstheorie, Automation und Untersuchungen sozialer Interaktion sind Beispiele dafür. Hunderte Millionen von Bürgern moderner Gesellschaften treffen täglich Billionen von Entscheidungen, wenn sie vor der Frage stehen: was kaufe ich, was esse ich, wohin gehe ich, was für Arbeiten erledige ich. Keine einzige dieser Entscheidungen ist voraussagbar, und doch versucht die intellektuelle Technologie, sich in diesen sämtlichen Verhaltensmodalitäten zurechtzufinden – und so zu Entscheidungsgrundlagen für die verschiedensten Aufgaben zu kommen: Wohnungsbau, Arbeitsbeschaffung, Ernährung, Angebote für die Freizeitgestaltung und Warenproduktion. Mit anderen Worten: obschon die moderne Gesellschaft außerordentlich komplex geworden ist, entwickelt die moderne Wissenschaft Instrumente, um die Gesellschaft als Ganzes zu sehen und rationale Entscheidungen treffen zu können.*

Heute verändert sich die Welt in einem nie dagewesenen Tempo und paßt sich so an die Modernisierung an. Ältere Bürger in modernen Gesellschaften werden von den Veränderungen überrollt, und selbst junge Technokraten fühlen sich angesichts der immer schnelleren Folge von Ereignissen überfordert. «In den drei kurzen Jahrzehnten zwischen der Gegenwart und dem einundzwanzigsten Jahrhundert», beginnt ein Buch, das sich mit der Modernisierung befaßt, «werden Millionen gewöhnlicher, psychisch normaler Menschen einen jähen Zusammenstoß mit der Zukunft erleben. Obwohl Bürger der reichsten und technisch fortschrittlichsten Nationen der Welt, werden viele von ihnen es zunehmend als Qual empfinden, sich auf die unaufhörlichen Veränderungen einzustellen, die typisch sind für unsere Zeit. Für sie hat die Zukunft zu früh begonnen.»* Und als wäre das alles noch nicht genug, ist der höhere Lebensstandard, den die Veränderungen der modernen Zeit scheinbar bieten, für Hunderte Millionen von Menschen immer noch unerreichbar, selbst in den modernen Gesellschaften Nordamerikas, Europas und Japans. Indessen hat die Modernisierung die Bauern, die Nahrungsproduzenten oder die Jäger und Sammler noch kaum berührt. Im Hochland Neuguineas, in der Kalahari-Wüste oder in den Anden ist die Modernisierung noch nicht direkt zu spüren – aber sie dringt rasch vor.

Ich könnte nun diesen Teil des Buches – nach einem Blick zurück auf die Anpassungen, die seit den ersten Hominiden vollzogen worden sind – mit einigen Verallgemeinerungen abschließen, doch möchte ich mich auf eine wichtige Bemerkung beschränken: Das Tempo der Veränderung hat sich mit jeder Anpassung erhöht. In der Tat ist der Mensch mit seiner dynamischen Beziehung zur physikalischen Umwelt und zu seinen Mitmenschen die außergewöhnlichste Spezies, die die lebendige Welt je gesehen hat. Früher versuchten die Menschen, mit magischen Mitteln oder Beschwörungen zu einem langen Leben, zu Liebe oder zu Reichtümern zu kommen. Ein moderner Faust würde sich vermutlich bei seinem Pakt mit dem Teufel wünschen, lange genug zu leben, um dabeizusein, wenn im nächsten Jahrhundert die Modernisierung zu einer weltweiten menschlichen Anpassung wird und Wunderdinge bewirkt, die derzeit noch kaum vorstellbar sind.

III. DIE UNENDLICHE VIELFALT DER MENSCHEN

10. Männlich und weiblich

Wenn wir die Menschen betrachten, die heute auf unserem Planeten leben, stellen wir fest, daß es beträchtliche Unterschiede in Größe und Proportion, in der Hautfarbe, der Beschaffenheit der Haare und dem Schnitt der Augen gibt. Die zentralafrikanischen Watussi (hochgewachsen und schlank, mit sehr dunkler Haut und schwarzen Haaren) und die Bewohner Nordspaniens (klein und untersetzt, mit heller Haut und hellen Haaren) unterscheiden sich auffallend voneinander. Doch eigentlich finden die meisten Leute die Unterschiede zwischen einer Watussifrau und einer Spanierin bei weitem nicht so groß wie deren Ähnlichkeit. Jeder Mensch auf der Welt lernt schon als Kind, daß sich Männer und Frauen in ihrer Größe und Stärke unterscheiden, daß die Geschlechtsorgane bei beiden verschieden sind, ebenso wie die Rolle, die ihnen bei der Fortpflanzung zukommt – und daß diese Unterschiede auf alle Menschen zutreffen. Mit anderen Worten: wenn es um die Verschiedenartigkeit des menschlichen Lebens geht, teilen wir zuerst einmal ein in «männlich» und «weiblich». Bei der Beschreibung einer Person wird als erste charakteristische Eigenschaft gewöhnlich das jeweilige Geschlecht genannt. Die vier folgenden Kapitel behandeln zahlreiche Aspekte menschlicher Verschiedenheiten – körperliche und geistige, individuelle Fähigkeiten und «Rassen» –, aber ihnen allen übergeordnet ist die grundsätzliche Aufteilung in «männlich» und «weiblich».

Die Anthropologin Margaret Mead hat sich von 1931 bis 1933 in Neuguinea aufgehalten, um die Einstellung verschiedener Gesellschaften gegenüber den Geschlechtern zu studieren. Bei drei Gruppen – den Arapesh, den Mundugumor und den Tchambuli –, die alle in einem Umkreis von nur 160 Kilometern lebten, stellte sie erstaunlich unterschiedliche Begriffe von Männlichkeit und Weiblichkeit fest. Bei den Arapesh sind die Männer ebenso liebenswürdig wie die Frauen, und die Initiative zu sexuellen Beziehungen kann von dem einen wie von der anderen ausgehen. Tatsächlich warnen die Eltern eher ihre Söhne, sich vor Situationen zu hüten, in denen sie verführt werden könnten, als ihre Töchter. Die männlichen Stammesangehörigen genießen die Elternschaft ebenso wie die

Frauen in einer Weise, die wir in nordamerikanischen und europäischen Verhaltensklischees als «Mutterfreuden» kennen. Die Arapesh machen kaum einen Unterschied, was die Rollen beider Eltern betrifft, so daß sich der Begriff «ein Kind gebären» in ihrer Sprache gleicherweise auf die Männer bezieht, die Vater geworden sind, wie auf die Frauen, die das Kind ausgetragen haben. Als Margaret Mead gegenüber Angehörigen der Arapesh einmal erwähnte, daß sie einen von ihnen, einen Mann mittleren Alters, besonders schön fände, stimmten sie ihr zu, aber dann sagte einer: «Den hätten Sie erst mal sehen sollen, bevor er die vielen Kinder geboren hat!»

Nicht weit entfernt leben die Mundugumor, ein Stamm, bei dem ebenfalls gleiche Verhaltensmuster für beide Geschlechter gelten. Allerdings huldigen sie einem ganz anderen Ideal als die sanften Arapesh. Sowohl die männlichen wie die weiblichen Mitglieder des Mundugumor-Stammes werden von klein auf dazu erzogen, selbständig zu sein und sich zu behaupten. Wenn sie erwachsen sind, sollen die weiblichen Mitglieder sexuell ebenso aggressiv sein wie die Männer, ebenso leidenschaftlich und eifersüchtig und ebenso rachsüchtig bei Beleidigungen. Bei dem dritten Stamm, den Tchambuli, gibt es zwischen den beiden Geschlechtern ausgeprägte Verhaltensunterschiede, die aber das genaue Gegenteil dessen sind, was in den meisten anderen Gesellschaften gang und gäbe ist. Die Männer verbringen die meiste Zeit mit Flötespielen und künstlerischen Betätigungen; sie verwenden viel Zeit darauf, sich tagtäglich feinzumachen und mit Schmuck herauszuputzen; ihre Arbeit besteht hauptsächlich aus Einkaufen und Verkaufen. Die Frauen dagegen sind praktisch veranlagt; an Kleidung oder Schmuck haben sie wenig Interesse; und meist sind sie es auch, die durch Fischfang und die Anfertigung von Gegenständen, die verkauft werden, die Familie ernähren.*

Margaret Mead wollte vor allem darauf hinweisen, daß alle grundsätzlichen physischen und geistigen Verschiedenheiten zwischen den Geschlechtern ihren Ursprung in der kulturellen Entwicklung des Menschen haben. Fast überall auf der Welt ist man sich darüber einig, daß sich die Geschlechter in ihrem Verhalten unterscheiden, wenngleich jede Gesellschaft ihre eigenen spezifischen Verhaltensnormen aufstellt. Die wirkliche Schwierigkeit besteht also in dem Versuch, die universellen charakteristischen geschlechtsspezifischen Eigenschaften von der Matrix kultureller, zivilisatorischer und gesellschaftlicher Einflüsse zu trennen. Der deutlichste Unterschied zwischen dem männlichen und dem weiblichen Geschlecht scheint biologisch bedingt, aber selbst das ist nicht eindeutig. Denn grundsätzlich besitzen Männer und Frauen den gleichen Körperbau. Die Geschlechter sind in ihrer äußeren Erscheinung zwar unterschiedlich, aber die Anlage für die Entwicklung der Geschlechtsorgane ist beim Embryo bei beiden Geschlechtern gleich.

Das Geschlecht eines normalen Individuums wird im Augenblick der Befruchtung durch den männlichen Samen bestimmt. Bis etwa zur sechsten Woche des pränatalen Lebens weisen die Geschlechtsorgane jedoch noch keine Unterschiede auf. Männliche wie weibliche Embryos haben eine einzige Öffnung, die gleichzeitig zur Blase und zu den im Inneren liegenden Geschlechtsorganen führt, und ein Zellgewebe, das sich entweder zu einem Penis oder zu einer Klitoris (dem anatomischen Äquivalent des männlichen Organs) entwickelt. Wenn es sich um einen männlichen Embryo handelt, dann wächst dieses Zellgewebe zu Penis und Hodensack heran, in den kurz vor der Geburt die Hoden hinabsteigen. (Restliche Zellen der Gebärmutter bleiben im männlichen Urogenitalsystem und machen sich gewöhnlich erst wieder im höheren Alter bemerkbar, wenn sie zur Vergrößerung der Prostatadrüse führen.) Wenn es sich um einen weiblichen Embryo handelt, bildet sich diese Zellanlage zur Klitoris aus, und die urogenitale Öffnung formt die äußeren Schamlippen.

Männliche und weibliche Keimdrüsen entstehen im Embryo nicht nur aus der gleichen Zellanlage, sondern produzieren auch Hormone von gleichem chemischem Aufbau. Allerdings haben beim heranwachsenden Menschen jeweils die einen oder anderen Hormone das Übergewicht – was in der Pubertät den Ausschlag gibt, ob eine weitere sexuelle Differenzierung stattfindet. Die dominierenden männlichen Hormone sind die Androgene, die weiblichen Östrogen und Progesteron. Der Fötus, gleich ob genetisch männlich oder weiblich bestimmt, ist anfangs nur den weiblichen Hormonen ausgesetzt, die ihm durch die Plazenta der Mutter zugeführt werden. Wird dem feminisierenden Einfluß der mütterlichen Hormone nicht in einem bestimmten Augenblick durch männliche Hormone entgegengewirkt, dann entwickelt der Fötus weibliche Geschlechtsorgane – selbst wenn er zur Zeit der Befruchtung alle genetischen Voraussetzungen zu einem Mann besaß. Die Natur macht sich also erst einmal daran, ein weibliches Kind zu produzieren, gleich, welches Geschlecht bei der Befruchtung bestimmt wurde, und nur durch die hormonale Einwirkung zu ganz bestimmten Zeiten im Leben des Embryos kommt ein männlicher Nachkomme zustande.

Wenn die Hormone im entscheidenden Augenblick ihren geschlechtsbestimmenden Einfluß ausgeübt haben, vollzieht sich eine weitere Differenzierung männlicher und weiblicher Individuen. Manche Unterschiede sind ganz trivial: Zum Beispiel ist bei der Geburt beim Mädchen der zweite Finger länger als der vierte. Die wesentlichsten Unterschiede zwischen den Geschlechtern bestehen in Größe und Gewicht, außerdem im kräftigeren Knochenbau der Knaben bei der Geburt. (Bei den meisten Primaten ist das Männchen größer und kräftiger als das Weibchen, das ist der «sexuelle Dimorphismus».) Knaben sind bei der Geburt um etwa fünf Prozent schwerer als Mädchen; mit neunzehn Jahren beträgt der Gewichtsunterschied bereits ungefähr zwanzig Prozent. Bei der Geburt und auch während ihrer Kindheit sind Mädchen etwa ein bis zwei Prozent kleiner; im Erwachsenenalter sind sie gewöhnlich zehn Prozent kleiner als Männer. In den ersten Lebensjahren verfügen beide Geschlechter über fast die gleiche Muskelkraft – außer dem schwächeren Händedruck der Mädchen; aber mit achtzehn sind Mädchen, grob gerechnet, um fünf Prozent schwächer als Jungen. Weitere Unterschiede zwischen den Geschlechtern, die schon früh beobachtet werden können, hängen damit zusammen, daß weibliche Kinder ruhiger sind und mehr schlafen. Daher benötigen sie weniger Sauerstoff und haben einen geringeren Energiebedarf, ein Grund unter anderem, daß sie meist nicht so viel essen wie männliche Kinder gleichen Gewichts und gleichen Alters.

Einige dieser Zahlen – Durchschnittswerte aus breitgefächerten Bevölkerungsschichten verschiedener Gesellschaften – sind jedoch irreführend. Der Unterschied in der Muskelkraft ist zum Teil darauf zurückzuführen, daß sich Knaben in ihren ersten Lebensjahren körperlich stärker betätigen. Außerdem werden männliche Kinder in den meisten Gesellschaften bevorzugt behandelt, sie genießen mehr Aufmerksamkeit und Pflege und bekommen besser zu essen. Im Biafra-Krieg 1970 herrschte in Nigeria eine Hungersnot. Damals waren die weiblichen Kinder häufig stark unterernährt, die männlichen jedoch kaum. Der sexuelle Dimorphismus ist aber nicht in allen menschlichen Gesellschaften gleich auffällig. Die männlichen und weiblichen Einwohner von Bali sind beispielsweise an ihrer Kleidung kaum voneinander zu unterscheiden. Beide wiegen ungefähr gleich viel, beide haben breite Schultern; die Männer sind meistens nicht sehr muskulös und bei den Frauen ist die Brust nicht sehr stark entwickelt. In gewisser Weise ist die Ähnlichkeit zwischen den Geschlechtern auf physische Konditionierung zurückzuführen. Auf Bali verrichten die Frauen auf dem Feld wie im Haus die schwere Arbeit, während sich die Männer traditionsgemäß nur selten körperlich anstrengen. Arbeiten die Männer jedoch als Kulis, dann entwickeln auch sie kräftige Muskeln.

Weil Männer meist größer und stärker sind, halten die meisten Leute sie für biologisch überlegen; in Wirklichkeit trifft aber das Gegenteil zu. In den modernen Industriestaaten und in den großen Städten der Entwicklungsländer sterben die Männer früher als die Frauen. Bei der Befruchtung kommen 125 Knaben gegenüber 100 Mädchen zustande, aber schon bei der Geburt sieht das Verhältnis von lebend geborenen Knaben zu Mädchen nicht mehr so günstig aus. In den Vereinigten Staaten und Großbritannien liegt das Verhältnis bei 106 männlichen zu 100 weiblichen Kindern. Für den relativ hohen Verlust männlicher Kinder vom Zeitpunkt der Befruchtung bis zur Geburt gibt es verschiedene Gründe. Bei spontanen Abgängen sind männliche Föten eher betroffen als weibliche; die Möglichkeit, an einem Geburtstrauma zu sterben, ist beim männlichen Kind größer, ebenso die Häufung angeborener Mißbildungen. Bei den Männern ist die Sterblichkeitsrate von Anfang an höher als bei den Frauen. Während des ersten Lebensjahres kommen auf 46 Todesfälle weiblicher Kinder 54 männliche; mit 21 Jahren liegt das Verhältnis bei 68 männlichen zu 32 weiblichen. Jahrzehnt um Jahrzehnt nimmt die Sterblichkeit der Männer zu – bis zum Alter von 75 Jahren. Danach kehrt sich das Verhältnis um, einfach deshalb, weil nur noch so wenig Männer am Leben sind.

Von 64 verschiedenen Todesursachen, die in den Vereinigten Staaten statistisch erfaßt wurden, weisen 57 bei Frauen in jedem Alter eine niedrigere Rate auf. Fünf der restlichen sieben Ursachen treffen auf Männer nicht zu, zum Beispiel Tod im Kindbett und Gebärmutterkrebs. Die einzigen Krankheiten, an denen mehr Frauen als Männer sterben, sind Diabetes (Zuckerkrankheit) und perniziöse Anämie.* In anderen Industrieländern erbrachten die Statistiken ähnliche Resultate. Völlig anders verhält es sich in den ländlichen Gegenden der Entwicklungsländer, wo die Frauen sehr schwer arbeiten und sehr schlecht ernährt sind, zudem meist einen minderen Status haben – und folglich eine höhere Sterblichkeit aufweisen als die Männer. In Indien zum Beispiel ist der Arzt, den man an das Bett einer kranken Frau ruft, meist nicht so befähigt wie der Arzt, der zur Behandlung eines kranken Mannes hinzugezogen wird. In den ländlichen Gegenden Guatemalas werden die Mädchen wegen ihrer untergeordneten Stellung nicht annähernd so lange gestillt wie die Knaben. Die Lebenserwartung von Frauen nimmt deutlich zu, wenn sie in den Einzugsbereich der Städte ziehen, wo sie die Vorteile der Gesundheits- und Sozialfürsorge nützen können.

Für die unverhältnismäßig höhere Sterblichkeit der Männer gibt es bislang noch keine eindeutige Erklärung. Zwar kommen bestimmte genetische Unregelmäßigkeiten bei Männern häufiger vor, das erklärt aber noch nicht, warum Männer häufiger an Krankheiten sterben, für die auch das weibliche Geschlecht anfällig ist. So gibt es zum Beispiel bei Männern und Frauen annähernd gleich viele Epileptiker, doch die Todesrate liegt bei den Männern um 30 Prozent höher. Selbst Infektionen, die Frauen und Männer gleichermaßen befallen, verlaufen bei Frauen weniger oft tödlich. Ein Vergleich von Männern mit Frauen, die alle die gleiche Anzahl Zigaretten geraucht hatten, zeigte, daß Frauen gegen so gesundheitsschädigende Auswirkungen wie Lungenkrebs und Herzkrankheiten im allgemeinen widerstandsfähiger waren. Offensichtlich kommt den Frauen beim Kampf ums Überleben eine besondere Fähigkeit zugute, die allen Frauen gemeinsam ist, ganz gleich, was für eine Art Leben sie im einzelnen führen.

Manche Wissenschaftler haben versucht, die biologische Überlegenheit der Frau mit dem Einfluß männlicher und weiblicher Hormone zu erklären, haben dabei allerdings äußerst komplexe physiologische Vorgänge allzu sehr vereinfacht. Obgleich die Hormone nun schon seit mehreren Jahrzehnten Gegenstand intensiver Forschung sind, ist im Grunde genommen über ihre Wirkung, die, je nach produzierter Menge, ganz unterschiedlich sein kann und vom jeweiligen Alter des betreffenden Menschen und der früheren Aktivität der Hormone abhängen kann, noch sehr wenig bekannt. Tatsächlich ist es in gewisser Weise irreführend, Androgen als «männliches» und Östrogen als «weibliches» Hormon zu bezeichnen, weil auch Frauen Androgen und auch Männer Östrogen produzieren – allerdings nicht soviel wie vom jeweiligen geschlechtsspezifischen Hormon. Im übrigen ist es nicht ganz richtig, sie als «Geschlechtshormone» zu bezeichnen, denn sie wirken auf mehr als eine körperliche Funktion ein; und selbst ihr Einfluß auf die Sexualität ist indirekt. Darüber hinaus werden diese Hormone nicht nur von den Eierstöcken und den Hoden produziert, sondern auch von der Nebenniere – weshalb ein kastrierter Mann nicht durchaus die Fähigkeit verliert, sexuell aktiv zu werden.

Die Wechselwirkung der Hormone läßt sich am besten am Beispiel des Menstruationszyklus der Frau verstehen. Zu Beginn des Zyklus wird nur sehr wenig Östrogen produziert. Die Hormonproduktion erreicht einen Höhepunkt in der Mitte des Zyklus – das heißt, etwa zur Zeit des Eisprungs –, sinkt dann etwas ab, nimmt noch einmal zu und geht bei Menstruationsbeginn schließlich drastisch zurück. Ein anderes Hormon, Progesteron, hat einen ähnlich starken Anstieg gegen Mitte des Zyklus. Diese Schwankungen im Hormonspiegel während des Zyklus bringen unweigerlich emotionale Veränderungen mit sich. Und tatsächlich spielen sich in der Persönlichkeit der Frau voraussehbare monatliche Schwankungen ab, die eng mit ihrem Menstruationszyklus zusammenhängen. Die Intensität dieser Gefühlsschwankungen wird übrigens durch die kulturelle Einstellung gegenüber der Menstruation sowie durch die individuelle Veranlagung beeinflußt. Mit anderen Worten: emotionale Schwankungen während des monatlichen Zyklus sind eine Tatsache und hängen mit dem wechselnden Hormonspiegel zusammen, aber ihre Auswirkungen werden weitgehend von den kulturellen Gegebenheiten und den individuellen Erfahrungen beeinflußt.

Das bekannteste Syndrom dieser Persönlichkeitsschwankungen ist zweifellos die «vorperiodische Spannung». Sie beginnt ein paar Tage vor der Menstruation und hält danach noch etwa einen Tag an. In manchen Gesellschaften sind die emotionalen Schwankungen der Frauen während dieser Zeit nicht sehr auffällig. Aber in Nordamerika und Europa leiden die meisten Frauen zu dieser Zeit an Depressionen und Angst, sind gereizt und empfindlich, leicht gekränkt und haben ein verstärktes Bedürfnis nach Zuneigung und Anerkennung. Fast die Hälfte aller Frauen, die ins Krankenhaus kommen, haben gerade diesen Punkt ihres monatlichen Zyklus erreicht. Laut Statistik befand sich auch die Hälfte aller Frauen, die in schwere Unfälle verwickelt waren, in genau dieser Phase. Selbstmorde und Gewalttätigkeiten von Frauen kommen am häufigsten während der Zeit der vorperiodischen Spannung vor. Die weiblichen Ängste werden auch auf die anderen Familienmitglieder übertragen. Mütter bringen ihre Kinder während dieser Zeit häufiger wegen geringfügiger oder nur eingebildeter Krankheiten zum Arzt als während des gesamten restlichen Monatszyklus.

In diesem Verhalten könnte auch ein Grund für die weitverbreiteten Überzeugungen und Tabus enthalten sein, die Frauen während ihrer Menstruation von bestimmten Handlungen ausschließen. Plinius der Ältere schreibt über das Menstruationsblut: «Nicht leicht aber wird man etwas finden, was seltsamere Wirkungen hervorbringt als der Monatsfluß der Frauen. Most, dem sie in diesem Zustand zu nahe kommen, wird sauer, Feldfrüchte werden durch Berührung unfruchtbar, Setzlinge sterben ab, Gartenpflanzen verdorren, und die Früchte der Bäume, unter denen sie gesessen, fallen ab; der Glanz der Spiegel wird schon durch das Hineinsehen matt, das Eisen verliert seine Schärfe, das Elfenbein seinen Glanz, Bienenstöcke sterben aus, Erz sogar und Eisen befällt sogleich der Rost.»* Der Aberglaube, daß es gefährlich sei, unter einer Leiter herzugehen, ist wahrscheinlich ein Überbleibsel aus der Zeit, als die Menschen nicht unter Brücken, Bäume oder Klippen treten wollten, wenn sich gerade eine Frau dort befand, die ihre Periode hatte, aus Furcht, ihr Blut könne auf sie herabtropfen. In vielen Gesellschaften ist es Frauen während der Menstruation verboten, wertvolle Gegenstände anzufassen, außerdem schreibt man ihnen die Schuld für Unfälle und Zerstörungen zu. Da die Männer gewöhnlich nicht wissen, wann eine Frau gerade ihre Periode hat, sind manche Tabus ausgeweitet worden, so daß die Frauen überhaupt immer von wichtigen Handlungen ausgeschlossen bleiben. Beispielsweise laufen die Neufundlandfischer keinesfalls an einem Tag aus, an dem eine Frau das Boot betreten hat. Nach allem, was wir heute über Hormonschwankungen während des Menstruationszyklus wissen, können es ganz alltägliche, stark übertriebene Erfahrungen gewesen sein, die zu bestimmten Vorbehalten und Aberglauben geführt haben.*

Zur Zeit des Eisprungs, wenn viel Östrogen und Progesteron produziert wird, ändert sich das Verhalten in auffälliger Weise. Die meisten Frauen beschreiben ihren emotionalen Zustand in dieser Phase als aktiv und wach; sie fühlen sich ausgesprochen wohl, gehen aus sich heraus und beschäftigen sich in ihren Gedanken und Träumen mehr mit sexuellen Dingen als sonst. Anscheinend bereiten die Hormone die Frau physisch wie emotional auf die Phase vor, in der ihre Empfängnisfähigkeit am größten ist. Obgleich beim Menschen das ganz ungehemmte Verlangen nach Sexualität, wie es andere weibliche Primaten während der periodischen Brunst erkennen lassen, nicht besteht, haben die zivilisatorischen Einflüsse es nicht vermocht, dieses durch Hormone bedingte Verhalten insgesamt zu unterdrücken. Eine Erhebung bei fast hundert Frauen hat ergeben, daß sie zur Zeit des Eisprungs häufiger Geschlechtsverkehr und mehr Orgasmen hatten als zu jedem anderen Zeitpunkt ihres monatlichen Zyklus. Anscheinend mobilisiert der Eisprung das gesamte psycho-sexuelle System, damit eine Befruchtung und die darauffolgende Schwangerschaft stattfinden können.*

Diese Art Mobilmachung erfolgt nach einem Prinzip, dem alle Säugetiere unterworfen sind: Die Natur sorgt dafür, daß das Ei befruchtet wird. Bevor die Evolution der Hominiden begonnen hatte, fand gewöhnlich bei jedem Eisprung eine Befruchtung statt; der nächste Eisprung erfolgte dann erst wieder, wenn die Schwangerschaft und die Stillzeit vorüber waren. In den seltenen Fällen, in denen aus irgendeinem Grund keine Befruchtung stattfand, waren die Veränderungen der Gebärmutter während der ersten Hälfte des monatlichen Zyklus umsonst, und die Periode setzte ein. Die jetzt besonders blutreiche Gebärmutterschleimhaut, die für die Aufnahme des befruchteten Eis vorbereitet war, mußte zusammen mit dem unbefruchteten Ei ausgestoßen werden. Würden die Hominiden ihr Geschlechtsleben noch immer nach den Gepflogenheiten der ihnen verwandten Primaten ausrichten, dann wäre die Menstruation ein sehr ungewöhnliches und sogar «unnatürliches» Vorkommnis. Aber unter den Einflüssen der menschlichen Zivilisation kommt es häufiger zur Menstruation als zur Befruchtung. Die verschiedenen Kulturen haben auch verschiedene Methoden entwickelt, mit diesem unnatürlichen Ereignis fertig zu werden. Manche Stämme, zum Beispiel die Arapesh von Neuguinea, sehen das Ganze als eine nebensächliche Unannehmlichkeit an – ganz im Gegensatz zu vielen nordamerikanischen und europäischen Frauen, die die vorperiodische Spannung erleiden, weil man es anscheinend von ihnen erwartet.

Die emotionalen Schwankungen der Frauen während des Menstruationszyklus sind manchmal schon als Begründung dafür angeführt worden, daß ihnen führende Positionen vorenthalten werden. Aber Berichte, wonach der Menstruationszyklus die Frau in ihrer Fähigkeit beeinträchtigt, rationale Entscheidungen zu treffen, sind irreführend. Zwar ist der Zyklus eine biologische Tatsache, aber die kulturelle Einstellung dazu läßt sich ändern, so daß die emotionalen und physischen Wirkungen reduziert werden. Eine Frau, die der Menstruation unterliegt, befindet sich im besten, körperlich und geistig aktivsten Alter. Die geringfügigen emotionalen Veränderungen, die sich während des Zyklus bei ihr abspielen, sind im Vergleich zur Anfälligkeit der Männer für Krankheiten und Unfälle wahrscheinlich völlig bedeutungslos. Nach der Menopause sind Frauen natürlich nicht mehr und nicht weniger labil als Männer im gleichen Alter. Die Statistik hat gezeigt, daß ältere Frauen den körperlichen und seelischen Leiden älterer Männer, die traditionellerweise führende Positionen in Regierung und Industrie einnehmen, viel weniger unterworfen sind. In den Vereinigten Staaten gab es in jüngster Vergangenheit zwei Präsidenten – Lyndon Johnson und Richard Nixon –, die während ihrer Amtszeit mit ernsten emotionalen Störungen zu kämpfen hatten. Die Handikaps anderer Staatsmänner im fortgeschrittenen Alter kennt man ja: Stalin litt an Paranoia, Tschou En-Lai an Krebs, Franco und Salazar waren senil und de Gaulle hatte Wahnvorstellungen.

Auch heute ist über die biologischen Unterschiede der Geschlechter noch nicht alles bekannt, aber immerhin mehr als über die geistigen und seelischen Unterschiede. Frauen bleiben in ihrer Leistung hinter den Männern zurück, was früher stets der geringeren Größe ihres Gehirns zugeschrieben wurde. (Frauen haben im Durchschnitt ein kleineres Gehirn als Männer, doch die Größe des

Gehirns steht in einem bestimmten Verhältnis zur Körpergröße – die bei Frauen gewöhnlich geringer ist.) Inzwischen beginnt man einzusehen, daß erst die Behauptung, die Frau sei weniger leistungsfähig, mit der Zeit zu diesem Leistungsdefizit geführt hat. Die Gesellschaften weisen den Frauen gerne untergeordnete Rollen zu und erklären ihren minderen Status dann mit mangelndem Leistungsvermögen. Doch bei Intelligenztests schneiden die Mädchen stets besser ab als die Jungen. Aber Studien über begabte Kinder beiderlei Geschlechts ergaben, daß Jungen, die einen hohen Intelligenzquotienten hatten, es als Erwachsene fast immer zu etwas brachten, was bei den Mädchen mit hohem Intelligenzquotienten nicht der Fall war, auch wenn sie als Kind anscheinend gleich stark begabt waren. Denn zwei Drittel der begabten Mädchen wurden später Hausfrauen oder einfache Büroangestellte. Der weibliche Hang zu geringer bewerteten Leistungen, die den vorhandenen Fähigkeiten nicht angemessen sind, macht sich gewöhnlich in der Pubertät bemerkbar, zu einem Zeitpunkt also, an dem das jeweilige Geschlecht für seine Erwachsenenrolle – entweder weibliche Anpassung oder männlicher Leistungsdrang – geprägt wird. In vielen einfachen Gesellschaften gibt es dafür ganz gezielte Riten, die modernen Gesellschaften bedienen sich eher unauffälliger Methoden – es wird Druck ausgeübt und es werden Erwartungen geweckt. Eine Befragung von Studentinnen in den Vereinigten Staaten ergab, daß sich über die Hälfte von ihnen ihren männlichen Freunden intellektuell unterlegen fühlte.*

Selbst bei flüchtigem Durchsehen der umfassenden wissenschaftlichen Literatur über mentale und psychische Unterschiede zwischen den Geschlechtern stößt man auf viele Vorurteile und Widersprüchlichkeiten. Vor einiger Zeit haben zwei Psychologen die betreffende Literatur analysiert und die wenigen Geschlechtsunterschiede, die im Gegensatz zu den zahlreichen Fiktionen möglicherweise wissenschaftlich beweisbar sind, heraussondiert.* Sie betonen jedoch, daß ihre Resultate nicht als endgültig angesehen werden können. Trotzdem sind ihre Beurteilungen der Geschlechtsunterschiede, die bereits in der Kindheit evident sind, wahrscheinlich so zuverlässig, wie zum gegenwärtigen Zeitpunkt erwartet werden darf. Die weitverbreitete Ansicht beispielsweise, Mädchen seien sozialer veranlagt als Jungen, scheint durch nichts belegt – ebensowenig wie die Versicherung, Knaben vermöchten besser analytisch zu denken und abstrakte Ideen zu entwickeln, Mädchen lernten schneller auswendig und würden Dinge besser nachmachen. Die Psychologen haben auch keinen Beweis dafür entdecken können, daß Mädchen nicht «natürlich» leistungsmotiviert seien oder daß sie von ihren ererbten Anlagen abhängiger wären als Jungen. Insgesamt fanden die Autoren nur vier Eigenschaften, die wohl bei beiden Geschlechtern differieren:

1. Mädchen besitzen anscheinend bessere verbale Fähigkeiten als Jungen. Bis zum Alter von 11 Jahren sind beide Geschlechter gleich, danach gewinnt das Mädchen eine Überlegenheit, die während der gesamten Schul- und Studienzeit ständig stärker wird. Diese verbale Überlegenheit zeigt sich auf allen Gebieten: Sprachverständnis, Ausdrucksweise, Verständnis komplizierter Schriften und kreatives Schreiben.

2. Jungen sind anscheinend beim visuellen Erkennen räumlicher Gegebenheiten im Vorteil. Wenn es darauf ankommt, in scheinbar bedeutungslosen Linien Muster zu erkennen oder dreidimensionale Gegenstände zweidimensional auf Papier zu zeichnen, ist die männliche Überlegenheit evident. Sie ist im kindlichen Alter noch nicht erkennbar; sie zeigt sich erst beim Jugendlichen und später beim Erwachsenen.

3. Jungen sind anscheinend mathematisch besser begabt. In der Grundschule gibt es im Vergleich zu den Mädchen noch keinen Unterschied; aber etwa ab 12 Jahren machen die Jungen schnellere Fortschritte als die Mädchen.

4. Das männliche Geschlecht ist anscheinend aggressiver veranlagt. Diese Beobachtung wird in fast allen Gesellschaften, in denen überhaupt aggressives Verhalten vorkommt, bestätigt. (In manchen Gesellschaften wird Aggression nicht belohnt, folglich lassen sich auch keine deutlichen Unterschiede zwischen den Geschlechtern erkennen.) Diese Geschlechtsunterschiede treten etwa im Alter von zwei Jahren auf, wenn mit den sozialen Spielen begonnen wird; sie sind wahrscheinlich durch das männliche Hormon bedingt.

Diese vier angeblichen Unterschiede zwischen den Geschlechtern müssen jedoch mit Vorsicht behandelt werden. Was die verbale und die visuell-räumliche Begabung betrifft, so wäre es möglich, daß die Unterschiede, die zwischen Jungen und Mädchen beobachtet worden sind, sich auf die körperliche Entwicklung zurückführen lassen und gar nichts mit einer speziell männlich-weiblichen Differenzierung zu tun haben. Mädchen entwickeln sich gewöhnlich rascher als Knaben. Die schnellere Ausbildung des Sprechzentrums in der linken Gehirnhälfte könnte daher der Grund für die überlegene Sprachgewandtheit der Mädchen sein. Die Entwicklung der Sprechzentren kann auch mit der Entwicklung der visuell-räumlichen Fähigkeit zusammenhängen und der Grund für die männliche Überlegenheit auf diesem Gebiet sein. Diese Theorie wurde erst in jüngster Zeit durch Untersuchungen gestützt, die früh und spät entwickelte Individuen beiderlei Geschlechts betraf. Frühentwickler (gleich ob Knaben oder Mädchen) schnitten bei den verbalen Aufgaben besser ab, während die anderen, die Spätentwickler (gleich ob Knaben oder Mädchen), bessere Punkte bei den visuell-räumlichen Aufgaben erzielten. Das bedeutet: Wenn in bezug auf diese beiden Verhaltensweisen Unterschiede bei den Geschlechtern auftreten, dann spiegeln sie im Grunde nur den Reifegrad wider (der bei Mädchen gewöhnlich früher erreicht wird) und weniger die elementaren Unterschiede zwischen den Geschlechtern. Die langsamere Entwicklung der Knaben würde auch erklären, warum die männliche Überlegenheit im visuell-räumlichen Bereich nicht schon im Kindes- sondern erst im jugendlichen Alter auftritt.*

Die Überlegenheit in der Mathematik ließe sich somit durch die größere visuell-räumliche Begabung der sich spät entwickelnden Jungen erklären. Aber auch kulturelle Einflüsse müssen in Betracht gezogen werden, da der Unterschied zwischen den Geschlechtern in bezug auf die mathematische Begabung nicht in allen Gesellschaften gleich groß ist. Eine Untersuchung, die Schüler in Südkalifornien betraf, zeigte, daß zwischen den Buben und Mädchen der unteren Klassen im Hinblick auf ihre Vorliebe für Mathematik kein Unterschied bestand. Mit zunehmendem Alter der Schüler schälte sich jedoch das Klischee, demzufolge Mathematik eine männliche Domäne ist, immer deutlicher heraus. Darauf hatte auch die Einstellung der Lehrer Einfluß. Die Mathematiklehrer vertraten häufig die stereotype Meinung, daß Jungen in Mathematik besser seien als Mädchen, und nicht einer von ihnen glaubte das Gegenteil. So bleibt als deutlicher Unterschied zwischen den Geschlechtern also nur noch die größere Aggressivität der Jungen. Da die Aggression zum Verständnis der Rollen wichtig ist, die die Geschlechter einnehmen, wird sie im Verlauf dieses Kapitels noch ausführlich behandelt.

Aus den Studien über die biologischen und mentalen Unterschiede zwischen den Geschlechtern hat sich jedoch kein Ergebnis herauskristallisieren lassen, das hinreichend begründen würde, warum die Männer in allen Gesellschaften die Vorherrschaft besitzen. Auch die einschlägige wissenschaftliche Literatur gibt keine Erklärung dafür, warum Männer von Geburt an ökonomische, politische, soziale und sexuelle Privilegien genießen. In Indien zum Beispiel werden noch immer die alten Hindugesetze befolgt, die bestimmen, daß eine Frau ihr ganzes Leben lang den Männern gehorchen muß: zuerst ihrem Vater, dann ihrem Ehemann und im Alter ihren Söhnen. Sogar in modernen Gesellschaften ist es noch immer charakteristisch für das weibliche Verhalten, dem Manne gehorsam zu sein. Eigentlich müßte man das genaue Gegenteil erwarten. Die langlebigeren, gesünderen Frauen, die seltener Unfällen zum Opfer fallen und genauso intelligent sind wie die Männer, müßten dominieren. Gewiß, Männer sind ein bißchen größer und stärker, aber das dürfte bei einer Spezies, die die Fangzähne, Klauen, Zähne und Schutzpanzer anderer Lebewesen stets durch technologische Errungenschaften ersetzt hat, nicht von Bedeutung sein. Die Hominiden haben von Anfang an ihren Mangel an angeborenen Waffen, durch die Entwicklung geeigneter Technologien kompensiert. Bei einer Spezies, die große und gefährliche Raubtiere mit eigens erfundenen Werkzeugen, beziehungsweise Waffen, besiegt hat, hätten die weiblichen Mitglieder bestimmt Instrumente erfinden können, mit deren Hilfe sie den etwas größeren und schwereren Körperbau der Männer hätten wettmachen können.

Selbst wenn die Frauen keinen offenen physischen Kampf austragen wollten, um der männlichen Vorherrschaft ein Ende zu bereiten, hätten sie sie durch Anwendung psychologischer und kultureller Waffen besiegen können. Schließlich hatten die Frauen seit eh und je Geburt, Pflege und die frühe Erziehung der Kinder unter ihrer absoluten Kontrolle. Ihre unumstrittene Stellung bei der Erziehung der Kinder hätte ihnen erlaubt, die nächste Generation Männer erheblich zu reduzieren; sie hätten nur zuzulassen brauchen, daß in den ersten Lebensjahren beträchtlich mehr männliche als weibliche Kinder starben. Außerdem hätten die Mütter der männlichen Aggression entgegenwirken können, indem sie die Mädchen für aggressives und die Jungen für passives Verhalten belohnt hätten. Zu guter Letzt wäre eine Generation herangewachsen, die aus zahlreichen aggressiven Mädchen und einer geringeren Zahl passiver Jungen bestanden hätte, deren Funktion es war, die Mädchen zu schwängern. Damit wäre die weibliche Vorherrschaft in der Gesellschaft gesichert gewesen. Die Führungspositionen in der Regierung, den Ausbildungsstätten und religiösen Institutionen wären von Frauen besetzt worden, wodurch deren Vormacht gefestigt und weitergeführt würde.

In den mehreren tausend Gesellschaften auf der ganzen Welt, die von Sozialwissenschaftlern untersucht worden sind, ist jedoch nichts dergleichen geschehen. Das Erstaunliche an der Vorherrschaft der Männer ist zweifellos, daß die Frauen sie überhaupt zugelassen haben, obgleich sie sie leicht hätten verhindern können. Der Begriff Matriarchat findet sich in sämtlichen Wörterbüchern und steht gewöhnlich für die weibliche Vorherrschaft über politische und soziale Angelegenheiten einer Gesellschaft. Ungeachtet dieser Definition gibt es jedoch kein einziges Beispiel für ein tatsächlich existierendes Matriarchat. Wahrscheinlich kamen die Irokesen einem Matriarchat näher als jedes andere uns bekannte Volk; aber auch wenn die irokesischen Frauen bei der Wahl des Häuptlings eine entscheidende Rolle spielten, so waren diese Häuptlinge doch stets Männer. Auch dem obersten Rat der Irokesen gehörten keine Frauen an. In einigen wenigen Gesellschaften bestimmt die weibliche Linie das Verwandtschaftsverhältnis; aber das hat nichts mit einem Matriarchat zu tun, denn es bedeutet nicht viel mehr, als daß die Autorität des Ehemannes der Frau durch die einen anderen Mannes (des Bruders der Frau) ersetzt wird. Die Menschen haben sich Gesellschaften mit sehr verschiedenen politischen, sozialen und ökonomischen Einrichtungen geschaffen. Doch nie hat man auch nur von einer einzigen Gesellschaft gehört, in der die Frauen und nicht die Männer mit der Führerschaft und Regierungsgewalt betraut worden wären.

Das Patriarchat ist universell, ohne auch nur eine Ausnahme. Selbst in den Fällen, in denen eine Königin an der Regierungsspitze steht, wie derzeit in Großbritannien, geschieht es nur, weil in der Erbfolge kein männliches Mitglied zur Verfügung steht. Wenn eine Königin in Ermangelung eines männlichen Erbprätendenten eine männliche Rolle annimmt, dann ist das fast immer die Ausnahme; wie eine Skulptur der Hatschepsut zeigt, die vor etwa 3500 Jahren Königin von Ägypten war. Sie ist mit einem Bart dargestellt, als solle damit hervorgehoben werden, daß sie eine Stellung bekleidet, die einem Manne gebührt. In einigen afrikanischen Gesellschaften haben «Königin-Mütter» regiert, aber sie waren stets einem männlichen König oder Häuptling untergeordnet, der die eigentliche Macht ausübte. Sowohl in Indien als auch in Israel hatte in den vergangenen Jahren eine Frau den höchsten Regierungsposten inne. Trotzdem blieb die Regierungsgewalt in diesen beiden Gesellschaften auch weiterhin an Männer gebunden. Zwar nahm Golda Meir in Israel den Posten des Premierministers ein, aber alle achtzehn Minister ihres Kabinetts waren Männer.*

Man sollte meinen, daß die Stellung der Frauen in den Gesellschaften der Jäger und Sammler der der Männer zumindest gleich gewesen wäre, weil hier die Frauen den größten Teil der Nahrung beibringen mußten. Tatsächlich gibt es bestimmte Formen extrem schlechter Behandlung der Frauen, wie sie in komplexeren Gesellschaften vorkommen, bei den Jägern und Sammlern nicht: zum Beispiel schwere körperliche Bestrafung oder gar die Todesstrafe für den Ehebruch der Frau, Negierung des Rechts auf Scheidung und die Isolation in einem Harem. Die bessere Stellung der Frau in den Gesellschaften der Jäger und Sammler rührt daher, daß Männer und

Frauen gemeinsam und wechselweise für den Lebensunterhalt sorgten und nicht nur die Männer ein Monopol auf die Nutzung von Nahrungsquellen und den Abbau von Rohstoffen besaßen. Doch auch hier ist die männliche Vorherrschaft sehr stark ausgeprägt, wenn auch in subtilerer Form als in komplexen Gesellschaften. Wenn bei den Mbuti-Pygmäen im Kongo gelegentlich für den

Der Mann und die Aggression
Männer verhalten sich gewöhnlich aggressiver als Frauen, das liegt zum Teil an den Hormonen – zum Teil aber auch an den Normen der jeweiligen Gesellschaft, von der die Aggressivität entweder ermutigt oder eingedämmt wird. Die meisten Gesellschaften belohnen aggressives Verhalten bei Männern schon im Kindesalter.

Stamm Hilfe heraufbeschworen werden muß, dann geschieht das immer durch den besten Jäger oder einen älteren Mann. Wenn Männer gute Jäger sind, erringen sie einen hohen Status, wenn aber Frauen gute Sammlerinnen sind, hat das auf ihren Status keinen Einfluß. Außerdem bleiben fast alle wichtigen Rituale den Männern vorbehalten.* Bei den Jägern und Sammlern haben allein die Männer das Monopol auf Waffen. Auch wenn sie höchst selten gegen Frauen gerichtet werden, bedeutet Waffenbesitz schon eine Bedrohung. Und selbst in denjenigen Gruppen von Jägern und Sammlern, in denen die Gleichberechtigung am größten ist, liegt Leben und Tod noch immer in der Hand von Männern. Wenn alte Leute oder Kinder getötet werden müssen, um die hungrigen Münder zu reduzieren und auf diese Weise dem Stamm eine bessere Überlebenschance zu geben, dann sind es die Männer, die das Töten besorgen – und gewöhnlich kommen die weiblichen Mitglieder als erste an die Reihe.

Selbst weitreichende politische und soziale Veränderungen rütteln meist nicht an der Vorherrschaft der Männer über die Frauen. Als die Sowjetunion konstituiert war, prahlte Lenin, daß es «außer Sowjetrußland kein einziges Land in der ganzen Welt gibt, in dem Männer und Frauen völlig gleichgestellt sind». Seither ist die Gleichberechtigung der Frau ein erklärtes Ziel der sowjetischen Politik, das – in begrenztem Rahmen – auch erreicht worden ist. Nicht lange nach der Oktoberrevolution von 1917 wurde mit den alten Moralvorstellungen und den überkommenen Rollen der Geschlechter gebrochen; die Frauen wurden von dem zweitrangigen Status befreit, den ihnen Elternhaus, zaristische Gesetze und Kirche traditionsgemäß auferlegt hatten. Bis dahin besaß das männliche Familienoberhaupt fast absolute Herrschaft über seine Ehefrau, die Kinder und andere Verwandte, die im selben Haushalt lebten. Die Söhne hatten Gelegenheit, dieser tyrannischen Herrschaft zu entkommen, um eine eigene Familiendiktatur zu gründen. Aber die Töchter wurden zuerst von den Vätern und danach von den Ehemännern ihr Leben lang zur Unterordnung gezwungen. Frauen besaßen weder eine politische Stimme, noch konnten sie den väterlichen Besitz erben; Scheidung und Geburtenkontrolle waren verboten.

Vieles davon ist nach der Oktoberrevolution anders geworden. Von nun an konnten die Frauen ihre Familie verlassen und in die Stadt ziehen, unerwünschte Schwangerschaften beenden, sich ihren Ehepartner selbst aussuchen und sich von einem ungeliebten Partner trennen. Heute üben die Frauen alle Tätigkeiten aus und sind in allen Berufen beschäftigt; sie verrichten körperliche Arbeit auf

Baustellen und nehmen Stellungen in der Verwaltung ein. Aber dieser Schein trügt. Zwar gestand man den Frauen zu, in einigen männlichen Domänen Fuß zu fassen, vor allem deshalb, weil jahrzehntelange innere Unruhen, Krieg und Wiederaufbau die Zahl verfügbarer Männer stark einschränkten. Aber die Frauen bekamen fast immer die untergeordneten Stellungen und eine geringere Bezahlung. An den höheren Schulen sind über 70 Prozent der Lehrer Frauen, aber 72 Prozent aller Direktoren Männer. Im übrigen ist das Pendel inzwischen wieder zurückgeschwungen zur alten Ordnung. Mit Stalins Machtübernahme Ende der dreißiger Jahre wurde die Scheidung zunehmend erschwert; das Leben der Frauen konzentrierte sich wieder mehr aufs Kinderkriegen und die Haushaltsführung für den Mann, dem die dominierende Rolle zukam. Eine möglichst große Produktion von Kindern wurde belohnt, von der Muttermedaille für fünf Kinder bis zum Titel einer Heldenmutter für zehn oder mehr Nachkommen.

Daß es in der Sowjetunion mehr weibliche als männliche Ärzte gibt, wird häufig als Beispiel für die Gleichberechtigung der Frau angeführt. Etwa 70 Prozent aller Ärzte in der Sowjetunion sind tatsächlich Frauen, aber Chefarzt eines Krankenhauses ist fast immer ein Mann. Die Vielzahl weiblicher Ärzte erklärt sich aus dem mangelnden Interesse der Männer am medizinischen Beruf, weil die Bezahlung sehr schlecht ist. Ein Arzt bekommt nicht einmal drei Viertel des Lohns, den ein Fabrikarbeiter erhält. Außerdem genießt der Arztberuf nicht das gleiche hohe Prestige wie in den Vereinigten Staaten und in vielen anderen Ländern. Aber auch in der sowjetischen Regierung haben es die Frauen nicht gerade zu hohen Positionen gebracht. Obgleich die Frauen in der kommunistischen Partei stark vertreten sind, werden die wichtigsten Posten von Männern gehalten. Die mächtigste Regierungsinstitution ist das Politbüro mit fünfzehn Mitgliedern, dem gegenwärtig keine einzige Frau angehört. Seit 1917 hat es übrigens nur eine einzige Frau in seinen Reihen gegeben, und auch das nur für vier Jahre. Die 99 Minister und Vorsitzenden der Regierungskomitees sind ebenfalls Männer. Offensichtlich durften die Frauen in allen Zweigen von Wirtschaft und Verwaltung tätig sein, nur nicht in höheren Positionen. Außerdem wird von den arbeitenden Frauen noch immer erwartet, daß sie sich auch um die Pflege der Kinder, den Haushalt und die Zubereitung der Mahlzeiten kümmern. Diese Doppelbelastung durch Beruf und Haushalt macht die Gleichberechtigung zu einer Illusion.

In der einen oder anderen Gesellschaft üben die Männer jede nur denkbare Berufstätigkeit aus, auf die der Mensch je gekommen ist. Darüber hinaus behalten die Männer auch weiterhin die alleinige

Kontrolle über Dinge wie Kriegführung und Jagen bei. Von den Frauen läßt sich das nicht behaupten. Es gibt keinen einzigen Beruf, der ausschließlich Frauen vorbehalten wäre.* Wenn Männer in die Armee gehen, können sie als Krankenpfleger, Wäscher, Haushälter und Köche eingesetzt werden – Beschäftigungen, die die westlichen Kulturen eh und je als «weiblich» betrachtet haben. Wenn aber Frauen in die Armee gehen, nehmen sie dort keineswegs maskuline Positionen ein, etwa als Jagdflieger oder Fallschirmjäger.

> Männer mögen kochen, weben, Puppenkleider schneidern oder Kolibris jagen; wenn solche Tätigkeiten als geeignete Beschäftigung für Männer angesehen werden, halten Männer und Frauen der ganzen Gemeinschaft sie für wichtig. Werden jedoch dieselben Geschäftigungen von Frauen ausgeübt, werden sie als weniger wichtig angesehen.*

Ein bemerkenswertes Beispiel für die Art und Weise, wie Gesellschaften bestimmte Arbeiten dem einen oder anderen Geschlecht zuteilen – und dann die des Mannes als nützlicher ansehen –, kommt aus Neuguinea. Dort bauen die Frauen süße Kartoffeln an und die Männer ein ähnliches Gewächs mit einer eßbaren Knollenwurzel, der Yamwurzel. Zwischen den beiden Früchten besteht kaum ein Unterschied, auch nicht beim Pflanzen und Ernten, trotzdem wird die vom Mann gezogene Yamwurzel als etwas Besonderes betrachtet. Was für die Knollenwurzel in Neuguinea gilt, trifft auch auf viele geschlechtsspezifische Rollen in westlichen Gesellschaften zu, in denen Männerarbeit höheres Prestige, bessere Bezahlung, mehr Anreiz erfährt oder auf andere Weise honoriert wird. Wenn in einer Kultur eine *haute-cuisine* im Gegensatz zur gewöhnlichen häuslichen Küche entwickelt wird, wie etwa in Frankreich, dann sind die Küchenchefs auf alle Fälle männlich. Man darf sicher sein, daß Männer mit ihrer Menstruation prahlen würden, so sie eine hätten, anstatt sie als evidentes Zeichen von Schwäche, Unterlegenheit und Irrationalität hinzustellen. Mit all diesen Dingen sind die Frauen derart hoffnungslos unterdrückt worden, daß Frauen fünf- bis zwölfmal häufiger als Männer den Wunsch äußerten, lieber dem anderen Geschlecht anzugehören, wie Erhebungen in ganz verschiedenartigen Lebenskreisen gezeigt haben.

Aus welchem Grund sind Rollen und Positionen mit höherem Status immer Männern vorbehalten? Im allgemeinen wird es damit erklärt, daß die männliche Dominanz in unserer biologischen Erbmasse verwurzelt sei. Tatsächlich spielen die männlichen Mitglieder praktisch aller Affen- und Menschenaffenarten eine dominierende

Rolle. Verfechter der biologischen Erklärung behaupten, so, wie es ist, habe es seine Richtigkeit, weil die männlichen Primaten wesentlich größer und stärker sind. Man vermutet, daß sich die weiblichen Hominiden der Nachwuchspflege widmeten und das Sammeln von Pflanzen besorgten, während die größeren, stärkeren Männer auf die Jagd nach gefährlichem Wild gingen und Angreifer in Schach hielten. Diese Vorstellung ist aus verschiedenen Gründen nicht aufrechtzuerhalten. Zum einen ist der sexuelle Dimorphismus des Menschen eine Realität, wenn er auch nicht so extrem ausgebildet ist wie bei vielen Affen- und Menschenaffenarten; zum Beispiel wiegen die Männchen bestimmter Pavianarten doppelt soviel wie die Weibchen. Zum andern ist der Kräfteunterschied zwischen den menschlichen Geschlechtern offensichtlich durch die physische Konditionierung, die der Mann von früher Kindheit an erfährt, bedingt. Tatsächlich stehen athletisch trainierte Frauen den athletisch trainierten Männern in manchen physischen Leistungen kaum nach. 1924 gewann Johnny Weissmüller bei den olympischen Spie-

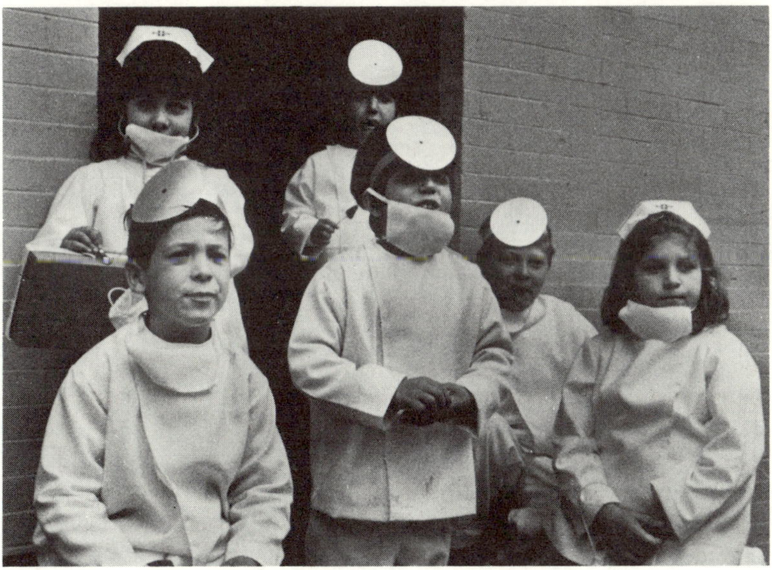

Die stereotype Behandlung der Geschlechter beim nordamerikanischen Kind

Sogar beim Spielen werden nordamerikanische Kinder auf subtile Weise beeinflußt, damit sie den stereotypen Rollen, die sie später einnehmen werden, entsprechen: In diesem Fall die Jungen als Ärzte, die Mädchen als untergeordnete Krankenschwestern.

len das 400-m-Freistilschwimmen und wurde dadurch berühmt (nicht viel später erlangte er noch größere Berühmtheit als Tarzandarsteller und Sexsymbol). Trotzdem liegt der weibliche Weltrekord für diese Disziplin gegenwärtig um etwa 20 Prozent höher als Weissmüllers damalige Leistung. Drittens sind es in vielen Gesellschaften die Frauen, die schwere körperliche Arbeiten verrichten; sie schleppen Lasten und gehen zu Fuß, während die Männer reiten. Und trotzdem herrschen auch in diesen Gesellschaften die Männer über die Frauen.

In einer neueren Arbeit zu dieser Frage wird der größeren Aggressivität des Mannes, als Folge der männlichen Hormonwirkung, besonderes Gewicht beigemessen.* Da diese Eigenschaft (wie schon erwähnt) in der Kindheit das deutlichste Beispiel für den Geschlechtsunterschied darstellt, könnte die Erklärung für die Dominanz der Männer in den Hormonen liegen. Experimente mit nichtmenschlichen Primaten scheinen das zu bestätigen; zum Beispiel zeigten weibliche Affen, denen man Androgene injizierte, danach meist ein aggressiveres Verhalten. Was jedoch auf Kinder und Affen zutrifft, ist noch lange nicht geeignet, das Verhalten erwachsener Menschen zu erklären. Die Dominanz der Männer bei den Erwachsenen geht fast nie auf offene Aggression zurück. Tatsächlich läßt im Normalfall keine menschliche Gesellschaft physische Aggressionen gegen andere Mitglieder der Gruppe zu. Ein rabiates Kind, das sein Verhalten nicht ändert, wenn es erwachsen ist, wird dafür von der Gemeinschaft, in der es lebt, hingerichtet (wie bei den Eskimos), mit vergifteten Pfeilen erschossen (wie bei den Buschmännern), ins Gefängnis oder in eine Nervenheilanstalt gesteckt (wie es in den meisten modernen Gesellschaften der Brauch ist).

Bei genauerer Untersuchung läßt sich die biologische Erkärung, mag sie sich nun auf den sexuellen Dimorphismus oder auf die Hormone stützen, nicht aufrechterhalten; ebensowenig wie die ökonomische Erklärung: die männlichen Jäger hätten ein Monopol auf die Fleischvorräte besessen und von da aus ihre Herrschaft auf den politischen, sozialen und sexuellen Bereich ausgedehnt. Auch diese Argumentation hat einen Haken, denn in zahlreichen Gesellschaften produzierten die Frauen die wichtigsten Nahrungsmittel, nicht die Männer, und trotzdem spielten sie eine untergeordnete Rolle. In den Ackerbau-Gesellschaften von Neuguinea pflanzen und ernten die Frauen fast die gesamte erforderliche Nahrung, und trotzdem herrschen sie nicht über die Männer oder sind ihnen auch nur gleichgestellt. Auch eine sexuelle Erklärung – derzufolge Männer die sexuellen Aggressoren und Frauen die zu gewinnenden

Preise sind – war schon oft im Gespräch, klingt allerdings wenig überzeugend. Die Anhänger dieser Theorie haben immer wieder hervorgehoben, daß Vergewaltigungen nur von seiten der Männer ausgehen und daß der sexuelle Angriff einer Frau auf einen widerstrebenden Mann praktisch unmöglich sei. Eine Bestätigung dieser Theorie ist die große Bedeutung, die viele Gesellschaften der weiblichen Keuschheit beimessen, sowie die doppelte Moral, die dem Manne die sexuelle Führungsrolle überläßt. Aber diese Begründung zieht nicht all jene Gesellschaften in Betracht, in denen zwar der Mann die Herrschaft ausübt, die Frau aber trotzdem die Rolle des sexuellen Aggressors übernimmt und die Unberührtheit der Frau keinen besonderen Stellenwert besitzt. Andere Erklärungen, die den tatsächlichen Umständen oder dem gesunden Menschenverstand zuwiderlaufen, sind die marxistische Theorie, nach der die ursprünglich bei den Frauen liegende Macht später von den Männern übernommen wurde, und eine psychoanalytische Theorie, nach der die Männer den Frauen die Reproduktionsfähigkeit neideten und daher gemeinsam alle Anstrengungen unternahmen, die Frauen unter ihre Kontrolle zu bringen.*

Am einleuchtendsten ist wohl noch immer die These, die den Ursprung und den Fortbestand der Dominanz des Mannes seiner physischen Überlegenheit zuschreibt. Wir haben in diesem Kapitel bereits darauf hingewiesen, wie paradox eine männliche Vorherrschaft eigentlich ist: denn die Frauen könnten durch entsprechende Erziehung der Kinder in den nächsten Generationen ohne weiteres das Gleichgewicht so verschieben, daß viele aggressive Mädchen wenigen passive Knaben gegenüberstünden, deren Aufgabe es sein würde, den Frauen zur Schwangerschaft zu verhelfen. Warum ist diese Strategie bisher nirgendwo in der Welt angewandt worden? Stellen wir uns einmal eine soziale Gruppe vor, deren Frauen sich verschworen haben, die Rollen der Männer zu übernehmen. Innerhalb von ein, zwei Generationen hätten die Frauen ein Matriarchat geschaffen und mit den Männern in allem gleichgezogen – mit einer einzigen Ausnahme, dem Kampf «Mann gegen Mann». Auch wenn trainierte Männer physisch nicht viel stärker sind als trainierte Frauen, so gibt es doch Unterschiede. Bei den olympischen Rekorden gleichen sich die Frauen den Leistungen an, die die Männer vor zehn oder mehr Jahren erbracht haben, jedenfalls im Schwimmen; in anderen Disziplinen, bei denen es darum geht, weit und schnell zu laufen, Gewichte zu heben, einen Speer zu werfen oder Tontauben zu schießen, tun sie sich schwerer. Bei den Olympischen Spielen von 1976 waren die Frauen im 400-m-Lauf ungefähr 20 Prozent langsamer als die Männer; den Speer vermochte ein Mann um fast ein Drittel weiter zu werfen als jede Frau. Und aufgrund ihres kräftigeren Körperbaus können Männer schwerere Schläger heben und stärkere Bogen spannen. Was jedoch wichtiger ist: Frauen wären erheblich langsamer beim Angriff auf den Feind, oder beim Rückzug nach einer Niederlage, denn durch das wesentlich breitere Becken, das dem Geburtskanal Platz bietet, ist ihre Laufgeschwindigkeit bedeutend geringer.

Eine matriarchalische, männerarme Gesellschaft, in der die Frauen in die Schlacht ziehen müßten, befände sich daher im Nachteil. Sie würde von benachbarten Gesellschaften, in denen die Männer das Kriegshandwerk betreiben, unweigerlich besiegt und vernichtet. Wenn die Mitglieder einer Gesellschaft erst einmal erkannt haben, daß sie nur überleben können, wenn sie möglichst viele starke und aggressive Männer hervorbringen, dann neigen sie bestimmt eher dazu, den männlichen Nachkommen besondere Pflege angedeihen zu lassen, die Zahl der weiblichen möglichst niedrig zu halten und den männlichen später Führungsrollen zu verschaffen. Die Frauen würden sich, wenn auch widerwillig, damit abfinden, weil sie andernfalls mitsamt ihren Nachkommen Gefahr liefen, ausgelöscht zu werden. Die Irokesen sind ein gutes Beispiel dafür. Ihre Frauen hatten völlig freie Hand bei der Erziehung der Kinder, und gelegentlich begleiteten sie die Männer sogar auf der Jagd. Trotzdem beteiligten sie sich nie an bewaffneten Kämpfen.*

Im Unterschied zu den biologischen, ökonomischen, marxistischen oder psychoanalytischen Erklärungen gibt die These des Mann-gegen-Mann-Kampfes Antwort auf die essentielle Frage: Warum fügen sich die Frauen einem System, das ihnen unrecht tut und das sie mit anderen Erziehungsmethoden leicht ändern könnten? Nur weil sie auf männlichen Schutz angewiesen sind, erklären sich die Frauen bereit, schwere Arbeiten zu verrichten, einen großen Teil der Nahrung beizubringen – und sich trotz alledem mit einem geringeren Anteil an den Erträgen der Gesellschaft zu begnügen. Ganz gewiß ist dieser Zustand nicht bewußt herbeigeführt worden. Alle Gesellschaften, deren Frauen die Macht innehatten und deren Männer nicht kampfwillig waren, befanden sich im Nachteil und starben aus. Die anderen, die überlebt haben, müssen eine große Anzahl starker und aggressiver Männer hervorgebracht haben. Nachdem den Männern erst einmal eine Sonderstellung als Krieger eingeräumt war, mußte sich ein solches System automatisch von selbst fortsetzen. Die Gesellschaft mußte die männlichen Kinder zur Aggressivität ermutigen. Und sie mußte auch die siegreichen Krieger belohnen, das nächstliegende aber war, diese Belohnung mit hohem Prestige und sexuellem Zugang zu möglichst vielen

Frauen zu verbinden. Derartige sexuelle Privilegien der Männer könnten nicht bestehen, wenn die Frauen nicht dazu erzogen wären, eine passive und untergeordnete Rolle zu spielen.

Die ständige Abwertung der weiblichen Arbeit und die Hochschätzung männlicher Rollen mußte allmählich die gesamte Gesellschaft erfassen: Führungsqualitäten, Kontrolle von Besitz und Niedergang lassen sich viel häufiger über die männliche Linie verfolgen als über die weibliche. Um die Männer für den Kampf zu stärken, mußte man sie zur Teilnahme an sportlichen Wettbewerben und Scheinkämpfen, wie Ringen und Fechten, ermutigen. War die männliche Herrschaft auf diese Weise erst einmal gefestigt, dann ließ sich daran kaum mehr etwas ändern, da sie aus sich selbst heraus lebt:

> Je grausamer die Männer, je größer die Kriege, um so mehr Männer werden gebraucht. Und je grausamer die Männer sind, um so aggressiver ist ihre Sexualität, um so stärker werden die Frauen ausgebeutet und um so verbreiteter ist die Polygamie – der Besitz mehrerer Frauen. Durch Vielweiberei wird aber der Frauenmangel verstärkt, die Frustration der jüngeren Männer wird größer und die Motivierung, in den Krieg zu ziehen, stärker. Diese Eskalation erreicht einen Höhepunkt; Frauen werden geringgeschätzt und in der Kindheit getötet, daraufhin müssen die Männer wieder in den Krieg und Frauen gefangennehmen, um neue aggressive Männer heranziehen zu können.*

Diese Feedback-Situation, wie sie gerade beschrieben wurde, ist bei den Yanomamo-Indianern in Südvenezuela und Nordbrasilien beispielhaft belegt. Ein Anthropologe, der sie seit 1964 beobachtet, nannte sie «das Kampf-Volk», weil ihre Lebensform auf dauernden Konflikten aufbaut. Die Kämpfe der Yanomamo dienen einzig und allein dazu, Frauen gefangenzunehmen oder sich für die Entführung ihrer eigenen Frauen an den benachbarten Dörfern zu rächen. Dennoch töten die Yanomamos absurderweise weibliche Neugeborene – mit der Begründung, daß Männer für das Volk wertvoller seien, weil es sich ständig im Krieg befinde. Daher sind heiratsfähige Frauen natürlich rar, was wiederum zu neuen Kampfhandlungen führt. Obgleich ein solches System für Männer durchaus ideal erscheinen mag, darf man nicht vergessen, welch hohen Preis sie zahlen. Sie selbst sind die Opfer jener Kämpfe, die das System aufrechterhalten. Etwa ein Viertel aller männlichen Yanomamos sterben im Kampf.

Im Hinblick auf die moderne Kriegführung könnten gegen die

Kampfhypothese Einwände erhoben werden, denn hier ist die Bedeutung des Einzelkämpfers fast geschwunden. Doch bewaffnete Konflikte sind zu einem großen Teil auch heute noch Kämpfe von Mann zu Mann – trotz nuklearer Waffen und ferngesteuerter Raketen. Man denke an die Millionen Toter in den Schützengräben des 1. Weltkriegs, die enormen Verluste bei den Landungen auf den Atollen im Pazifik und an den Küsten der Normandie während des 2. Weltkrieges, und an die Verluste in Vietnam. Bis vor dreißig Jahren hat es in der drei Millionen Jahre währenden Geschichte der Hominiden nur den Kampf Mann-gegen-Mann gegeben. Daß diese Art der Kriegführung für einige moderne, hochentwickelte Länder nicht mehr die Regel ist, mindert nicht ihre Bedeutung für die vielen Millionen Jahre, während derer sie praktiziert wurde.*

Was auch immer der Grund für die Dominanz der Männer sein mag, in jeder Gesellschaft sind Männer und Frauen eindeutig nach sexuellen Stereotypen definiert worden – einer Konstellation von Merkmalen, die den Unterschied zwischen beiden Geschlechtern herausstellen. Die «Unisex-Bewegung» der sechziger Jahre in Nordamerika und Europa hat sich auf diese Stereotypen kaum ausgewirkt, selbst nicht bei den als liberal geltenden Universitätsstudenten. Aus entsprechenden Studien ging hervor, daß große Teile der gebildeten Bevölkerung die Frauen noch immer für nicht so kompetent halten, für nicht so unabhängig, nicht so objektiv wie die Männer, und auch nicht für fähig, so logisch zu denken wie diese. Außerdem zeigte sich, daß sowohl Frauen wie Männer die männlichen Eigenschaften als wünschenswerter erachten. Die Frauen befinden sich somit in einer doppelt schwierigen Situation; es ist ihnen unmöglich, den Normen zu entsprechen, die ihnen gesetzt sind, nämlich einerseits als Frauen und andererseits als erwachsene Mitglieder ihrer Gesellschaft. Frauen, die sich so verhalten, wie es von allen Erwachsenen in der Gesellschaft erwartet wird (das heißt, daß sie dem bevorzugten männlichen Stereotyp entsprechen), stoßen auf Kritik, weil sie sich nicht so verhalten, wie man es von ihnen als Frau erwartet (das heißt, eben nicht so kompetent, nicht so unabhängig, nicht so objektiv und nicht so logisch wie Männer). Wenn sie sich aber wie stereotype Frauen benehmen, dann bestätigen sie damit nur, daß Frauen nicht so kompetent, nicht so unabhängig sind wie Männer. In jedem Fall haben sie das Nachsehen.*

In praktisch allen Gesellschaften, die erforscht wurden, identifizieren die Kinder ihr eigenes Geschlecht schon frühzeitig, gewöhnlich ab Mitte des zweiten Lebensjahres. Hat die geschlechtliche

Identifikation erst einmal stattgefunden, ist sie normalerweise irreversibel, außer bei Homosexualität, Transvestismus und Geschlechtsumwandlungen. Manche Gesellschaften zeigen eine größere Toleranz gegen Personen, die von ihrer Geschlechtsrolle abweichen, als zum Beispiel die Vereinigten Staaten. Für eine Erhebung über das Sexualverhalten wurden in 76 Gesellschaften Daten über die Homosexualität gesammelt. 49 betrachteten homosexuelles Verhalten als normal. In manchen Gesellschaften ist die Homosexualität in bemerkenswerter Weise institutionalisiert worden, zum Beispiel im antiken Griechenland und bei den Mohave-Indianern in Südkalifornien. Andererseits ergaben die von Kinsey erbrachten Forschungsergebnisse über das Sexualverhalten in den Vereinigten Staaten in den Jahren nach 1940, daß Homosexualität nicht allzu häufig auftritt. Etwa vier Prozent aller in die Untersuchung einbezogenen Männer waren während ihres ganzen Lebens ausschließlich homosexuell; bei Frauen war es ähnlich. Beträchtlich höhere Zahlen fand man für nur gelegentlich praktizierte Homosexualität mit anschließendem Orgasmus: 37 Prozent bei Männern und 13 Prozent bei Frauen. Die viel seltenere weibliche Homosexualität wird auf zwei Fakten zurückgeführt: Erstens überlassen sich die Frauen in den Vereinigten Staaten traditionsgemäß nicht so häufig der Promiskuität wie Männer, gleichgültig, ob sie nun heterosexuell oder homosexuell veranlagt sind. Zweitens scheint die Homosexualität bei Frauen mehr auf emotionalen Bindungen zu beruhen als auf ausgesprochen sexuellen. Eine Studie über 1200 Frauen, die alle intensive emotionale Erfahrungen mit anderen Frauen hatten, ergab, daß es nur bei einem Viertel der Testpersonen zum genitalen Kontakt gekommen war.*

Die Zuweisung einer stereotypen Geschlechterrolle beginnt bereits vor der Geburt – wenn sich die erwartungsvollen Eltern darüber Gedanken machen, ob ihr Kind ein Junge oder ein Mädchen sein wird. Gewöhnlich erhält der wartende Vater vom Geburtshelfer die freudige Nachricht in dieser Reihenfolge: Zustand der Mutter, Geschlecht des Kindes und schließlich Gesundheit des Kindes. Mit der zweiten Information wird der lange währende Prozeß in Gang gesetzt, die Geschlechterrolle, die das Kind später einmal ausfüllen wird, zu programmieren. Es wird eine rosa oder blaue Babyausstattung gekauft, ein entsprechender Name ausgewählt und das Personalpronomen *er* oder *sie* verwendet. Nach und nach wird das Kind durch gutes Zureden und schmeichelnde Worte ganz allmählich in die Rolle gedrängt, die von ihm oder ihr erwartet wird. Zuerst sind es die Eltern, dann die Verwandten, Freunde und Lehrer, die das heranwachsende Kind auf Schritt und

Tritt daran erinnern, daß «tapfere Jungen nicht weinen» oder daß «artige Mädchen so etwas nicht tun».

In den Vereinigten Staaten hat man die Einstellung der Eltern zur Erziehung des jeweiligen Geschlechtes erforscht und eine bemerkenswerte Übereinstimmung im Hinblick auf die Methode gefunden, nach der Eltern ihre Kinder auf ihre Geschlechterrolle hin prägen. Bei den Jungen liegt die Betonung auf Leistung und Wettbewerb sowie Beherrschung der Gefühle und Gehorsam. Bei den Mädchen legen dieselben Eltern Wert auf eine enge persönliche Bindung und die Zurschaustellung von Gefühlen und Zuwendung. Geschlechtertypisierung ist keineswegs nur ein nordamerikanisches Phänomen. Bei einer Befragung von Universitätsstudenten in sechs Ländern (den Vereinigten Staaten, England, Finnland, Norwegen, Dänemark und Schweden) wurden die jeweiligen Vorstellungen vom idealen Mann und von der idealen Frau verglichen. Im allgemeinen stimmten die Studenten darin überein, daß Männer aggressiver, dominierender, wettbewerbsbewußter und beherrschter seien und Frauen gefühlvoller, impulsiver, verständnisvoller, großzügiger und sensibler. Allerdings wiesen die einzelnen nationalen Gruppen geringfügige Unterschiede auf. In Dänemark und Schweden, Länder mit einer langen Tradition im Bemühen um soziale Gleichheit, wurde den Geschlechtsstereotypen nicht viel Bedeutung beigemessen. In den Vereinigten Staaten unterschieden sich sowohl die Männer wie die Frauen von denen der anderen Länder in dreifacher Hinsicht: Sie legten mehr Gewicht auf die Typisierung der Geschlechter; mehr Gewicht auf Wettbewerb und Leistung; der Beherrschung von Aggressionen beim Mann wurde jedoch weniger Bedeutung beigemessen.*

Die kulturellen Klischees von der «passiven» Frau und dem «aggressiven» Mann sind auch in die Diskussion über die menschliche Sexualität getragen worden. Manchmal beziehen sich diese Klischees einfach nur auf die körperlichen Aktivitäten der beiden Partner beim Geschlechtsverkehr: der Mann als der Agierende und die Frau als das Instrument, das benutzt wird. Auf jeden Fall bedeutet weibliche Empfänglichkeit mehr als eine dargebotene Vagina. Im volkstümlichen Verständnis von Sexualität wird ihre Empfänglichkeit vermutlich damit in Beziehung gebracht, daß sie dem Phallus des Mannes als passives und ergebenes Gefäß zur Verfügung steht. Derartige Klischees lassen sich jedoch für die menschliche Spezies alles in allem nur schwer aufrechterhalten, denn die Gesellschaften auf unserer Welt bieten ein breitgefächertes Spektrum sexueller Verhaltensweisen. Im Unterschied zu den meisten Säugetieren, bei denen das Paarungsverhalten weitgehend ver-

Die Geschlechterrolle und die «Berdache»-
Institution der amerikanischen Indianer

Viele Gesellschaften sind gegenüber einem Geschlechtsverhalten, das nicht dem biologischen entspricht, toleranter als die Vereinigten Staaten. Ein verblüffendes Beispiel dafür stammt aus dem 19. Jahrhundert, bei den Indianern der nordamerikanischen Prärie. Obgleich in diesen Gruppen Furchtlosigkeit und Aggressivität zur Norm männlichen Verhaltens gehörten, akzeptierten ihre Mitglieder aber auch, daß manche Jugendliche ihrer Veranlagung nach zum Krieger völlig ungeeignet waren. In diesem Fall gestattete ihnen eine als «Berdache» bezeichnete Institution, Frauenkleider zu tragen und weiblichen Beschäftigungen nachzugehen. Das Foto zeigt einen männlichen Transvestiten vom Stamm der Crow-Indianer mit dem paradoxen (oder vielleicht ironisch gemeinten) Namen »Der-sie-findet-und-tötet». Manchmal nahmen sich erfolgreiche Jäger einen Transvestiten zur zweiten Frau, und zwar nicht nur wegen der sexuellen Abwechslung, die er ihnen bieten mochte, sondern auch aus ökonomischen Gründen. Während der Zeit, in denen der Bison massenweise abgeschlachtet wurde, benötigte ein Jäger möglichst viele Frauen (gleich ob männlich oder weiblich), damit die Häute präpariert und andere typische Frauenarbeiten verrichtet wurden.

erbt wird, hat sich der Mensch fast alle Einzelheiten seines Sexualverhaltens selbst ausgedacht. Jedes beliebige Hundepärchen wird vor, während und nach der Paarung die gleiche Folge von Handlungen ausüben – aber die Menschen sind in der ungeheuren Vielfalt ihrer sexuellen Aktivitäten einzigartig.

Sexuelle Signale, Zärtlichkeiten, Vorspiel, Worte, Körperstellungen und die Häufigkeit des Geschlechtsverkehrs sind bei allen Menschen äußerst verschieden, nicht nur von einer Kultur zur andern, sondern auch innerhalb jedes einzelnen Kulturkreises von einem Individuum zum andern. Daher läßt sich das sexuelle Verhalten der menschlichen Rasse unmöglich verallgemeinern. Es gibt bestimmte Sexualverhalten, die für Männer und Frauen einer ganz bestimmten Gesellschaft und zu einer ganz bestimmten Zeit typisch sind – allerdings unterscheiden sie sich nach Altersgruppen, sozialen Klassen und religiösem Hintergrund. Besonders Angehörige westlicher Gesellschaften finden es schwierig, ihr eigenes Sexualverhalten und das anderer Völker auf einen Nenner zu bringen. Nehmen wir zum Beispiel die Mangaianer, einen polynesischen Stamm, der auf einem Atoll südwestlich von Tahiti lebt. Besucher aus dem Westen mögen sie auf den ersten Blick für äußerst prüde halten. Denn Eheleute lassen in der Öffentlichkeit nie ein Zeichen der Zuneigung erkennen; selbst kleine Kinder dürfen sich nicht an den Händen halten; die Eltern sprechen mit ihren Kindern niemals über sexuelle Dinge. Nichtsdestoweniger beschäftigen sich die Mangaianer sehr intensiv mit Sex, wahrscheinlich mehr als jede andere Volksgruppe, deren Verhalten beobachtet wurde.

Die Mangaianer sind ausschließlich auf die Genitalien fixiert; auf alle übrigen Teile des menschlichen Körpers reagieren sie absolut gleichgültig. Ein mangaianischer Mann hätte für das Interesse, das nordamerikanische und europäische Männer weiblichen Brüsten und Gesäßbacken entgegenbringen, höchstens Verwunderung übrig – während er selbst mit Größe, Form und Haartextur der weiblichen Schamöffnung beschäftigt ist. Die jungen Mangaianerinnen wissen über das männliche Geschlechtsorgan nicht weniger gut Bescheid. Mit Geschlechtsverkehr wird lange vor der Pubertät begonnen; danach wird er mit äußerster Intensität weiterbetrieben und immer mehr verfeinert. Die jungen Männer wetteifern untereinander, wer die meisten Orgasmen zu erreichen vermag, und die Frauen brüsten sich damit, wieviel Männer sie in einer Nacht gehabt haben. Romantische Gefühle, Liebesversprechen oder sexuelle Vorspiele kümmern die mangaianische Frau nicht. Was sie bei einem Partner am wenigsten sucht, ist Liebe. Sexuelle Intimität wird nicht erst hergestellt, nachdem man sich der Zuneigung des anderen vergewissert hat, wie das in westlichen Gesellschaften üblich ist. Die Reihenfolge ist genau umgekehrt. Ein Mann, der oft zum Orgasmus kommt, beweist damit nicht nur seine Männlichkeit, sondern auch, wie begehrenswert die Frau für ihn ist, und nur so vermag er sich für ihre Zuneigung zu qualifizieren. Die Intensität, mit der sich die Mangaianer der Sexualität verschreiben, ist so groß, daß der achtzehnjährige Mann im Durchschnitt dreimal pro Nacht zum Orgasmus kommt, und zwar jede Nacht; mit 28 wird es etwas weniger, im Durchschnitt fast täglich zweimal.*

Vergleicht man das Verhalten der Mangaianer mit dem der Inder, so zeigt sich, daß diese sexuell viel zurückhaltender sind als die Menschen in den meisten anderen Gesellschaftsgruppen. Diese Behauptung mag im Widerspruch zur weitverbreiteten Meinung stehen, die Bevölkerungsexplosion in Indien sei auf übermäßige sexuelle Aktivitäten zurückzuführen – eine Meinung, die durch die Popularität des *Kamasutram* und anderer alter indischer Sexualhandbücher gefördert wird. Ein Grund für das geringe Interesse der Inder an der Sexualität liegt unter anderem an der schlechten und minderwertigen Ernährung; unterernährte Menschen haben nicht die Kraft, sich sexuell zu betätigen. Die eigentliche Ursache ist jedoch kultisch bedingt. In den Schriften des Hinduismus gilt die Zurückhaltung des Samens (der als «vitale Kraft» bezeichnet wird) als unabdingbar für die Erhaltung der physischen, geistigen und spirituellen Kraft. Es heißt, der Samen brauche lange Zeit, bis er sich angesammelt habe, und deshalb bedeutet jeder Orgasmus einen Verlust dieser kostbaren vitalen Kraft. Für fromme Hindus führt der sicherste Weg zu Gott über ein Keuschheitsgelübde – das selbst ein verheirateter Mann ablegen kann. Die schlechte Ernährung und die kultischen Gebote haben zur Folge, daß die indischen Frauen allenfalls ein Viertel bis halb soviel Geschlechtsverkehr haben wie die Frauen in den Vereinigten Staaten.*

Auch so enthaltsame Gesellschaften wie die Inder ändern nichts daran, daß die menschliche Rasse in einem Maße sexuellen Betätigungen nachgeht, wie das bei keiner anderen Säugetierart und auch nicht bei den Primaten zu beobachten ist. Die zügellose Sexualität der nichtmenschlichen Primaten ist eine Legende. Ein Schimpansenweibchen hat alle zwei Jahre in einer nicht einmal zwei Wochen dauernden Zeitspanne Geschlechtsverkehr, in der Zeit nämlich, in der sie fruchtbar ist. Das passiert aber erst dann, wenn sie die Stadien der Schwangerschaft, der Entbindung, des Stillens und schließlich des Entwöhnens ihres Sprößlings hinter sich gebracht hat. Die Menschen haben nicht nur viel häufiger Geschlechtsverkehr als nichtmenschliche Primaten, sie scheinen auch mehr Vergnügen daran zu finden. Weibliche nichtmenschliche Primaten scheinen, anders als ihre männlichen Artgenossen, nicht zum Orgasmus zu kommen. Bei nichtmenschlichen Primaten, wie bei Säugetieren allgemein, ist die Dauer des Geschlechtsaktes äußerst kurz, oft nur eine Angelegenheit von etwa zehn Sekunden. Nur beim Menschen hält er länger an. Und auch nur Menschen paaren sich zu jeder Zeit des Jahres, während fortgeschrittener Schwangerschaft, kurz nach der Entbindung und zu jeder Zeit des monatlichen Zyklus der Frau (allerdings wird während der Tage des Menstruationsflusses in vielen Kulturen der Geschlechtsverkehr vermieden).

Die meisten Erwachsenen haben immer wieder das Bedürfnis nach Stimulierung der Geschlechtsorgane und nach Befriedigung durch den Orgasmus. Woher dieses Bedürfnis kommt, ist nicht genau bekannt. Bei Männern sammelt sich Sperma an, das von den Hoden produziert wird und von Zeit zu Zeit abgegeben werden muß. Allerdings handelt es sich dabei nicht um große Mengen. Es sind auch keine nervösen Rezeptoren bekannt, die den Druck sensorisch ähnlich registrieren würden, wie zum Beispiel die Harnblase. Da in den Geschlechtsorganen der Frau kein derartiger Flüssigkeitsstau stattfindet, muß es für den weiblichen Sexualtrieb eine andere Erklärung geben. Anscheinend hat das sexuelle Bedürfnis beim Manne ebenso wie bei der Frau mit dem Hypothalamus, einem Teil des Gehirns, zu tun, aber auch die Hirnanhangdrüse und die Hormone scheinen beteiligt zu sein. Bis jetzt ist noch nicht bekannt, welcher Mechanismus in Kraft tritt, um in einem Menschen sexuelle Bedürfnisse zu wecken und sich Befriedigung zu verschaffen. Es gibt eine erstaunliche Vielfalt physischer und psychischer Anreize, die sexuelle Handlungen auslösen können: Primäre Anreize, die von den Sexualorganen selbst ausgehen, aber auch von sekundären Geschlechtsmerkmalen, wie Bart oder Brüsten, üppigem Haar und dem Klang einer Stimme; selbst dann, wie Robert Herrick feststellte: «Am hübsch verrutschten Kleid entzündet sich Verlangen.» Allmählich setzt sich auch die Erkenntnis durch, daß der Geruch eine wichtige Rolle spielt, sei es als natürliche Körperausdünstung oder als Parfüm (das gewöhnlich Extrakte aus den Geschlechtsdrüsen bestimmter Säugetiere enthält). Männliche Affen reagieren auf Duftsignale der Weibchen. Sie stammen aus den Scheidensekreten, die durch die Östrogenproduktion zustande kommen – genauso könnte es sich auch beim Menschen abspielen.

Sexuelle Aktivitäten werden jedoch nicht nur vom physiologischen Zustand der Partner dirigiert. Die Häufigkeit des Geschlechtsverkehrs hängt zum Beispiel nicht nur vom Verlangen, von der Stimulierung oder von der Potenz allein ab. Jede Gesellschaft, selbst die großzügigste, macht zumindest ein paar Einschränkungen und ordnet zu bestimmten Zeiten sexuelle Abstinenz an, die nichts mit der Fähigkeit der jeweiligen Person zu tun hat, auf Sexualität zu reagieren und sie zu praktizieren. Die überwiegende Mehrzahl der Gesellschaften läßt den vorehelichen Geschlechtsverkehr für beide Geschlechter zu; dagegen wird Ehebruch von seiten der Frau fast auf der ganzen Welt verdammt. Viele Gesellschaften untersagen der Frau den Geschlechtsverkehr zumindest während eines Teils der Schwangerschaft – die Mangaianer allerdings kopulieren bis zum Einsetzen der Wehen. Tatsächlich gilt bei den mangaianischen Männern der Geschlechtsverkehr gerade zu diesem Zeitpunkt als besonderer Genuß – die weiblichen Genitalien seien dann «feuchter, weicher, dicker und größer».

Zweifellos war es der zivilisatorische Einfluß, der im Verlauf der langen Evolution die verblüffenden Unterschiede zwischen dem Sexualverhalten der Menschen und dem der nichtmenschlichen Primaten bewirkt hat. Der bemerkenswerteste Unterschied besteht vielleicht darin, daß beim Menschen die Steuerung über die Großhirnrinde erfolgt, beim nichtmenschlichen Primaten fast ausschließlich über die Hormone. Ein sexuell erregter Mensch kann den Geschlechtsakt ohne weiteres abbrechen, wenn ihm störende Gedanken durch den Kopf gehen; aber ein Schimpanse (der wahrscheinlich auch denken kann) ist dazu nicht fähig. In engem Zusammenhang mit dieser evolutionären Komponente steht die indirekte und nicht-biologische Stimulation beim Menschen – Musik, Liebesgeflüster und selbst das Eheversprechen. Bei den anderen Primaten scheint die Erregung einzig und allein auf sinnliche Stimulierung und genitale Manipulation beschränkt. Aber der Mensch unterscheidet sich noch auf andere Weise von den übrigen Primaten, vor allem durch mehr Variation in den Sexualpraktiken und durch Beschränkung der sexuellen Handlungen auf die Tageszeiten, die keine anderen Aktivitäten erfordern: die Nacht, den frühen Morgen und die Stunden der Siesta in den heißen Ländern.

In den vergangenen Jahrzehnten hat sich die Beziehung der Geschlechter zueinander – speziell in der Frage der Geschlechterrollen und der Sexualität im allgemeinen – stark verändert. Über die Situation in Nordamerika und Europa ist schon viel geschrieben worden, aber auch anderswo scheint eine sexuelle Revolution stattzufinden. Die Sowjetunion zum Beispiel hat in den ersten fünfzig Jahren seit ihrem Bestehen eine Politik der Prüderie betrieben. Vorehelicher Geschlechtsverkehr war streng verpönt und scheint nicht häufig vorgekommen zu sein. Inzwischen wird jedes zehnte

Kind in der Sowjetunion unehelich geboren, und in manchen Städten ist das Verhältnis sogar 1:3. Außereheliche Geschlechtsbeziehungen sind jetzt eher die Norm als die Ausnahme. Immer mehr junge Russen ziehen es vor, unverheiratet zu bleiben, um die günstigeren Gelegenheiten zu sexuellen Kontakten zu nutzen, die ihnen durch die eheliche Bindung versagt bleiben. Die neue Ära der sexuellen Permissivität wird von den Behörden nicht gern gesehen, wenn die Gründe dafür auch eher ökonomischer als moralischer Natur sind. Die Sowjetregierung betrachtet diese Freizügigkeit als Bedrohung der Familie und als Ursache für die sinkende Geburtenrate, beides Gefahren für die wirtschaftliche Entwicklung des Landes.*

Die Sozialwissenschaftler schätzen die sexuelle Revolution sehr verschieden ein. Die einen haben sie vielleicht etwas zu übertrieben dargestellt, während andere der Ansicht waren, daß sie sich, wenn überhaupt, auf die gehobene Mittelklasse beschränkt. Zwei Studien können als gute Basis dienen, um das Ausmaß dieser Revolution, zumindest in den Vereinigten Staaten, sichtbar zu machen. Die erste ist die von Alfred Kinsey und seinen Mitarbeitern aus den Jahren nach 1940; die zweite stammt aus dem Jahre 1972. Hier wurde sorgfältig nach Alter, Ausbildung, Beruf, urbaner im Gegensatz zu ländlicher Umgebung, geographischer Lage und ethnischer Abstammung unterschieden, um einen guten Querschnitt der gesamten Bevölkerung der Vereinigten Staaten über 18 Jahre zu erhalten.* Ein Vergleich der beiden Untersuchungen läßt keinen Zweifel offen, daß die sexuellen Gewohnheiten innerhalb von drei Jahrzehnten einen drastischen Wandel durchgemacht haben. Die Häufigkeit der Kopulation hat deutlich zugenommen, nicht nur bei jüngeren und unverheirateten Paaren, sondern auch bei Ehepartnern. Vor drei Jahrzehnten wußte Kinsey zu berichten, daß verheiratete Paare im Alter von 25 bis 35 Jahren im Durchschnitt 1,95mal pro Woche Geschlechtsverkehr hatten; 1972 lag der Durchschnittswert bereits bei 2,55. Für die Altersgruppe ab 55 Jahren galt ein Durchschnittswert von einmal pro zwei Wochen, eine Zahl, die sich 1972 verdoppelt hatte.

Aber der Geschlechtsverkehr hat nicht nur an Häufigkeit zugenommen, sondern er ist auch vielseitiger geworden. Der Prozentsatz verheirateter Männer mit College-Abschluß, deren Frauen beim Geschlechtsverkehr die Fellatio ausübten, stieg von 43 Prozent in den Jahren zwischen 1938 und 1946 auf 61 Prozent im Jahre 1972. Bei Männern mit geringerer Bildung war der Anstieg noch deutlicher: von 15 auf 54 Prozent. Ähnliche Werte galten für den Cunnilingus. Vor dreißig Jahren hatte nur ein Drittel aller Paare

Erfahrung mit Geschlechtsverkehr, bei dem die Frau über dem Mann liegt, 1972 waren es bereits drei Viertel. Bei der Untersuchung von 1972 waren fast alle Männer und Frauen der festen Meinung, daß es den Frauen genauso zustünde wie den Männern, beim Geschlechtsverkehr die Initiative zu ergreifen. Verheiratete Paare haben häufiger Geschlechtsverkehr, neigen mehr zu Experimenten und lassen sich insgesamt mehr Zeit zu allem. In der Kinsey-Studie sagten die Frauen aus, daß das Vorspiel im Durchschnitt zwölf Minuten dauerte; 1972 lag der Durchschnitt bei 15 Minuten.

Neben den rein physischen Aspekten fand ein deutlicher Wandel in der Einstellung zur Sexualität statt. Die bei der Erhebung von 1972 erfaßten Personen hatten gegen die verschiedenen Sexualpraktiken nichts einzuwenden, auch wenn sie sich selbst nicht daran beteiligten. 84 Prozent der Männer akzeptierten den vorehelichen Geschlechtsverkehr für beide Geschlechter, solange dabei Gefühle im Spiel waren – wodurch sie mit der traditionellen Doppelmoral fast völlig aufräumten. Seit frühchristlichen Zeiten wird in den westlichen Kulturen Homosexualität strikt abgelehnt; und doch vertrat die Hälfte der Befragten die Meinung, daß sie nicht als strafrechtliches Vergehen behandelt werden solle. Etwa vier Fünftel der Befragten beider Geschlechter hielten Masturbation nicht für schlecht. Dem Partnertausch stand man in den Vereinigten Staaten lange Zeit ablehnend gegenüber, weil er tief eingewurzelte Vorstellungen über Ehe und Familie verletzt. Die Studie von 1972 erwies, daß die Mehrheit der Bevölkerung den Partnertausch noch immer als abweichendes Verhalten betrachtet, aber es war keineswegs eine überwältigende Mehrheit: Denn fast ein Drittel der Männer und ein Fünftel der Frauen hielten ihn für durchaus akzeptabel.

Die gewandelte Einstellung zur Sexualität hat Männern wie Frauen das Recht verschafft, eine Seite ihrer menschlichen Natur zum Ausdruck zu bringen, die durch die Gesellschaft lange Zeit unterdrückt worden ist. Aber nicht alle Sozialwissenschaftler sehen die neue Permissivität als reinen Segen an:

> Diese Parade der Statistiken ist zwar wichtig, aber letzten Endes deprimierend. Man kann eine Vision von Legionen von Ehepaaren heraufbeschwören, wie sie miteinander tändeln und herumspielen dank dieser überwältigenden Steigerung der ehelichen Erotik – aber sie müssen, wenn mich nicht alles täuscht, diese neue Fähigkeit, ihre sinnlichen Reaktionen zu erforschen, mit der Aufgabe wesentlicher emotionaler Bindungen außerhalb der eigenen vier Wände bezahlen. Zahlen müssen sie auch mit der hohen

Instabilität der ehelichen Beziehungen. Und schließlich zahlt das Paar für die Erotisierung des Lebens – sei es vorehelich oder ehelich – mit dem Verlust des Gefühls für den genealogischen Zusammenhalt der Familie. Nichts ist umsonst in dieser Welt.*

Aber die sexuelle Liberalisierung muß nicht unbedingt einen Wandel in der untergeordneten Rolle der Frau mit sich bringen. Die neue sinnliche Freiheit, die die Frau im Schlafzimmer genießt, wird keineswegs von politischen, sozialen und ökonomischen Freiheiten außerhalb der vier Wände begleitet. Die Rollen der Geschlechter und der Status der Frau sind noch immer unlösbar mit der Lebensform der gesamten Gesellschaft verbunden.

Trotz allem werden die Frauen heute nicht mehr in dem gleichen Maß von Männern beherrscht, wie das vor einem Jahrhundert in den Industrieländern der Fall war. Der untergeordnete Status der Frau war eine vorübergehende Veränderung, die sich durch die ungewöhnlichen Lebensumstände zu Beginn der industriellen Revolution ergeben hatte. In der vorhergehenden Zeit hatte die wirtschaftliche Verflechtung von Ehemann, Ehefrau und Kindern, die gemeinsam kleine Geschäfte betrieben oder Familienhöfe bewirtschafteten, der Frau ein gewisses Maß wirtschaftlicher und sozialer Macht verliehen. Die Ehemänner, die in den neugegründeten Fabriken arbeiteten, wurden nach und nach immer unabhängiger von der Mitarbeit ihrer Frauen und Kinder. Der Arbeitsplatz lag weiter entfernt, nicht mehr unmittelbar neben der Wohnung der Familie. Und ob der Ehemann einen angemessenen Unterhalt verdiente oder nicht, hing von ihm ganz allein ab und nicht mehr von der Zusammenarbeit der gesamten Familie.

Später folgten die Frauen und Kinder – durch die Armut gezwungen – den Männern in die Fabriken und Bergwerke. Die sozialen Verbesserungen der späten neunziger Jahre und zu Anfang des zwanzigsten Jahrhunderts – kostenfreie Schulen für Kinder und das Verbot, Frauen schwere körperliche Arbeiten verrichten zu lassen, erleichterten diese Situation. Aber paradoxerweise beschnitten die wohlgemeinten Neuerungen die Freiheit der Frau, reduzierten ihren Wirkungskreis auf den Haushalt und die Kinder und sorgten dafür, daß das Wirtschaftsleben ausschließlich dem Manne vorbehalten blieb. Zur selben Zeit begann die Geburtenrate in allen Industrieländern drastisch zu sinken – wodurch sich die Arbeit im Haus, für die die Frauen jetzt die Zeit hatten, verringerte.

Während der Viktorianischen Ära in Großbritannien, und etwas später im restlichen Europa und in Nordamerika, vollzog sich ein ideologischer Wandel, der aus der Notwendigkeit heraus die ökonomische Macht der Männer zur Tugend erhob. Die häusliche Abkapselung der Frauen wurde auf verschiedene Weise begründet. Die weibliche Persönlichkeit und ihre biologische Beschaffenheit wurden als zu schwach abgestempelt, um für ein Leben außerhalb des Hauses tauglich zu sein. Frauen, deren Mütter und Großmütter zusammen mit ihren Ehemännern auf dem Feld gearbeitet hatten, wurden jetzt als zerbrechliche Wesen angesehen, die vor den harten Realitäten des Lebens in Ohnmacht fielen. Nach wenigen Generationen waren die Frauen erfolgreich zur Unterwerfung erzogen, ihre Männer dagegen zum Leistungsdenken. Diese Einstellung zu den Rollen von Mann und Frau, die wir der Industrialisierung verdanken, ist inzwischen zu stark verankert, als daß sie durch die Veränderungen von heute schnell und mühelos aus dem Weg geräumt werden könnte. Die moderne Entwicklung bietet den Frauen aber zumindest Gelegenheit, das Verhältnis zu ihren männlichen Partnern wieder so frei und offen zu gestalten wie vor der industriellen Revolution.

11. Eine variationsreiche Spezies

Zu Beginn des fünfzehnten Jahrhunderts machten sich die ersten europäischen Forscher auf, die Welt zu entdecken. Dabei trafen sie immer wieder auf Völker mit andersartigem Aussehen und seltsamen Gebräuchen. War es möglich, daß diese «Wilden» ebenso beschaffen waren wie sie selbst? Die neuentdeckten exotischen Völker brachten die traditionellen Ansichten darüber, wie ein Mensch auszusehen und wie er sich zu benehmen hatte, ins Wanken: Zuerst weigerten sich die Europäer, Menschen mit anderer Körpergröße und Gestalt und von ungewöhnlicher Hautfarbe, deren unbefangenes Sexualverhalten und heidnischer Aberglauben alle bislang bekannten Begriffe vom Menschsein, wie sie von den Gesellschaften der westlichen Welt gepflegt wurden, in Frage stellten, als Angehörige der menschlichen Spezies zu akzeptieren. Trotzdem erklärte Papst Paul III. im Jahre 1537 die amerikanischen Indianer (und alle anderen «Wilden») zu Menschen, die eine Seele besäßen und somit zum christlichen Glauben bekehrt werden könnten. Die weißen, christlichen Europäer konnten sich nun nicht mehr länger als normativ für die gesamte Menschheit betrachten.*

Als die Europäer immer wieder neue Völker und Gruppen kennenlernten, wurde ihnen klar, daß sie selbst nur einen Zweig am Baum der Menschheit repräsentierten. Für die Andersartigkeit der exotischen Völker in ihrem Äußeren und in ihren Sitten und Gebräuchen wurden zwei Erklärungen gefunden: «Natur» (das heißt Erbanlagen) und «Erziehung» (Umwelteinflüsse). Diese beiden Erklärungen haben einander immer wieder den Rang abgelaufen. Gegen Ende des 17. Jahrhunderts war die Theorie von der «Erziehung» weit verbreitet; John Locke legte sie in seinem klassischen *Essay Concerning Human Understanding* dar. Locke war der Ansicht, daß jedes Kind als *tabula rasa,* als leeres Blatt, ohne irgendwelche ererbten Anlagen, auf die Welt käme und erst durch eigene Erfahrungen mit der Umwelt geprägt werde. Die andere Erklärung setzte auf die «Natur», die ererbten Anlagen. Sie gewann erst nach den Entdeckungen von Charles Darwin an Bedeutung, die auf alle biologischen, soziologischen und psychologischen Unterschiede zwischen den Völkern anwendbar waren. Vermögende Europäer rechtfertigten mit ihrer überlegenen Abstammung ihre Ausbeutung der Armen im eigenen Land und die der fremden Völker in anderen Teilen der Welt. Dagegen wandte sich Karl Marx, der überzeugt war, daß Kinder reicher und Kinder armer Eltern, die in der gleichen Umgebung aufwachsen, am Ende gleich viel Erfolg oder Mißerfolg haben würden. Viele von denen, die mit den marxistischen Ideen sonst in keiner Weise übereinstimmten, gaben ihm in diesem Punkt recht. Zu Beginn dieses Jahrhunderts war der Sieg der «Umwelt» über die «Natur» so überwältigend, daß ein einflußreicher Psychologe 1925 in den Vereinigten Staaten schrieb:

> Geben Sie mir ein Dutzend gesunder Kinder, wohlgebildet, und meine eigene besondere Welt, in der ich sie erziehe! Ich garantiere Ihnen, daß ich blindlings eines davon auswähle und es zum Vertreter irgendeines Berufs erziehe, sei es Arzt, Richter, Künstler, Kaufmann, sogar Bettler oder Dieb, ohne Rücksicht auf seine Talente, Neigungen, Fähigkeiten, Anlagen, Rasse oder Vorfahren.*

Heute sind die meisten Wissenschaftler überzeugt, daß natürliche Veranlagung und Umwelteinfluß plus Erziehung einander nicht widersprechen, sondern eng ineinandergreifen und ein Netz von Interaktionen bilden. Jede von ihnen kann im gegebenen Augenblick in ihrer Bedeutung überwiegen, andererseits kann es Gelegenheiten geben, bei denen sich Erbanlagen und Umweltbeeinflussung vereinen und größere Wirkungen erzielen als die bloße Summe ihrer separaten Effekte. Aber es kann auch vorkommen, daß Umwelt und Erbanlagen eine Konfliktsituation erzeugen und der gegenseitige Einfluß sich weitgehend aufhebt.

Die menschliche Anpassung an große Höhen ist ein gutes Beispiel dafür, wie schwierig es ist, derartige Einflüsse auszuschalten. Heute leben etwa zwölf Prozent der Weltbevölkerung in Gebirgsregionen, einer Umwelt, die sich der Mensch erst ganz zuletzt angeeignet hat. Tieflandbewohner, die auf hohe Berge steigen, leiden unter körperlichen Störungen, die allgemein als «Höhenkrankheit» bezeichnet werden und auf verminderter Sauerstoffversorgung beruhen: Müdigkeit, Schlaflosigkeit, Kopfschmerzen, Magenkrämpfe, beschleunigter Puls und Schwächegefühl. Manche Menschen gewöhnen sich nie an große Höhen und müssen in tiefer gelegene Gegenden zurückkehren. Bei den meisten lassen die Symptome nach ein oder zwei Wochen nach, sie haben sich angepaßt – vor allem durch Vermehrung der roten Blutkörperchen, die mit Hilfe des Hämoglobins Sauerstoff von den Lungen in das Körpergewebe transportieren.

Das Leben in großen Höhen wäre somit ein ausgesprochenes Umweltproblem und hinge nur davon ab, ob man sich an den Aufenthalt in den Bergen gewöhnen kann. Aber das ist es nicht. Gleichgültig, wie gut sich jemand nachträglich eingewöhnt, er wird nie den gleichen Grad der Anpassung erreichen wie Eingeborene.

Die Indianer der peruanischen Anden sind von den Stämmen im Flachland, mit denen sie verwandt sind, biologisch verschieden. Die Bergbewohner kommen mit weniger Sauerstoff aus, weil sie klein sind, sie haben einen langsameren Pulsschlag und einen niedrigeren Blutdruck, auch wenn sie körperlich aktiv sind. Dank ihres unverhältnismäßig großen Brustkorbs, ihres größeren Herzens und eines entsprechend größeren Lungenvolumens gelangt der Sauerstoff viel schneller in alle Teile ihres Körpers. Die Bewohner der Hochebenen wachsen und entwickeln sich meist auch langsamer als die Bewohner tieferer Lagen; daher benötigen sie in den ersten Lebensjahren ebenfalls weniger Sauerstoff. Bei den männlichen und weiblichen Bewohnern der Anden hält das Wachstum bis über das 20. Lebensjahr hinaus an; erst im Alter von 16 Jahren machen sich Größenunterschiede zwischen den Geschlechtern bemerkbar.

Bei Menschen, die aus tiefer gelegenen Gegenden stammen und sich nach Jahren anscheinend gut an die höher gelegenen Orte angepaßt haben, stellt sich letztlich doch heraus, daß das nicht stimmt. Die Frauen haben viel häufiger Fehlgeburten oder Kinder mit angeborenen Mißbildungen. Den spanischen Eroberern fiel schon sehr früh auf, daß die Haustiere im Gebirge unfruchtbar sind. Das war einer der Gründe, warum Pizarro seine Hauptstadt von Jauja (in 3300 Meter Höhe) nach Lima verlegte, nur wenig über dem Meeresspiegel. Als sich die Spanier mit ihren Frauen in den Anden niedergelassen hatten, stellte sich heraus, daß sich die großen Höhen auch auf die Fruchtbarkeit der Menschen negativ auswirken. Ein spanischer Priester machte folgende Beobachtung:

> Die Indios vertragen die kalten Lufttemperaturen besser, sie sind gesünder und bekommen Kinder, was man von den Spaniern nicht sagen kann. Die meisten Kinder der Spanier, die hier geboren werden, leben nicht lange. Aber am auffälligsten sind die Kinder, die zur Hälfte, zu einem Viertel oder überhaupt indianisches Blut mitbekommen; sie wachsen und gedeihen am besten; so daß man aufgrund der alltäglichen Erfahrung sagen kann, daß Babys mit indianischem Blut in den kalten Gegenden bessere Überlebenschancen haben als andere.*

In dem hochgelegenen Bergwerkszentrum Potośi in Bolivien vergingen 53 Jahre, bis eine Spanierin ein lebendes Kind auf die Welt brachte. Und noch lange danach war hier die Geburt eines spanischen Kindes so ungewöhnlich, daß sie geradezu als Wunder galt und dem Segen irgendeines Heiligen zugeschrieben wurde. Die indianische Bevölkerung in diesen hohen Lagen der Anden vermehrte sich inzwischen im gewohnten Tempo. Die Indianer waren schon seit wenigstens 9000 Jahren hier ansässig. Im Verlauf dieser Zeit waren offensichtlich alle Frauen, die keine gesunden Kinder bekamen, durch andere ersetzt worden, die die Anlage hatten, gesunde Kinder auf die Welt zu bringen.

Das Problem der Anpassung an große Höhen ist offenbar viel zu komplex, um sich auf den einfachen Nenner Natur versus Umwelt reduzieren zu lassen. Tatsächlich gibt es drei verschiedene Arten der Anpassung: Menschen, die sich kurzfristig angepaßt haben und nicht an Höhenkrankheit leiden; Menschen, die in den Bergen geboren sind und deren Wachstum und Entwicklung sich auf die Umweltbedingungen in dieser hochgelegenen Region eingestellt haben; und schließlich diejenigen, deren Eltern bereits eine erbliche Anpassung an große Höhen besaßen. Diese Anpassung geht jedoch nicht isoliert vor sich. In seinen Reaktionen auf die Umwelt weist der Mensch eine erstaunliche Wandlungsfähigkeit auf; mag er sich nun an große Höhen anpassen oder nicht. Wer in den Bergen geboren ist und sich angepaßt hat, entwickelt während seines Wachstums ein vergrößertes Lungenvolumen, mehr rote Blutkörperchen und damit mehr Hämoglobin sowie einen niedrigeren Blutdruck, alles physische Merkmale der Bewohner großer Höhen. Wer dieses ererbte Potential nicht besitzt, kann sich die meisten dieser charakteristischen Eigenschaften trotzdem aneignen, wenn er sich, solange er noch jung ist, längere Zeit in großer Höhe aufhält.

Was über die Anpassung an große Höhen gesagt wurde, gilt auch für die Anpassung an andere Umweltsituationen. Alle Menschen reagieren auf Kälte, indem sie zittern (wodurch Wärme produziert wird), aber manche Bevölkerungsstämme scheinen die Kälte besser ertragen zu können als andere. Die Eskimos können ihre Hände äußerst lange in eiskaltes Wasser tauchen, viel länger als die meisten Menschen europäischer Herkunft. Die Hände der Eskimos werden nicht so schnell kalt, sie sind besser durchblutet, daher können sie noch bei Eiseskälte präzise manipulieren – all das scheint darauf hinzudeuten, daß es sich um ererbte Anlagen handelt. Allerdings stehen ihnen neufundländische Fischer, die ihre Tätigkeit schon jahrelang ausgeübt haben, nicht viel nach; ein Hinweis darauf, daß die Menschen sich abzuhärten vermögen, wenn sie sich dem kalten Wasser genügend lange aussetzen. Unempfindlichkeit gegen Kälte kann anscheinend nicht nur ererbt, sondern auch anerzogen sein. Eskimos, die neun Monate lang in gemäßigtem Klima gelebt hatten, hielten nach ihrer Rückkehr in die Arktis die Kälte viel besser aus, als europäische Bergsteiger, die sich angepaßt hatten – was zu beweisen scheint, daß den Eskimos die Widerstandsfähigkeit gegen

Kälte angeboren ist. Daß es jedoch auch eine nicht ererbte Komponente geben muß, zeigt ein Vergleich zwischen zwei australischen Eingeborenenstämmen. Die Angehörigen des Wüstenstammes leiden kaum unter den kalten Nächten, die dort herrschen, zumal Körpertemperatur und Stoffwechsel nachts auch deutlich abnehmen. Die Angehörigen der Küstenstämme, die noch nie ähnlich niedrige Temperaturen erlebt haben, halten die Kälte viel schlechter aus, sogar noch schlechter als Europäer, die sich an das Wüstenklima gewöhnt haben.*

Der auffälligste Unterschied zwischen den Menschen betrifft die Körpergröße. Die extremsten Werte betragen bei Männern 2,72 m und 66 cm. Dabei sind beschriebene Fälle von Riesen- und Zwergwuchs mit einbezogen. Der menschliche Körper kann äußerst mager oder äußerst fett sein. Lange Zeit hat man geglaubt, daß die Proportionen des Körpers etwas mit der Persönlichkeit zu tun hätten. Angeblich sind hochgewachsene Menschen freundlich und Menschen von kleinem Wuchs aggressiv. Daß dicke Leute fröhlich und dünne Leute mürrisch seien, hat schon Shakespeare seinem Julius Caesar in den Mund gelegt:

> Laßt wohlbeleibte Männer um mich sein,
> Mit glatten Köpfen und die nachts gut schlafen!
> Der Cassius dort hat einen hohlen Blick:
> Er denkt zuviel! Die Leute sind gefährlich!

Im 19. Jahrhundert wurde der gesunde Menschenverstand wissenschaftlich sanktioniert; angeblich hatte man Mittel und Wege gefunden, von physischen Merkmalen auf den Charakter eines Menschen zu schließen. Der italienische Arzt Cesare Lombroso entwickelte eine Theorie, die es ermöglichen sollte, einen «geborenen Verbrecher» zu indentifizieren. Jedermann, der fünf Punkte aus einer langen Liste von speziellen Körpermerkmalen erfüllte – der eine hohe Stirn, eine platte Nase, große Ohren, ein vorstehendes Kinn hatte, Linkshänder war, einen unentwickelten Geruchssinn hatte und ähnliches mehr –, gehörte in diese Kategorie. Diese Theorie, die Umwelteinflüssen keinerlei Bedeutung beimaß, fand noch vor wenigen Jahrzehnten Anwendung und wurde sogar von einem prominenten Harvard-Anthropologen gestützt. Der Glaube, daß sich verbrecherische Anlagen vererben könnten, hat sich bis heute gehalten, obgleich er wissenschaftlich in keiner Weise zu belegen ist.*

Zwischen 1940 und 1960 wurde der höchst ehrgeizige wissenschaftliche Versuch unternommen, die Relation zwischen den Kör-

Die Anpassung der Ama

Der Stamm der Ama lebt in etwa zwei Dutzend Dörfern an der Küste Japans. Ähnlich wie die europäischen Zigeuner heiraten sie meist untereinander und werden von der übrigen Bevölkerung voller Abscheu und Mißtrauen betrachtet. Gemäß der bei ihnen üblichen Arbeitsteilung gehen die Männer mit Netzen, Angelschnüren und Fallen auf Fischfang, während die Frauen bis in große Meerestiefen nach eßbaren Meerespflanzen und Schalentieren tauchen. In langen Generationenfolgen haben sich die Ama-Frauen ihrer Arbeit biologisch angepaßt; sie haben eine große Atemkapazität und eine isolierende Fettschicht am Körper entwickelt – beides nützliche Eigenschaften beim fast unbekleideten Tauchen in den kalten Meerestiefen. Auf dem Foto ist außerdem eine ihrer technologischen Anpassungen an die Gefahren des Tauchens zu sehen: Schutzbrillen mit je einer kleinen Gummipumpe an beiden Seiten, durch die der Druck auf die Augen, der in großer Tiefe entsteht, ausgeglichen werden kann. Das fast zwanzig Meter lange Seil, das die Taucherin um die Taille geschlungen trägt, stellt die Verbindung zur Oberfläche her; sie zieht daran, wenn sie nach oben gezogen werden möchte. Mit dem scharfkantigen Eisen werden die Schalentiere von den Felsen gelöst.

permerkmalen und der Persönlichkeit des Menschen zu erforschen. Tausende von Männern wurden untersucht, um zuerst einmal die Konstitution von Grundtypen zu bestimmen; zuletzt schälten sich folgende drei Varianten heraus: der endomorphe Typ (charakterisiert durch eine Dominanz der Verdauungsorgane ‹viscera› und folglich auch durch Körperfett), der mesomorphe Typ (mit kräftiger Muskulatur) und der ektomorphe Typ (mit zartem, hagerem Körperbau). Die Typisierung wurde weiter verfeinert, indem man jedes Individuum dieser drei Körperbautypen nach einem Sieben-Punkte-System einteilte, wobei der niedrigste Wert 1 war. Nach dieser Skala hätte Abraham Lincoln – geringe endomorphe, geringe mesomorphe und sehr hohe ektomorphe Komponente – dem Körpertyp 1-1-7 angehört. Als nächstes wurden die Männer nach ihren Persönlichkeitsmerkmalen unterteilt – zum Beispiel Launenhaftigkeit, Gespanntheit, Trägheit, Nervosität und Heiterkeit. Dann wurden die Persönlichkeitsmerkmale mit den physischen Grundtypen verglichen. Die Forscher behaupteten, eine Anzahl Korrelationen entdeckt zu haben, zum Beispiel zwischen dem endomorphen (oder viszeralen) Typus und einer heiteren, entspannten Persönlichkeit, die leiblichen Genüssen wie dem Essen zugetan ist. Der muskulöse mesomorphe Typus soll wettbewerbstüchtig, aggressiv und tatkräftig sein, und der magere ektomorphe Typus nachdenklich, sensibel und beherrscht.

Diese Untersuchungen wurden heftig angegriffen, zumal sie viele Verfahrensmängel aufweisen. Zum einen wurden sowohl Körpertypen als auch Persönlichkeitsmerkmale von den gleichen Wissenschaftlern festgelegt, die – mit ganz bestimmten Erwartungen – die Auswertung besorgten. Zum anderen wird der Körperbau eines jeden Menschen weitgehend von Umwelteinflüssen wie Nahrung, Streß und körperlicher Betätigung beeinflußt. Gewichtszu- oder -abnahmen kommen im Leben des einzelnen mehr als einmal vor; ob dabei jedesmal Verhalten und Persönlichkeit verändert werden, läßt sich nicht voraussagen. Andererseits hat die Volksmeinung, von der die Forschungen ausgingen, immer noch eine gewisse Gültigkeit. Leute mit ungewöhnlichen Körperformen oder -größen (zum Beispiel Fettleibigkeit oder Zwergwuchs) weisen meistens kompensatorische Persönlichkeitsmerkmale auf.*

Körperbau und Größe der meisten Menschen weichen kaum von den Werten ab, die man als optimal bezeichnen könnte. Eine Untersuchung an über tausend Europäerinnen ergab bei acht Größenkategorien beispielsweise folgende Zahlen:

Körpergröße	*Anzahl Frauen dieser Größe*
72" = 183 cm	eine
71" = 180 cm	vier
70" = 177 cm	acht
69" = 175 cm	siebzehn
68" = 173 cm	vierunddreißig
67" = 170 cm	siebenundsiebzig
66" = 168 cm	einhundertzehn
65" = 165 cm	einhundertzweiundfünfzig
64" = 163 cm	einhunderteinundneunzig
63" = 160 cm	einhundertachtunddreißig
62" = 157 cm	einhunderteinundachtzig
61" = 155 cm	einhundertvierzig
60" = 152 cm	achtundneunzig
59" = 150 cm	einundvierzig
58" = 147 cm	fünfzehn
57" = 145 cm	elf
56" = 142 cm	drei
55" = 140 cm	zwei

Aus dieser Tabelle ersehen wir, daß mehr als siebzig Prozent aller bei der Untersuchung erfaßten Frauen in den schmalen Bereich zwischen 1,55 m und 1,70 m fallen.*

Die Körpergröße des Menschen ist der Art von Entwicklung, die die Hominiden durchlaufen haben, genau angepaßt. Wenn die Menschen nicht größer wären als Ameisen, hätten sie es wohl kaum zu den kulturellen Errungenschaften gebracht, die uns das Menschsein erst ermöglicht haben. Das ist vor allem eine Frage der physikalischen Gesetze. Je kleiner ein Tier, um so größer seine Oberfläche im Vergleich zum Volumen. Daher leben die Ameisen in einer Welt, in der sie ständig aufpassen müssen, daß sie mit ihrer großen Oberfläche nicht irgendwo hängenbleiben – darum geraten sie ja so leicht in ein paar Wassertropfen und gehen unter. Ein Mensch von der Größe einer Ameise wäre vielleicht fähig, sich Kleider anzuziehen, aber wieder ausziehen könnte er sie nicht – das ließe die Oberflächenspannung nicht zu. Außerdem könnte eine Ameise bestimmt kein Feuer machen, ohne dabei ihr Leben aufs Spiel zu setzen; denn schon die kleinste Flamme hätte eine größere Reichweite als die Gliedmaßen lang sind und würde sie zu Asche verbrennen. Andererseits hätte es für die Menschen verheerende Folgen, wenn sie doppelt so groß wären, wie sie sind. Für einen Menschen, der 2,35 m groß ist, hat ein Sturz dreißigmal mehr Wucht als für einen zwischen 1,50 m und 1,80 m.

Die evolutionären Zwänge haben offensichtlich dafür gesorgt, die

Körpergröße der Menschen in angemessenen Grenzen zu halten. Anhand einer Untersuchung an mehreren tausend Neugeborenen wurde festgestellt, daß die etwa vier bis fünf Prozent Totgeburten oder Kinder, die in den ersten Wochen nach der Geburt starben, fast ausnahmslos besonders klein oder besonders groß waren. Natürlich gibt es bei der menschlichen Bevölkerung erhebliche Größenunterschiede. Die durchschnittliche Größe der Watussi-Männer in Zentralafrika beträgt ungefähr 184 cm, während die nicht weit davon beheimateten Pygmäenstämme nur etwa 137 cm groß werden. Obgleich das Größenwachstum beider Stämme sicherlich durch zahlreiche Umwelteinflüsse geprägt ist – Ernährung, Streß, Klima und Krankheit während des Wachstums –, muß aber auch eine wichtige ererbte Komponente vorhanden sein. Selbst bei bester Ernährung werden die Pygmäen anscheinend kaum größer, als sie immer waren.*

Der menschliche Körperbau hängt nicht von der «Rasse» ab, sondern vielmehr von der evolutionären Anpassung an das Klima. Die hochgewachsenen Volksstämme gehören vielen verschiedenen Rassen an: es gibt darunter Europäer (in Schottland), nordamerikanische Indianer (östliche Stämme, manche der Büffeljäger der Prärien und ein paar Stämme entlang des Colorado River), Zentralafrikaner (am Oberlauf des Nils), bestimmte australische Ureinwohner und Polynesier. Das gleiche gilt für sehr kleingewachsene Volksstämme: die Lappen im Norden Skandinaviens, einige indische und ceylonesische Volksgruppen, afrikanische Pygmäen und Buschmänner, amerikanische Indianer aus Labrador und Negritos aus Südostasien. Hochwüchsige Stämme, die in den Tropen leben (zum Beispiel die Watussi), haben einen schlanken Körperbau, und Bewohner kälterer Klimazonen (zum Beispiel des schottischen Hochlands) sind schwerer und breiter gebaut. Ähnlich verhält es sich bei kleinwüchsigen Völkern – die Bewohner kälterer Gegenden sind gewöhnlich untersetzt (Eskimos) und die der wärmeren Regionen schmal und grazil gebaut (Melanesier). Mit anderen Worten: Mögen sie nun groß oder klein sein, in kälteren Klimazonen sind die Einwohner von kräftigem und in wärmeren von schlankem Wuchs.

Die Erklärung für diese körperlichen Varianten kann nur der menschliche Wärmehaushalt geben. Selbst Menschen, die in einer gemäßigten Klimazone wie Südkalifornien wohnen, verwenden über achtzig Prozent der in der Nahrung enthaltenen Energie nur zur Aufrechterhaltung der normalen Körpertemperatur von 37 Grad. In der Arktis müßte ein Mensch, der die Proportionen eines Südkaliforniers besitzt, enorme Nahrungsmengen konsumieren, um die richtige Körpertemperatur zu erbringen. Die evolutionäre

Lösung, um den Hitzeverlust in kalten Klimazonen (das betrifft den Menschen ebenso wie andere Säugetiere) auszugleichen, ist die Entwicklung eines untersetzten, stämmigen Körpers, der der Kälte eine geringere Oberfläche aussetzt als ein hochgewachsener, schlanker Körper. Gemessen an nordamerikanischen und nordeuropäischen Größennormen sind die Eskimos klein, aber gedrungen. In den Tropen ist es umgekehrt. Dort müssen Menschen und warmblütige Tiere Wärme abgeben, statt zu speichern. Die evolutionäre Lösung für tropische Gebiete ist daher gewöhnlich ein schlanker Körperbau, damit die Oberfläche der Haut möglichst groß ist und mehr Wärme abstrahlen kann.

Diese Erklärung für den Unterschied im Körperbau reicht aber nicht aus. Viele hunderttausend Jahre lang ist die Durchschnittsgröße der Hominiden gleich geblieben und hat sich bis vor ein paar Jahrhunderten nur wenig geändert – wie sich an den kurzen Betten in alten Häusern und an den Rüstungen in den Museen erkennen läßt. Aber in den letzten Jahrhunderten erfolgte eine schnelle Zunahme des Längenwachstums. Die Bewohner der Vereinigten Staaten sind während der letzten beiden Generationen im Durchschnitt um etwa 3,8 cm größer geworden. Statistiken aus Japan zeigen noch drastischere Veränderungen, denn dort hat sich die Durchschnittsgröße der Kinder in nur zehn Jahren um über 5 cm erhöht. Daß dieser Größenzuwachs ständig weiter steigt, wird in den Ländern deutlich, in denen über längere Zeit Gesundheitskontrollen durchgeführt und die Daten registriert worden sind. Zum Beispiel sind die erwachsenen Norweger zwischen 1760 und 1830 im Durchschnitt alle zehn Jahre um 0,15 cm größer geworden, und in den darauffolgenden 50 Jahren pro zehn Jahre um 0,33 cm, und zwischen 1880 und 1940 in jeder Dekade jeweils um 0,64 cm.

In den Vereinigten Staaten scheint sich der Trend zu weiterem Körperwachstum abzuschwächen, vielleicht weil das ererbte Wachstumspotential nun erschöpft ist. Zwischen Anfang und Ende des vorigen Jahrhunderts sind die amerikanischen Bürger im Durchschnitt um insgesamt 10 cm größer geworden. Allerdings hat das Wachstum bei den Angehörigen der sozial bessergestellten Klassen bereits vor mehreren Jahrzehnten haltgemacht – und reduziert sich zur Zeit auch bei den Kindern aus wirtschaftlich schlechter gestellten Schichten. Offensichtlich haben die Umweltfaktoren für das menschliche Wachstum – Ernährung, verbesserte Hygiene und Rückgang der Kinderkrankheiten – inzwischen das Maximum ihres günstigen Einflusses erreicht. Bald wird die Körpergröße nur noch vom ererbten Potential abhängen.

Offensichtlich hat die Verbesserung der Ernährung beim Größerwerden des Menschen eine wichtige Rolle gespielt, aber das erklärt noch nicht, was wirklich geschehen ist. Ein größerer Körper bedeutet nicht so sehr die Anpassung an die bessere Qualität der Nahrung, als vielmehr an die Quantität – das heißt, an den Trend, sich zu überessen. Die Statistiken der Lebensversicherungsgesellschaften in den Vereinigten Staaten zeigen, daß Menschen mit normalem

Körpergewicht länger leben als solche mit Übergewicht – aber am längsten leben untergewichtige Personen. Deshalb ist ein großer Körper günstig für Leute, die zu viel essen, damit die überschüssigen Kalorien chemisch umgewandelt werden können und nicht als Fett eingelagert werden. Mit anderen Worten: wer von Haus aus größer ist, hat bessere Chancen, in einer Umwelt zu überleben, in

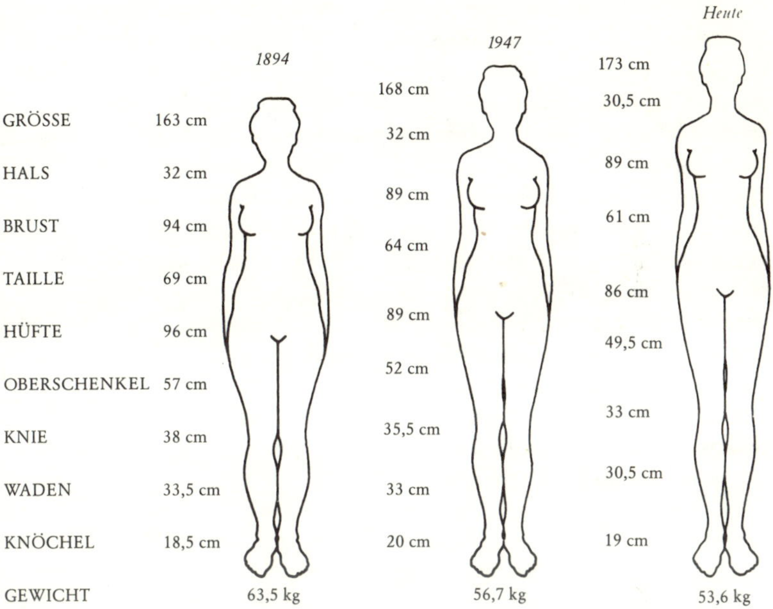

Die Veränderung der nordamerikanischen Frau

1894 verwendeten die Hersteller eines alkoholfreien Getränks mit dem Namen *White Rock* auf ihren Flaschen einen Aufkleber, auf dem eine Art Göttin der Keuschheit abgebildet war. Zu dieser Zeit war die typische nordamerikanische Frau (das Bild ist eine geradezu ideale Wiedergabe) nur 1,62 m groß, wog 130 Pfund und hatte eine ziemlich plumpe Figur. Als die Firma ihren Aufkleber 1947 neu gestaltete, hatten sich die Maße der Durchschnittsfrau in den Vereinigten Staaten geändert – wie die Zeichnung in der Mitte zeigt. Sie war jetzt fünf Zentimeter größer, wog weniger und war außer an den Knöcheln insgesamt schmaler. Eine weitere Zeichnung von 1975 (rechts) zeigt einen neuerlichen Längenzuwachs, die Abnahme sechs weiterer Pfunde und überhaupt einen schlankeren Wuchs. Obgleich diese Verwandlung zum Teil auf veränderte ästhetische Begriffe im Hinblick auf die ideale Frauenfigur zurückzuführen ist, läßt sich nicht leugnen, daß die Menschen auf der ganzen Welt größer geworden sind.

der der Kalorienkonsum ständig steigt. Diese Art der Anpassung steht im Gegensatz zu den Beobachtungen an Bauern, die mit kalorienarmer Nahrung auskommen müssen. Weil sie kleiner sind, benötigen sie weniger vom knappen Kalorienvorrat. Die Kinder mexikanischer Bauern, die in die Vereinigten Staaten einwandern, werden erheblich größer als ihre Eltern oder Verwandten zu Hause – zumindest zum Teil eine Folge der größeren Kalorienmenge, die die Kinder in den Vereinigten Staaten konsumieren.

Offenbar ist der Körperbau also auf das Zusammenwirken von Erbanlagen und Umwelteinflüssen zurückzuführen. Andere Unterschiede zwischen den Menschen lassen sich nicht in dem Maße durch Vererbung oder Umwelt erklären. Und doch scheint es, als seien für einige spezifische Eigenschaften, etwa Intelligenz oder Geisteskrankheit, manchmal Veranlagung und manchmal die Umwelt verantwortlich. Mehrere Wissenschaftler haben sich in einer anfänglich anscheinend vielversprechenden Studie bemüht, die verschiedenartigen Auswirkungen von Vererbung und Umwelt zu trennen. Sie glaubten, wenn sie sich zwei Personen vornähmen, deren Erbanlagen identisch seien, würden jedwede Unterschiede zwischen den beiden zweifellos das Ergebnis von Umwelteinflüssen sein. Man wählte ein Paar eineiige Zwillinge aus, die bei 250 Geburten höchstens einmal vorkommen (durch die Verwendung ovulationsfördernder Pillen und Hormone, die die Fruchtbarkeit steigern, sind es heute mehr).

Im Normalfall produziert eine erwachsene Frau einmal im Monat ein einziges Ei. Es kommt aber auch vor, daß zur gleichen Zeit von jedem Eierstock ein Ei abgegeben und jeweils von einer Samenzelle befruchtet wird. Die daraus entstehenden Zwillinge können gleichen oder verschiedenen Geschlechts sein. Diese «zweieiigen Zwillinge» sind einander genetisch nicht ähnlicher als Brüder oder Schwestern, die im Abstand von mehreren Jahren geboren sind; obwohl sie gemeinsam in der Gebärmutter aufwachsen und fast gleichzeitig auf die Welt kommen. In selteneren Fällen wird ein einzelnes Ei von einer einzigen Samenzelle befruchtet und teilt sich dann in zwei vollständige, befruchtete Eier. Diese beiden Eier betten sich in der Gebärmutter ein und entwickeln sich zu zwei Einzelindividuen; das sind dann «eineiige oder identische Zwillinge». Was die Häufigkeit eineiiger Zwillinge betrifft, so läßt sich bei den verschiedenen Populationen rund um die Welt nur ein geringfügiger Unterschied in der Erbanlage erkennen. Die meisten Völker weisen einen Durchschnitt von vier oder fünf eineiigen Zwillingspaaren pro tausend Geburten auf. Das Zustandekommen zweieiiger Zwillinge dagegen hängt offensichtlich stark von vererbten Anlagen ab, denn die Häufigkeit ist von einer Population zur anderen sehr verschieden. Bei nigerianischen Frauen kommen zum Beispiel auf je tausend Geburten etwa vierzig zweieiige Zwillinge, während es in Japan nur etwa zwei pro tausend sind. Dieser auffällige Unterschied scheint auf vererbte Gene zurückzugehen, von denen die Hormone gesteuert werden, die ihrerseits den Eisprung auslösen.

Da eineiige Zwillinge aus einem einzigen befruchteten Ei stammen, müßten sie theoretisch genau die gleichen Erbanlagen haben und auch die gleichen Verhaltensmerkmale aufweisen. Jede Abweichung bei den Merkmalen eines Zwillings bedeutet dann, daß es sich eigentlich nur um Umwelteinflüsse handeln kann. Wenn der eine Zwilling zum Beispiel Alkoholiker ist, wird der andere in etwa 65 Prozent aller Fälle ebenfalls Alkoholiker sein. Folglich wären die 35 Prozent der Fälle, in denen der andere Zwilling kein Alkoholiker ist, auf Umwelteinflüsse zurückzuführen – auf religiöse und ethische Überzeugungen, auf Klassenunterschiede oder auf individuelle Erfahrungen, die jeder der beiden gemacht hat. Ähnliches gilt anscheinend auch für bestimmte andere Verhaltensweisen, die bei männlicher Homosexualität eine Übereinstimmung von 98 Prozent, bei Schizophrenie von 86 Prozent, bei beruflichen Interessen von 50 Prozent und bei Selbstmord von nur 6 Prozent aufweisen.

Allerdings ist es schwierig, das genau Verhältnis von Erbanlagen und Umwelteinflüssen zu bestimmen, denn eineiige Zwillinge teilen nicht nur die Gene, sondern auch dieselbe Umwelt innerhalb der Familie: Nahrungsgewohnheiten, Kleidung, Sprache, Gesundheitspflege und Ausbildungsziele. Gewisse Umwelteinflüsse sind eindeutig ererbt – zum Beispiel Wohlstand. Dennoch ist das kulturelle Erbe oft nur schwer von dem biologischen zu unterscheiden. Vom Tag ihrer Geburt an werden die Zwillinge gewöhnlich auf die gleiche Weise gekleidet, im gleichen Kinderwagen gefahren, gleich behandelt und als «die Zwillinge» bezeichnet, so als hätten sie keine eigene Persönlichkeit. Daher braucht man sich nicht zu wundern, daß fast alle Zwillingspaare sich meist sehr ähnlich verhalten – aber wie weit dies auf Erbanlage oder Umwelt beruht, läßt sich nicht mit Sicherheit sagen.*

In der letzten Zeit bezog sich die Kontroverse darüber, was ererbt und was anerzogen sei, hauptsächlich auf mentale Merkmale, weniger auf biologische. Ist Intelligenz eine angeborene Eigenschaft, oder wird sie durch die Umwelt bestimmt? Und stimmt es tatsächlich, daß bestimmte ethnische Gruppen klüger sind als andere? Das Hauptproblem bei der Beantwortung dieser Fragen zur Intelligenz liegt darin, daß niemand mit Sicherheit zu sagen weiß, was Intelligenz wirklich ist. Die meisten Psychologen sind sich darüber einig, daß Intelligenz die Fähigkeit zum Lernen und zur Anpassung an neue Situationen mit einschließt – zwei Eigenschaften, die der Mensch mit vielen seiner Primaten-Verwandten teilt. Versuche, die spezifischen Eigenschaften der menschlichen Intelligenz festzulegen, sind gescheitert. Der eine Psychologe behauptet, acht verschiedene geistige Fähigkeiten gehörten zur Intelligenz; ein anderer glaubt 120 verschiedene Variable entdeckt zu haben, deren Zusammenwirken die Intelligenz ausmachen. Es scheint, als wüßte man einfach noch zu wenig über die Intelligenz, um intelligent darüber diskutieren zu können.*

Über eine ganz bestimmte geistige Fähigkeit, die mit Hilfe verschiedener Tests gemessen werden kann, wissen wir jedoch schon etwas mehr: über den IQ. Im Gegensatz zu dem, was die meisten Leute darunter verstehen, sagt der IQ – Intelligenzquotient – nichts über die Intelligenz als solche aus. Mit seiner Hilfe wird vielmehr die Fähigkeit gemessen, sich das anzueignen, was an nordamerikanischen und europäischen Schulen gelehrt wird. Zutreffender wäre es, ihn AQ zu nennen – «akademischer Quotient». Die Welt des IQs ist oft sehr unrealistisch. Die Werte des Intelligenzquotienten stehen in unmittelbarer Beziehung zu den Noten, die an den Schulen ausgeteilt werden; sieht man sie aber als absolut an, bewegt man sich im Kreis, denn die Intelligenztests stützen sich auf nichts anderes als auf das, was dort gelehrt wird. Untersuchungen, die viele verschiedene Berufe umfaßten, zeigten, daß der Sachverstand von Arbeitern in gleichen Berufen nur vier oder fünf Prozent ihres IQ-Wertes ausmacht. Außerdem sind die IQ-Werte auf Personen, die nicht die traditionelle Erziehung der Mittelklasse westlicher Gesellschaften genossen haben, nicht anwendbar. Ein aufgeweckter australischer Ureinwohner, der alle Eigenschaften besitzt, die in seiner Gesellschaft gewöhnlich mit Intelligenz in Zusammenhang gebracht werden – die große Fülle alter Legenden und Sprichwörter zu kennen, schnelles Erfassen von Vorgängen und die Fähigkeit, das Erlernte auf neue Situationen anzuwenden, der Umgang mit Werkzeugen –, wird in einem Intelligenztest jämmerlich schlecht abschneiden, selbst wenn er ihn in seiner eigenen Sprache durchführen kann. Die Fähigkeiten, die es den Ureinwohnern ermöglichen, in der zentralaustralischen Wüste zu überleben, sind eben ganz anderer Art als die Begabungen, die erforderlich sind, die Schule erfolgreich zu absolvieren.

Die Menschen, die die Intelligenztests aufstellen, sind innerhalb einer ganz bestimmten kulturellen Umgebung aufgewachsen und können sich daher auf gar keinen Fall von den kulturellen Voraussetzungen lösen, unter denen sie seit ihrer Kindheit leben. Außerdem können diese Tests auch keine fairen Ergebnisse zeitigen, wenn sie mit Angehörigen aus verschiedenen sozialen und ökonomischen Schichten selbst der gleichen Stadt durchgeführt werden. Ein Kind, das in einer Familie der Oberschicht aufgewachsen ist, wird einen anderen Dialekt sprechen, ein anderes Wertsystem haben und anderen Fertigkeiten Priorität zumessen, als ein Kind, das in der Familie eines ungelernten Arbeiters aufwächst; daß sie beide zufällig in derselben Stadt wohnen, hat wenig oder gar keine Relevanz. Deshalb wäre es nicht gerecht, beide demselben Intelligenztest zu unterwerfen. Manche Psychologen haben sich sehr bemüht, «kulturell gerechte» Fragebogen zu entwickeln, meist vergeblich. Kein Psychologe brächte es fertig, den Einfluß einer ganz bestimmten Umgebung, in der er von Geburt an gelebt hat, seine Erziehung, seine eigenen Ideen, Denkgewohnheiten, Wahrnehmungen, Erkenntnisse und Urteile über Recht und Unrecht auszuschalten.*

Daher haben Intelligenztests nur einen Wert, wenn sie die akademische Begabung von Mitgliedern homogener Bevölkerungsgruppen miteinander vergleichen. Trotz dieser begrenzten Anwendbarkeit fördern sie interessante Daten zur Kontroverse «ererbt – anerzogen» zutage. Zum Beispiel wundert man sich schon lange darüber, daß erstgeborene Kinder es oft viel weiter bringen als ihre jüngeren Geschwister. In *Who is Who in America* und in *American Men and Women of Science*, in *Rhodos Scholars* und den Reihen der nordamerikanischen Universitätsprofessoren sind besonders viele Erstgeborene vertreten. Mehr als die Hälfte der Präsidenten der Vereinigten Staaten – einschließlich Lyndon Johnson, Richard Nixon und Jimmy Carter – sind erstgeborene Söhne. Erst kürzlich zeigte ein Vergleich der IQ-Tests bei der Musterung von 400000 Holländern, daß die Erstgeborenen bei Intelligenztests meist besser abschneiden. Die Erstgeborenen (nicht mitgerechnet Einzelkinder) rangierten ständig vor den Zweitgeborenen, die Zweitgeborenen vor den Drittgeborenen, usw. Für diese Tatsache hatte man die verschiedensten Erklärungen parat, zum Beispiel, daß die Eltern auf jedes weitere Kind weniger Zeit verwenden würden, weil die Familie immer größer wird, oder auch, daß jeder weitere Nachkomme mit immer weniger Begabungen ausgestattet sei. Beide Erklärungen wurden überprüft – die erste scheint nur wenig zuzutreffen, und die zweite überhaupt nicht.

Eines ist gewiß: Das Erstgeborenen-Phänomen läßt eine die Erbanlagen betreffende Erklärung nicht zu. Es gibt keinen Zusammenhang zwischen Vererbung und der Reihenfolge der Geburten.

Das gesamte Erbgut eines Nachkommen besteht aus einer zufälligen Zusammensetzung von Anlagen beider Eltern – und dieser Zufall wird nicht von der Folge der Geburten beeinflußt. Ein fünftgeborenes Kind hat also genauso gute Chancen, die Eigenschaften zu erben, die einen hohen IQ-Wert erbringen, wie das erstgeborene. Offensichtlich ist der Zusammenhang von Geburtenfolge und Intelligenzquotient ausschließlich umweltbedingt. Am ehesten leuchtet vielleicht eine psychologische Erklärung ein. Das erstgeborene Kind, das sich plötzlich in Konkurrenz zu den jüngeren Geschwistern sieht, ähnelt einem entthronten König. Es hat kein Monopol mehr auf die elterliche Aufmerksamkeit; daher wird das Bedürfnis nach Anerkennung und Zustimmung geweckt, die das Kind (und später der Erwachsene) anscheinend mit guten Leistungen zu erringen sucht. Erstgeborene neigen dazu, Berufe zu ergreifen, die Anerkennung, Aufmerksamkeit und Zustimmung einbringen, und sind auch genügend motiviert, es in diesen Berufen zu etwas zu bringen.*

Wie stark sich die ererbte Komponente im Intelligenzquotienten auswirkt, ist eine heftig umstrittene Frage. Ob sie zu hohen oder niedrigen Werten neigt, scheint von einer Familie zur anderen verschieden und könnte erblich veranlagt sein, ließe sich aber auch mit den Umweltbedingungen erklären, da die Kinder miteinander und mit ihren Eltern die gleiche Umgebung teilen. Für die Vererbungstheorie sprechen vor allem Ergebnisse aus Untersuchungen an eineiigen Zwillingen. Zwillinge, die im gleichen Haushalt aufwachsen, zeigen beim Intelligenzquotienten zu ungefähr 85 Prozent annähernd gleiche Werte. In den Fällen, in denen wegen eines Todesfalles in der Familie oder weil die Eltern nicht für alle Kinder sorgen können, die eineiigen Zwillinge in der Kindheit getrennt und in verschiedenen Haushalten aufwachsen müssen, sinkt die Annäherung der IQ-Werte um nur zehn Prozent. Dieser geringfügige Unterschied könnte darauf hinweisen, daß Zwillinge, die die gleichen Erbanlagen haben, auch fast dieselbe Intelligenz besitzen, ob sie nun auf genau die gleiche Art und Weise erzogen werden oder nicht. Die Analyse der Statistik über den IQ von Zwillingen legte den Schluß nahe, daß der Intelligenzquotient zu 70 bis 80 Prozent ererbt und der Rest auf Umwelteinflüsse zurückzuführen sei. Diese Folgerungen sind immer wieder aufgegriffen worden, obgleich es keinerlei Beweise für sie gibt. Sie stützten sich auf eine Forschungsarbeit über nur 69 eineiige Zwillingspaare in den Vereinigten Staaten, Großbritannien und Dänemark; außer dieser Studie gibt es noch eine weitere, die aber so heftig angegriffen wurde, daß man sie wissenschaftlich nicht zitieren kann. Bei genauem Hinsehen zeigte sich, daß 38 von den 69 Zwillingspaaren in Wirklichkeit von nahen Verwandten aufgezogen wurden, die ihnen aller Wahrscheinlichkeit nach sehr ähnliche Umweltbedingungen boten. Es bleiben also nur noch 31 Zwillingspaare übrig. Bei einer so kleinen Zahl ist das Risiko eines statistischen Fehlers gewiß sehr groß.*

Falsche Ansichten über die Vererbung der Intelligenz haben zu Klischeebegriffen geführt, mit denen die verschiedensten nationalen Gruppen belegt wurden: die genialen Japaner, die intellektuellen Franzosen, die stupiden Deutschen, die gerissenen Juden, die schwerfälligen Polen usw. Fast in jedem Lande gibt es in der Bevölkerung eine Minderheitengruppe, die mit dem stereotypen Klischee «angeborene Dummheit» abgestempelt wird, damit rechtfertigt man sich, wenn sie politisch, sozial und ökonomisch diskriminiert werden. Menschen einer bestimmten Herkunft sind durch ihre Geburt zu Armut, elenden Unterkünften, untergeordneter, niedriger Arbeit und zum frühen Tod verdammt, nur um dieser falschen Vorstellungen von der «angeborenen Dummheit» willen.

Die Bevölkerung des jüdischen Staates Israel setzt sich aus zwei verschiedenen Einwanderergruppen zusammen: Juden europäischer Abstammung mit guter Allgemeinbildung und ungebildete Juden aus dem Nahen Osten. Letztere haben nicht nur einen niedrigeren sozialen und wirtschaftlichen Status, sondern scheinen auch weniger intelligent zu sein, weil sie bei Intelligenztests schlecht abschneiden. Die europäischen Juden und die Juden aus dem Nahen Osten boten ideale Voraussetzungen für ein Experiment, mit dem der Einfluß der Umwelt auf die Intelligenz beobachtet werden konnte. Hier waren zwei Gruppen, die sich, was Herkunft und IQ-Wert betraf, stark unterschieden. Wenn sie unter den gleichen Umweltbedingungen lebten, würde sich zeigen, ob ihre IQs sich einander annähern würden. Die Forscher konzentrierten sich dabei auf die Kibbuzim (landwirtschaftliche Kooperativen). Da jeder Kibbuz mit einem ganz bestimmten sozialen oder politischen Ziel gegründet wurde, teilen alle Mitglieder dieselben Ideale. Das Leben im Kibbuz bietet allen Kindern die gleichen Bedingungen, gleichgültig, ob ihre Eltern Europäer sind oder aus Vorderasien stammen. Das beginnt bereits vor der Geburt, weil alle Schwangeren das gleiche Essen aus der Gemeinschaftsküche bekommen und die gleiche medizinische Vorsorge genießen. Im Kindergarten, im Kinderwohnheim und in der Schule bleiben die Lebensbedingungen für alle gleich; die Kinder wohnen zusammen und statten ihren Eltern jeden Tag nur einen kurzen Besuch ab.

Man ging folgendermaßen vor: Es wurden Geschwisterpaare ausfindig gemacht von europäischer Abstammung und andere, deren Eltern aus dem Nahen Osten stammten, die im selben Kibbuz lebten, gleichaltrig waren und dieselbe Schulklasse besuchten. Zum Schluß hatte man die Daten von 600 solcher Geschwisterpaare beisammen. Trotz der erstaunlich unterschiedlichen Abstammung brachten dieselben Umweltbedingungen völlig gleiche IQ-Werte. Der durchschnittliche Intelligenzquotient der Kinder aus Nahost lag ebenso hoch wie der ihrer europäischen Schulkameraden, und der prozentuale Anteil an «außergewöhnlichen» Bewertungen war bei den Kindern aus dem Nahen Osten genauso hoch wie bei den andern.

Der alte Streit, ob Erbanlage oder Umwelt einen größeren Einfluß auf die Intelligenz hat, führt eindeutig in die Irre. Und auch die jüngste Ansicht – daß die Vererbung das breite Spektrum individueller Anlagen bestimmt und daß innerhalb dieser Grenzen durch den Einfluß der Umwelt die präzise Determinierung erfolgt – ist wahrscheinlich viel zu leichtfertig. Außer Herkunft und Umwelt muß es noch andere Einflüsse geben, die sich auf manche IQ-Daten auswirken, aber die Forschungen über die Wechselbeziehung zwischen beiden stehen noch ganz am Anfang. Daß aber Wechselbeziehungen existieren, ist keine Frage. Aus den Untersuchungen geht hervor, daß Personen, die bei ihrer Erziehung darauf trainiert werden, hohe IQ-Werte zu erzielen, weit über dem nationalen Durchschnitt liegen – während andere, die mit der gleichen Wertung antreten, als Endergebnis nur 65 erreichen (Kategorie «zurückgeblieben»), wenn ihre intellektuelle Entwicklung verhindert wird. Ein derart weiter Bereich läßt sich durch keine uns bekannten genetischen Abläufe erklären.*

Um als Spezies überleben zu können, war es für die Menschheit entscheidend, von vielerlei Gestalt zu sein. Hätten die Menschen nicht die Fähigkeit gehabt, sich stark zu verändern, so hätten sie niemals ihre gesamte Umwelt, von der Arktis bis hin zu den Tropen, besiedeln können. Populationen mit ganz bestimmten körperlichen und geistigen Eigenschaften haben trotz Kälte und Hitze, Hunger und Krankheit überlebt, während andere, die diese Eigenschaften nicht besaßen, zugrunde gegangen sind. Aber vor etwa 12 000 Jahren begann die Bedeutung der Verschiedenartigkeit, die die Menschen zum Überleben brauchen, dank der Technologie allmählich zu schwinden. Zum Beispiel konnten die Vorfahren der Eskimos die Arktis besiedeln, ohne erst viele tausend Jahre warten zu müssen, bis sie sich biologisch angepaßt hatten. Statt dessen schufen sie sich eine Umwelt, in der sie leben konnten, indem sie Iglus, Schlitten, Schneeschuhe, isolierende Kleidung, Schneebrillen und Öllampen einführten. Aber die Eskimos waren nicht die einzigen. Ähnlich verhielten sich auch – vor nicht allzulanger Zeit – die Europäer, als sie auf allen Kontinenten Kolonien errichteten und technologische Errungenschaften dazu benutzten, die vielfältigen Umweltbedingungen für sich erträglicher zu machen. Auch den modernen Herausforderungen der Umwelt an den menschlichen Organismus begegnet man häufiger mit technologischer als biologischer Anpassung. Früher haben nur Menschen mit vererbten Widerstandskräften die gefährlichen Krankheiten überlebt. Heute ist die ererbte Resistenz nicht mehr der alleinige große Vorteil, weil es ein breites Angebot an Medikamenten gibt. Dennoch hat die Technologie die Gesetze der Evolution keineswegs aufgehoben. Diese Gesetze üben auch weiterhin Einfluß auf unser genetisches Rüstzeug aus. Immer noch erben wir das meiste von dem, was wir sind.

12. Die Erblichkeit der Vielfalt

Kurz nachdem Leonardo da Vinci 1519 im Alter von 67 Jahren gestorben war, beschloß sein jüngerer Halbbruder Bartolommeo, ein lebendes Abbild des großen Malers, Bildhauers, Ingenieurs und Schriftstellers zu schaffen. Da er und Leonardo verwandt waren, wählte er sich selbst als Vater aus. Er heiratete eine Frau, die ähnlicher Herkunft war wie Leonardos Mutter; sie war jung, stammte von Bauern ab und war auch im Dorfe Vinci aufgewachsen. Das Paar zeugte einen Sohn, Piero, der wie Leonardo in der Toscana, zwischen Florenz und Pisa, aufwuchs. Der kleine Piero zeigte schon bald künstlerische Begabung und wurde mit zwölf Jahren nach Florenz gebracht, wo er bei mehreren führenden Künstlern in die Lehre ging, von denen mindestens einer schon mit Leonardo zusammengearbeitet hatte. Nach Berichten von Giorgio Vasari, dem führenden Kunsthistoriker jener Zeit, hat «Piero jedermann in Erstaunen versetzt – und nach fünf Lehrjahren bereits das Können erreicht, für das andere ein ganzes Leben und Erfahrungen in vielen Dingen benötigen». Piero wurde häufig der zweite Leonardo genannt.

Aber mit 23 Jahren starb er am Fieber, und so läßt sich nicht mit Bestimmtheit sagen, wozu er es gebracht haben würde – allerdings läßt die Tatsache, daß Pieros Arbeiten häufig Michelangelo zugeschrieben wurden, kaum einen Zweifel offen. Aber wieviel von Pieros genialer Begabung vererbt und wieviel auf Einflüsse von außen zurückzuführen war, ist unbestimmt. Im Durchschnitt partizipieren Brüder zu 50 Prozent an den Genen, aber Bartolommeo und Leonardo waren nur Halbbrüder und hatten somit auch nur etwa ein Viertel der gleichen Gene. Pieros und Leonardos Mütter scheinen nicht verwandt gewesen zu sein, aber da sie beide aus dem kleinen Ort Vinci stammten, ist es möglich, daß sie gemeinsame Vorfahren besaßen und somit auch gemeinsame Gene. Andererseits läßt sich auch ein starker Umwelteinfluß nicht ausschließen. Zweifellos wußte der junge Piero um den Ruhm seines Onkels; und ganz sicher hat ihm sein Vater Bartolommeo jede Möglichkeit geboten, die mit Geld zu bezahlen war, um Leonardo nachzueifern. Aber Bartolommeos Bemühungen, der Welt einen zweiten Leonardo zu verschaffen, indem er die Bedingungen für eine besondere Erbanlage und Umwelt schuf, mögen letztlich nur geringen Einfluß gehabt haben. Vielleicht war Piero eben einer der unzähligen talentierten Florentiner seiner Zeit.*

Trotzdem war es ein kühner Versuch, wenn man bedenkt, daß man im 16. Jahrhundert noch nichts über den Ablauf der Vererbung wußte. Der Vorgang der Zellteilung ist erst seit Beginn dieses Jahrhunderts bekannt, und sogar Charles Darwin veröffentlichte seine Evolutionstheorie, ohne von der Zellteilung gehört zu haben. Heute weiß man, daß ererbte Merkmale die Folge von Genkombinationen sind, die in voraussagbarem Verhältnis von einer Generation zur anderen weitergegeben werden. Wie groß die Anzahl Gene ist, die ein Mensch besitzt, weiß man nicht genau, aber die Schätzungen reichen von 6000 bis zu 40 000. Jedes dieser Gene kann aus Zehntausenden von Instruktionen bestehen, die in Form der chemischen Substanz DNS (Desoxyribonukleinsäure) die Informationen enthalten, die der Organismus für sein Wachstum und für seine Ausprägung benötigt. Wie bei anderen Tieren, die sich sexuell fortpflanzen, werden diese genetischen Codes auch beim Menschen von Samen und Ei transportiert. Das weibliche Ei, das von einer männlichen Samenzelle befruchtet wird, entwickelt sich schließlich durch Teilung und Differenzierung zum erwachsenen Individuum, indem es zuerst zwei Zellen bildet, dann vier, dann acht und so weiter, bis in die Milliarden, um den Embryo zu bilden. Im Verlauf dieses Vorgangs differenzieren sich die Zellen entsprechend dem jeweiligen genetischen Code zu Hautzellen, Nervenzellen, Muskelzellen, Blutzellen und anderen spezialisierten Zellen, die Leber und Niere bilden, um nur ein paar zu nennen. Tatsächlich scheint jedes Körperorgan seinen eigentümlichen Zelltyp zu besitzen, dessen Entwicklung durch die Information in den Genen bestimmt wird.

Die Gene werden im Kern jeder Zelle von fadenartigen Gebilden getragen, die man «Chromosome» nennt (wörtlich: «farbige Körperchen», weil sie im mikroskopischen Präparat nach dem Färben der Zelle deutlich zu sehen sind). Jede Spezies hat eine bestimmte Anzahl von Chromosomen: Schimpanse und Gorilla besitzen 48, der Gibbon 44 und der Mensch 46. Im befruchteten Ei ist das gesamte Erbmaterial enthalten, das die Generationen verbindet: Die 23 Chromosomen eines jeden menschlichen Elternteils ergeben zusammen 46. Die genetische Variation jedes Elternteils wird damit beim Nachkommen durch die zufällige Vererbung von 50 Prozent seiner Gene aus beiden Elternteilen noch weiter variiert. Daher ist die potentielle Anzahl verschiedener Menschen, von denen jeder einen einzigartigen genetischen Aufbau besitzt, so groß, daß sie jede Vorstellungskraft übersteigt: eine 1 gefolgt von dreitausend Nullen. Die Wahrscheinlichkeit, daß es jemals zwei Individuen gegeben hat oder geben wird, die den gleichen genetischen Aufbau haben, ist unendlich gering (abgesehen natürlich von eineiigen Zwillingen).

Die neue Kombination von Genen bei einem Nachkommen wird kompliziert durch das Vorhandensein dominanter und rezessiver

Gene. Ob ein Kind blaue oder braune Augen haben wird, hängt hauptsächlich von diesem Unterschied ab. Gene, die an derselben Stelle im gleichen Chromosom lokalisiert sind, kommen oft in unterschiedlichen Formen vor, die als «Allele» oder «Erbfaktoren» bezeichnet werden. Zwei Erbfaktoren – einer für blaue Augen, der andere für braune Augen – bestimmen die Augenfarbe. Ein Nachkomme, der von beiden Eltern Erbfaktoren für braune Augen mitbekommt, hat braune Augen, während einer, der zwei Erbfaktoren für blaue Augen mitbekommt, blaue Augen haben wird. Viele Menschen haben jedoch einen Erbfaktor für blaue Augen vom einen Elternteil und einen für braune vom anderen. Sie bekommen braune Augen, weil der Erbfaktor für braune Augen dominant ist gegenüber dem Erbfaktor für blaue Augen. Allerdings besitzen diese braunäugigen Menschen auch ein Gen für blaue Augen, so daß zwei braunäugige Eltern ein blauäugiges Kind zu zeugen vermögen, wenn es von jedem Elternteil den rezessiven Erbfaktor für blaue Augen mitbekommt.

Wenn man ein spezielles Merkmal, zum Beispiel die Augenfarbe, einem bestimmten Gen zuschreibt, so vereinfacht man zweifellos einen höchst komplexen Vorgang. Anscheinend sind mehrere, vielleicht sogar viele Gene daran beteiligt, ein Merkmal hervorzubringen. Ein Gen, das als Träger der Augenfarbe oder der Haarbeschaffenheit oder irgendeines anderen Merkmals erkannt wird, ist vielleicht nur das letzte Glied in einer Reihe von Genen, die bereits daraufhingewirkt haben. Oder eher noch: Jedes Merkmal kann durch Interaktion mehrerer Gene bestimmt werden. Die Hautfarbe, zum Beispiel, hängt von einer Anzahl Variablen ab, von denen wahrscheinlich wiederum jede von mehreren Genen bestimmt wird: Die Menge des dunklen Pigments, des Melanins, und seine Verteilung in den Hautschichten, die Zahl der Kapillargefäße unter der Hautoberfläche und die Fähigkeit, braun zu werden, sind nur einige.

Jeder trägt rezessive Gene für verschiedene Merkmale in sich, und im Durchschnitt sind acht bis zehn davon wahrscheinlich tödlich. Wenn beide Eltern den rezessiven Erbfaktor tragen und ihn als doppelte Dosis an einen Nachkommen weiterreichen, kann es zu Defekten kommen. Bis jetzt sind etwa 150 rezessiv vererbbare Krankheiten festgestellt worden. Einige von ihnen kommen ziemlich häufig vor: schwere geistige Behinderung, achthundert auf eine Million Geburten; schwere Taubheit – fünfhundert; Mukoviszidose (Zystische Pankreasfibrose) – 400; Blindheit – 200; und Albinismus – 100. Die Mukoviszidose – erkennbar daran, daß die körperliche Entwicklung des Kindes stagniert und die Bronchien sich mit zähem

Schleim füllen – führt trotz der modernen medizinischen Behandlung meistens in den ersten Lebensjahren zum Tode. Sie ist die schwerste rezessiv vererbbare Krankheit bei Menschen europäischer Abstammmung und etwa fünfmal so häufig wie andere genetische Fehler, seien sie rezessiv oder dominant. In den Vereinigten Staaten zum Beispiel werden jährlich 1500 Kinder mit Mukoviszidose geboren; für die Gesundheitsfürsorge sind sie ein schwieriges Problem. Zweifellos existiert eine große Zahl anderer gefährlicher Gene, die, wenn sie von beiden Eltern vererbt werden, signifikante Auswirkungen auf Gesundheit, Temperament und die Ausprägung spezieller Talente haben.*

Dominante und rezessive Gene scheinen einen eindeutigen Einfluß auf bestimmte Merkmale wie etwa die Augenfarbe zu haben; manchmal jedoch ist die Interaktion beider weit komplexer, weil manche Gene geschlechtsgebunden sind. Eines der 23 Chromosomenpaare des Mannes unterscheidet sich in Größe und Form von allen anderen. Dieses männliche Chromosom (das Y-Chromosom) ist kürzer als sein Äquivalent bei der Frau (das X-Chromosom). Der Mann besitzt also normalerweise als dreiundzwanzigstes ein Paar Chromosomen, das aus einem kurzen Y- und einem langen X-Chromosom besteht, während das dreiundzwanzigste Paar der Frau normalerweise zwei längliche X-Chromosomen enthält. Daher hat das Ei immer ein X-Chromosom aus dem XX-Bestand der Frau, während die Samenzelle des Mannes entweder ein X- oder ein Y-Chromosom trägt. Wenn eine Y-Samenzelle ein Ei befruchtet, entsteht ein XY-Chromosom, und das befruchtete Ei beginnt mit seiner Entwicklung zum männlichen Nachkommen. Wird das Ei jedoch von einer X-Samenzelle befruchtet, dann entsteht ein neues XX-Chromosom und damit ein weiblicher Embryo. In den Samenzellen können also sowohl X- wie Y-Chromosomen vorhanden sein, in der Eizelle dagegen nur X-Chromosomen. Das erklärt, warum das Geschlecht des Kindes immer vom männlichen Elternteil bestimmt wird.

Der Schlüssel zum Verständnis der geschlechtsgebundenen Anlagen liegt darin, daß Erbfaktoren, die mit dem X-Chromosom verbunden sind, keine Entsprechung auf dem Y-Chromosom haben. Männer (als XY) besitzen somit nur eine einzige Kopie ihrer X-Chromosomen-Erbfaktoren, während Frauen (als XX) zwei Kopien haben – wie von allen anderen Chromosomen auch. Zahlreiche Anlagen kommen, wie man weiß, durch den Einfluß geschlechtsgebundener Gene auf das X-Chromosom zustande: Kahlköpfigkeit, Rot-Grün- bzw. Farbenblindheit, angeborener grauer Star, grüner Star, Kurzsichtigkeit, fehlende Zahnanlagen und eine gewisse Form der Muskeldystrophie. Eine Krankheit, die ebenfalls auf dieses Phänomen zurückgeht und eingehend untersucht wurde, ist die Hämophilie (Bluterkrankheit), bei der es infolge eines Mangels an gerinnungsfördernder Substanz im Blut bereits bei kleinsten Verletzungen zu starken Blutungen kommt. Sie wird verursacht durch einen Erbfaktor, dessen Träger das X-Chromosom ist, nicht das Y-Chromosom, und wirkt sich nur bei Männern aus. Frauen können diese Krankheit zwar übertragen, bekommen sie selbst aber nur selten. Woran liegt das? Die Erklärung sieht so aus: Frauen haben den genetischen Aufbau XX, und die Bluterkrankheit wird über das X-Chromosom übertragen. Eine Frau, die das X-Chromosom mit dem Hämophilie-Gen von ihrer Mutter geerbt hat, hat von ihrem Vater ein X-Chromosom mit einem entgegenwirkenden Gen geerbt. Die beiden Gene heben sich auf, und sie selbst bleibt von der Krankheit verschont – kann sie allerdings an ihre Nachkommen weitergeben. Andererseits kann ein Mann die Bluterkrankheit von seiner Mutter erben – aber er kann nicht das entsprechende Gegen-Gen erben, weil auf dem kurzen Y-Chromosom, das er von seinem Vater erbt, dafür kein Platz ist. Nur wenn ein Mann mit Bluterkrankheit mit einer Frau, die dieses Gen ebenfalls besitzt, ein weibliches Kind zeugt, kommt es vor, daß bei diesem die Krankheit manifest wird. Aber das ist höchst selten der Fall, nicht nur, weil die Bluterkrankheit so selten auftritt, sondern auch weil männliche Kinder, die daran leiden, das zeugungsfähige Alter gewöhnlich nicht erreichen.

Jedesmal, wenn sich eine Zelle teilt, bildet sie regelmäßig Chromosomen, Gene und DNS als genaue Reproduktionen des Originals aus. Die bemerkenswerte Präzision, mit der dieser Vorgang abläuft, sorgt für die Fortdauer unserer Spezies, Generation um Generation, denn jedes einzelne Merkmal ist in den Genen angelegt. Der Vorgang des Selbstkopierens ist jedoch nicht narrensicher. Gelegentlich kommt es zu Unregelmäßigkeiten, zur «Mutation». Selbst wenn nur eine Spur DNS in nur einem einzigen Gen betroffen ist, wiederholt sich die Veränderung von nun an bei jeder folgenden Zellteilung. Wenn derartige Mutationen allzu oft vorkommen würden, und wenn die Menschen, die davon betroffen wären, weiterleben und sich fortpflanzen sollten, dann würden in unserer Spezies innerhalb weniger Generationen enorme Veränderungen stattfinden. Mutationen sind jedoch selten. Bei den meisten Genen liegt die Wahrscheinlichkeit zur Mutation für jede Generation nicht einmal bei 1 : 100 000. Außerdem überleben die wenigsten Individuen diese Mutationen – aufgrund von Fehlgeburten, Totgeburten oder Tod in der Kindheit. Mutationen werden fast immer aus dem evolutionären Prozeß eliminiert, weil jede eine Zufallsänderung in dem äußerst komplexen System des menschlichen Körpers darstellt. Tatsächlich birgt jede zufällige Veränderung die Gefahr einer Schädigung, wie zum Beispiel alle zufälligen Veränderungen in irgendeinem Teil eines Flugzeugmotors wahrscheinlich verheerende Folgen hätten. Über eine lange Zeitspanne hinweg hat sich ein komplexer Organismus in feinstem Gleichgewicht zu seiner Umwelt entwickelt. Durch eine Mutation könnte diese Balance empfindlich gestört werden.

In einigen seltenen Fällen gelingt es den Mutationen jedoch, sich durchzusetzen, und dann bleiben sie in der Spezies erhalten. Man nimmt an, daß einige der ersten Hominiden eine DNS besaßen, die mutierte und dabei die Instruktionen für die Position der großen Zehe veränderte. Während die große Zehe eines Affen oder Menschenaffen so beweglich ist, daß sie jede andere Zehe berühren kann, verursachte eine Mutation im Knochen oder in den Muskeln der großen Zehe beim Menschen eine Veränderung, so daß sie von da an in einer Reihe mit den anderen Zehen wuchs. Für Primaten, die noch auf den Bäumen lebten und ihre Füße zum Greifen benutzten, hätte eine solche Mutation den Untergang bedeutet. Aber für Primaten, die bereits auf dem Erdboden lebten und sich auf zwei Füßen fortzubewegen versuchten, war diese Mutation zweifellos vorteilhaft. Es ist klar, daß sich eine derart segensreiche Mutation durchsetzen und allmählich über die ganze Bevölkerung verbreiten mußte. Eine andere Mutation, die den gemeinsamen Vorfahren der Anthropoiden widerfuhr, führte zum Verlust des Enzyms, das bei der Umwandlung von Glukose in Vitamin C als Katalysator fungiert. Der Verlust der Fähigkeit, Vitamin C zu synthetisieren, wirkte sich nicht tödlich aus, weil Affen, Menschenaffen und Hominiden ihren gesamten Bedarf an diesem Vitamin aus ihrer pflanzlichen Nahrung deckten. Zweifellos war auch diese Mutation von Vorteil, weil die Glukose dadurch als Energiespender für den Körper frei wurde. Erst als sich die menschliche Ernährung infolge des Getreideanbaus im Laufe der vergangenen Jahrtausende veränderte, führte der zu geringe Konsum von Nahrungsmitteln mit diesem Vitamin gelegentlich zu Mangelkrankheiten wie Skorbut.

Eine Veränderung entsteht beim Menschen auch durch die neue Kombination von Genen, die von beiden Eltern übernommen werden. Aber im Unterschied zur Mutation führt die Kombination der Spezies kein neues Genmaterial zu. Sie vermischt nur die bereits vorhandenen Gene miteinander, so daß in der neuen Generation Gen-Kombinationen zustande kommen, die sich von denen der alten unterscheiden. Der am weitesten verbreitete kulturelle Einfluß

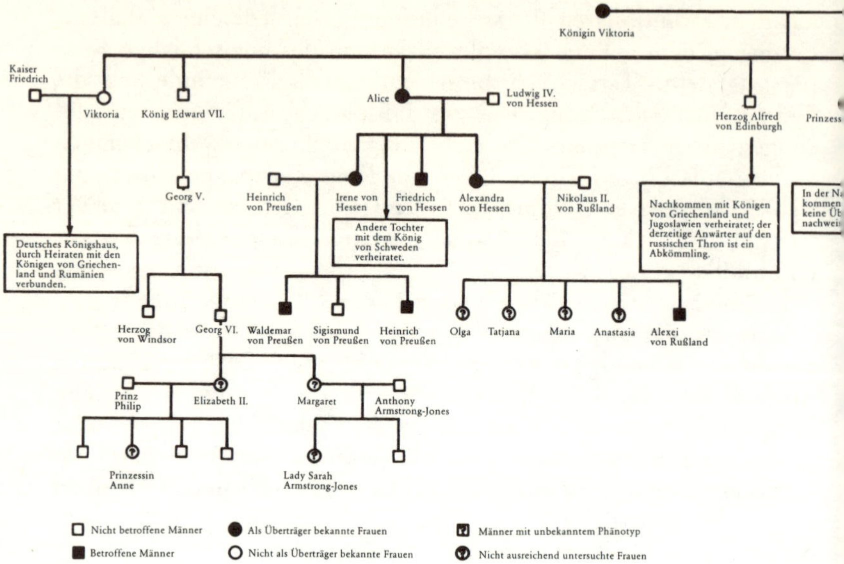

Die Vererbung der Bluterkrankheit

Die Bluterkrankheit (Hämophilie) wird durch das Fehlen gerinnungsfördernder Substanzen im Blut verursacht. Bevor Bluttransfusionen und moderne, gerinnungsfördernde Medikamente zur Verfügung standen, litt der Betroffene an nicht zu stillenden Blutungen, die schließlich zum Tode führten. Die Bluterkrankheit ist seit ältesten Zeiten bekannt, ebenso wie die Tatsache, daß sie nur bei männlichen Mitgliedern bestimmter Familien auftritt. Eines der zum Talmud gehörenden Bücher aus dem 2. Jahrhundert, das sich mit den jüdischen Ritualen befaßt, befreit einen Jungen von der Beschneidung, wenn dessen älterer Bruder nach seiner Beschneidung stark geblutet hatte, und auch die Söhne einer Frau, deren Schwester einen männlichen Bluter geboren hatte. Daß andererseits der Ausschluß nicht auf die Söhne des Vaters, die er von anderen Frauen hatte, ausgedehnt wurde, zeigt, wie genau die Verfasser der Talmud-Gesetze über die Übertragung der Bluterkrankheit durch die weibliche Linie Bescheid gewußt haben. Es ist bekannt, daß viele Angehörige der europäischen Königshäuser Träger der Bluterkrankheit waren; man nimmt an, daß Königin Viktoria von Großbritannien (1819–1901), deren Nachkommen in den europäischen Hochadel einheirateten, die Krankheit vererbt hat. Die Tabelle zeigt die Verwandtschaft zwischen den verschiedenen Königshäusern und den Weg, den der anomale Erbfaktor durch die folgenden Generationen genommen hat. Wie man sieht, waren alle von der Krankheit Betroffenen männlichen Geschlechts *(durch schwarze Quadrate gekennzeichnet)*, da die Eigenschaft geschlechtsgebunden und beim Manne dominant ist. Die Frauen, bei denen

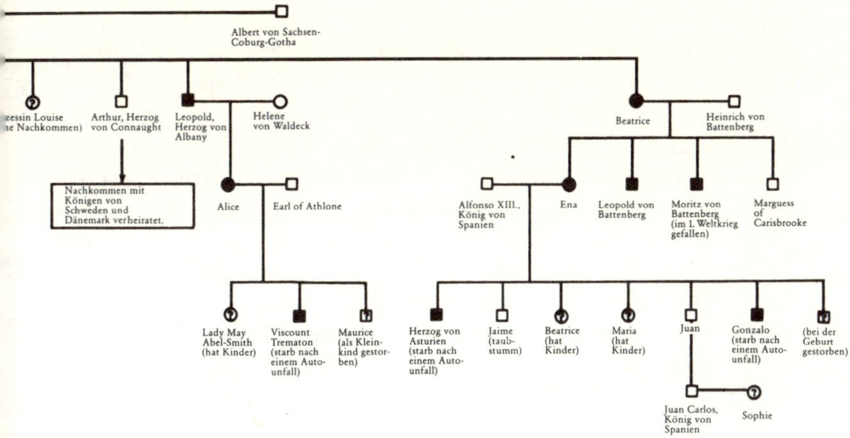

die Krankheit nicht manifest wird, die sie aber an ihre Söhne weitergeben, werden als «Überträger» bezeichnet *(durch schraffierte Kreise gekennzeichnet)*.

Durch wenigstens zwei Töchter der Königin Viktoria (die Überträger waren) und durch einen ihrer Söhne, der ein Bluter war (und Vater einer Tochter wurde, die Überträger war), wurde die Krankheit auf die Königshäuser und den Hochadel von England, Spanien, Rußland und Deutschland übertragen. Dieser Sohn Viktorias, Leopold, ist eine Ausnahme von der Regel, daß Bluter sterben, bevor sie das zeugungsfähige Alter erreicht haben. Da er dem Königshaus angehörte, wurde er natürlich ständig ärztlich betreut und kam in den Genuß einer besseren Vorsorge, als sie damals für einen normalen Menschen, der an der Bluterkrankheit litt, möglich war. Die bekannteste von Viktorias Enkelinnen, die die Krankheit trug, war Alix, später bekannt als Alexandra, Gemahlin des Zaren Nikolaus II. von Rußland. Sie gebar einen einzigen Sohn, Alexei. Er war ein Bluter. Da ihnen die genetische Natur der Krankheit nicht bekannt war, vertrauten Nikolaus und Alexandra in ihrer Not mehr und mehr auf Wundertäter. Der berüchtigste unter ihnen war der Mönch Rasputin, der den Sturz der zaristischen Herrschaft indirekt beschleunigte. Zu Beginn der russischen Revolution wurde die gesamte Zaren-Familie ermordet. Unter den heute lebenden Mitgliedern königlicher Familien könnte Königin Elizabeth II. von Großbritannien Trägerin der Bluterkrankheit sein (von ihrer Mutter her, die vom deutschen Zweig der Familie abstammt); ebenso Sophia, die Gemahlin von Juan Carlos, dem gegenwärtigen König von Spanien.

auf die Neukombination ist das Inzest-Tabu, das in der einen oder anderen Form in allen menschlichen Gesellschaften zu finden ist. Inzest-Tabus fördern den Fluß der Gene innerhalb der Bevölkerung, da die Menschen angehalten sind, sich in einem weiteren Umkreis nach Ehepartnern umzusehen, anstatt immer nur unter ihren Verwandten – daraus resultiert der Austausch von Genen zwischen verschiedenen Populationen und die Entstehung neuer genetischer Kombinationen. Im Gegensatz dazu schränken manche Kulturen die Zahl möglicher neuer Kombinationen ein. Die Menschen neigen gewöhnlich dazu, jemanden zu heiraten, der nicht viel anders ist als sie selbst. In den meisten Ehen gehören beide Partner der gleichen sozialen und ökonomischen Klasse an und haben die gleiche Religion. Juden heiraten am ehesten Angehörige ihres eigenen Glaubens; Protestanten legen darauf nicht soviel Gewicht. Hochgewachsene Leute heiraten einander häufiger, als daß es Zufall sein könnte, und das gleiche gilt auch für kleine, dicke Leute, dünne und taube Leute, sowie für Leute mit der gleichen Hautfarbe.

Auch die Geographie kann die genetische Neukombination beeinflussen. Als den meisten Leuten kein anderes Fortbewegungsmittel zur Verfügung stand als die eigenen zwei Beine, heiratete fast jeder innerhalb der unmittelbaren Nachbarschaft. Bis vor wenigen Jahrhunderten holten sich die meisten Europäer ihren Ehepartner keine fünfzig Kilometer von ihrer Wohnung entfernt. Mit Erfindung des Fahrrads wurden die Entfernungen, die die Freier zurücklegten, um fast eineinhalb Kilometer größer; Auto, Bus und Flugzeuge haben sie noch größer gemacht. Trotzdem nehmen sich die meisten Menschen – vor allem diejenigen, die in Städten und Großstädten leben – ihren Ehepartner noch immer aus der näheren Umgebung. Eine Untersuchung urbaner Ehen förderte zutage, daß bei etwa der Hälfte der Paare die Ehepartner vorher in einem Umkreis von 14 Häuserblocks wohnten – und davon noch einmal fast die Hälfte nur drei Häuserblocks entfernt. Anscheinend brauchen Amors Pfeile keine Rekordstrecken zu bewältigen.*

Die Tendenz, sich zufällig durch Mutationen und durch neue Gen-Kombinationen zu verändern, wird beim Menschen durch die «natürliche Auslese», die Darwin als Basis für seine Evolutionstheorie betrachtete, stark eingeschränkt. Die natürliche Auslese hat Einfluß auf die inviduelle Kapazität, Gene an die nächste Generation weiterzugeben. Das geschieht aufgrund verschiedener Faktoren, die sowohl beim Menschen als auch bei Tieren deutlich beobachtet werden können. Erstens einmal ist jede Generation potentiell in der Lage, mehr Nachkommen zu erzeugen, als überhaupt überleben und sich weiter vermehren können. Zweitens haben alle diese

Nachkommen wegen der Neukombinationen von Genen ihrer Eltern und, in selteneren Fällen, wegen günstiger Mutationen, einen verschiedenen genetischen Aufbau. Zum dritten besitzen die Nachkommen, die überleben, das beste genetische Rüstzeug. Und sie überleben nicht nur, sie haben auch mehr Nachkommen. Auf lange Sicht werden die tauglicheren Individuen und deren Abkömmlinge diejenigen ersetzen, deren genetischer Aufbau weniger günstig ist.

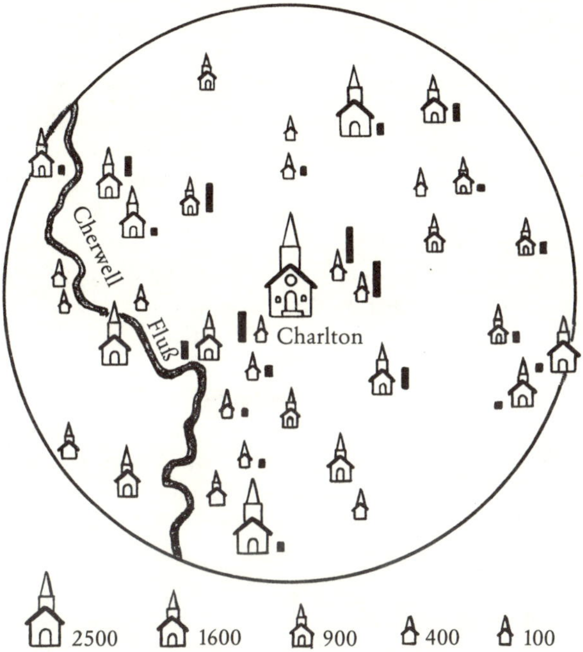

Die genetische Isolation von Ehepartnern

Bis zum Aufkommen moderner Transportmittel suchte sich fast jeder Heiratslustige in Nordamerika und Europa seinen Ehepartner in dem Dorf, in dem er lebte. Diese Begrenzung der Mobilität wurde an Hand der Heiratsregister aus der Mitte des vorigen Jahrhunderts aus dem Dorf Charlton in Oxfordshire belegt. Auf der Abbildung liegt Charlton genau in der Mitte; die umliegenden Dörfer sind durch Kirchen (je größer die Kirche, um so größer das Dorf) gekennzeichnet. Die Balken geben an, in welchem Verhältnis der Beitrag stand, den jedes der anderen Dörfer für den Gen-Pool von Charlton geleistet hat. Man sieht, daß fast alle Bewohner von Charlton ihren Ehepartner entweder in Charlton selbst oder in den nächstgelegenen Dörfern gefunden haben. Die gewundene Linie im linken Teil zeigt den Verlauf des Cherwell, eines Flusses, der offensichtlich als Grenze für den Genfluß fungierte, obgleich er keine drei Meter breit war.*

Das einzige Kriterium für Tauglichkeit besteht daher im Überleben und in der Fortpflanzung, und nicht in irgendwelchen anderen Kräften oder Schwächen, die ein Individuum besitzen mag. Darwins Theorie von der natürlichen Auslese wurde unmittelbar nach ihrem Bekanntwerden falsch interpretiert. Tennyson hatte einst von der «Natur, mit scharfen Zähnen und Klauen»* gesprochen, aber Darwin sah im Prozeß der Evolution durch natürliche Auslese nicht unbedingt Aggression und Gewalt. Nach seiner Theorie begünstigte die natürliche Auslese einfach diejenigen, die aufgrund ihres Verhaltens und ihrer biologischen Ausstattung imstande waren, bessere Nahrung und besseren Schutz zu finden, nicht so anfällig für Krankheiten und klimatische Veränderungen waren, oder auch diejenigen, denen es leicht fiel, einen Geschlechtspartner zu finden und viele Nachkommen zu produzieren. Gemäß dem Terminus der natürlichen Auslese ist ein analphabetischer Bauer, der viele überlebende Nachkommen hervorbringt, tauglicher als Leonardo da Vinci, George Washington, Beethoven, Emily Dickinson, die Brontë-Schwestern oder Lenin, von denen, so viel man weiß, keiner überlebende Nachkommen hinterlassen hat. Im Gegensatz zu ihnen ist die Darwinsche Fitneß anderer Personen geradezu erstaunlich. Moulay Ismail, Herrscher von Marokko im 18. Jahrhundert, soll der Vater von 548 Söhnen und 340 Töchtern gewesen sein. Selbst in monogamen Gesellschaften gelingt es manchen, ihre Gene an enorme Zahlen nachfolgender Generationen weiterzureichen. Ein brasilianisches Paar, das 26 lebende Kinder gezeugt hatte, besaß 1976 bereits 72 lebende Enkel – und da sich alle 26 Kinder noch im zeugungsfähigen Alter befanden oder es gerade erst erreichten, darf noch mit vielen weiteren Enkeln gerechnet werden.

Wie sich die natürliche Auslese auf die menschliche Bevölkerung auswirkt, zeigt sich überdeutlich an der Vererblichkeit der Sichelzellanämie. Bei einer Anämie ist die Hämoglobinmenge im Blut herabgesetzt. Daher wird weniger Sauerstoff, der ja an das Hämoglobin gebunden ist, transportiert. Bei der Sichelzellanämie kollabieren die geschwächten runden roten Blutkörperchen im Ausstrich zu einer Sichelform; ihre Fähigkeit, Sauerstoff zu transportieren, ist stark reduziert. In schweren Fällen kann diese anomale Veranlagung der roten Blutkörperchen zu Herz-, Nieren- und Milzversagen führen, ja sogar zu Lähmungen. Die Anlage zur Sichelzellanämie kommt vor allem in Zentralafrika, in Marokko, Griechenland, der Türkei, im Süden der arabischen Staaten und in Indien häufig vor. An manchen Orten tragen bis zu 30 Prozent der Bevölkerung den Erbfaktor, der die Krankheit auslöst. Bevor die moderne Medizin überall dort Eingang gefunden hatte, überlebten nur wenige Individuen, die mit dieser gefährlichen Krankheit geboren wurden. Auch heute noch fallen ihr jährlich fast 100000 Menschen zum Opfer, meist in Afrika.

Auf den ersten Blick sieht es fast so aus, als würde das Prinzip der natürlichen Auslese nicht eben gut funktionieren, denn sonst würde sich eine derart nachteilige Mutation nicht über so große Gebiete ausgebreitet haben und wäre nicht in begrenzten Landstrichen sogar ziemlich häufig. In Wirklichkeit verhält es sich genau umgekehrt. Anscheinend sorgen die Zellen durch ihren Zusammenbruch dafür, daß das vorhandene Hämoglobin den Malaria-Parasiten besser widerstehen kann. Und tatsächlich verläuft die Verbreitung der Erbfaktoren für Sichelzellen ziemlich parallel zur Verbreitung der gefährlichsten Malaria-Art, der *Falciparum*-Malaria. Bei Populationen, in denen die Malaria häufig ist, ist auch die Sichelzellanämie verbreitet. Dagegen kommt sie bei den Bewohnern höherer und trockenerer Gegenden viel seltener vor, weil dort die Malaria übertragenden Stechmücken nicht existieren können.

In Gebieten, in denen die Sichelzellanämie heimisch ist, haben die Menschen jeweils eine von drei verschiedenen genetischen Merkmalen. Diejenigen, bei denen die Anlage manifest ist, haben einen Erbfaktor für anomales Hämoglobin (Erbfaktor S) von einem Elternteil und einen Erbfaktor für normales Hämoglobin (A) vom anderen Elternteil geerbt. Diese AS-Träger sind gegen Malaria gefeit. Sobald die Malaria-Parasiten die roten Blutkörperchen angreifen, läßt die Sauerstoffspannung der Blutzellen nach. Die normalen Widerstandskräfte des Körpers treten in Aktion und zerstören die anomale Zelle samt dem Parasiten. Menschen mit genetischem AS-Aufbau, die an Malaria erkranken, bekommen sie nur in abgemilderter Form zu spüren – dafür müssen sie allerdings mit einer leichten Form der Anämie bezahlen. Personen mit einer der beiden anderen genetischen Eigenschaften sind – auf unterschiedliche Art – nicht so widerstandsfähig. Die eine Gruppe, die von ihren Eltern zwei normale Erbfaktoren (AA) mitbekommt, leidet nicht an Anämie, besitzt aber andererseits keinerlei Schutz gegen die tödliche Form der Malaria. Die andere Gruppe – die den Erbfaktor für das anomale Hämoglobin (SS) zweifach besitzt – ist völlig immun gegen Malaria, leidet aber so schwer an Anämie, daß kaum ein Betroffener das zeugungsfähige Alter erreicht.

Daher haben in einer Umgebung, in der Malaria herrscht, solche Personen die besten Überlebenschancen, die mit einem AS-Genaufbau ausgerüstet sind – wenn sie dafür auch an leichter Anämie leiden. Dieser Schutz wird sinnlos, sobald die AS-Träger in eine malariafreie Gegend umziehen. Sie besitzen eine gewisse Immunität gegen eine Krankheit, die es in ihrer neuen Umgebung gar nicht gibt, müssen dafür aber eine harte Strafe zahlen: Sie sind Träger eines potentiell tödlichen Erbfaktors. So erging es den Afrikanern, die als Sklaven in die malariafreien Gebiete von Nordamerika und Europa verfrachtet wurden. Von je 400 nordamerikanischen Bürgern erbt einer, auch wenn er nur zum Teil afrikanischer Abstammung ist, den SS-Faktor für Anämie; 40 werden mit einem anomalen Gen (AS) geboren, und alle übrigen weisen keine Merkmale der Sichelzellanämie (AA) auf. In den vergangenen Jahren hat man sich bemüht, die AS-Träger ausfindig zu machen und sie zu informieren, daß bei der Paarung mit einem anderen Sichelzell-Träger im Durchschnitt wenigstens einer von vier Nachkommen diese schwere Anämie erben wird, zwei die leichtere Form der Anämie, und nur einer die Anlage für normales Hämoglobin.*

Eines sollte jedoch im Hinblick auf Personen mit Sichelzellmerkmalen, die heute durch den Fortschritt der modernen Medizin am Leben bleiben können, klargestellt werden (das betrifft auch die Diabetiker, die mit Hilfe des Insulins gerettet werden, und die Bluter, denen Transfusionen und blutgerinnende Medikamente dazu verhelfen, bis über das zeugungsfähige Alter hinaus zu leben). Diese Menschen sind im Darwinschen Sinne nicht weniger «tauglich» als andere Mitglieder der Bevölkerung – solange ihre Umgebung sie medizinisch versorgt, so daß sie am Leben und fortpflanzungsfähig bleiben. Würde diese Versorgung aber plötzlich eingestellt, so ließe ihre Widerstandskraft schlagartig nach. Aber schon bevor die Mittel der modernen Medizin zur Verfügung standen, unterdrückten die Menschen den Effekt der natürlichen Auslese, indem sie sich mit ihrem kulturellen Verhalten zwischen das Evidentwerden mutanter Gene und die natürliche Auslese stellten. Der Albinismus, zum Beispiel, wird durch ein rezessives Gen verursacht, das die Pigmente in der Haut, der Iris und den Haaren drastisch reduziert. Ein Albino ist normalerweise sehr gefährdet, weil er keine Sonne verträgt, schlecht sieht und zu Hautkrebs neigt. In den meisten Gesellschaften sind Albinos sehr selten: in Europa kommt auf 20000 Menschen nur einer. Bei amerikanischen Indianer-Stämmen, wie den San Blas in Panama, den Jemez und Zuñi in Neu-Mexiko und den Hopi in Arizona, sind es hundertmal soviel.

Diese außergewöhnliche Verbreitung des Albinismus zeigt, daß die kulturelle Auslese seit langem ein Gegengewicht zur natürlichen Auslese geschaffen hat. Bei den Azteken lebten zum Beispiel im königlichen Haushalt des Moctezuma zahlreiche Albinos; sie wurden als Mündel des Staates betrachtet und brauchten nicht draußen in der Sonne zu arbeiten. Die Hopi-Indianer sind stolz auf ihre

Albinos – im Gegensatz zu vielen anderen Gesellschaften, die ihnen mit Furcht, Aberglauben und Vorurteilen begegnen. Die Albinos nehmen gemeinsam mit den anderen Stammesmitgliedern an den zeremoniellen Tänzen der Hopi teil; Albinos waren einflußreiche Häuptlinge und Priester. Die meisten bleiben ledig, gewöhnlich aus wirtschaftlichen Gründen. Ein männlicher Albino kann nicht auf dem Feld arbeiten, um für seine Familie Nahrung zu beschaffen; die Frau unterliegt bei der Arbeit im Freien ähnlichen Beschränkungen. Wie kann es dann aber geschehen, daß die Hopi-Albinos den Erbfaktor für Albinismus an nachfolgende Generationen weiterreichen können? Wenn ein Albino vielleicht auch keine gute Investition als Ehepartner darstellt – seine Rolle als Geschlechtspartner bleibt davon unberührt. Während die Männer und Jungen tagsüber auf den sonnenüberfluteten Feldern arbeiten, bleiben die Albinos im Dorf, wo sich reichlich Gelegenheit zu sexueller Betätigung bietet. Und da die Bevölkerungszahl der Hopi nicht gerade groß ist, üben bereits einige wenige sexuell aktive Männer eine enorme Wirkung auf die Zahl der Albinos in den nachfolgenden Generationen aus.*

Die genetischen Eigenschaften der menschlichen Rasse werden verständlicher, wenn man individuelle Veränderungen ignoriert und statt dessen einheitliche Fortpflanzungsgemeinschaften, Populationen oder Genpools, wie sie manchmal auch genannt werden, betrachtet. Eine Population ist eine Gruppe von Menschen, die sich häufiger untereinander paaren als mit Angehörigen anderer Populationen und sich daher durch das Vorkommen bestimmter genetischer Merkmale von anderen Gruppen unterscheiden. Die Basken, die die westlichen Pyrenäen von Spanien und Frankreich bewohnen, bilden zum Beispiel eine Population, da sie sich aus verschiedenen Gründen – kulturellen, sprachlichen, ethnischen und geographischen – meist miteinander paaren. Aber keine Population ist völlig isoliert. Durch Heiraten mit Außenstehenden fließen immer einige neue Gene in den Genpool, genauso wie immer wieder Gene an andere Populationen abgegeben werden.

Da wir gern soziopolitische Begriffe auf Gruppen anwenden, die innerhalb festgelegter nationaler Grenzen leben (wie Großbritannien oder China), übersehen wir oft die ungeheuren Unterschiede, die innerhalb dieser Gruppen auftreten. Was wir gewohnheitsmäßig als «die Chinesen» bezeichnen, umfaßt zahlreiche Populationen, deren jede sich durch das häufige Vorkommen gewisser genetischer Merkmale von allen anderen unterscheidet. Auf den ersten Blick könnte sogar ein geographisch kleiner Raum wie eine Stadt einen eigenen Genpool bilden. Das wäre auch der Fall, wenn die Bewohner urbaner Gebiete zufällig nur untereinander heiraten würden; aber das tun sie nicht. In Wirklichkeit besteht ein urbanes Zentrum aus vielen Populationen, die in soziale und ökonomische Klassen, Religionsgemeinschaften und ethnische Gruppen zerfallen. Bei der Untersuchung einer mittelgroßen französischen Stadt wurde ein Konglomerat verschiedenster Kleinpopulationen festgestellt, von der keine mehr als 2500 Mitglieder zählte.

Wenn Unterschiede zwischen den Populationen aufgrund kultureller Einflüsse aufrechterhalten bleiben, so haben sie auch meistens von Anfang an ganz eigenständige Merkmale besessen. Nehmen wir eine Stadt im Westen Nordamerikas im 19. Jahrhundert mit ungefähr tausend Männern und Frauen im fortpflanzungsfähigen Alter. Auf die Nachricht hin, daß weiter westlich freies Land für Ansiedler zu haben ist, macht sich eine Gruppe von zehn Erwachsenen auf, um eine neue Siedlung zu gründen. Die Gene dieser zehn Personen können kein Querschnitt durch den Genpool aller tausend fortpflanzungsfähigen Stadtbewohner sein. Der Grund leuchtet sofort ein, wenn man sich einen Topf vorstellt, der tausend Murmeln enthält. Nehmen wir der Einfachheit halber an, diese Murmeln würden den gesamten genetischen Bestand der ursprünglichen Population repräsentieren und hundert Murmeln einer bestimmten Farbe würden jeweils eins der zehn genetischen Merkmale verkörpern. Wenn ein kleiner Teil der Bevölkerung auswandert, kann er nur zehn dieser genetischen Murmeln mitnehmen. Um der ursprünglichen Population genau zu entsprechen, müßte die Teilpopulation eine Murmel von jeder Farbe mitnehmen. Wenn man aber einfach in den Topf greift und die Murmeln, so wie sie kommen, herausfischt, ist es so gut wie ausgeschlossen, daß man ausgerechnet an eine rote, eine grüne, eine blaue usw. gerät. Tatsächlich ist es viel wahrscheinlicher, daß ein völlig anderes Verhältnis als das im Topf bestehende zustande kommt – vielleicht sind es drei rote, zwei grüne und überhaupt keine blauen Murmeln. Der genetische Aufbau der Splitterkolonie würde sich daher vom ursprünglichen Genpool ganz erheblich unterscheiden.

Stellen wir uns weiter vor, daß im darauffolgenden Jahr und im Jahr danach wieder ähnlich kleine Gruppen aus anderen Gebieten in den Westen ziehen, um neue Siedlungen zu gründen. Dann wird sich jede dieser kleinen Gruppen in ähnlicher Weise von der Eltern-Population unterscheiden, aber auch von allen anderen Gruppen. In diesen neuen Gemeinschaften treten, sobald sie Nachkommen zeugen, zusätzliche Abweichungen von den anfallenden genetischen Merkmalen auf. Allerdings haben nicht alle die gleiche Chance, sich fortzupflanzen. Personen mit höherem sozialem Status oder besserer Gesundheit besitzen im Darwinschen Sinne fast immer größere Überlebenschancen. Ihre Nachkommen sind gewöhnlich gesünder und lebensfähiger, weil die Eltern ihnen bessere Lebensbedingungen bieten konnten. Daraus resultiert, daß in nur wenigen Generationen die Gene der Stärkeren im Vergleich zu den Genen der Schwächeren in der Überzahl sind. Diese besondere Überlegenheit in bezug auf die Reproduktion ist in einfachen Gesellschaften deutlicher zu erkennen als in komplexen. Bei den Xavante-Indianern im Landesinneren von Brasilien hatten zum Beispiel zwei Häuptlinge allein etwa ein Viertel der gesamten Bewohner ihres ansehnlichen Dorfes gezeugt.*

Die amischen Mennoniten in Pennsylvania repräsentieren eine Volksgruppe, die sich sowohl von dem ursprünglichen Genpool ihrer friesischen Heimat als auch von der benachbarten Bevölkerung unterscheidet. Sie stammen von knapp zweihundert Gründern ab, die hauptsächlich zwischen 1720 und 1770 aus Deutschland nach Pennsylvania auswanderten. Heute leben insgesamt 45000 Nachkommen dieser Gründer in Pennsylvania, Ohio und Indiana. Da die amischen Mennoniten Ehen mit Außenstehenden ablehnen, sind bis heute so gut wie keine neuen Gene von anderen Populationen dazugekommen. Das Ausmaß der Inzucht zeigt sich daran, daß 81 Prozent der amischen Mennoniten in einem einzigen Landkreis in Pennsylvania nur acht verschiedene Nachnamen haben. Durch die Aufrechterhaltung des ursprünglichen Genpools treten bei den amischen Mennoniten bestimmte genetische Störungen bedeutend häufiger auf als bei anderen Gruppen. Eine sehr seltene Form des Zwergwuchses, die 1860 zum erstenmal in der medizinischen Literatur beschrieben wurde, fand man seitdem auf der gesamten Erde bei etwa hundert Personen – und mehr als die Hälfte aller Fälle gehörten einer einzigen Gruppe amischer Mennoniten in Pennsylvania an. Die Herkunft aller Betroffenen konnte bis zu einem Paar Vorfahren zurückverfolgt werden, die 1744 in die Vereinigten Staaten eingewandert waren.*

Neuen Populationen, die von einer kleinen Gruppe aus einer ursprünglichen Population abstammen, sagt man den sogenannten «Gründereffekt» nach. Dieser Effekt stützt auch die Beobachtung, nach der die jüdischen Bevölkerungsgruppen – deren Vorfahren sich vor nahezu zweitausend Jahren von Palästina aus über die ganze Welt zerstreuten – sich genetisch fast genauso stark voneinander unterscheiden wie von den Populationen der Staaten, in denen sie heute leben. Die Samariter beispielsweise unterscheiden sich ganz erheblich von allen anderen Populationen, jüdisch oder nicht jüdisch, neben denen sie mehrere tausend Jahre lang als Nachbarn gelebt haben. Sie wurden von den anderen jüdischen Stämmen als Abtrünnige betrachtet, weil sie heidnische Götter verehrten – daher wurde im Gleichnis Jesu vom «barmherzigen Samariter» die Nächstenliebe eines Angehörigen dieses verachteten Stammes besonders hervorgehoben. In den Jahrhunderten vor Beginn der christlichen Zeit waren die Samariter ein mächtiges Volk, das mindestens eine Million Seelen zählte. Im Verlauf kriegerischer Auseinandersetzungen mit Juden, Römern, Christen, Arabern und anderen sind die Samariter auf ganze fünfhundert Personen geschrumpft, die in zwei Gemeinden in Israel leben. Sie sind ein extremes Beispiel für die religiöse Abkapselung eines Volkes, das sich seit mehr als 2000 Jahren kulturell wenig verändert hat und Eheschließungen außerhalb der Gruppe so gut wie verbietet. Über all die Jahrhunderte hat ihre Inzucht weiterbestanden – Ehen zwischen Cousins und Cousinen ersten Grads werden bevorzugt; das hat dazu geführt, daß in manchen Familien bestimmte genetische Störungen außerordentlich häufig sind. Zum Beispiel sind die meisten Angehörigen der großen Sadakah-Familie farbenblind und viele der Alatif-Familie taubstumm. Mögen nun die heutigen Samariter die einzigen wahren Nachfolger der alten Hebräer sein – was sie für sich in Anspruch nehmen – oder nicht, genetische Untersuchungen haben jedenfalls gezeigt, daß sie aufgrund von Verbannung und Ausschluß und der daraus resultierenden Inzucht eine starke Anhäufung genetischer Besonderheiten aufweisen.*

Von den zahlreichen Versuchen, die Populationen der Erde nach den Unterschieden in Körperbau, Hautfarbe, Augen und Haaren einzuordnen, ist eigentlich kein einziger gelungen. Die Hautfarbe wird sowohl durch Bräunung als auch durch lang anhaltende Klimaeinwirkung verändert; Menschen mit braunen Augen können einen rezessiven Erbfaktor für blaue Augen haben und folglich blauäugige Kinder hervorbringen; Körpergröße und Körperbau hängen weitgehend von Ernährung, Gesundheit und anderen Umweltvariablen ab. Eine genauere Methode, die Unterschiede zwischen verschiedenen Populationen festzustellen, ist der Vergleich ihrer Blutgruppen. Wegen der allerorten üblichen Praxis der Bluttransfusion mußten bei den Menschen sämtlicher Volksstämme der Erde die Blutgruppen bestimmt werden. Heute sind die Details über die relative Häufigkeit der verschiedenen Bluttypen bei allen Populationen bekannt. Man weiß auch, daß unterschiedliche Erbfaktoren an einer einzigen Stelle eines Chromosoms bestimmen, ob jemand die Blutgruppe A, B oder 0 erbt. Hier ein Beispiel für die Häufigkeit der verschiedenen Blutgruppen bei einigen Bevölkerungsgruppen:

	0	A	B	AB
Toba-Indianer (Argentinien)	98,5 %	1,5 %	0 %	0 %
Navaho-Indianer (Neu-Mexiko)	77,7 %	22,3 %	0 %	0 %
Blood-Indianer (Montana)	17,4 %	81,2 %	0 %	1,4 %
Ureinwohner (Südaustralien)	42,6 %	57,4 %	0 %	0 %
Melanesier (Neu-Guinea)	37,6 %	44,4 %	13,2 %	4,8 %
Siamesen (Bangkok)	37,1 %	17,8 %	35,2 %	9,2 %
Inder (Bengalen)	32,5 %	20,0 %	39,4 %	8,1 %
Ukrainer (Charkow)	36,4 %	38,4 %	21,6 %	3,6 %
Deutsche (Danzig)	33,1 %	41,6 %	18,0 %	7,3 %
Deutsche (Berlin)	36,5 %	42,5 %	14,5 %	6,5 %
Italiener (Sizilien)	45,9 %	33,4 %	17,3 %	3,4 %
Engländer (London)	47,9 %	42,4 %	8,3 %	1,4 %

Selbst ein flüchtiger Blick auf diese Tabelle zeigt, wie müßig es ist, die Populationen der ganzen Welt auf einen gemeinsamen Nenner bringen zu wollen. Bei manchen amerikanischen Indianern (den Toba) kommt Gruppe 0 sehr häufig und Gruppe A sehr selten vor, während bei anderen (den Blood-Indianern) Gruppe 0 sehr selten und Gruppe A sehr häufig ist. Die deutsche Bevölkerung von Danzig scheint ein etwas anderes Erbgut zu haben als die von Berlin. Die Häufigkeit der Blutgruppen ist bei den Berlinern ähnlich verteilt wie bei den Ukrainern – aber seltsamerweise besteht auch eine gewisse Ähnlichkeit mit der Blutgruppenverteilung bei den Melanesiern, die auf der anderen Seite der Erdkugel leben.

Wie läßt sich diese patch-work-artige Verbreitung der Erbfaktoren für die Blutgruppen erklären? Besonders rätselhaft war das fast vollständige Fehlen der Blutgruppe B bei den amerikanischen Indianern. Immerhin stammen die Vorfahren der amerikanischen Indianer aus Asien, wo der Typ B am häufigsten vorkommt. Menschen mit der Blutgruppe B waren in der Neuen Welt vielleicht (bisher unbekannten) Umweltgefahren ausgesetzt, für die der Typ B genetisch nachteilig war, so daß er durch die natürliche Auslese ausgemerzt wurde. Vielleicht brachte die Blutgruppe B den Populationen in Asien aber auch einen selektiven Vorteil, wodurch sie dort an Häufigkeit zunahm. In manchen anderen Fällen zeichnen sich die Auswirkungen der natürlichen Auslese allerdings deutlicher ab und machen Verbindungen zwischen bestimmten Blutgruppen und bestimmten Krankheiten sichtbar. Menschen mit der Blutgruppe 0 neigen zu Zwölffingerdarm- und Magengeschwüren; außerdem sind sie für Grippe und Seuchen anfällig. Neuere Forschungsergebnisse deuten darauf hin, daß Menschen mit der Blutgruppe 0 öfter von Moskitos gestochen werden als Personen mit A oder B; sie sind also für Malaria und andere durch Moskitos übertragene Krankheiten anfälliger. Menschen mit Blutgruppe A dagegen sind empfänglicher für Krebsleiden des Darms und der Bauchspeicheldrüse, aber auch für Hepatitis, Pocken, Lungenentzündung, eitrige Entzündungen, Diabetes und Typhus. Zwischen der Blutgruppe B und speziellen Krankheiten scheint es rätselhafterweise nur sehr wenige Beziehungen zu geben. Zweifellos sind die Zusammenhänge zwischen den Blutgruppen und dem Darwinschen Prinzip der Tüchtigkeit sehr kompliziert. Die Genfrequenzen in den heutigen Populationen müssen das Ergebnis zahlreicher, schon sehr lange wirkender Selektionskräfte sein.*

Als Vorteil im Sinne der Anpassung läßt sich die gegenwärtige Verteilung der Blutgruppen jedoch nur teilweise erklären. Wesentlichen Einfluß hatte der Genaustausch als Folge von Völkerwanderungen (freiwilligen und unfreiwilligen). In Europa findet man die Blutgruppe B zum Beispiel am häufigsten in Gegenden, die wiederholt von Phrygern, Skythen, Hunnen, Vandalen, Mongolen, Türken und anderen asiatischen Völkern heimgesucht wurden, bei denen die Blutgruppe B am häufigsten vorkommt. Im Altertum pflegten kriegerische Eroberer die Städte zu plündern und die Menschen als Sklaven zu verschleppen. Diese Sklaven brachten natürlich andersartige Genstrukturen mit. Während des 5. Jahrhunderts v. Chr. bestand die Bevölkerung Athens zu einem Viertel bis zu einem Drittel aus Sklaven, die von den siegreichen Athenern aus dem Mittelmeerraum und dem Nahen Osten mitgebracht worden waren. Aber die Vermischung griechischer Gene mit fremden war gering, im Vergleich zu dem, was im Zuge der römischen Feldzüge stattfand. Eine einzige militärische Expedition mochte an die 50000 Sklaven einbringen, von denen die meisten (oder deren Nachkommen) zu guter Letzt römische Bürger wurden. Unter der Herrschaft Roms war der Sog der Hauptstadt so stark, daß schließlich etwa achtzig Prozent der Einwohner Roms fremder Abstammung waren.

Als die Europäer im fünfzehnten Jahrhundert anfingen, auf Entdeckerfahrten zu gehen und Kolonien zu gründen, setzten Völkerwanderungen ein, deren Ausmaß bis dahin ohne Beispiel war. Etwa elf Millionen Sklaven wurden aus Afrika verschleppt, sicherlich die größte Zwangsumsiedlung in der Geschichte der Menschheit. Das Heer der unter Vertrag genommenen Arbeiter, die die Briten und Niederländer nach und nach anstelle von Sklaven in ihre Überseekolonien verfrachteten, belief sich auf über vier Millionen Inder, mehrere Millionen Chinesen und Hunderttausende Javaner. Die freiwillige Auswanderung erhielt großen Auftrieb, als um die Mitte des neunzehnten Jahrhunderts Ozeandampfer entwickelt wurden.

In nur neunzig Jahren, zwischen 1840 und 1930, verließen mindestens 52 Millionen Menschen Europa, um sich auf anderen Kontinenten niederzulassen. Die geographische Neuverteilung der europäischen Population war so umfangreich, daß bis 1970 etwa ein Drittel aller Menschen europäischer Abstammung außerhalb Europas lebte. Die gewaltigen Völkerwanderungen, die sich vor allem in den letzten paar tausend Jahren vollzogen haben, sind weitgehend für die patch-work-artige Verteilung bestimmter genetischer Merkmale auf der Erde verantwortlich.*

Nachdem sich die überkommenen geographischen Unterscheidungen auf diese Weise verwischt haben, ist es nicht länger möglich,

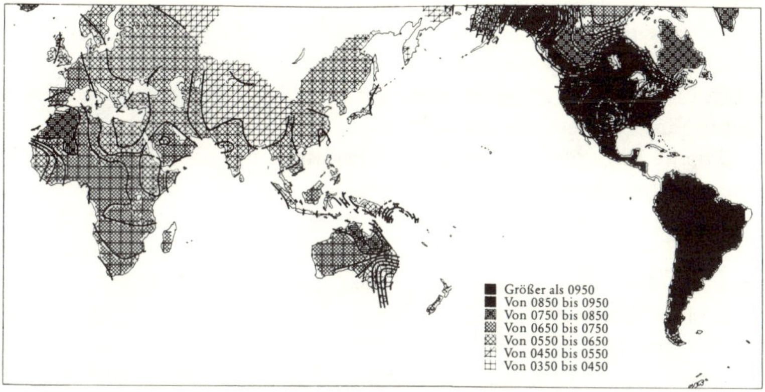

Volksstämme und Verbreitung der Blutgruppen A, B, 0

Die Hautfarbe ist keine zuverlässige Hilfe bei der Klassifizierung von Volksstämmen, denn sie ist das Ergebnis komplizierter Interaktionen von etwa sechs Genen und wird stark von der Umwelt beeinflußt. Weniger von Vorurteilen belastet ist die Unterscheidung der Menschen auf genetischer Grundlage durch die Einteilung in Blutgruppen – A, B und 0. Die oben gezeigte Karte, deren Daten mit Hilfe neuer Computertechniken erstellt wurden, zeigt das Vorkommen des Gens für die Blutgruppe 0 bei der Weltbevölkerung. Die Blutgruppe 0 ist am weitesten verbreitet; sie kommt auf allen Kontinenten und bei allen Völkern vor, am häufigsten bei den amerikanischen Indianern. Würden die Rassen nach der Blutgruppe 0 eingeteilt und nicht nach der Hautfarbe, könnte man folgende Völker einer gemeinsamen Rasse zuordnen: Franzosen, Spanier, die meisten Afrikaner der südlichen Sahara, die Eingeborenen in Westaustralien und die Eskimos in Kanada. Und eine andere Rasse würde sich aus Marokkanern, den Eingeborenen Nordaustraliens und einigen kanadischen Indianerstämmen zusammensetzen. (Die leeren Flecken auf der Karte bezeichnen Gebiete, über die keine ausführlichen Informationen vorliegen.)

die Menschheit in eindeutig definierbare «Rassen» zu gliedern. Zu den größeren und bekannteren der neuen Populationen gehören die schwarzen Amerikaner (eine Mischung aus westafrikanischen und europäischen Volksgruppen, samt einer zusätzlichen kleinen Komponente von indianischen Genen); Kaffern (Buschmänner, Hottentotten und Bantu, vermischt mit europäischen, malaiischen und indischen Genen); die lateinamerikanischen Ladinos (südamerikanische Indianer und Südeuropäer) und die Neo-Hawaiianer (Polynesier, Chinesen, Japaner, Filipinos und Europäer). Die Tatsache, daß innerhalb einer Zeitspanne von nur wenigen hundert Jahren neue «Rassen» entstanden und alte untergegangen sind, macht deutlich, wie unsinnig es ist, die Menschen in rassische Klassen aufteilen zu wollen. Abgesehen davon, daß eine derartige Schubladenmethode biologisch bedenklich ist, ist sie soziologisch auch grausam. Das bloße Abweichen ihrer Hautfarbe verurteilt breite Bevölkerungsschichten überall in der Welt Generation um Generation dazu, das Unrecht schlechterer Behausung und Ernährung, schlechterer Ausbildung und Arbeit in Kauf nehmen zu müssen.

Manche Populationen sind mit dem ihnen eigentümlichen genetischen Aufbau besser an das eine Klima angepaßt, und andere mit einem anderen genetischen Aufbau an ein anderes – aber die Feindseligkeit zwischen Völkern mit verschiedenen Arten der Anpassung ist nicht biologisch begründet. Die physischen Variationen der einzelnen Gruppen resultieren heute eher aus sozialen Unterschieden als aus biologischen. Paradoxerweise gelangten die Menschen zu ihrer gegenwärtigen Beherrschung der Welt, indem sie sich von den anfänglichen Kulturen, die sich gegenseitig stützten, fortentwickelt haben. Ohne einander zu Hilfe zu kommen, hätten die ersten Hominiden in der afrikanischen Steppe nicht überleben können, nicht anders als heute die Paviane. In jedem Stadium der menschlichen Evolution war das Zusammenwirken wichtiger als alles andere. Aber die Menschen von heute scheinen ihr Menschsein nur ungern mit anderen teilen zu wollen, wenn diese auch nur im geringsten in biologischen Merkmalen, wie Hautfarbe und Gesichtszügen, abweichen oder andere soziale Eigenarten aufweisen, wie Sprache und Religion. Im nächsten Kapitel sollen die biologischen und soziologischen Aspekte dessen untersucht werden, was man Rasse nennt.

13. Die Rasse als Wahn

Im 18. Jahrhundert entwickelte der schwedische Naturforscher Carl von Linné ein System, nach dem Pflanzen und Tiere noch heute eingeteilt werden. Er beschäftigte sich auch mit den Menschen und beschrieb verschiedene Erscheinungsformen, die er nicht nur nach ihrem Aussehen, sondern auch nach Verhaltensweisen und mentalen Merkmalen einordnete. Für die Afrikaner waren zum Beispiel nicht nur ihre dunkle Hautfarbe, ihr gekräuseltes Haar und die flachen Nasen typisch, sondern sie waren, laut Linné, außerdem «verschlagen, träge, nachlässig... und unberechenbar». Was die hellhäutigen Europäer betraf, so fand Linné sie «gütig, scharfsinnig, erfinderisch... zuverlässig».

An Linnés Beschreibung der, seiner Meinung nach, beiden Hauptkategorien der Menschheit waren zwei Dinge falsch. Zum einen stehen Hautfarbe, Beschaffenheit der Haare und Gesichtszüge genetisch nicht in Zusammenhang mit der Persönlichkeit, den geistigen Fähigkeiten oder Verhaltensweisen – ungeachtet der Tatsache, daß die Angehörigen westlicher Gesellschaften diese Annahme lange Zeit zu einem intellektuellen Postulat erhoben haben. Im Film und in der Unterhaltungsliteratur werden die Asiaten auch heute noch als verschlagen und unergründlich dargestellt, Afrikaner als kindisch und Indianer als gefühllos. Die Verhaltens- und Persönlichkeitsmerkmale, die die eine Gruppe von der anderen unterscheiden, sind nicht etwa ererbt, sondern erlernt. Die britischen Beamten, die in die amerikanischen Kolonien entsandt wurden, hat man später als «geriebene» Yankees, als «rüde» Gebirgler oder auch als «vornehme» Virginier abgestempelt. Zweitens konnte Linnés Klassifikation nicht stimmen, weil sich beträchtliche Teile der Menschheit nicht aufgrund einiger weniger äußerlicher Merkmale einstufen lassen. Selbst das augenfälligste Merkmal, die Hautfarbe, läßt sich nicht als allgemeines Kennzeichen verwerten. Manche Stämme, die südlich der Sahara leben, haben eine genauso helle Hautfarbe wie bestimmte Europäer. Viele Nordeuropäer haben blonde Haare – aber das gibt es auch bei den australischen Ureinwohnern. Und manche australischen Ureinwohner haben eine genauso dunkle Hautfarbe wie viele Zentralafrikaner auf der anderen Seite der Erdkugel.

Die Europäer ordnen die Vielfalt der Menschen gern nach ihrer Hautfarbe in große geographische Kategorien ein: weiße Europäer, schwarze Afrikaner, gelbe Asiaten und rote Indianer. Diese Kategorien sind jedoch völlig unzulänglich, weil sie zahlreiche Populationen der Welt gar nicht erfassen: dunkelhäutige Inder und die helleren Pygmäen und Buschmänner in Afrika. Außerdem stellen die verschiedenen Gesellschaften in bezug auf die Hautfarbe unterschiedliche Verallgemeinerungen an. Zum Beispiel glauben die meisten Leute in den Vereinigten Staaten, daß die Inder trotz ihres dunklen Teints der «weißen», kaukasischen Rasse angehören. In Großbritannien dagegen werden die Inder mit Afrikanern, Chinesen, Malaien, Bewohnern der Karibik und einigen anderen in einen Topf geworfen und als «Farbige» bezeichnet. Im Gegensatz zu den Nordamerikanern und Engländern sehen aber die Südafrikaner die Inder als eine eigene Rasse an, die sich von allen anderen Gruppen in ihrem Land unterscheidet: von den Europäern, den Bantus, den Hottentotten und den Kaffern.

Ein zweifellos höchst komplexes System der Einteilung von Menschen in Kategorien wird in Brasilien praktiziert, wo feinste Schattierungen der Hautfarbe mit zahlreichen sozialen und ökonomischen Unterschieden verbunden sind. In Brasilien gibt es bei der offiziellen Volkszählung vier Gruppen von Hautfarben – weiß, gelb, braun und schwarz –, gewöhnlich machen die Brasilianer aber viel feinere Unterschiede – es gibt Hunderte davon. So ist jemand mit gewelltem Haar und rötlicher Hautfarbe ein *moreno* und ein anderer, mit etwas dunklerer Haut, ein *mulato*. Wer etwa die gleiche Hautfarbe wie ein *mulato* besitzt, aber lockigeres Haar hat, ist ein *creolo*. So differenziert diese Einteilung aber auch sein mag – sie sagt noch lange nicht alles aus, denn wie die Hautfarbe eines Brasilianers tatsächlich «gesehen» wird, hängt oft einzig und allein von seinem sozialen und ökonomischen Status ab. Eine «weiße» Person genießt gewöhnlich hohes Ansehen und eine «schwarze» nur ein geringes. Aber wenn ein «Brauner» mit mittelmäßigem Prestige eine «Weiße» aus der Oberklasse heiratet, wird er bei der nächsten Volkszählung höchstwahrscheinlich als «weiß» eingestuft. Würde der gleiche «Braune» eine «Schwarze» mit geringem Ansehen zur Frau nehmen, dann würde er wohl bei der nächsten Volkszählung als «schwarz» bezeichnet. In einer Stadt am Amazonas wurde eine dunkelhäutige Frau von allen als «weiß» beurteilt, weil sie wohlhabend und gebildet war; aber den Saufbold der Stadt wollte niemand «weiß» nennen, obgleich er eine sehr helle Hautfarbe hatte. Die Brasilianer behaupten, bei ihnen gebe es keine Vorurteile und Diskriminierungen mehr, die sich von der Hautfarbe herleiten. In Wirklichkeit gehören die Brasilianer jedoch zu jenen Völkern, die ein besonders stark ausgeprägtes Bewußtsein für die Hautfarbe besitzen; es wird allerdings durch ein ähnlich starkes Interesse am sozialen Status noch weiter kompliziert.*

Fast überall wird die Hautfarbe automatisch mit bestimmten

sozialen Klischees in Verbindung gebracht. «Rasse» ist zu einem abscheulichen Begriff geworden, weil bestimmte *biologische* Merkmale mit gesellschaftlichen Werturteilen, wie «überlegen» oder «minderwertig», belegt worden sind. Biologisch gesehen ist eine Rasse nichts anderes als eine Population, bei der bestimmte ererbte Merkmale häufiger auftreten als bei anderen Gruppen. Die Definition einer gesonderten Population als Rasse hängt von den jeweiligen biologischen Kriterien ab, die angewendet werden. Wenn diese auf der Anpassung an die verschiedene Sonneneinstrahlung beruhen, dann ist die Hautfarbe ein wichtiger biologischer Faktor. Die

MAMMALIA.

ORDER I. PRIMATES.

Fore-teeth cutting; upper 4, parallel; teats 2 pectoral.

1. HOMO.

Sapiens. Diurnal; varying by education and ſituation.

2. Four-footed, mute, hairy. *Wild Man.*

3. Copper-coloured, choleric, erect. *American.*
Hair black, ſtraight, thick; *noſtrils* wide, *face* harſh; *beard* ſcanty; *obſtinate*, content free. *Paints* himſelf with fine red lines. *Regulated* by cuſtoms.

4. Fair, ſanguine, brawny. *European.*
Hair yellow, brown, flowing; *eyes* blue; *gentle*, acute, inventive. *Covered* with cloſe veſtments. *Governed* by laws.

5. Sooty, melancholy, rigid. *Aſiatic.*
Hair black; *eyes* dark; *ſevere*, haughty, covetous. *Covered* with looſe garments. *Governed* by opinions.

6. Black, phlegmatic, relaxed. *African.*
Hair black, frizzled; *ſkin* ſilky; *noſe* flat; *lips* tumid; *crafty*, indolent, negligent. *Anoints* himſelf with greaſe. *Governed* by caprice.

Linné und die Rassen

Diese Seite aus einer Übersetzung von Linnés *Systema Naturae* ist typisch für die Denkweise des 18. Jahrhunderts in bezug auf die Verschiedenartigkeit der Menschen. Der *Homo sapiens* wird in «Wilde» (mit denen sich das 1. Kapitel befaßt) und in vier «Primär-Rassen» eingeteilt, wobei sich Linné auf Hautfarbe und geographische Herkunft stützt. Die Rassen werden nicht nur mit Hilfe körperlicher, sondern auch geistig-seelischer Merkmale und kultureller Praktiken charakterisiert. Damit hat Linné zahlreichen alten Volksmeinungen über die Rassen den Stempel wissenschaftlicher Legitimität aufgedrückt.

Blutgruppen sind jedoch ein ebenso gültiges Kriterium – legte man sie zugrunde, dann kämen völlig andere Kategorien zustande. In keinem Fall gibt der Biologe ein allgemeines Urteil über die Minderwertigkeit oder Überlegenheit einzelner Rassen ab. Der Rassismus dagegen stuft ganze Gruppen soziologisch, psychologisch und kulturell nach rein biologischen Merkmalen ein. Sind bestimmte Gruppen aber erst einmal aufgrund biologischer Merkmale derart auseinandersortiert, dann sind sie unweigerlich auch soziologisch abqualifiziert – als überlegen oder minderwertig, zivilisiert oder unzivilisiert.

Rassen haben ihre eigene objektive biologische Realität, die sich von rassistischen soziologischen Erwägungen trennen läßt – wie sich an der folgenden kurzen Darlegung zeigen wird, in deren Kontext Vorurteile keinen Platz haben. Der gewöhnliche Haussperling bietet ein gutes Beispiel für die biologischen Eigenschaften der Rasse bei einer einzelnen, weitverbreiteten Spezies. Er war in der Alten Welt beheimatet und gelangte 1852 von England und Deutschland aus in die Vereinigten Staaten. Heute, nur 125 Jahre später, ist er in vielen Populationen über ganz Nordamerika verbreitet, vom Süden Kanadas bis hinunter nach Mexiko City. Die genaue Untersuchung von Exemplaren aus willkürlich herausgegriffenen Gegenden innerhalb dieses Bereichs hat gezeigt, daß sich inzwischen besondere, geographisch festgelegte Rassen entwickelt haben, die sich vor allem durch die Körpergröße unterscheiden. Die größten Sperlinge leben in Kanada, die kleinsten in den Wüsten im Südwesten; in den Regionen dazwischen haben sich meist Vögel mittlerer Größe angesiedelt – eine Anpassung an das Klima, wie wir sie auch vom Menschen und den warmblütigen Tieren her kennen. Mit anderen Worten, im Verlauf von nur 125 Generationen hat sich eine einzige Spezies in zahlreiche lokale Rassen gespalten, die untereinander alle verschieden sind und sich auch von ihren Vorfahren in Europa unterscheiden. Auf den Haussperling trifft die biologische Rassendefinition genau zu: er lebt in Populationen, die sich viel häufiger untereinander paaren als mit Angehörigen anderer Populationen und sich daher im genetischen Aufbau differenziert haben.*

Keine dieser Haussperlingsrassen kann jedoch als «reine», genetisch einheitliche Rasse bezeichnet werden. Reine Rassen gibt es beim Haussperling genausowenig wie bei irgendwelchen anderen Tieren mit sexueller Fortpflanzung, einschließlich des Menschen. Angehörige aller Rassen vermischen sich mit benachbarten Rassen, wo immer sich ihre Lebensbereiche überschneiden. Gleichgültig, welcher Spezies sie angehört – jede Rasse (ausgenommen vielleicht

Labortiere, die für Experimente herangezüchtet werden) ist «gemischt», weil ihre Mitglieder Gene mit anderen Rassen ausgetauscht haben. Die Vorstellung, daß es reine Rassen gäbe, ist alt, aber völlig falsch. Bevor uns die Genetik eines Besseren belehrte, war man der Ansicht, Vererbung habe etwas mit Blut zu tun – und das «Blut» aller sei bei jeder reinen Rasse gleich – daraus entstanden Begriffe wie «Vollblutindianer», «Mischblut» und «Blutlinie». Von «reinblütigen Nordländern» beispielsweise erwartete man einen schmalen Kopf, blonde Haare, blaue Augen und einen hohen Wuchs. Aber ausgerechnet in Schweden, dem Herzen des Nordlands, zeigte eine Untersuchung, daß nur 10,1 Prozent aller Wehrpflichtigen dieser Beschreibung entsprechen. Der Begriff «nordische Rasse» gilt inzwischen als völlig unhaltbar, ebenso wie der Versuch, die Europäer in eine alpine oder mediterrane Rasse zu unterteilen. Das gleiche gilt für die anderen Populationen in aller Welt. Selbst wenn die vielen tausend Populationen («Stämme»), die den Anthropologen bekannt sind, zu reinen Rassen erklärt würden, gäbe es noch immer enorme Unterschiede innerhalb eines jeden Stammes – und außerdem ließe sich bestimmt kein einziges Individuum finden, das dem «reinen Typ» des gesamten Stammes entspräche.

Es ist gar nicht daran zu denken, daß man die Menschen in einzelne reine Rassen aufteilen könnte – sie besitzen nämlich allesamt die gleiche Grundausrüstung an Genen. Nur eine sehr geringe Anzahl Gene ist an bestimmten Orten und zu bestimmten Zeiten auffallend häufig anzutreffen. Wenn man aus irgendeiner Population an einem bestimmten Ort einen beliebigen Vertreter auswählt (einen Afrikaner, einen Asiaten oder einen Europäer), und genetisch mit dem einer anderen Population an einem anderen Ort vergleicht, stellt sich bei etwa 35 bis 40 Prozent der Gene ein Unterschied heraus. Das mag als sehr hoher Prozentsatz erscheinen. Aber beim Vergleich zweier Mitglieder *ein* und *derselben* Population am gleichen Ort erweist sich der Unterschied als fast genauso groß – fast 30 Prozent. Tatsächlich ist der genetische Unterschied *zwischen* zwei geographisch entfernten Populationen laut Statistik genauso groß wie der Unterschied *innerhalb* einer einzigen Population. Mit anderen Worten, genetisch unterscheiden sich Europäer untereinander fast genauso stark, wie sich ein Europäer von einem Asiaten oder einem Afrikaner unterscheidet. Das Elend, das der Rassismus verursacht, hängt also nur an ein paar Prozenten genetischer Unterschiede.

Mit Hilfe einer neuen Technik, der «Elektrophorese», kann durch die Analyse der vielfältigen Proteine im menschlichen Körper der Unterschied zwischen einzelnen Personen genau gemessen werden. Alle diese Proteine, die ja genetisch gesteuert werden, sind verläßliche Indikatoren menschlicher Verschiedenheit. Zwei beliebige Europäer oder zwei Afrikaner oder zwei Chinesen, die zufällig ausgewählt werden, weisen ungefähr je zweihunderttausend unterschiedliche Proteine auf. Erstaunlicherweise liegen beim Vergleich zwischen einem Europäer und einem Afrikaner oder Asiaten die Abweichungen nur wenig über der üblichen Differenz von zweihunderttausend Abweichungen zwischen Individuen der gleichen Population. Die physischen Unterschiede zwischen den Bevölkerungsgruppen, die so augenfällig scheinen, haben fast keine Bedeutung mehr, wenn man den chemischen Aufbau des Körpers untersucht. Wie läßt sich das erklären? Der Unterschied zwischen einem Europäer und einem Afrikaner ist buchstäblich nur hautdünn – einfach deshalb, weil sich an der Oberfläche des Körpers Wechselwirkungen zwischen dem Menschen und seiner Umwelt abspielen. Kein Wunder also, daß die Natur bei den Genen für die Beschaffenheit der Körperoberfläche weit stärker variiert als bei allen anderen Genen des Körpers.*

Der Versuch, Rassen anhand eines Bündels diagnostischer Merkmale zu definieren, scheitert meist, weil nicht alle Individuen, die den betreffenden Rassen vermutlich abgehören, diese Merkmale aufweisen. Schmale Lippen, eine scharfe Nase und glatte Haare gelten als Merkmale der europäischen Rasse, so wie dunkle Haut als Kennzeichen der afrikanischen. Aber auch viele Millionen Menschen in Indien weisen «europäische» Merkmale wie schmale Lippen, eine scharfe Nase und glatte Haare auf, und dazu eine «afrikanisch» dunkle Haut. Sie sind nun «Europäer» oder «Afrikaner»? Statt nach «typischen» Merkmalen zu suchen, fanden es die Biologen zweckmäßiger, beim Vergleich von Bevölkerungsgruppen die Betonung auf den *Unterschied* der spezifischen Merkmale zu legen.

Die Biologen haben entdeckt, daß sich die Merkmale nicht zufällig ausbreiten, sondern daß ihre Häufigkeit graduell zu- oder abnimmt (Progressionsreihen). Das macht es praktisch unmöglich, auf einer Karte zwei verschiedene Rassen durch eine Linie zu trennen. Die Grenzen zwischen den ihnen eigentümlichen Kennzeichen sind äußerst verschwommen. Zum Beispiel nimmt die Häufigkeit der Mongolenfalte quer durch den eurasischen Kontinent von West nach Ost graduell zu, die Häufigkeit von gewelltem Haar dagegen in genau umgekehrter Richtung. Bei einer anthropologischen Studie, die in Nordeuropa begann und sich nach Süden fortsetzte – quer durch die Mittelmeerländer, den Nil entlang, bis nach Ostafrika –, zeigte sich, daß das Vorkommen von Genen, die gewisse körperliche Merkmale bestimmen, sich graduell ändert. Es gibt kaum eine Stelle, an der sich eine scharfe Linie ziehen und sagen ließe, daß genau hier die eine Augenform, Haarbeschaffenheit oder Hautfarbe aufhört und eine andere anfängt. Unterschiede werden erst deutlich, wenn man Individuen, die an den beiden äußersten Enden der Progressionsreihe stehen, vergleicht: einen hellhäutigen Skandinavier mit einem dunkelhäutigen Sudanesen, einen schmallippigen Norddeutschen mit einem dicklippigen Ostafrikaner. Aber selbst die äußersten Enden einer Progressionsreihe bedeuten nicht, daß hier die Reinheit der Rasse erhalten sei. Bis vor etwa zweihundert Jahren, als die modernen Transportmittel aufkamen, hatten sich noch nie Schweden mit Sudanesen gepaart, und doch gab es zwischen ihnen genetische Verbindungen, denn auf der ganzen Strecke, die zwischen ihnen lag, hatten sich jeweils benachbarte Populationen vermischt.

Trotz der offensichtlichen Schwierigkeiten der Klassifizierung menschlicher Rassen versuchen manche Biologen und Sozialwissenschaftler auch weiterhin, alle Bevölkerungsgruppen der Erde in das eine oder andere System zu zwängen. Allerdings können sie sich dabei nie auf die gleichen Kategorien einigen. Ein angesehener Wissenschaftler legte als Ergebnis lebenslanger Forschungen ein System mit neun «geographisch bestimmten Rassen» vor: Indianer, Polynesier, Mikronesier, Melanesier – Papuas, australische Ureinwohner, Asiaten, Inder, Europäer und Afrikaner. Um die zahlreichen Volksgruppen, die nicht in seine neun Kategorien hineinpassen, irgendwie unterzubringen, mußte er 32 zusätzliche «lokale Rassen» gelten lassen, die «mit andern Volksgruppen vermischt«, «Randgruppen», «isolierte Gruppen», «gekreuzte Gruppen» oder «neuerer Herkunft» sind. Sie schließen so wohlbekannte und manchmal zahlenmäßig große Gruppen wie Eskimos, Pygmäen, Buschmänner, Ainus, Lappen, schwarze Amerikaner und lateinamerikanische Ladinos mit ein. Natürlich gibt es zwischen diesen lokalen Rassen weitere Zwischenrassen, und unter diesen wieder andere. Ein Klassifikationssystem, das all diese Zwischengruppen zu berücksichtigen versucht, kommt auf mehr als zweihundert menschliche Rassen. Und erst kürzlich haben einige Humanbiologen die Vermutung aufgestellt, daß man es auf eine Million verschiedener Rassen bringen könne, wobei es ganz darauf ankäme, welcher Kriterien man sich bedienen würde. Dagegen möchte eine andere extreme Methode der Klassifikation die gesamte Menschheit in drei Grundrassen zwängen: europäisch (oder kaukasisch), afrikanisch (oder negroid) und asiatisch (oder mongolisch). Aber ein derart begrenztes System enthüllt wohl kaum etwas von der bemerkenswerten biologischen Vielfalt der Völker dieser Welt.*

Die sichtbaren Merkmale, mit denen man die Rassen zu bestimmen suchte, gehen offenbar auf die Anpassung an die Umwelt zurück. Durch die schnelle Entwicklung, die die Technologie im Verlauf der letzten Jahrtausende durchgemacht hat, wurden die Menschen in zunehmendem Maß von der Umwelt abgeschirmt, so daß die langfristigen adaptiven Vorteile, die durch bestimmte physische Merkmale zustande gekommen waren, manchmal verborgen blieben. Die Nase, die die von den Lungen aufgenommene Luft wärmt und befeuchtet, ist ein Beispiel für die Anpassung an ein Klima und keine rassische Eigentümlichkeit. Menschen, die in kalten und trockenen Regionen leben, haben gewöhnlich lange, schmale Nasen. Diese Nasenform bietet eine optimal große Schleimhaut-Oberfläche zur Befeuchtung trockener und zur Erwärmung kalter Luft. Die verschiedenen Formen der Nase, die es rund um die Erde gibt, weisen einen deutlichen Zusammenhang mit klimatischen Belastungen auf. Die Bevölkerungen in Zentralafrika und den australischen Tropen haben die kürzesten und breitesten Nasen, und viele Europäer, Eskimos und Indianer, die in kalten Klimazonen leben, haben lange und schmale Nasen. Wie breit oder wie schmal eine Nase ist, sagt allerdings noch nichts darüber aus, welcher geographisch lokalisierten Rasse ihr Besitzer angehört. Populationen, die im ostafrikanischen Hochland leben, haben lange, schmale Nasen, während die Bewohner der tropischen Regenwälder fast immer kurze, breite Nasen besitzen.*

Bei den meisten Versuchen, die Rassen zu identifizieren, stand die Anpassung der Hautfarbe im Mittelpunkt. Alle Menschen erben eine bestimmte Hautfarbe, die jedoch dem Einfluß der Umwelt unterliegt. Sonne stimuliert die Haut dazu, braun zu werden – das heißt, die Haut lagert zusätzliches Pigment ein. (Sogar Afrikaner können brauner werden, allerdings ist der Unterschied bei ihnen nicht so drastisch wie bei Nordeuropäern.) Aber auch wenn die Haut direktem Sonnenlicht nicht ausgesetzt ist, kann sich ihre Farbe mit den Jahreszeiten verändern. Gewisse Stoffwechselstörungen machen die Haut dunkler, ebenso das fortschreitende Alter. Trotz derartiger Zwischenfälle läßt sich generell eine Abstufung von Hauttönen rund um die Erdkugel beobachten. Am dunkelsten pflegt die Haut bei Menschen zu sein, die in der Nähe des Äquators leben, und je weiter man sich von hier aus nach Norden oder Süden bewegt, auf eine um so hellere Tönung der Haut trifft man. Die ostafrikanische Steppe ist wahrscheinlich der intensivsten Sonneneinstrahlung ausgesetzt, und die Volksstämme, die hier leben, haben die stärkste Pigmentierung, die man kennt. Fast ebenso dunkelhäutige Völker findet man in anderen Tropengebieten, vor allem in Indien, Melanesien und im nördlichen Australien. Ausnahmen sind gewöhnlich auf zwei Gründe zurückzuführen: Entweder ist die Bevölkerung erst vor ein paar tausend Jahren in diese tropischen Gebiete gezogen, so daß die Zeit für einschneidende Veränderungen der Hautfarbe zu kurz war – was auf bestimmte Indianer, Polynesier und Südostasiaten zutrifft – oder eine Gruppe lebt in einem tropischen Gebiet im schattenspendenden Dschungel, wodurch sich erklären würde, warum die Pygmäen des afrikanischen Regenwaldes eine hellere Hautfarbe haben als die benachbarten Bantu, deren Herden in der offenen Steppe weiden.

Soviel steht fest: Zwischen der Hautfarbe und der Menge und Intensität des Sonnenlichts besteht ein Zusammenhang, aber das scheint auf eigentümliche Art und Weise zu geschehen. Denn eine dunkle Haut müßte am Äquator von Nachteil sein, weil Sonnenlicht von Schwarz absorbiert und von Weiß reflektiert wird. Das Sonnenlicht, das von der dunklen Haut absorbiert wird, wird in Wärme umgesetzt und ist eigentlich eine zusätzliche Belastung für den Körper, der in den Tropen schon genügend Wärme abstrahlen muß. Darum sind Menschen mit dunkler Hautfarbe anfälliger für Hitzschlag als Menschen mit heller Haut. Man würde also erwarten, daß die Hautfarbe umgekehrt verbreitet wäre: Die hellste Haut in der Nähe des sonnenreichen Äquators und die dunkelste in sonnenarmen und kälteren Breitengraden. Die dunkle Haut muß in den Tropen also selektive Vorteile bieten, die die selektiven Nachteile überwiegen. Wer tagsüber im Freien arbeiten und Nahrung beschaffen muß, braucht einen Schutz gegen Sonnenbrand, der ja den Körper schwächt. Sonnenbestrahlung kann Hautkrebs verursachen, dessen bösartigste Form (das Melanom) schon in jungen Jahren auftritt und damit im Darwinschen Sinne die Untüchtigsten ausmerzt. Folglich müssen in den Tropen die selektiven Vorteile der dunklen Haut (Schutz gegen Sonnenbrand und Hautkrebs) die selektiven Nachteile (größere Hitzebelastung) überwogen haben. Obgleich es keinen Beweis dafür gibt, nimmt man an, daß die Hominiden, die sich unter der prallen Tropensonne entwickelten, höchstwahrscheinlich eine dunkle Haut besaßen.

Diese Tatsachen und Erwägungen können jedoch nicht erklären, warum die Populationen in den sonnenarmen nördlichen und südlichen Regionen der Erde gewöhnlich hellhäutig sind. Genau das Gegenteil wäre nämlich zu erwarten, da die dunkle Haut in kälteren Breitengraden Wärme absorbiert. Allerdings hat eine dunkle Haut in sonnenärmeren Gegenden auch einen Nachteil: Der menschliche

Körper kann Vitamin D nur dann synthetisieren, wenn die ultraviolette Strahlung der Sonne in die tieferen Hautschichten vordringt. Vitamin D wird nämlich für die Umwandlung von Kalzium in Knochensubstanz benötigt; ein Mangel an Vitamin D verursacht die Rachitis; das ist eine Krankheit, die zu Knochenmißbildungen führt. Die Rachitis hat eine selektive Wirkung, denn im Falle einer Mißbildung des weiblichen Beckens ist die Chance einer normalen Geburt gering. Eine rachitische Frau wird eine geringere Anzahl lebender Kinder gebären, und auch ihre eigene Lebenserwartung nimmt ab, weil sie Gefahr läuft, bei der Entbindung zu sterben. Beim Manne wirkt sich die Mißbildung des Beckens oder der Gliedmaßen ebenfalls selektiv aus, weil sie ihn bei der Jagd oder beim Kampf am schnellen Laufen hindert.

Bewohner nördlicher Breitengrade, in denen die Sonneneinstrahlung nicht so intensiv und der Himmel oft bewölkt ist, müssen daher möglichst viel von dem vorhandenen Sonnenlicht absorbieren, um der Rachitis vorzubeugen. Das wäre jedoch nicht möglich, wenn die dunklen Pigmente in ihrer Haut die zur Synthese von Vitamin D benötigten ultravioletten Strahlen blockieren würden. Wahrscheinlich waren es zwei Dinge, die die Besiedlung des bewölkten Nordens Europas, vor allem während der letzten Eiszeit, ermöglichten: zum einen der unaufhörliche Selektionsvorgang, der die helle Haut begünstigte, zum andern ein Wechsel der Nahrungsgewohnheiten, zugunsten des Konsums von Fisch und Fischtran, die einen sehr hohen Vitamin-D-Gehalt haben. Tatsächlich hätten die Nordeuropäer nicht unbedingt eine helle Haut benötigt, solange sie noch als Jäger und Sammler lebten – dann hätten sie nämlich ohnehin genügend Vitamin D bekommen. Die Selektion zugunsten der helleren Haut muß sich vor etwa 5000 Jahren durchgesetzt haben, als die Menschen auch in Nordeuropa begannen, Äcker zu bestellen und mehr und mehr das an Vitamin D arme Korn anzubauen. Die Eskimos scheinen diese These zu bestätigen. Sie haben eine viel dunklere Haut als die meisten Bewohner Nordeuropas und scheinen den selektiven Vorteil der helleren Haut nicht zu besitzen. Allerdings haben sie sich viele tausend Jahre lang mit Nahrung aus dem Meer versorgt, die reichlich Vitamin D enthält.

Man könnte meinen, die Hautfarbe als selektive Kraft habe in den letzten Jahrhunderten an Bedeutung verloren. Schließlich gibt es das künstliche Licht, das Arbeit während der Nacht möglich macht, statt tagsüber in der Sonne (was die schützende Wirkung der dunklen Haut in den Tropen weniger wichtig werden ließe); außerdem stehen zusätzliche Vitamin-D-Quellen zur Verfügung – als Zusatz in Milch und anderer Nahrung (so daß die helle Haut in nördlichen Breitengraden nicht unbedingt notwendig wäre). Doch selbst in der technisierten Umgebung bleiben die selektiven Vorteile von Licht und dunkler Haut bestehen. Mit dem Beginn der industriellen Revolution und ihrem Smog, der die Sonne verdunkelt, hat sich auch die Rachitis wieder ausgebreitet und das Wachstum und die Entwicklung vieler Kinder beeinträchtigt. Die Menschen mit heller Hautfarbe besaßen in den Städten, in denen hohe Gebäude, enge Straßen und Rauch das Licht verdunkelten, einen selektiven Vorteil. (Schließlich hatte man ein Heilmittel gegen die Rachitis gefunden – als man entdeckt hatte, daß Vitamin D in Fischölen enthalten ist – und so wurde den Kindern Lebertran, zusätzlich zur normalen Nahrung, verabreicht, was noch vor einer Generation gang und gäbe war.) Menschen mit dunkler Haut dagegen sind noch immer gegen die Einwirkung starker Sonnenstrahlen geschützt. Sie sind weniger anfällig für Hautkrebs als Menschen mit europäischen Vorfahren, die in den gleichen Städten leben.*

Während der letzten Jahrhunderte ist es den hellhäutigen Europäern gelungen, den größten Teil der restlichen Welt davon zu überzeugen, daß mit der dunklen Haut so oder so eine gewisse Inferiorität einhergehe. Der Überlegenheitanspruch der Westeuropäer ist jedoch einer jüngeren Entwicklung zuzuschreiben, die weitgehend aus den kolonialen Abenteuern der Industrienationen resultiert. Ganz gewiß hätte man diese Überlegenheit nicht vor den ersten Anfängen der industriellen Revolution beanspruchen können. Zum Beispiel lehnte es der römische Staatsmann Cicero vor etwa zweitausend Jahren strikt ab, einen Bretonen ins Haus zu nehmen, weil es, wie er sagte, im ganzen römischen Reich keine dümmeren Sklaven gäbe. In der klassischen griechischen Kunst, Literatur und Mythologie zollte man wiederholt dunkelhäutigen Menschen den gebührenden Respekt. Die Omayyaden-Herrscher, die im 7. und 8. Jahrhundert die islamischen Völker regierten, nannten sich stolz «das schwarze Volk» im Gegensatz zum «roten Volk», ihren persischen und türkischen Untertanen. Auch die Afrikaner fühlten sich wegen ihrer dunklen Hautfarbe erst inferior, als sie längerdauernden Kontakt mit Europäern gehabt hatten. Die ersten europäischen Forscher in Afrika wußten zu berichten, daß viele Afrikaner helle Haut abstoßend fänden – und daß sich sowohl Stanley als auch Livingstone im Vergleich zu den tiefgebräunten Menschen um sie herum tatsächlich in ihrer hellen Haut unbehaglich gefühlt hätten.

Fast alle Europäer und Nordamerikaner des 19. Jahrhunderts nahmen kritiklos den sogenannten «wissenschaftlichen Rassismus» hin – nämlich die Überzeugung, daß die Bevölkerung unterentwikkelter Länder genetisch nicht ausreichend veranlagt sei, um komplexe technologische Abläufe zu erfinden und anzuwenden. Thomas Henry Huxley, einer der angesehensten Biologen des vorigen Jahrhunderts und führender Verfechter des Darwinismus, hat diesen Glauben an die angestammte Überlegenheit des Europäers dargelegt:

> Es mag völlig richtig sein, daß manche Neger besser sind als manche weißen Männer; aber kein vernünftiger Mensch, der darüber Bescheid weiß, glaubt, daß ein gewöhnlicher Neger einem gewöhnlichen weißen Mann vergleichbar, geschweige denn überlegen sei. Und wenn das zutrifft, ist es einfach nicht glaubhaft, daß der Neger, nachdem all seine Unzulänglichkeit überwunden ist und er ein annehmliches Stück Land erhalten hat und keine Vorteile, aber auch keine Unterdrücker hat, fähig sein sollte, gegen einen Rivalen, der ein größeres Hirn und ein kleineres Kinn hat, bei einem Wettkampf zu bestehen, der mit Verstand und nicht mit Händen und Füßen ausgetragen wird.

Vermutlich kam Huxleys wissenschaftlicher Rassismus den Europäern und Nordamerikanern vernünftig vor, weil sie Herren der gesamten menschlichen Spezies geworden waren. Die eingeborenen Völker Afrikas, Asiens und beider Amerika hatten es nicht vermocht, der Expansion des europäischen Militärs, der europäischen Kaufleute und Missionare zu widerstehen.*

Hätte Huxley ein halbes Jahrhundert länger gelebt, dann hätte er mit ansehen können, wie dieselben Eingeborenenstämme die Europäer mit Erfolg aus ihren Ländern vertrieben. Aber selbst zu seiner Zeit hätte er aufgrund seines Wissens über die Geschichte der Menschen, über die kulturelle Überlegenheit oder Minderwertigkeit dieser oder jener Völker zu einer völlig anderen Schlußfolgerung kommen müssen. Niemals hat eine einzelne Population alle Errungenschaften exklusiv beherrscht. Ein Verfechter des wissenschaftlichen Rassismus vor etwa zehntausend Jahren hätte zu dem Schluß kommen müssen, daß der Nahe Osten von einer überlegenen Rasse bewohnt wurde – denn hier gab es bereits Ackerbau und Viehzucht, blühende Ansiedlungen, Handel und eine fortgeschrittene Technologie. Für die Inferiorität der Nordeuropäer, die über Jahrtausende hin die Schwelle vom Jäger und Sammler zum Dorfbewohner und Bauern nicht überschritten, hätten sich ebenfalls Beweise finden lassen. Nach dem Niedergang Roms stieg China zur größten Macht und technologisch fortschrittlichsten Zivilisation der Welt auf. Erst 1793 entsandten die Briten eine Delegation nach China, um bei dem mächtigen Kaiser Ch'ien-lung die Erlaubnis einzuholen, einen Handelsaustausch zu eröffnen. Aber der Kaiser ließ König Georg II. wissen, daß China nicht darauf angewiesen sei, mit den «rotbackigen Barbaren» Handel zu treiben, denn, so seine eigenen Worte: «... die erhabene Tugend unserer Dynastie ist bis in jedes Land unter dem Himmel geeilt, und Könige aller Nationen haben ihren wertvollen Tribut zu Land und zu Wasser dargebracht. Wie Euer Botschafter selbst sehen kann, besitzen wir alles.»* In der Tat läßt eine objektive Übersicht über die vergangenen zehntausend Jahre menschlicher Geschichte die Ansicht zu, daß während fast dieser gesamten Zeit in Nordeuropa eine inferiore, barbarische Rasse unwissend und unter jämmerlichen Bedingungen lebte und nur wenige kulturelle Innovationen hervorbrachte.

Der Rassismus hat seit jeher zwei Seiten gezeigt: Voreingenommenheit und Diskriminierung. Wenn man begreift, wie sich beides unterscheidet und zueinander in Beziehung steht, dann begreift man auch die Einstellung menschlicher Gruppen gegenüber Außenseitern. Voreingenommenheit ist der emotionale Aspekt des Rassismus, Diskriminierung der politische und soziale. Voreingenommenheit führt dazu, bestimmte Menschengruppen abzulehnen, wobei Fakten, die diese Haltung ändern könnten, völlig ignoriert werden. Die Gruppe, gegen die sich die Vorurteile richten, wird gewöhnlich als «Rasse» betrachtet (so wie die «jüdische Rasse» oder die «Zigeuner-Rasse»), selbst wenn es biologisch gar keine ist. Vorurteile führen gewöhnlich dazu, verschiedene Gruppen aufgrund bestimmter Merkmale – mögen sie nun tatsächlich existieren oder nur eingebildet sein, in einen Topf zu werfen; die Gruppen brauchen kaum etwas miteinander gemein, ja, nicht einmal Kontakt miteinander zu haben. Die Nazis, die zwischen Juden, Zigeunern, Polen und Ukrainern nur wenig Unterschied machten, behandelten sie allesamt als Angehörige einer minderwertigen Rasse und schickten sie gemeinsam in die Todeslager, obgleich sich diese Völker nach genetischer Abstammung, Sprache, Religion, Kultur und fast allem anderen grundsätzlich unterscheiden.

Voreingenommenheit einer Gruppe gegenüber anderen, die als verschiedenartig angesehen werden, hat es wahrscheinlich schon immer gegeben. Die Namen, die sich die amerikanischen Indianerstämme zulegten, bedeuten, übersetzt, zum Beispiel: «Menschen», oder «das Volk», was impliziert, daß andere Stämme nicht als vollwertig angesehen werden. Die Bewohner arktischer Zonen werden gewöhnlich «Eskimos» genannt – ein abwertender Name, denn er bedeutet soviel wie «Fresser von rohem Fleisch»; sie erhielten ihn von benachbarten Indianern – aber sie selbst nennen sich *Inuit* oder

Inupik, was sich ungefähr mit «die wahren Menschen» übersetzen läßt. Dadurch sonderten sich die Eskimos selbst vom Rest der Menschheit ab, die sie als «Menschen», aber nicht als «wahre Menschen» gelten ließen. Die Bürger der Vereinigten Staaten von Amerika tun nichts anderes, wenn sie sich als «Amerikaner» bezeichnen – und nehmen dabei keinerlei Rücksicht auf Kanadier, Mexikaner, Guatemalteken, Peruaner, Brasilianer und andere Einwohner der beiden amerikanischen Kontinente, die alle genau das gleiche Recht hätten, sich so zu nennen. Die Eskimos wie auch die Bürger der Vereinigten Staaten drücken damit ihr Überlegenheitsgefühl gegenüber den anderen Kulturen aus.

Die Vorurteile der herrschenden Gruppe übertragen sich gewöhnlich auf die gesamte Gesellschaft, sogar auf die Betroffenen, gegen die sie sich richten. Diese Vorurteile wirken sich auch fast immer auf das herrschende Schönheitsideal aus. So hat, obwohl nur drei Prozent der Bewohner von Jamaika europäische Vorfahren besitzen, ein gutes Viertel der Bevölkerung infolge von Mischehen gewisse körperliche Merkmale des europäischen Typs; im Unterschied zu den dunkelhäutigeren «Negern» werden sie als «Farbige» bezeichnet. Wer mit den physischen Merkmalen eines «Farbigen» geboren wurde und sich den europäischen Schönheitsidealen annähert, besitzt im Darwinschen Sinn größere «Tüchtigkeit» als die «Neger», denen diese Merkmale abgehen. «Farbige» erhalten bessere Wohnungen, bessere medizinische Versorgung und eine bessere Ausbildung, und daher haben sie bessere Überlebenschancen. Sie bringen mehr Kinder hervor, die ihrerseits wieder bessere Überlebenschancen haben als die Angehörigen der dunkelhäutigen Bevölkerung. Auf diese Weise unterstützen die Vorurteile die natürliche Auslese.

Diskriminierung dagegen bedeutet legales, wirtschaftliches und soziales Verhalten, das auf eine unterschiedliche Haltung gegenüber den verschiedenen Gruppen zurückgeht. Diskriminierung drückt sich häufig aus als eine Form von Rassentrennung, die auf körperlichen Eigentümlichkeiten basiert – als Verbot der Ehe zwischen andersartigen Gruppen, in getrennten Ausbildungsstätten und in der ärztlichen Versorgung, um nur einige zu nennen. Sie kann aber auch das soziale Verhalten bestimmen, indem die Mitglieder der untergeordneten Gruppe den Mitgliedern einer führenden Gruppe öffentlich Reverenz erweisen müssen – etwa durch eine höfliche Form der Anrede oder durch Platzmachen auf der Straße.

Heute praktiziert die Regierung von Südafrika die extremste Form von Rassendiskriminierung. Die offizielle Apartheidspolitik hat ein starres Kastensystem aufgebaut, das sich nach der Hautfarbe richtet: weiß (europäische Abstammung), gelb (Asiaten), braun (gemischte Rassen) und schwarz (autochthone Afrikaner). Diese Farbskala bedeutet die physische und rechtliche Einteilung in ein hierarchisch geordnetes System von Privilegien – mit den Europäern an der Spitze und den autochthonen Afrikanern auf der untersten Stufe. Nur die Europäer können sich im ganzen Land frei bewegen und genießen die uneingeschränkten Bürgerrechte. Die Rechte der Kasten mit anderer Hautfarbe – in bezug auf Landbesitz, Ehe, Ausbildung und Wohnortwechsel – sind gesetzlich festgelegt. Die Weißen in Südafrika halten Diskriminierungen für unvermeidlich, auch wenn sie persönlich vielleicht gegen diese Praxis sind. Sie können zwar öffentlich gegen die Diskriminierung anderer Kasten protestieren, das ist aber ein fruchtloses Beginnen, denn sie selbst werden wiederum durch die Vergünstigungen diskriminiert, die ihnen von den Beamten nach der Festnahme zuteil werden. Man stellt sie vor ein Gericht, das ihnen unparteiischer gegenübersteht als den Farbigen, und wenn sie verurteilt werden, erhalten sie im Gefängnis als Häftlinge mit europäischer Abstammung bessere Haftbedingungen.

Immer wieder hat man sich bemüht, die Gründe von Vorurteilen und Diskriminierungen aufzudecken. Dabei wurden Persönlichkeitsmerkmale, Religion, wirtschaftliche Gesichtspunkte, das Gleichgewicht politischer Kräfte und verschiedene soziale Einflüsse angeführt, aber eine zufriedenstellende Erklärung fand sich nicht. Bei der Analyse der angelsächsischen Kulturen zeigte sich, daß Menschen mit starken Vorurteilen in gewisser Weise autoritäre Persönlichkeiten sind (sie verachten Schwäche, sind aggressiv und wenig selbstbewußt). Aber die einzige Erklärung ist es gewiß nicht, denn Angehörige anderer Kulturen mit denselben Persönlichkeitsmerkmalen neigen durchaus nicht immer zu Vorurteilen. Eine andere psychologische Erklärung läuft darauf hinaus, daß soziale oder wirtschaftliche Frustration zu Vorurteilen gegenüber Minderheiten führe – die als Sündenbock dienen. Diese Deutung kann aber kaum für die Wohlhabenden und Priviligierten gelten, die oft ebenso voreingenommen sind wie die Erfolglosen. Zweifellos spielt jedoch die Gier nach wirtschaftlichem Vorteil auch eine Rolle, denn oft genug mußten Vorurteile zur Rechtfertigung des wirtschaftlichen Imperialismus herhalten. Diese Erklärung sagt aber noch immer nicht, warum ein Wirtschaftssystem, das auf Sklavenarbeit basierte, wie das der Portugiesen in Brasilien, sich weit weniger rassistisch gab als die Sklavenbesitzer europäischer Herkunft im Süden der Vereinigten Staaten. Gelegentlich wurden die rassischen Vorurteile auch den Religionen angelastet, ausgelöst durch nicht eindeutig interpretierbare Stellen in den heiligen Schriften (Bibel und Koran). Man fragt sich dabei allerdings, warum der Rassismus in protestantischen Kulturen meistens stärker ausgeprägt ist als in katholischen – obgleich sie im wesentlichen derselben christlichen Tradition folgen –, oder warum der Rassismus in Indien und Japan so virulent ist, obwohl die Gesellschaften beider Länder weder von der Bibel noch vom Koran beeinflußt sind.

Wie auch immer die genaue Erklärung für Vorurteile und Diskriminierung lauten mag, ihre Konsequenzen sind deutlich genug. Beides wirkt sich gleichermaßen zerstörerisch aus auf Opfer wie Unterdrücker. Die betroffene Gesellschaft vermindert nicht nur das Leistungspotential der Diskriminierten, sondern bestraft sich selbst auch mit ständigen Unruhen, Gewalttaten, Produktionsausfall und psychischen Schäden. Die schwarzen Bürger der Vereinigten Staaten haben eine bedeutend niedrigere Lebenserwartung als die weißen; bedingt durch schlechte medizinische Versorgung, Unterernährung, mangelhafte hygienische Einrichtungen, Beschäftigung in gefährlichen oder stark belastenden Berufen, und durch selbstzerstörerische Reaktionen wie Alkoholismus und Drogensucht, die in diskriminierten Personenkreisen gang und gäbe sind. 1976 ergab sich aus der Analyse einer Volkszählung in den Vereinigten Staaten, daß die Lebenserwartung männlicher Schwarzer um sechs Jahre geringer ist als die männlicher Weißer, und die schwarzer Frauen um 5,4 Jahre geringer als die weißer Frauen. Das bringt für die schwarze Bevölkerung im Vergleich zur Lebenserwartung der Weißen einen Gesamtverlust von jährlich 130 Millionen Lebensjahren. Noch erschreckender aber ist das sich selbst in Gang haltende System, das die «Tüchtigkeit» im Darwinschen Sinne vermindert. Die schwarzen Amerikaner sind darin gefangen aufgrund der sozialen Bedingungen, für die sie durch ihre Hautfarbe von Geburt an vorprogrammiert sind und die ihnen diese jährlich 130 Millionen Lebensjahre vorenthalten.*

Zur Zeit grassiert eine neue Form des wissenschaftlichen Rassismus unter der Behauptung, die sozialen und ökonomischen Bedingungen, unter denen schwarze Amerikaner leben, seien genetisch determiniert. Mit anderen Worten: man unterstellt, ihre von der Anlage her inferiore Intelligenz hindere sie daran, sich Kenntnisse anzueignen, die ihnen zu besser bezahlten Jobs und folglich zu besseren Wohnungen, besserer Gesundheitspflege und besserer Ausbildung verhelfen würden. Derlei Mutmaßungen über die geringeren geistigen Fähigkeiten der Schwarzen wurden 1969 durch die Publikation eines Artikels von Arthur R. Jensen, seinerzeit Psychologe an der

University of California in Berkeley, noch bestärkt. Jensen geht davon aus, daß schwarze Amerikaner bei Intelligenztests im Durchschnitt 15 Punkte weniger erzielten als weiße. Er lastet jedoch nicht die gesamten 15 Verlustpunkte einzig und allein ihrer Abstammung an. Statt dessen kam Jensen, der sich auf dubiose Untersuchungen an eineiigen Zwillingen (übrigens Weißen) stützte sowie auf Vergleiche zwischen Schwarzen und Weißen aus der «gleichen» Umgebung (als ob zwei Umgebungen überhaupt gleich sein könnten) zu dem Schluß, daß fünf aus dieser Differenz von fünfzehn Punkten der ungünstigen Umwelt der Schwarzen zugeschrieben werden könnten. So blieb beim Vergleich der Intelligenzquotienten eine Differenz von zehn Punkten, die er auf die genetisch bedingten inferioren geistigen Fähigkeiten der Schwarzen zurückführte. (Ein wissenschaftlicher Rassist interessiert sich fast immer mehr für die Intelligenz schwarzer Amerikaner als für die Intelligenz anderer nordamerikanischer Minderheiten. So werden chinesisch-amerikanische Mischlinge beispielsweise fast nie erwähnt – vielleicht deshalb nicht, weil sie bei Intelligenztests gewöhnlich besser abschneiden als die Weißen und weil sie im Durchschnitt eine größere Schädelkapazität besitzen als die Weißen.)

Jensen scheint damit ausdrücken zu wollen, daß die Intelligenz der schwarzen Amerikaner von Geburt an determiniert sei, daß sie Schwierigkeiten hätten, einen guten Job zu bekommen, weil ihre Intelligenz nicht ausreicht, und daß es daher vergebliche Mühe und eine Verschwendung von Regierungsgeldern sei, große Programme aufzustellen, weil sich ja doch nichts ändern ließe. Das ist ein tückisches Argument, weil es auf subtile Art zweifelhafte wissenschaftliche Aussagen mit dem Urteil über Minderwertigkeit und Überlegenheit kombiniert – und schließlich zu Folgerungen kommt, die soziale Maßnahmen betreffen. Zum Beispiel behauptet Jensen, daß es zwecklos sei, die sozialen Bedingungen der Schwarzen durch erzieherische und kulturelle Aufbereitungsprogramme verbessern zu wollen.*

Bei der Auswertung von Jensens Argumenten ist es schwierig, die wissenschaftlichen Fakten von den soziologischen Ansichten zu trennen. Die Intelligenz ist ein sehr komplexes Kennzeichen der Anpassung mit vielen Dimensionen und hat sich bislang jeder Erklärung entzogen. Zahlreiche Gene scheinen dabei beteiligt zu sein, die sowohl einzeln als auch in Verbindung mit anderen Genen aktiv werden. Bis jetzt fehlt den Genetikern noch das Wissen, wie sie die Vererbung derartig komplexer Merkmale erklären sollen. Außerdem weisen die Intelligenztests, wie bereits in Kapitel 11 bemerkt, schwerwiegende Fehler auf. Einer der Spezialisten nimmt an, daß nach einer Korrektur der IQ-Tests nur 45 Prozent der Variation bei den Ergebnissen hereditär erklärt werden können – das ist eine Zahl, die sich von Jensens annähernd 80 Prozent stark unterscheidet.*

Gewiß spielt die genetische Komponente der meßbaren Intelligenz eine wichtige Rolle, aber ihre Auswirkung unterliegt zum Teil einer Verzerrung durch Umwelteinflüsse. Das drückt sich dann auch in den IQ-Werten aus. Angenommen, in den Vereinigten Staaten würden alle vollbusigen Frauen gezwungen, minderwertige Oberschulen zu besuchen. Die Folge wäre, daß alle Frauen, die die Gene für die Bildung einer großen Brust besitzen, nur eine mangelhafte Ausbildung erhalten und daher bei Intelligenztests schlecht abschneiden würden – und das Klischee von den dummen Frauen mit dem großen Busen wäre damit ratifiziert. Genauso könnte man sagen, wirken sich die Gene, die die Hautfarbe bestimmen, auf die Umwelt dieser schwarzen Amerikaner aus, denen es an der Möglichkeit und dem Anreiz fehlt, beim Intelligenztest gut abzuschneiden. Der Zugang zum College bleibt ihnen folgerichtig verwehrt, und der kleine Rückstand im Testergebnis, der im Kindesalter vielleicht bestanden haben mag, wird noch größer.

Nach allem, was wir heute über die genetischen Anlagen von Bevölkerungsgruppen, über Inzucht, Abwanderung, Mutation und natürliche Auslese wissen, wäre es töricht, leugnen zu wollen, daß sich die verschiedenen Populationen der Erde in ihrer Intelligenz unterscheiden. Der Unterschied liegt in der Art der Intelligenz, die jede Population zur Anpassung benötigt. Anders ausgedrückt: Man benutzt keineswegs ein rassistisches Klischee, wenn man unterstellt, daß für die Intelligenz der Pygmäen als Jäger und Sammler andere Kriterien gültig sind als für die der urbanen nigerianischen Haussa – es wäre aber eines, wenn man behaupten würde, daß entweder die Pygmäen oder die Haussa von Geburt an intelligenter seien und daß darum den einen oder den anderen ein untergeordneter sozialer und wirtschaftlicher Status zukäme. Eine derartige Argumentation ist intellektuell unredlich – sowohl in bezug auf die Pygmäen und Haussa, wie auch in bezug auf die schwarze Bevölkerung der Vereinigten Staaten.

Der 15-Punkte-Rückstand bei den Intelligenzwerten schwarzer Kinder ist natürlich durch andere als genetische Argumente zu erklären. Es wurde schon erwähnt, daß Intelligenztests Minoritäten gegenüber durch und durch unfair sind, weil sie von Leuten aufgestellt werden, die der dominierenden Kultur angehören und deren Einstellung von ihrer Erziehung innerhalb dieser Kultur bestimmt ist. (Für weiße Amerikaner ist der Test auf der nächsten Seite eine verblüffende Bestätigung.*) Aber auch die Testverfahren halten einer Kritik nicht stand. Es ist erwiesen, daß jemand, der damit rechnet, zu versagen, gewöhnlich auch versagt. Ein weißer Lehrer, der Schwarze als intellektuell inferior betrachtet, wird diese sich selbst erfüllende Prophezeiung bestimmt nicht vor ihnen verbergen.* Dagegen schnitten schwarze Kinder um zwei oder drei Punkte besser ab, wenn der Intelligenztest von einem vertrauten schwarzen Lehrer anstatt von einem weißen durchgeführt wurde.

Im übrigen sind schwarze Kinder nicht darauf vorbereitet, Intelligenztests auf gleicher Basis mit weißen Kindern zu absolvieren. Sowohl in den Vereinigten Staaten als auch in Großbritannien besuchen schwarze Kinder minderwertige Schulen, an denen sie oft von nur schlecht ausgebildeten Lehrern unterrichtet werden. Die gleiche Anzahl Schuljahre für schwarze wie für weiße Kinder bedeutet ganz gewiß nicht gleiche Bildungschancen. Außerdem kommen viele schwarze Kinder aus Familien oder aus einer Umgebung, in denen Eltern und Freunde für Leistungen in der Schule nicht viel übrig haben. Und schließlich sprechen die Kinder aus den schwarzen Ghettos einen völlig anderen Dialekt, der von dem Standard-Englisch, das bei den Intelligenztests verwendet wird, erheblich abweicht. (Ich möchte betonen, daß dieser Dialekt anders ist, nicht minderwertig. Das Englisch der Schwarzen hat eine eigene Rhythmik, seine eigene Grammatik und sein eigenständiges Vokabular und ist vom linguistischen Standpunkt aus genauso gültig und elegant wie das Englisch, das die Weißen sprechen.*) Auf subtile Weise hat sich die Kultur der schwarzen Amerikaner den Vorurteilen angepaßt, indem sie ihre junge Generation davor warnte, aufzufallen – vor allem in der intellektuellen Arena, die lange als ein Reservat der Weißen galt. Durch diese und zahlreiche andere Hindernisse waren die schwarzen Kinder bei den Intelligenztests stark benachteiligt. Tatsächlich ließe sich Jensens Argument umdrehen und als Beweis für die bemerkenswerte «ererbte Intelligenz» der Schwarzen verwenden, die unzählige umweltbedingte Nachteile mit nur 15 Verlustpunkten im IQ überwunden haben.

Die *Genetics Society of America* hat sich zwei Jahre lang mit der Diskussion über eine mögliche genetische Basis für den Grad der Intelligenz beschäftigt und 1976 eine Resolution verabschiedet – die von 94 Prozent ihrer Mitglieder (insgesamt 1488 Spezialisten auf dem Gebiet der Erbforschung) unterschrieben wurde. Unter anderem wurde in der Resolution folgende Erklärung abgegeben:

> Als besonders wichtig halten wir fest, daß eine genetische Komponente für die Differenz in der Intelligenz *innerhalb* einer

Gruppe gleicher Rasse nicht unbedingt das Vorhandensein einer signifikanten genetischen Komponente für die Differenz in der Intelligenz *zwischen* rassisch verschiedenen Gruppen impliziert; eine durchschnittliche Differenz kann nur durch Unterschiede in der Umgebung zustande kommen... Unserer Ansicht nach gibt es keinen überzeugenden Beweis für das Vorhandensein eines nennenswerten genetischen Intelligenzunterschieds zwischen den Rassen.*

Der harsche Umgang der Weißen mit Menschen dunklerer Hautfarbe – unter dem Vorwand, diese seien biologisch oder geistig minderwertig – ist durch nichts zu entschuldigen. Fast alle Anthropologen, die engen Kontakt mit Völkern in aller Welt hatten, sind der festen Überzeugung, daß es im Hinblick auf die angeborenen geistigen Fähigkeiten generell keinen Unterschied gibt. Trotzdem rechtfertigten die Briten Ende des vorigen Jahrhunderts ihre Ausbeutung der Afrikaner und Asiaten als eine Mission, bei der sie, um mit Kiplings Worten zu sprechen, «die Bürde des Weißen Mannes auf sich nahmen». Aber das britische Empire gibt es nicht mehr, und es besteht kein Grund zu der Annahme, daß in ein paar hundert Jahren immer noch Völker mit weißer Hautfarbe die Welt beherrschen werden. Vielleicht hat man bis dahin die Lektion in Biologie und Soziologie der Rassen gelernt – so daß die künftigen Mächtigen der Welt (wer immer sie sein mögen: Asiaten, Afrikaner oder Lateinamerikaner) den minderen sozialen und wirtschaftlichen Status der Menschen mit weißer Hautfarbe nicht auf deren biologische Inferiorität schieben werden.

Schwarzer IQ-Test für Weiße

Kinder aus Minderheiten-Gruppen messen sich mit weißen Kindern in IQ-Tests, die von Mitgliedern der dominierenden Kultur aufgestellt wurden. Wenn jedoch in den Vereinigten Staaten die Kultur der Schwarzen dominieren würde, befänden sich die weißen Kinder zweifellos in einer ähnlich nachteiligen Lage. Um die verbalen Fähigkeiten in einer solchen umgekehrten Situation zu untersuchen, wurden für Weiße der Mittelklasse, Luftwaffentechniker und Offiziere, IQ-Fragen vorbereitet, die mit Erfahrungen nichtweißer Unterschichten verknüpft sind. Die Beantwortung dieser Fragen fiel den schwarzen Soldaten leicht, während die meisten Weißen nicht einmal auf 50 Punkte kamen und daher als «kulturell minderbemittelt» eingestuft wurden. Hier ein paar der Fragen, deren richtige Antworten unten auf der Seite 306 stehen:

1. Man hat zwei Würfel geworfen: die Oberseite beider Würfel zeigt insgesamt sieben Augen. Wie hoch ist die Gesamtzahl der Augen auf der Unterseite beider Würfel?
   a) Sieben b) *snake-eyes* (je ein Auge) c) *boxcars* (jeweils ein Sechser) d) *Little Jesus* (zweitschlechtester Wurf: je zwei Augen) e) elf
2. Kutteln haben eine gummiartige Konsistenz, wenn sie nicht lange genug gekocht wurden. Wie lange müssen sie auf alle Fälle gekocht werden?
   a) 15 min. b) 1 Std. c) 2 Std. d) 1 Tag e) 1 Woche
3. Ein *handkerchief-head* (d.h. jemand, der eine Art Turban trägt) ist a) ein *cool cat* (ein um die Jazzszene gruppierter Lebensstil) b) ein *porter* (Gepäckträger) c) ein *Uncle Tom* (angepaßter amerikanischer Neger) d) ein *hood* (Schläger) e) ein *prediger* (Zuhälter)
4. *I ain't got no dust* (ich habe keinen Staub gekriegt) bedeutet: a) ich habe kein Geld b) kein Mädchen c) nichts anzuziehen d) keine Drogen e) keinen Alkohol bekommen
5. Der Name Al Hajj Malik Shabazz steht auch für: a) Le roi Jones b) Malcolm X c) Muhammed Ali d) Bill Crosby e) keinen der genannten
6. Ein *Yard* (0,914 m) ist a) ein Längenmaß b) hundert Dollars c) ein Spielfeld d) ein Quantum Drogen e) ein Feuerzeug
7. Ein *set* ist a) ein paar neue Schuhe b) drei Nummern beim Glücksspiel c) Streichhölzer d) ein Kinofilm e) keines der genannten
8. *Candied sweets* bedeutet: a) hübsche schwarze Schwestern b) einen Tanz c) eine taillenkurze Jacke d) karamelierte Yamknollen e) Komödianten
9. *The hawk* (der Falke) bedeutet: a) Wind b) Regen c) eine Strickmütze d) Hosen e) Schuhe
10. Der 15. Januar ist a) der Unabhängigkeitstag der Schwarzen b) Jahrestag der Gründung des Staates Liberia c) Erinnerung an den Tag des Bus-Boykotts in Selma, Alabama d) Geburtstag von Booker T. Washington e) Geburtstag von Martin Luther King jr.
11. Wen tötete *Stagger Lee* in der berühmten Blues-Ballade? a) seinen Bruder b) Frankie c) Johnny d) sein Mädchen e) Billy

12. Welches der folgenden Wörter fällt hier aus dem Rahmen? a) *gray* (grau; amerik. Negerslang für Weißer) b) *shine* (Glanz; Slang für Neger) c) *blood* (Blut; Slang für Schwarzer) d) *spook* (Spuk; Slang für Schwarzer) e) *black* (Neger)
13. Woran ist mehr Fleisch? a) am Schweinsfuß b) am Halsgrat c) am Ochsenschwanz d) am Schweineschwanz

Antworten: 1 (a); 2 (d); 3 (c); 4 (a); 5 (b); 6 (b); 7 (b); 8 (d); 9(a); 10 (e); 11 (e); 12 (a); 13 (b)

IV. GEIST UND UMWELT

14. Die intelligenten Sinne

Alle gesunden Menschen werden mit dem gleichen komplexen Gehirn und den gleichen Sinnesorganen geboren, mit denen sie in die Welt hinausschauen, Geräusche hören und Gegenstände berühren, sich an Gerüchen und am Geschmack der Dinge erfreuen – doch die Reaktionen unterschiedlicher Individuen auf gleiche oder ähnliche Vorgänge fallen nicht gleich aus. Die Menschen unterscheiden sich im Wahrnehmungsvermögen, in der Lernfähigkeit, im Erinnerungsvermögen, im Denken und in der Kreativität (Themenkreise, die in diesem und im nächsten Kapitel erörtert werden sollen). All das hat zur Folge, daß die Menschen ein bemerkenswert individuelles Bild von der Welt haben. Für die einen manifestieren sich in einem Donnerschlag komplizierte physikalische und metereologische Kräfte; andere hören vielleicht eine Botschaft der Götter heraus; es gibt aber auch Personen, die vor allem an eine dramatische Passage in einer Wagner-Oper erinnert werden. Wenn mehrere Leute in eine Höhle blicken, sieht der eine vielleicht einen potentiellen Unterschlupf, ein anderer eine heilige Kultstätte, einen Ort voller Gefahren und Geheimnisse, ein Symbol der weiblichen Sexualität oder (wie in Platons *Staat*) eine Metapher für die Wirklichkeit. Manche Menschen besitzen eine erhöhte Sensibilität. Weinkenner können zum Beispiel nicht nur die Region identifizieren, aus der ein bestimmter Wein stammt, sondern manchmal sogar die Lage. Männern gelingt es gewöhnlich besser als Frauen, Münzen durch Ertasten zu identifizieren. Das kommt daher, daß die meisten Männer Münzen in der Jacken- oder Hosentasche haben und die richtigen herausholen, ohne hinzusehen, während Frauen Münzen in der Handtasche aufbewahren und die passende auswählen, indem sie sie anschauen.

Die Menschen bewohnen eine Welt voller Objekte und Vorgänge, die sie wahrnehmen, identifizieren, klassifizieren und beurteilen müssen. Doch sie unterschätzen ihre sensorischen Fähigkeiten gern und neigen dazu, die eine oder andere Tierart für überlegen zu halten. Falken mögen weiter sehen als Menschen, Hunde Gerüche besser unterscheiden und Fledermäuse das feinere Gehör haben, doch insgesamt leisten die menschlichen Sinnesorgane hervorragende Arbeit und informieren uns über alles, was in unserer Nähe geschieht. Menschen können in einer klaren Nacht in fünfundvierzig Kilometer Entfernung eine Kerze brennen sehen, und sie können ebensogut Objekte wahrnehmen, die zehn Milliarden mal heller sind. Sie riechen einen einzigen Tropfen Parfüm in einer Dreizimmerwohnung, sie hören das Ticken einer Uhr aus fünf, sechs Metern Entfernung und nehmen den Geschmack von Zucker wahr, wenn nur ein Teelöffel davon in zehn Litern Wasser gelöst ist. Seit Aristoteles ist es üblich, von den fünf Sinnen des Menschen zu reden: vom Sehen, Hören, Riechen, Schmecken und Tasten. Es gibt aber noch andere Sinne. Der Lagesinn (Kinästhesie) informiert uns über die Lage der Körperteile, über die Muskelspannung und über die Bewegungen von über hundert Körpergelenken. Dieser Sinn ist eine wesentliche Voraussetzung für die Fähigkeit des Menschen, zu stehen, zu gehen, Dinge in den Händen zu halten und sich in seiner Umwelt zu bewegen. Das Vestibularorgan ist unser Sinnesorgan für Schwerkraft und Gleichgewicht; seine winzigen Rezeptoren liegen im Innenohr. Zusätzlich zum Tastsinn verfügt die Haut mindestens noch über drei weitere Sinne: für Schmerz-, Wärme- und Kälteempfindung.

Da der Mensch die Welt hauptsächlich visuell wahrnimmt, stellt dieses Kapitel den Gesichtssinn in den Mittelpunkt. Die verbreitete Volksweisheit «Sehen heißt Glauben» wird kaum einmal in Frage gestellt, obschon sie die Art und Weise, wie der Mensch die Welt wahrnimmt, falsch beurteilt. Wenn ich eine schwere Schreibmaschine auf einen Schreibtisch stelle, dann erwarte ich vorbehaltlos, daß der Schreibtisch das aushält, denn ich habe schon als Kind gelernt, ihn als Schreibtisch zu sehen und nicht als ein walnußfarbenes Objekt mit sechs Seiten, das meine Sinne mir signalisieren. Weil ich gelernt habe, daß Schreibtische stabil sind, nehme ich nach einem flüchtigen Blick auf diesen speziellen Schreibtisch an, daß er das Gewicht der Schreibmaschine aushalten wird – und gehe mit diesem Glauben weit über die Information hinaus, die mein Gesichtssinn mir vermittelt. Die menschlichen Sinne geben nur spärliche Hinweise auf die gegenständliche Welt, und wir richten uns in unserem Benehmen nicht einmal nach diesem Minimum an Information. Glücklicherweise gehen wir mit diesen von den Sinnen übermittelten Informationen vorsichtig um, denn unsere Sinne sind keine absolut verläßlichen Führer durch die Außenwelt.

Im allgemeinen nehmen die Leute an, daß ihre Augen ein genaues Abbild der Außenwelt liefern, das über die Nervenbahnen ins Gehirn weitergeleitet und dort wie auf einer Leinwand projiziert wird. Der ganze Prozeß wird gelegentlich mit der Funktionsweise einer Kamera verglichen. Die Praxis des Alltags zeigt aber, daß sich das visuelle System leicht überlisten läßt. Wenn man einen geraden Stock ins Wasser hält, sieht man genau, daß er unter Wasser von der Geraden abweicht. Mit unserem Wissen korrigieren wir natürlich diesen Sinneseindruck, weil wir gelernt haben, daß nicht der Stock die Richtung ändert, sondern daß die Lichtstrahlen beim Übergang von der dünnen Luft in das dichtere Medium Wasser gebrochen werden. Die Augen lassen sich leicht täuschen. Wenn man sie schließt und Druck auf die Augäpfel ausübt, «sieht» man ein Licht blitzen. Auf diese Weise überlistet man das ganze System aus Augen, Nerven und Gehirn, denn man produziert eine Seherfahrung, obwohl kein Lichtstrahl auf die Netzhaut gefallen ist. Wir sehen auch nicht ausschließlich mit den Augen. Inhaltsreiche und komplexe Seherfahrungen wie Träume und Halluzinationen umgehen die Augen und aktivieren statt dessen bestimmte Zellen im Gehirn.

Der Mensch kann also ganz offenbar seine Sinne nicht als gleichbleibend exakte Spiegel der Welt ansehen. Die Situation wird darüber hinaus durch Persönlichkeit und individuelle Erlebnisse, Bedürfnisse, Motivationen und kulturelle Erwartungen kompliziert, die jeder Mensch seinen Sinnesempfindungen unterlegt. Wenn bei den Prärieindianern ein junger Krieger die Einsamkeit aufsuchte, um eine Vision zu haben, kehrte er auch fast immer mit seiner Vision zurück, einfach deshalb, weil er sich in einen so extremen Gemütszustand hineinsteigerte, daß er für eine Erfahrung empfänglich wurde, die er selbst und seine Gesellschaft erwarteten. Auch andere suchten auf diese Weise Visionen des Übernatürlichen zu erlangen: buddhistische Einsiedler, asketische christliche Mönchsorden, die jüdischen Essener (zu denen möglicherweise auch Jesus gehörte) und die tanzenden Derwische des Islam. Wie der Mensch die Eindrücke interpretiert, mit denen seine Sinne ihn unaufhörlich bombardieren, hängt von den kulturellen Erwartungen und der individuellen Persönlichkeit ab. Wir versehen Objekte mit den Daten, die uns die Sinne vermitteln – doch diese Daten werden stark von dem beeinflußt, was wir über die Objekte wissen oder zu wissen glauben. In einer bekannten Geschichte von Edgar Allan Poe wird ein gestohlener Brief «übersehen», obwohl er ganz offen daliegt: Die meisten Leute rechnen eben damit, daß etwas Gestohlenes versteckt wird. Wir glauben nicht nur, was wir sehen; wir sehen auch, was wir glauben.

Zwischen der realen Welt (wie sie mit dem Instrumentarium der Naturwissenschaften definiert und gemessen wird) und der vom Menschen allein mit Hilfe seiner Sinne wahrgenommenen Welt besteht zweifellos ein gewaltiger Unterschied. Dieser Unterschied beruht auf drei offenkundigen Tatsachen. Zum ersten können Vorgänge durchaus auf die Sinne einwirken, werden aber aus irgendeinem Grund nicht registriert. Zweitens liegen zahlreiche Vorgänge nicht im Bereich unserer Sinneswahrnehmungen. Viele der akustischen Schwingungen, die ständig auf uns einströmen, sind entweder in der Lautstärke zu schwach oder in der Frequenz zu hoch, als daß unser Ohr sie auffangen könnte. Das bloße Auge kann extrem kleine Objekte nicht erfassen, etwa die zahllosen Mikroorganismen, die jedes Objekt im sichtbaren Universum überziehen. Außerdem fehlen dem Menschen auch die Wahrnehmungsorgane für eine Vielfalt von elektromagnetischen Phänomenen wie Gammastrahlen, Röntgenstrahlen, Radiowellen und Infrarotstrahlen. Drittens nehmen Menschen fast nie exakt den Vorgang wahr, der sich ihren Sinnen präsentiert. Einzelheiten können ignoriert, hinzugefügt oder verzerrt werden – und so entstehen optische Täuschungen.*

Die Zuversicht, mit der wir uns in unserer Umwelt bewegen, ist angesichts der spärlichen Informationen, die die Sinne dem Gehirn liefern, wirklich bemerkenswert. Wir blicken auf die Fassade eines Hauses und «wissen» fast augenblicklich, daß sich dahinter Räume befinden. Wir sehen die hintere Stoßstange eines Autos aus einer Garage ragen, und aus diesem einen Anhaltspunkt formt unser Kopf das Bild des ganzen Autos. Kinder haben die gleichen Sinne wie Erwachsene, und diese Sinne sind auch fast ebenso effizient – doch kein junges Kind ist in der Lage, sich beim Anblick einer Fassade ein genaues Urteil über das Haus zu bilden oder von der Stoßstange auf das ganze Auto zu schließen. Nicht daß Kinder andere Eindrücke aufnähmen als Erwachsene; sie können aber die durch diese Eindrücke vermittelten Informationen noch nicht interpretieren. Größere Kinder und Erwachsene haben gelernt, Sinnesreize durch den Prozeß der «Wahrnehmung» in organisierte Erfahrungen («Wahrnehmungsbilder») zu übersetzen.

Die meisten Psychologen unterscheiden grundsätzlich zwischen Empfinden und Wahrnehmen. Empfindungen sind relativ einfach, so wie der hohe Ton, den ein vibrierender Motor verursacht. Wahrnehmungsbilder sind dagegen komplexe Assoziationen vieler Empfindungen – wenn beispielsweise ein hoher Ton als Hilfeschrei interpretiert und dann mit anderen Empfindungen kombiniert wird, etwa dem Geruch von Rauch, dem Anblick von Flammen und einem scharfen Brennen in der Nase, so daß es schließlich zu dem komplexen Verhalten eines Menschen kommt, der in ein brennendes Gebäude stürzt, um jemanden zu retten. Die gleichen Empfindungen werden immer von den gleichen Reizen ausgelöst: Ganz gleich, wann und wo eine rote Verkehrsampel aufleuchtet, sie wird immer als eine rote Ampel gesehen. Aber Wahrnehmungsbilder von solchen Dingen wie einer roten Ampel können beträchtlich voneinander abweichen, wenn der Betreffende seit der letzten derartigen Empfindung etwas dazugelernt hat (etwa wenn er polizeilich verwarnt worden ist, weil er seinen Wagen nicht vorschriftsmäßig angehalten hat). Die Wahrnehmung ist also ein psychischer Prozeß, mit dem der Mensch die von den Sinnesorganen gesammelten Umwelteindrücke ordnet und interpretiert. Die Wahrnehmung gilt im allgemeinen als automatischer Akt, der keine Mühe macht und kein bewußtes Überlegen erfordert. Experimente zeigen jedoch, daß eine gewisse Zeit vergeht, ehe Wahrnehmungsbilder entstehen, manchmal nur ein paar Tausendstelsekunden, manchmal aber selbst bei einer einfachen geometrischen Form mehrere Sekunden. Daß gelegentlich auch sehr viel Zeit vergehen kann, bis ein Wahrnehmungsbild entstanden ist, zeigen Bilder, die einen unbestimmten oder unvollständigen Eindruck machen (siehe Abbildung S. 313).

Das Erstaunliche an der Wahrnehmung ist, daß man die von den Sinnesorganen gelieferte Information so rasch einordnet, sie dann aber ständig anhand neuer Informationen neu interpretiert. Ein Mensch blickt in eine Landschaft hinaus und läßt dabei seinen Blick langsam von einer Seite eines großen Baumes zur anderen wandern. Nach allem, was die lichtempfindlichen Nervenenden im Auge «wissen», hat sich das Bild des Baumes bewegt und nicht der Blick des Betrachters. Unsere Wahrnehmungsorganisation der Welt sagt uns jedoch, daß sich Bäume nicht bewegen (weshalb es auch Macbeth so mit Zuversicht erfüllt, als ihm die Hexen prophezeien, er werde nie besiegt, «bis einst hinan der große Birnam-Wald zum Dunsinan feindlich emporsteigt»). Daß Bäume stationäre Objekte sind, nehmen wir bereits in jungen Jahren wahr und halten hartnäkkig daran fest, ganz gleich, was uns die von den Augen erfaßten Bilder mitteilen wollen. Eine andere alltägliche Erfahrung ist es, daß wir Bilder als gleichbleibend wahrnehmen, obwohl sie sich in Wirklichkeit eindeutig verändern – man spricht dabei von «Konstanzerscheinungen». Ein Suppenteller wird immer als rund wahrgenommen, auch wenn er aus dem üblichen Blickwinkel tatsächlich als Ellipse gesehen wird. Eine Tür wird immer als rechteckig wahrgenommen, obschon das Bild, das sie dem Auge vermittelt, wenn sie geöffnet und geschlossen wird, verschiedene Trapezformen zeigt. In der Wahrnehmung des Menschen ist die Welt stets geordnet und konstant, obwohl die von den Sinnesorganen weitergegebenen Informationen ungeordnet und wechselhaft sind. Der Verstand verwirft das eindeutige Zeugnis der Sinnesorgane, weil die Erfahrung lehrt, daß Teller rund und Türen rechteckig sind.

Obschon die meisten Menschen dazu neigen, optische Reize auf ähnliche Art und Weise einzuordnen, hängt ein Teil der Wahrnehmung doch weitgehend von der Individualität des Empfängers ab. Die Leute sehen vor allem das, was zu sehen sie erwarten, und diese Erwartungen sind die unmittelbare Folge vorhergegangenen Lernens, früherer Erfahrung und persönlicher Motivation. Bei einem berühmtgewordenen Experiment teilte man Freiwillige in sechs Gruppen ein, deren Mitglieder sich jeweils für das gleiche Thema, etwa Religion oder Volkswirtschaft, interessierten, und projizierte verschiedene Bilder und Wörter auf eine Leinwand. Die Versuchspersonen, die sich für Religion interessierten, nahmen als erste das Wort *heilig* wahr, bei dem Wort *Einkommen* waren die Volkswirtschaftler am schnellsten. Hungrige Personen sehen in nichtssagenden Tintenklecksen Eßbares oder Gegenstände, die einen Bezug zum Essen haben. Kinder sehen oft Süßigkeiten in Darstellungen, die keineswegs etwas Derartiges abbilden, und arme Kinder überschätzen meist die Größe einer Münze.

Deutliche Unterschiede in der Wahrnehmung treten nicht nur von Individuum zu Individuum auf, sondern auch bei ein und demselben Individuum zu verschiedenen Zeiten. Die allgemeine Ansicht, daß der Mensch in jedem Stadium – von der Kindheit bis ins hohe Alter – die Welt unterschiedlich wahrnimmt, ist durch viele Experimente bestätigt worden; allerdings, je älter man wird, um so unerschütterlicher werden die Erwartungen. Heranwachsende Kinder verlassen sich mehr und mehr auf die Konstanz der Wahrnehmungswelt (etwa in der Form eines Tellers oder einer Tür, den oben erwähnten Beispielen). Wenn im Lauf der Jahre das Umsetzen der Wahrnehmung und die Wahrnehmungserfahrungen zunehmen, fallen die Menschen gewissen optischen Täuschungen leichter zum Opfer. Wenn sie gewohnt sind, in ihrer Umwelt rechte Winkel zu sehen, dann lassen sie sich von einer optischen Täuschung, die von der Wahrnehmung rechter Winkel abhängt, irreführen. Offenbar gibt es auch geschlechtsspezifische Unterschiede bei der Wahrnehmng, aber es ist nicht klar, ob diese mit biologischen Unterschieden zwischen den Geschlechtern zu tun haben oder aber mit den Geschlechterrollen, die verschiedene Gesellschaften herausgebildet haben. So sollen beispielsweise nordamerikanische Männer mehr «Feldunabhängigkeit» aufweisen als Frauen – d. h., sie sind widerstandsfähiger gegen Einflüsse aus dem Kontext, der den Wahrnehmungsreiz vermittelt. Feldunabhängige Menschen können in einem speziell gestalteten Raum, in dem es keine visuellen Anhaltspunkte für vertikale und horizontale Ebenen gibt, einen Stab genau vertikal ausrichten. Daß Männer bei solchen Tests überlegen sind, könnte an der Erziehung der Knaben liegen, die ermutigt werden, draufgängerisch zu sein, und hat wohl weniger mit psychologischen oder biologischen Unterschieden der Geschlechter bei der Wahrnehmung zu tun.*

Immer wieder wird behauptet, bestimmte Menschen besäßen die Fähigkeit, die normalen Grenzen der Wahrnehmung zu überschreiten. Vor allem drei Formen der übersinnlichen Wahrnehmung (ÜSW) werden genannt: Telepathie («Gedankenlesen»), Hellsehen (die Wahrnehmung eines Objektes außerhalb des den menschlichen Sinnen normalerweise zugänglichen Bereichs) und Präkognition (die Fähigkeit, etwas wahrzunehmen, was noch gar nicht eingetreten ist). Der Glaube an solch ungewöhnliche Fähigkeiten ist sehr alt

Wahrnehmung und Ambiguität

Dieses Bild präsentiert sich auf den ersten Blick nur als ein bedeutungsloses Nebeneinander von weißen, grauen und schwarzen Quadraten. Wenn man es aber längere Zeit ansieht, wird es plötzlich als bekanntes Gesicht wahrgenommen. Die Zeit, die vergeht, bis sich ein solches Wahrnehmungsbild entwickelt hat, variiert von Person zu Person beträchtlich; offenbar gibt es im Tempo der Wahrnehmungsverarbeitung große individuelle Unterschiede. Hat man dieses Bild erst einmal als Gesicht wahrgenommen, wird es künftig bei jedem Hinsehen als Gesicht und nicht mehr als bedeutungsloses Nebeneinander von Quadraten erscheinen. Daran zeigt sich, daß ein Wahrnehmungsbild geformt worden ist. (Wenn sich beim üblichen Leseabstand kein Gesicht auf dem Bild erkennen läßt, sollten Sie den Abstand vergrößern. Früher oder später werden Sie das Porträt Abraham Lincolns erkennen.)

– man denke nur an die Orakel, die Magier und die Seher im Altertum –, aber die Wissenschaft interessiert sich erst seit jüngster Zeit für dieses Thema. Die meisten Wissenschaftler scheuten vor einer Beschäftigung mit der ÜSW zurück, weil sie seit jeher Scharlatane angezogen hat. Es gab allerdings auch einige hervorragende Wissenschaftler, die daran geglaubt haben; der Astronom und Mathematiker Johannes Kepler verdiente sich seinen Lebensunterhalt, indem er Horoskope stellte.

Zahllose übersinnliche Wahrnehmungen wurden später durch neuere wissenschaftliche Erkenntnisse erklärt oder als Schwindel aufgedeckt. Aber es gibt immer noch Fälle, die sich einer Erklärung durch die Naturwissenschaften entziehen. Vor wenigen Jahrzehnten behauptete eine Engländerin mittleren Alters, Beethoven und Brahms hätten ihr Musikstücke diktiert. Diese Werke wurden von führenden Musikwissenschaftlern untersucht und wiesen ihrer fast einstimmigen Meinung nach eine verblüffende Ähnlichkeit mit dem musikalischen Stil des jeweiligen Komponisten auf – ohne sich nur darauf zu beschränken, bloße stilistische Schnörkel nachzuahmen. Hochqualifizierte Musiker erklärten, es sei extrem schwierig, derartige Kompositionen zu fälschen, trotzdem nahm man an, diese Engländerin habe genau das getan. Aber sie stammte aus einer einfachen Arbeiterfamilie, hatte als Kind nur kurze Zeit Klavierstunden gehabt, war nie in Kompositionslehre unterrichtet worden und hatte, nach Aussage von Freunden, nie ein besonderes Interesse an der Musik gezeigt. Ihr Fall ist bis heute ungeklärt. Eine ungebildete Frau könnte unter normalen Umständen unmöglich Kompositonen schreiben, die alle Merkmale der Werke einiger der größten Komponisten aller Zeiten aufweisen. Andererseits können wir nicht gut annehmen, die Geister deutscher Komponisten hätten nur darauf gewartet, einer ungebildeten, an Musik nicht interessierten Engländerin neue Werke zu diktieren.

Zur Zeit gibt es noch keine wissenschaftlichen Verfahren, mit denen sich solche unbegreiflichen Fälle wie der dieser Engländerin kritisch beurteilen lassen. Dennoch hat man immer wieder versucht, der ÜSW-Forschung eine wissenschaftliche Grundlage zu geben. Bei einem gängigen Experiment verwendet man besondere Spielkarten: 25 Karten, von denen jeweils fünf mit dem gleichen Zeichen versehen sind (einem Stern, einem Kreuz, einem Quadrat, einem Kreis und einem Muster aus mehreren Wellenlinien). Die Karten werden gemischt und dann auf einen Tisch gelegt, wo die Versuchsperson sie nicht sehen kann. Der oder die Betreffende wird dann aufgefordert, die Reihenfolge der Karten zu erraten (Hellsehen) oder die Karte zu nennen, auf die der Versuchsleiter sich konzentriert (Telepathie). Besitzt die Person keine besonderen ÜSW-Fähigkeiten und rät einfach, so ist nach der Zufallserwartung damit zu rechnen, daß sie von den 25 Karten fünfmal die richtige nennt. Manche Menschen kommen zu einem wesentlich besseren Ergebnis. In einem Zeitraum von vier Jahren konnte eine Frau bei zahllosen Tests im Durchschnitt 6,8 Karten richtig identifizieren. Dieses Ergebnis sieht vielleicht – wenn man durch bloßes Raten schon fünf Karten richtig identifizieren kann – nicht umwerfend aus, aber statistisch ist es bemerkenswert. Andere Personen erzielten bei diesem Test ein ganz schlechtes Ergebnis, jedoch auf eine ungewöhnliche Art und Weise – indem sie nicht die Karte identifizierten, auf die der Versuchsleiter blickte, sondern oft die nächste auf dem Stapel –, was die Möglichkeit der Präkognition nahelegt.

Bisher wurden weder die Wissenschaftler, die diese Versuche leiteten, noch die Versuchspersonen des Betrugs überführt. Weil aber die ÜSW allen bekannten Naturgesetzen zuwiderläuft, glauben die allermeisten Psychologen nach wie vor nicht an ihre Existenz. Eine gedankliche Telepathie ließe sich beispielsweise nur dadurch erklären, daß Hirnströme von einer Person auf eine andere übertragen werden. Aber diese Erklärung ist nicht akzeptabel, weil die außerordentlich schwachen Hirnströme nur mit hochempfindlichen Instrumenten nachzuweisen sind und man sich nicht vorstellen kann, daß sie von einem Gehirn auf ein anderes überspringen. Außerdem müßte jeder Beweis für die Existenz der ÜSW zwangsläufig davon ausgehen, daß das außergewöhnliche Individuum ein sensorisches Rüstzeug besäße, das sich drastisch von dem der übrigen Bevölkerung unterscheidet – und der Nachweis ist den ÜSW-Forschern bis heute nicht gelungen. Schließlich erhebt sich noch die Frage: Wenn ein paar außergewöhnliche Personen tatsächlich übersinnliche präkognitive Kräfte besitzen, warum treiben sie dann nicht die Spielkasinos in den Bankrott, indem sie die Karten beim Siebzehn-und-vier oder die nächste Zahl beim Roulett voraussagen? Tatsächlich gibt es bereits eine Antwort auf diese Frage. Personen, die bei ÜSW-Tests durch gute Ergebnisse auffielen, wurden von Psychologen nach Las Vegas begleitet. Sie schafften es nicht, die Bank zu sprengen.

Es gibt derzeit noch keine einfache Antwort auf die Frage, ob die ÜSW nun tatsächlich existiert, sei es als allgemein menschliche Eigenschaft, sei es als seltene Begabung weniger Individuen. Eine Reihe verblüffender Fälle läßt lediglich darauf schließen, daß manche Menschen offenbar Kräfte besitzen, die sich heute mit den bekannten Naturgesetzen noch nicht erklären lassen. Bisher war es nicht möglich, absolut verläßliche Experimente zur Überprüfung dieser Fähigkeiten zu entwickeln, die Ergebnisse mit denen gewöhnlicher Menschen zu vergleichen und alternative Erklärungen zu finden, die nicht gegen eines der das Universum lenkenden Naturgesetze – soweit sie uns bekannt sind – verstoßen. Man muß die ÜSW offenbar als eine mögliche, bisher jedoch unbewiesene Fähigkeit der Spezies Mensch ansehen. Das ist in der Naturwissenschaft keine ungewöhnliche Situation. Kopernikus' Theorie, daß sich die Erde um die Sonne drehe, basierte auf der Parallaxe der Sterne, doch es vergingen noch zwei Jahrhunderte, ehe Astronomen die Existenz der Parallaxe nachweisen konnten. Und die Existenz von Atomen (griechisch: atomos = unteilbar) wurde weit über 2000 Jahre lang als gegeben angenommen, doch die Tatsache, daß sie sich spalten lassen, wurde erst auf dramatische Weise demonstriert, als über Alamogordo in New Mexico 1945 eine pilzförmige Wolke aufstieg.*

Den Sozialwissenschaftlern ist längst bekannt, daß die Kultur, in der ein Mensch aufwächst, die Art und Weise beeinflußt, wie er die Welt wahrnimmt. Man weiß zum Beispiel, daß in manchen Kulturen runde Objekte beliebter sind als rechtwinklige. In westlichen Kulturen dominieren rechtwinklige Objekte, man denke nur an die Form von Häusern, Möbeln, Fernsehschirmen, Kinoleinwänden, Büchern, Türen und sonstigen mit Zimmermannswerkzeug angefertigten Gegenständen. In anderen Kulturen sind runde Objekte gebräuchlicher; die Zulus in Südafrika leben in runden Häusern innerhalb von runden Gehöften, halten ihr Vieh in runden Pferchen und verwenden Kreise bei der Darstellung ihrer religiösen Zeremonien. Wie sich diese traditionellen Formen auf die Wahrnehmung auswirken, wurde in der sogenannten «Hypothese von der gezimmerten Welt» zusammengefaßt und in einem Test überprüft, dem die hier abgebildete optische Täuschung – das Sander-Parallelogramm – zugrunde liegt.

Eine in einer westlichen Kultur aufgewachsene Person, die dieses Parallelogramm betrachtet, neigt zu der Vermutung, daß die Diagonale *AC* länger ist als die Diagonale *CB*. Beim Nachmessen stellt

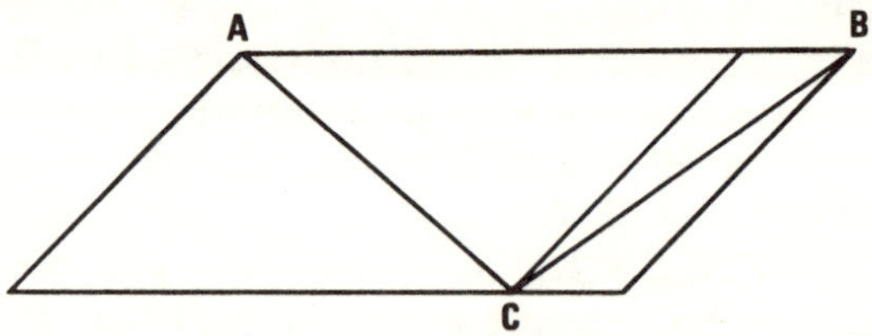

Das Sander-Parallelogramm

sich jedoch heraus, daß *AC* in Wirklichkeit etwa fünfzehn Prozent kürzer ist als *CB*. Eine kurze Überlegung macht klar, warum bei Leuten aus westlichen Kulturen dieser Irrtum naheliegt. Die gezimmerte Welt, in der wir leben, konfrontiert uns mir rechteckigen Flächen, doch wir sehen kaum einmal einen rechten Winkel, da wir Objekte gewöhnlich von der einen oder der anderen Seite anschauen. Wir sehen die rechteckige Fläche eines Couchtisches fast nie direkt von oben. Vielmehr sehen wir das Rechteck gewöhnlich von der Seite und in einem spitzen Winkel, so daß es in der Form eines Parallelogramms erscheint. Unsere Alltagserfahrung sagt uns also, daß die Diagonale *AC* auf einem Couchtisch oder auf irgendeinem anderen dreidimensionalen rechtwinkligen Gegenstand länger sein muß als die Diagonale *CB*, und daher nehmen wir auch in einem zweidimensionalen Parallelogramm die Linie *AC* automatisch so wahr, als wäre sie länger. Doch die Leute im ländlichen Afrika, deren Welt durch runde Formen bestimmt wird, sind in bezug auf rechtwinklige Formen nicht in dieser Weise vorbelastet. Daß *CB* länger ist, ist für sie ganz klar zu sehen. Diese Leute aus dem ländlichen Afrika erliegen dagegen sehr viel leichter optischen Täuschungen, die auf Kreisformen aufbauen.*

Ein wichtiger Versuch, die kulturellen Unterschiede bei der Wahrnehmung zu erklären, betrifft die Sprache. Dazu sagte der Linguist Edward Sapir 1929:

> Menschliche Wesen leben weder nur in der objektiven Welt noch allein in der, die man gewöhnlich die Gesellschaft nennt. Sie leben auch sehr weitgehend in der Welt der besonderen Sprache, die für ihre Gesellschaft zum Medium des Ausdrucks geworden ist.

Mehrere Jahre danach machte sich Benjamin Lee Whorf, einer von Sapirs Studenten an der Yale-Universität, an die mühsame Aufgabe, die Sprache der Hopi-Indianer mit europäischen Sprachen zu vergleichen und zu untersuchen, auf welch verschiedene Art die Hopi und die Menschen in westlichen Kulturen die Welt wahrnehmen. Er kam zu dem Schluß, daß Menschen zu Gefangenen der Sprache werden, die sie in der Kindheit lernen, und er erklärte, daß die Sprache «nicht nur ein reproduktives Instrument zum Ausdruck von Gedanken ist, sondern vielmehr selbst die Gedanken formt... Wir gliedern die Natur an Linien auf, die uns durch unsere Muttersprachen vorgegeben sind.»*

Die Sapir-Whorf-Hypothese erscheint auf den ersten Blick vernünftig. Der gesunde Menschenverstand sagt uns, daß man ein Objekt leichter wahrnehmen, im Gedächtnis behalten und darüber reden kann, wenn es in der Alltagssprache ein Wort dafür gibt. Die Eskimosprache müßte also mit ihren zahlreichen Ausdrücken für die verschiedenen Arten von Schnee das Bewußtsein der Eskimos für die subtilen Unterschiede in den Schneebedingungen schärfen, während Menschen, die eine andere Sprache sprechen, diese Unterschiede übersehen würden. Das trifft möglicherweise zu, aber es trifft auch zu, daß die Menschen welcher Sprache auch immer, bei Bedarf keine Schwierigkeiten haben, neue Wörter zu erfinden – wie das zum Beispiel die Skisportler getan haben, um zwischen verschiedenen Arten von Schnee zu unterscheiden. Whorfs Interesse galt allerdings eher den Unterschieden in der elementaren Sprachstruktur als einer nüchternen Betrachtung des Vokabulars. Einige Experimente scheinen die Richtigkeit dieses Vorgehens zu bestätigen. Er verglich die Art und Weise, wie Navaho sprechende Kinder und englischsprechende Navaho-Kinder in derselben Reservation bestimmte Objekte sortierten. Kinder, die Navaho sprachen, sortierten die Objekte im allgemeinen nach der Form, während die englischsprechenden Kinder von der Farbe ausgingen. Zum Teil läßt sich dieser Unterschied mit gewissen Eigenarten der Navaho-Sprache erklären. Das Verb, das man im Deutschen mit «aufheben» wiedergeben würde, hat verschiedene Formen, je nach den Eigenschaften des Objektes, das aufgehoben wird. Ist das Objekt rund und dünn, wird eine andere Verbform verwendet als bei einem langen und biegsamen Objekt. Auch andere Navaho-Verben orientieren sich an der Form von Objekten, etwa die Wörter für «fallen lassen» und «halten». Anscheinend zwingt die Navaho-Sprache dazu, auf Formen zu achten, so daß es für den, der diese Sprache spricht, naheliegt, Objekte auf dieser Grundlage zu kategorisieren. Diese scheinbare Bestätigung der Sapir-Whorf-Hypothese wurde allerdings erheblich erschüttert, als man entdeckte, daß von Haus aus englischsprechende Kinder in Bostoner Schulen Objekte ebenfalls nach ihrer Form sortierten.*

Die meisten Linguisten und Psychologen begegnen der Sapir-Whorf-Hypothese mit Skepsis. Jedem Experiment, das zu bestätigen schien, daß eine Sprache unweigerlich den Menschen, die sie sprechen, gewisse Wahrnehmungsstrukturen aufzwingt, stand ein anderes gegenüber, das zu der Hypothese nichts beitrug. Es ist doch wohl so, daß die Sprache nicht in erster Linie kulturelle Unterschiede *bewirkt*, sondern eher die bereits existierenden kulturellen Besonderheiten *reflektiert*. Es fanden sich auch nirgendwo handfeste Beweise dafür, daß eine Sprache die Ausdrucksmöglichkeiten derjenigen, die sie sprechen, ernsthaft einengt. Isoliert lebende melanesische Jäger-Sammler-Gruppen und Nahrungsproduzenten, die während des Zweiten Weltkriegs mit der modernen Technologie in Berührung kamen, paßten ihre Sprache in kürzester Zeit Dingen und Ideen an, die sie sich bis dahin unmöglich hatten vorstellen können. Die Geschichte der Sprache ist nicht so sehr die Geschichte von Menschen in verschiedenen Kulturen, die von ihrer Sprache in die Irre geführt wurden, als vielmehr die Geschichte einer erfolgreichen Überwindung der Grenzen, die von Natur aus allen Sprachsystemen gesetzt sind.

Zu Beginn dieses Jahrhunderts wuchs in Eward B. Titchener, einem einflußreichen amerikanischen Psychologen, die Überzeugung, daß seine Wissenschaft sich mit den Elementen des Erlebens befassen sollte, die eine Art «Bewußtsein» formen und auf Sinneseindrücken wie Farben, Geschmacksrichtungen und Gerüchen beruhen. Aus diesen Hinweisen, so sagte er sich, würde schließlich eine definitive Aussage über die geistigen Fähigkeiten der Spezies Mensch hervorgehen. Als erstes stellte er sich daher die Aufgabe, die vertraute Wahrnehmungswelt zu analysieren und die einzelnen Elemente des Empfindens zu isolieren. Im Hinblick auf Farben will er etwa 35000 Empfindungen isoliert haben, bei akustischen Reizen etwa 11000, bei Geschmacksempfindungen ganze vier (süß, sauer, bitter und salzig). Insgesamt kam er schließlich auf 46708 elementare Empfindungen und eine unbestimmte Zahl von Gerüchen, und sie alle waren nach seiner Überzeugung Bestandteile des menschlichen Bewußtseins. Später erweiterte er seine Theorie noch dahingehend, daß er den Empfindungen auch Dinge wie angenehme und unangenehme Gefühle zuschlug und Empfindungen mischte, um daraus Wahrnehmungen zu formen. Eine Zeitlang übte er mit seinem Werk Einfluß aus, doch heute wird er kaum mehr zur Kenntnis genommen – und bei den Psychologen herrscht nach wie vor keine einhellige Meinung über das, was «Bewußtsein» nun wirklich ist.

Der Begriff Bewußtsein war schon immer ein umstrittenes Thema bei Philosophen und Psychologen, die sich endlos über die Unterschiede zwischen Geist und Materie oder zwischen Körper und Seele ereiferten. Wahrscheinlich hat kein anderes Thema je so viele Metaphern hervorgebracht. Als die Archäologen im neunzehnten Jahrhundert anfingen, an bestimmten Stellen die Erde in Schichten abzutragen, um die Spuren der Vergangenheit bloßzulegen, führte das auch zu einem neuen Bild des Bewußtseins: man stellte es sich in Schichten vor, die sich nacheinander abheben lassen, bis das eigentliche Wesen des Individuums zum Vorschein kommt. Als dann etwas später bemerkenswerte Entdeckungen in der Chemie gemacht wurden, sah man das Bewußtsein als zusammengesetzte Struktur, ähnlich denen, die man im Labor analysieren konnte. Angesichts der industriellen Expansion verglich eine neue Metapher das Bewußtsein mit dem Kessel einer Dampfmaschine, der seine Energie freisetzen muß, entweder im Verhalten oder in Träumen, um der Gefahr einer Explosion vorzubeugen. Die Sprache des Alltags ist voll von Metaphern, die etwas über das Bewußtsein aussagen. Wir «ringen» mit einem Problem oder versuchen es von einem anderen «Standpunkt» aus «anzugreifen», bis wir es «begreifen». Wir können dabei «engstirnig» oder «flexibel» vorgehen; unser Bewußtsein kann «gestört» oder «getrübt» sein; wir können etwas im Kopf «behalten», es «eindringen lassen» oder es uns «aus dem Kopf schlagen».

Das Paradoxe am Bewußtsein ist, daß wir es zu definieren versuchen, obwohl es sich letztlich immer wieder der Definition entzieht. Es fällt den Psychologen leichter, sich darüber zu einigen, was das Bewußtsein nicht ist, als darüber, was es ist. Wenn ein Mensch «das Bewußtsein verloren» hat, dann befindet er sich nach allgemeinem Sprachgebrauch in einem besonderen Zustand, in dem jede Wahrnehmungstätigkeit aufgehört hat. Verschiedene Verletzungen des Gehirns und anderer Körperpartien, schwere emotionale Belastung, Alkohol, Drogen, Hypnose – sie alle können diesen Zustand auslösen. Auch wenn ein Bewußtseinsverlust noch nicht offenbart, was das Bewußtsein ist, so macht er doch deutlich, daß ein erlebendes Selbst existiert, ein Geist, der die Dinge registriert und über die eigenen Handlungen reflektiert. In der Tat sind die meisten Menschen überzeugt, unabhängig von ihrem Körper einen bewußten Geist zu haben. Es gibt Hinweise darauf, daß im Gehirn des Menschen eine Vorstellung seines Körpers gespeichert ist. Ein Amputierter kann beispielsweise Schmerzen in dem Glied haben, das er verloren hat. Man hat die Zunahme des Bewußtseins bei Kindern untersucht und festgestellt, daß sie erst im Alter von mehreren Jahren Raum-, Größen- und Richtungsvorstellungen entwickeln, mit denen sie die Beziehung von Gegenständen zueinander und zu sich selbst zu beschreiben vermögen.*

Alle Menschen verlieren im Schlaf periodisch das Bewußtsein. Weil wir an den normalen Rhythmus von Schlafen und Wachen gewöhnt sind, denken wir nicht darüber nach, wie merkwürdig es ist, daß das Bewußtsein, auf das wir so stolz sind und das wir für den Kern unserer Individualität halten, für etwa ein Drittel unseres Lebens völlig ausgeschaltet ist. Der Schlaf ist eine der rätselhaftesten und am wenigsten verstandenen menschlichen Verhaltensweisen. Bis vor wenigen Jahrzehnten noch nahm man an, der Schlaf sei die Zeit, während der das Gehirn ruht. Heute weiß die Wissenschaft, daß das schlafende Gehirn so aktiv ist wie das wache, und daß es während bestimmter Perioden des Schlafs voll damit beschäftigt ist, Informationen zu verarbeiten. Die Annahme, Schlaf sei die Folge der Ermüdung, scheint bestenfalls eine unzulässige Vereinfachung. Die Funktion des Schlafes besteht auch nicht darin, nach der Überbeanspruchung durch Sinnesreize, denen der wache Mensch ausgesetzt ist, für Erholung zu sorgen. Freiwillige Versuchspersonen, die sich zu Experimenten bereit erklärten, bei denen alle Sinnesreize ausgeschaltet werden sollten, wurden jeweils allein in einem Raum untergebracht, der absolut dunkel und schalldicht war; um taktile Empfindungen auszuschließen, trugen sie sogar Handschuhe. In dieser Atmosphäre völliger Reizfreiheit schliefen sie am ersten Tag zwischen zwölf und vierzehn Stunden lang. Das kam vermutlich daher, daß die Versuchspersonen nichts anderes zu tun hatten, als zu schlafen; mit Sicherheit hatten sie nicht das Bedürfnis, sich von allzu vielen Wahrnehmungsreizen zu erholen.

Man weiß nicht einmal genau, wieviel Schlaf der Mensch braucht. Noch vor einer Generation stand in den meisten Gesundheitsfibeln, Erwachsene würden pro Nacht acht Stunden Schlaf benötigen. Heute neigt man zu der Ansicht, daß das erforderliche Quantum Schlaf eine höchst individuelle Angelegenheit ist. Es sind Fälle von besonders aktiven Menschen bekannt, die ein halbes Jahrhundert lang nie mehr als vier Stunden pro Nacht geschlafen haben. Andererseits kann selbst ein gesunder Mensch gelegentlich bis zu siebzehn Stunden brauchen. Immer wieder wird einmal von irgendwelchen Leuten behauptet, sie seien extrem lange ohne jeden Schlaf ausgekommen, aber die meisten dieser Fälle hielten einer wissenschaftlichen Überprüfung nicht stand. Der erstaunlichste Mangel an Schlafbedürfnis, der bisher belegt werden konnte, ist der Fall eines Oberschülers: Unter ständiger Überwachung durch die Forscher des Schlaflaboratoriums der Stanford-Universität blieb er 264 aufeinanderfolgende Stunden – genau elf Tage – wach, ohne ernsthafte emotionale Veränderungen zu zeigen. Tatsächlich blieb er so munter, daß er in der letzten Nacht seiner Vigilien einen der Wissenschaftler bei jedem Spiel in einer Spielhalle besiegte. Er zeigte auch hinterher kein besonderes Bedürfnis, den versäumten Schlaf nachzuholen. Nach einem ersten vierzehnstündigen Schlaf blieb er anschließend 24 Stunden auf, bevor er sich erneut schlafen legte, diesmal für ganze acht Stunden.*

Die Schlafforscher haben bisher noch keine befriedigende Antwort auf die naheliegende Frage geben können: Was lockt uns jeden Abend von unserer Arbeit, unseren Freizeitbeschäftigungen, unserer Familie und unseren Freunden weg in die abgekapselte Welt des

Schlafes? Es fällt einem schwer, zu glauben, daß Menschen ein Drittel ihres Lebens in einem Zustand verbringen, der zu nichts nutze ist. Einen Wissenschaftler machten die Mißerfolge bei der Suche nach der Funktion des Schlafes so pessimistisch, daß er sich fragte, ob es eine solche Funktion überhaupt gibt:

> Wenn der Schlaf keine absolut lebensnotwendige Funktion hat, ist er der größte Fehler des Evolutionsprozesses. Der Schlaf hindert den Menschen daran, Nahrung zu suchen und zu verzehren. Er steht der Zeugung neuen Lebens im Wege. Er macht den Menschen hilflos beim Angriff von Feinden. Der Schlaf vereitelt die willkürliche Motorik im gesamten Repertoire unserer Selbsterhaltungsmechanismen. Wie konnte die natürliche Selektion mit ihrer unumstößlichen Logik «zulassen», daß das Tierreich ohne jeden einleuchtenden Grund den Preis des Schlafes zahlen muß? In der Tat ist der Schlaf ein so offenkundig schlecht angepaßtes Verhalten, daß man sich einfach fragen muß, warum die Evolution nicht irgendeinen anderen Zustand hervorgebracht hat, um diesem Bedürfnis – von dem wir nicht mehr wissen, als daß es durch den Schlaf befriedigt wird – Rechnung zu tragen.

Heute glaubt allerdings kaum noch ein Wissenschaftler, daß die natürliche Selektion mit dem menschlichen Verhalten ein so infames Spiel treibt.* Bevor ich auf einige mögliche Funktionen des Schlafes eingehe, will ich erst ausführlicher erläutern, was der Schlaf überhaupt ist.

Die neuen Erkenntnisse über den Schlaf begannen ganz zufällig im Jahr 1952, als ein älterer Student beauftragt wurde, auf die Augenlider schlafender Versuchspersonen zu achten und festzustellen, ob sie sich irgendwie bewegten. Er beobachtete, daß zu bestimmten Zeiten während der Nacht die Augäpfel der Schlafenden unter den geschlossenen Lidern heftig hin- und herfuhren. (Augenbewegungen sind auch bei geschlossenen Lidern sehr leicht zu sehen; Sie können sich selbst überzeugen, wenn Sie jemanden auffordern, bei geschlossenen Lidern die Augen zu rollen.) Diese Aktivität der Augäpfel war völlig unerwartet, denn man hatte den Schlaf immer für eine Zeit der absoluten Ruhe gehalten und nicht geglaubt, daß das Gehirn in dieser Zeit Augenbewegungen produzieren könne, die oft schneller waren, als sie ein Mensch im Wachzustand schafft. Seitdem hat man über diese in gewissen Phasen des Schlafes auftretenden raschen Augenbewegungen – man spricht auch von REM-Phasen oder REM-Schlaf, nach dem englischen «rapid eye movements» – vieles dazugelernt. Den REM-

Schlaf begleiten immer ein charakteristisches Hirnstrombild, ein deutliches Ansteigen der Blutzufuhr und der Temperatur des Gehirns, eine unregelmäßige Atmung, krampfartige Zuckungen des Gesichts und der Fingerspitzen und eine Erektion des Penis und der Klitoris. Der REM-Schlaf ist ein aktiver Schlaf, auch wenn die großen Muskeln des Körpers völlig entspannt sind. Die andere Art des Schlafens bezeichnet man als NREM-Schlaf (Non-REM-Schlaf). In diesem Zustand geht der Atem regelmäßig, der Körper bleibt im allgemeinen unbewegt und die Hirnaktivität ist gering. Es kommt nicht mehr zu Wahrnehmungen, da die Sinnesorgane keine Informationen mehr sammeln und an das Gehirn weiterleiten. Der NREM-Schlaf wird gelegentlich als «ruhiger Schlaf» bezeichnet, aber in einem Punkt trifft das nicht zu: Das Schnarchen fällt in diese Phase.

Eigenartige Vorgänge kennzeichnen den Beginn des Schlafes. Unmittelbar vor dem Einschlafen erlebt man oft einen elektrischen Schock, einen Lichtblitz oder einen Donnerschlag – doch am häufigsten ist ein Gefühl des Schwebens oder Fallens, weshalb auch der Ausdruck «in den Schlaf sinken» wissenschaftlich durchaus haltbar ist. Ein fast immer mit dem Einschlafen verbundener Vorgang (an den sich allerdings nicht jeder erinnert) ist ein plötzliches, unkoordiniertes Zucken des Kopfes, der Glieder oder auch des ganzen Körpers. Die meisten Menschen glauben, das Einschlafen sei ein langsames Hinübergleiten, doch in Wirklichkeit ist es kein allmählicher Übergang. Es geschieht augenblicklich. Eben noch ist das Individuum wach, im nächsten Augenblick schon nicht mehr.

Der erste Teil des Schlafes ist immer eine NREM-Phase. Sie durchläuft vier Stadien, in denen sich der Schläfer immer weiter von der sinnlich wahrnehmbaren Umwelt entfernt. Insbesondere Kinder sind im vierten Stadium praktisch nicht wach zu bekommen. Selbst wenn es schließlich gelingt, sie aufzuwecken, können noch mehrere Minuten vergehen, bis sie voll bei Bewußtsein sind. Dieses vierte Stadium ist der Abschnitt, in dem sich fast ausschließlich das Sprechen im Schlaf, das Schlafwandeln und bei Kindern die Nachtangst und das Bettnässen abspielen. Nach dem vierten Stadium durchläuft der Schläfer alle Stadien in umgekehrter Reihenfolge zurück zum leichteren Schlaf. Der Abstieg in den ersten Tiefschlaf verläuft gleichmäßig, doch der anschließende Aufstieg vollzieht sich in unregelmäßigen Sprüngen von einem Stadium zum nächsten. Die erste REM-Phase beginnt etwa siebzig oder achtzig Minuten nach dem Einschlafen und dauert gewöhnlich nur etwa zehn Minuten. Der gesamte Zyklus aus REM- und NREM-Phase dauert im Durchschnitt ungefähr neunzig Minuten; bei manchen Individuen sind es allerdings nur siebzig, bei anderen hundertzehn. Die zwei Arten des Schlafes – die sich voneinander ebenso stark unterscheiden wie das Schlafen vom Wachsein – wechseln sich die ganze Nacht hindurch ab. Mit jedem Zyklus wird die REM-Phase etwas länger, und die letzte, kurz vor dem Aufwachen, kann bis zu sechzig Minuten dauern; dagegen werden die NREM-Phasen erheblich kürzer. Ein Erwachsener, der siebeneinhalb Stunden schläft, verbringt zwischen eineinhalb und zwei Stunden davon im REM-Schlaf, überwiegend gegen Ende der Nacht.

Durch die neuen Erfahrungen über den Schlaf, die man in den letzten zwei Jahrzehnten in vielen Kliniken gesammelt hat, sieht man im Schlaf nicht mehr «des Todes Abbild», wie es Shakespeare ausdrückte.* Der Schlaf ist nicht passiv, ist nicht einfach ein Zustand, in dem die für das Wachsein typischen Aktivitäten unterbleiben. Es ist vielmehr ein aktiver Zustand, in dem das Gehirn

Die Phasen des Schlafes

Das Elektroencephalogramm (EEG) zeichnet mit Hilfe von Elektroden, die an verschiedenen Stellen der Schädeldecke angebracht werden, die elektrische Hirntätigkeit auf. Die typischen EEG-Kurven auf unserem Bild machen deutlich, daß sich die Hirntätigkeit eines Menschen kontinuierlich ändert, vom Wachsein über den NREM-Schlaf zum REM-Schlaf. Einen Menschen, der wach, aber mit geschlossenen Augen daliegt, zeigt das Wellenmuster ganz oben: hohe Frequenz, geringe Amplitude. Wenn der Schläfer in das erste Stadium des NREM-Schlafes eintritt, nimmt die Frequenz der Wellen in der Hirnstromkurve ab. Wenn der absolute Tiefschlaf im vierten Stadium erreicht ist, haben wir eine niedere Frequenz und eine hohe Amplitude. Ganz anders sehen dagegen die Hirnwellen im REM-Schlaf aus. Sie ähneln vielmehr den Wellen des Wachzustandes – obschon der REM-Schlaf in anderer Hinsicht ein sehr tiefer Schlaf ist. Während der REM-Phase sind Menschen sehr schwer zu wecken, sie reagieren nicht auf Sinnesreize, und der gesamte Muskelapparat ist völlig erschlafft. Da die REM-Phase die Zeit ist, in der der Mensch träumt, ist der Verlust des Muskel-Tonus wahrscheinlich eine evolutionäre Anpassung, die verhindern soll, daß der Körper die geträumten Handlungen aktiv nachvollzieht.

Die untere Kurve zeigt an, wie oft die einzelnen Schlafstadien in einer Nacht normalerweise durchlaufen werden. Die von einem fortlaufenden EEG aufgezeichnete Kurve macht deutlich, daß der Mensch nicht langsam in den Schlaf sinkt und dann langsam wieder aufwacht. Vielmehr durchläuft er immer wieder die verschiedenen Schlafstadien. Mit jedem Zyklus wird die REM-Phase länger, und gegen Ende der Nacht kann sie eine volle Stunde andauern. Am rätselhaftesten ist der Tiefschlaf, das vierte Stadium des NREM-Schlafes. Dieses Stadium scheinen andere Säugetiere nicht zu kennen, und sogar beim Menschen kommt es nur in der ersten Phase der

keineswegs ruht. Eine Theorie über den Schlaf des Menschen schreibt den zwei Arten des Schlafens verschiedene Funktionen zu. Im NREM-Schlaf geschieht offenbar das, was traditionell dem gesamten Schlaf zugeschrieben wurde: Wachstum, Erholung der Zellgewebe des Körpers und die Synthese von Proteinen. Der NREM-Schlaf ist eine biologische Notwendigkeit; ohne ihn würde ein Mensch schließlich kollabieren. Bei einem Schlafdefizit wird gewöhnlich der NREM-Schlaf zuerst nachgeholt. Bis der Schlafentzug kompensiert ist, fühlt sich der Betreffende träge und weniger zu körperlichen Leistungen befähigt als sonst.

Dagegen setzt der REM-Schlaf offenbar die dem Bewußtsein zugrundeliegenden nervösen Prozesse wieder in Gang; er betrifft mehr die cerebralen als die körperlichen Vorgänge. Leute, denen man den REM-Schlaf vorenthält, sind nicht körperlich träge, sondern emotional gereizt; in Konzentrations- und Lerntests schneiden

Schlafperiode vor. Obschon es äußerst schwierig ist, einen Schläfer in dieser Phase aufzuwecken, ist es gerade die Zeit, in der Schlafwandler aktiv werden.

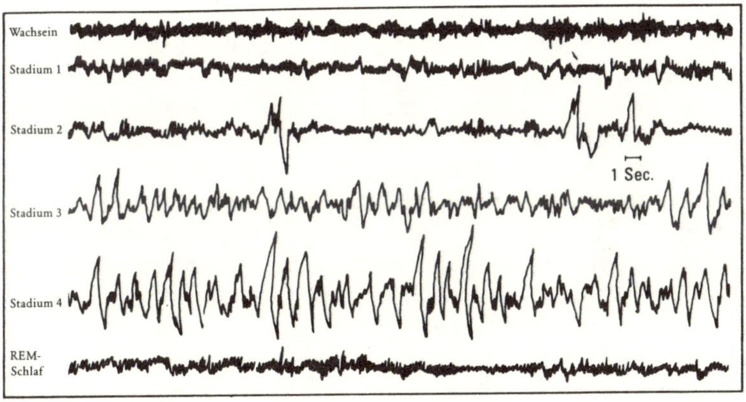

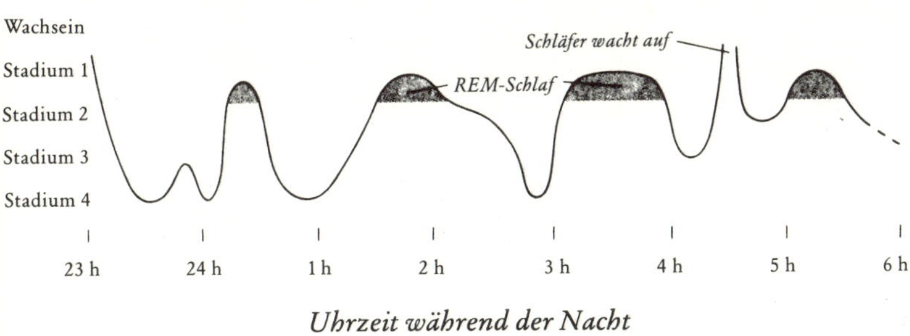

sie gewöhnlich schlecht ab. Der REM-Schlaf scheint entscheidend dazu beizutragen, daß neu Erlerntes in das Langzeitgedächtnis integriert wird. Studenten, die eine ganze Nacht durchmachen, um für eine Prüfung zu büffeln, haben gewöhnlich weniger Erfolg als die anderen, die geschlafen haben. Diese Studenten haben zwar für den Augenblick eine Menge neuer Fakten gelernt, können sich aber an diese Fakten nicht erinnern, denn diese müssen erst im Schlaf weiterverarbeitet und dem Gedächtnis einverleibt werden. Der REM-Schlaf scheint dem Menschen auch zu helfen, mit den Alltagsbelastungen fertig zu werden. Bei Experimenten zeigte sich, daß freiwillige Versuchspersonen, die Streß-Situationen ausgesetzt waren, ein stark erhöhtes Bedürfnis nach REM-Schlaf hatten, der sie dann offenbar mit den traumatischen Erlebnissen Frieden schließen ließ. Derartige Experimente beweisen von neuem, daß der Schlaf zu den aktivsten Abschnitten im 24-Stunden-Tag eines Menschen gehört.*

Eine andere Erklärung dafür, daß wir den Schlaf brauchen, hängt mit den biologischen Rhythmen zusammen, die das Verhalten aller Lebewesen beeinflussen. Alles Leben muß sich den Fluktuationen der Umwelt anpassen: dem Auf und Ab der Gezeiten, dem Wechsel von Tag und Nacht, den Mondphasen und dem Gang der Jahreszeiten. Alle Lebewesen haben biologische Rhythmen entwickelt, die den Zyklen ihrer Umwelt entsprechen. Wenn auch der Mensch heute mit Hilfe des elektrischen Lichts die Nacht zum Tage machen kann, wenn er auch im Überschallflugzeug der aufgehenden Sonne nachjagen kann, so wurde doch die längste Zeit in der Geschichte der Menschheit mit der Anpassung an die Rhythmen der Umwelt verbracht. Solche Reaktionen, die sich im Laufe von Millionen Jahren im Körper des Menschen verankert haben, verlieren sich nicht so schnell. Tatsächlich gibt es über hundert physiologische Funktionen im menschlichen Körper, die jeden Tag zwischen einer maximalen und einer minimalen Effizienz schwanken. Diesen täglichen Rhythmen unterliegen nachweisbar die Körpertemperatur, der Blutzucker, das Leberglykogen, die Zahl der weißen Blutkörperchen, die Aktivität der Nebenniere, die DNS-Synthese, die Zellteilung und die geistige Leistungskraft. Die Körpertemperatur ist zum Beispiel in der Mittagszeit am höchsten und fällt in den frühen Morgenstunden auf ihren tiefsten Punkt. Leute, die nachts aufbleiben, frösteln gewöhnlich gegen vier Uhr früh, auch wenn sie in einem gut beheizten Raum sind. Bei Tests, mit denen die geistige Leistungsfähigkeit bestimmt wird, erzielt dasselbe Individuum nachts gewöhnlich viel schlechtere Ergebnisse als mittags. Dieses schlechte Abschneiden hat nicht etwa mit Schlafmangel zu tun:

Personen, die 24 Stunden nicht geschlafen haben, erzielen mittags immer noch ein besseres Ergebnis als in der Nacht.

Vielleicht gibt es für den Schlaf doch eine durch die Evolution bedingte Erklärung: Der Schlaf fällt in den Zeitraum, in dem der tägliche Rhythmus sein Tief erreicht, d. h. wenn die Effizienz am geringsten ist. Zwar ist jeder Mensch den täglichen Rhythmen ausgeliefert, aber die genaue Zeitbestimmung ist eine individuelle Angelegenheit. Manche Menschen sind morgens beim Aufwachen in einer äußerst aktiven Verfassung, bereit, sich den Aufgaben des Tages zu stellen; andere sind tagsüber träge und erreichen erst am Abend den Gipfel ihrer Leistungskraft. Diese von der Tageszeit abhängigen Leistungsschwankungen machen sich ungefähr in der sechsten Woche nach der Geburt bemerkbar, und zwar zuerst im Herzschlag und in der Körpertemperatur. Wenn das Kind ein Jahr alt ist, hat es bereits alle deutlich definierten Rhythmen des Erwachsenen. Wie bei den Erwachsenen gibt es auch bei Kindern große Unterschiede im präzisen Timing der vielen Rhythmen des 24-Stunden-Ablaufs. In der Tat sind die Unterschiede dabei von Mensch zu Mensch so beträchtlich, daß sie möglicherweise eine gute Ausgangsbasis für die biologische Definition der Individualität wären.*

Um den Zusammenhang zwischen Schlaf und Träumen zu erforschen, wurden zahlreiche Versuchspersonen während des REM-Schlafes aufgeweckt, und 74 Prozent von ihnen erinnerten sich an ihre Träume – während es bei Personen, die aus einem NREM-Schlaf geweckt wurden, ganze sieben Prozent waren. Außerdem stellte sich bei ihren Berichten ein erstaunlicher Unterschied in der Art der Träume heraus. Die wenigen Leute, die während einer NREM-Phase geträumt hatten, schilderten kurze und recht blasse Träume. Es waren im allgemeinen realistische Vorgänge mit nur wenigen Personen oder Objekten, und auch visuell geschah nicht viel. Im Gegensatz dazu waren die Träume der Leute, die aus einer REM-Phase geweckt wurden, komplex, erregend und oft so stark verzerrt, daß sie dem Träumenden Angst gemacht hatten. Der lebhafte Traum des REM-Schlafes gehört sicher zu den eindrucksvollsten der bisher bekannten Beispiele einer Dissoziation – das heißt, der Trennung des Bewußtseins in zwei scheinbar selbständige Wesenheiten. Die meisten Menschen, die sich an ihre Träume erinnern, berichten tatsächlich von zwei Ebenen des Bewußtseins: Auf der einen wird der Traum beobachtet, auf der anderen nimmt der Träumer aktiv teil. Durch das Elektroencephalogramm (EEG) weiß man, daß schon Säuglinge und viele Säugetierarten im REM-

Schlaf träumen, aber es sind mit Sicherheit ganz andere Träume als die des erwachsenen Menschen. Nachdem die Hominiden mit der Sprache und einer voll entwickelten Kultur in eine neue Phase ihres Verhaltens eingetreten waren, müssen Träume an Bedeutung gewonnen haben. Man konnte über sie reden, der einzelne und die soziale Gruppe konnten sie interpretieren und ihnen einen Sinn geben. Was bis dahin in der Evolution der Hominiden dem einzelnen eigentümlich und unbewußt gewesen war, versetzte den *Homo sapiens* nun in die Lage, mehr über sich selbst zu erfahren und das Innenleben anderer Mitglieder der Gruppe kennenzulernen.

Obzwar jeder Mensch träumt, werden in verschiedenen Gesellschaften Träume ganz unterschiedlich bewertet und interpretiert. Für die Menschen mancher Gesellschaften sind die Träume mit der Realität identisch. Wenn beispielsweise in Borneo ein Mann träumt, seine Frau habe Ehebruch begangen, dann hat er das Recht, ihren Vater aufzufordern, sie zurückzunehmen. Im siebzehnten Jahrhundert klagte ein Jesuitenmissionar über die Irokesen: «Sie haben, strenggenommen, nur eine einzige Gottheit – den Traum. Ihm unterwerfen sie sich, und sie befolgen alle seine Anordnungen mit äußerster Sorgfalt.» Die Irokesen fühlten sich verpflichtet, in ihren wachen Stunden alles auszuführen, was sie glaubten, in ihren Träumen getan zu haben. «Dieses Volk», fuhr der Jesuit fort, «würde sich eines großen Verbrechens für schuldig finden, wenn es auch nur einen einzigen Traum nicht genügend beachten würde.» Menschen anderer Kulturen sehen in Träumen prophetische Zeichen – etwa in der *Ilias,* wo Agamemnon im Traum von einem Boten des Zeus erfährt, was er unternehmen soll. Auch das Alte Testament enthält zahlreiche prophetische Träume, etwa die der Pharaonen oder die Jakobs und Josephs.

Aristoteles schloß sich nicht dem zu seiner Zeit in Griechenland herrschenden Glauben an, daß Träume Vorzeichen seien. Statt dessen nahm er die Theorien Freuds vorweg, wenn er in Träumen Reflexionen von Erlebnissen aus dem Wachzustand und emotionalen Bedürfnissen sah. Nach Freud werden persönliche Ängste, Hoffnungen und Beklemmungen, die im wachen Leben verdrängt waren, im Traum freigesetzt. Neuere Forschungen haben manches an dieser Theorie bestätigt, anderes widerlegt. Laut Freud sind Träume meist sehr individuell. Träumende sehen gewöhnlich sich selbst als Teilnehmer am Traumgeschehen, und in etwa zwei Dritteln der Traumphase träumen sie von guten Bekannten und Familienangehörigen. Andererseits sind die Träume der meisten Menschen nicht so bizarr, wie Freud annahm. In Begriffen der bildenden Kunst ausgedrückt, sind Träume gewöhnlich gegenständlich

(d. h. sie stimmen mehr oder weniger genau mit sichtbaren Objekten überein) oder impressionistisch, nicht aber abstrakt oder surreal.*

Nach den umfangreichen Informationen, die über Träume in verschiedenen Gesellschaften zusammengetragen wurden, sind bestimmte Aspekte des Träumens offenbar bei den Menschen in der ganzen Welt die gleichen, andere dagegen werden sehr stark von der jeweiligen Gesellschaft und der Persönlichkeit des Träumers beeinflußt. Übrigens haben Männer und Frauen in der gesamten Menschheit verschiedenartige Träume. Männer träumen öfter von anderen Männern als von Frauen, während Frauen gleichermaßen von beiden Geschlechtern träumen. Fast jeder Traum weist auch kulturelle Einflüsse auf. So haben zum Beispiel Träume, die beim australischen Stamm der Yir Yoront gesammelt wurden, mit bemerkenswerter Beharrlichkeit immer das gleiche Thema, was bei kaum einer anderen Gruppe von Menschen denkbar ist. Die Männer bei den Yir Yoront träumen häufig vom Geschlechtsverkehr mit einer Frau, die nach den Eheregeln der Gesellschaft eine angemessene Partnerin wäre. Ist sie das nicht, verhindert irgendeine Störung im Traum den Geschlechtsverkehr – und je eindeutiger das Nein der Gesellschaft zu geschlechtlichen Beziehungen mit dieser Frau wäre, desto nachhaltiger wird die Störung.*

Träume gehören in eine Kategorie von Phänomenen, die als «veränderter Bewußtseinszustand» bezeichnet werden. Ihnen wurde in den letzten Jahrzehnten in westlichen Gesellschaften mehr und mehr Aufmerksamkeit zuteil: eine Folge der Verwendung halluzinogener Drogen und der Meditation, hinzu kommt die Verbreitung esoterischer religiöser Bewegungen und verschiedener Kulte zur «Bewußtseinserweiterung». Der Begriff «veränderter Bewußtseinszustand» impliziert, daß bestimmte Zustände Modifikationen des «normalen» Bewußtseins sind, in dem der Mensch sein Alltagsleben verbringt. Der veränderte Bewußtseinszustand umfaßt also eine ziemlich breitgefächerte Kategorie menschlichen Erlebens und Verhaltens, und es ist schwierig, präzise Definitionen zu geben. Leichter ist es, Beispiele anzuführen: den Alhoholrausch, die hypnotisierende Wirkung einer Fahrt auf einer monotonen Autobahnstrecke, den Zustand unmittelbar vor dem Einschlafen, den hypnotischen Trancezustand, die Trance als Reaktion auf rhythmisches Trommeln, Wachträume, intensive Vertiefung in eine einzige Aufgabe, die völlige Entspannung der Muskeln beim Sonnenbaden und verschiedene religiöse Erfahrungen – um nur ein paar von den über sechzig Zuständen aufzuzählen, die bisher beschrieben wurden.

Bestimmte Drogen – man nennt sie «psychedelisch» oder

«bewußtseinserweiternd» – dienen seit Tausenden von Jahren und in vielen verschiedenen Zivilisationen dazu, das Bewußtsein zu verändern. Die vielleicht mildeste von ihnen ist das Marihuana, das aus dem ostindischen Hanf, einem gewöhnlichen Unkraut, gewonnen wird. In einigen asiatischen Gesellschaften ist es seit langem als Rauschmittel bekannt und stößt dort weder auf legale noch moralische Sanktionen – im Gegensatz zum Alkohol, den die gleichen Gesellschaften meist strikt ablehnen. Bekannt ist es mindestens seit dem Jahr 2737 v. Chr., als ein chinesischer Kaiser das Marihuana in einer Abhandlung über Drogen erwähnte. Marihuana wirkt sich auf jeden Menschen und in jeder Situation anders aus. Der am häufigsten zu beobachtende Effekt ist die Intensivierung von Sinnesreizen. Farben erscheinen kräftiger, Speisen schmecken besser, Musik klingt voller, und sexuelle Erfahrungen werden stärker – das alles mag ein Gefühl wecken, als sei die Welt irgendwie sinnvoller geworden. Gefährlich ist, daß Marihuana nicht nur die angenehmen, sondern auch die unangenehmen Erlebnisse steigern kann. Leute mit Sorgen, Ängsten oder Beklemmungen können die Erfahrung machen, daß Marihuana diese Gefühle noch vertieft. Viel stärker wirken Drogen wie das LSD, die Amphetamine und das Peyote, das lange Zeit in den religiösen Ritualen bestimmter Indianerstämme eine Rolle spielte. Wie beim Marihuana hängt auch bei diesen Drogen die Wirkung von den bisherigen Erlebnissen oder Erwartungen des Benutzers ab, sogar von den äußeren Umständen und selbst von den Personen, die zugegen sind. Der veränderte Zustand kann über Stunden, auch über einen halben Tag, anhalten; die emotionalen Auswirkungen reichen von Euphorie bis zur Panik, deren man nicht mehr Herr wird, beides kann von Halluzinationen begleitet sein. Die Welt scheint plötzlich außerhalb der Kontrolle des Individuums zu liegen, und das Selbst spaltet sich in zwei Teile, einen Beobachter und einen Beteiligten.

Natürlich werden nicht alle Veränderungen des Bewußtseinszustandes von Drogen herbeigeführt. Yoga, Meditation und ähnliche Übungen gehören in den asiatischen Kulturen seit jeher zu den Methoden, mit dem Leben fertig zu werden. Viele Menschen dort sind überzeugt, durch die Entspannung von Körper und Geist lasse sich eine Bewußtseinserweiterung erreichen. Tatsächlich kennt das Sanskrit, eine alte indische Sprache, ungefähr zwanzig Ausdrücke, die dem deutschen Wort *Bewußtsein* entsprechen – ein Beweis für die Bedeutung, die diesen Dingen bei bestimmten Völkern in Asien beigemessen wird. Bis in die jüngste Zeit hatte sich noch niemand wissenschaftlich mit der Meditation befaßt, obwohl sie seit undenklichen Zeiten ausgeübt wird; vermutlich glaubte man, das Phänomen einer mystischen Erfahrung nicht objektiv beschreiben zu können. Forschungen, die in den fünfziger Jahren in Japan aufgenommen wurden, ergaben jedoch, daß meditierende Zen-Mönche meßbare physische Veränderungen erleben. Auffallend waren die Abweichungen von der normalen elektrischen Hirnstromkurve: Bei Mönchen, die mit offenen Augen meditierten, dominierte der Alpha-Rhythmus, der sich gewöhnlich erst in der Phase vor dem Einschlafen durchsetzt, wenn das Individuum mit geschlossenen Augen vollkommen ruhig daliegt. Neben diesen Veränderungen der Hirntätigkeit wurde auch ein signifikanter Rückgang des Stoffwechsels beobachtet.

Man fragte sich, ob ähnliche Erscheinungen auch bei der «transzendentalen Meditation» auftreten, die – anders als Zen oder Yoga – kein jahrelanges hartes Training der körperlichen und geistigen Kontrolle erfordert. Eine vor kurzem durchgeführte Untersuchung fand aber weder wesentliche biochemische Veränderungen während der Meditation noch zwischen Meditierenden und Personen, die sich einfach entspannten. Eine andere Studie zeigte dagegen bemerkenswerte Veränderungen im Stoffwechsel, die sich von denen unterschieden, die sich während des Schlafs oder in der Hypnose abspielen. Die vollkommene Entspannung des Meditierenden ist das genaue Gegenteil eines den Hominiden wahrscheinlich seit jeher eigentümlichen Zustandes – der «Kampf-oder-Flucht»-Reaktion, die den ganzen Körper mobilisiert, denn plötzlich steigt der Blutdruck an, der Herzschlag wird schneller, die Blutzufuhr zu den Muskeln wird vermehrt, und der Sauerstoffverbrauch nimmt zu. Diese Reaktion gehört immer noch zu unseren genetischen Anlagen, obschon sie zum Anachronismus geworden ist in einer überfüllten, komplexen Welt, der wir uns anpassen müssen, da es sinnlos wäre, zu kämpfen, und praktisch unmöglich, zu fliehen. Es gibt Wissenschaftler, die der Ansicht sind, diese ständige Reizung unseres Nervensystems – bei gleichzeitigem Mangel an Gelegenheit, körperlich auf Streß zu reagieren – sei dafür verantwortlich, daß es heute so viele Fälle von Hypertonie und entsprechenden Krankheiten gibt. Wenn das stimmt, könnte die Meditation – die eher zu einer Entspannung als zu einer Aktivierung des Nervensystems führt – eine lohnende Anpassung an das Leben in der modernen Welt darstellen.*

Bewußtseinsveränderungen gab es in den abendländischen Zivilisationen bis in die jüngste Zeit nur vereinzelt. Die wenigen Beispiele dafür stammen vor allem aus dem antiken Griechenland (zum Beispiel der Dionysos-Kult und Platons Glaube an den «göttlichen Wahnsinn») und aus der jüdisch-christlichen Tradition (Davids ekstatischer Tanz vor der Bundeslade, die Visionen Hesekiels und die Ausgießung des Heiligen Geistes an Pfingsten). Doch in all diesen Fällen scheint der Einfluß asiatischer Religionen groß gewesen zu sein. Als einheimische Tradition gab es die Bewußtseinsveränderung in Europa wahrscheinlich nur in einer gewissen Form der Zauberei, wobei halluzinogene pflanzliche Substanzen eine Rolle spielten, und in den ekstatischen Tänzen, die sich vor mehreren Jahrhunderten über ganz Europa ausbreiteten. Der Tarantella-Kult – benannt nach der süditalienischen Stadt Tarent, wo er besonders blühte – gehört zu den bekanntesten unter ihnen. (Die Stadt gab auch der Tarantel den Namen, denn man nahm irrtümlicherweise an, ihr Biß habe die Tanzwut ausgelöst.)

Westliche Länder, vor allem die Vereinigten Staaten, erlebten in den letzten dreißig Jahren zahllose Experimente mit den verschiedenen Möglichkeiten der Bewußtseinsveränderung; von LSD und anderen psychedelischen Drogen wurde behauptet, sie seien imstande, das Bewußtsein so wirkungsvoll zu erweitern, daß sie als Basis für die Lösung der Menschheitsprobleme dienen könnten. Der Drogenkult hat sich weitgehend totgelaufen, dafür kamen prompt andere Methoden einer möglichen Bewußtseinsveränderung auf: Alpha-Wellen, das wiederbelebte Interesse am Urchristentum, verschiedene Formen der Meditation, ja sogar das Fallschirmspringen. Bei allen Unterschieden der Überzeugungen und Techniken gibt es doch ein gemeinsames: die Abwendung von der Außenwelt zugunsten der Erforschung des inneren Selbst. So viele Menschen, verwirrt von komplexen modernen Gesellschaften, denen sie sich nicht anpassen können, suchen Hals über Kopf der Vernunft den Rücken zu kehren, wenn nicht gar der wunderbaren Welt des Geistes, die der Hominidengeschichte ihr charakteristisches Gepräge gegeben hat.

15. Die Welt in unserem Bewußtsein

Die Sinneseindrücke, die auf uns einstürmen, die Summe unserer Wahrnehmungen, die nicht endende Akkumulation von Erfahrungen – alles muß gespeichert werden, damit es im Bedarfsfall schleunigst abgerufen werden kann. Denn das Gedächtnis ist mehr als ein faszinierender Aspekt geistiger Betätigung. Es ist die Voraussetzung für logisches Denken und intelligentes Verhalten. Es wird benötigt, um Probleme zu lösen – oder um überhaupt zu erkennen, daß ein Problem besteht. Ohne Gedächtnis müßten die Menschen auf jedes Ereignis im Leben reagieren, als begegneten sie ihm zum ersten Mal. Jemand, der kein Gedächtnis besitzt, müßte am Steuer eines Autos immer wieder von neuem über den Zweck einer roten Verkehrsampel nachdenken, das Verhalten anderer Fahrer zu deuten suchen, Fußgänger auf der Straße registieren und zu dem Schluß gelangen, daß es der Situation angemessen wäre, sofort stehenzubleiben. Tatsächlich wäre bei totalem Wegfall jeden Einnerungsvermögens das Wahrnehmen einer Verkehrsampel jedesmal eine völlig neue Erfahrung.

Für William James, den ersten Psychologen der Vereinigten Staaten, war das Gedächtnis etwas besonders Faszinierendes. Um herauszufinden, ob es sich durch Übung verbessern ließe, lernte er an acht aufeinanderfolgenden Tagen einen 158 Zeilen langen Absatz aus den Werken von Victor Hugo auswendig und registrierte die Zeit, die er dazu benötigte. Dann opferte er fünf Wochen, um Gedichte von Milton auswendig zu lernen. Dann war er bereit für sein eigentliches Experiment: Hatte er sein Gedächtnis durch das Lernen der Geschichte geschult, so daß er sich Texte von Victor Hugo nun schneller merken konnte als vorher? Beim ersten Mal hatte er für die 158 Zeilen durchschnittlich 50 Sekunden pro Zeile gebraucht. Aber als er sich nun – nach dem Training – daranmachte, wiederum einen 158 Zeilen langen Ausschnitt aus dem Werk des gleichen Autors auswendig zu behalten, brauchte er länger als beim erstenmal – im Schnitt 7 Sekunden pro Zeile. Daraus schloß James, daß sich das Gedächtnis nicht auf die gleiche Art und Weise trainieren lasse wie der Körper und daß das langsamere Lerntempo beim zweiten Hugo-Text auf geistige Ermüdung zurückzuführen sei. Neuere Untersuchungen großen Stils haben seine Annahme bestätigt.*

Das Gedächtnis setzt sich aus drei Vorgängen zusammen: Verschlüsselung, Speicherung und Wiederabruf. Die Art und Weise, in der jeder von uns Informationen verschlüsselt – das heißt, wie wir das einordnen, was wir aus der Umwelt aufnehmen–, wirkt sich darauf aus, wie gut oder wie schlecht es uns später gelingt, diese Informationen wieder aus dem Speicher herauszuholen. Tatsächlich kommt es bei der Merkfähigkeit gewöhnlich auf die Art der Verschlüsselung an – wie ein einfaches Experiment deutlich macht. Stellen Sie aus verschiedenen Begriffskategorien eine Liste mit Wörtern zusammen – Namen von Tieren und Pflanzen oder die Bezeichnung von Kleidungsstücken –, aber achten Sie darauf, die Wörter in bunter Reihenfolge zu bringen. Die Liste könnte etwa folgendermaßen aussehen: «Katze, Pantoffel, Rose, Ratte, Kartoffel, Hose, Regenwurm» usw. Lesen Sie diese Liste Ihren Freunden vor und bitten Sie sie, sich so viele Wörter wie möglich zu merken, um sie später zu wiederholen. Manche Ihrer Freunde werden sich an mehr Wörter erinnern als andere, aber aus der Reihenfolge, in der sie die Wörter aufzählen, wird ersichtlich, daß jeder sein eigenes Ordnungssystem für die durcheinandergewürfelten Wörter hat. Manche werden für Tiere, Pflanzen und Kleidungsstücke jeweils eine eigene Kategorie aufstellen. Andere werden die Wörter nicht nach Kategorien ordnen, sondern nach Reimen («Pantoffel-Kartoffel» oder «Rose-Hose»), und wieder andere ziehen den Stabreim als Gedächtnisstütze vor («Rose», «Ratte», «Regenwurm»). Doch nach welcher Methode auch verschlüsselt wird, immer wird es darum gehen, Wörter zu bündeln – auch wenn kein Zusammenhang deutlich wird –, weil es sich um ganz persönliche Gedanken, Interessen oder Motivationen handelt. Freud hat diese Tendenz erkannt, und ein wichtiges Ergebnis seiner psychotherapeutischen Methode war das Aufdecken der unbewußten Kategorien, die jeder von uns verwendet.

Nach der Verschlüsselung muß die Information gespeichert werden – vielleicht nur wenige Sekunden, beim Wählen einer Telefonnummer etwa, oder aber ein Leben lang, wenn die Information den Namen irgendeiner Person betrifft. Die verschlüsselte und gespeicherte Information muß dann abrufbereit sein. Da die Weiterverarbeitungskapazität des menschlichen Gedächtnisses begrenzt ist, wäre es Zeitverschwendung, Erinnerungen, die nur kurz aufgehoben werden müssen, zum Abruf in ferner Zukunft weiterzuverarbeiten. Ein Code, der wahrscheinlich nicht wieder verwendet wird, braucht nur die paar Sekunden in Erinnerung zu bleiben, die nötig sind, ihn aufzuzeichnen. Andere Informationen dagegen müssen so lange wie möglich unverändert im Gedächtnis gespeichert werden. Ein ideales Gedächtnis müßte mehrere Speicherarten besitzen – und tatsächlich deuten alle wissenschaftlichen Erkenntnisse darauf hin, daß das menschliche Gedächtnis mehr als nur ein einziges System zur Aufbewahrung von Informationen besitzt.

Viele Psychologen nehmen an, das Gedächtnis bestehe im wesentlichen aus zwei verschiedenen Systemen, die folgendermaßen funktionieren: Man stelle sich vor, daß man jemanden anrufen will, die Nummer aber erst im Telefonbuch nachschlagen muß. Man findet die Nummer – die, sagen wir, 739–1984 lautet – und wählt sie. Die Nummer ist besetzt. Man wartet ein Weilchen und wählt dann die Nummer noch einmal. Wenn seit dem ersten Versuch mehr als 30 Sekunden vergangen sind, könnte es sein, daß man sich beim zweiten Wählen nicht mehr genau an die Nummer erinnert. Diese Art Gedächtnis wird als Kurzzeitgedächtnis bezeichnet. Es hält nicht lange an – was ein Vorzug ist, denn sonst wäre unser Kopf vollgestopft mit Bagatellen. Und nun stellen Sie sich vor, Sie hätten keine Lust, die Nummer immer wieder nachzuschlagen. Sie sehen sie sich also beim nächsten Mal genauer an und finden dabei Hinweise auf etwas, das Ihnen bereits bekannt ist. 739 ist zufällig Ihre Hausnummer weniger 1 und 1984 der Titel des bekannten Zukunftsromans von George Orwell. Jetzt haben Sie keine Mühe, die Zahl im Kopf zu behalten, nicht nur ein paar Minuten, sondern möglicherweise jahrzehntelang, denn jetzt ist sie in Ihrem Langzeitgedächtnis gespeichert. Die Methode, Assoziationen herzustellen, ist übrigens eine der Haupttechniken, die bei Lehrgängen für «Gedächtnistraining» verwendet werden.

Anscheinend besitzt jeder sowohl ein Kurz- als auch ein Langzeitgedächtnis, und die meisten Menschen können annähernd die gleiche Menge an Informationen im Gedächtnis behalten. Ein Unterschied besteht nur in dem, woran sich jeder einzelne erinnert. Individuelle Persönlichkeit, Interessen, Neigungen und Lebenserfahrung geben eine Erklärung dafür, warum der eine besonders begabt ist, sich chemische Formeln zu merken, während ein anderer sich genau daran erinnert, an welcher Stelle im Louvre ein bestimmtes Gemälde hängt. Einzelne – seltene – Personen können sich erstaunlich viele Dinge merken, die in ihrem Gedächtnis codiert, gespeichert und abrufbereit sind. Eines der bemerkenswertesten Gedächtnisse, die der Wissenschaft bekannt sind, besaß ein Mann, der sich an fast alles, was er erlebt hatte, erinnern konnte. Wenn man ihm 52 Ziffern vorlegte, die in 4 Spalten und 13 Reihen angeordnet waren, sah er sie sich einige Minuten lang an und wiederholte sie dann aus dem Kopf, ohne sich auch nur ein einziges Mal zu irren – eine Reihe nach der anderen und eine Spalte nach der anderen, in diagonaler Richtung oder alle 52 Ziffern hintereinander. Man testete ihn auch auf sein verbales Erinnerungsvermögen hin und legte ihm eine lange Liste von Wörtern vor – er wiederholte sie alle, ohne einen Fehler zu machen. 15 Jahre später forderte man ihn wieder auf, die Wörter in der richtigen Reihenfolge zu wiederholen – was er fehlerlos besorgte. Viele unter uns mögen ihn um sein ausgezeichnetes Gedächtnis beneiden, aber in Wahrheit war es eine schwere Bürde für ihn. Die Fähigkeit, etwas zu vergessen, fehlte ihm völlig. War ein Bild erst einmal in seinem Gedächtnis gespeichert, konnte er es nicht wieder löschen, auch wenn es ihm später überhaupt nichts mehr nützte (wie die Liste mit Wörtern und die Zahlenreihe aus dem Test). Aber was viel schlimmer ist: Sein hervorragendes Gedächtnis wirkte sich störend aus, wenn es darum ging, einen geschriebenen Text zu verstehen oder abstrakten Gedankengängen zu folgen.*

Seine außergewöhnliche Begabung beruhte nicht auf einem sogenannten «fotografischen Gedächtnis» (er war also kein «Eidetiker»), sondern war die Folge eines anderen Phänomens, das als «Synästhesie» bezeichnet wird. Dabei werden Eindrücke der verschiedenen Sinne untereinander assoziiert – so daß zum Beispiel Zahlen und Wörter als Farben und Töne erlebt werden. Im beschriebenen Fall lieferte die Umgebung zusätzliche Hinweise, die dem Manne halfen, sich die ursprüngliche Situation viele Jahre später ins Gedächtnis zurückzurufen. Der russische Komponist Rimski-Korsakow war offenbar ähnlich veranlagt, denn er assozierte die Tonarten C-, D-, A-, F- und Fis-Dur mit den Farben Weiß, Gelb, Rosa, Grün und Graugrün. Ein fotografisches Gedächtnis kommt nur selten vor; es unterscheidet sich von der Synästhesie im wesentlichen durch drei Dinge: man findet es gewöhnlich nur bei Kindern; es betrifft einzig und allein visuelle Eindrücke und scheint in keinerlei Zusammenhang mit anderen Sinneswahrnehmungen zu stehen; außerdem bleibt das Bild nur wenige Minuten haften, nicht über Jahre hinweg.

Über die genaue Beschaffenheit von Kurz- und Langzeitgedächtnis wissen wir bis jetzt nur wenig. Man hat das Phänomen Kurzzeitgedächtnis auf zweierlei Art zu erklären versucht; beide Erklärungen bedienen sich des Vergleichs mit einem halbvollen, undichten Eimer. Nach der einen, der passiven Hypothese, schwinden Erinnerungen, wenn sie keine Verwendung finden – so wie das Wasser aus einem undichten Eimer rinnt. Nach der zweiten, der aktiven Hypothese, stehen die Kurzzeiterinnerungen in ständigem Austausch mit den neu dazukommenden Eindrücken – so wie Wasser, das in den undichten Eimer geschüttet wird, das bereits darin vorhandene hinausdrückt. Um das Kurzzeitgedächtnis zu erforschen, hat man verschiedene Tests aufgestellt. So wurden den Testpersonen Konsonanten vorgelesen, die sie danach in derselben Reihenfolge aufschreiben sollten. Es zeigte sich, daß eine Folge von fünf Konsonanten perfekt rekapituliert wurde und die meisten Leute sich auch an sieben erinnern konnten; doch dann ließ das Erinnerungsvermögen rapide nach. Die einzelnen Punkte, die am häufigsten richtig zitiert wurden, standen am Anfang oder ganz am Ende der Liste. Der gleiche Effekt machte sich beim Buchstabieren langer Wörter bemerkbar; die meisten Fehler betrafen die Wortmitte. Bislang hat niemand überzeugend erklären können, warum das so ist. Möglich wäre, daß man durch die Anstrengung, sich an etwas Bestimmtes zu erinnern, etwas anderes vergißt, so daß man die ersten Punkte im Kopf behält, dafür aber die darauffolgenden vergißt. Und die letzten Punkte behält man vielleicht deshalb besser im Gedächtnis, weil sie eben ganz am Ende stehen und von nichts verdrängt werden.

Das Kurzzeitgedächtnis bewahrt Informationen nur vorübergehend auf, und daher fragten sich die Psychologen, was es mit einem System auf sich haben könne, das so deutliche Mängel zeigt. Immerhin übt es wenigstens drei verschiedene Funktionen aus. Erstens hilft das Kurzzeitgedächtnis, den Anfang eines Satzes so lange in Erinnerung zu behalten, bis der Satz zu Ende und sein Inhalt verständlich ist. Zweitens entledigt sich das Kurzzeitgedächtnis aller Informationen, die nicht länger benötigt werden, so daß neue Informationen Platz finden. Wer eine mehrteilige Rechenaufgabe im Kopf löst (etwa indem er Zahlen addiert, subtrahiert und dann dividiert), braucht sich nicht jeden einzelnen Schritt zu merken, denn sein Ziel besteht darin, jene letzte Zahl herauszubekommen, die die gesuchte Lösung darstellt. Die dritte Funktion des Kurzzeitspeichers besteht darin, bestimmte Erinnerungen zur Übernahme in den Langzeitspeicher zu selektieren, wo sie verschlüsselt werden, während alle, die in Zukunft nicht mehr benötigt werden, der Vergessenheit anheimfallen.

Kurzzeiterinnerungen halten maximal 30 Sekunden an, aber diese Zeitspanne läßt sich durch Wiederholen ausdehnen. Wenn man eine Telefonnummer oder eine andere Information in Gedanken wiederholt, bleibt sie im Kurzzeitspeicher. Wiederholt man sie nicht mehr, schwindet die Erinnerung daran, außer man stellt Assoziationen her, die dazu dienen, sie ins Langzeitgedächtnis zu übernehmen. Die Informationsmenge, die durch Wiederholung aufbewahrt werden kann, ist jedoch nicht groß – wie jeder feststellen wird, der sich drei neue Telefonnummern durch ständiges Repetieren auf einmal merken will. Soll jedoch eine neue Information mehr oder minder auf Dauer gespeichert werden, dann muß sie vom Kurzzeit- ins Langzeitgedächtnis transferiert werden. Das geschieht, indem man sie mit einer Information assoziiert, die bereits im Langzeitgedächtnis gespeichert ist. Ein Beispiel dafür ist die schon erwähnte Methode, sich die Telefonnummer mit Hilfe einer wohlvertrauten Hausnummer und dem Titel des Orwellschen Romans zu merken. Keine 30 Sekunden, nachdem eine neue Information eingegangen ist, fällt die Entscheidung, was mit dieser neuen Information geschehen soll – woraufhin sie entweder im Kurzzeitgedächtnis gelöscht oder aber weiterverarbeitet wird und im Langzeitgedächtnis landet.

Über das Langzeitgedächtnis ist nur wenig bekannt, sicher ist nur, daß die allgemeine Vorstellung davon nicht ganz korrekt ist. Erinnerungen werden nicht auf eine Art Videoband oder eine andere Aufzeichnungsvorrichtung im Gehirn überspielt, die man einfach zurückspulen kann, wenn man eine Information benötigt. Daß es so bestimmt nicht funktioniert, wird einem sofort klar, wenn man sich an ein Ereignis zu erinnern sucht, das mehrere Jahre zurückliegt. Angenommen, Sie waren im Juli 1973 in Rom. Wenn Sie nun daran zurückdenken, wird Ihnen das Langzeitgedächtnis keinen zusammenhängenden Ablauf dieses Besuchs liefern, sondern statt dessen eine ganze Reihe von scheinbar nicht zusammenhängenden Assoziationen, die sich jedoch wieder koordinieren lassen. Als erstes fällt Ihnen vielleicht irdgendein völlig nebensächlicher Eindruck bei der Ankunft ein, zum Beispiel die Miene des Hotelportiers. Dann denken Sie daran, wie ungewöhnlich heiß es damals war, und danach, wie Sie auf dem Flughafen durch den Zoll mußten. Zwei Personen, die zusammen in der gleichen fremden Stadt waren, werden sich jeweils in anderer Reihenfolge und an andere Ereignisse erinnern, selbst wenn sie diese unter genau den gleichen Bedingungen erlebt haben. Es geht beim Langzeitgedächtnis nämlich nicht einfach darum, eine zusammenhängende, geordnete Aufzeichnung aus einem Speicher herauszuholen. Vielmehr handelt es sich dabei um einen aktiven Vorgang, bei dem zeitlich zurückliegende Ereignisse Stück für Stück rekonstruiert werden; der Ausdruck: «Es liegt mir auf der Zunge» – gibt den Zustand wieder, wenn man sich nur ein bißchen, aber noch nicht deutlich an etwas erinnert. Wenn man in seinem Gedächtnis nach einem Namen sucht, fällt einem gewöhnlich zuerst sein Anfang oder sein Ende ein, danach erst, aus wie vielen Silben er besteht; als nächstes kommen einem oft andere Wörter in den Sinn, auf die er sich reimt, dann tauchen vielleicht indirekte Bezüge und Anhaltspunkte auf, die alle in irgendeinem Zusammenhang mit dem Namen stehen. Und am Ende fügen sich plötzlich all die einzelnen Teile und Stückchen assoziativer Informationen zusammen, und man kann sich wieder an den Namen erinnern.

Aber das Langzeitgedächtnis speichert nicht nur spezifische Informationen; es verwendet auch neue, um die alten zu reorganisieren. Tatsachen werden nicht als reine Tatsachen gespeichert, sondern vielmehr als allgemeine Richtlinien, die später mit anderen Tatsachen, die sich bereits im Speicher befinden, oder mit solchen, die vielleicht noch dazukommen, in Verbindung gebracht werden können. Zum Beispiel hat kaum jemand die Bevölkerungszahl großer Städte auswendig im Kopf. Dafür aber irgendeine einfache Regel: Man kann sie in einer Enzyklopädie, einem geographischen Lexikon oder einem Weltalmanach finden. Offenbar prägen sich derartige allgemeine Regeln aber nicht für immer und ewig dem Langzeitgedächtnis ein. Das Erinnerungsvermögen für diese Richtlinien unterliegt ständigen Abänderungen, weil dauernd neue Informationen eintreffen und die alten revidiert werden, genauso wie die Daten in einer Enzyklopädie, einem geographischen Lexikon oder einem Almanach von Zeit zu Zeit in einer Neuausgabe auf den aktuellen Stand gebracht werden. Denn sonst wären wir für immer und ewig von den alten Erinnerungen blockiert und könnten weder neue Erfahrungen sammeln noch etwas Neues dazulernen.

Auf welche Weise Information für den Langzeitspeicher codiert wird, hängt von der kulturellen Umgebung ab, die uns von klein auf geformt hat. Leute aus westlichen Ländern betreten eine Wohnung und sehen die verschiedenen Sofas, Stühle, Betten, Tische und Lampen. Diese Gegenstände können sie sich leicht merken, weil sie sich in Kategorien einordnen lassen, die ihnen wohlvertraut sind – zum Beispiel «Wohnzimmermöbel» oder «Schlafzimmermöbel». Zeigt man die gleichen Gegenstände aber etwa Eingeborenen aus dem tiefsten Innern Neuguineas, so werden diese sich schwertun, sie nicht gleich wieder zu vergessen – denn ihnen fehlen die geeigneten Kategorien, um sich merken zu können, was sie gesehen haben. Den Nordamerikanern und Europäern ginge es nicht viel anders, wenn sie die fremdartigen Werkzeuge und Kultgegenstände, die für die Bewohner von Neuguinea selbstverständlich sind, ihrem Gedächtnis codiert einprägen wollten. Die unterschiedlichen Codierungsmethoden sind die Ursache für viele Geschichten über das bemerkenswerte Gedächtnis der Einwohner exotischer Gegenden. Gewöhnlich ist deren Gedächtnis nämlich gar nicht besonders bemerkenswert; sie besitzen eben ihre eigenen Codierungskategorien für vertraute Dinge aus ihrer Umgebung, die Fremde nicht haben.*

Bisher war man der Ansicht, Alkohol verursache Gedächtnisstörungen, weil sich die Leute in nüchternem Zustand oft nicht mehr an etwas erinnern können, das passierte, als sie betrunken waren.

Aber das Gedächtnis ist in nüchternem Zustand nicht notwendigerweise besser. Vielmehr wird man sich immer dann am besten an etwas erinnern können, wenn man sich wieder im gleichen Zustand befindet, ob betrunken oder nüchtern, wie zu dem Zeitpunkt, an dem das Ereignis stattgefunden hat. Diese wichtige Erkenntnis über das Erinnerungsvermögen steckt auch in dem Charlie-Chaplin-Film *Lichter der Großstadt* (1931). Darin kommt ein dem Alkohol verfallener Millionär vor, den Charlie vor dem Selbstmord bewahrt. In nüchternem Zustand kann sich der Millionär weder an Charlie noch an den Vorfall erinnern; als er aber wieder betrunken ist, begrüßt er Charlie wie einen verloren geglaubten Freund. Bei einem Experiment, das dieses Phänomen betraf, hatten die Teilnehmer entweder betrunken oder nüchtern eine Reihe Wörter auswendig zu lernen. Wer die Wörter in betrunkenem Zustand auswendig gelernt hatte, konnte sich hinterher besser daran erinnern, wenn er wieder betrunken war. Wer sie dagegen in nüchternem Zustand gelernt hatte, konnte sich nüchtern besser daran erinnern. Mit anderen Worten, alles, was dazu dient, das Bewußtsein zu verändern – sei es Alkohol, Meditation, Drogen oder starke Emotionen –, kann sich auf das Gedächtnis auswirken. Informationen, die man in den Ferien speichert, in denen man entspannt ist, geraten im Verlauf hektischer Arbeitstage schnell in Vergessenheit; wenn man aber einmal völlig gelöst und entspannt ist, kann man sich wieder daran erinnern. Derlei Alltagserfahrungen zeigen, daß Erinnerungen meistens an eine ganz bestimmte Bewußtseinslage gebunden sind und gewöhnlich dann am lebhaftesten zurückkehren, wenn der gleiche Zustand wieder erreicht ist. Anscheinend verarbeitet das Gehirn die Informationen, die über die Sinne aufgenommen werden, verschieden schnell – je nachdem, ob man entspannt oder hellwach ist – und gibt sie dann auch um so leichter wieder ab, je genauer der entsprechende Zustand wiederhergestellt wird. Die Erinnerung an einmal Erlebtes kann durch Herbeiführen der ursprünglichen Bewußtseinslage oder durch ein Symbol wiedergeweckt werden (so wie in Prousts *Auf der Suche nach der verlorenen Zeit* das Aroma eines in Tee getauchten Gebäcks eine Flut von Erinnerungen auslöste, die am Ende sieben Bände füllten).*

Da die Menschen sehr visuell veranlagt sind, bewerten sie optische Erinnerungen besonders hoch. Darüber hinaus stützen sich die meisten Inviduen aber auch sehr stark auf andere Sinne. Daß die Menschen eine ausgezeichnete Begabung besitzen, Laute zu entschlüsseln, zeigt sich, wenn es gilt, einen unsichtbaren Sprecher an der Stimme zu erkennen, selbst wenn diese bei einer schlechten Verbindung durch das Telefon verzerrt und zudem aufgrund einer

Halsentzündung beeinträchtigt ist. An einen speziellen Geschmack oder Geruch erinnert man sich oft noch Jahre später. Aber im Vergleich zum visuellen Gedächtnis scheinen diese Fähigkeiten, andere Sinneseindrücke im Gedächtnis zu behalten, unbedeutend. Bei einem Experiment wurden mehrere Tage lang 2560 Dias mit den verschiedensten Abbildungen im Abstand von zehn Sekunden pro Bild auf eine Leinwand projiziert. Eine Stunde nach dem letzten Dia zeigte man den Zuschauern 280 Bildpaare. Eins der beiden Bilder, die zu jedem Paar gehörten, war vorher dabei gewesen; das andere war ähnlich, aber noch nicht gezeigt worden. Die Zuschauer sollten dasjenige der beiden Bilder bezeichnen, das sie schon gesehen hatten. Hätten sie einfach geraten, so wären etwa 50 Prozent der Antworten richtig gewesen. Tatsächlich waren aber rund 90 Prozent richtig. Weitere Versuche erbrachten sogar noch erstaunlichere Resultate. Personen, denen man insgesamt 10000 Bilder gezeigt hatte, konnten sich noch nach zwei Tagen mit fast 85 prozentiger Genauigkeit daran erinnern.*

Der Prozeß des Erinnerns läuft aber nicht immer glatt ab. Wenn er nicht zustande kommt, tritt ein anderes Phänomen auf: das Vergessen. Dieses Unvermögen, sich zu erinnern, ist ein hochinteressantes Phänomen. Warum sollte ein Ereignis, das die vielen Hindernisse bis zur erfolgreichen Speicherung im Langzeitgedächtnis überwunden hat, danach nicht wieder hervorgeholt werden können? Zahlreiche Erklärungen bieten sich an, die wir hier in drei Kategorien einteilen, indem wir als Metapher ein Haus nehmen. Nach der psychoanalytischen Erklärung gehen Erinnerungen nicht verloren, sondern werden im Augenblick vielleicht nur durch das Unterbewußtsein blockiert – als wäre in einem Hause ein Zimmer zugemauert. Die physiologische Erklärung geht davon aus, daß Erinnerungen, die nicht verwendet werden, verfallen, so wie ein Zimmer in einem Haus verfällt, wenn es nicht instand gehalten wird. Nach der behavioristischen Erklärung können sich andere Ereignisse, die im Gedächtnis gespeichert sind, störend auswirken – so wie es schwierig ist, auf dem Dachboden eines Hauses einen ganz bestimmten Gegenstand zu finden, wenn dort ein großes Durcheinander herrscht.

Daß die psychoanalytische Erklärung zumindest auf einige der angeblich vergessenen – im allgemeinen unangenehmen – Erinnerungen zutrifft, wurde nachgewiesen, als Psychiater ihre Patienten in die Lage versetzten, sich an eben diese Dinge zu erinnern. Auch unter Hypnose wurden Personen dazu gebracht, sich Dinge ins Gedächtnis zu rufen, die verloren schienen. Diese Erinnerungen waren also nicht ausgelöscht, sondern nur blockiert. Die Tatsache, daß sich Erinnerungen niemals völlig verdrängen lassen, spricht ebenfalls für diese Hypothese. Wenn jemand an etwas erinnert wird, das er verdrängt und angeblich vergessen hat, gibt er oft durch ein bestimmtes physisches Verhalten zu verstehen, daß ihm diese Erinnerung unangenehm ist: Er stolpert über Worte, errötet, gerät ins Schwitzen oder reißt plötzlich den Kopf ruckartig zur Seite.

Auch die zweite Erklärung – Verfall durch Nichtgebrauch, eine These, die von den Physiologen vertreten wird – hat einiges für sich. Danach hinterläßt alles, was ein Mensch lernt oder erfährt, physische Spuren im Gehirn oder in den Nervenbahnen. Diese Gedächtnisspuren müssen aber durch ständigen Gebrauch instand gehalten werden, weil sie sonst verfallen. Es gilt als sicher, daß zumindest ein Teil von dem, was vergessen wird, auf die Vernachlässigung mangels Gebrauch zurückzuführen ist. Wenn jemand während der ersten Jahre seiner Kindheit eine normale Sehkraft besessen hat, dann aber erblindet, wird er als Erwachsener sämtliche visuellen Erinnerungen wieder verloren haben, so daß er sich nicht von jemandem unterscheidet, der von Geburt an blind war. Wie viele von uns aus eigener Erfahrung wissen, geraten Dinge, die wir in der Oberschule gelernt, später aber nicht mehr angewendet haben, wie etwa Trigonometrie, Algebra oder Chemie – meist völlig in Vergessenheit. Diese Erklärung für das Vergessen hat allerdings einen Haken: Bis jetzt hat sich weder im Gehirn noch im Nervensystem ein eindeutiger Beweis für physische Spuren von Erinnerungen gefunden. Außerdem bleibt die Frage, warum Erinnerungen, die auf Sinneseindrücken basieren, viel schneller vergehen als Erinnerungen, die mit körperlichen Aktivitäten zu tun haben. Wer als Kind Rollschuhlaufen gelernt hat, kann es sein ganzes Leben lang, auch wenn er zwischendurch jahrelang ausgesetzt hat. Andererseits kann man sich nur schwer an sinnliche Erfahrungen erinnern, die man in der frühen Jugend gemacht hat.*

Das Beispiel vom Durcheinander auf dem Dachboden weist schließlich noch auf eine andere wichtige Ursache für das Vergessen hin: auf den Wettstreit der vielen verschiedenen Lernerfahrungen, denen der Mensch ausgesetzt ist. Wenn man etwas Neues lernt, wird man dabei tatsächlich von Dingen behindert, die man bereits gelernt hat, und das wird auch mit denen geschehen, die man später vielleicht noch dazulernt. Stellen Sie sich beispielsweise einmal vor, man gäbe Ihnen eine Liste mit acht oder zehn Substantiven, an die Sie sich erinnern sollen. Gewiß wird es Ihnen keine Schwierigkeiten machen, sie einige Zeit im Kopf zu behalten. Dann werden Sie aufgefordert, sich eine zweite Liste mit der gleichen Anzahl Substantive zu merken, die in irgendeinem Zusammenhang zu denen auf der ersten Liste stehen – zum Beispiel Synonyme oder Antonyme. Auch diese zweite Liste merken Sie sich ohne große Schwierigkeiten. Am nächsten Tag sollen Sie die erste Liste aufzählen. Das bringt fast niemand fertig – die meisten Leute machen den Fehler, Substantive aus der zweiten Liste mit aufzuzählen. Je enger die Assoziationen zwischen den Wörtern der beiden Listen sind, um so störender wirken sie sich aus. Wenn man Ihnen nun am nächsten Tag eine dritte Liste mit Substantiven gibt, die Sie sich merken sollen, am darauffolgenden Tag eine vierte und so weiter, werden Sie sich an immer weniger erinnern. Kurz: Je mehr Sie lernen, um so größer wird das Durcheinander in Ihrem Kopf – genauso wie das Durcheinander in der Dachkammer – und um so schneller vergessen Sie alles wieder.

Diese Hypothese erklärt einige Aspekte des Vergessens, vor allem bei verbal übermittelten Informationen, sie trifft aber nicht zu auf die Erinnerung an erlebte Vorfälle oder an visuelle Eindrücke. Die psychoanalytische und die physiologische Erklärung sind durch Experimente belegt worden, gegen die allerdings stichhaltige Einwände erhoben werden konnten. Jede dieser Erklärungen ist wahrscheinlich zumindest teilweise richtig. Aber wie es aussieht, ist der Vorgang des Vergessens so komplex, daß er unter verschiedenen Umständen auf verschiedene Art und Weise vor sich geht.

Während ihres gesamten Lebens lernen die Menschen körperliche Fertigkeiten (Fahrradfahren), Symbolsysteme (Sprachen), Tatsachen (wann die Normannen England eroberten) und auch ganze Wissenskomplexe (Humanbiologie). Aber was das Wichtigste ist: Sie lernen, welches Verhalten von Mitgliedern einer bestimmten Gesellschaft erwartet wird. Dieser vielfältige Lernprozeß ist ein Merkmal unseres Menschseins. Eine Tätigkeit wie etwa das Essen ist natürlich eine anlagebedingte biologische Notwendigkeit und braucht nicht erst gelernt zu werden. Aber welche Utensilien man dazu verwendet, die Frage, ob die Mahlzeit im Sitzen oder Liegen eingenommen wird, die Vorliebe für bestimmte Speisen und die üblichen Regeln der Etikette – all das richtet sich nach den individuellen Erfahrungen jedes einzelnen und der kulturellen Umgebung, in der man aufgewachsen ist. Alle Tiere nehmen Nahrung zu sich, nur die Menschen lernen, wie man diniert.

Ein Kind lernt unmittelbar nach der Geburt, daß es nur zu schreien braucht, um die Brust, d.h. Nahrung zu bekommen. Schon sehr bald führen das Lernen und der fortschreitende Reifeprozeß zur Ausprägung vieler körperlicher Fertigkeiten; bald kann das Kind kriechen und auf zwei Beinen stehen. Zu Beginn des zweiten Lebensjahres beginnt es sprechen zu lernen. Und schon sehr früh fängt es an, zu beobachten und Probleme zu lösen. Innerhalb von fünfzehn bis zwanzig Jahren legt sich der Mensch auf die eine oder andere Weise das ganze komplexe Repertoire an Fertigkeiten zu, mit denen er außerhalb der Familie zu überleben vermag. Viel von dem erlernten Verhalten ist sehr einfach, wie zum Beispiel, daß ein Auto bei Rotlicht anhalten muß; andere Dinge sind kompliziert, etwa ein Musikinstrument zu spielen. Aber am schwierigsten ist es, all die erlernten Dinge miteinander in Einklang zu bringen, damit der Mensch gerüstet ist, mit den vielen anderen Menschen auszukommen. Bei keiner anderen Spezies spielt das Lernen eine auch nur annähernd so lebenswichtige Rolle wie beim Menschen. Und bei keiner anderen Spezies erstreckt sich der Lernprozeß über die gesamte Dauer des Lebens. Nur der Mensch lernt auch dann noch – was Sterben ist –, wenn er seinen letzten Atemzug macht.

Kein Wunder, daß ein so wichtiges Thema zu ständigen Diskussionen Anlaß gibt. Denn wie geht das Lernen überhaupt vor sich? Ein Teil dieser Frage wurde schon zu Anfang unseres Jahrhunderts durch den russischen Wissenschaftler Iwan Pawlow beantwortet. Bei vielen seiner Experimente ging er von vorhandenen Reflexen aus – das heißt, von der automatischen Reaktion auf Reize. Reflexe werden nicht erlernt, sondern gehören zu den ererbten Eigenschaften des Nervensystems: Man zieht zum Beispiel seine Hand automatisch zurück, wenn eine Berührung schmerzhaft ist. Das bekannteste Pawlowsche Experiment betrifft jenen Reflex, der den Hund angesichts seines Futters Speichel absondern läßt. Bei anderen Reizen sondern Hunde normalerweise keinen Speichel ab, wie zum Beispiel beim Geräusch eines Metronoms. Pawlow versuchte nun, die reflektorische Speichelabsonderung mit einem Stimulans zu koordinieren, das keinen Zusammenhang mit der Nahrungsaufnahme hatte. Wieder und wieder bot er einem Hund Futter an, während ein Metronom tickte, bis der Hund gelernt hatte, dieses Geräusch mit der Nahrungsaufnahme in Verbindung zu bringen. Und schließlich sonderte der Hund auch Speichel ab, wenn das Metronom zwar tickte, weit und breit aber kein Futter zu finden war.

Pawlow war es also gelungen, einen Reflex an ein Stimulans zu binden, das überhaupt nichts mit Nahrung zu tun hatte. Der Hund hatte gelernt – oder, wie die Wissenschaftler sagen: er war «konditioniert». Nachdem Pawlow wiederholt das Metronom eingeschaltet, dem Hund jedoch nichts zu fressen gegeben hatte, nahm der

Speichelfluß nach und nach ab und versiegte endlich ganz. Die konditionierte Reaktion war «gelöscht». Solange er aber das Geräusch des Metronoms immer wieder einmal mit einem Nahrungsangebot kombinierte, blieb der konditionierte Speichelfluß erhalten. Durch diesen Vorgang, der als «Verstärkung» bezeichnet wird – in diesem Fall die gelegentliche Kombination von Nahrung und Geräusch –, ließ sich die konditionierte Reaktion aufrechterhalten.

Pawlows Experimente und sein Vokabular werden zum Teil auch heute noch von der Psychologie angeführt, wenn es um den Lernprozeß beim Menschen geht. Pawlows Forschungsbereich war jedoch begrenzt, da er sich hauptsächlich mit Reaktionen befaßte, die durch ein ganz bestimmtes Stimulans ausgelöst wurden; aber das menschliche Verhalten ist im allgemeinen viel komplexer. Was für ein Stimulans ist das wohl, das ein Gefühl der Beklemmung aufkommen läßt, wenn man vor einem Restaurant auf eine unpünktliche Person wartet? Für die meisten Verhaltensweisen lassen sich spezifische Reize nicht anführen. Statt dessen ist es der Mensch, der seine Umwelt beeinflußt, um gewisse Wirkungen zu erzielen, er tut etwas, um etwas zu bekommen – wie ein Kind, das sich brav verhält, um auch ja in den Zirkus gehen zu dürfen. Wenn die herbeigeführten Folgen angenehm oder wohltuend sind, wird sich die Reaktion wiederholen und verstärken. Erweisen sie sich als unangenehm, wird sie nach Möglichkeit vermieden.

Diese andersgeartete Auffassung von der Konditionierung entwickelte B. F. Skinner von der Harvard-Universität. Skinner ist überzeugt, daß das Individuum so in seiner Umwelt «operiert», daß es belohnt wird – weshalb diese Art der Konditionierung auch mit dem Begriff «operant» umschrieben wird. Während Pawlows Tiere darauf konditioniert waren, bestimmte Stimulantien zu begreifen, geht Skinner nach dem Prinzip der Belohnung und Verstärkung vor. Eine Laborratte, die in einen speziell konstruierten Käfig gesetzt wird, wird dieses neue Terrain erforschen. Schließlich berührt sie zufällig eine Metallschranke, woraufhin eine abgemessene Nahrungsportion in einen Freßnapf fällt. Vorerst sieht die Ratte zwischen Schranke und Nahrungszufuhr noch keinen Zusammenhang. Aber nachdem sie die Schranke mehrmals berührt hat und jedesmal mit Nahrung belohnt worden ist, erkennt sie eine Verbindung zwischen den beiden Vorgängen. Und bald drückt sie, so schnell sie kann, gegen die Schranke, um Nachschub zu erhalten. Solange die Nahrungsquelle funktioniert, wird dieses spezifische Verhalten verstärkt.*

Die Erfolge der Tierversuche haben die Anhänger des «Behaviorismus» zu der Annahme verleitet, das menschliche Verhalten sei ähnlich und nichts weiter als eine Sache der Konditionierung. Der gesunde Menschenverstand sagt uns, daß viele menschliche Gefühle und Einstellungen durch Erfahrung geprägt werden. Jemand, der unmittelbar nachdem er ein bestimmtes Geräusch gehört hat, einen schmerzhaften Unfall hatte, bekommt wahrscheinlich noch lange danach Angst, wann immer er dasselbe Geräusch wieder hört. Aber schließlich wird sich diese Reaktion verlieren, wenn keine weitere Verstärkung stattfindet. Der Gedanke der Konditionierung ist an sich nicht neu. Neu ist nur die wissenschaftliche Demonstration mit Hilfe kontrollierter Versuche. Der englische Philosoph John Locke schrieb schon im 17. Jahrhundert:

> Manche Kinder schreiben den Schmerz, den sie in der Schule erlitten haben, ihren Büchern zu, um derentwillen sie bestraft wurden, und verknüpfen diese Ideen dergestalt miteinander, daß ein Buch ihnen zum Gegenstand des Abscheus wird, und sie sich hernach ihr ganzes Leben lang mit dem Studium und dem Gebrauch derselben niemals wieder aussöhnen können... Es gibt sehr behagliche Zimmer, in denen gewisse Leute nicht studieren können, so reinlich und bequem sie auch sind; und dies aus dem Grunde, weil ihnen zufällig gewisse Ideen anhaften, die sie anstößig machen.*

Die Behavioristen sind jedoch weit über derartige gelegentliche Erfahrungen hinausgegangen und stellen sich eine Welt vor, in der alle menschlichen Gefühle und Handlungen durch konditionierte Reaktionen geprägt sind. Wahrscheinlich verhalten sich die Menschen so, wie sie es tun, weil sie Handlungen wiederholen, die von Eltern, Lehrern und Freunden belohnt worden sind, und Handlungen vermeiden, für die sie bestraft worden sind. Für die Behavioristen ist die menschliche Persönlichkeit nichts anderes als das Ergebnis vorangegangener Konditionierung und Prägung. Sie sprechen den Menschen jedwede individuellen Motive, Gefühle und Gedanken ab – ja, praktisch jede Fähigkeit, ihr eigenes Schicksal zu bestimmen.

Heute vertreten viele Psychologen die Meinung, daß die behavioristische Ansicht über das menschliche Handeln unvollständig und verzerrt sei. Außerdem ist es eine gefährliche Ansicht, denn sie verneint den freien Willen des Menschen – genau die Freiheit also, von der das spezifisch Menschliche bestimmt ist. Aber auch die Vorstellung, Lernen sei das Ergebnis einer Reaktion auf ein Stimulans, wurde als zu einfache Erklärung für einen komplexen Vorgang angegriffen. Man stelle sich vor, ein Hund solle so konditioniert werden, daß er jedesmal die Pfote hebt, wenn er einen bestimmten Ton hört. Nach der Konditionierungstheorie läßt sich das dadurch bewerkstelligen, daß man einen schwachen Stromstoß immer dann durch das Bein des Hundes schickt, wenn der Ton erklingt. Schon bald wird der Hund jedesmal, wenn er den Ton hört, die Pfote wegziehen, auch dann, wenn er keinen Schlag bekommt. Stellen wir uns das gleiche Experiment mit folgender Änderung noch einmal vor: Das Bein des Hundes wurde lokal betäubt und ist völlig gelähmt, so daß der Hund nicht im Stande ist, auf den elektrischen Schlag zu reagieren. Das Geräusch ertönt, der Schlag erfolgt, und der Hund zieht das Bein nicht weg. Der Reiz wurde zwar empfangen, doch die Reaktion blieb wegen der Betäubung aus. Nachdem die Betäubung aber nachgelassen hat, zieht der Hund seine Pfote sofort wieder zurück, wenn er den Ton hört. Damit beweist er, daß er seine Lektion gelernt hat, selbst im Falle mangelnder Reaktion.

Außerdem ist gegen die behavioristische Theorie einzuwenden, daß Tiere durch Konditionierung nur beschränkt lernfähig sind. Jede Spezies hat ein Repertoire von Verhaltensweisen, die genetisch programmiert sind; das Verhalten eines Tieres kann fast nie so verändert werden, daß es mit seinen Anlagen in Konflikt gerät. Eine Laborratte kann leicht dazu konditioniert werden, wegzulaufen, wenn sie ein bestimmtes Geräusch mit Gefahr assoziiert, einfach deshalb, weil Flucht die angeborene Reaktion der Ratte auf Gefahr ist. Ein Kaninchen läuft bei Gefahr nicht davon; es erstarrt. Und es wird sich nie anders verhalten, gleichgültig, wie stark man es zu konditionieren versucht. Was für die Tiere gilt, scheint auch für die Menschen zuzutreffen. Die Menschen zeigen oft ein ganz bestimmtes Verhalten, das im Verlauf der hominiden Evolutionsgeschichte durch Anpassung zustande gekommen ist. Viele Leute erleben noch heute Angstgefühle, wie unsere hominiden Vorfahren sie wahrscheinlich auch hatten, zum Beispiel Angst davor, aus großer Höhe herunterzufallen, und Angst vor der Dunkelheit. Man nimmt an, daß uns diese Ängste angeboren sind – als Folge der natürlichen Auslese –, weil diejenigen, die sie erlebt und sich entsprechend verhalten haben, nicht so häufig in Gefahr gerieten, vom Baum zu stürzen oder Raubtieren zum Opfer zu fallen, wenn sie sich nachts aus der Sicherheit des Lagers wagten.

Konditionierung ist aber bestimmt nicht die einzige Art zu lernen, die die Menschen praktizieren; manche Psychologen nennen noch fünf bis sieben weitere.* Lernen besteht aus der ständigen Integration kleiner Informationsteile in größere Einheiten und dieser Einheiten in wieder größere. Das geschieht völlig unbewußt jedesmal, wenn man einen Satz hört. Eine Reihe anscheinend unzusammenhängender Wörter wird sehr rasch großen und immer größeren Einheiten zugeordnet, bis am Ende die Bedeutung des ganzen Satzes klar ist. Hier ein Beispiel, sozusagen in Zeitlupe, wie wir die Bedeutung eines einfachen Satzes unbewußt entdecken, etwa: *Das Mädchen nahm die Hürden.* Das erste Wort enthält fast keine Information, ist aber schon etwas, auf dem sich eine größere Einheit aufbauen läßt. Wir wissen, daß *das* ein Artikel ist, dem ein Substantiv folgen wird (oder manchmal ein Adjektiv, das einem Substantiv vorangeht). Das nächste Wort, *Mädchen,* setzt sie erste Organisationsebene fest. Es ist ein Substantiv, das zusammen mit dem Artikel *das* eine Nominalphrase bildet. Außerdem steht es im Singular, und das wird sich auf das Verb auswirken – auf unser nächstes Wort, *nahm,* die Vergangenheit von «nehmen». Mit *die Hürden* haben wir wieder eine Nominalphrase, diesmal allerdings als Objekt des Verbs. Diese zweite Nominalphrase bildet zusammen mit dem Verb eine höhere Organisationsebene, die Verbalphrase *nahm die Hürden.* Nun haben wir eine einleitende Nominalphrase, *das Mädchen,* und eine Verbalphrase, *nahm die Hürden* – und diese zwei Einheiten verbinden wir zu einem Satz, der eine Bedeutung vermittelt. Haben wir die Organisation dieses extrem einfachen Satzes begriffen, können wir nach demselben Muster eine fast endlose Zahl von ähnlich strukturierten Sätzen bilden, etwa: *Der Mann spülte das Geschirr. Das Mädchen ergriff die Flinte. Die Frau steuerte das Flugzeug.* Keine Theorie von der Reiz-Reaktion-Konditionierung kann erklären, wie wir schon als Kinder, die noch gar nicht wissen, was Grammatik ist, diese grammatikalischen Regeln unserer Muttersprache erlernen konnten.

Anscheinend ist den Menschen die Fähigkeit angeboren, eine Sprache zu lernen; wie es ihnen angeboren ist, gehen zu lernen. Das heranwachsende Kind lernt gehen und sprechen, ohne sich bewußt zu sein, wie es dieses Kunststück fertigbringt. Dieses angeborene Talent rüstet den Menschen mit einer allgemeinen Sprachstruktur aus, die allen Sprachen gemein ist; allerdings ist diese Struktur nicht soweit präzisiert, daß die Sprache des Kindes bereits festgelegt wäre, sonst würde auf der ganzen Welt die gleiche Sprache gesprochen. Niemand lernt also eine Sprache, indem er jeden in dieser Sprache zu bildenden Satz lernt. Das wäre auch unmöglich, weil die Zahl aller Sätze, die in einer Sprache gebildet werden können, theoretisch unendlich ist. Anstatt Milliarden und Abermilliarden Sätze zu lernen, halten sich die Menschen unbewußt an Regeln (wie die eben beschriebene), mit denen sie nahezu unendlich viele Sätze in ihrer jeweiligen Muttersprache bilden können.*

Die meisten Lernsituationen der Menschen ähneln dem Erlernen der Sprache; sie bieten eine große Zahl potentieller Reaktionen und nicht nur eine kondititionierte. Anstatt zu sagen: *Das Mädchen nahm die Hürden,* hätte der Betreffende auch sagen können: *Die Hürden wurden von dem Mädchen genommen* oder *Sie hat sie genommen.* Und natürlich hätte der Sprecher auch beschließen können, überhaupt nichts zu sagen. Das komplexe menschliche Verhalten läßt sich wohl nicht mit Konditionierung allein erklären. Ein Mensch erinnert sich ohne erkennbaren Anlaß an viele Dinge. Aber wenn er sich an etwas erinnert, so bedeutet das, daß er es irgendwann einmal gelernt hat – auch wenn damals keine Reaktion erfolgte und seither keine Verstärkung stattgefunden hat. Die Folge Stimulans-Reaktion erklärt nicht, warum wir uns noch an einen belanglosen Artikel erinnern, den wir vor Wochen in irgendeiner Zeitung gelesen haben. In Alternative zur Konditionierung wird das Lernen heute von vielen Psychologen als «kognitive Handlung» betrachtet. Sie halten nichts von der behavioristischen Vorstellung eines passiven Geistes, der nur reaktiv verarbeitet, was er an Stimulantien empfängt, sondern betrachten die geistige Tätigkeit des Menschen als Sequenzen außerordentlich aktiver Prozesse.

Nach Vorstellung der kognitiven Psychologen werden die menschlichen Sinnesorgane ständig mit Reizen überflutet; aber jedes Individuum wählt sich die Sinneseindrücke aus, die ihm gerade am wichtigsten erscheinen. Dann werden sie zu Wahrnehmungsmustern geordnet. Zum Beispiel wird ein Mensch, der auf einen zukommt, als Ganzes wahrgenommen und nicht als eine Sammlung von einzelnen Daten – abgetragene Kleider, ausgetretene Schuhe, ungekämmte Haare, Einkaufstasche und so weiter. Diese Information wird mit dem verglichen, was man schon über Leute dieses Aussehens weiß. Die alte und die neue Information werden gegeneinander abgewogen, dabei werden Assoziationen hergestellt. Die aktive, funktionierende Vernunft könnte zu dem Schluß kommen, daß es sich hier um einen Landstreicher handelt, dem man besser aus dem Weg geht. Würde der Mann aber in seine Tasche greifen, eine Bibel hervorholen und in kultiviertem Ton erklären, er habe das Gelübde abgelegt, in Armut zu leben und missionarisch tätig zu sein, dann würde zwischen der alten und der neuen Information eine völlig andere Assoziation hergestellt. Was tatsächlich stattgefunden hat, ist viel mehr als die bloße Reaktion auf das Stimulans der äußeren Erscheinung eines Mannes. Es wurde neues Wissen gewonnen – eine Perspektive menschlichen Verhaltens, die die sofortige Revision von vielem in der Vergangenheit Gelerntem erforderlich machen kann. Die kognitiven Psychologen glauben daher nicht, daß sich Lernen von all den anderen eng verknüpften und komplexen geistigen Vorgängen im Menschen trennen läßt: Wahrnehmung, Denken, Sprache und Problemlösung. Wenn ein Problem einmal gelöst ist, ist es kein Problem mehr, sondern neu erworbenes Wissen.

Jeder Gegenstand oder jedes Ereignis auf der Welt ist einmalig, weil sich immer irgendein – wenn auch noch so kleiner – Unterschied zu allen anderen finden läßt. Wir Menschen neigen dazu, diese Einmaligkeit zu ignorieren und Gegenstände und Ereignisse ganz bestimmten Kategorien zuzuordnen, die gemeinsame Merkmale haben. Diese Kategorien werden als «Begriffe» bezeichnet und dienen als Basis für die menschlichen Bemühungen, die Umwelt zu ordnen und ihr Bedeutung zu geben. Begriffe vereinfachen die komplexen Reizeinwirkungen, denen die Sinne unaufhörlich ausgesetzt sind – zuerst, indem sie geordnet, und später, indem sie in Kategorien mit gemeinsamen Merkmalen gepackt werden. Immer wenn zwei oder mehr Gegenstände, Menschen oder Ereignisse in die gleiche Kategorie eingeordnet werden, ist damit entschieden, daß sie in irgendeiner Weise zusammengehören. Selbst ein dreijähriges Kind kann schon etwas in Kategorien ordnen. Es weiß zum Beispiel, daß Schuhe, Socken und Pullis in die größere Kategorie der *Kleidung* gehören. Obgleich sich unserer Wahrnehmung unendlich viele Dinge anzubieten scheinen, leben wir nicht in einer völlig ungegliederten Welt. Gewisse Merkmale mancher Objekte kommen häufiger in Verbindung mit einem anderen vor als allein. Tiere mit Federn haben wahrscheinlich eher Flügel als Tiere mit einem Fell. Das begriffliche Denken ist ein essentieller Zug des menschlichen Geistes, und niemand könnte auch nur einen einzigen Tag darauf verzichten.

Die menschliche Existenz wäre geradezu unerträglich, wenn all die vielen tausend Gegenstände und Ereignisse, denen man stündlich begegnet, als einmalig betrachtet werden müßten. Wenn wir in einem Walde Ulmen, Buchen, Birken, Föhren jeweils als Einzelobjekt verstehen würden, anstatt sie in der Kategorie Bäume zusammenzufassen, wären wir geistig fast augenblicklich blockiert. Die Begriffseinteilung enthebt uns auch der Notwendigkeit, ständig über jeden neuen Gegenstand oder jedes neue Erlebnis etwas zu lernen. Jeder Mensch, dem wir begegnen, ist ein Individuum – aber wir ordnen auch die Individuen in Kategorien ein und richten unser Verhalten danach. Wenn ich in ein Museum gehe, bin ich mir meiner Individualität bewußt, genauso wie die Person, die aufpaßt, daß ich nichts anstelle. Trotzdem ignorieren wir die besonderen persönlichen Merkmale, stufen uns gegenseitig als *Besucher* und *Wächter* ein und benehmen uns so, wie es unserer jeweiligen Rolle zukommt.*

Aus den unzähligen Attributen der Welt um uns herum suchen wir zuerst diejenigen aus, die wir für relevant halten, und stufen sie entsprechend ein. Alle Pferde, die ausgewachsen und weiblich sind, gehören ungeachtet ihrer Rasse zur Kategorie *Stute.* Farbe ist kein relevantes Merkmal, und so ist auch ein ausgewachsener weiblicher *Apfelschimmel* eine Stute. Die Größe spielt ebenfalls keine Rolle; das sehr kleine, ausgewachsene weibliche Shetland-Pony ist ebenfalls eine Stute. Viele Begriffe leiten sich von den gemeinsamen Folgeerscheinungen her, so gehören Auto, Bus, Eisenbahn und Fahrrad zur Kategorie der *Fahrzeuge.* Die Betonung des Nützlichkeitswertes geht wahrscheinlich auf die Bedeutung gewisser Umstände in der menschlichen Evolution zurück. Das Überleben hing davon ab, ob Gegenstände und Ereignisse im Hinblick auf Nahrungsbeschaffung oder Gefahrenabwendung richtig eingeschätzt wurden. Wir werden es nie erfahren, aber es wäre durchaus denkbar, daß die ersten von Menschen gebildeten Begriffe *gefährlich* und *nicht gefährlich* waren.

Erwachsene benutzen das begriffliche Denken in fast jedem Augenblick ihres Lebens ganz automatisch, diese Fähigkeit entwikkelt sich jedoch erst Schritt für Schritt vom Beginn der Kindheit an. Die eindrucksvollste Untersuchung der Entwicklung des begrifflichen Denkens bei Kindern erstreckte sich über einen Zeitraum von mehr als fünfzig Jahren und wurde von Jean Piaget und seinen Mitarbeitern in Genf durchgeführt.* In den vergangenen Jahrzehnten hat Piagets Theorie, derzufolge die geistige Entwicklung in vier Stadien verläuft, großen Einfluß gewonnen. Nach dieser Theorie ist das erste Stadium das sensorisch-motorische; es umschließt etwa die ersten achtzehn Lebensmonate, liegt also noch vor dem Sprechen. Während dieses Stadiums lernen die Kinder ihre Umgebung durch Beobachtung und motorische Reaktionen kennen, die in gewisser Weise denen intelligenter Tiere ähneln. Aber schon jetzt zeigen die Kinder geistige Fähigkeiten, die weit über die der meisten ausgewachsenen Tiere hinausgehen. Wenn ein einjähriges Kind ein Spielzeug haben möchte, das außerhalb seiner Reichweite auf einer Decke liegt, dann wird es diese Decke zu sich heranziehen, um an das Spielzeug zu gelangen.

Während des zweiten oder präoperanten Stadiums (vom Alter von etwa achtzehn Monaten bis zu sieben Jahren) stellen die Kinder die Gegenstände und Ereignisse in ihrer Umgebung symbolisch durch Sprache dar. Die kognitive Entwicklung macht jetzt einen großen Sprung nach vorn, in einer Art und Weise, die ausschließlich dem Menschen vorbehalten ist. Kinder verwenden das Symbol Sprache, um anderen ihre Gedanken mitzuteilen, aber auch, um über Gegenstände nachzudenken. Sie beschränken sich nun nicht mehr auf die Gegenwart, sondern können sich an Vergangenes erinnern und Zukünftiges wünschen. Dennoch ist das Begriffsvermögen der Kinder in diesem Stadium noch eng begrenzt. Sie sind nicht in der Lage, Denkvorgänge (geistige Operationen) zu bewältigen, die über ihre unmittelbaren Wahrnehmungen hinausgehen. Zeigen Sie einem Kind in diesem Alter zwei Trinkgläser – das eine niedrig und breit, das andere hoch und schmal –, die beide die gleiche Menge Milch enthalten. Weil die obere Grenze der Milch in dem hohen, schmalen Glas höher liegt, glaubt ein Kind im präoperanten Stadium, in diesem Glas befinde sich mehr Milch. Ein solches Kind kann sich noch nicht vorstellen, daß die Milch aus dem hohen, schmalen Glas auch in dem niedrigen, breiten Platz hätte.

Ein etwas älteres, ungefähr siebenjähriges Kind, das eben in das dritte Stadium eintritt, das Stadium der konkreten Operationen, wird im allgemeinen schon verstehen, daß die Menge der Milch nicht von der Form des Glases abhängig ist. Kinder in diesem Stadium sind geistig bereits so weit fortgeschritten, daß sie die Gegenstände entsprechenden Kategorien zuordnen und diese dann in noch umfassendere Kategorien bringen können. So werden alle Hunderassen einer einzigen Kategorie zugeschlagen, da die Kinder sich auf die Merkmale stützen, die sie an allen Hunden als gemeinsame Eigenschaften wahrnehmen. Die Kategorie *Hund* wird dann mit anderen Kategorien – beispielsweise *Vögeln* und *Schlangen* – kombiniert, so daß die höhere Kategorie *Tiere* gebildet wird. Am Ende dieses Stadiums, etwa im Alter von elf Jahren, meistern die Kinder praktisch alle Probleme, die sie zwingen, über ihre unmittelbaren Wahrnehmungen hinausgehen. Ihre Denkvorgänge sind jedoch immer noch begrenzt. Ihr Denken und Handeln zielt vorwiegend auf Gegenstände und Ereignisse ab, die in die Gegenwart oder in die unmittelbare Vergangenheit gehören. Obwohl Kinder in diesem Stadium das Vorhandensein der weit zurückliegenden Vergangenheit und der fernen Zukunft begreifen, kümmern sie sich kaum um so große Zeitspannen. Mit anderen Worten, die kognitiven Akte gelten mehr der konkreten Wirklichkeit als der Erforschung vager Möglichkeiten.

Nach Piaget kommen Kinder schließlich im Alter von elf bis fünfzehn Jahren in das Stadium der logischen Operationen, in dem alle vorausgegangenen Entwicklungstendenzen kulminieren. Heranwachsende lösen sich in diesem Alter aus dem festen Griff der unmittelbaren Wirklichkeit; sie können über Möglichkeiten ebenso nachdenken wie über das tatsächlich Vorhandene. Zur Lösung eines Problems können sie alle Variablen erwägen, sie einzeln verändern und dabei die anderen ignorieren oder konstant lassen. Das tun sie so lange, bis sie alle Möglichkeiten eines Problems durchgespielt haben. Die vorausgegangenen Stadien der geistigen Entwicklung des Kindes werden jedoch nicht ausgelöscht, und ein Jugendlicher kann zur Lösung eines Problems auf die in früheren Stadien gemachten Erfahrungen zurückgreifen. Der Jugendliche setzt sich vielleicht zuerst mit den Gegenständen und Vorgängen der unmittelbaren Realität auseinander, durchläuft also einen für das erste, sensorisch-motorische Stadium charakteristischen Prozeß. Die so gewonnene Information wird dann vielleicht nach den Richtlinien geordnet, die sich im präoperanten Stadium und im Stadium der konkreten Operationen entwickelt haben. Die dergestalt organisierte Information kann dann durch einen kognitiven Akt im vierten Stadium in Hypothesen transformiert werden, die sich an der Realität testen lassen. Diese Folge kognitiver Akte wird häufig als «wissenschaftliches Denken» bezeichnet, aber jeder Erwachsene denkt unbewußt in dieser Weise während vieler Stunden seines Wach-Seins.

Kritiker der Theorie Piagets haben vor allem seine Unterstellung beanstandet, daß die kognitive Entwicklung angeblich bei allen Kindern gleichmäßig verläuft – daß es sich dabei also um eine universelle und unveränderliche Eigenschaft der menschlichen Spezies handelt. Inzwischen wissen die Psychologen, daß das Alter, in dem der Übertritt von einem Stadium ins andere stattfindet, bei jedem Kind und in allen Kulturen verschieden ist. Außerdem ist bekannt, daß die Entwicklung kognitiver Operationen unter Umständen durch spezielles Training erheblich beschleunigt werden kann und daß ungünstige Umweltbedingungen diese Entwicklung beeinträchtigen. Eine weitere Unzulänglichkeit der Theorie besteht darin, daß sich Piaget ausschließlich mit den Denkprozessen Jugendlicher befaßt hat und die kognitiven Fähigkeiten der Erwachsenen außer acht ließ. Das ist ein ernstes Versäumnis, weil sich die begrifflichen Fähigkeiten zwischen der Adoleszenz und dem Erwachsenenalter gewöhnlich stark verändern. Ausnahmen finden sich zuweilen bei sehr begabten Kindern, die ihre besondere Fähigkeit, abstrakte Begriffe zu verstehen, auch noch in späteren Jahren besitzen – möglicherweise, weil an begabte Menschen größere Ansprüche gestellt werden, so daß sie mehr Gelegenheit haben, sich in abstraktem Denken zu üben. Bei den meisten Erwachsenen läßt jedoch die Fähigkeit, neue Konzepte zu erarbeiten, langsam nach –

was bei älteren Personen einen sehr schnellen Abbau bedeuten kann. Dieses starke Nachlassen kann auch auf Krankheiten, auf Schädigungen des Nervensystems, auf Medikamente und Alkohol zurückgehen und muß nicht altersbedingt sein.

Aber der Haupteinwand gegen Piagets Theorie betrifft das entscheidende Stadium, das erste oder sensorisch-motorische. Piaget betont zwar die komplexe motorische Koordinationsfähigkeit des Kindes – das im Alter von sechs Monaten zielsicher nach einem Gegenstand greift, mit zehn Monaten kriechen gelernt hat und mit fünfzehn gehen –, ignoriert aber die ersten kognitiven Fähigkeiten, die mit dem heranreifenden Nervensystem Hand in Hand gehen. Natürlich können die Kinder den Psychologen nicht sagen, daß sie gerade denken, das läßt sich aber am veränderten Herzschlag, an der Richtung der Augen, am Ton der Stimme und am allgemeinen Zustand der Erregung oder der Aufmerksamkeit ablesen. Schon im Alter von zwei Monaten scheinen Kinder ihre Begegnungen mit der Umwelt geistig umzusetzen – und «Schemata» zu bilden. Die größte Aufmerksamkeit wecken erstaunlicherweise Reize, die sich von einem vorhandenen Schema nur wenig unterscheiden, und nicht etwa völlig neue. Diese Beobachtung wurde schon von vielen Eltern gemacht: Kinder finden neues Spielzeug am schönsten, wenn es einem alten, das sie bereits besitzen, ähnelt; von etwas völlig Fremden sind sie weniger begeistert.

Bei einem bezeichnenden Experiment zeigt man den Kindern immer wieder einen orangefarbenen Würfel, bis sie ihn gut kennen. Dann zeigt man ihnen einen Gegenstand, der nur ein bißchen anders ist als der erste (etwa einen kleineren orangefarbenen Würfel), und einen völlig anderen Gegenstand (etwa einen gelben Zylinder). Von dem kleineren Würfel sind die Kinder sichtlich angetan; bei dem völlig andersartigen gelben Zylinder geben sie jedoch weder Laute noch andere Zeichen der Freude von sich. Die Aufmerksamkeit, die Kinder im ersten Lebensjahr Gegenständen entgegenbringen, die ihnen nicht ganz fremd sind, deutet auf die Entwicklung einer neuen kognitiven Struktur hin. Diese Struktur ist die Hypothese, die bei Erwachsenen außerordentliche Komplexität erreicht, die aber auch bei Kindern vorhanden ist, wenngleich sehr viel einfacher. Anscheinend stellen die Kinder Hypothesen auf, wenn sie versuchen, einen etwas ungewöhnlichen Gegenstand mit dem ihnen vertrauten Schema in Einklang zu bringen. Diese und ähnliche Experimente mögen ein Beweis dafür zu sein, daß auch Kinder, die noch kein Jahr alt sind, denken können und die Unstimmigkeiten in ihrer Umwelt auszuräumen suchen. Piaget ist genau gegenteiliger Ansicht: Er glaubt, daß Kinder unter 18 Monaten ihrer

Umwelt nur in Form von sinnlichen Eindrücken und motorischen Handlungen begegnen, und daß es keine Anzeichen für eine kognitive Entwicklung gibt, ehe dieses Stadium abgeschlossen ist.*

Alles, was bis jetzt in diesem Kapitel behandelt wurde, hat auf die eine oder andere Weise mit dem «Denken» zu tun. Jedermann weiß, daß das Gehirn mit dem Denken befaßt ist. Daß durch Denken aber auch die Muskeln in den Augen, den Gliedmaßen, im Herzen und in den Sprechorganen aktiviert werden, ist nicht so bekannt. Professionelle Glücksspieler tragen häufig dunkle Augengläser, weil sie wissen, daß man an der Größe ihrer Pupillen ablesen kann, was sie denken. Wer sich mit einem schwierigen geistigen Problem auseinandersetzt, hat vergrößerte Pupillen, bis er es gelöst hat. Danach verengen sie sich rasch wieder. Wenn sich jemand vorstellen soll, wie er mit dem rechten Arm ein Gewicht hochhebt, weist sein rechter Bizeps Veränderungen auf, die mit empfindlichen Instrumenten als elektrische Impulse gemessen werden können. Auch der Pulsschlag erhöht sich beim Lösen eines Problems, und zwar am deutlichsten in dem Augenblick, in dem die Lösung gefunden ist. Anscheinend halten wir alle Selbstgespräche, während wir denken. Wenn man bei einer Testperson auf der Zunge und an den Lippen Elektroden befestigt und sie dann auffordert, sich an ein Gedicht zu erinnern, treten Muskelbewegungen auf, die denen beim lauten Aufsagen der Zeilen sehr ähnlich sind.

Beim Nachdenken über Probleme wirken sich manchmal die eingefahrenen, gewohnten Gedankenkanäle hemmend aus. Hier ein Beispiel: Ein großer Lastwagen war unter einer niedrigen Brücke in Kentucky steckengeblieben. Verschiedene Fachleute wurden zu Rate gezogen, um ihn wieder flottzukriegen. Da sie auf Brücken fixiert waren, gingen sie das Problem auf konventionelle Art an: Sie schlugen vor, die Brücke anzuheben, um den Laster freizubekommen. Aber ein kleiner Zeitungsjunge, der noch nicht auf die üblichen Denkmuster festgelegt war, hatte eine bessere Idee. Er meinte, man solle den Lastwagen senken – was ein Leichtes war, weil man nur die Luft aus den Reifen zu lassen brauchte. Der Zeitungsjunge entfaltete «kreatives Denken» – wie es die Psychologen ausdrücken, auch wenn sie nicht genau sagen können, was sie darunter verstehen. Kreatives Denken ist der konventionellen Art zu denken sicher ähnlich, denn beides sind gezielte, rationale Vorgänge und stehen in direktem Zusammenhang mit irgendeinem Problem oder Ereignis. Das kreative Denken unterscheidet sich jedoch vom üblichen logischen Denken, indem es dem Problem nicht auf konventionelle Weise zu Leibe rückt.

Bis jetzt wissen die Psychologen noch sehr wenig darüber, was kreative Menschen aus den Informationen, die allen zur Verfügung stehen, gewisse Faktoren auswählen und Elemente davon wieder so zusammenfügen läßt, daß eine neue Idee entsteht. Alle gesunden Menschen leben in einer optisch und akustisch vertrauten Welt, und doch sind manche kreative Maler, Musiker und Dichter imstande, die Codes, die die anderen zum Sehen und Hören benutzen, zu brechen und die Welt auf eine ganz neue Art zu zeigen. Diese Fähigkeit wird häufig als natürliche «Begabung» bezeichnet, und wahrscheinlich werden gewisse Kennzeichen der Kreativität auch tatsächlich vererbt – andere anscheinend nicht. Die Psychologen versuchen, die Kreativität zu messen; eine ihrer Methoden ist der *Remote Associates Test.* Dabei soll ein Wort gefunden werden, das mit einigen anderen Wörtern assoziiert werden kann – etwa *Hütte, Kuchen* und *Schweiz* –, zwischen denen normalerweise keine Beziehung besteht. Eine mögliche kreative Antwort wäre natürlich *Käse.* Die drei gegebenen Wörter, die normalerweise nicht in eine gemeinsame Kategorie passen, bekommen nämlich ein gemeinsames Merkmal, wenn man sie zu Hüttenkäse, Käsekuchen und Schweizer Käse zusammensetzt.

Die meisten Psychologen sind sich über vier Kriterien einig, die zum kreativen Denken gehören und miteinander in Beziehung zu stehen scheinen. Das eine ist das «Vorwissen»; zum Beispiel wäre Einstein wahrscheinlich nie auf seine Relativitätstheorie verfallen, wenn er nicht schon sehr gründliche Physik- und Mathematikkenntnisse besessen hätte. Zweitens ist beim kreativen Denken eine kurze oder lange Inkubationszeit nötig, in der man sich im Unterbewußtsein mit dem Problem beschäftigt, während die Aufmerksamkeit gleichzeitig auf andere Dinge gerichtet ist. Drittens spielt bei der Kreativität eine plötzliche Erleuchtung eine Rolle, wobei die Lösung eines Problems wie aus dem Nichts auftaucht. Das ist das sogenannte «Heureka!»-Phänomen (griechisch: «ich hab's gefunden!») – ein Ausruf, der dem Mathematiker Archimedes zugeschrieben wird. Der König hatte ihm die Aufgabe gestellt, die Menge Goldes zu bestimmen, die in einer kompliziert geformten Krone verarbeitet war. Als Archimedes in der Badewanne saß, fiel ihm auf, daß sein Körper eine gleiche Menge Wasser verdrängte – und so gelangte er zur Lösung der Aufgabe. Sicherlich hatte Archimedes schon öfter gebadet, aber diesmal kam alles zusammen: Vorwissen, Kenntnis der einzelnen Elemente des Problems und die Inkubationszeit, während der er über das Problem nachgedacht hatte. Zwischen dem Badewasser und einer Königskrone wurde eine Verbindung hergestellt – zwei Dingen, die normalerweise nicht in

Zusammenhang gebracht werden. Und schließlich erfordert kreatives Denken gewöhnlich auch die richtige Einschätzung und Prüfung der Lösung, um festzustellen, ob sie funktioniert; danach ist eventuell eine Verbesserung oder sogar eine Revision nötig. Archimedes konnte seine Erleuchtung sofort testen. Er legte einen Gegenstand, dessen Volumen er kannte – einen Würfel oder ähnliches – in einen gefüllten Wasserbottich und stellte fest, daß das Volumen des überfließenden Wassers mit dem des Gegenstandes übereinstimmte.

Über individuelle Unterschiede in der Kreativität ist mehr bekannt als über den kreativen Prozeß selbst. Manche Leute sind ungemein kreativ, wenn sie nur aus dem Fenster sehen, andere benötigen dazu ihre Hände, mit denen sie sich an Werkzeugen und Instrumenten zu schaffen machen. Manche Leute entwickeln Kreativität in Bibliotheken, andere in Laboratorien und wieder andere bei zwischenmenschlichen Beziehungen. Mit über dreißig oder vierzig ist man wahrscheinlich kreativer als unter dreißig, vor allem wohl deshalb, weil man bis dahin mehr Wissen ansammeln konnte, auf dem sich Kreativität aufbaut. Warum später, mit Ende Vierzig, die kreativen Fähigkeiten wieder abnehmen, läßt sich damit allerdings nicht erklären – und über eventuelle Ursachen gibt es bis jetzt auch noch keine übereinstimmende Meinung. Mit fünfzig hat man eine große Menge Wissen angesammelt, das Gehirn ist aufs feinste eingestimmt, man hat jahrzehntelang Probleme gewälzt, Talente entwickelt – und dennoch gehen die kreativen Leistungen mysteriöserweise, eine nach der anderen, zurück. (Natürlich gibt es im unteren und oberen Altersbereich Ausnahmen. Mozart und Schubert sowie einige andere Musiker waren in sehr jungen Jahren außerordentlich kreativ. Händel komponierte noch Opern und Oratorien, als er fast siebzig war, und Verdi schrieb ein Meisterwerk, *Falstaff*, mit achtzig.)

Vergleichende Beobachtungen an Personen, deren Intelligenzquotient, Erfahrung und Ausbildung ganz ähnlich waren, erleichtern das Verständnis für Kreativität nicht gerade. Bei dem einen lösen neue Situationen kreatives Handeln aus, beim andern nicht. Bei dem angeführten Beispiel des *Remote Associates Test* kommen viele anscheinend intelligente Leute einfach nicht auf die Antwort *Käse* – obgleich sie, wenn sie sie hören, sofort begreifen, warum es sich dabei um eine kreative Antwort handelt. Sie besitzen das nötige Wissen und die Erfahrung für eine kreative Antwort, auch genügend Intelligenz, das Problem zu lösen. Und doch wenden sie sie nicht an.

Offenbar sind Kreativität und Intelligenz zwei verschiedene gei-

Alter und Kreativität

Das Alter, in dem die Kreativität ihren höchsten Stand erreicht, ist in jedem Beruf verschieden. Natürlich hängt viel von der körperlichen und geistigen Gesundheit ab. Vor einigen Jahren wurde eine Übersicht mit Einzelbeiträgen aus verschiedenen Bereichen aufgestellt, angefangen bei den Naturwissenschaften bis hin zum kreativen Schreiben. Sie weist eindeutig auf einen kreativen Höhepunkt in den Jahren zwischen dreißig und neununddreißig hin. Diese Tabelle, die sich auf viele tausend Berufskarrieren stützt, zeigt in Prozenten, wieviel wichtige Beiträge in jeder Dekade der betreffenden Berufe geleistet wurden.*

Fachgebiet	Alter unter 20	20–30	30–40	40–50	50–60	60–70	über 70
Chemie	1	23	39	23	11	3	0
Physik	0	21	35	27	11	5	1
Psychologie	0	21	36	21	15	5	2
praktische Erfindungen	3	27	38	20	8	3	1
Schachspielen	0	29	47	19	5	0	0
Schreiben von Kurzgeschichten	0	18	37	24	13	6	2

stige Fähigkeiten. Nur siebzehn Prozent aller Personen, die bei Intelligenztests hohe Werte erzielen, schneiden auch bei Kreativitätstest gut ab. Allerdings scheint zur Kreativität ein bestimmtes Maß an Intelligenz zu gehören, aber darüber hinaus hat die Intelligenz offenbar kaum Einfluß. Natürlich könnte man einwenden, daß Intelligenztests nicht geeignet seien, Kreativität zu messen, sondern festzustellen, wie weit jemand vorgegebenen Denkmustern folgt. Auf die Fragen eines Intelligenztests «Wie heißt die Hauptstadt von Süddakota?» gibt es immer nur eine richtige Antwort. Dagegen kommt es beim Kreativitätstest darauf an, sich möglichst weit von gebräuchlichen Denkmustern zu entfernen und möglichst viele Antworten zu finden – etwa auf die Frage: «Welche gemeinsamen Anwendungsmöglichkeiten gibt es für einen Maßstab und ein Buch?»

Eine entscheidende Eigenschaft kreativer Menschen ist die Beschäftigung mit komplexen und neuen Dingen. Kreative Menschen ziehen komplizierte Gemälde, Musikstücke und Spiele den einfachen vor. Wenn sie anscheinend formlose Tintenklekse deuten sollen, sind ihre Antworten meistens komplex und ungewöhnlich. Beim Anblick eines bestimmten Tintenkleckses fielen den Personen, die schon bei vorhergehenden Tests keine kreative Begabung gezeigt hatten, Bezeichnungen ein wie «Schmierflecke» oder «dunkle Wolken». Dagegen sah eine kreative Person den Fleck als «magnetische Eisenfeile», und eine andere als «einen kleinen Jungen, der mit seiner Mutter an einem trüben windigen Tag durch die Straßen läuft, um nach Hause zu kommen, bevor es zu regnen beginnt». Kreative Menschen suchen jede Gelegenheit wahrzunehmen, etwas Neues zu tun, ja, sie bemühen sich bewußt darum – zum Beispiel werden sie Architekt und nicht Buchhalter. Menschen, die bei Kreativitätstests niedrige Werte erzielen, verhalten sich umgekehrt. Die Vorliebe für neue Dinge erklärt, warum viele kreative Menschen in Bereichen, in denen sie sich nicht auskennen, oft so leichtgläubig sind. Johann Sebastian Bach war fest überzeugt, daß Zahlen mystische Bedeutungen hätten, und Mozart war ein Anhänger der Freimaurer; Charles Dickens rückte sein Bett immer in Nord-Süd-Richtung, um von den magnetischen Strömen, die von den Erdpolen ausgehen, etwas abzubekommen. Selbst Benjamin Franklin, ein durch und durch praktischer Mann, gehörte einer mystischen Sekte an, die an Seelenwanderung glaubte.

Alle bisherigen Kapitel in diesem Buch haben sich auf die eine oder andere Weise mit den entscheidenden Wesenszügen beschäftigt, die die Menschen von anderen Lebewesen unterscheiden. Nun kann eine weitere hinzugefügt werden: Die Menschen sind die einzigen Säugetiere, die sich ständig neue Probleme schaffen. Selbst Primaten, wie die Schimpansen, die in der Geschichte der Evolution nahe an die Menschen heranreichen, sehen sich, Generation auf Generation, normalerweise den gleichen Problemen gegenüber: der Suche nach Nahrung, nach Wasser, nach einem Geschlechtspartner und dem Auskommen mit anderen Mitgliedern der Gruppe. Verhaltensänderungen bei Schimpansen resultieren nicht aus einer Wesensänderung, sondern sind auf äußere Einflüsse zurückzuführen – wenn zum Beispiel Forscher ganz in der Nähe ein Lager aufgeschlagen haben und neue Gegenstände und Ereignisse in die Schimpansenumwelt bringen. Nur die Menschen führen ständig Situationen herbei, bewußt und absichtlich, die sie zwingen, neue Probleme zu lösen und dadurch ihre physikalische und soziale Umwelt wiederum zu verändern. Und wenn das geschehen ist, ergeben sich daraus wieder Situationen, die neue Probleme aufwerfen und der Lösung bedürfen. Eine Kategorie derartiger Probleme ist in diesem Buch bis jetzt nur flüchtig erwähnt worden: die gegenseitigen Beziehungen einzelner Menschen innerhalb des sozialen Gefüges – das Thema des nächsten Teils.

V. DER MENSCH IM SOZIALEN GEFÜGE

16. Die soziale Bindung

Menschen sind höchst sozial veranlagte Geschöpfe, die sich erst zahlreiche Kenntnisse aneignen müssen, bevor sie außerhalb einer Gesellschaft überleben können. Organisierte und dauerhafte Gesellschaften kommen bei Säugetieren selten vor (das Wolfsrudel, die Präriehund-Stadt und die Pavian-Gruppe sind bemerkenswerte Ausnahmen), und auch bei den nichtmenschlichen Primaten sind Gesellschaften keineswegs die Regel. Der gesellschaftliche Zusammenschluß ist jedoch eine universelle Eigentümlichkeit der Menschen, offenbar weil damit wesentliche Anpassungsfunktionen erfüllt werden, die die Überlebenschancen erhöhen. Die Gesellschaft ist der Ausgleich für Anpassungsmechanismen, die andere Säugetiere anlagebedingt besitzen, wie Geschwindigkeit, Körperkraft, scharfe Zähne, Klauen und instinktbestimmte Reaktionen. «Gesellschaft» ist natürlich nur ein zweckdienlicher Begriff; sie existiert nicht für sich allein, sondern nur in jedem einzelnen ihrer Mitglieder. Nicht die Gesellschaft tut etwas: sondern die Menschen handeln. Ausdrücke wie «die Gesellschaft muß» oder «die Gesellschaft kontrolliert» sind nicht wörtlich zu nehmen, sondern als Metapher oder Vergegenständlichung. Leider ist es aus sprachlichen Gründen manchmal recht umständlich, diesen Unterschied deutlich auszudrücken. Daher werde ich der Einfachheit halber «Gesellschaft» sagen, wobei ich hoffe, daß dem Leser die Unterscheidung gegenwärtig ist.

Gewisse Eigentümlichkeiten der menschlichen Gesellschaft sind schon durch die Art und Weise deutlich geworden, wie dieser Begriff bisher im Text angewandt wurde. Sie besteht aus Mitgliedern einer einzigen Spezies; denn die Hunde und Katzen, die wir uns ins Haus holen, sind keine Mitglieder unserer Gesellschaft. Eine Gesellschaft ist zudem eine territorial bestimmte Organisation, die einen genau festgelegten Raum innehat, der häufig gegen Mitglieder anderer Gesellschaften verteidigt wird. Außerdem gehören zu einer Gesellschaft ständig unterhaltene wechselseitige Beziehungen ihrer Mitglieder. Das trifft zwar auch auf viele Tiergesellschaften zu (etwa bei Ameisen, Bienen, manchen Vögeln und Wölfen), doch zwei charakteristische Merkmale sind nur in menschlichen Gesellschaften zu finden: Erstens sind die Mitglieder dieser besonderen Gesellschaft in einem Maße aufeinander angewiesen, das weit über das Maß der Abhängigkeit in nichtmenschlichen Gesellschaften hinausgeht. Das Wohlbefinden und oft sogar das Überleben jedes einzelnen Mitglieds einer menschlichen Gesellschaft hängt weitgehend von dem Verhalten der anderen Mitglieder ab. Zweitens zeichnet sich eine menschliche Gesellschaft durch einen hohen Grad an Autonomie aus – das heißt, sie unterliegt nicht der Kontrolle irgendeiner anderen Organisation, die ein Teil von ihr ist. So bildet die Gesamtbevölkerung der Vereinigten Staaten eine Gesellschaft, nicht aber einzelne Familien, Gemeinschaften, Geschäfts- und Hilfsorganisationen, die «High Society» des *Social Register* und akademische «Gesellschaften». Die Gesellschaft ist im Prinzip die größte Gruppe, mit der sich die meisten Menschen identifizieren können; und ihr Einfluß auf den einzelnen ist größer als der Einfluß einer jeden kleineren Gruppe.

Darüber hinaus ist jede Gesellschaft so organisiert, daß Begriffe, Regeln, Gewohnheiten, Erwartungen, Sitten und Gebräuche für ein angemessenes Verhalten ihrer Mitglieder sorgen. Diese sozialen Kontrollen setzen schon in der Kindheit ein – die Wissenschaftler nennen diesen Prozeß «Sozialisation» – und hören das ganze Leben lang nicht wieder auf. Dennoch gibt es keine Gesellschaft, in der sich alle Menschen immer in angemessener Weise verhalten. Ungebührliches Verhalten wird entschuldigt, solange es nicht gegen fundamentale Anschauungen oder sittliche Werte verstößt. (Natürlich gibt es in jeder Gesellschaft immer Mitglieder, die als «verrückt» abgestempelt werden, nur weil sie ein unerwartetes Verhalten gezeigt oder die an sie gestellten Erwartungen nicht erfüllt haben.) Die Verhaltensnormen der einzelnen Gesellschaften setzen Außenstehende meist in Erstaunen. Schon das falsche Absingen eines traditionellen Liedes kann ein ernster Verstoß gegen alle Ideale einer Gesellschaft sein. In anderen Gesellschaften kann sich ein Mensch allein schon dadurch, daß er die Grußformalitäten nicht richtig beherrscht, so disqualifizieren, daß man ihn für einen ausgemachten Dummkopf hält. Westliche Gesellschaften sperren ihre Dissidenten – Mitglieder, die gegen Dinge rebellieren, die von ihnen erwartet werden – häufig ein oder erklären sie – wie in der Sowjetunion – für geistesgestört. In jedem Fall aber bleiben diese Personen Mitglieder der Gesellschaft, gegen die sie vorher rebelliert haben. Rebellen können zwar ihre eigene Gesellschaft verlassen, müssen dann aber Mitglieder irgendeiner anderen Gesellschaft werden und sich deren Normen, Traditionen und Idealen unterwerfen.

Jedes Mitglied einer Gesellschaft eignet sich ein großes Repertoire von Verhaltensweisen an – wie man dieses oder jenes tut und sogar, wie man denkt und fühlt. Zum Beispiel muß ein Japaner ganz bestimmte Vorschriften und Normen beachten – wie er es zu etwas bringt, welches Verhalten Männern und Frauen verschiedener Altersstufen angemessen ist und was es mit dem Übernatürlichen auf sich hat. Obgleich das eine oder andere Kennzeichen der japanischen Lebensform auch in anderen Gesellschaften vorkommt – alle vereint sind typisch japanisch und der Grundstein der japanischen Kultur – ein Begriff, der verwendet wird, wenn man sich auf die erlernten Verhaltensweisen innerhalb eines sozialen Systems bezieht. Wie oft die Leute ein Bad nehmen und ob sie lieber Heuschrecken oder Beefsteak essen – all dieses gehört genauso zu einer Kultur wie avantgardistische und literarische Diskussionen. Kultur ist im Verhalten der Mitglieder einer Gesellschaft so stark integriert, daß der einzelne sie gewöhnlich als selbstverständlich hinnimmt – dadurch erlebt man gelegentlich einen «Kultur-Schock», wenn man an einem fremden Ort ankommt und feststellt, daß die Menschen hier unter ganz anderen Voraussetzungen leben. Umgekehrt führt das Eindringen eines Fremden in ihre kulturelle Umgebung ebenfalls zu einem Kulturschock bei den Einheimischen, die manche Aspekte ihres gewohnten Verhaltens plötzlich in Frage gestellt sehen. Als Kapitän Cook auf Tahiti die Stammeshäuptlinge fragte, warum die Männer getrennt von den Frauen ihr Essen zu sich nähmen, sahen sie ihn nur verwundert und ungläubig an. Sie überlegten und überlegten, und am Ende rückte einer mit der einzigen Erklärung heraus, die sie dafür hatten: «Weil es so richtig ist.»

Kultur ist für das Überleben der Menschen von wesentlicher Bedeutung, denn sie besitzen nicht das gleiche Instinktverhalten wie die Tiere, um zu überleben und sich fortzupflanzen. Die Tiere haben komplexe instinktive Verhaltensweisen ererbt, die zu gegebener Zeit angewandt werden, ohne daß sie sie von anderen Mitgliedern ihrer Art gelernt hätten. Eine Gabelantilope hat den angeborenen Instinkt, bei Gefahr zu fliehen und dabei am Hinterteil ein Büschel weißer Haare aufzurichten, um die restliche Herde zu warnen. Menschen weisen wenige solcher automatischen Reaktionen auf Reizauslöser auf. Bei Dunkelheit weiten sich die Pupillen; beim Niesen werden Reizstoffe aus der Nase ausgestoßen; beim Gähnen wird Sauerstoff in die Lungen gezogen; die Gliedmaßen zucken bei plötzlichem Schmerz zurück. Der Mensch überlebt infolge erlernten Wissens und nicht infolge angeborener Instinkte.

Weil sein Gehirn besser ausgebildet ist und er die Sprache beherrscht, kann er sich Wissen schneller aneignen als andere

Säugetiere und sich auch flexibler verhalten. Anstatt Gewohnheiten und Talente zu ererben, muß er sie im Verlauf seines Lebens von anderen Mitgliedern seiner Gesellschaft lernen. Kurz: Kultur besteht aus der Ansammlung von Erfahrungen vergangener Generationen, die übernommen, mit den Zeitgenossen geteilt und über das eigene Leben hinaus an die nachfolgende Generation weitergegeben werden.

Kultur kann nur im Zusammenhang mit der menschlichen Gesellschaft existieren – und umgekehrt kann eine menschliche Gesellschaft unmöglich ohne Kultur existieren. Beide sind untrennbar miteinander verbunden. Daher prägt die Kultur das Verhalten der Gesellschaft: Was getan werden muß, was getan werden sollte, was getan werden könnte und was nicht getan werden darf. Die Sozialwissenschaftler haben all die verschiedenen bizarren Möglichkeiten menschlichen Verhaltens von einer Gesellschaft zur anderen aufgezählt. Hindus essen kein Rindfleisch; Mohammedaner und Juden dürfen kein Schweinfleisch essen; während nordamerikanische und europäische Christen gegen diese beiden Fleischarten nichts einzuwenden haben, lehnen sie Ratten, Eidechsen und Heuschrecken ab. Die Todas aus dem südlichen Teil Indiens erweisen anderen Respekt, indem sie ihnen eine lange Nase machen, während Nordamerikaner und Europäer diese Geste für äußerst respektlos halten. Beispiele für kulturgebundene Unterschiede im Verhalten gibt es in allen Gesellschaften, deren jeweilige Mitglieder sichtbar Darwinsche Tüchtigkeit entwickelt haben. So darf man Zweifel anmelden, wenn Nordamerikaner, Europäer oder Mitglieder irgendeiner anderen Gesellschaft versichern, sie besäßen die einzige wahre Kultur. Die Sozialwissenschaftler sprechen daher von «Kulturbedingtheit» – das heißt, daß jede Handlung oder jede Überzeugung einer Gesellschaft im Rahmen ihres kulturellen und sozialen Kontexts gesehen werden muß.*

Fehlendes Verständnis für das Phänomen kulturbedingter Verhaltensformen, gepaart mit dem Hang der Nordamerikaner und Europäer, sich in die Belange anderer Gesellschaften einzumischen, hat gewöhnlich verheerende Folgen. Das geschah zum Beispiel, als das britische Forscherschiff *Beagle* 1830 nach Tierra del Fuego an die Südspitze von Südamerika kam. Die Mannschaft der *Beagle* stammte aus der zu dieser Zeit fortschrittlichsten Industriegesellschaft, und die Fuego-Indianer waren vermutlich die simpelste aller Gesellschaften in der Neuen Welt. Der Kapitän der *Beagle* meinte es gut, als er den Entschluß faßte, vier Fuego-Indianer mit zurück nach England zu nehmen, ihnen dort eine Ausbildung angedeihen zu lassen und sie dann, zur Verbreitung der «zivilisierten» Lebensart, wieder in ihre Heimat zurückzuschicken. Die vier Indianer (die schon bald infolge der Pocken, mit denen sie sich bei den Briten angesteckt hatten, auf drei reduziert waren) lebten ein Jahr lang in der Nähe von London bei einem Geistlichen, der ihnen die englische Sprache und die «Kunst, sich zu benehmen» beibrachte. König William IV. gewährte ihnen eine Audienz und machte ihnen zahlreiche Geschenke – Plunder und Kram des industriellen Zeitalters. Ende 1831 segelte die *Beagle* auf einer Expedition wieder zurück nach Südamerika, an Bord die drei anglisierten Fuego-Indianer und den Naturwissenschaftler Charles Darwin. Wie Darwin berichtete, war er von dem scheinbaren Erfolg des Experiments beeindruckt, bei dem die kulturellen Werte der einen Gesellschaft gegen die einer anderen ausgetauscht worden waren. Für ihn waren die drei Fuego-Indianer der Inbegriff englischer Fröhlichkeit, Bescheidenheit und Selbstachtung.

Nachdem sie in Tierra del Fuego angekommen waren, wurden die drei Indianer in dem Gebiet, in dem sie seßhaft werden wollten, an Land gebracht. Bald darauf traf die Mutter des einen mit seinen Brüdern ein. Darwin schrieb über das Wiedersehen nach dreijähriger Trennung: «Die Begegnung war weniger interessant als zwischen einem auf die Koppel gelassenen Pferde und einem alten Gefährten, dem es wieder zugesellt wird. Kein Zeichen der Zuneigung machte sich bemerklich; sie starrten einfach einander eine kurze Zeit an, und die Mutter ging augenblicklich wieder fort, um nach ihrem Kanu zu sehen.» Fast ein Jahr verging, bis die *Beagle* wieder in diese Gegend kam. Bald näherte sich ein Kanu mit dem Indianer Jemmy, den Darwin auf der Rückreise von England wegen seiner guten Manieren und seiner gepflegten äußeren Erscheinung bewundert hatte. Aber jetzt mußte Darwin feststellen, daß Jemmy

> ... ein magerer, elender Wilder (war) mit langem, unordentlichem Haar; er war nackt mit Ausnahme eines Stückchens Decke, das er um seine Lenden gebunden hatte. Wir erkannten ihn nicht wieder, bis er dicht bei uns war, denn er schämte sich über sich selbst und drehte dem Schiff den Rücken zu. Wir hatten ihn fett, rund, rein und gut gekleidet verlassen; ich habe niemals einen so vollständigen und traurigen Wechsel gesehen.*

Jemmy erzählte, daß York und Fuegia Basket, die beiden anderen Indianer, geheiratet hätten und daß York Jemmys Geschenke aus England gestohlen habe. Das war das letzte Mal, daß die Mannschaft der *Beagle* die Menschen zu Gesicht bekam, die das Experiment der Veränderung kultureller Eigenheiten repräsentierten. Die

Mannschaften anderer Schiffe, die ein paar Jahre später in diese Gegend kamen, erzählten, daß Jemmy ein Massaker an sechs Missionaren angestiftet hätte; York wurde ermordet, nachdem er selbst einen anderen Mann getötet hatte; und Fuegia Basket lebte wieder ganz nach Sitten der Eingeborenen. Die drei Fuego-Indianer, die anscheinend in wenigen Jahren vom «primitiven» in den «zivilisierten» Zustand übergewechselt waren, hatten nur einen dünnen Firniß von britischer Kultur angenommen. Offenbar hatten sie die Einstellungen und Gebräuche, von denen sie seit ihrer Geburt durch ihre Gesellschaft geprägt worden waren, nie abgelegt.

Jede Gesellschaft hat ihre eigenen Standards und Ziele, die zuweilen eigens definiert sind, oft aber auch mit dem Aufwachsen innerhalb der Gesellschaft unbewußt assimiliert werden. Bestimmte Ziele der Vereinigten Staaten werden in der Präambel zur Verfassung extra aufgezählt: «... eine vollkommenere Union gründen, Gerechtigkeit herstellen, die innere Ruhe sichern, Mittel für die Verteidigung bereitstellen, die sozialen Einrichtungen fördern und dafür sorgen, daß uns und unseren Nachkommen die Segnungen der Freiheit erhalten bleiben.» Andere Ziele der Gesellschaft der Vereinigten Staaten lassen sich aus dem Verhalten ihrer Bürger ableiten: das persönliche Eigentum respektieren, Gewinn machen, eine normale Ausbildung erhalten, ständig Arbeit haben und zum zukünftigen Wohle der Kinder handeln. Die Menschen in den Vereinigten Staaten stellen diese Ziele kaum in Frage, auch wenn zumindest einige davon den Mitgliedern anderer Gesellschaften zweifellos merkwürdig vorkommen. Wie auch immer die Ziele einer Gesellschaft aussehen mögen, sie bilden die Grundlage ihrer Institutionen. Der hohe Stellenwert, den individuelle Freiheit und Leistung in den Vereinigten Staaten haben, drückt sich in den politischen Institutionen (demokratische Verfassung und *Bill of Rights*), den wirtschaftlichen Einrichtungen (Kapitalismus und Ansammlung von Wohlstand) und den religiösen Institutionen aus (religiöse Freiheit sowie Trennung von Kirche und Staat).

Selbst die wohlhabendsten Gesellschaften besitzen nicht die unerschöpflichen Mittel, die nötig wären, um jedes dieser Ziele zu erreichen. Manche Ziele werden von der Gesellschaft als so wichtig erachtet, daß beträchtliche Mittel dafür aufgebracht werden und ihnen auf Kosten anderer Ziele Priorität eingeräumt wird. Die Eskimogesellschaft zum Beispiel mißt der dauernden Partnerschaft zwischen zwei Männern, die übereingekommen sind, sich in ihrer kargen Umwelt beizustehen und im Fall der Not wie enge Verwandte alle Dinge miteinander zu teilen, großen Wert bei. Eine solche wirtschaftliche Partnerschaft gilt mehr als eheliche Treue – darum leiht ein Eskimo seine Frau auch an einen Partner aus, dem seine eigene Frau gerade nicht zur Verfügung steht. In den Vereinigten Staaten hat man genau entgegengesetzte Wertvorstellungen. Ein Mann, der die Gunst seiner Frau weitervermittelt, um sich daran zu bereichern oder um daraus einen Vorteil zu ziehen, wird bestenfalls als Kuppler bezeichnet.

Eine Gesellschaft als Gesamtheit verfolgt ihre Ziele auf lange Sicht, aber die alltäglichen Beziehungen zwischen Gruppen und Individuen werden von Leitlinien beeinflußt – den «Normen». Diese Normen bestimmen eindeutig, was der einzelne tun muß oder tun soll, um für die anderen Mitglieder der Gesellschaft akzeptabel zu sein. Die Normen beeinflussen jedes Mitglied der Gesellschaft, indem sie ihm eine Matrix von «Solls» vorgeben: negative, die bestimmte Verhaltensweisen verbieten, und positive, die zu bestimmten Verhaltensweisen ermuntern. Manche Normen sind von Kindheit an so tief im Menschen eingeprägt, daß sie fälschlicherweise für angeboren gehalten und die daraus resultierenden Verhaltensweisen als die «menschliche Natur» betrachtet wurden. So hat man in den Vereinigten Staaten immer wieder Eigenschaften wie Arbeitsfreude, Stolz, Neid, Gut- oder Bösartigkeit eher der menschlichen Natur als dem Druck der normativen Gesellschaft zugeschrieben. Ein Gewissen zu haben, bedeutet für das Einzelindividuum nichts anderes, als daß es die Gesellschaftsnormen so weitgehend assimiliert hat, daß sein Verhalten in bestimmten Situationen ohne sein Zutun von diesen Normen bestimmt wird. Jeder bewundert einen Menschen, der aufsteht und ehrlich erklärt: «Mein Gewissen zwingt mich dazu» – doch die Bewunderung sollte vielmehr der Gesellschaft gelten, der es gelungen ist, ihm ihre Normen so erfolgreich einzuprägen. Diese Leute merken nicht einmal, daß ihr Verhalten den Normen entspricht; statt dessen schieben sie, was sie tun, auf etwas so vages wie das «Gewissen».

Die Normen, die bestimmte Verhaltensweisen ermutigen oder vorschreiben, sind von einer Gesellschaft zur anderen verschieden. Gleichgültig, wie abstoßend eine bestimmte Form des Benehmens in einer Gesellschaft ist – zu einer anderen Zeit und an einem anderen Ort mag sie vielleicht die Norm gewesen sein. Kannibalismus, Inzest, Kindestötung, Mord, Folterung und Diebstahl – alles das ist irgendwann einmal in der einen oder anderen Gesellschaft als normgerecht angesehen worden. Was zuweilen als das «Aufeinanderprallen der Zivilisationen» bezeichnet wird, ist nur die unterschiedliche Auslegung gleicher Handlungen durch verschiedene Gesellschaften. Keine der großen Religionen praktiziert heute noch

Menschenopfer, aber zu anderen Zeiten gab es Religionen, die das nicht nur als mögliche, sondern sogar als heilige Handlung betrachtet haben. Im vergangenen Jahrhundert hat man sich in den Vereinigten Staaten über die Foltermethoden einiger Indianerstämme empört; und doch hat bislang noch jede «zivilisierte» Nation (einschließlich der Vereinigten Staaten) die Folter dazu benutzt, Informationen zu erpressen oder Gesinnungsänderungen zu erzwingen.

Die Vorstellung, daß die Normen einer Gesellschaft das Verhalten ihrer Mitglieder bestimmen, kam im 19. Jahrhundert auf, als die Anthropologen sehr einfache Gesellschaften studierten. Diese Idee führte zu der unkritischen Annahme, alle Menschen würden in eine Welt hineingeboren, in der die Normen der Gesellschaft bereits festgelegt seien und durch rechtzeitiges Anerziehen zu einem integralen Bestandteil der Persönlichkeit eines jeden Mitglieds würden. Natürlich hängt die Art und Weise, in der wir handeln, manchmal von den Normen ab, die wir seit unserer Kindheit verinnerlicht haben. Robinson Crusoe zum Beispiel wurde von Normen beeinflußt, als er die Absicht Freitags, einen Eindringling auf ihrer Insel zu verspeisen, voller Abscheu ablehnte. Diese Norm wird noch mehr verfestigt, wenn die Kinder heute davon lesen. Trotzdem neigt man in neuerer Zeit eher dazu, nicht alles und jedes, was Menschen vor allem in komplexeren Gesellschaften tun, als von Normen bestimmt zu betrachten. Tatsächlich wird fast alles im täglichen Leben probeweise umgesetzt in Interaktionen mit anderen Mitgliedern der Gesellschaft. Die Menschen sind keine nach Normen programmierten Roboter; noch sind sie kulturelle Tölpel, deren Verhalten stets voraussagbar wäre, weil es den Normen ihrer Gesellschaft entspricht.

In der unaufhörlichen Aufeinanderfolge von Gegebenheiten, aus der die Mitglieder einer komplexen modernen Gesellschaft ihre Erfahrungen schöpfen, passiert viel, was merkwürdig oder gar absurd ist. Oft scheint kein rechter Sinn dahinterzustecken, scheinbar Unerklärliches trägt sich zu, oder es treten Situationen ein, die unerwartet sind. Zu den normativen Vorstellungen der nordamerikanischen Kultur gehört der Abscheu vor physischer Grausamkeit – aber für unser tägliches Leben scheint diese Norm kaum zu gelten. Wir lassen es zu, daß im Fernsehen täglich stundenlang brutale Szenen ablaufen – wir sind ziemlich nachlässig, wenn es darum geht, Leute zu stellen, die ihre Kinder und Frauen mißhandeln; wir schmücken Soldaten und Polizisten, für die Brutalität zum Beruf gehört, mit Auszeichnungen. Normen haben uns keineswegs eine astronomische Zahl von Direktiven für das Verhalten in allen Alltagssituationen beschert, deshalb müssen wir uns kreativ mit ihnen auseinandersetzen und mit der sozialen Umwelt im Rahmen der allgemeinen Zwänge unserer Gesellschaftsnormen fertig werden. Daß die meisten Normen in bezug auf das Alltagsverhalten irrelevant sind, ist wohl eine zwangsläufige Folge der Modernisierung. Die Welt ist so komplex geworden, und es gibt so viele Möglichkeiten, zu handeln, daß die Normen den einzelnen nicht mehr für jede Situation adäquat auszurüsten vermögen. In den modernen Gesellschaften stecken die Normen bestimmte Grenzen ab, und nur wenn diese Grenzen durch das Verhalten eines einzelnen überschritten werden, ziehen sie die Aufmerksamkeit auf sich.*

Wer die Grenzen verletzt, die von seiner Gesellschaft für heilig gehalten (oder für heilig erklärt) werden, ist abgestempelt – er hat sich «abweichend verhalten». Noch bis vor kurzem sahen die meisten Mitglieder der Gesellschaft der Vereinigten Staaten den vorehelichen Geschlechtsverkehr als abweichendes Verhalten an; bei manchen Gesellschaften in Polynesien gilt dagegen gerade die Weigerung, voreheliche Geschlechtsbeziehungen einzugehen, als abweichend. Beobachtungen an Völkern rund um die Erde zeigen, daß das, was bei der einen Gesellschaft als Sünde gilt, bei einer anderen für eine Tugend gehalten wird. Es gibt keine einzige menschliche Handlung, die immer und überall als abweichend betrachtet worden wäre. Man hat Inzest für ein generelles Tabu gehalten, aber in den Königsfamilien des alten Ägypten, in Peru und bei den Ureinwohnern von Hawaii war der Inzest sanktioniert. Sozialarbeiter in den Vereinigten Staaten bestätigen, daß der Vater-Tochter- und Bruder-Schwester-Inzest weit häufiger vorkommt, als allgemein angenommen wird. Wohl jeder von uns wäre überzeugt, daß ein Vater, der sein eigenes Kind umbringt, in allen Gesellschaften verdammt wird, aber auch das ist nicht der Fall. Schließlich war Abraham durchaus bereit, seinen Sohn Isaak auf Verlangen Jehovas zu opfern. In manchen Gesellschaften ist ein Vater verpflichtet, seinen Sohn zu töten, wenn dieser durch aggressives Verhalten eine Bedrohung für die Allgemeinheit darstellt. In der Antike waren Griechen und Römer der Auffassung, daß jede Familie diejenigen Angehörigen, deren Verhalten nicht tragbar war, selbst exekutieren solle – da diese Methode für humaner gehalten wurde und Spannungen zwischen verschiedenen Verwandtschaftsgruppen verhindern sollte.

Der Eifer, mit dem Mitglieder einer Gesellschaft bestimmte Handlungen als abweichend brandmarken, ist bemerkenswert. Der französische Soziologe Emile Durkheim beschrieb als verblüffendes Beispiel dafür eine Gesellschaft, die aus lauter Heiligen besteht:

> Man denke sich eine Gemeinschaft von Heiligen, ein vollkommenes und musterhaftes Kloster. Verbrechen im eigentlichen Sinne des Wortes werden dort unbekannt sein; dagegen werden dem Laien verzeihlich erscheinende Vergehen dasselbe Ärgernis erregen wie andernorts gewöhnliche Verbrechen. Befindet sich diese Gemeinschaft im Besitze der richterlichen und Strafgewalt, so wird sie jene Handlungen als Verbrechen erklären und demgemäß behandeln.*

Nach Durkheim sind also sogar in einer Gesellschaft von Heiligen die Unterschiede zwischen dem guten und dem kriminellen Bürger zu erkennen, weil die Menschen überall bestimmte Verhaltensweisen als von der Norm abweichend abstempeln, selbst wenn es sich um nicht mehr handelt als um die geringfügigste Abkehr von der vollkommenen Heiligkeit. Daher ist es außerordentlich schwierig, festzulegen, welches Verhalten nun abweichend ist. Denn die Normen variieren nicht nur von einer Gesellschaft zur anderen, sondern auch innerhalb der gleichen Gesellschaft – von einer Zeit zur anderen und von einer Bevölkerungsgruppe zur anderen. Diebstahl, Ladendiebstahl, Raub, Betrug, Überfall, Mord, Selbstmord, Homosexualität, Prostitution, sexueller Mißbrauch von Kindern, Jugendkriminalität, Drogenmißbrauch, Verrat und Geisteskrankheit sind nur ein paar von den Verhaltensweisen, die in der nordamerikanischen Gesellschaft als abweichend bezeichnet werden. Welchen gemeinsamen Nenner könnten sie möglicherweise haben? Man könnte sagen, daß sie alle den bestehenden Gesetzen zuwiderlaufen und den gesellschaftlichen Normen von richtig und falsch widersprechen. Diese Erklärung reicht aber nicht aus, weil die Verletzung der Normen keine eindeutige Handlung ist; wenn sie es wäre, brauchten wir keine Gerichtshöfe. Die meisten sonst aufrechten Bürger werden dann und wann zu Abweichlern, sowohl im Hinblick auf rechtliche als auch gesellschaftliche Normen. Es gibt wohl kaum einen Bürger der Vereinigten Staaten, der noch nie gestohlen hätte (und seien es nur Briefmarken und Schreibmaterial aus dem Büro zum privaten Gebrauch), der noch nie betrogen hätte (etwa mit fingierten Zahlen in der Steuererklärung), der noch nie gegen die Verkehrsgesetze verstoßen hätte (beispielsweise durch zu schnelles Fahren) – und doch halten sich diese Leute mit Sicherheit nicht für Diebe oder Meineidige oder Straftäter, die mit der Straßenverkehrsordnung in Konflikt geraten sind.

Die genaue Definition des Begriffs Abweichung ist aber noch verwickelter, weil für verschiedene sozio-ökonomische Klassen verschiedene Maßstäbe gelten. Die meisten Menschen in Nordamerika und Europa nehmen an, Diebstähle würden häufiger von armen Leuten begangen als von wohlhabenden, aber das stimmt nicht. Vielmehr ist es das Gefängnis und nicht das Verbrechen, das für die Armen, die Arbeitslosen und die Nicht-Weißen typisch ist. In den Vereinigten Staaten sitzen so viele mittellose Menschen im Gefängnis, weil sie auf ihre Verhandlung warten und es sich nicht leisten können, eine Kaution zu hinterlegen, nicht aber deshalb, weil sie etwa eines Verbrechens überführt worden wären. Eine Studie, die etwa zehn Jahre alt ist, ergab, daß sich die Verbrechen auf dem Gebiet der Wirtschaftskriminalität *(White Collar Crimes)* in den Vereinigten Staaten auf 1,7 Milliarden Dollar beliefen, während die Arme-Leute-Verbrechen Einbruch und Diebstahl nur ein Drittel dieser Summe ausmachten. Außerdem werden Verbrecher aus den sozial höheren Klassen weniger häufig eingesperrt, angeklagt oder verurteilt – wenn es aber geschieht, dann fällt das Urteil meist nicht so hart aus wie bei den Ärmeren. In einem der letzten Jahre verurteilten die Gerichte der Vereinigten Staaten mehr als 500 Personen wegen Steuerbetrugs in Höhe von durchschnittlich 190000 Dollar. Nur in 95 Fällen wurde eine Gefängnisstrafe verhängt, mit einer durchschnittlichen Dauer von 9½ Monaten. Im Gegensatz dazu verurteilten dieselben Gerichte ungefähr 4250 Personen wegen solcher Verbrechen wie Autodiebstahl und Einbruch – obwohl dabei erheblich weniger Geld und nur selten mehr Gewalt im Spiel war als in den Fällen von Steuerbetrug. Doch sechzig Prozent dieser Autodiebe und Einbrecher erhielten Gefängnisstrafen – und diese waren im Durchschnitt doppelt so hoch wie die Haftstrafen für die relativ wenigen Täter, die wegen schweren Steuerbetrugs verurteilt worden waren.

Viele Leute sind der Ansicht, daß das Verletzen der Normen gesellschaftlichen Druck hervorruft, und sie betrachten die Gesetze als eine institutionalisierte gesellschaftliche Reaktion auf stattgefundene Abweichungen. Abweichungen können aber auch durch gesellschaftlichen Druck verursacht werden. Wenn plötzlich eine bestimmte Verhaltensweise als Abweichung abgestempelt und nach dem Gesetz hart bestraft wird, kommt es wahrscheinlich zu zahlreichen Vergehen gegen dieses Gesetz. Während der Zeit, in der das Schnapsbrennen in den Vereinigten Staaten verboten war, wurden sehr viele Leute zu abweichendem Verhalten verleitet – indem sie ihn verkauften oder konsumierten. Mit Abschaffung der Prohibition verschwand diese Art Abweichung. Dem Alhoholverbot vergleichbar ist heute der Besitz von Marihuana und, in etwa, die Homosexualität. So erzeugen also Mitglieder der Gesellschaft Abweichungen, indem sie Gesetze erlassen, die ein bestimmtes

Verhalten verbieten. Mit anderen Worten: Abweichung ist nicht so sehr eine Charaktereigenschaft als vielmehr eine wirkungsvolle Etikettierung.

Trotzdem bleibt eine wichtige Frage offen: Warum bezeichnen die Menschen eine bestimmte Art von Verhaltensweisen eher als abweichend denn andere? Noch keine Gesellschaft hat je die Liebe zu Kindern als abweichendes Verhalten betrachtet, genausowenig wie Respekt vor dem Alter, wie Nächstenliebe, Teilnahme, Mut, Hilfe oder Aufopferung, um nur ein paar zu nennen. Dabei werden manchmal sogar triviale Verhaltensweisen als Abweichung abgestempelt, wie etwa in den sechziger Jahren, als die Männer die Haare lang trugen. Es gibt eine Deutung, derzufolge die Abweichung als Gegensatz zum Charisma gesehen wird. Charisma besitzt ein Individuum, das sich im Vergleich zu anderen Mitgliedern der Gesellschaft durch übermenschliche Fähigkeiten auszuzeichnen scheint. Nach dieser Erklärung wären manche Mitglieder dieser Gesellschaft Supermenschen und stünden weit über dem Durchschnitt, während andere, die Abweichler, noch geringer als der Durchschnitt wären. Also echte Untermenschen.

Das Phänomen Geisteskrankheit kann hier als Beispiel dienen. Die Menschen in den abendländischen Gesellschaften hatten zu verschiedenen Zeiten sehr unterschiedliche Ansichten über Geisteskrankheiten – die Kranken wurden als von Dämonen Besessene betrachtet, als Wundertäter oder Wahrsager, als Erlöste, als Verbrecher oder einfach als Verrückte. In modernen Gesellschaften werden die geistig Kranken heute voller Mitgefühl behandelt, auch wenn sie noch immer als merkwürdige, möglicherweise gefährliche und ganz gewiß unzuverlässige, von der Norm abweichende Individuen angesehen werden. Sie werden nicht für voll genommen, und man hält sie für eine potentielle Gefahr, die die unzähligen Durchschnittsmenschen bedrohen könnte. Mit anderen Worten, die Abweichung von der Norm ist ein variables Phänomen, das von Ort zu Ort und von Zeit zu Zeit wechselt; es ist nichts anderes als eine Abweichung von den momentanen Normerwartungen der Gruppe; und es zieht Sanktionen nach sich, mit denen die Gruppe versucht, das Individuum zu bestrafen, zu isolieren oder zu korrigieren.*

Die Sozialwissenschaftler unterscheiden zwei Arten von Normen: Bräuche und Sitten. Die Bräuche als traditionelle Umgangsformen sind die Verhaltensmuster, die eine Gesellschaft bei Alltagsangelegenheiten wie Kleidung, Etikette oder Sprache für «richtig» oder «natürlich» hält. In den Bräuchen manifestiert sich die Erwartungshaltung der gesamten Gesellschaft, nicht nur die einer einzelnen Gruppe. Verletzungen dieser traditionellen Umgangsformen haben keine rechtlichen Folgen, höchstens soziale. Das Schlimmste, was einem Nordamerikaner passieren kann, der die Tischsitten verletzt, indem er sein Steak mit den Fingern zerreißt, ist ein starker Rückgang seiner Dinnereinladungen.

Jeder Brauch muß irgendwann einmal von adaptiver Bedeutung gewesen sein, und in den meisten Fällen hat er sich gehalten, obgleich dafür keine Notwendigkeit mehr besteht. Man kann nicht mit Sicherheit sagen, wie solch ein Brauch entstanden ist oder weshalb die Gesellschaft ihn übernommen und schließlich institutionalisiert hat. Händeschütteln und das Heben der Arme zum Gruß mögen zum Beispiel ursprünglich ein Zeichen für Friedfertigkeit gewesen sein – ein Beweis, daß man keine Waffen trug; als Brauch reichen sie in eine Zeit herüber, in der Waffen nur noch von dazu ermächtigten Gesetzeshütern getragen werden sollten. Durch die Einführung neuer technologischer Erfindungen entstehen ständig neue Bräuche, aber bis jetzt hat noch niemand hinreichend erklären können, warum sich diese neuen Bräuche von einer Gesellschaft zur anderen unterscheiden. Die Art und Weise, wie man auf einen Telefonanruf reagiert, ist ein Beispiel dafür. In Nordamerika sagt man gewöhnlich *Hello* (Hallo); in Großbritannien *Smith here* (hier Smith); in Frankreich ist es *Allô, allô, allô* (hallo, hallo, hallo); und in Spanien *¡Habla!* (Sprechen Sie!).

Die Sitten stellen eine besondere Normenkategorie dar und unterscheiden sich von den traditionellen Bräuchen durch die Intensität der Gefühle, die sie wecken. Der Sittenkodex wird fast immer als Grundlage des Gedeihens einer Gesellschaft angesehen, und wer dagegen verstößt, wird streng bestraft. Vor allem das Sexualverhalten unterliegt in allen Gesellschaften zahlreichen Sittengeboten – was verständlich ist, denn es betrifft die Familie, eine Institution, auf der die ganze Gesellschaft aufbaut. Bräuche und Sitten verkörpern somit zwei Extreme einer ganzen Reihe von Normen, zwischen denen fast alle anderen sozialen Verhaltensweisen stehen. In den Vereinigten Staaten wird es zum Beispiel ernstlich mißbilligt, jemanden um den Gewinn einer Wette zu betrügen, aber Sanktionen hat man nicht zu befürchten, außer vielleicht den Ruf, nicht vertrauenswürdig zu sein. Etwas schwerer wiegen schon sexuelle Promiskuität, Wett- und Spielleidenschaft und Umgang mit Kriminellen. Die Gesetze der Vereinigten Staaten berücksichtigen die effektive Wertskala dieser Normen. Manche Gesetze stellen nichts anderes dar als verschlüsselte traditionelle Bräuche: Wer Abfall auf die Straße wirft, bei Rot über die Straße geht oder im Fahrstuhl raucht, muß zwar mit einer Geldbuße rechnen, fast nie jedoch mit einer Gefängnisstrafe oder ernsthaftem Prestigeverlust. Andererseits gibt es ein ganzes Bündel von Gesetzen, die – etwa im Fall von Mord, Raub, Überfall und Vergewaltigung – Verstöße gegen einige der höchsten sittlichen Normen der Gesellschaft mit schwersten Strafen ahnden.

Wenn man die Geschichte irgendeiner Gesellschaft durchforscht, kann man eine ganze Reihe von Trends beobachten – unter anderem Veränderungen von Zielen und Normen, eine zunehmende Komplexität der Institutionen und unterschiedliche Formen der politischen Organisation. Ob derartige Veränderungen nun als «Fortschritt» angesehen werden oder nicht, tut nichts zur Sache. Wichtig ist nur, daß Veränderungen in den Gesellschaften nicht zufällig geschehen. Selbstverständlich muß eine Gesellschaft nicht unbedingt eine festgelegte Folge bestimmter Entwicklungsstadien durchmachen, etwa die der «Wildbeuter», der «Barbarei» und der «Zivilisation», wie im 19. Jahrhundert postuliert wurde. Andererseits sind die Richtungen, in die sich eine Gesellschaft entwickeln kann, sehr begrenzt. Jede Gesellschaft, die wir bislang kennen, läßt sich in eine von nur wenigen Kategorien einordnen – in eine Horde, einen Stamm, einen Zusammenschluß von Stämmen unter einem Häuptling, einen Staat, eine Kolonialmacht. All diese Kategorien haben ihre ganz bestimmten sozialen und politischen Institutionen sowie ihre eigenen Versorgungssysteme, Bevölkerungsdichten, ökonomischen Verbindungen und familiären Organisationen. Wenn die Geschichte einer bestimmten Gesellschaft über lange Zeit hinweg bekannt ist, lassen sich die Übergänge von einer Kategorie zur anderen deutlich erkennen. Die Aufzeichnungen der Hebräer, Mesopotamier, Griechen, Römer und anderer dokumentieren deutlich die Entwicklung von der einfachen Jäger-Sammler-Gruppe bis hin zum komplexen Weltreich. Diese Entwicklung ist natürlich keineswegs nur ein mediterranes Phänomen. Zum Beispiel haben sich die Zulus in Südostafrika innerhalb der vergangenen fünfhundert Jahre von mehreren kleinen Stämmen, die sich gegenseitig bekriegten, zu einem einzigen großen Stammesverband unter einem Häuptling und dann zum mächtigen Staat entwickelt.

Die meisten Theorien über die soziokulturelle Evolution behaupten keineswegs, daß alle Gesellschaften unausweichlich mehr und mehr komplex werden müßten. Manche Gesellschaften sind sich viele tausend Jahre gleich geblieben: die Eskimos, die australischen Ureinwohner, die Buschmänner und Paiute-Indianer und andere mehr. Manche sind sogar zu einer einfacheren Struktur zurückgekehrt – denken wir nur an das Römische Reich, das vor etwa 1500 Jahren in ein paar primitive Agrargesellschaften auseinanderfiel. Zwischen 410 und 536 n. Chr. wurde Rom mehrere Male von

Westgoten und anderen gemanischen Stämmen erobert. Das Imperium zerbrach in kleine Staaten und sein einst so komplexes Wirtschaftssystem reduzierte sich auf lokale Subsidiärwirtschaft. Ein großer Teil der Industrie, die es vorher überall im Reich gegeben hatte, verschwand von der Bildfläche. Die Kupferminen waren 400 Jahre lang geschlossen, und Bronze wurde erst fast tausend Jahre später wieder hergestellt. Der Handel erlahmte, weil es keine mächtige Zentralregierung mehr gab, die die Kaufleute schützte. Bei diesem Verfall des Handels verließen die geschickten Handwerker, denen Rom einen großen Teil seines Ansehens verdankte, ihre angestammten Arbeitsplätze und kehrten in die Landwirtschaft zurück. Die Entvölkerung der Stadt bewirkte, daß Rom schließlich wieder in die einfache Agrargesellschaft zurückfiel, ein Zustand, aus dem heraus es sicht acht Jahrhunderte zuvor entwickelt hatte.

Der Verfall des Römischen Reichs war jedoch eine Ausnahme; ebenso wie die anderen Gesellschaften, die sich über Tausende von Jahren kaum verändert haben, eine Ausnahme sind. Die meisten Gesellschaften ändern sich, und fast immer geht die Veränderung in Richtung zunehmender Komplexität. Für diese Entwicklung pflegt man drei Erklärungen zu geben: rassische Qualifikation, Umweltdruck und den starken Einfluß von Einzelpersönlichkeiten. Alle drei Erklärungen sind unzureichend. Am untragbarsten ist die rassische, die davon ausgeht, daß eine Bevölkerung einer anderen geistig und physisch überlegen sei. Diese Erklärung war während des 19. und zu Anfang des 20. Jahrhunderts in Mode, als die Europäer große Gebiete der Erde kolonisiert hatten. Aus den vorhergehenden Kapiteln dieses Buchs sollte jedoch klar ersichtlich sein, daß die militärische und technologische Überlegenheit der Europäer erst seit ein paar hundert Jahren besteht. Da sich aber die Entwicklung der geographischen Populationen («Rassen»), die Europa bewohnen, schon viele tausend Jahre vorher abgespielt hatte, wäre irgendeine genetische Überlegenheit über andere Populationen der Erde sicherlich schon viel früher in Erscheinung getreten.

Aber auch der Umweltdruck bietet keine befriedigende Erklärung für den Lauf, den die soziale Entwicklung nimmt. Die Auffassung, daß es von den Umweltbedingungen, vor allem vom Klima, abhinge, welche Gesellschaften einen Aufschwung erleben, ist von Ellsworth Huntington, einem Professor der Yale-Universität, durch mehrere Bücher zwischen 1915 *(Civilization and Climate)* und 1945 *(Mainsprings of Civilization)* populär gemacht worden. Er behauptete unter anderem, daß der menschliche Intellekt am effektivsten in einem abwechslungsreichen, gemäßigten Klima mit vielen

Stürmen arbeiten könne. Nach seiner Theorie waren es diese optimalen klimatischen Bedingungen, die die hervorragende Gesundheit und Energie und den hohen Stand der Zivilisation im Norden der Vereinigten Staaten und in Westeuropa hervorgebracht haben. Umwelt-Determinismus dieser Art ist inzwischen gründlich in Verruf geraten. Die Zivilisationen der Maya, der Khmer und der Benin erreichten ihre Hochblüte in Klimazonen, die weder gemäßigt waren, noch starke Temperaturunterschiede aufwiesen, sondern tropisch und feucht waren; das Klima, das die Zivilisationen Mesopotamiens und Ägyptens hervorbrachte, war heiß und trocken, ebenso wie das Tal des Indus. Natürlich setzt das Klima Grenzen für soziokulturelle Möglichkeiten. Sowenig die Eskimos in der Arktis zu Nahrungsproduzenten werden konnten, war es den mexikanischen Azteken möglich, ihr Dasein als Walroßjäger zu fristen. Das Klima vermag nicht zu bestimmen, auf welche spezifische Art sich eine Gesellschaft entwickelt – wie sich deutlich in Regionen zeigt, in denen ganz unterschiedliche Gesellschaften existieren. In Mexiko lebten zum Beispiel in den gleichen trockenen Regionen sowohl einfache Jäger und Sammler als auch hochzivilisierte Mixteken, die sich durch den Bau von Bewässerungsanlagen von ihrer Umgebung weitgehend unabhängig gemacht hatten.

Zu guter Letzt hat man große gesellschaftliche Veränderungen häufig auch herausragenden Führerpersönlichkeiten zugeschrieben. Seit der Erfindung der Schrift ist die Menschheit angehalten worden, Geschichte im Zusammenhang mit Personen, wie Hammurabi, Moses, Perikles, Julius Cäsar, Karl dem Großen, Elisabeth I. und anderen Herrschern, zu sehen – da diese selbst Einfluß auf die Kommunikation nahmen und ihre Lesart diktierten. Sie sorgten dafür, daß ihre Taten gebührend gefeiert wurden und daß die Welt in ihnen die stärkste Triebkraft für kulturelle Errungenschaften sah. Aber die großen Führer sind nicht die stärkste Triebkraft einer Gesellschaft; sie sind nur ihre Manifestation. Die Blütezeit, die mit dem Elisabethanischen Zeitalter gleichgesetzt wird, hatte in Wirklichkeit bereits vor der Thronbesteigung Elisabeths eingesetzt. Ähnliches läßt sich von Erfindungen und neuen technischen Errungenschaften sagen. Hätte James Watt seine Zeit an der Glasgower Universität mit Gedichteschreiben verbracht, anstatt an Maschinen herumzuwerkeln, dann hätte eben ein anderer die Dampfmaschine zur Vollkommenheit weiterentwickelt, und die industrielle Revolution in England wäre genauso verlaufen. Denn die Grundlagen für die Technologie der Dampfmaschine waren vorher von anderen (etwa von Newcomen) geschaffen worden, und auch die kulturelle Basis zur Nutzbarmachung einer solchen Entdeckung existierte bereits.

Tatsächlich wurden ein paar hundert der wichtigsten technologischen Entdeckungen und Erfindungen der letzten Jahrhunderte gleichzeitig von zwei oder mehr Leuten gemacht, ohne daß diese voneinander wußten. Hier ein paar Beispiele:

SAUERSTOFF:	Priestly und Scheele, 1774
TELEGRAPH:	Morse, Henry, Steinheil sowie Wheatstone und Cooke, um 1837
PHOTO-GRAPHIE:	Daguerre und Talbot, 1839
TELEPHON:	Bell und Gray, 1876
FLUGZEUG:	die Gebrüder Wright und Dumont, 1903

Selbst wenn eine Erfindung die Leistung eines einzelnen genialen Individuums ist, so hängt ihre Anwendung – und die soziale und kulturelle Veränderung, die sie mit sich bringt – letztlich davon ab, ob bei der breiten Masse der Gesellschaft überhaupt der Wunsch nach Veränderung besteht. Eines der größten Genies aller Zeiten, Leonardo da Vinci, hatte im 15. Jahrhundert die Idee für den Bau eines Flugzeugs; aber daraus wurde nichts, weil die Gesellschaften zu dieser Zeit noch keinen Bedarf an Flugzeugen hatten, ganz abgesehen davon, daß sie die nötigen technischen Mittel nicht besaßen, um Flugzeuge zu bauen.

Technologische Innovationen und ihre Konsequenzen bieten für die Art und Weise, in der sich Gesellschaften entwickelt haben, eine zwingendere Erklärung als Rasse, Umwelt oder große Persönlichkeiten. Die Technologie ist deshalb so wichtig, weil sie die physische Grundausstattung des Menschen erweitert: Augen, Ohren, Gehirn und Muskelkraft. Das Mikroskop und das Teleskop sind Erweiterungen des menschlichen Sehens, das Radio weitet das Hören aus, Autos und Flugzeuge sind Erweiterungen der Füße, die nun größere Entfernungen zurücklegen können, und die Computer vervielfachen die Speicherkapazität des menschlichen Gedächtnisses. Solche technologischen Veränderungen, das Ergebnis kultureller Entwicklung, entsprechen den biologischen Veränderungen, die durch genetische Umwandlung bei Tierarten zustande kommen. In jedem Fall werden neue Anpassungsprozesse in Gang gesetzt. Selbst eine scheinbar geringfügige kulturelle Veränderung kann sich auf die gesamte Gesellschaft auswirken. So hat der Verbrennungsmotor nicht nur die Automobilindustrie ins Leben gerufen, sondern auch deutliche wirtschaftliche Veränderungen mit sich gebracht, er hat die Landschaft neu gestaltet – durch Straßen und Autobahnen –, und er hat durch die größere Beweglichkeit, die er den Menschen verschaffte, sozusagen eine soziale Revolution in Gang gesetzt.

Technologische Innovationen wie Autos, Traktoren, Elektrizitätswerke und Computer haben rasche evolutionäre Veränderungen zur Folge, weil sie den Energiefluß in einer Gesellschaft beschleunigen. In einer einfachen menschlichen Gesellschaft wird Muskelkraft verwandt, um die Sonnenenergie zu nutzen, die in pflanzliches und tierisches Gewebe umgesetzt ist. Diese einfache Gesellschaft kann sich so lange erhalten, wie die gewonnene Energie größer ist als die zur Gewinnung benötigte Muskelkraft. Jede Neuerung, die die menschlichen Muskeln ergänzt (sogar eine so relativ unkomplizierte wie Pfeil und Bogen), liefert zusätzliche Energie – und dient folglich auch der besseren Nahrungsversorgung, der höheren Produktion von Waren, dem Zuwachs der Bevölkerung, der Förderung neuer sozialer Beziehungen, und wirkt dergestalt als Stimulus auf die gesamte Gesellschaft. Daher besitzt eine Gesellschaft, die durch technologische Errungenschaften große Mengen Energie freimacht – mehr als menschliche Muskeln vermögen –, ein wertvolles Potential, mit dessen Hilfe sie sich zu größerer Komplexität weiterentwickeln kann, wie es einer Gruppe von Jägern und Sammlern nie möglich wäre. Eine Gesellschaft, die über ausreichend Energie verfügt, kann eine große, dichtgedrängt lebende Bevölkerung versorgen, kann Arbeitskraft in spezialisierte Beschäftigungsbereiche ableiten (zum Beispiel in staatliche Bürokratien, die selbst nicht direkt Energie erzeugen), kann komplexe Institutionen unterstützen, kann Bibliotheken und andere informationsspeichernde Systeme errichten – die allesamt weiteren technologischen Neuerungen den Weg zu ebnen vermögen.*

Bis hierher wurde die soziokulturelle Evolution anhand der großen Trends behandelt, wie es etwa der Übergang von der Agrar- zur modernen Gesellschaft ist. Allerdings nimmt die Entwicklung einen eher unauffälligen Verlauf. Radikale Veränderungen in der Struktur einer Gesellschaft machen sich häufig erst nach und nach bemerkbar. Als das Flugzeug gerade erfunden war, konnte sich wohl kaum jemand vorstellen, wie die Erde schrumpfen würde und welch neue Aussichten sich dadurch eröffnen würden: globale Einheit ebenso wie Massenvernichtung. Verschiedene Forscher haben die sozialen Veränderungen studiert, die vor allem während der vergangenen Jahrhunderte durch technologische Neuerungen herbeigeführt wurden.* Ein wichtiger Schluß läßt sich aus ihrer Arbeit ziehen: Die Anzahl der kulturellen und zivilisatorischen Hervorbringungen einer Gesellschaft (angefangen bei so trivialen Gegenständen wie Büroklammern bis hin zu den komplexen Strukturen politischer Parteien) steht in direktem Zusammenhang mit dem Grad sozialer

Veränderungen. Ist die Zahl dieser Artikel klein, werden auch nur wenig Neuerungen da sein; aber je mehr sie zunehmen – und mit ihnen die Summe der Innovationen –, um so mehr steigt der Grad der sozialen Veränderungen. Bei einer Inventur aller kulturellen Faktoren – vom Handwerkszeug bis zu religiösen Praktiken – in der Gesellschaft der Shoshone-Indianer, Jäger und Sammler, die im *Great Basin* zwischen den Rocky Mountains und der Sierra Nevada leben, kam man auf insgesamt nur dreitausend. Über die Zahl kultureller Faktoren bei der modernen Agrarbevölkerung, die ebenfalls in den Staaten Nevada und Utah leben, gibt es keine Schätzungen, aber zweifellos würde die Gesamtsumme in die Millionen gehen. Die sozialen Veränderungen in der modernen Gesellschaft der Vereinigten Staaten breiten sich offenbar schnell in dem Gebiet aus, das früher einmal im Besitz der Shoshone-Stämme war, deren Kultur sich, wie archäologische Ausgrabungen zeigen, viele tausend Jahre lang so gut wie gar nicht verändert hat.

Weil die soziale Veränderung zögernder fortschreitet als die technologische – ein Effekt, der als *«culturel lag»* (kultureller Rückstand) bezeichnet wird –, stehen die sozialen Institutionen ständig unter Streß – der nun paradoxerweise seinerseits wieder neue soziale Veränderungen auslöst. So wurde in den vergangenen Jahrhunderten die menschliche Arbeitskraft durch Maschinen ersetzt. Damit verloren zahlreiche geübte Handwerksleute ihre Arbeit. Frauen wurden zu Lohnempfängern, denn jetzt war für die Arbeit keine Muskelkraft mehr nötig. Diese Veränderung zog wieder andere nach sich, die das Familienleben betrafen. Anfänglich brachten die Maschinen für viele Menschen Verwirrung, Unruhe und Elend. Schließlich war das Durcheinander so groß, daß wieder neue Anpassungen benötigt wurden, wie wir sie heute in den modernen Gesellschaften kennen – Sozialfürsorge, Mindestlöhne, Verbot der Kinderarbeit, unfallsichere Arbeitsplätze, Befreiung von Schwerarbeit und die allgemeine Schulpflicht.

Aber die Gesellschaften akzeptieren die Neuerungen nicht immer nur, weil dafür ein Bedürfnis besteht. Eine bedeutende kulturelle Innovation der vergangenen Jahre in den Vereinigten Staaten war ein Wandel der Einstellung zu alten Menschen. Die neue Mobilität durch verbesserte Transport- und Kommunikationsmittel beeinflußte das traditionelle Verhalten, auch nach der Heirat in der Nähe der Eltern wohnen zu bleiben; die Bande zwischen den Generationen lockerten sich, und viele alte Menschen wurden in Pflegeheime und Altenkommunen abgeschoben. Diese kulturelle Neuerung wird von den Japanern zum gegenwärtigen Zeitpunkt wahrscheinlich nicht akzeptiert, denn eine strenge Norm ihrer Gesellschaft ist die Achtung vor der älteren Generation. Um ein anderes Beispiel zu nennen: Die meisten amerikanischen Indianerstämme der Prärien und des *Great Basin* übernahmen die neue Technologie von Pferd und Gewehr und brachten es mit ihrer Hilfe im letzten Jahrhundert zu kultureller Blüte. Einige der Shoshone-Stämme aber lebten in Gesellschaften, die auf diese Neuerungen nicht eingingen – sie verzehrten die Pferde, wann immer sie ihrer habhaft werden konnten.

Archäologische Berichte über technologische Errungenschaften decken oft die Veränderungen auf, die in früheren Gesellschaften stattgefunden haben. Die ersten Werkzeuge der Hominiden waren außerordentlich einfach, nicht viel mehr als ein Stein, der gegen einen anderen geschlagen wurde, um seine Form zu verändern. Diese Werkzeuge blieben sich in einem weiten geographischen Bereich über eine Million Jahre lang außerordentlich ähnlich. Offensichtlich verhielten sich die Hominiden überall ziemlich gleich. Sie besaßen im großen und ganzen dieselben Fähigkeiten – zur Kommunikation, für die Suche nach Jagdtieren und pflanzlicher Nahrung und für die Organisation sozialer Einheiten. Dann aber tauchten, zuerst nur zögernd, später schneller und schneller, eine ganze Reihe verschiedener Werkzeuge auf, gefolgt von völlig unterschiedlichen Technologien.

Mit Beginn des Bronze-Zeitalters vor mehreren tausend Jahren vollzog sich in der technologischen Evolution jedoch allmählich eine Wendung – in Richtung auf ein einheitliches weltweites Wissen. Die modernen Industrienationen haben sich dieses Wissen angeeignet, und die Entwicklungsländer eifern ihnen mittlerweile nach. Fernsehgeräte, Kameras und Autos, die von Firmen hergestellt werden, die ihren Sitz in den Vereinigten Staaten, in Deutschland oder Japan haben (mit Fabriken in Singapur, Indonesien, Taiwan oder auch São Paolo), unterscheiden sich nicht im geringsten voneinander, abgesehen vielleicht von geringfügigen Stilelementen. Phantom-, Mirage- und MIG-Düsenjäger, die in den Vereinigten Staaten, Frankreich und der Sowjetunion produziert werden, differieren nur im Detail – die Grundkonstruktion ist gleich. Und im populären Bereich – Rockmusik, Filme, Kleidung, Soft-Drinks und ähnliches – gibt es bei den modernen Gesellschaften kaum noch Unterschiede. Die technologische Gleichheit, die sich über die ganze Welt verbreitet hat, verschleiert jedoch eine wesentliche Tatsache: Es gibt nicht nur zwischen den einzelnen Gesellschaften soziale und ökonomische Unterschiede – diese Unterschiede bestehen auch innerhalb einer jeden Gesellschaft.

17. Die Masse und die Mächtigen

Bisher ist es der Spezies Mensch noch niemals gelungen, eine dauerhafte Gesellschaft zu konstituieren, in der alle Mitglieder – männlich und weiblich, jung und alt, gelernt und ungelernt, reich und arm – die gleichen Vorteile hatten. Selbst die einfachste Horde von Jägern und Sammlern ist nach Geschlecht, Alter und Stellung bestimmter Familien unterteilt. Bei jeder Gesellschaft, sei es in Vergangenheit oder Gegenwart, fällt die ungleiche Verteilung von Belohnungen auf; in der «Schichtung» zeigt sich, wer jemand wirklich ist. Ursprünglich wurden mit diesem Wort die geologischen Schichten der Erdkruste bezeichnet: Mutterboden, Untergrund, Gestein usw. Wie von selbst ergab es sich, daß man dieses Wort auch auf die Schichten oder die Klassenstruktur der menschlichen Gesellschaft anwandte – daher der Ausdruck «Oberschicht».

Jede Gesellschaft, die wir kennen, ist «geschichtet», auch wenn sie noch so klein und einfach organisiert ist und den Anschein erweckt, als sei sie praktisch klassenlos. Die Gesellschaften der Eskimos, Pygmäen und australischen Ureinwohner unterscheiden zum Beispiel zwischen Männern und Frauen, zwischen Alten und Jungen, zwischen Verheirateten und Unverheirateten und zwischen der einen und der anderen Sippe. Bei den Jägern und Sammlern läßt sich oft keine klare Schichtung erkennen, trotzdem gibt es soziale Ungleichheiten. Vor ein paar Jahren deckte ein Überblick über ungefähr hundert Jäger-Sammler-Gesellschaften auf, daß 27 davon Sklaven hielten, und 20 wiesen deutliche, auf Wohlstand beruhende Unterscheidungen auf. Selbst solche, die von den Anthropologen als egalitär beschrieben wurden, machten feine Unterschiede, was Ansehen, Macht oder Besitz betraf. Forscher, die die Prärie-Indianer – angeblich Gesellschaften ohne soziale Schichtung – in ihrer Blütezeit erlebten, konnten ausgeprägte Klassenunterschiede beobachten. Der Naturkundler und Forscher Georg Bird Grinnell schrieb über die Cheyenne-Indianer:

> Der Familienstatus, der bei den Cheyenne genauso existierte wie bei den anderen Indianern, hing davon ab, wie die Ranghöchsten die Familie einstuften. Eine Familie war gut, wenn sie tapfere Männer und verständige Frauen hervorbrachte und auch etwas Besitz hatte. Ein tapferer und erfolgreicher Mann konnte seine Familie von einem niedrigen auf einen sehr hohen Rang heben; aber eine Generation untüchtiger Männer vermochte einer Familie auch den Niedergang zu bringen.*

Je komplexer Gesellschaften werden, um so mehr Klassen bilden sich in ihr. Zu den Unterschieden von Geschlecht, Alter, Familienstand und Verwandtschaftsverhältnis kommen noch andere, die auf dem Besitz von Viehherden oder Land, politischem Einfluß und einem guten Verhältnis zum Übernatürlichen basieren. Alle Aufzeichnungen, die uns von den Gesellschaften der Antike überliefert sind, bestätigen die Existenz sozialer Schichten – reich und arm, mächtig und machtlos, freie Bürger und Sklaven; diese Ungleichheiten wurden noch dazu als «natürlich» betrachtet und keineswegs als eine von Menschen geschaffene Ordnung. Die soziale Ungleichheit verstärkte sich, als die Stadtstaaten entstanden und später mit der Industrialisierung. Jeder einzelne gehörte einer spezifischen Kategorie an, die in der Gesellschaft einen ganz bestimmten Status einnahm. Zahlreiche neue Unterscheidungen kamen hinzu: Zwischen Mittelklasse und Arbeiterklasse, Gebildeten und Nichtgebildeten, Dichtern und Bauern. Manche Kategorien wurden höher eingestuft als andere, und jede Kategorie war in ihren Möglichkeiten beschränkt.

Alle sozial veranlagten Primaten bilden Hierarchien, die sowohl auf Kraft (der Fähigkeit eines Tieres, sich die anderen unterzuordnen) als auf Status (Zugang zu Nahrung und Frauen) beruhen. Da diese Hierarchien auch bei den menschlichen Gesellschaften bestehen, ist die Versuchung groß, die menschlichen Systeme der Ungleichheit nur als einen weiteren Aspekt des Primatenerbes anzusehen. Das würde jedoch bedeuten, daß man die Ungleichheit als biologische Gegebenheit hinnimmt – und daß nichts dagegen zu tun wäre, außer abzuwarten, ob die Evolution vielleicht allmähliche Änderungen mit sich bringt. Für die Auffassung, menschliche Hierarchien seien eine natürliche Entwicklung wie die Hierarchie in nichtmenschlichen Gesellschaften, gibt es keinen Beweis, ungeachtet der Ähnlichkeit beider. Und tatsächlich unterscheiden sie sich in wenigstens einem wichtigen Punkt: Menschliche Hierarchien existieren im Kontext des moralischen Bewußtseins und der kulturellen Wertvorstellungen, die bei nichtmenschlichen Primaten gänzlich fehlen. Die Menschen wissen, daß es Hierarchien gibt, und sie können darüber reden, sie loben, sie beklagen oder sie rechtfertigen – alles Dinge, die nichtmenschliche Primaten bestimmt nicht tun können. Die Menschen vermögen sowohl die guten als auch die schlechten Funktionen von Hierarchien zu erkennen und letztere durch ihr Verhalten abzuschwächen; dagegen sind nichtmenschliche Primaten aufgrund ihrer Veranlagung nur imstande, in stereotyper Weise auf Status und Macht zu reagieren.

Die Begriffe «soziale Schichtung», «soziale Ungleichheit» und

«Klasse» bedeuten im wesentlichen dasselbe und können sich auf jede hierarchische Struktur beziehen, die bei den Mitgliedern einer Gesellschaft Unzufriedenheit auslöst. Die auffälligste Ungleichheit liegt im Wohlstand. Die Redewendung «Geld bedeutet nicht alles», entspricht ganz offenkundig nicht der Wahrheit. Wer wohlhabend ist, kann sich Dinge und Dienste leisten, die anderen, die es nicht sind, verwehrt bleiben. Allein schon der Zugang zu diesen Dingen vermittelt Macht, die für alle sichtbar ist und Achtung verlangt. Es ist erwiesen, daß in den Vereinigten Staaten Autofahrer, die Mercedes oder eine andere Prestige-Marke fahren, viel seltener wegen Überschreitens der Höchstgeschwindigkeit von der Polizei angehalten werden als gleich schnelle Fahrer billigerer Wagen. Sogar die Rendesart «Gesundheit kann man nicht kaufen» entspricht nicht der Wahrheit. In den Vereinigten Staaten ist die Lebenserwartung der Leute, die im Jahr über 10000 Dollar verdienen, um vieles größer als die von Personen, die weniger als 2000 Dollar verdienen. Wohlstand, Macht, Prestige und Ehre verbünden sich, um das allgemeine Wohlbefinden zu verbessern und das Leben zu verlängern.

In den Vereinigten Staaten ist der Reichtum in den Händen von etwa vier Prozent der Bevölkerung konzentriert, denen mehr als ein Viertel des gesamten Grundbesitzes gehört, drei Fünftel der in Privatbesitz befindlichen Aktien, ein Drittel des Bargelds und ein sehr großer Teil der Schatzbriefe der Vereinigten Staaten. Selbst nach Abzug der Schulden bleibt diesen Leuten noch ein Nettowert von mehr als einer Billion Dollar – genug, um das gesamte Bruttosozialprodukt der Vereinigten Staaten mitsamt dem der Schweiz und der skandinavischen Länder aufzukaufen. Und da schon der Besitz eines nur relativ kleinen prozentualen Anteils an den Aktien einer Gesellschaft nötig ist, um sie zu kontrollieren, beherrschen diese Leute, die drei Fünftel aller Aktien in ihren Händen halten, außerdem noch die meisten Industrien und Konzerne.*

Die soziale Schichtung allein auf den ungleich verteilten Besitz zurückzuführen, hieße jedoch, das Problem auf dieselbe Weise zu vereinfachen wie Karl Marx. Die soziale Stellung des einzelnen wird in Wirklichkeit durch die Wechselwirkungen zahlreicher Variablen bestimmt. Jede Gesellschaft bildet sich ihre eigene Meinung darüber, welcher Position die größten Privilegien und die größte Achtung gebührt – dem Monarchen, dem Priester, dem Soldaten, dem Kaufmann, dem Beamten, dem Dichter und so fort –, und dieses Prestige hat oft nur wenig mit materiellem Reichtum zu tun. Natürlich definiert jede Gesellschaft ihre Ideale auf ihre Weise. Bei den Pygmäen ist der Mann mit dem höchsten Prestige wahrscheinlich nicht der stärkste, aggressivste, wohlhabendste oder schlaueste, sondern vielmehr derjenige, der am großzügigsten teilt. Selbst in modernen Gesellschaften gibt es beträchtliche Unterschiede in den Kriterien, die die Rangordnung innerhalb der sozialen Hierarchie bestimmen. In Großbritannien und Japan zum Beispiel sind Familienverbindungen viel wichtiger als in den Vereinigten Staaten. Die Bürger der USA messen dagegen der Ausbildung einen höheren Wert bei als die Niederländer und die Schweden. Biologische Variablen – wie Geschlecht, Alter, Hautfarbe sowie körperliche oder geistige Fähigkeiten – spielen für den Status natürlich eine Rolle, genauso wie soziale und kulturelle Variablen: Abstammung, Beruf und exzellente Leistungen.

Alle diese Variablen werden unbewußt zusammengesetzt und führen zu einer Gesamtwertung. Gewöhnlich weiß niemand genau, wieviel Gewicht jede der Variablen hat oder warum manche Variablen bewertet werden, andere aber nicht. Bei Befragungen hatten die meisten Menschen, denen derartige Variablen nacheinander vorgelegt werden, keine Schwierigkeiten, sich für die eine oder andere zu entscheiden. In den Vereinigten Staaten wird Weißen gewöhnlich ein höherer Status zuerkannt als Schwarzen, Protestanten kommen vor Katholiken oder Juden, Reiche vor Armen, «Kopfarbeiter» vor «Handarbeitern» und Verheiratete vor Geschiedenen. Die Bewertung wird schwierig, wenn all diese Kriterien auf eine bestimmte Person anzuwenden sind. Was wäre beispielsweise der soziale Status eines wohlhabenden, verheirateten Mannes, der aber keine Bildung besitzt, aus der Arbeiterklasse stammt und noch dazu Jude ist? Die Soziologen versuchen noch immer, herauszubekommen, nach welchen Gesichtspunkten der Status eines Menschen bewertet und welchen Eigenschaften das größte Gewicht beigemessen wird.

Die meisten Bürger der USA zeigen eine bemerkenswerte Übereinstimmung, wenn es um Berufe mit hohem Prestige oder solche mit niedrigem geht. Diese Übereinstimmung gilt als eine Folge der Industrialisierung; aber einen eindeutigen Beweis gibt es dafür nicht.

Das Ansehen, das die verschiedenen Berufe genießen, ist fast überall gleich – in Industrie- und Entwicklungsländern, in westlichen und östlichen Gesellschaften, unter kommunistischer und nichtkommunistischer Regierung; ihr gemeinsamer Nenner ist die Industrialisierung. In allen diesen Gesellschaften werden Berufe nach Macht, Bezahlung, Befugnis im Handeln und Nutzen für die soziale Gruppe bewertet. Andererseits haben Studien über nicht-industrielle Gesellschaften gezeigt, daß Berufe mit diesen Merkmalen

Macht und Ehre

Bestimmte Berufe haben ein eindeutig höheres Prestige als andere. Eine großangelegte Untersuchung über das Prestige verschiedener Berufe, die 1963 in den Vereinigten Staaten durchgeführt wurde, fiel ähnlich aus wie alle anderen seit 1925 – am meisten verblüfft die Beständigkeit, mit der sich die Wertskala über vier Jahrzehnte gehalten hat. Denn bei den bevorzugten Berufen hat sich kaum etwas geändert: das relativ hohe Einkommen, das damit verbundene Ansehen, die Macht, die man innehat, und das Gefühl, etwas für die Gesellschaft zu leisten. Zur besseren Übersicht wurde jeder Beruf auf einer Skala eingetragen, die bis 100 reicht. Da der Durchschnitt bei 71 lag, wurde Berufen, die in der Bewertung darüber lagen, ein hohes Prestige beigemessen und denen darunter ein geringeres Prestige.

Beruf	*Punkte*
Richter am Obersten Bundesgericht der USA	94
Arzt	93
Wissenschaftler	92
Gouverneur	91
College-Professor	90
Kongreß-Angeordneter	90
Mitglied des Regierungskabinetts	90
Chemiker	89
Diplomat	89
Rechtsanwalt	89
Zahnarzt	88
Bezirksrichter	88
Architekt	88
Geistlicher, Priester	87
Psychologe	87
Bürgermeister einer großen Stadt	87
Flugzeugpilot	86
Bankkaufmann	85
Biologe	85
Soziologe	83
Grundschullehrer	81
Besitzer einer kleinen Fabrik	80
Bauunternehmer	80
Musiker im Symphonieorchester	78
Romanschriftsteller	78
Wirtschaftsberater	78
Künstler	78
Elektriker	76
Lokomotivführer	76
landwirtschaftlicher Fachberater	76
Sozialarbeiter	74
Besitzer einer Farm	74
Leiter eines Bestattungsinstituts	74
Zeitungskolumnist	73
Polizist	72
Reporter bei der Tageszeitung	71
Durchnitt	71
Rundfunkansager	70
Buchhalter	70
Versicherungsagent	69
Zimmermann	69
Briefträger	67
Gewerkschaftsfunktionär	67
Eisenbahnschaffner	66
Reisevertreter	66
Installateur	65
Kraftfahrzeugmechaniker	65
Herrenfriseur	63
Fabrik-Facharbeiter	63
Besitzer einer Stehimbiß-Stube	63
Lastwagenfahrer	59
Ladenverkäufer	56
Holzfäller	55
Hotelkoch	55
Nachtclubsänger	54
Tankwart	51
Dockarbeiter	50
Bergarbeiter	50
Kellner	49
Taxifahrer	49
Barkeeper	48
Hausmeister	48
Arbeiter bei der Müllabfuhr	39
Schuhputzer	34

auch hier ein ähnlich hohes Ansehen genießen. Ein Richter des Obersten Gerichtshofs der Vereinigten Staaten wird sehr hoch bewertet, aber das gilt auch für den Friedensstifter in einer einfachen Gesellschaft, in der es keine Richter, Gerichtshöfe, Polizei oder andere Rechtsmechanismen gibt.

Am häufigsten kommen zwei Arten von Schichtungssystemen vor: offene, in denen von einer Rangstufe zur anderen gewechselt werden kann (Klassen), und geschlossene, in denen der Wechsel aufs äußerste eingeschränkt ist (Kasten). Das extremste und komplexeste Beispiel sozialer Schichtung, das wir kennen, ist das indische Kastensystem. Die indische Gesellschaft gliedert sich in fünf Hauptschichten: die oberste ist die der Brahmanen (Priester), dann kommt die der Kschatrija (Königs-Adelskaste), die der Waischja (Kaufleute), danach die der Schudra (Diener, Arbeiter, Bauern), und schließlich, ganz zuletzt, die der «Unberührbaren», die eigentlich keiner Kaste angehören (outcasts) und die heute in Indien gewöhnlich den Namen tragen, den Mahatma Ghandi ihnen gegeben hat: *Harijan* oder «Kinder Gottes». Davon gibt es über 85 Millionen, und sie haben schon immer die niedrigsten Berufe ausgeübt: Straßenkehrer, Abdecker, Latrinenputzer.*

Diese fünf Schichten gliedern sich wieder in Unterkasten, die *jatis*, die sich durch zahlreiche Unterschiede in den Heiratsbräuchen, der Ernährung, den religiösen Ritualen, der Kleidung und dem Dialekt auszeichnen – da gibt es mindestens ebenso viele Unterschiede wie etwa zwischen einem Weißen aus Brooklyn und einem Navaho-Indianer. Niemand weiß mit Sicherheit zu sagen, wieviel *jatis* man heute zählt, aber 1901 waren es mehr als 2300. Die *jatis* teilen sich wiederum in lokale Einheiten, deren Mitglieder die gleiche Lebensweise führen. Jede lokale Einheit bestimmt das Verhalten ihrer Mitglieder, das festen Regeln unterworfen ist – das heißt unter anderem, daß nur ein Beruf ausgeübt werden darf, der der Kaste zugeordnet ist, daß nur eine vorgeschriebene, ganz bestimmte Art Nahrung gegessen werden darf, daß nur ein Angehöriger derselben Kaste geheiratet und eine «Verunreinigung» durch Kontakt mit Angehörigen niedrigerer Kasten vermieden wird. Obgleich jede Kaste angeblich eine ererbte Berufung besitzt, arbeitet weniger als die Hälfte aller Menschen in Indien tatsächlich in dem Beruf, der für ihre jeweilige Kaste vorgeschrieben ist. Der Grund ist einfach: Die Kasten vermehren sich nicht gerade im gleichen Maß, wie Arbeiter für die jeweiligen Kasten-Berufe gebraucht werden – manchmal sind es mehr, manchmal weniger.

Wohl kaum einer anderen Gruppe von Menschen ist jemals ein

derart niedriger sozialer Status zugewiesen worden wie den Harijan. In manchen Gegenden Indiens ist es einem Mitglied dieser Kaste nicht erlaubt, sich einem Brahmanen auf mehr als sechs Meter zu nähern. Bis vor kurzem durften sie in vielen Gebieten weder ein Haus aus Stein bauen noch Kleider oder Schmuck anlegen, der mit dem, den Mitglieder höherer Kasten tragen, Ähnlichkeit hat. Religiöse Stätten und Tempel dürfen sie auch heute noch nicht betreten; man verweigert ihnen das Recht, bestimmte Straßen, Gehsteige, Brücken oder Transportmittel zu benutzen, damit sie die Mitglieder höherer Kasten nicht verunreinigen. Die Briten waren über das schwere Los dieser Menschen entsetzt und machten vor etwa einem Jahrhundert zaghafte Versuche, ihnen zu helfen. Ghandi, obgleich selbst Brahmane, setzte sich dafür ein, die Situation der «Unberührbaren» zu verbessern. Als Indien unabhängig wurde, garantierte die neue Verfassung Erleichterungen; und tatsächlich hat sich der politische Status der Harijan ein wenig zum Besseren gewendet. Dennoch werden die untersten Kasten in den meisten ländlichen Gebieten Indiens auch weiterhin fast genauso behandelt wie vor hundert Jahren. Selbst durchgreifende politische Veränderungen scheinen ihre mißliche Lage kaum zu beeinflussen. Als vor zwanzig Jahren die kommunistische Partei im indischen Staat Kerala an die Macht kam, waren sämtliche neue Regierungsmitglieder Angehörige hoher Kasten, vor allem Brahmanen. Das Kastensystem ist so eng mit dem Dorfleben verknüpft – mit Gesetzen, Bräuchen, Religion, Wirtschaft, ja, mit dem gesamten sozialen Gefüge –, daß es fast unmöglich scheint, es auszurotten.

Man hat schon oft zu erklären versucht, wie ein solches System überhaupt entstehen konnte. Manche Gelehrte glauben, es handele sich dabei einfach um die Aufrechterhaltung von Regeln, die in alten Zeiten von den Herrschern erlassen worden waren. Andere halten es für eine Verschwörung der obersten Kasten, um sich die Macht zu sichern. Beide Erklärungen sind nicht zufriedenstellend. Es scheint, daß sich das Kastensystem im Laufe von etwa 3000 Jahren aus einer ideologischen, religiösen, sozialen und ökonomischen Matrix entwickelt hat, die für Südostasien eigentümlich ist. Dem Kastensystem liegt die seit jeher in Indien vertretene Auffassung zugrunde, daß jede menschliche Gruppe eine besondere «Substanz» enthalte, die sowohl physische Realität als auch rechtlich-moralische Kraft besitzt. Die Lehre besagt, daß die Angehörigen jeder Unterkaste Teilchen der für jede Kaste einheitlichen Substanz von einer Generation auf die andere übertragen. Die Körpersubstanzen eines Individuums (etwa Haare, Blut, Exkremente und Samen) stehen auf diese Weise mit jenen der anderen Mitglieder derselben

Kaste in Beziehung. Weiterhin wird die Einzigartigkeit der Kastensubstanz aufrechterhalten, indem die Mitglieder bestimmte Nahrungsmittel gemeinsam zu sich nehmen und es ablehnen, in Gesellschaft von Angehörigen anderer Kasten etwas zu essen. Den niedrigeren Kasten ist es daher nicht nur verboten, Personen aus höheren Kasten zu berühren, sondern auch deren Wasser, Nahrung, Küchenutensilien oder Kleidung. Man glaubt, dies sei eine Verunsicherung eines Angehörigen der höheren Kaste. Derartige Vergehen werden hart bestraft.

Der religiöse Hinduismus hat diese Auffassungen in ein rigides System gebracht. Den Priestern wird die erbliche Fähigkeit zugeschrieben, das Abbild eines Gottes mit lebender «Substanz» zu erfüllen. Die Opfergaben, die im Hindu-Tempel dargebracht und vom Priester in göttliche Substanz transformiert werden, stellt ein Herrscher oder ein wohlhabender Mann zur Verfügung. Ohne die Unterstützung von Spezialisten aus verschiedenen Kasten – unter anderen Köchen, Sängern, Tänzern und Tempeldienern, die dem Gott die Nahrung darreichen, Gesänge und Tänze vorführen und sich ihm ganz allgemein widmen – kann die heilige Handlung nicht vor sich gehen. Angehörige anderer Kasten – Friseure, Wäscher und Badewärter – sind ebenfalls anwesend und sorgen dafür, daß jeder Adorant die rituelle Reinigung erhält. Zu guter Letzt sind fast alle Kasten an der Feier beteiligt, und zwar in hierarchischer Ordnung. Der Brahmane steht als Priester an der Spitze, gefolgt von den Angehörigen der herrschenden und Kaufmannskasten, die die Anbetung finanzieren. Die Kasten, die darunter stehen, kümmern sich um die Einzelheiten der Feier, und ganz zum Schluß kommen die Harijan, die aufräumen und unreine Abfälle entfernen. Der Akt der Anbetung dient unter anderem dazu, die Rangordnung der Kasten zu bestätigen – ein Teil der Opfergaben wird in einer bestimmten Reihenfolge an alle verteilt, und zwar von oben nach unten. Die Abwertung der untersten Kasten wird noch dadurch betont, daß sie nur das nehmen dürfen, was die Angehörigen höherer Kasten, die ihre Portionen direkt erhalten, übriggelassen haben.

Die ideologisch-religiöse Grundlage des Kastensystems gibt jedoch auch keine befriedigende Antwort auf die entscheidende Frage: Wie kann ein System, das viele Millionen Menschen zu einem Leben absoluter Hoffnungslosigkeit verdammt, ein Jahrhundert nach dem anderen überdauern? Offenbar erfüllt das Kastensystem der indischen Gesellschaft adaptive Funktionen, die keine andere Institution zuwege bringt. Sozial- und Polit-Wissenschaftler haben auf die Sicherheit, Solidarität und den bevorrechtigten

Zugang zu bestimmten Berufen hingewiesen, den die Zugehörigkeit zu einer Kaste gewährt. Jede Kaste verkörpert eine eigene kleine Welt mit spezifischen Traditionen, Autoritäten, Kontrolle über bestimmte Hilfsquellen und Berufe und der gegenseitigen Unterstützung ihrer Mitglieder. Daß jeder, der in Not gerät, die Hilfe der anderen in Anspruch nehmen kann, macht selbst die niederste Kaste zu einer Zufluchtsstätte für die zugehörigen Inder. Ein anderer Grund für das Weiterbestehen des Kastensystems muß wohl darin liegen, daß es allen Hindus einen überlegenen Status sichert, außer denjenigen, die zur alleruntersten Kaste gehören. Selbst bei den Harijan gibt es Statusunterschiede. Die Höheren dieser niedrigsten Kasten betrachten die unter ihnen Stehenden als unrein, genauso wie sie selbst von den höheren Kasten angesehen werden. Mit anderen Worten, jede Kaste, außer der alleruntersten, ist zumindest einigen anderen überlegen. Die Abschaffung des gesamten Systems würde es natürlich den Mitgliedern einer Kaste ermöglichen, sich als gleichberechtigt mit höheren Kasten zu vermischen – aber es würde auch den niederen Kasten erlauben, sich mit ihresgleichen zu vermischen.

Alle diese Erklärungen reichen noch immer nicht aus. Das Kastensystem bietet angeblich Sicherheit, weil es den Angehörigen der einzelnen Kasten ein Monopol auf bestimmte Berufe sichert: In Wirklichkeit ist das jedoch selten der Fall. Obgleich einige niedere Kasten theoretisch Metallarbeiter, Töpfer, Weber usw. sind, dienen sie den Grundbesitzern praktisch nur als billige Arbeitskraft. In den kleinen und auch in größeren Städten verrichten sie geringgeachtete Dienstleistungen. Bei einer Beschreibung des Kastensystems kann man nicht umhin, auch seine wirtschaftliche Funktion zu beleuchten – die Ausbeutung von Arbeitskraft. Vor allem die Harijan waren seit eh und je die Leibeigenen der herrschenden Kasten; sie wurden zu jeder Arbeit gezwungen. Die britische Kolonialverwaltung schaffte die Versklavung dieser Kasten im vorigen Jahrhundert ab, was deren wirtschaftliche Lage jedoch kaum besserte. Bis zum heutigen Tag besitzen nur sehr wenige von ihnen eigenes Land, und wenn, dann ist es so wenig, daß sie weiterhin ausgebeutet werden. Aber sie verrichten nicht nur die meiste Arbeit in Indiens Landwirtschaft, sondern sie üben auch alle Tätigkeiten aus, die als ausgesprochen unangenehm gelten. Weder die Wirtschaft Indiens noch die Sozialstruktur der ländlichen Gegenden könnte ohne die billige Arbeit der Harijan aufrechterhalten werden.*

Das hinduistische Kastensystem wird zuweilen als isoliertes Phänomen in der Geschichte der Menschheit betrachtet. Natürlich sind seine spezifischen Details und Funktionen viel zu komplex und viel zu außergewöhnlich, als daß es sich auf genau die gleiche Weise in irgendeiner anderen Gesellschaft hätte wiederholen können. Trotzdem haben ähnliche Kastensysteme auch andernorts existiert – nicht nur in den buddhistischen Kulturen Sri Lankas, Tibets, Koreas und Japans, sondern auch in den verschiedenen mohammedanischen Gesellschaften Asiens und bei einigen afrikanischen Stämmen, die vor der Kolonisierung durch die Europäer ihre Blütezeit hatten. In Mesopotamien wurde schon vor etwa 5000 Jahren eine große Zahl von spezialisierten, in Erbfolge vergebenen Berufen durch das herrschende religiös-ideologische System in einen besonderen Rang erhoben und moralisch aufgewertet, ganz ähnlich, wie das mit den Kasten in Indien geschieht. In der Neuen Welt wurde das komplexeste System dieser Art bei den Natchez-Indianern im unteren Mississippi-Tal gefunden; auch hier wurden die Menschen in ererbte Kasten eingestuft: die Große Sonne, gefolgt von der Kleinen Sonne, dann Sonnen, Edelleute, Ehrenwerte Leute und schließlich Stinktiere. Die Kasten der Natchez-Indianer weisen jedoch einen wichtigen Unterschied auf gegenüber den indischen. Während beim indischen Kastensystem die Schranken zwischen den einzelnen Kasten streng aufrechterhalten wurden, zwang das System der Natchez-Indianer in jeder Generation immer einige Individuen der Rangordnung nach oben oder nach unten.

Die meisten Nordamerikaner sind stolz darauf, einer freien Gesellschaft anzugehören, die genau das Gegenteil des indischen Kastensystems ist. Sie glauben, daß jeder Bürger sich seine Stellung im Leben erwirbt, anstatt hineingeboren zu werden – daß jeder mehr oder weniger wählen kann, was er gern sein möchte, wenn er dazu begabt ist und den nötigen Ehrgeiz aufbringt. Derlei Ansichten werden gelegentlich durch die erstaunliche Geschichte vom Erfolg irgendeiner Person belegt, die mit nichts in der Tasche angetreten und zu Reichtum gelangt ist. Daß aber die meisten Menschen in Nordamerika über den Status, den schon ihre Eltern hatten, nicht hinauskommen, wird gewöhnlich mit einer Bemerkung wie «wenigstens hatten sie eine Chance» abgetan. In Wirklichkeit besteht in der nordamerikanischen Gesellschaft so gut wie keine Chancengleichheit. Ein Kind weißer protestantischer Eltern, dessen Familie hohes Ansehen genießt und dessen Verwandte in vielen Bereichen Schlüsselstellungen einnehmen, das eine Privatschule und ein College mit stark selektiver Zulassungspolitik durchlaufen hat, erfreut sich im Hinblick auf Wohlhabenheit, Lebensstil, Gesundheit und der Chance, mit einem wünschenswerten Ehepartner bekannt zu werden, enormer Vorteile gegenüber einem Kind, das in eine Familie anderer Art hineingeboren wurde. Ein Nordamerikaner der Unterschicht, der es irgendwie geschafft hat, reich zu werden, befindet sich gewöhnlich in einer sehr ähnlichen Lage wie ein Hindu der unteren Kaste, der ausnahmsweise die Kastenschranken durchbrochen hat: Er muß sich mit der harten Tatsache abfinden, daß Reichtum nicht immer Macht bedeutet. Vorurteile gegen Schwarze, ethnisch-katholische Minderheiten, Juden, Leute mit spanischem Nachnamen und amerikanische Indianer entsprechen in ihrer Bewertung den Ideen der Inder über rituelle Verunreinigung; in jedem Fall gibt es festumrissene Grenzen dafür, was neu erworbener Reichtum vermag und was nicht. In Indien wie in Nordamerika sind einem Harijan oder dem Mitglied einer Minderheit viele soziale Positionen verschlossen, vor allem die Einheirat in die Elite, selbst wenn die finanziellen Voraussetzungen für den Lebensstil der Elite gegeben sind.

Manche Sozialwissenschaftler behaupten, daß das, was man in den Vereinigten Staaten eventuell als eine Art Kastensystem bezeichnen könnte, mit dem indischen nicht vergleichbar sei, weil es für die Diskriminierung und die Vorurteile keine religiöse Rechtfertigung anbiete. Das dürfte kaum stimmen. Die Vereinigten Staaten sind vorwiegend eine christliche Nation, und das Christentum – angefangen bei den Lehren Jesu, über den Apostel Paulus und die Kirchenväter bis in die heutige Zeit – hat die strenge Abstufung von Macht und Prestige, die in der menschlichen Gesellschaft herrscht, stets bejaht. Außerdem ist nach Ansicht des heiligen Augustinus das Elend der unteren Klassen durchaus gerecht, da eine solche Hierarchie für die Menschen «natürlich» sei: «Insoweit, als sie verdientermaßen und rechtmäßigerweise elend sind, sind sie durch dieses Elend mit der Ordnung verbunden... Es erginge ihnen viel schlimmer, wenn sie keinen Frieden hätten, der nur entsteht, wenn sie mit der natürlichen Ordnung aller Dinge in Harmonie leben.»*

In den Vereinigten Staaten verhalten sich die herrschenden Weißen so, als ob sie wie die Hindus Angst vor Verunreinigung und Schändung hätten, und halten die Schwarzen von ihrem privaten Bereich und ihren Töchtern fern. Ähnlich wie in Indien besteht eine Hierarchie, in der die jeweilige Stellung erblich ist und in der sich der Status des einzelnen leicht an der Farbe seiner Haut ablesen läßt. Im Süden der Vereinigten Staaten bestehen die Angehörigen der höheren Kasten ebenso wie in Indien auf ihrer Überlegenheit, indem sie mangelnde Achtung von seiten der unteren Kasten prompt bestrafen. In beiden Gesellschaften haben die obersten Gruppen ein Interesse daran, ein System zu verewigen, das ihnen ihr soziales Prestige sowie ihre wirtschaftlichen und sexuellen Vorteile garantiert. Der wirtschaftliche Vorteil ist am ehesten erkennbar; beide Gesellschaften besitzen ein leicht verfügbares Reservoir an billiger Arbeitskraft aus den unteren Kasten. In sexueller Hinsicht haben die männlichen Mitglieder der hohen Kasten Zugang zu Frauen ihrer eigenen wie auch niedrigerer Kasten – was man von den Männern der unteren Kasten nicht sagen kann, ebensowenig wie von den behüteten Frauen der oberen Kasten. Das Prestige, das die Zugehörigkeit zu einer höheren Kaste stets mit sich bringt, macht sich in fast allen Bereichen des Lebens bemerkbar.

Von dem in den Vereinigten Staaten herrschenden Kastensystem heißt es zuweilen, es unterscheide sich von dem indischen darin, daß es für das «prägende Merkmal» der Hautfarbe in Indien nichts Vergleichbares gebe. Bis zu einem gewissen Grad stimmt das auch: Ein Inder aus einer unteren Kaste kann sein Heimatdorf verlassen und in Städten, wo ihn keiner kennt, behaupten, er gehöre einer höheren Kaste an. Doch auch dort gibt es deutliche Merkmale, ebenso auffallend wie in den Vereinigten Staaten die Hautfarbe der Schwarzen. Erstens haben die Angehörigen der niedrigsten indischen Kasten gewöhnlich eine dunklere Hautfarbe. Zweitens gibt es andere Kennzeichen, die für die jeweilige Kaste charakteristisch sind, etwa Ernährung und Kleidung (die sich allerdings wechseln lassen), aber auch Dialekte und Bräuche (die weit schwieriger zu verändern oder zu verbergen sind). Aber im Grunde ist die Frage nach den prägenden Merkmalen zweitrangig. Viel wichtiger ist die nicht zu leugnende Tatsache, daß sowohl in Indien als auch in den Vereinigten Staaten die Zugehörigkeit zu einer Kaste vom Zufall der Geburt bestimmt wird. Personen, die in eine niedrige Kaste hineingeboren wurden, schreibt man eine angeborene Minderwertigkeit zu; man weist ihnen eine benachteiligte Position zu, auch wenn sie noch so treu zu den Normen und Werten der über ihnen stehenden Kaste halten.*

Die Bildung von Schichten hat zur Folge, daß Menschen verschiedener Klassen und Kasten unterschiedliche «Lebenschancen» haben – das heißt Möglichkeiten, gesund zu bleiben, erstrebenswerte Dinge und Stellungen zu erlangen, ja überhaupt zu überleben. Wer in eine wohlhabende Familie hineingeboren wird, hat von Anfang an bessere Überlebenschancen. Er erhält als Kind und in seiner Jugend eine bessere Ausbildung und ergreift später einen Beruf, der bessere Verdienstmöglichkeiten bietet. Mehr Geld aber gewährleistet einen höheren Lebensstandard, und folglich auch bessere Gesundheit und mehr Kraft, und verlängert die Zeitspanne, in der weitere Reichtümer angesammelt werden können. Die besseren Chancen, deren sich die obere Klasse erfreut, treten in Krisensituationen besonders stark zu Tage. Als die *Titanic* 1912 auf einen Eisberg fuhr und sank und 1500 Opfer forderte, hatten nicht alle Passagiere die gleiche Überlebenschance. In der 1. Klasse ertranken nur drei Prozent der weiblichen Passagiere (von denen die meisten freiwillig auf dem sinkenden Schiff blieben), dagegen kamen 16 Prozent der 2. Klasse und 45 Prozent der 3. Klasse ums Leben. Das war zum Teil auf die Unterbringung in entweder relativ gefährdeten oder nicht so gefährdeten Teilen des Schiffes zurückzuführen, aber auch auf den besseren Schutz, den sich Menschen mit besseren Lebenschancen erkaufen können. Viele Passagiere der 3. Klasse wurden mit Waffengewalt unter Deck zurückgehalten, während die Passagiere der 1. und 2. Klasse das Schiff verließen.

Mit den Lebenschancen korrespondiert der «Lebensstil», der Verhaltensmuster und Denkweisen bestimmter Klassen zum Vorbild nimmt. Einschlägige Studien haben eine altbekannte Regel bestätigt: Die Angehörigen verschiedener Gesellschaftsschichten haben verschiedene Lebensziele, die einen großen Bereich kultureller Verhaltensweisen abdecken. Lebensstil und Lebenschance bedingen sich gegenseitig. Personen mit ungünstigen Lebenschancen neigen zu einem Lebensstil, der beispielsweise durch mangelndes Interesse an guter Ausbildung, lose Bindungen innerhalb der Familie und Drogenanfälligkeit geprägt wird. Auf diese Weise werden die ungünstigen Lebenschancen auf die Kinder übertragen. Die Ober- und Unterschichten in den Vereinigten Staaten haben in fast jeder Hinsicht einen kontrastierenden Lebensstil: das betrifft Arbeitsgewohnheiten, Kleidung, Nahrung, Wohnverhältnisse, Familienverhältnisse, sexuelle Gewohnheiten, Aktivitäten in der Freizeit, selbst die elementarsten Gedankengänge. Im Vergleich zu den Familien der Oberschicht verbringen die Familien der Arbeiterklasse mehr Zeit vor dem Fernsehgerät, lesen weniger Bücher und Zeitschriften und besuchen nur selten Clubs und Veranstaltungen. Männer aus der Arbeiterklasse trinken eher Bier als Scotch, rauchen eher Zigaretten als Pfeife, gehen eher zum Kegeln oder Angeln als zum Tennis oder Golf. Sexuelle Beziehungen sind bei Erwachsenen, die der Arbeiterklasse angehören, nicht so häufig, nicht so abwechslungsreich und offenbar auch nicht so befriedigend wie bei Mitgliedern der Oberschicht; außerdem kommt es in der Arbeiterklasse häufiger zur Trennung oder Scheidung. Die unteren Klassen haben einen Lebensstil entwickelt, der ihnen durch ein Netzwerk persönlicher Beziehungen zu Verwandten und anderen Mitgliedern ihrer eigenen Klasse mehr Sicherheit bietet. Dieses Netz dehnt sich bis auf die religiösen Bindungen aus. Arbeiter gehören häufiger Gemeinden der römisch-katholischen Kirche, der Baptisten, Mormonen oder den fundamentalistischen protestantischen Sekten an, während College-Absolventen eher Mitglieder der Kongregationalisten, der Episkopalen oder Presbyterianer sind. Man sieht, in den Vereinigten Staaten sind selbst die Kirchen dem Klassensystem unterworfen.*

Die Chancenungleichheit überall in der Welt hat die Wissenschaftler auf die Idee gebracht, die Schichtung müsse in der menschlichen Gesellschaft ein lebenswichtiges Bedürfnis decken – was in der Tat der Fall ist, denn sie teilt die Rollen zu. In jeder Gesellschaft gibt es bestimmte Rollen, und da die Inhaber dieser Rollen immer wieder wegsterben, müssen ständig neue Mitglieder aus den Reihen dieser Gesellschaft rekrutiert werden, die die freigewordenen Rollen übernehmen. Aber die Rollen, die eine Gesellschaft zu vergeben hat, sind keineswegs gleichwertig. Manche sind gefährlicher als andere; manche erfordern größere physische oder geistige Fähigkeiten, bei vielen kommt es auf besondere Begabungen und ausgiebiges Training an; und einige von ihnen sind unabdingbar für das Überleben der Gesellschaft. Daher muß jede Gesellschaft ihre Mitglieder zu motivieren suchen, die gefährlicheren, mühsameren oder unbedingt notwendigen Rollen zu übernehmen – und sie dafür belohnen. Am gebräuchlichsten ist die Belohnung mit Prestige, Macht und Besitz – und so ist eine Schichtung unvermeidlich. Die Rolle eines Gehirnchirurgen, zum Beispiel, können normalerweise nur wenige Mitglieder der Gesellschaft übernehmen. Ein guter Gehirnchirurg muß nach dem Oberschulabschluß wenigstens dreizehn Jahre studieren, was mit hohen Kosten verbunden ist. Die Arbeit ist äußerst anstrengend, erfordert genaueste Koordination von Auge und Hand und die Bereitschaft, die Verantwortung für das Leben anderer Menschen auf sich zu nehmen. Angesichts all dieser nachteiligen Bedingungen würde wohl niemand auf die Idee kommen, Gehirnchirurg zu werden, böte die Gesellschaft dafür nicht eine Belohnung an. In den Vereinigten Staaten tut sie das durchaus: Das Einkommen von Gehirnchirurgen gehört mit zu den höchsten überhaupt.

Natürlich kann man auch genau anders herum argumentieren. Manche Rollen, die die Gesellschaft zu vergeben hat, sind so unangenehm, so schmutzig und so monoton, daß die Leute, die sie innehaben, zu Recht höhere Belohnungen dafür verlangen sollten. Müllmänner üben eine notwendige Tätigkeit aus, ihre Arbeit ist schwer und ihre Arbeitsbedingungen sind nicht gerade erfreulich und manchmal sogar mit einer Gefahr für die Gesundheit verbunden. Es wäre durchaus berechtigt, wenn sie ihre Rolle ebenso hoch einstufen würden wir die des Gehirnchirurgen. Trotzdem genießen Müllmänner keineswegs so hohes Ansehen – was beweist, daß

Bedeutung und Anstrengung nur zum Teil begründen, warum bestimmte Rollen in der Gesellschaft besser belohnt werden als andere.

Eine einleuchtende Erklärung für den Unterschied bietet die unverhüllte Macht bestimmter Berufsgruppen, die es ihnen erlaubt, von der Gesellschaft hohe Belohnungen zu fordern. Von allen lebensrettenden Berufen (etwa Küstenwache, Polizei oder Feuerwehr), schreiben nur die Ärzte vor, wo, für wie lange und gegen welche Bezahlung sie ihren Beruf verrichten wollen. Ein Polizeibeamter diskutiert nicht lange darüber, in welchem Fall er eingesetzt werden will und in welchem nicht, und sein Gehalt basiert nicht auf der Zahl der Verhaftungen, die er vorgenommen hat. Aber den Ärzten in den Vereinigten Staaten ist es durchaus gestattet, ihr Honorar selbst festzulegen – und zwar unter Ausnutzung der Marktlage. Das gelingt ihnen aber nur, weil sie das gesamte medizinische Versorgungsnetz bis ins letzte kontrollieren – eine riesige Industrie, die, was den Umfang und den Anteil am Bruttosozialprodukt angeht, nur hinter dem Immobiliengeschäft zurücksteht – und weil sie dafür sorgen, daß ihr Beruf ein Mangelberuf bleibt: Sie kontrollieren die Zulassung zur medizinischen Ausbildung. Junge Ärzte sammeln ihre ersten Erfahrungen mit Hilfe von Krankenhauspatienten, die sich nicht wehren können, da sie sonst Gefahr laufen, keine medizinische Betreuung zu erhalten. Während ihrer gesamten Berufszeit zwingen uns die Ärzte, sie auch noch dafür zu bezahlen, daß sie sich durch Eingriffe an unserem Körper weiterbilden. Wir zahlen für Röntgenaufnahmen und Diagnosen, aber die Ärzte halten die Informationen zurück und geben sie nur an andere Mitglieder der Medizinergilde weiter.

Ungleichheit hat offensichtlich nicht nur mit Anerkennung zu tun, sondern auch mit der Macht bestimmter Gruppen, die ihren Gesellschaftsbereich kontrollieren.

Es gibt Sozial- und Politikwissenschaftler, die die Meinung vertreten, Ungleichheit sei nicht in die Gesellschaft eingebaut und eine echte Gleichheitsgesellschaft sei durchaus möglich. Hinter dieser These steht die Überzeugung, daß eine Beseitigung umweltbedingter Ungleichheiten alle Menschen gleich mache. Demnach hätte jedes intelligente und gesunde Kind das Zeug zum Gehirnchirurgen. Außerdem würde sich ein richtig erzogenes Kind in einer utopischen Gesellschaft keine Gedanken machen über die unterschiedliche Sauberkeit, Sicherheit oder körperliche Beanspruchung verschiedener Rollen. Jedes Kind würde bereit sein, den von ihm verlangten Beitrag zu leisten.

Bislang hat noch keine utopische Gruppe lange genug überlebt, um diese Behauptungen beweisen zu können, vielmehr waren die meisten Gruppen dieser Art äußerst kurzlebig. 1841 gründeten einige der führenden zeitgenössischen Intellektuellen – Nathaniel Hawthorne, Ralph Waldo Emerson, Margaret Fuller, Charles Dana und andere – in Brook Farm in der Nähe von Boston eine Gemeinschaft, die sich dem einfachen Leben und dem Intellekt widmete. Die manuelle Arbeit, die für die Selbstversorgung der Gruppe notwendig war, wurde von allen Mitgliedern gemeinsam verrichtet. Die Gemeinschaft überdauerte sechs Jahre, aber die meisten der Gründer hatten sie bereits lange vorher wieder verlassen. Der desillusionierte Hawthorne schloß daraus, daß «die Seele eines Menschen ebenso gut unter einem Misthaufen oder einer Ackerfurche begraben und zugrunde gehen kann wie unter einem Haufen Geld».* Aber auch die prophetischen Visionen, von denen sich zahlreiche Marxisten zur Zeit der Russischen Revolution inspirieren ließen, sind auf der Strecke geblieben. Über ein halbes Jahrhundert später geht es den Mitgliedern bestimmter Klassen in der Sowjetunion kaum besser als den Leibeigenen des neunzehnten Jahrhunderts, während die führenden Persönlichkeiten der Regierung, Industrie und Wissenschaft mit großen Autos samt Chauffeur, großen Stadtwohnungen, Landhäusern, besseren Nahrungsmitteln und besserer medizinischer Betreuung belohnt werden. Zum Beispiel besaß Leonid Breschnew, als dieses Buch geschrieben wurde, ein internationales Sortiment teurer Autos: einen Cadillac, einen Lincoln, einen Rolls-Royce Silver Cloud, einen Citroën-Maserati-Sportwagen und einen Mercedes 450 SLC, abgesehen von einem russischen Zil. Die soziale Ungleichheit ist weit davon entfernt, sich abzuschwächen – statt dessen nimmt sie zu, je komplexer die menschliche Anpassung wird. Seit der Anpassung der Jäger und Sammler und später in der nahrungsproduzierenden Gesellschaft, über Urbanisation und Industrialisierung hat jede neue Form der Anpassung zu immer größerer sozialer Ungleichheit geführt. Zu Beginn der Modernisierung sah es fast wieder so aus, als müsse man das Neue mit größerer sozialer Ungerechtigkeit büßen. Inzwischen jedoch hat sich der Trend zum immer breiteren Auseinanderklaffen der Lebenschancen verlangsamt, und manche Sozialwissenschaftler nehmen an, daß er jetzt möglicherweise rückläufig ist. Obgleich es in den modernen Gesellschaften noch immer enorme Unterschiede in Wohlstand und Prestige gibt – so groß wie beispielsweise in Frankreich unter Ludwig XIV. oder in Rußland unter der Zarenherrschaft sind sie bei weitem nicht mehr. In Europa verfügen heute mehr Menschen als je zuvor über ein Stück Land – sei es als Besitzer, sei es als Nutznießer einer staatlichen Genossenschaft. Durch das Recht aller Bürger – seien sie männlich oder weiblich, reich oder arm –, zur Wahl zu gehen, hat die breite Masse der Bevölkerung an politischer Macht gewonnen. Einzelpersonen haben das Recht, sich zu politischen Parteien zusammenzuschließen, zu Arbeitergewerkschaften und Vereinigungen, die ihre Interessen schützen. Wichtiger noch: Die Modernisierung brachte eine generelle und grundsätzliche Ausweitung der Rechte des Staatsbürgers. Er steht unter dem Schutz der Gesellschaft, erfährt gleiches Recht für alle und kann wenigstens ein Minimum an Lebenschancen erwarten. Nicht nur Gleichheit an sich, sondern die Idee, daß man sie erlangen könne, hat die modernen Gesellschaften mit ungeahnter Hoffnung erfüllt, ungeachtet der jeweiligen Regierungsform und der tatsächlichen Zustände.

Warum sollte der Trend zu verstärkter Ungleichheit in den modernen Gesellschaften rückläufig sein? Eine Antwort wäre: Weil die Komplexität der sozialen, politischen und ökonomischen Systeme heute die Personen, die an der Spitze stehen, von dem Wissen und Können der unteren Schichten abhängig macht. Keine moderne Gesellschaft könnte länger als ein paar Monate überleben, wenn eine Gewerkschaft – etwa die Lastwagenfahrer in den Vereinigten Staaten oder die Dockarbeiter in Großbritannien – ihre Arbeit geschlossen niederlegte. Das spezialisierte Können, auf dem sich moderne Gesellschaften gründen, verleiht denen, die es besitzen, ungeheure Macht. Das mag ein Teil der Erklärung sein. Eine noch einfachere könnte in dem enormen Reichtum liegen, der von den modernen Gesellschaften produziert wird. Die oberen Klassen können ohne weiteres einen Teil ihres Reichtums mit denen, die nicht so gut gestellt sind, teilen, ohne selbst auf Luxus und Wohlergehen verzichten zu müssen.

Was bis jetzt über die soziale Schichtung gesagt wurde, mag den Eindruck erwecken, daß die Schichten absolut undurchlässig seien. Doch selbst die konsequentesten Kastengesellschaften können es sich leisten, Einzelpersonen oder auch ganzen Gruppen die Möglichkeit zu bieten, die soziale Leiter hinauf- oder hinunterzuklettern. In nordamerikanischen und europäischen Gesellschaften gelingt der Aufstieg gelegentlich durch harte Arbeit, Sparsamkeit und Risikobereitschaft – während ein Abstieg durch Faulheit, Verschwendung und Furchtsamkeit herbeigeführt werden kann. Ein attraktives Äußeres und exzellente geistige Fähigkeiten sind ebenso wichtig wie ganz triviale Dinge. Eine Studie enthüllte, daß die Männer, die in den Vereinigten Staaten für berufliche Weiterbildungskurse ausgewählt wurden, erheblich größer waren als der Durchschnitt. In fast allen modernen Gesellschaften ist die «Einheirat» eine günstige Gelegenheit, in der Hierarchie aufzusteigen. Allerdings sind es fast immer Frauen, die ihren sozialen Status durch Heirat anheben. Das liegt daran, daß der Status einer Familie gewöhnlich an dem des Ehemanns gemessen wird. Ein Mann mit hohem Status kann daher ohne jeden Prestigeverlust nach unten heiraten; nicht jedoch eine Frau, weil sie dann den geringeren Status ihres Ehemannes annehmen muß. Weil Männer häufig Frauen heiraten, die auf niedrigerem sozialem Level stehen, gibt es in modernen Gesellschaften in den oberen Klassen einen relativ hohen Prozentsatz unverheirateter Frauen. Jeder Mann der oberen Klasse, der «unter seinem Stand» heiratet, geht den Frauen der oberen Klassen als Ehepartner verloren.*

Der individuelle Wechsel des Status innerhalb der Gesellschaft ist auch mit den Veränderungen verbunden, die die Gruppe als Ganzes durchmacht. Wer in Indien der Tradition entsprechend im Bergwerk gearbeitet oder Handel getrieben hatte, fand sich plötzlich samt seiner Kaste auf einer höheren Stufe wieder, weil diesen Tätigkeiten infolge der britischen Kolonialherrschaft und später durch die Industrialisierung ein höherer Wert beigemessen wurde. Die Kaste der Brahmanen dagegen verliert allmählich an Ansehen, weil das moderne Indien nicht länger bereit ist, die große Zahl unproduktiver Priester zu unterstützen. Für die Brahmanen aber ist es sehr schwer, unter den veränderten Bedingungen in andere Berufe überzuwechseln, denn sie würden ja durch den Kontakt mit niedrigeren Kasten verunreinigt. Wann immer den schwarzen Amerikanern als Gruppe der Zugang zu erstrebenswerten Jobs und Berufen erleichtert wird, verbessert sich dadurch auch die soziale Stellung eines jeden Schwarzen durch die Identifikation mit der Gruppe. Ein unerwartetes Nebenprodukt jener Subkultur der Jugendlichen in den 60er und 70er Jahre in den USA war der Zugang zu Positionen in der gesellschaftlichen Oberschicht. Denn die meisten Jugendlichen, die diese Subkultur bildeten, stammten aus privilegierten Kreisen, und es wäre für sie ein leichtes gewesen, aufs College zu gehen und einen Beruf zu ergreifen, der hohes Ansehen garantiert. Für jeden privilegierten Jugendlichen, der diese Möglichkeiten nicht in Anspruch nahm, wurde ein Platz frei für Jugendliche aus niedrigeren Klassen und Minderheitengruppen.

Als eine Ansammlung zahlreicher Individuen in organisierter und beständiger Interaktion ist die menschliche Gesellschaft zuweilen mit den Insektengesellschaften der Bienen, Wespen, Ameisen und Termiten verglichen worden. Manche sozial veranlagten Insekten weisen tatsächlich chrakteristische Merkmale der menschlichen

Gesellschaft auf: gegenseitige Hilfe, Territorialität, anhaltende Wechselbeziehungen zwischen den Mitgliedern und festumrissene Rollen und Handlungen, die der jeweiligen Kaste entsprechen. Alles in allem unterscheiden sich die Gesellschaften der Insekten jedoch von denen der Menschen. Ihre soziale Ordnung beruht einzig und allein auf der Fähigkeit, automatisch auf bestimmte Ereignisse zu reagieren. Die Larve einer Honigbiene, die dazu bestimmt ist, Königin zu werden, wird es auch immer werden, und eine Arbeitsbiene wird immer eine Arbeitsbiene bleiben (mit ganz vereinzelten Ausnahmen). Eine Bienenkönigin kann während ihres Lebens nie ihren Status wechseln, weder nach oben noch nach unten; sie gehört weder zu einer Familie noch zu irgendeiner anderen Untergruppe innerhalb der Organisation; und sie wird nie versuchen, das soziale System, in das sie hineingeboren wurde, zu ändern. Sie kennt keine Verwandtschaftsgrade und wählt sich kein Männchen mit hohem Prestige als potentiellen Geschlechtspartner; sie verändert ihre Rolle im Verlauf ihres Lebens nicht und gibt ihren Nachkommen keine Instruktionen, die Erwartungen, Hoffnungen und gegenseitige Verpflichtungen der Bienengesellschaft betreffen. Doch offensichtlich unterscheidet sich die menschliche Gesellschaft von allen anderen Gruppierungen von Lebewesen, ungeachtet, wie groß oder komplex diese sind oder wie intelligent ihre Mitglieder auch immer erscheinen mögen. Die nächsten beiden Kapitel beschäftigen sich ausführlicher mit einigen dieser einzigartigen menschlichen Aspekte einer Gesellschaft: mit Ehe und Familie und mit dem Wachstum und der Entwicklung des Individuums innerhalb des sozialen Gefüges.

18. Die Familie als Institution

Durch das Abbinden der Nabelschnur wird das Kind bei der Geburt von der Mutter gelöst, aber die Verbindung wird in einer neuen Form sofort wieder aufgenommen. Die Nabelschnur wird durch die Familie ersetzt, die dem Kind sowohl Vorstellungen über die Gesellschaft vermittelt, zu der es jetzt gehört, als auch eine Vielzahl von Dingen, die es als vollwertiges Mitglied der Gesellschaft qualifizieren sollen. Später zertrennt die Ehe das Band zwischen dem Individuum und dem Elternhaus, aber es wird ein neues Band geknüpft, indem das junge Paar eine eigene Familie gründet und Nachkommen zeugt, die den gleichen Zyklus von Geburt, Ablösung und Wiedergeburt durchlaufen. In allen Gesellschaften bedeutet die Heirat den Übergang von einem Status und einer bestimmten Rolle zu einer anderen. Auch wenn die Hochzeitszeremonie im kleinsten Kreis abgehalten wird, bleibt sie ein gesellschaftliches Ereignis, weil die beiden Menschen ihr Einverständnis mit den gesellschaftlichen Werten bestätigen. Dafür werden sie von der Gesellschaft belohnt, indem sie der Bindung ihren Segen gibt und alle Kinder, die daraus hervorgehen, für legitim erklärt – das heißt, daß sie in den Status und die Rechte, die allen Mitgliedern der Gesellschaft zugestanden werden, eintreten.

Die Ehe ist eine höchst komplexe Verbindung. Zum einen etabliert sie zwischen den beiden Parteien eine Reihe reziproker Rechte und Pflichten, die alle Lebensbereiche betreffen, sei es der Besitz von Eigentum, die Rolle von Mann und Frau, das Aufziehen von Kindern, das Verhältnis zum Übernatürlichen und zu den gesellschaftlichen Institutionen, sowie zahlreiche anscheinend triviale Alltagsdinge. Zweitens wird vorausgesetzt, daß die Ehe dauere – «bis daß der Tod euch scheide» –, auch wenn das in Wirklichkeit häufig nicht der Fall ist. Zum dritten schließt die Ehe sowohl eine sexuelle wie eine wirtschaftliche Verbindung ein. Und schließlich ist die Ehe vor allem anderen diejenige Einrichtung, auf der sämtliche Institutionen der Gesellschaft fußen. Das in der Familie erlernte Verhalten wird zum Modell für das Verhalten in anderen gesellschaftlichen Bereichen. Durch die Weitergabe der kulturellen Traditionen an die nächste Generation hält die Familie die Kultur selbst lebendig.

Die Familie ist eine Einrichtung, die es nur bei den Menschen gibt, und die sich auch nur aufgrund unserer besonderen Art entwickeln konnte. Sie hat sich als beste Lösung für die Zwillingsbedürfnisse der Hominiden erwiesen: die verlängerte Pflege des Kindes und die Nahrungsgewinnung durch Arbeitsteilung. Sie liefert das Gerüst für den Bau der komplexen sozialen Institution, die das Leben der Hominiden prägen. Die Familie hätte sich nicht entwickeln können ohne eine andere menschliche Eigentümlichkeit: die Kontrolle der sexuellen Wünsche, des Egoismus und der Aggressionen durch das Gehirn. Durch diese Kontrolle muß sich die Liebesfähigkeit gesteigert haben, aus der die dauerhaften Bindungen zur engeren Familie wie zum größeren Kreis der Verwandten erwachsen.

Weil die Familie eine so eigene menschliche Einrichtung ist, gibt es keine Gesellschaft ohne Familie, auch wenn die Bräuche, die Ehe und Familie betreffen, in den verschiedenen Gesellschaften rund um die Erde sehr unterschiedlich sind. Die Menschen in den westlichen Gesellschaften sind so daran gewöhnt, eine Ehe mit einer Heiratszeremonie zu beginnen, daß es für sie schwer vorstellbar ist, eine Ehe könne auch auf irgendeine andere Weise begonnen werden. In der Tat hat jede Gesellschaft ein bestimmtes Ritual – mag es auch noch so einfach sein –, durch das die Ehe geschlossen wird. Bei den Pygmäen legt der Bräutigam eine erlegte Antilope vor die Hütte seiner «gesetzlich Angetrauten», um der Gesellschaft seine Verbindung öffentlich kundzutun.* Bei den Winnebago-Indianern der *Great Lakes* begleitet die Frau den Mann einfach zum Haus seiner Eltern, händigt dort ihrer Schwiegermutter all ihren Putz aus und erhält dafür einfache Kleider – und damit hat sich's. Dieser anscheinend unbedeutende Austausch ist so gültig wie jede andere Hochzeitszeremonie, die in mediterranen Gesellschaften bis zu einer Woche dauern können. Denn die Winnebago-Gesellschaft erkennt damit an, daß zwei Menschen eine Verbindung eingegangen sind, daß sie gegenseitige Verpflichtungen haben, daß sie eine wirtschaftliche Partnerschaft gebildet haben, daß ihre Nachkommen von Geburt an als Mitglieder der Gesellschaft betrachtet werden und daß das Paar innerhalb der Gesellschaft Rechte und Pflichten hat.

Da die Familie für die Lebensweise der Menschen eine zentrale Bedeutung besitzt, kann man das, was in den letzten Jahren über ihren Verfall gesagt worden ist, nicht ganz ernst nehmen. Solange die menschliche Lebensform, wie wir sie kennen, bestehenbleibt, wird es auch die Familie geben. Ohne die Familie wären alle anderen sozialen Systeme und Einrichtungen, die auf ihr aufbauen, hinfällig, weil der Kitt fehlen würde, der die Gesellschaft zusammenhält. Aber wäre es nicht theoretisch denkbar, daß eine menschliche Gesellschaft ohne Familie überlebt? Stellen wir uns nur einmal vor, die totale Herrschaft über eine Gesellschaft läge in den Händen irgendeiner großen verehrten Persönlichkeit, die kraft Gesetzes erlassen hätte, daß alle Frauen mit dem Samen von Männern, die nach genetischen Gesichtspunkten ausgewählt wurden, künstlich befruchtet werden. Der so gezeugte Nachwuchs würde gleich nach der Geburt von den Müttern getrennt und in kommunalen Babyhorten, später in kommunalen Schulen, aufgezogen, wo ihm die gesellschaftlichen Wertbegriffe beigebracht würden. All diese Kinder würden als legitim angesehen. Wenn die Kinder erwachsen wären, würden sie entweder als Samenspender oder als Austragende die nächste Generation zeugen. Sexuelle Beziehungen fänden nur zum Vergnügen statt; jede Schwangerschaft, die durch Zufall zustande käme, würde als ungesetzlich angesehen und folglich abgebrochen. Die ökonomische Partnerschaft der Familie würde überflüssig, weil die Regierung allen privaten Besitz sowie die Herstellung und Verteilung von Waren in die Hände einer Verwaltung gelegt hätte. Die Familie, so wie wir sie kennen, würde abgeschafft sein, aber die Gesellschaft würde weiterbestehen.

Obgleich eine derartige Konstellation theoretisch durchaus möglich wäre, haben Versuche, die Familie abzuschaffen, noch nie zum Erfolg geführt – entweder weil sie als Institution tatsächlich so stark ist oder weil es schwierig ist, ein soziales Verhalten zu ändern, das sich über eine so unabsehbar lange Zeit entwickelt hat. Der israelische Kibbuz stellt einen Versuch dar, den Einfluß der Familie zu beschränken, und dennoch gibt es auch hier die Familie. Männer und Frauen gehen Bindungen ein und holen ihren Nachwuchs, der gemeinschaftlich aufgezogen wurde, wieder in die Familie zurück. Wie ungewöhnlich die Hochzeitsbräuche einer Gesellschaft auch sein mögen – eine jede hat ihre spezielle Form von Familienorganisation. Worauf läßt sich dieses Überdauern der Familie zurückführen? Von den möglichen Erklärungen ist die der natürlichen Auslese besonders zwingend. Das Verhalten aller Tierarten scheint einzig und allein darauf ausgerichtet, die Darwinsche Theorie zu bestätigen und «Tüchtigkeit» zu beweisen – das heißt, in der nächsten Generation möglichst viele Nachkommen hervorzubringen. Durch die Organisation Familie wird das auf zweierlei Art und Weise erreicht: Zum einen wissen die Männer mit ziemlicher Sicherheit, welche Nachkommen von ihnen abstammen; zum anderen können sie alles in ihrer Macht Stehende tun, um diesen Kindern eine größere Überlebenschance zu gewährleisten.

Kein Wunder, daß eine derart menschliche Institution zu Spekulationen über ihren Ursprung herausfordert. Manche Wissenschaftler nehmen an, sie gehe auf die Verhaltensweisen gemeinsam jagender Säugetiere zurück – die des Löwenrudels, des Wolfsrudels oder der Pavianherde –, aber die Unterschiede zwischen einer menschlichen Familie und einem Rudel Säugetiere sind so groß, daß es zwischen ihnen wohl kaum eine Analogie gibt. Bei der Suche nach dem Ursprung der Familie ist man schließlich auf drei Kategorien gekommen: die originäre Promiskuität, die Mutter-Kind-Bindung und die originäre Einehe. Die Theorie von der Promiskuität ist schnell abgetan. Einige politische Philosophen des 19. Jahrhunderts verfochten die Idee, im Anfang sei der Geschlechtsverkehr in der Gruppe keinen festen Regeln unterworfen gewesen, bis sich irgendwann dauerhafte Paarbeziehungen entwickelt hätten. Befürworter dieser Erklärung nehmen als Beweis die einfachen Gesellschaften, die offenbar ihre ursprünglichen Gebräuche beibehielten, denn bei ihnen scheint die Promiskuität heute noch üblich. Am häufigsten bezieht man sich dabei auf die Polynesier, bei denen vorehelicher Geschlechtsverkehr gepflegt wird, und auf die Eskimos, bei denen es üblich ist, die eigene Frau auszuleihen. Aber Promiskuität in dem Sinne, wie Nordamerikaner oder Europäer sie verstehen, ist das nicht. Die Polynesier wie die Eskimos haben sehr eindeutige Vorstellungen von der Familie und von Verhaltensweisen, die deren Angehörigen angemessen sind. Zudem läßt sich mit der ursprünglichen Promiskuität auch nicht genau erklären, wie der Übergang von der Gruppe zur Familie vor sich gegangen ist.

Eine andere Erklärung verweist auf die Mutter-Kind-Bindung als Ursprung der Familie, weil der biologische Vater gewöhnlich nicht bekannt war. Anhänger dieser Ansicht sehen den Beweis dafür in denjenigen Gesellschaften, in denen die Abstammung über die mütterliche Linie verfolgt wird, und nicht auch über die des Vaters. In diesen Gesellschaften bestimmt die Frau die Erbfolge, und das junge Paar lebt bei der Mutter der Ehefrau. In diesem Fall läßt sich die Familienstruktur jedoch fast immer mit den Umweltbedingungen und der Art von Anpassung, die die Gesellschaft durchgemacht hat, in Zusammenhang bringen. Eine Gesellschaft, die den größten Teil ihrer Nahrung aus den Gärten der Frauen bezieht, wie bei den Hopi-Indianern von Arizona, gehört meistens zu dieser Kategorie – nie jedoch eine Gesellschaft, die sich hauptsächlich von der Jagdbeute der Männer ernährt.

Die dritte Erklärung stützt sich auf die Vermutung, daß die Hominiden zu Beginn ihrer Geschichte Zweierbeziehungen zwischen Mann und Frau pflegten und daß daraus die Familie entstand – wie Adam und Eva den Archetyp der Familie im Garten Eden verkörpern. Danach hatten schon bei den ersten Hominiden die Frauen die Aufgabe, Kinder aufzuziehen, und die Männer hatten sie zu beschützen – was auch tatsächlich stimmt. Außerdem wird unterstellt, daß sich von Anfang an Paare zusammengefunden hätten, weil die Menschen instinktiv die monogame Bindung suchten –

was ganz sicher nicht stimmt. Wenn es tatsächlich so etwas wie einen monogamen Instinkt gäbe, wäre er in allen Menschen vorhanden. Wie soll man sich dann aber die polygamen Eheformen erklären, die es überall auf der Welt gibt? Über den Ursprung der Familie lassen sich also mehrere Hypothesen aufstellen, aber keine genügt allen Ansprüchen. Höchstwahrscheinlich hat sich die Familie gleichzeitig mit den anderen Kriterien des Apassungskomplexes entwickelt, der schließlich zum «Menschsein» führte – mit der Bildung von Symbolen, der Anwendung von Werkzeugen, mit Zusammenarbeit, Arbeitsteilung, Teilen von Gütern und sozialem Verhalten ganz allgemein.

Auch über die spezifischen Funktionen der Familie hat man sich den Kopf zerbrochen. Was leistet die Familie für den einzelnen und was für die Gesellschaft insgesamt? Die Antwort lautet: sehr viel. 1933 hat das vom Präsidenten der USA eingesetzte *Research Committee on Social Trends* die Funktionen aufgezählt, die die Familie in den Vereinigten Staaten traditionsgemäß ausübt: Sie sorgt für Nachkommen, bildet Wirtschaftseinheiten, hat erzieherische, religiöse und beschützende Funktion, verleiht Status, dient der Erholung und der Geselligkeit. Heute, wenig mehr als vier Jahrzehnte später, erfüllt die Familie einige dieser Funktionen nur noch zum Teil, und andere haben sich so sehr verändert, daß sie kaum noch als traditionelles Familienverhalten zu erkennen sind.

Diese Veränderungen in der modernen Familie sind kein Beweis für ihre abnehmende Bedeutung oder für den Zerfall des sozialen Gefüges. Vielmehr passiert mit der modernen Familie nichts anderes als das, was mit der Familie seit eh und je passiert ist: Sie paßt sich der veränderten Gesellschaft, der sie angehört, an. In allen früheren Gesellschaften war die Familie sowohl eine produzierende als auch konsumierende Einheit. Die Nahrung wurde von der Familie gemeinsam gesammelt oder hergestellt; Kleidung und Werkzeuge wurden häufig selbst produziert. Mit anderen Worten, die Familie versorgte sich selbst. In den modernen Gesellschaften, wie auch in vielen Entwicklungsländern, ist die Familie jetzt in der Hauptsache eine konsumierende Einheit und überläßt die Produktion den Fabriken. Diese Veränderung bedeutet nicht den Zusammenbruch der Familie, sondern einen Wandel ihrer Funktion. Als zum Beispiel die Familien der Vereinigten Staaten noch in neubesiedeltem Land wohnten, lag die Betonung auf der Produktion. Heute liegt die Betonung auf dem Verbrauch. Früher stellten die Familienmitglieder zusammen die Nahrung her; heute gehen sie zusammen einkaufen.

Auch die Funktion der Familie als einer Gemeinschaft ist stärker geworden, dagegen haben andere Funktionen an Bedeutung verloren. In den vergangenen Jahrhunderten wurde die Familie in westlichen Gesellschaften von einem über allem stehenden und oft tyrannischen Vater-Ehemann beherrscht, dessen Anordnungen weder von der Ehefrau noch von den Kindern in Frage gestellt werden konnten. Das hat sich inzwischen weitgehend geändert; heute bietet die Familie im Idealfall Vertrautheit und Wärme: Gegenseitige Zuneigung wird offen gezeigt, Gleichberechtigung zwischen den Eheleuten wird akzeptiert, wichtige Entscheidungen, die die Familie betreffen, werden diskutiert, oft mit den Kindern, und jedes Mitglied wird ermuntert, sich selbst zu verwirklichen.*

Von den zahlreichen Funktionen, die die Familie in der modernen Gesellschaft noch erfüllt, sind vier besonders wichtig. Ihre wesentlichste Funktion ist die Aufrechterhaltung einer sozialen Struktur, die den Fortbestand der Gesellschaft gewährleistet. Das betrifft vor allem die Zeugung von Nachkommen und deren Pflege während der langen Zeit ihrer Abhängigkeit. Es müssen nicht immer unbedingt die biologischen Eltern selbst sein, die diese Sorge übernehmen. Manchmal springen andere ein, allerdings meist Mitglieder der Familie – Geschwister, Tanten und Onkel oder Großeltern. Aber Kinder bedürfen nicht nur der Pflege; man muß sie erziehen, damit sie vollwertige Mitglieder der Gesellschaft werden. Kinder müssen nicht nur lernen, was zum Überleben notwendig ist, sondern auch all das, was die gesamte Kultur ausmacht. Diese Dinge erfahren sie von Freunden, Schulkameraden, Nachbarn, Lehrern und natürlich vor allem von den Eltern. An diesem Sozialisationsprozeß sind auch Institutionen außerhalb der Familie beteiligt: Die Schulen vermitteln das akkumulierte Wissen der Gesellschaft, die religiösen Organisationen das moralische Verhalten, und die politischen Einrichtungen geben Auskunft über Rechte und Pflichten. Die Ablösung der Familie durch andere Institutionen besteht jedoch oft nur dem Anschein nach. Denn die Familie hat noch immer ein gewichtiges Mitspracherecht, wenn es darum geht, auf welche Weise diese Institutionen die Sozialisation der Kinder vornehmen. Außerdem hat der Einfluß der Familie bereits Spuren hinterlassen, bevor die Institutionen Gelegenheit bekommen, das Kind zu lenken. Den Unterschied zwischen Recht und Unrecht lernen die meisten Kinder noch immer im Schoß der Familie, und auch ihre allgemeinen Vorstellungen vom Leben werden zuerst einmal hier geformt.

Die zweite wichtige Funktion der Familie gegenüber der Gesellschaft besteht in der Legitimität, die sie der Nachkommenschaft vermittelt. Denn in Wirklichkeit ist diese Legitimität nichts anderes als eine den Eltern von der Gesellschaft erteilte Konzession. Jede

Gesellschaft legt genau fest, wer das Recht hat, ein von ihr voll akzeptiertes Mitglied zu zeugen und aufzuziehen. In einer kleinen und einfachen Gesellschaft hat ein Kind von Eltern, die keine Konzession besitzen, innerhalb der Gruppe keine klar umrissene Stellung und niemanden, der sich darum kümmert, daß es im Sinne der von der Gruppe gepflegten Tradition aufwächst. Das Problem der Unehelichkeit muß entweder durch Kindesmord oder durch Adoption in eine legitime Familie gelöst werden. Die westlichen Gesellschaften pflegten Mütter, die sich nicht an die Regeln der Ehelichkeit gehalten hatten, auszustoßen und die Nachkommen als Bastarde zu brandmarken, um ihnen so von Geburt an einen niedrigen sozialen Status aufzuerlegen.

Sowohl für einfache wie für komplexe Gesellschaften ist die Frage der Legitimität von Interesse, denn das Kind steht im Brennpunkt vieler wichtiger verwandtschaftlicher Beziehungen. Dazu gehört auch die Rolle, die seine biologischen Eltern und seine gesamte Sippe spielen. Das läßt sich aber schwerlich feststellen, wenn das Kind keinen Vater besitzt, oder wenn sich nicht jemand findet, der diese Rolle übernimmt. Abgesehen davon kann ein bereits verheirateter Mann kaum für seine unehelichen Nachkommen sorgen, ohne zumindest einige seiner Verpflichtungen gegenüber seiner eigenen Familie zu vernachlässigen. Dem unverheirateten Vater könnte ein uneheliches Kind später einmal hinderlich sein, wenn er eine eigene Familie gründen will. Die Regeln der Legitimität werden mit allem Nachdruck gehandhabt, vor allem wegen der Konsequenzen für die Eltern und für die Gesellschaft im allgemeinen, aber die Strafe hat das unschuldige uneheliche Kind zu tragen. Manche modern eingestellten Menschen mögen vielleicht behaupten, daß sie auf Legitimität keinen allzu großen Wert legen; sie befinden sich mit dieser Meinung aber in der Minderzahl, denn der Großteil der Bevölkerung denkt anders, und zwar in fast allen Gesellschaften dieser Erde. Etwa 60 Prozent aller Gesellschaften haben nichts gegen den vorehelichen Geschlechtsverkehr, aber sie heißen es keineswegs gut, wenn ein Kind außerhalb der Bindungen geboren wird, die sie als legitim bezeichnen.*

Eine weitere wesentliche Funktion der Familie ist die Regulierung des sexuellen Verhaltens. Die menschlichen Gesellschaften sind im Zulassen oder Unterbinden sexueller Beziehungen außerordentlich variabel, aber selbst die großzügigsten stellen zumindest einige Regeln auf, an die sich die meisten ihrer Mitglieder auch halten. Diese Regeln dienen dem gesellschaftlichen Wohl; sie sollen Konflikte zwischen den Familien verhindern helfen und die Zeugung legitimer Kinder gewährleisten, damit der Fortbestand der Gesellschaft gesichert ist. In einigen Gesellschaften ist Ehebruch zulässig, vor allem für Männer, aber zu welchen Bedingungen und mit wem er begangen werden darf, dafür gibt es feste Regeln. In dieser Hinsicht machen die westlichen Gesellschaften seit den letzten 1500 Jahren die größten Einschränkungen auf der ganzen Welt. Viele ihrer Sanktionen gegen Ehebruch und vorehelichen Geschlechtsverkehr scheinen außer Gebrauch zu kommen, aber ob sie tatsächlich verschwinden, läßt sich noch nicht sagen. Manchmal werden die Sanktionen nämlich gar nicht abgeschafft, sondern nur neu definiert. Die Einstellung zum Ehebruch hat sich in den letzten Jahrzehnten verändert; sie ist aber offenbar nicht ein Zeichen für den Zerfall der Familie, sondern wohl eher der Versuch, die Bedingungen, unter denen außereheliche Beziehungen erlaubt sein sollen, klarer zu definieren.

Neben der Sorge um die Fortdauer der Gesellschaft, der Legitimierung der Nachkommen und der Regelung des Sexualverhaltens, erfüllt die Familie auch eine wesentliche ökonomische Funktion. Bis zum Beginn der industriellen Revolution stellte die Familie die Grundeinheit für die Produktion dar. Die Eheschließung diente eher der Zusammenführung von Produktionsmöglichkeiten als einer Verbindung der Herzen. «Nicht der Mann heiratet das Mädchen, sondern ein Feld das andere, ein Weinberg den anderen und eine Herde die andere», besagt eine alte Bauernweisheit, um die ökonomischen Aspekte der Ehe deutlich zu machen. Eine Ehe wird häufig ausschließlich als die Übertragung des Besitzes eines Partners auf die Familie des anderen angesehen. In vielen Gesellschaften muß der Bräutigam oder seine Sippe Geld oder Güter (als «Brautgeld» bezeichnet) an die Familie der Braut zahlen, um den Verlust ihrer ökonomischen Leistungen wettzumachen, und um sein Anrecht auf die Kinder, die aus dieser Verbindung hervorgehen, zu sichern. In etwa dreizehn Prozent der Gesellschaften, in denen dieser Brauch vorherrscht, besteht die Bezahlung in der Arbeitsleistung des Bräutigams für die Brautfamilie – manchmal schon vor der Ehe, wie bei Jakob und Rahel im Alten Testament. Die in Europa und Indien übliche Mitgift, die von der Familie der Braut an die Familie des Bräutigams oder an das verheiratete Paar gezahlt wird, ist ziemlich selten; sie wird nur bei etwa vier Prozent aller Gesellschaften gehandhabt. Im Gegensatz zum Brautkauf wird die Mitgift nicht als Ausgleich für den Verlust der Arbeitskraft des Bräutigams im Haushalt seines Vaters angesehen. Vielmehr soll sie die Kosten der Frau decken, die in den Gesellschaften, in denen eine Mitgift üblich ist, als wirtschaftliche Belastung empfunden wird. Im neunzehnten Jahrhundert leisteten die Frauen der englischen Oberschicht überhaupt nichts Produktives; sie sorgten lediglich für den Stammhalter (und für zusätzliche Kinder, deren Unterhalt und Ausbildung hohe Kosten verursachten). Unter diesen Umständen war es fast undenkbar, daß ein Mann der oberen Klasse heiratete, ohne ein einträgliches Heiratsarrangement getroffen zu haben.*

Brautkauf ist in China, Japan, vielen arabischen Staaten und in den meisten Gebieten Schwarz-Afrikas üblich. Die Missionare mißbilligten diesen Brauch und bezeichneten ihn als Versklavung der Frauen, die in ihren Augen wie Leibeigene verkauft werden. Doch dies ist ganz und gar nicht der Fall. Der Bräutigam, der Vieh oder Eisenwerkzeuge für eine Frau hergibt, erwirbt sie dadurch nicht käuflich. Er entschädigt nur ihre Familie für den Verlust ihrer Dienste und bringt damit zum Ausdruck, daß er gut für sie sorgen wird. Wenn er sie schlecht behandelt, muß er sie an ihre Familie zurückgeben, wodurch er nicht nur ihre Arbeitskraft, sondern auch sein Brautgeld verliert. Eine Familie mit zahlreichen Nachkommen, mit ebensoviel Söhnen wie Töchtern, befindet sich in einer beneidenswerten ökonomischen Situation. Im Austausch für ihre Töchter erhält sie Vieh oder Werkzeuge, die dann zum Brautkauf verwendet werden können, um für die Söhne der Familie fruchtbare Frauen zu bekommen. Diese Schwiegertöchter liefern Arbeitskraft und sind ein wertvolles Potential zur Erzeugung weiterer Frauen, die der Familie noch mehr Wohlstand bringen. Eine Familie mit vielen Nachkommen kann auf diese Weise in nur wenigen Generationen zu Reichtum und Macht gelangen. Dieser ökonomische Aspekt der Ehe erklärt zur Genüge, warum in manchen Gesellschaften die Familien darum wetteifern, so viele Kinder wie möglich in die Welt zu setzen.

Wenn die Familie in der Gesellschaft derart viele Funktionen erfüllt, nimmt die große Anzahl der Ehescheidungen wunder. In diesem Jahrhundert ist die Scheidungsrate in den Vereinigten Staaten in astronomische Höhen geschnellt – zwischen 1860 und 1970 um mehr als das Zwölffache –, und viele Leute sind der Meinung, daß dies eine unvermeidliche Folge des modernen Lebens sei. Aber so einfach läßt sich das Scheidungsaufkommen nicht erklären. Tatsächlich sind die Scheidungsraten bei den modernen Nationen ganz ungleich. Gegenwärtig haben die Vereinigten Staaten die höchste Scheidungsrate der Welt – auf jeweils 1000 bestehende Ehen kommen pro Jahr über fünfzehn Scheidungen. Im nicht weniger modernen und viel freieren Schweden werden nicht einmal halb so viele Ehen geschieden. Hohe Scheidungsraten sind aber nicht nur für moderne Gesellschaften typisch; bei den Gesellschaften der Jäger und Sammler ist sie fast genauso hoch wie in den Vereinigten Staaten. Daß in verschiedenen Ländern dann und wann Scheidungen häufiger waren als in den USA heute, trägt auch nicht gerade zum besseren Verständnis der Dinge bei. Im Westen hält man Japan gern für eine stabile Gesellschaft, aber 1887 – vor der Industrialisierung – hatte es wahrscheinlich eine höhere Scheidungsrate als irgendein anderes Land. Erst nach den Zwanziger Jahren dieses Jahrhunderts, als Japan endgültig industrialisiert war, sank die Rate allmählich unter die der Vereinigten Staaten.

Die Frage nach der Scheidung liegt in der Natur der Ehe. Zwei Menschen (in polygamen Verbindungen auch drei oder mehr) – jeder mit seinen individuellen Wertvorstellungen, Bedürfnissen und Sehnsüchten – müssen im Zusammenleben Spannungen und Mißempfindungen auf ein Minimum reduzieren. Manche Gesellschaften haben Mittel und Wege entwickelt, um die ehelichen Belastungen zu mindern, etwa indem die Erwartungen, die der einzelne an die Ehe stellt, gering angesetzt werden. Die Chinesen beispielsweise stellen die Familie über alles, warnen ihre Kinder aber gleichzeitig davor, Liebe oder Glück von der Ehe zu erwarten. Eine andere häufig angewandte und in vorindustriellen Gesellschaften weitverbreitete Methode, ehelichen Spannungen vorzubeugen, besteht darin, daß man verwandtschaftlichen Beziehungen mehr Wert beimißt als der Beziehung zwischen Mann und Frau. Die älteren Angehörigen nehmen alles in die Hand, sie arrangieren die Hochzeit, erledigen die Angelegenheiten des jungen Paares und fungieren als Friedensstifter, wenn sich Meinungsverschiedenheiten ergeben.

Aber Präventivmaßnahmen sind häufig nicht genug, um unglückliche Ehen zu verhindern. Und was dann getan wird, ist von einer Gesellschaft zu anderen verschieden. In Spanien und Irland sind legale Trennungen erlaubt, nicht jedoch die Scheidung. In Gesellschaften mit großen Familiensippen wird die Ehe oft nur dem Namen nach aufrechterhalten, und die Eheleute beschränken ihre Kontakte auf ein Mindestmaß. Solche Methoden, die die Bürde einer unglücklichen Ehe erleichtern sollen, beweisen, daß die Mitglieder einer Gesellschaft im allgemeinen alles nur mögliche tun, um Scheidungen zu vermeiden und Alternativlösungen zu bieten. Es ist ganz offensichtlich, daß einmal geschlossene Ehen aufrechterhalten werden sollen. Scheidungen sind eine Bedrohung für die Gesellschaft – vor allem für eine kleine –, weil zwischen den Familien des Paares Abmachungen gebrochen werden, weil um die Rückzahlung des Brautgelds oder der Mitgift ein Streit ausbrechen kann oder die Sorge für die Kinder Probleme aufwirft.

Trotz aller Nachteile, die sich daraus ergeben, haben manche

Gesellschaften die Scheidung als Lösung akzeptiert. Aber man sollte sie keinesfalls verdammen, sondern vielmehr preisen. Von allen Alternativlösungen für eheliche Konflikte wird die Scheidung beiden Ehepartnern am besten gerecht. Sie stellt die einzige Möglichkeit dar, die es sowohl der Ehefrau als dem Ehemann erlaubt, durch Wiederheirat ein neues Leben zu beginnen. (In Gesellschaften, in denen keine Scheidung vorgesehen ist, in Indien oder China, kann sich der Ehemann eine Konkubine zulegen, die Frau dagegen hat keine entsprechende Freiheit.) Scheidung bedeutet auch keineswegs eine Geringschätzung der Ehe als Institution. Im Gegenteil – oft hat es den Anschein, als ob Leute, die eine Scheidung hinter sich haben, die enthusiastischsten Befürworter der Ehe seien. In den Vereinigten Staaten heiraten die meisten geschiedenen Leute noch einmal – etwa zwei Drittel der Frauen und drei Viertel der Männer. Und zwar meist ziemlich bald – keine drei Jahre nach der Scheidung. Bei etwa einem Viertel aller Ehen, die gegenwärtig in den Vereinigten Staaten bestehen, war wenigstens ein Partner vorher schon einmal verheiratet.

Die Scheidungsstatistiken geben ein falsches Bild von den Eheauflösungen in den Vereinigten Staaten. 1860 wurden von 1000 bestehenden Ehen im Durchschnitt nur 1,2 durch Scheidung beendet, 1970 war die Zahl auf 15,2 angestiegen. Dabei wird jedoch häufig übersehen, daß 1860 zusätzliche 32,1 Ehen durch den Tod eines der beiden Partner ein Ende fanden. Beides zusammen ergibt für das Jahr 1860 also pro 1000 Ehen 33,3 Eheauflösungen – fast die gleiche Zahl wie heute. Da die Lebenserwartung der Bewohner der USA stark gestiegen ist und Ehemänner wie Ehefrauen heute viel älter werden als früher, hat sich die Wahrscheinlichkeit, einer unerträglichen Ehe durch das Ableben eines Partners zu entkommen, stark vermindert. Anscheinend wird diese Tatsache durch Scheidung kompensiert: Wo früher in vielen Fällen sozusagen der Tod die Sache regelte, tritt heute der Scheidungsrichter auf den Plan. Alles in allem ist die Zahl der Eheauflösungen in den Vereinigten Staaten seit mehr als einem Jahrhundert fast unverändert geblieben, auch wenn sich die Ursache dafür zunehmend vom Tod auf die Scheidung verlagert hat. Trotz allem werden in den Vereinigten Staaten noch immer mehr Ehen durch den Tod des Partners beendet als durch Scheidung.*

Die Scheidung beschäftigt Nordamerikaner und Europäer vielleicht deshalb so stark, weil sie die Kehrseite dessen ist, was man ihnen über Leidenschaft und Liebe erzählt hat und was sie daher von der Ehe erwartet haben. In Literatur und Musik wird die Liebe gefeiert; sie ist eines der zentralen Themen der Werbung; sie ist das beliebteste Gesprächsthema überhaupt. Wer einer Leidenschaft verfallen ist, unterscheidet sich in seinem Benehmen auffällig von Personen, die gerade nicht verliebt sind. Besonders die nordamerikanische Gesellschaft hält die jungen Leute dazu an, sich zu verlieben, und sie gibt sogar dezente Hinweise, wie man dabei am besten zu Werke geht. In der Kinder- und Jugendliteratur gibt es zahlreiche Geschichten und Gedichte über die Liebe, und den Kindern wird versprochen, daß sie einmal groß sein und dann einen bestimmten Menschen lieben werden. Verliebte merken meist gar nicht, daß sie von Kindheit an auf diese Erfahrung vorbereitet worden sind. Er oder sie halten ihre Liebe für einzigartig und einmalig und glauben, daß sie einen zu jeder Zeit und an jedem Ort ereilen könne und daß die davon Betroffenen hilflos einer Kraft ausgeliefert seien, die stärker ist als sie.

Studien über die Liebe haben Ergebnisse gezeitigt, die in krassem Gegensatz zur landläufigen Meinung stehen. Angeblich sollen sich Frauen öfters und stärker verlieben als Männer – ein Eindruck, der wahrscheinlich daher rührt, daß man die Frauen für gefühlsbetonter hält als die Männer. Aber es hat sich gezeigt, daß Männer im allgemeinen romantischer sind und bereits zu Beginn einer Beziehung stärkere Liebesgefühle entwickeln. Eine Befragung* von tausend College-Studenten hat allerdings das überraschende Ergebnis erbracht, daß der Kopf mehr zu sagen hat als das Herz:

> Im Gegensatz zur weitverbreiteten Meinung lassen sich die Frauen nicht von ihren Gefühlen hin- und herreißen. Ihre romantischen Neigungen scheinen im Gegenteil anpassungsfähiger und zielstrebiger zu sein als die der Männer. Offensichtlich verstehen sie es viel besser, ihre Liebesbeziehungen unter Kontrolle zu bringen und sie den Erfordernissen der ehelichen Partnerwahl anzugleichen.

Normalerweise verfallen weder Männer noch Frauen jener schicksalhaften Leidenschaft, wie sie in Musik, Literatur und Film dargestellt wird. Leidenschaftliche Liebe verleitet sie auch kaum dazu, die Schwächen des Charakters und der Persönlichkeit des geliebten Menschen außer acht zu lassen (nach dem alten Sprichwort «Liebe macht blind»). Im Gegensatz zu einer weitverbreiteten Meinung verlieben sich die jungen Nordamerikaner selten in Personen, die ihrer nicht würdig sind. Tatsächlich zeigt sich bei Persönlichkeitstests, bei denen Fragen nach der Liebeserfahrung gestellt wurden, daß die meisten jungen Leute ihre Wahl nach ziemlich strengen Gesichtspunkten treffen, vor allem im Hinblick auf die Verträglichkeit der Charaktere. Und meist werden auch ökonomische und gesellschaftliche Aspekte berücksichtigt.

Die Sozialwissenschaftler suchten zu ergründen, welche Vorteile die anscheinend unvernünftige leidenschaftliche Liebe der nordamerikanischen Gesellschaft zu bieten vermag. Einer ihrer größten Vorteile ist wohl der, daß sie das frisch vermählte Paar in der ersten Zeit der Ehe für die Schwächen des jeweiligen Partners blind macht, bis sich beide aneinander gewöhnt haben. Das ist besonders in der nordamerikanischen Gesellschaft wichtig, weil es hier keine so großen Familien gibt, die die ehelichen Schwierigkeiten glätten könnten. Wenn das Paar jedoch entdecken muß, daß sich die Hoffnungen, die es auf seine romantische Liebe gesetzt hat, nie erfüllen können, sondern daß es eine Verbindung konsolidieren muß, die auf Partnerschaft und gegenseitiger Abhängigkeit beruht, ist es desillusioniert. Das wurde durch eine Befragung bestätigt, die die Einstellung verschieden lange verheirateter Paare zur Liebe erforschte. Paare, die weniger als fünf Jahre verheiratet waren, hatten keine so romantische Vorstellung von der Liebe wie die älteren Leute, die schon über zwanzig Jahre verheiratet waren. Tatsächlich erklärt eine Desillusionierung bald nach der Heirat, warum die Scheidungsrate bei Paaren, die noch nicht einmal zwei Jahre verheiratet sind, am höchsten ist. Dennoch profitiert die nordamerikanische Gesellschaft alles in allem von der Idee der leidenschaftlichen Liebe. Liebe verstärkt die Neigung, zu heiraten und Kinder hervorzubringen, was für den Fortbestand der Gesellschaft unabdingbar ist. Liebe macht es den beiden Partnern leichter, in die neuen Rollen als Ehemann-Vater und Ehefrau-Mutter zu schlüpfen, d. h. sich den Normen der Gesellschaft anzupassen. Und schließlich beschränkt die Liebe das Paar in dem Glauben, mit der «ordentlichen» Heirat den «richtigen» Schritt getan zu haben.

Würde man alle Gesellschaften der Welt so in einer Reihe anordnen, daß sie den Grad des Einflusses widerspiegeln, den die Liebe bei der Wahl des Ehepartners ausübt, läge Nordamerika ganz vorn. Denn die Bürger der Vereinigten Staaten heben Liebe und Leidenschaft geradezu in den Himmel. Nordamerikaner, die behaupten, nicht aus Liebe zu heiraten, machen sich verdächtig und fühlen sich für gewöhnlich bemüßigt, Erklärungen dazu abzugeben, wie etwa «für so was sind wir zu alt» oder «meine letzte Ehe war eine derartige Katastrophe – diesmal will ich jemanden, auf den ich mich verlassen kann». Am entgegengesetzten Ende der Reihe lägen die Oberklassen aus dem China der Mandschu-Dynastien und ihrer Vorgänger. Für sie war Liebe eine Tragödie, weil dadurch die Pläne der Alten, zwei Sippen zu vereinigen, vereitelt werden konnten.

Das heißt nicht, daß man leidenschaftliche Liebesbeziehungen nicht gekannt hätte, sondern nur, daß man sie für irrelevant hielt. In der chinesischen Literatur ist die Liebe ein immer wiederkehrendes Thema, und man sagt, daß jemand, dessen Liebe unerwidert bleibt, in eine Taube verwandelt werde – aber die Literatur war den gebildeten Ständen vorbehalten und hatte mit den Heiratsbräuchen nichts zu tun. Die meisten Gesellschaften lassen sich zwischen den beiden Extremen Nordamerikas und Chinas ansiedeln. Für sie ist die Liebe normalerweise eine Phase der Jugend und wird eines Tages überwunden. Auf jeden Fall widmet man ihr nur geringe Aufmerksamkeit, und die Ehe-Arrangements, die von der Verwandtschaft getroffen werden, werden davon kaum berührt. Vielleicht gehört Indien genau in die Mitte der Reihe, dort gilt eine Beziehung als ideal, wenn sich direkt nach der Verlobung oder Heirat die Liebe von selbst einstellt.

Weil es in jeder Gesellschaft vorkommen kann, daß jemand der Liebe verfällt, müssen – wo sie als Bedrohung empfunden wird – offenbar Mittel und Wege gefunden werden, um sie unter Kontrolle

Mythos und Realität der Ehe in den Vereinigten Staaten

Welche Vorstellungen die Menschen in den Vereinigten Staaten von der Ehe haben, soll sich in ihren Antworten auf folgende Fragen zeigen:

	richtig	*falsch*
1. Je länger ein Paar verheiratet ist, um so genauer weiß der eine vom anderen, was er denkt und fühlt.	( )	( )
2. Je stärker der Ehemann in seiner Arbeit und Gemeinschaft eingespannt ist, um so zufriedener sind beide Ehepartner.	( )	( )
3. Am glücklichsten sind die Ehen, in denen Ehemann und Ehefrau ihre Persönlichkeit nur wenig ändern – oder wenn sie sich ändern, dann auf dieselbe Weise und im gleichen Maße.	( )	( )
4. Je genauer Ehemann und Ehefrau die Rolle des anderen verstehen, um so zufriedener sind sie und um so besser können sie sich anpassen.	( )	( )
5. In Dingen wie Religion, Spiel und Sport, Geldangelegenheiten und Lebensphilosophie wird die Übereinstimmung von Ehemann und Ehefrau im Verlauf der Ehe immer größer.	( )	( )

Die Antwort ist in jedem Fall «falsch» – jedenfalls war das das Ergebnis bei der Befragung weißer Ehepaare der Mittelklasse. Viele weitverbreitete Vorstellungen vom Eheleben werden von der Forschung offenbar nicht bestätigt.*

zu halten. Dafür hat man Lösungen gefunden. Die einfachste ist die Kinder-Ehe. Hierbei wird der Verlobungs- oder Heiratsvertrag schon so frühzeitig geschlossen, daß die beiden Partner gar nicht erst die Gelegenheit haben, zu anderen Jugendlichen Beziehungen aufzunehmen. Noch bis vor kurzem wurde in Indien die kindliche Braut im Hause ihres zukünftigen Schwiegervaters zusammen mit ihrem späteren Ehemann erzogen; allerdings wurde die Ehe in physischer Hinsicht erst vollzogen, wenn sie und ihr Ehemann die Pubertät erreicht hatten. Eine andere, oft angewandte Methode der Gesellschaft besteht darin, daß die Zahl der für die Ehe geeigneten Partner strikt begrenzt wird, wie zum Beispiel in China, wo Dorfbewohner untereinander nicht heiraten durften, weil sie vermutlich alle miteinander verwandt waren. Eine dritte Methode ist die physische oder gesellschaftliche Isolierung junger Menschen, wie im islamischen Harem oder mit Hilfe von Anstandsdamen in Südeuropa und Lateinamerika. Es gibt noch alle möglichen anderen Formen der Kontrolle, und alle haben das Ziel, gemeinsam das Entstehen einer Leidenschaft zu verhindern – oder sie wenigstens in geeignete Bahnen zu lenken.

Die Gesellschaften dieser Welt weisen eine verwirrende Vielfalt der familiären Arrangements auf. Die Anordnung, die von den meisten modernen Gesellschaften als ideal erachtet und von mehr als der Hälfte aller Haushalte in den Vereinigten Staaten praktiziert wird, ist die «Kernfamilie»: ein verheiratetes Paar, das mit unverheirateten Kindern, aber ohne andere Verwandte in seinem eigenen Heim lebt. Da die Kernfamilie für die Mitglieder westlicher Gesellschaften etwas Selbstverständliches ist, halten sie sie für den elementaren Baustein einer jeden Gesellschaft. Das ist eine äußerst ethnozentrische Ansicht. In Wirklichkeit ist die Kernfamilie ziemlich selten und kommt nur bei Industrienationen und bestimmten Jäger-Sammler-Gesellschaften vor. Anscheinend ist sie eine Form der Anpassung an bestimmte ökonomische Bedingungen – im Fall der Jäger und Sammler an die Nahrungsknappheit während gewisser Jahreszeiten, und in einem Industriestaat an die Notwendigkeit, mobil zu bleiben, für den Fall, daß man anderswo einen neuen Job suchen muß. Im übrigen ist die Kernfamilie von der übrigen Verwandtschaft keineswegs so isoliert, wie man meinen könnte. Alle Studien über das Familienleben in Industrienationen enthüllten, daß die Kernfamilien den Kontakt zur Verwandtschaft aufrechterhalten und ihre Freizeit meist damit verbringen, Verwandte zu besuchen.

Da die Kernfamilie ausschließlich auf dem verheirateten Paar beruht, anstatt auf dem großen Netz der Verwandtschaft, ergeben sich ganz bestimmte soziale Verhaltensweisen. Die angeheirateten und eigenen Blutsverwandten üben nur wenig Einfluß auf das Paar aus, und die Kernfamilie kann daher auch nicht groß um Unterstützung bei der Verwandtschaft bitten, so wie umgekehrt die Kernfamilie keine Ansprüche erfüllt, die von entfernten Verwandten an sie gestellt werden. Man ist also kaum aufeinander angewiesen, und für die Kernfamilie besteht wenig Veranlassung, sich in der Nähe von Verwandten niederzulassen. Und da die Verwandtschaftsgruppen durch die Heirat von zwei unabhängigen Leuten auch keinen Gewinn zu erwarten haben, lassen Gesellschaften, in denen Kernfamilien üblich sind, ihren Mitgliedern im allgemeinen mehr freie Hand bei der Partnerwahl. Eine Folge dieses Verhaltens ist die Intensivierung von Emotionen innerhalb der Kernfamilieneinheit; das fängt an mit der Zuneigung zweier Menschen zueinander und wird in der Ehe fortgesetzt, sowohl in den Interaktionen zwischen Mann und Frau als auch zwischen Eltern und Kindern. Diese Interaktion erklärt nicht nur die Intimität, sondern auch die Zerbrechlichkeit der Kernfamilie. Wenn Ehemann und Ehefrau innerhalb der Familie keine Liebe und Gemeinsamkeit finden, besteht auch wenig Anreiz, die Vereinigung aufrechtzuerhalten. Wie zu erwarten, ist die Scheidungsrate in Gesellschaften mit überwiegend Kernfamilien besonders hoch, ob es sich nun um eine moderne Gesellschaft handelt oder um Jäger und Sammler, wie die Buschmänner und die australischen Ureinwohner. Daher ist die Kernfamilie grundsätzlich instabil. Sie hält nur so lange an, wie Eltern und Kinder zusammen leben. Wenn die Eltern sich scheiden lassen oder sterben, oder wenn die Kinder ausziehen, löst sich die Kernfamilie auf.

Das Gegenteil der Kernfamilie ist die Großfamilie – in der mehrere Generationen unter einem Dach leben. In China leben Mann und Frau mit ihren unverheirateten Söhnen und Töchtern, ihren verheirateten Söhnen und deren Frauen und jüngeren Kindern und den Enkeln oder Urenkeln väterlicherseits zusammen. In Familien, die der weiblichen Abstammungslinie folgen, wie etwa bei den Zuñi-Indianern von Neu-Mexiko, kann die Großfamilie aus einer alten Frau bestehen, die dem Haushalt vorsteht, ihren verheirateten Töchtern samt deren Ehemännern und Kindern und den unverheirateten Töchtern und Söhnen. In vielen afrikanischen und arabischen Gesellschaften kann sich eine Großfamilie auch aus zwei oder mehr Brüdern zusammensetzen, jeder mit seinen diversen Ehefrauen mitsamt deren erwachsenen Söhnen, die ebenfalls Frauen und Kinder haben; sie alle leben in einer Niederlassung oder in Zelten eng beieinander.

Wie die Zusammensetzung auch immer aussehen mag, die Großfamilie ist eine soziale Erfindung, die viele Vorteile bietet. In den modernen Gesellschaften kann sich jedermann an etablierte Fürsorgeinstitutionen wenden, wenn er Hilfe braucht; Menschen jedoch, die in nichturbanen, vorindustriellen Gesellschaften leben, in denen Großfamilien üblich sind, müssen sich an ihre zahlreiche Verwandtschaft wenden. Für eine Kernfamilie wäre ein alter oder gebrechlicher Verwandter eine schwere finanzielle Last, aber für eine Großfamilie fällt diese Last weniger ins Gewicht, denn sie wird von vielen Mitgliedern getragen. Ein weiterer Vorteil ist die Stabilität der Großfamilie. Ihre Mitglieder kommen und gehen, aber wegen der großen Zahl und der engen Bindungen untereinander bewahrt sie als Einheit ihre Identität. Die Großfamilie dient darüber hinaus als Darlehensgesellschaft, die Reichtum ansammelt und dann an ihre Mitglieder verteilt, damit der Familienbesitz weiter wächst – etwa durch Zahlung eines Brautgelds für eine günstige Ehe, durch Hinzukauf von Land oder durch die Ausbildungsfinanzierung eines vielversprechenden Nachkommen. Außerdem bietet die Großfamilie ihren Mitgliedern Schutz, wenn die Gesellschaft über kein ausreichendes Polizeisystem verfügt.

Wenn die Großfamilie aber so viele Vorteile bietet, warum ist sie dann nicht die vorherrschende Struktur in allen Gesellschaften? Wohl zum Teil deshalb, weil sie nur eine spezifische Form der Anpassung in jenen Gesellschaften ist, in denen es keine festen Einrichtungen zum Schutz der Gesetze, zur Versorgung der Armen und Alten, zur Gewährung von Darlehen oder zur Durchführung von Gemeinschaftsprojekten gibt. Ein anderer Nachteil besteht darin, daß die Großfamilie in ihrer inneren Konstellation fragil und nur schwer manipulierbar ist; darum kommt sie selbst in Gesellschaften, in denen sie als Norm gilt, nur selten vor. Um wirklich effektiv zu sein, braucht eine ausgedehnte Großfamilie die Managertalente starker Führernaturen, normalerweise sowohl die eines Mannes, der die Verbindungen nach außen zu anderen Familien in die Hand nimmt, als auch die einer Frau, die sich um die internen Angelegenheiten im Haushalt kümmert. Aber starke Persönlichkeiten gibt es nicht in jeder Generation. Eine weitere Schwäche der Großfamilie resultiert aus ihren sozialen Verpflichtungen. Da sie ständig für ihre armen, schwachen und alten Angehörigen sorgt, kann man ihr schwerlich auch noch kontinuierliche Sozialleistungen für die Gesellschaft abverlangen. Schließlich wird die Großfamilie mit jeder Generation zahlreicher, das bedeutet: sie kann schließlich nur noch zusammenbleiben, wenn sie fortwährend immer mehr Güter und Ländereien ansammelt. Es gibt nur ganz wenige Großfamilien, die mehrere Generationen überdauern, ohne wirtschaftliche Rückschläge hinnehmen zu müssen – sei es wegen einer Dürre, wegen Preisschwankungen auf dem Weltmarkt, wegen politischer Veränderungen in der Gesellschaft oder sogar wegen der Verschwendungssucht des Familienoberhaupts. Wann immer eine Großfamilie einen Rückschlag erleidet, trennen sich ein paar Mitglieder von ihr und gründen eine eigene Familie.*

Eine experimentelle Variante der Großfamilie sind die Kommunen, die in letzter Zeit häufig von jungen Leuten gegründet wurden. Sie versuchen, eine andere Lebensform zu finden als die Kernfamilie, in der sie aufgewachsen sind. Diese Gemeinschaften setzen sich nicht aus Blutsverwandten oder angeheirateten Personen zusammen, sondern aus mehreren unabhängigen Kernfamilien und einigen unverheirateten Männern und Frauen, die ihren Besitz eingebracht haben und übereingekommen sind, räumlich und wirtschaft-

Die Großfamilie

Die Großfamilie als Gegensatz zur Kernfamilie ist in vielen Gesellschaften der Welt verbreitet, auch wenn sie in modernen Gesellschaften zur Ausnahme geworden ist. Es gibt sie sogar noch in Nordamerika, vor allem bei den Minderbemittelten, die es nützlich finden, Haus, Besitz, Nahrung und Einkommen zu teilen. Das Bild zeigt eine Familie aus dem Gebiet der Appalachen: die Großeltern, deren verheiratete Kinder mit ihren Ehepartnern und Kindern und deren unverheiratete Söhne und Töchter.

lich zusammen zu leben. Der Lebensstil dieser Kommunen erinnert stark an die Großfamilien der ersten nordamerikanischen Siedler, die sich zusammentaten, um gemeinsam die vielen Aufgaben zu lösen, die für das Überleben nötig waren. Wenn diese nicht verwandten Großfamilien von einer Generation zur anderen überdauern wollen, müssen sie sich eine Grundsatzfrage stellen, der sich die traditionellen Großfamilien ebenfalls gegenübersehen. Was müssen sie tun, um nicht wieder in mehrere Kernfamilien auseinanderzufallen? Bis heute läßt sich in diesen Kommunen noch kein Mechanismus erkennen, der ihr Überleben von einer Generation zur nächsten garantieren würde.

Das merkwürdigste uns bekannte Familienarrangement ist an wenigen Orten in Afrika anzutreffen: die Ehe zwischen zwei Frauen. Besitzt ein Vater nur Töchter, so kann er eine davon zum «Mann» erklären und Sorge tragen, daß sie sich eine Braut nimmt. Die Braut wird angehalten, zu «biologisch echten» Männern sexuelle Beziehungen zu unterhalten, bis sie schwanger ist. Ihr Kind wird dann als legitime Nachkommenschaft ihres weiblichen «Ehemannes» betrachtet und die Familie besteht weiter. Diese Art von familiärer Verknüpfung kommt selten in Gesellschaften vor, in denen Wert gelegt wird auf männliche Erben, weil sie die väterliche Linie weiterführen. Abgesehen von so ausgefallenen Arrangements wie dem eben beschriebenen sind die Möglichkeiten für familiäre Gruppierungen ziemlich begrenzt. Wir können sie uns fast alle vorstellen, angefangen bei der Promiskuität bis zum Zölibat.

Völlige Promiskuität wird von keiner Gesellschaft toleriert, denn selbst die großzügigsten unter ihnen haben sowohl Inzesttabus als auch sonstige Regeln hinsichtlich des Alters oder der Verwandtschaftszugehörigkeit potentieller Ehepartner. Die Erklärung dafür ist einfach: Keine Gesellschaft könnte überleben, wenn sie den Jüngeren keinen Schutz, keine Pflege und keine Sicherheit gewähren würde – was sich schlecht mit hemmungslosen Sexualbeziehungen vereinbaren läßt. In einigen Gesellschaften gibt es zölibatäre Ehen – wenn auch recht selten; aus gutem Grund, denn letztlich würde es die Auslöschung der Gesellschaft bedeuten. In Indien kann ein gläubiger Hindu, verheiratet oder unverheiratet, das Zölibatsgelübde ablegen, um zu seinem Gott zu finden oder Heiligkeit zu erlangen. Der Mahatma Gandhi legte im Alter von 36 Jahren ein solches Gelübde ab, nachdem er bereits 24 Jahre lang verheiratet gewesen war. Er beobachtete die verschiedenen Regeln des Hindu-Zölibats, nach denen man unter anderem keine Frauen ansehen, nicht mit ihnen auf derselben Matte sitzen und kein heißes Bad nehmen darf, um sexuelle Erregung zu vermeiden. Gandhi fügte diesen Geboten noch weitere hinzu; er entsagte dem Genuß von Milch, Butter oder anderen tierischen Produkten, die seine «animalischen Triebe» hätten stärken können. Trotz strengster Einhaltung aller Regeln seines Gelübdes mußte Gandhi die Erfahrung machen, daß es ein ständiger harter Kampf für ihn war, den Zölibat nicht zu brechen – dabei erlegte er sich sogar die «Prüfung» auf, unbekleidet mit jungen Frauen auf einem Lager zu schlafen.

Zwischen den beiden Extremen der Promiskuität und des Zölibats gibt es bemerkenswert wenige Möglichkeiten des Zusammenlebens zwischen Mann und Frau innerhalb der Familie, und alle sind einmal ausprobiert worden. Dazu gehören die Gruppenehe, die Polyandrie (eine Frau ist mit mehreren Männern verheiratet), die Polygamie (ein Mann ist mit mehreren Frauen verheiratet) und die Monogamie, die Einehe. Von diesen Konstellationen sind nur zwei – Polygamie und Monogamie – üblich. In der Vergangenheit nahmen manche Sozialtheoretiker an, daß zu der Zeit, als die Menschen noch im Stadium der Unzivilisiertheit lebten, die Gruppenehe vorgeherrscht habe. Wie im vorhergehenden bereits erwähnt, ist das höchst unwahrscheinlich, einmal aus rein theoretischen Erwägungen und zum andern, weil sie auch heute in keiner Gesellschaft anzutreffen ist, mag diese noch so «unzivilisiert» sein. Immer wieder sah es so aus, als praktiziere die eine oder andere Gesellschaft eine Form der Gruppenehe, aber bei näherer Betrachtung stellte sich meist heraus, daß sie entweder überhaupt nicht existierte oder nicht die bevorzugte Form der Ehe darstellte. Der Frauentausch bei den Eskimos ist keine Gruppenehe, denn die Verbindung eines einzelnen Mannes mit einer einzelnen Frau dauert über die temporäre Partnerschaft hinaus an, bei der zwei Männer ihre Frauen wechseln. Bei den Toda in Indien kam die Gruppenehe vor, allerdings nur als Reaktion auf zeitweilige äußere Umstände. Die Toda töteten eine Zeitlang weibliche Kinder gleich nach der Geburt, was mit der Zeit zu einem gewissen Frauenmangel führte. Daraus entwickelte sich eine Polyandrie, bei der sich mehrere Brüder eine Frau teilten. Als die britische Kolonialregierung den Kindesmord laut Gesetz verbot, gab es plötzlich wieder mehr Frauen. Die Toda paßten sich der Situation an, indem sie dem Haushalt mit der einen Frau, die sie sich geteilt hatten, weitere Frauen zugesellten.

Es ist wohl kaum eine Frage, warum die Gruppenehe nur unter besonderen Umständen durchführbar ist, und warum sie in keiner Gesellschaft die Norm ist. Zum ersten bietet sie gegenüber allen anderen Formen der Ehe keinerlei Vorteile. Eine Gesellschaft, die sexuelle Abwechslung für Männer propagiert, würde der Gruppenehe bestimmt die Polygamie vorziehen; und eine Gesellschaft, die den Frauen Abwechslung zugesteht, würde die Polyandrie einführen. Zum zweiten fehlt bei der Gruppenehe das exklusive Recht auf weibliche Dienstleistungen, ökonomische wie sexuelle, auf das aggressive Männer in praktisch allen Gesellschaften einen Anspruch erheben. Und schließlich würde die Gruppenehe für jede Gesellschaft eine Reihe Probleme aufwerfen. Wie könnten in Gruppenfamilien mit zahlreichen Nachkommen unbekannter Vaterschaft die Inzesttabus beachtet werden? Wie würden Besitz und Erbe aufgeteilt? Wie sollten die großen Sippen versorgt werden?

Obgleich keine Gesellschaft die Gruppenehe jemals institutionalisiert hat, hält sich die Idee hartnäckig, und immer wieder einmal sucht ein Personenkreis sie in die Praxis umzusetzen. Der ehrgeizigste und am längsten währende Versuch betraf selbst auf seinem Höhepunkt nur 306 Personen. Das war die *Oneida Community*, mitten im Staat New York, die 1848 von 58 Erwachsenen und deren Kindern gegründet wurde. Sie versuchten, eine Utopie zu verwirklichen: die sich selbst erhaltende Gemeinschaft – vielleicht das radikalste soziale Experiment, das je in den Vereinigten Staaten durchgeführt wurde. Die Mitglieder der *Oneida Community* bauten sich ihre Wohnungen und produzierten ihre eigenen Nahrungsmittel, sie fertigten selbst ihre Kleider und Schuhe an und gaben ihren Kindern eine ausgezeichnete Ausbildung. Ökonomisch gingen sie nach kommunistischem Muster vor – der Besitz gehörte allen gemeinsam. Ihr Ziel war, den Wettbewerb um materielle Güter zu eliminieren. Als ein Mitglied eine Stahlfalle erfand, die allen anderen auf dem Markt weit überlegen war, erreichten sie bald wirtschaftliche Unabhängigkeit und Sicherheit. 1860 wurde diese Falle in den USA häufiger gekauft als jede andere, und siebzig Jahre lang verwendete die Hudson Bay Company ausschließlich diese Falle. Später begann die Gemeinschaft mit der Herstellung des Oneida-Tafelsilbers, das noch heute hoch im Kurs steht. Beachtenswert waren auch ihre Leistungen in der Architektur, im gemeinschaftlichen Zusammenleben, in einem neuen, auf gegenseitiger Kritik beruhenden System der sozialen Kontrolle und schließlich in der Wirtschaftsplanung. Doch wenn man sich heute ihrer erinnert, so geschieht das in erster Linie wegen ihres Experiments mit der Gruppenehe.

Ein Gedanke spielte bei der *Oneida Community* eine ganz wesentliche Rolle: daß eine leidenschaftliche Liebe zu Egoismus, Eifersucht und Heuchelei führe und den Weg zu geistiger Liebe versperre. Daher förderten sie die «freie Liebe» – ein Begriff, den sie geprägt haben; alle Erwachsenen des einen Geschlechts galten als mit allen Erwachsenen des anderen Geschlechts verheiratet. Dadurch hatte jeder Mann sexuellen Zugang zu jeder Frau, wenn er auch den Regeln der Gemeinschaft entsprechend zuerst über einen Vermittler die Zusage einholen mußte. Während der beiden ersten Dekaden nach der Gründung verzichteten alle Mitglieder darauf, Kinder zu bekommen. Sie wandten eine Methode der Geburtenkontrolle an, die sie *coitus reservatus* nannten (das heißt, Geschlechtsverkehr bis kurz vor der Ejakulation). Diese Methode erforderte ein ausgiebiges Training. Daher waren die jungen Männer gehalten, ihre Geschicklichkeit zuerst bei älteren, erfahrenen Frauen zu erproben, die die Wechseljahre bereits hinter sich hatten und nicht schwanger werden konnten, falls doch eine Ejakulation stattfand. Umgekehrt sammelten die jungen Frauen bei den älteren Männern ihre ersten Erfahrungen. Dieses Arrangement hatte den Nebeneffekt, daß auch die älteren Mitglieder einen Geschlechtspartner fanden, männliche wie weibliche, die sonst vielleicht im Wettbewerb mit jüngeren Mitgliedern zu kurz gekommen wären. Der *coitus reservatus* schien sich zu bewähren. In den ersten zwanzig Jahren des Bestehens der Gemeinschaft wurden nur etwa dreißig Kinder durch Zufall gezeugt. Schließlich beschloß die Gemeinschaft, eine neue Generation aufzuziehen. Mit Hilfe wissenschaftlicher Methoden bestimmte sie 1869, wer sich am besten mit wem paarte; damit wurde die *Oneida Community* zum ersten großangelegten eugenischen Versuch auf der ganzen Welt. In der Zeit bis zum Auseinanderbrechen der Gemeinschaft zehn Jahre später wurden 58 Kinder geboren, und wenigstens ein Dutzend davon hatten John Humphrey Noyes, den Priester von Putney in Vermont und Gründer der Gemeinschaft, zum Vater.

Die *Oneida Community* überdauerte nur drei Jahrzehnte. Natürlich nimmt es wunder, daß ein soziales Experiment, das gleichzeitig ein phänomenaler wirtschaftlicher Erfolg war, nicht länger bestanden hat. Manche Gelehrte haben den Niedergang auf die Nachteile der Gruppenehe gegenüber der Monogamie zurückgeführt, aber diese Erklärung dürfte nur zum Teil stimmen. In der Gemeinschaft machte sich Unruhe breit, weil eine Neuordnung der Regeln für die Gruppenehe gefordert wurde. Die jungen Männer wollten sich nicht damit zufriedengeben, daß man ihnen sexuelle Beziehungen zu gleichaltrigen Frauen untersagte; manche jungen Frauen hatten das Gefühl, von den älteren Männern sexuell ausgenutzt zu werden; und manche Mütter waren unglücklich über die Trennung von ihren Kindern. Aber die Gruppenehe war nicht der eigentliche Grund für die Auflösung. Die Kleriker in den Vereinigten Staaten griffen die «freie Liebe», die von der Gemeinschaft praktiziert wurde, mit einer Schärfe an, die dem Druck, der auf die Mormonen ausgeübt wurde, in nichts nachstand. Ausschlaggebend war aber letztlich, daß John Humphrey Noyes 1877 als Leiter zurücktrat, ohne für einen geeigneten Nachfolger gesorgt zu haben. Hinzu kam der große finanzielle Erfolg des Oneida-Tafelsilbers. Die geschäftliche Seite des Unternehmens erlangte schließlich mehr Bedeutung als die sozialen und religiösen Doktrinen, die ursprünglich zur Gründung der Gemeinschaft geführt hatten. 1879 wurde sie formal aufgelöst, woraufhin viele Mitglieder sofort monogame Ehen eingingen.*

Während die Gruppenehe von keiner Gesellschaft institutionalisiert worden ist, gibt es einige wenige Gesellschaften mit Polyandrie: Die Tibetaner, die Bewohner der Marquesasinseln im Südpazifik und verschiedene lokale Gruppen in Indien und Ceylon. Bei der Polyandrie heiratet gewöhnlich eine einzige Frau mehrere Brüder, allerdings wird die Heiratszeremonie nur mit dem ältesten vollzogen. Keiner der Brüder hat einen Exklusivanspruch auf die Frau, genausowenig wie irgendeiner von ihnen das Alleinrecht auf den gemeinsamen Grund und Boden, die Behausung und die Tiere geltend machen kann. Die Polyandrie scheint eine Anpassung an spezielle lokale Bedingungen zu sein. Manchmal erfordern die wirtschaftlichen Umstände, daß die Männer viel unterwegs sind, meistens um Handel zu treiben. Wenn die Frau mehrere Ehemänner besitzt, kann sich immer einer von ihnen um sie und die Kinder kümmern. Oder mehrere Brüder, die zusammen ein kleines Stück Land geerbt haben, werfen alles zusammen in einen Haushalt. Dadurch sparen sie die Kosten für den Unterhalt mehrerer Frauen, und außerdem müssen sich später nicht so viele Erben das kleine Stückchen Land teilen.

So löst die Vielmännerei eine Reihe von den spezifischen Problemen der Gruppenehe. Das Problem der Erbschaft stellt sich zum Beispiel gar nicht erst, denn der Besitz geht an alle männlichen Nachkommen gemeinsam, die sich dann wieder zusammen eine Frau nehmen. Sexuelle Eifersucht gibt es kaum, weil die Ehemänner meist Brüder und wirtschaftlich voneinander abhängig sind. Alles in allem hat die Polyandrie gegenüber anderen Formen ehelicher Gemeinschaft jedoch nur einen einzigen wirklichen Vorteil: Sie schafft durch das Zusammenlegen des Besitzes eine bessere wirtschaftliche Situation. Sobald es ihnen aber besser geht, legen sich die Brüder so viele Frauen zu, wie sie sich leisten können – und manche verlassen die Gruppe sogar, um ihre eigene monogame oder polygame Familie zu gründen.*

Gruppenehen und Polyandrie kommen höchst selten vor, ganz im Gegenteil zu den anderen beiden Eheformen, der Polygynie oder

Vielweiberei und der Monogamie oder Einehe. Eine Studie, die 565 Gesellschaften betraf und vor zwanzig Jahren gemacht wurde, ergab, daß zu etwa 75 Prozent Polygynie vorherrscht.* Aber nicht alle Männer dieser Gesellschaften praktizieren diese Eheform, was wohl auch daran scheitern würde, daß nicht genügend Frauen verfügbar sind. Für Männer mag der Gedanke verlockend sein, viele Frauen zu besitzen, aber die Realisierung ist mit hohen Kosten verbunden und daher nur begrenzt möglich. Wenn der Lebensunterhalt schon für zwei nicht so billig ist wie für einen, dann ist er es auch nicht für drei oder vier Personen. Es sind ja nicht nur mehrere Frauen, die unterhalten werden müssen, sondern auch die vielen Kinder, die aus den Verbindungen hervorgehen; dazu kommen die Verwandten der Frauen. Selbst wenn sich jeder Mann in einer polygynen Gesellschaft wünschen mag, möglichst viele Frauen zu heiraten – leisten können es sich nur die wohlhabendsten. Der Koran billigt einem Mann vier Frauen zu, aber eine Erhebung in der islamischen Stadt Karachi in Pakistan hat gezeigt, daß nicht einmal ein Prozent aller verheirateten Männer mit mehr als einer Frau verheiratet war, und auf die vier erlaubten kam kein einziger.

Es heißt, die Polygynie hätte eine Anzahl Vorteile zu bieten, die andere Eheformen nicht aufweisen. Wenn es in der Gesellschaft mehr Frauen als Männer gibt, ist die Polygynie wahrscheinlich eine ausgezeichnete Methode, die überzähligen Frauen zu versorgen. Der Besitz mehrerer Frauen ist ein auffälliges Statussymbol für den Mann und gilt obendrein für weniger verschwenderisch als andere Zurschaustellungsweisen von Wohlstand und Macht. Außerdem profitiert die gesamte Gesellschaft davon, weil nur hochstehende Männer eine relativ große Zahl von Nachkommen zur Bevölkerung beizusteuern vermögen. Tatsächlich jedoch ist keiner dieser sogenannten Vorteile wirklich stichhaltig. Denn sehr wenige polygyne Gesellschaften haben einen nennenswerten Frauenüberschuß, und diejenigen Männer, die sich aus Prestigegründen mehrere Frauen zulegen, nehmen diese Frauen anderen Männern weg, die dadurch vielleicht Junggesellen bleiben müssen; zudem geschieht es auf Kosten der ersten Ehefrau, die sich in eine Situation versetzt sieht, die zu Eifersucht, Zank und Konkurrenzkampf führt. Schließlich sind es wohl kaum die physisch kräftigsten Männer, die viele Frauen haben, sondern viel eher die älteren, die inzwischen wohlhabend genug sind, um sie sich leisten zu können.

Von allen Formen der Ehe ist die Monogamie die üblichste und am weitesten verbreitete – obwohl sie die bevorzugte Praxis nur eines Viertels der 565 Gesellschaften ist. Tatsächlich ist sie die einzige Form der Ehe, die in jeder Gesellschaft der Welt zu finden ist. Offensichtlich ist der Mensch vor allem monogam, wenn auch vielleicht nur widerwillig. In einer so ausgesprochen monogamen Gesellschaft wie der der Vereinigten Staaten, wo auf die Scheidung häufig eine Wiederheirat erfolgt, müßte die vorherrschende Form eigentlich als «Fortsetzungpolygamie» bezeichnet werden – Ehe mit mehreren Partnern, aber nur nacheinander. Entscheidend bei der Monogamie ist jedoch nicht die Zahl der aufeinanderfolgenden Ehen, sondern daß bei jeder einzelnen Ehe jeder Partner rechtlich an nur eine einzige Person gebunden ist. Daß es so viele ausgesprochen monogame Gesellschaften gibt, ist ein Zeichen dafür, daß die Monogamie Vorteile bieten muß, die anderen Eheformen mangeln. Ein Soziologe, der sich speziell mit der Familie befaßt hat, weist auf acht Vorteile hin, von denen vier besonders wichtig sind: Anders als bei Polygynie oder auch Polyandrie sind nur relativ wenige Mitglieder der Gesellschaft von der Ehe ausgeschlossen; es gibt keine sexuelle Eifersucht zwischen mehreren Frauen oder mehreren Männern, die sich einen einzigen Partner teilen müssen; Erbschaft, Besitz und verwandtschaftliche Beziehungen lassen sich problemloser handhaben; außerdem können die Kinder zu beiden Eltern enge emotionale Bindungen herstellen. Für die Art zu leben, die die Menschen entwickelt haben, bietet die Monogamie deutlich mehr Vorteile als jede andere Form der Ehe.*

Jede Gesellschaft stellt Regeln auf, wer wen heiraten kann. Gewisse Partnerschaften werden für die Ehe vor anderen bevorzugt, manche Verbindungen sind untersagt. Diese Verbote werden oft als «Inzesttabus» bezeichnet. Eine Studie über Inzesttabus in den Vereinigten Staaten (aus dem Jahr 1969) hat gezeigt, daß jeder Staat eigene Gesetze aufgestellt hat, nach denen bestimmte eheliche Verbindungen verboten sind; allerdings sind die Gesetze oft vom einen zum andern Staat verschieden. Dreißig Staaten verbieten eine Ehe zwischen Vettern und Kusinen 1. Grades, aber in Wisconsin ist sie erlaubt, wenn die Frau über 55 ist – das heißt, wenn sie keine Kinder mehr bekommt. Obgleich Ehen zwischen Vettern und Kusinen 1. Grades in siebzehn Staaten erlaubt sind, macht ihre Zahl nur den Bruchteil eines Prozents aller Ehe in den Vereinigten Staaten aus. Die Gesetze von Maryland enthalten eine außergewöhnliche Ausnahme: Sie erlauben die Ehen zwischen einem Mann und seiner Ururgroßmutter oder seiner Ururenkelin. Wenn man sich in den Gesellschaften rund um die Erde umsieht, stellt man fest, daß sie sich im Hinblick auf Verbote und Regeln für Eheschließungen ähnlich stark unterscheiden. In der Provinz Andra Pradesh an der Ostküste Indiens werden bis zu 25 Prozent aller Ehen zwischen Onkeln und Nichten geschlossen. In den japanischen Adelsfamilien waren etwa 20 Prozent der Ehen Verbindungen zwischen Vettern und Kusinen 1. Grads. Aber alle Gesellschaften verbieten die Ehe zwischen Vater und Tochter sowie zwischen Mutter und Sohn, und häufig erstreckt sich das Verbot auch auf die Brüder des Vaters und die Schwestern der Mutter. Außerdem hat fast jede Gesellschaft die Geschwisterehe verboten.

Solche Inzestregeln sind in gewisser Weise paradox, wenn man sich fragt, wo die Menschen ihren Partner hernehmen sollen. Anstatt einfach die Frauen zu heiraten, die im eigenen Haus verfügbar sind – Schwestern, Töchter, Tanten und Nichten –, zwingen die Männer ihre weiblichen Verwandten, in andere Familien einzuheiraten und sind dadurch selbst genötigt, sich woanders Frauen zu suchen. Ein zweites anscheinend unverständliches Verbot, das in vielen Gesellschaften besteht, ist eine Ehe zwischen Personen, die zwar sozial, nicht aber genetisch verwandt sind. Der Koran verbietet beispielsweise einem Mann, seine Pflegemutter oder Pflegeschwester, seine Schwiegermutter, seine Stieftöchter oder Schwägerinnen zu heiraten. In wirtschaftlicher Hinsicht sind Inzesttabus ebenfalls paradox – weil nämlich der Besitz einer Familie auf jeden Fall unter den Nachkommen jeder Generation aufgeteilt werden muß. Aus diesem Grund pflegten die herrschenden und wohlhabenden Klassen einiger weniger Gesellschaften – die Inkas, die Ureinwohner von Hawaii und die alten Ägypter – die Bruder-Schwester-Ehe. Eine Studie über die Abstammung der Häuptlinge und ihrer männlichen Nachkommen in Betschuanaland erwies, daß 70 Prozent von ihnen mit nahen Verwandten verheiratet waren, am häufigsten mit Vettern und Kusinen 1. Grades; doch waren auch Onkel mit Nichten, Tanten mit Neffen und Halbbrüder mit Halbschwestern verheiratet. Diese Ehen festigen soziale Verbindungen zwischen den verschiedenen Zweigen des Herrscherhauses und sind daher von ökonomischem Nutzen, was ein Eingeborenen-Sprichwort bestätigt: «Kind des jüngeren Bruders meines Vaters, heirate mich, damit die Herde in unseren Kral zurückkehrt.»*

Wie lassen sich diese anscheinend irrationalen Inzesttabus erklären? Es ist schon eine gehörige Menge Tinte darüber vergossen worden, die eine oder andere Erklärung zu belegen, aber noch sind die Sozialwissenschaftler weit davon entfernt, sich einig zu werden. Manche Erklärungen können leicht abgetan werden, etwa die, daß der Mensch sich «instinktiv» dagegen wehre, sich mit Blutsverwandten zu paaren. Daß ein kulturelles Verhalten universell ist, bedeutet nicht, daß es sich dabei um einen ererbten Instinkt handelt. Feuermachen ist ebenfalls ein universelles Kulturgut, aber die

Fähigkeit dazu wird gewiß nicht durch Gene übertragen. Die Menschen haben die Instinkte der unter ihnen stehenden Tiere durch soziale Beschränkungen ersetzt, und daher sind erwachsene Menschen nicht der Herrschaft ihrer Instinkte unterworfen. Wenn es einen instinktiven Abscheu gegen Inzest gäbe, könnten die Gesellschaften dann nicht einfach auf die natürliche Veranlagung bauen, anstatt Tabus aufzustellen? Dieser Einwand wäre allerdings nicht stichhaltig, denn kein Verhalten funktioniert immer absolut perfekt. In Nordamerika und Europa zum Beispiel werden jährlich nur relativ wenige Morde begangen, dennoch bestehen alle westlichen Nationen auf strengster Bestrafung für Mord. Genauso ist es mit dem Inzest: Obgleich er nur selten vorkommt, werden von den Gesellschaften Sanktionen erlassen, um die Täter möglichst in der Minorität zu halten.

Die psychoanalytische Erklärung für das Inzesttabu versucht die Schwächen der den Instinkt betreffenden Erklärung zu kompensieren. Nach Freud verhindern die Eltern jedes sexuelle Interesse ihrer Kinder an einer Elternperson. Ein Sohn, der sich von seiner Mutter oder eine Tochter, die sich von ihrem Vater sexuell angezogen fühlt, muß lernen, diese Gefühle zu unterdrücken, weil der dem anderen Geschlecht angehörende Elternteil ihn oder sie dafür strafen könnte. Diese Erklärung impliziert, daß derartige Gefühle im Unterbewußtsein bestehenbleiben, wo sie durch die beständige Unterdrückung häufig gerade das gegenteilige Verhalten bewirken – daher also der übertriebene Widerwille gegen Inzest, obwohl er genau das ist, was man sich wünscht. Die psychoanalytische Theorie erklärt jedoch nicht, warum Inzestverbote weit über die unmittelbare Familie hinaus gelten und Personen mit einschließen, die nur entfernt oder überhaupt nicht verwandt sind.

Von den diversen biologischen Erklärungen wird allgemein diejenige akzeptiert, die auf schädlichen Folgen der Inzucht für die Nachkommenschaft hinweist. Wo in den Gesellschaften nachteilige Auswirkungen bei ihren Mitgliedern beobachtet wurden, hat man vermutlich versucht, ihr Wiederauftreten durch ein Inzestverbot zu verhindern. Diese Erklärung wird durch das Auftreten einer Vielzahl schädlicher rezessiver Gene in den modernen Populationen gestützt. Wenn zwei nahe Verwandte heiraten, ist die Gefahr für ihr Kind sehr groß, eine doppelte Dosis bestimmter rezessiver Gene mitzubekommen. In den Vereinigten Staaten hat eine Untersuchung des Vater-Tochter- und Bruder-Schwester-Inzests gezeigt, daß nur sieben von achtzehn Nachkommen als normal galten und zur Adoption freigegeben werden konnten. Die übrigen Kinder starben oder wiesen schon bei der Geburt schwere Schäden auf.*

Manche Sozialwissenschaftler bezweifeln, daß Inzucht das Inzesttabu erklärt, und führen als Beispiel an, daß nach dreizehn Generationen des Inzests in der ptolemäischen Dynastie eine so reizvolle Person wie Kleopatra geboren wurde. Die Häufigkeit des Bruder-Schwester-Inzests in den Herrscherfamilien des alten Ägypten ist aber wohl immer überschätzt worden. Zwar hat Ptolemaios II. tatsächlich seine Schwester geheiratet, aber das Paar hatte keine lebenden Nachkommen. Da beide Partner in vorangegangenen Ehen fruchtbar gewesen waren, mag das auf schädliche Auswirkungen der Inzucht zurückzuführen sein. Erst Ptolemaios V. entstammte einer Bruder-Schwester-Verbindung. Danach gab es noch in der 6. und 7. Generation Geschwisterehen, aus denen mehrere Nachkommen hervorgingen – die ohne erkennbare Anomalien das Erwachsenenalter erreichten. Das sind die einzigen Nachweise für Inzest in der Ahnenreihe Kleopatras. Sie selbst heiratete nacheinander zwei ihrer jüngeren Brüder. Beide Ehen blieben kinderlos, sind aber wahrscheinlich auch nicht vollzogen worden, da die Ehemänner zur Zeit der Heirat noch im Kindesalter waren und außerdem während der Dauer fast der gesamten Ehe von Kleopatra getrennt lebten. Daher kann man nicht generell behaupten, die ägyptischen Dynastien hätten sich durch Bruder-Schwester-Inzest fortgepflanzt. Und wenn es wirklich so gewesen wäre, so hätten die Herrscherhäuser höchstens Unfruchtbarkeit riskiert.*

Bei modernen Populationen werden durch Inzucht eindeutig mehr unerwünschte genetische Merkmale übertragen. Die ausführlichste Untersuchung über die Auswirkungen von Inzucht verdanken wir wohl den Japanern, die Ehen zwischen Vettern und Kusinen ersten Grades bevorzugen. Die Forscher fanden hier nicht nur eine größere Kindersterblichkeit und mehr Mißbildungen, sondern sie entdeckten auch, daß Kinder aus Verwandtenehen an zahlreichen kleinen Behinderungen zu leiden hatten – unter anderem an einem kleineren Wuchs und geringerem Gewicht, außerdem lernen sie später laufen, haben einen schwächeren Händedruck und schneiden bei verbalen Tests und in praktisch allen Fächern in der Schule schlechter ab.* Natürlich wirkt sich Inzucht auf das Kind dann nicht nachteilig aus, wenn die Eltern keine Träger krankhafter rezessiver Gene sind. Die Vorfahren und Nachkommen von Charles Darwin sind ein verblüffendes Beispiel dafür. Unter seinen Vorfahren waren ein paar Ehen zwischen Vettern und Kusinen ersten Grades; seine Frau, Emma Wedgwood, war ebenfalls seine Kusine ersten Grades, und auch unter ihren Vorfahren gab es eine Reihe Ehen zwischen Vettern und Kusinen ersten Grades. Für eine derart ausgeprägte Inzucht-Tradition in beiden Familien traten bemerkenswert wenige ernsthafte genetische Defekte auf, wenngleich einige geringfügige vorhanden waren.

Es gibt zu viele Einwände gegen das Inzestverbot als Vorbeugung gegen die schädlichen Auswirkungen der Inzucht. Einfachere Gesellschaften, heutige wie frühere, sind höchstwahrscheinlich nicht mit vielen tödlichen rezessiven Erbfaktoren belastet. Aber wenn in einer kleinen Gruppe erst einmal Nachkommen mit genetischen Defekten geboren werden, dann können sich die rezessiven Erbfaktoren schnell ausbreiten. Angenommen, einige Angehörige einer kleinen Gruppe sind Träger eines krankhaften rezessiven Erbfaktors, dürften sich aber nicht miteinander paaren. Dann bekommt keiner der Nachkommen eine doppelte Dosis dieses Faktors, und die rezessiven Gene bleiben daher in der Population erhalten. Im Falle der Inzucht würden jedoch zahlreiche Nachkommen den rezessiven Erbfaktor von beiden Elternteilen erben und folglich die doppelte Dosis erhalten. Dann würde die spezielle Krankheit, die durch das rezessive Gen verursacht wird, in Erscheinung treten – und die natürliche Auslese würde nach und nach diese Erbfaktoren in der gesamten Population eliminieren. Dazu kommt, daß in einfachen Gesellschaften Nachkommen mit augenfälligen Defekten gewöhnlich bei der Geburt getötet werden. Es würde nur wenige Generationen dauern, bis fast alle schädlichen rezessiven Gene aus der kleinen Population eliminiert wären.

Ein zweiter Einwand gegen die Inzucht als Erklärung für Inzesttabus wäre, daß manche Gesellschaften Ehen zwischen Vettern und Kusinen fördern und andere nicht. In Nordamerika macht man keinen Unterschied zwischen den verschiedenen Vettern und Kusinen ersten Grades – «parallele» – und «entgegengesetzte» – Vettern und Kusinen –, in vielen anderen Teilen der Welt wird diese Unterscheidung jedoch sehr streng genommen. Die Nachkommen von Geschwistern desselben Geschlechts sind «parallele» Vettern und Kusinen – beispielsweise die Kinder der Schwester ihrer Mutter. Die Nachkommen von Geschwistern des anderen Geschlechts sind «Gegen»-Vettern und -Kusinen – also die Kinder des Bruders ihrer Mutter. Manche Gesellschaften nehmen es mit Ehen zwischen der einen oder anderen Art von Verwandten sehr genau – aber genetisch besteht kein Unterschied.

Trotz all dieser Einwände wäre es denkbar, daß die weltweiten Inzesttabus auf die biologische Erklärung zurückzuführen sind. Inzucht hätte sich besonders schädigend ausgewirkt bei den ersten Hominiden, die in kleineren Gruppen lebten. Diese Gruppen hätten die hohen Todesraten und Mißbildungen als Folge der doppelten Dosis schädlicher Mutationen nicht überleben können. Gruppen mit kulturellen Vorbehalten gegen Inzucht wären durch die natürliche Auslese andern gegenüber, die keine Tabus errichtet hatten, begünstigt gewesen. Am Ende wären die Gruppen ohne Inzesttabus entweder ausgestorben oder zahlenmäßig so stark reduziert gewesen, daß sie den anderen unterlegen gewesen wären.

Auch sozietäre Erklärungen hat es gegeben. In bestimmten Konstellationen stiftet der Inzest Verwirrung im Hinblick auf den Platz, den jemand in der Familie einnimmt, und auch im Hinblick auf seinen gesellschaftlichen Status. Ein männliches Kind, das aus der Verbindung des Vaters und seiner Tochter stammt, wäre der Halbbruder seiner Mutter, der Sohn seiner Halbschwester und der Enkel seines Vaters. Aber dieser Einwand ist ohne jede Bedeutung, weil er die gesellschaftliche Rolle mit der biologischen Situation durcheinanderbringt. Wenn ein Vater seine Tochter schwängern würde und sie einen Sohn bekäme, dann würde das Kind einfach ihr Nachkomme sein. Ob der biologische Vater nun ihr eigener Vater, der Eisverkäufer oder der anonyme Spender einer Spermabank wäre, täte überhaupt nichts zur Sache. Und wenn der biologische Vater sie nicht nur schwängern, sondern auch heiraten würde, dann hätte sie einfach ihre Rolle als Tochter gegen die einer Ehefrau eingetauscht. In Tibet kann beispielsweise ein Mann in Polygynie mit einer Mutter und ihrer Tochter leben. Die jüngere der beiden Frauen ist dann also die Stieftochter des Mannes und gleichzeitig seine Ehefrau, zwei Rollen, die sie leicht ausfüllen kann.

Eine andere sozietäre Erklärung betont die Bedeutung des Inzesttabus als Förderung der Kooperation zwischen verschiedenen Familiengruppen – und zwar durch «Exogamie» – das bedeutet Heirat aus einer Gruppe in eine andere. Edward B. Taylor, der Begründer der modernen Anthropologie, hat 1881 über die Bedeutung der Exogamie geschrieben:

> Die Exogamie befähigt einen wachsenden Stamm, durch ständiges Einheiraten seine zahlreichen Familien zusammenzuhalten; sie ist jeder beliebigen Anzahl kleiner, nur untereinander verheirateter Gruppen, die isoliert und schutzlos sind, überlegen. In der ganzen Menschheitsgeschichte müssen sich die wilden Stämme immer und immer wieder die Alternative der Exogamie vor Augen gehalten haben, um nicht auszusterben.

Taylor läßt dieser Erklärung ein Zitat aus dem Alten Testament folgen (1. Mose 34:16): «Dann wollen wir unsere Töchter euch geben, und eure Töchter uns nehmen, und bei euch wohnen, und *ein* Volk sein.»*

Auch gegen diese Erklärung gibt es viele Einwände. Erstens einmal gewährleisten Ehen zwischen verschiedenen Gruppen nicht den Fortbestand von Bündnissen. Schließlich kämpften Engländer und Deutsche in zwei Weltkriegen gegeneinander, obgleich ihre Königshäuser miteinander verwandt waren – und jener Absatz aus dem Alten Testament, den Taylor zitiert, bezieht sich auf ein Bündnis, das fast unmittelbar danach gebrochen wurde. Außerdem können Bündnisse zwischen Gruppen auch ohne Verschwägerung geschlossen werden. Tatsächlich tun sich viele Gesellschaften über lange Zeiten hinweg zusammen, aber nicht, weil sie miteinander verschwägert wären, sondern weil es im beiderseitigen Interesse liegt – um Handel zu treiben, um Zugang zu anderen Nahrungsquellen oder um militärischen Beistand zu gewinnen. Viel schlimmer ist jedoch, daß diese Erklärung Exogamie mit Inzest verwechselt. Exogamie verbietet die Eheschließung zwischen bestimmten Partnern, um die Mitglieder der Gesellschaft zu zwingen, nach außen zu heiraten. Aber die gleichen Personen, die in manchen Gesellschaften als Ehepartner nicht in Frage kommen, werden als Geschlechtspartner akzeptiert.

In Wirklichkeit ist es nicht das Inzesttabu, das allen gemeinsam ist; vielmehr sind es die Regeln der Exogamie. Viele Gesellschaften verhängen schwere Strafen, wenn jemand einen nahen Verwandten ehelicht (er verletzt damit die Regeln der Exogamie), aber dieselben Gesellschaften können sexuellen Verbindungen mit nahen Verwandten ganz indifferent gegenüberstehen (was gegen die Inzestregeln verstößt). Den Eskimos von den Belcher Islands in Kanada beispielsweise untersagt die einzige Eheregel, die es gibt, eine Ehe zwischen Mitgliedern derselben Kernfamilie. Trotzdem sind sexuelle Beziehungen zwischen Vätern und Töchtern und zwischen Geschwistern und Halbgeschwistern häufig, werden allerdings von den Mitgliedern der Gemeinschaft ignoriert. Derartige Partnerschaften ergeben sich gewöhnlich dann, wenn eine Frau, die dem Haushalt vorsteht, schließlich zur sexuellen Gefährtin des männlichen Familienoberhaupts wird, selbst wenn sie seine Tochter oder seine Schwester ist. Dieser Fall kann beispielsweise eintreten, wenn eine unverheiratete Tochter die Haushaltsführung übernimmt, nachdem die Mutter gestorben ist; denn dann würde sie bei ihrem Vater auch die sexuelle Rolle der Ehefrau übernehmen.* Aber auch in modernen Gesellschaften gibt es den Inzest. Im wohlhabendsten Bezirk von Kalifornien, dessen Bewohner die beste Ausbildung genießen, ist von 1000 Personen – pro Jahr – je eine in einen Vater-Tochter-Inzest verwickelt.

Eine Erklärung für die Herkunft des Inzesttabus, das den Inzest von der Exogamie unterscheidet und das mit den bekannten Tatsachen zu tun hat, läßt sich von den realen und sozialen Gegebenheiten bei den ersten Hominiden ableiten. Die Fossilien zeigen, daß die meisten Hominiden jung starben, aber gewiß nicht älter wurden als vierzig Jahre. Wie in Kapitel 2 bereits erwähnt, setzte im Laufe der Zeit die Menstruation immer früher ein. Bei den ersten Hominiden lag ihr Beginn sehr wahrscheinlich viel später als heute, etwa im Alter von 16 Jahren. Außerdem wurden, wie wir aus Kapitel 6 im Zusammenhang mit dem Stillen als Empfängnisverhütung bei den Buschmännern wissen, nur alle vier Jahre neue Nachkommen geboren. Zu diesen Einschränkungen des Bevölkerungswachstums muß noch die hohe Kindersterblichkeit von etwa 40 Prozent hinzugezählt werden und der Brauch, weibliche Kinder gleich nach der Geburt zu töten. So hat ein weiblicher Hominide, dem kaum 25 Jahre potentieller Fruchtbarkeit vergönnt waren, zudem mit großen Abständen zwischen den Geburten und hoher Mutter- und Kindersterblichkeit, im Durchschnitt wahrscheinlich nie mehr als zwei oder drei überlebende Nachkommen hervorgebracht.

Daher waren die Möglichkeiten für den Inzest bei den frühen Hominiden wohl gar nicht vorhanden. Wenn ein Junge die Pubertät erreicht hatte, war seine Mutter alt oder tot, das gleiche gilt für Tochter und Vater. Bei der geringen Personenzahl und weil der männliche Jäger auf die Verbindung mit einer Nahrung sammelnden Frau angewiesen war, waren die Frauen bestimmt schon für die Ehe versprochen, ehe sie ins Pubertätsalter kamen. Daher dürfte es auch für Geschwister äußerst wenig Gelegenheit zur Paarung gegeben haben. Die ältere Schwester eines Jungen war zweifellos längst verheiratet, wenn er in die Pubertät kam, genauso wie er selbst, wenn seine jüngere Schwester dieses Alter erreichte. Außerdem waren die hominiden Familien sehr klein, was ein zusätzliches Hindernis für den Bruder-Schwester-Inzest gewesen sein muß, da es sicherlich häufiger vorkam, daß alle Nachkommen einer Familie ein und demselben Geschlecht angehörten. Kurz und gut, es muß für die ersten Hominiden ziemlich schwierig gewesen sein, Inzest zu begehen, selbst wenn sie es gewollt hätten. Die meisten von ihnen müssen in andere Familien eingeheiratet haben, und zwar nicht wegen der krankhaften genetischen Auswirkungen oder des familiären Unfriedens, die durch den Inzest ausgelöst werden können, sondern einfach deshalb, weil sie keine andere Wahl hatten, wenn sie überhaupt einen Partner wollten.

Somit könnte die Bevölkerungsstruktur der ersten hominiden Gruppen der Grund für das Inzesttabu sein und auch die Erklärung für seine Folgen. Die Verhinderung des Inzests brachte offenbar

Anpassungsvorteile mit sich, von denen einige schon erwähnt worden sind: Vermeidung schädlicher Inzucht, eindeutige Abgrenzung der sozialen Rollen und Bildung von Bündnissen. (Diese Vorteile werden – notabene – als Folge der Verhinderung von Inzest angeführt und nicht, wie bei anderen bereits besprochenen Erklärungen, als ihre Ursache.) Da die Menschen seit der Zeit der ersten Hominiden in andere Familien eingeheiratet haben, muß diese Gewohnheit auch von Anfang an in ihren sozialen Strukturen enthalten gewesen sein. Mit anderen Worten, die Familienformen, die sich über mehrere Millionen Jahre entwickelt haben, Festlegung der Verwandtschaftsstruktur und Herkunftsbestimmung – all das muß unter der Voraussetzung geschehen sein, daß sich unmittelbare Verwandte nicht paaren. Erst in den letzten Jahrtausenden und vor allem in den letzten paar Jahrhunderten hat sich die Struktur der menschlichen Population in auffälliger Weise verändert. An die Stelle der Jäger und Sammler, von deren Nachkommen nur wenige überlebten, traten jetzt Landwirte und Bauern, die in schneller Folge für zahlreiche Nachkommen sorgten. Diese Veränderung geht auf eine Verkürzung der Stillzeit zurück; denn jetzt standen Milch und Brei zur Verfügung, die Pubertät setzte früher ein, und das fortpflanzungsfähige Alter dauerte länger an. Dadurch gab es viel mehr Gelegenheit für Inzest, denn anders als bei den ersten Hominideneltern, die jung starben und nur wenige überlebende Nachkommen hatten, waren nun potentielle Partner innerhalb der Familie verfügbar. Trotzdem machten die meisten Menschen keinen Gebrauch davon – einfach deshalb nicht, weil die Gesellschaften, in die sie hineingeboren wurden, bereits von der Voraussetzung ausgingen, daß man keinen Inzest begeht. Die Tabus, die aus Notwendigkeit ins hominide Lebensmuster eingebaut waren, dienten schließlich dazu, den Inzest zu unterbinden, selbst dann noch, als Gelegenheit dazu gegeben war.*

Die Sozialphilosophen haben den Niedergang der Familie anscheinend seit jeher vorausgesagt. Plato fürchtete den Zusammenbruch der hellenischen Welt, weil das Familiensystem auseinanderzufallen drohe. Auguste Comte, einer der ersten Soziologen, glaubte, daß die durch die Französische Revolution herbeigeführte Anarchie bis in die Familien vordringe und sie auf heimtückische Weise zerstöre. Die Familie könne nur überleben, erklärte Comte, wenn sie ihre monogame und patriarchalische Struktur beibehalte. John B. Watson, der amerikanische Hauptverfechter des Behaviorismus, sagte 1927 voraus, daß es 1977 in den Vereinigten Staaten keine Ehen mehr geben würde, und zwar hauptsächlich wegen des Autos und des damit verbundenen Lebensstils. Das Jahr 1977 ist vorübergegangen und die Familie hat es überlebt – aber wiederum geben die Sozialphilosophen ihren Befürchtungen Ausdruck, die Familie werde möglicherweise von heute ab keine fünfzig Jahre mehr bestehen.

Ungeachtet all dieser düsteren Vorhersagen muß jeder objektive Mensch nach eingehender Beschäftigung mit der soziologischen Literatur zu dem Schluß kommen, daß die Familie, auch wenn sie sich stark verändert, höchstwahrscheinlich weiterbestehen wird. Die Familie ist so eng mit der sozialen Struktur verflochten, daß sie schwerlich verschwinden kann, ohne fast alles andere, mit dem sie zusammenhängt, ebenfalls in den Abgrund zu reißen. Für den

Eine «Familien»-Kommune

Junge Leute wollen in ihren Kommunen die Familienstruktur gewöhnlich nicht zerstören, sondern sie vielmehr zu ihrem Vorbild machen. Das Bild zeigt die weiblichen Mitglieder einer kalifornischen Kommune, die sich in etwa an der Großfamilie orientiert, beim Tanz mit ihren Kindern.

Fortbestand der Familie spricht auch ihre erwiesene Fähigkeit, sich in ganz unterschiedlichen Kulturen den jeweiligen Bedingungen anzupassen. Dennoch hören die Mahner nicht auf, das Ende der traditionellen Familie vorauszusagen und auf die Gefahrenzeichen hinzuweisen, wobei sie vor allem die drastische Zunahme der Scheidungen in allen westlichen Nationen im Auge haben. Aber Scheidungen schaffen die Ehe nicht aus der Welt; wie schon erwähnt, gehen die meisten Leute nach der Scheidung eine neue Ehe ein. Die Auffassung, daß es bald keine Ehen mehr geben werde, beruht auf der Vorstellung einer monogamen Partnerschaft auf Lebenszeit. Auch das Auseinanderfallen der Großfamilie in den westlichen Industrie- wie in den Entwicklungsländern hat man schon vorausgesagt, allerdings ohne dabei die Stärkung der Kernfamilie als Kompensation zu berücksichtigen. Pessimisten beklagen, daß die Familie immer rascher ihre traditionellen Funktionen verliere, vor allem die wirtschaftlichen und erzieherischen, übersehen dabei aber häufig, daß ihre psychologischen Funktionen wichtiger geworden sind (Gemeinsamkeit, Vertrautheit und emotionaler Halt).

Manch einer von denen, die der Familie eine Zukunft absprechen, fühlt sich aus dem Konzept gebracht durch Alternativen zum traditionellen Familienmuster, die überall im Entstehen sind: Ehe auf Probe, sexuelle Partnerschaft ohne legale Bindung, eheähnliches Zusammenleben einer Gruppe und Kommunen. Diese alternativen Formen sind viel diskutiert worden, obgleich sie anscheinend noch nicht sehr häufig sind. Nach Schätzung von zwei Soziologen leben in den Vereinigten Staaten nicht mehr als acht Prozent der Bevölkerung in nichttraditionellen Familienstrukturen.* Diese Alternativformen sind für die traditionelle Familie längst nicht so bedrohlich, wie manchmal angenommen wird. Die ländlichen Kommunen, die in den Vereinigten Staaten von jungen Leuten gegründet wurden, sind meist nicht nur wie eine traditionelle Familie aufgebaut, sondern ihre Mitglieder sprechen von sich oft auch tatsächlich als von der «Familie». Die israelischen Kibbuzim haben gezeigt, daß sich Familienstrukturen nicht so leicht ändern oder auslöschen lassen. Eines der Ziele dieser Kooperativen war die Befreiung der Frauen von der Bürde der Familie. Inzwischen konzentrieren sich die meisten Frauen in den Kibbuzim jedoch während ihrer fortpflanzungsfähigen Jahre auf die Kinder und erfüllen die traditionelle Rolle der Hausfrau und Mutter – auch wenn sie vor und nach dieser Zeit weiterhin mehr oder weniger gleichgestellt neben den Männern arbeiten.*

Statt die Frage zu stellen, ob die Familie eine Zukunft hat oder nicht, sollten wir lieber darüber nachdenken, ob die Familie in ihrer gegenwärtigen Form überleben wird. Die Antwort lautet natürlich: nein. Denn die lange Entwicklungsgeschichte der Hominiden hat gezeigt, daß keine Art der Anpassung, keine Institution, keine soziale Errungenschaft für lange unverändert erhalten geblieben ist. Veränderung ist eine der wichtigsten Komponenten der menschlichen Gleichung.

19. Die Altersstufen des Menschen

Im ersten Kapitel dieses Buches wurde bei einer Betrachtung über Kinder, die unter Tieren in der Wildnis aufwuchsen, eine Tatsache herausgestellt, die auch für alle anderen Themen dieses Buches von entscheidender Bedeutung ist: daß der Mensch lernen muß, Mensch zu sein. Das Kind wird mit der Fähigkeit geboren, sich auf unendlich vielfältige Weise zum Menschen zu entwickeln – aber diese Entwicklung unterliegt nicht dem Zufall. Durch ständigen Kontakt mit Eltern, Spielgefährten und anderen Mitgliedern der Gesellschaft eignet sich das heranwachsende Kind Verhaltensmuster an, die die Welt, in der es lebt, widerspiegeln. Durch Interaktion mit anderen Menschen lernt das Kind, wer und was es ist – das heißt, es wird ständig mit einbezogen. Das heranwachsende Kind assimiliert, meist ohne es zu realisieren, die unausgesprochenen Werte der Gesellschaft. Ein Junge, der von seinem Vater gerügt wird, weil er einen anderen Jungen geschlagen hat, spürt vielleicht auch die heimliche Zustimmung seines Vaters für sein «männliches» Verhalten. Ein schwarzes Kind, dem ein weißes Kind vorgezogen wurde, wird schwerlich glauben, was der Lehrer über soziale Gleichheit sagt. Die festgelegten Verhaltensweisen der jeweiligen Gesellschaft werden von jedem Individuum so vollständig angenommen, daß zum Beispiel ein Seemann, der auf eine einsame Insel verschlagen wurde, nicht in unsoziales Verhalten zurückfällt. Obgleich er auf der Insel mutterseelenallein ist, wäscht er sich auch weiterhin und beseitigt seine Exkremente. Und genauso wird er wahrscheinlich all seine moralischen Einstellungen, Ängste, Hoffnungen und Denkweisen bewahren, die von Kindheit an ein Teil seiner Persönlichkeit waren.

Durch die «Sozialisation» wird das Kind ein volles Mitglied der Gesellschaft und der Kultur, in die es hineingeboren ist. Sozialisation bedeutet, daß in dem Kind auch das Gefühl geweckt wird, das tun zu müssen, was die Gesellschaft als notwendig erachtet. Wie stark eine Gesellschaft in Wahrheit ist und ob sie weiterwachsen und gedeihen wird, läßt sich an dem Interesse messen, das ihre Mitglieder für die nachfolgende Generation aufbringen. Eine Gesellschaft, die ihren Kindern und Jugendlichen Gelegenheit gibt, ihre Fähigkeiten voll zu entwickeln, die ihnen zum besseren Verständnis ihrer Welt verhilft und sie die Weisheit lehrt, die nötig ist, mit Veränderungen fertig zu werden, ist eine starke Gesellschaft. Viele Menschen glauben, «sozialisiert» bedeute das gleiche wie «zivilisiert». Aber das ist nicht der Fall. Schließlich hatten auch die Nazis, die Konzentrationslager und Gaskammern einrichteten, den

Sozialisationsprozeß durchlaufen, der sich zu ihrer Zeit in Deutschland vollzog. Kinder erhalten die ersten Unterweisungen über die Regeln der Gesellschaft in der Familie. Auf subtile Weise werden ihnen durch die Familie Denk- und Verhaltensweisen eingeimpft, die ihnen noch anhaften, wenn sie schon längst erwachsen sind. Da die Gesellschaft gerade die Familie mit dieser vielfältigen und heiklen Aufgabe betraut hat, kann sie es auf keinen Fall zulassen, sie wie so viele andere Institutionen ernsthaften Bedrohungen auszusetzen.

Es ist ein Paradoxon, daß alles, was in einer Gesellschaft geschieht, von der Handlungsweise einzelner abhängt, daß aber der einzelne nur handelt, weil er die Fähigkeit dazu als Mitglied der Gesellschaft erworben hat. Denn die Gesellschaft, die sich durch die Handlungen des einzelnen erst konstituiert, ist andererseits die Quelle seiner Fertigkeiten, Motive und sonstigen Fähigkeiten. Gesellschaft und Kultur sind bereits vorhanden, bevor das Individuum geboren wird, sie finden sich aber auch im Individuum wieder. Mit anderen Worten, das soziale Leben macht die Menschen zu dem, was sie sind, aber die Fortdauer des sozialen Lebens hängt von den menschlichen Handlungen ab. Nur in einer bereits existenten Gesellschaft aus Personen, die untereinander in Wechselbeziehung stehen, können neu hineingeborene Mitglieder die Symbole und das Selbstverständnis erwerben, durch die sie befähigt werden, vollgültige Mitglieder dieser Gesellschaft zu werden.

Es wäre jedoch irreführend, Sozialisation nur als einen Prozeß der Indoktrinierung anzusehen. Sozialisation bringt nicht Einzelpersonen hervor, die ununterscheidbar sind, als würden sie alle einer einzigen Gußform entstammen; ebensowenig wie eine Persönlichkeit, die durch Sozialisation geformt ist, nur das kulturelle Deckblatt über ihrem biologischen Kern trägt. Vielmehr geht die individuelle Persönlichkeit erst aus einer komplexen Wechselbeziehung zwischen Gesellschaft und biologischem Erbe hervor. Die Gesellschaft kann zwar die ererbte Charakteranlage eines Menschen formen, aber sie kann sie nicht in ihr Gegenteil verkehren. Genau genommen trägt die Sozialisation zur Erklärung sowohl der Unterschiede als auch der Gemeinsamkeiten zwischen den Mitgliedern einer Gesellschaft bei. Trotz des Sozialisationsdrucks entwickelt jeder Mensch ein ganz spezielles Verhalten, denn die elementaren physischen und mentalen Eigenschaften werden von einem breiten Spektrum sozialisierender Einflüsse gesteuert: Familie, Altersgefährten, Schule, Religionsgemeinschaften und Arbeitskollegen, Massenmedien und andere institutionalisierte und nicht institutionalisierte Erziehungsmechanismen. Alle Menschen können sich diese sämtlichen Erfahrungen natürlich nicht auf genau die gleiche

Art und Weise zu eigen machen. Die spezifischen Ereignisse im Leben des einzelnen und die subtilen Wechselbeziehungen während der verschiedenen Phasen des Sozialisationsprozesses führen zu einer praktisch unbegrenzten Anzahl zumindest geringfügiger Unterschiede in der Persönlichkeit.

Die Entwicklung eines Individuums zum sozialen Wesen findet hauptsächlich während der Kindheitsjahre innerhalb der Familie statt. Es sind die Jahre, in denen die körperliche und geistige Entwicklung am auffälligsten ist. Die meisten Menschen glauben, das physische Wachstum gehe sprunghaft vor sich – Kinder würden zum Beispiel im einen Jahr in die Höhe schießen und im nächsten kaum wachsen. Das menschliche Wachstum verläuft jedoch stetig und beschleunigt sich nur während der Adoleszenz zu Beginn des zweiten Lebensjahrzehnts. Ein Junge ist im Durchschnitt etwas größer als ein Mädchen, bis das Mädchen zwischen elf und dreizehn Jahren seine Adoleszenz mit einem Spurt beginnt. Es wird größer und nimmt an Gewicht zu, wird aber auch stärker und sexuell reifer. Erst wenn der Junge, etwa zwei Jahre später, nachzieht, wird er schließlich größer und kräftiger als das Mädchen. Die Fortpflanzungsorgane reifen beim Jungen wie beim Mädchen etwa zur gleichen Zeit – jeweils beim Einsetzen des beschleunigten jugendlichen Wachstums. Der Penis beginnt in der Zeit zwischen dem 11. und 15. Lebensjahr zu wachsen; dieser Vorgang ist nach zwei Jahren abgeschlossen. Bei beiden Geschlechtern ist das Erscheinen der Schamhaare das erste Zeichen der beginnenden sexuellen Reife. Die erste Menstruationsblutung findet etwas später statt – nachdem das Wachstum seinen Höhepunkt überschritten hat.*

Das Alter, in dem die Menstruation einsetzt («Menarche»), ist bei gut ernährten modernen Populationen auf etwa zwölf Jahre gesunken, während es bei ungenügend ernährten Populationen zuweilen mehr als 18 Jahre dauert, bis die notwendigen Fettreserven aufgebaut sind und die Menstruation beginnen kann. Das erklärt übrigens, warum Mädchen mit Übergewicht früher zu menstruieren beginnen als dünne. Der Trend zur weiteren Vorverlegung der Menarche scheint jedoch zu einem Stillstand gekommen zu sein, jedenfalls bei Mädchen der nordamerikanischen Mittelklasse. Eine Untersuchung an jungen Mädchen in einem Vorort von Boston zeigte, daß das Durchschnittsalter bei der ersten Menstruation unverändert – bei 12,8 Jahren – stehengeblieben war, so wie bei den Müttern dieser Mädchen. Früher erbrachte Forschungsergebnisse hatten gezeigt, daß in jeder Dekade die Mädchen ihre erste Menstruation etwa vier Monate früher bekamen als in der vorangegangenen – aber anscheinend ist diese Vorverlegung jetzt abgeschlossen, vermutlich weil die Ernährung inzwischen optimal ist. (Die erste Menstruation im Alter von 12,8 Jahren steht nur für den Durchschnitt und sollte keine Ursache zur Aufregung geben, fall dieser Zeitpunkt über- oder unterschritten wird. Bei der Untersuchung wurden große Unterschiede festgestellt – von 9,1 bis 17,7 Jahren, was gewöhnlich davon abhing, ob die Mädchen wohlgenährt oder mager waren.)*

In angemessener Umgebung mit ausreichender Nahrung, ohne Krankheiten und Streß, nimmt das physische Wachstum seinen normalen Verlauf; das gilt jedoch nicht in gleicher Weise für das psychische Wachstum, das von zahlreichen Variablen beeinflußt wird: von der Gegenwart oder Abwesenheit der Mutter, von der Rolle des Vaters, von der gesellschaftlichen Einstellung zur Kindererziehung, vom Einfluß der Spielgefährten und von dem Alter, in dem die Trennung von der Mutter stattfindet – um nur einige zu nennen. In allen Gesellschaften ist die Mutter, biologisch und soziologisch, die zentrale Figur. Da radikale Experimente mit menschlichen Müttern und ihren Kindern nicht in Frage kommen, verlegten sich die Psychologen auf die Beobachtung nichtmenschlicher Primaten. Affenkinder machen eine Reflexbewegung zum Fell der Mutter und halten sich so lange daran fest, bis sie eine Brustwarze gefunden haben. Schon seit Jahrzehnten rätseln die Psychologen über der Frage, ob dem Affenkind die Milch oder das Fell mehr bedeutet – und die Versuche, die dahingehend angestellt wurden, haben eine Menge Informationen über das Mutter-Kind-Verhältnis erbracht.

Man konstruierte zwei Attrappen, Pseudomütter, denen ein Affenkind unmittelbar nach der Geburt beigegeben wurde. Die eine bestand aus nacktem Draht und war mit zwei Flaschen ausgestattet, aus denen das Kind Milch saugen konnte: sie war die Nahrungsquelle. Die andere, weich und mit Plüsch bezogen, gab zwar keine Milch, bot aber mütterliche Wärme. Das Stillen des Hungers war also strikt getrennt von dem Gefühl körperlicher Geborgenheit, das die Anwesenheit der Mutter vermittelt. Die Kinder blieben ständig an die weiche Mutter geklammert, außer wenn sie hungrig waren, dann wechselten sie zur Milchmutter über. Wenn sie Angst hatten oder sich nicht wohl fühlten, blieben sie bei der weichen Mutter, selbst wenn sie Hunger hatten. Ohne Nahrung können Affenkinder gewiß nicht leben, aber ohne etwas Weiches, das sie auf der Haut spüren und das ihnen das Gefühl von Sicherheit und Geborgenheit gibt, kommen sie offenbar auch nicht aus.

Als diese Versuchsaffen erwachsen waren, stellte sich heraus, daß ein weiches Fell und Nahrung nicht genügen. Die Affen zeigten kein sexuelles Verhalten. Als die Affenmädchen, die mit Pseudomüttern aufgewachsen waren, mit männlichen Affen zusammengebracht wurden, die eine normale Kindheit gehabt hatten, wollten sich die Männchen mit ihnen paaren – aber die Weibchen weigerten sich, liefen davon oder drohten den Männchen und verprügelten sie. Schließlich gelang es einigen sexuell erfahrenen Männern doch – durch Ausdauer, Geschicklichkeit und rohe Gewalt –, vier Weibchen zu befruchten. Die Weibchen brachten zwar lebende Junge zur Welt, wollten aber nicht für sie sorgen. Die Jungen klammerten sich an ihre Mütter, wurden jedoch weggeschoben und bekamen keinerlei mütterliche Zuwendung. Mehr noch: Die Mütter behandelten ihre eigenen Kinder wie alle fremden Tiere, die in ihr Gehege eindrangen – sie schlugen sie und traten sie mit Füßen.

Anscheinend war diesen Weibchen durch das Fehlen einer wirklichen Mutter bei ihrer Entwicklung etwas Lebenswichtiges entgangen. Dazu gehörte sicherlich die körperliche Wechselbeziehung zwischen Mutter und Kind. Außerdem waren sie nicht angehalten worden, mit andern Affenkindern zu spielen, was richtige Mütter tun. Spätere Versuche haben gezeigt, daß sich das Fehlen der Mutter teilweise ausgleichen läßt, wenn die Kinder Gelegenheit bekommen, täglich eine Stunde mit anderen Affen ihres Alters zusammenzukommen. Aber visueller Kontakt genügt nicht. Die Jungen müssen die Möglichkeit haben, ihre Spielgefährten anzufassen, sich mit ihnen anzufreunden und mit ihnen zu spielen; nur so können sie sich zu Erwachsenen entwickeln, die fähig sind, sich zu paaren und für ihre eigenen Nachkommen zu sorgen. Mit diesen Experimenten wurde demonstriert, daß eine soziale Isolation, sei es von der Mutter wie von Gleichaltrigen, irreversible Auswirkungen hat und die normale Entwicklung vieler wesentlicher Verhaltensweisen unterbindet.*

Beeindruckend bei diesen Experimenten war, daß die Weibchen, die mit Pseudomüttern aufgewachsen waren, für ihre Kinder keine «Mutterliebe» empfanden. Die meisten Nordamerikaner und Europäer glauben, daß Mütter ihren Kindern «naturgegebene» Liebe entgegenbringen und daß Mutterliebe ein Erbe unserer Primatenherkunft sei. Aber Versuche mit nichtmenschlichen Primaten lassen Zweifel aufkommen, ob das tatsächlich stimmt; vielmehr deuten sie darauf hin, daß die Mutterliebe zum Teil ein erlerntes soziales Verhalten ist. Außerdem haben die Sozialhistoriker festgestellt, daß europäische Mütter in der Zeit, die der «Modernisierung» vorausging, dem Überleben, der Entwicklung und dem Glück ihrer kleinen Kinder vielfach ganz indifferent gegenüberstanden.

Diese Behauptung stößt bei den heutigen Eltern unvermeidlich

Die Bedeutung der Mutterrolle

Neugeborene Rhesusaffen hatten die Wahl zwischen zwei Pseudomüttern: Die eine war mit weichem Plüsch bezogen, die andere bestand aus nacktem Draht, war aber mit einer Milchflasche ausgestattet. Die Affenbabys klammerten sich ständig an der weichen Mutterattrappe fest, um ihre Wärme zu spüren, sie ließen sie auch dann nicht los, wenn sie sich Milch von der Drahtmutter holten. Durch diesen Versuch wurde ein für allemal die Theorie aus der Welt geschafft, derzufolge sich Kinder nur aufgrund einer Folge konditionierter Reize an der Mutter festhalten, da sie sie mit der Nahrungsversorgung assoziieren.

auf große Skepsis. Neuere soziologische und historische Forschungen deuten jedoch nicht nur auf einen bloßen Mangel an mütterlicher Zuneigung hin, sondern sogar auf eine Hartherzigkeit, die das Wohlergehen der Kinder den Bedürfnissen des täglichen Lebens hintanstellte. In dieser Haltung lag nicht so sehr vorsätzliche Grausamkeit gegen Kinder – auch das kam oft genug vor – als vielmehr Gefühllosigkeit, die zur Vernachlässigung führte. Vor ein paar hundert Jahren klagten die Ärzte oft darüber, daß Eltern ihre Kinder halbe Tage lang in ihrem Kot liegen ließen, daß man sie ohne Aufsicht vor den Herd legte, wo ihre Kleider Feuer fingen, daß man sie unbewacht im Hof ließ, wo sie von den Hunden angefallen wurden. Vor gut anderthalb Jahrhunderten berichtete noch ein Beobachter aus Montpellier in Frankreich, daß Schmutz und mangelnde Pflege mehr Kindern das Leben kosteten als ansteckende Krankheiten. Das traf auch auf andere europäische Länder damals und zu anderen Zeiten zu.

Die Mütter zeigten nur wenig von jener Zuneigung und der Fürsorge, mit der moderne Mütter ihren Kindern helfen, die Entwicklung zum Erwachsenen zu vollziehen (und die sich bei den Versuchen mit den Affen als so notwendig erwiesen hatten). Im vorigen Jahrhundert fiel einem Arzt in Laval in Frankreich auf, daß «die Mütter nicht singen; nicht mit ihrem Kind sprechen, seine Sinne nicht anzuregen suchen; sich keine Mühe geben, die kindlichen Sinne durch Fröhlichkeit oder kleine zärtliche Spiele zu wekken».* Dieses Verhalten war typisch. Französische Mütter bezeichneten ihre Babys häufig als *les créatures,* wußten nicht, wie alt ihre Kinder waren, und vergaßen manchmal sogar, wie viele Kinder sie hatten. In England klagte der Leiter eines Heims für Findlinge, daß die Mütter ihre Kinder «in den Rinnstein legen und auf den Abfallhaufen von London verrotten lassen». Eheliche wie uneheliche Kinder wurden auf der Türschwelle von Wohlfahrtsinstitutionen ausgesetzt – was bei den trostlosen Verhältnissen, die dort herrschten, einem Kindsmord gleichkam. Etwa fünfzehn Prozent aller Kinder, die 1760 vor dem allgemeinen Krankenhaus in Paris ausgesetzt wurden, waren ehelich, und das hatte sich auch ein Jahrhundert später noch nicht geändert. Der Hauptgrund war natürlich die entsetzliche Armut – aber es war auch Gleichgültigkeit.

Solch eine Vernachlässigung bedeutete in früheren Jahrhunderten kein Abweichen vom mütterlichen Verhalten. Vielmehr war es lange Zeit in Europa die Regel, trotz unserer gegenteiligen romantischen Vorstellungen. Im Mittelalter gab es innerhalb der Familie keine eigene Welt für die Kinder. Das galt für alle Stände, aber bei den niederen Ständen blieb es so bis weit ins 19. Jahrhundert.

Sobald die Kinder einigermaßen ohne ihre Mütter auskommen konnten, meistens mit sechs Jahren, wurden sie unmittelbar in die Arbeitsgemeinschaft der Erwachsenen einbezogen. In Europa diente die Familie in den vergangenen Jahrhunderten dazu, Leben, Besitz und den Namen weiterzugeben, aber was die Sorge um das Kind betraf, spielte sie keine große Rolle – ganz im Gegensatz zu der Auffassung, die man heute von der Familie hat. Heute widmen sich Kinderärzte und Psychologen den Problemen des Kindesalters und geben ihre Erkenntnisse mit Hilfe der Massenkommunikationsmittel an die Familien weiter. Als Folge davon beschäftigen sich die Menschen in modernen Gesellschaften eingehend mit den physischen, moralischen und sexuellen Problemen der Kindhheit – ein Interesse, das im Mittelalter und in den darauffolgenden Jahrhunderten überhaupt nicht existierte.*

Ein bemerkenswertes Beispiel für das Fehlen mütterlicher Liebe war die allgemein praktizierte Gewohnheit europäischer Mütter, ihre Kinder weit fort zu geben, um sie von bezahlten Ammen pflegen zu lassen. Dieser Brauch, eheliche Kinder außer Haus zu geben, ist etwas völlig anderes als die Weggabe unehelicher Kinder oder die Pflege der Kinder durch eine Amme, die ins Haus geholt wurde, damit die Kinder unter der Aufsicht der Mutter gestillt wurden. Vielmehr brachte man das Kind gleich nach der Taufe in eine Bauernhütte, wo es, falls es die lange Reise überlebte, die nächsten zwei Jahre verbrachte. In Frankreich wurden die bezahlten Ammen zu einer durchorganisierten Institution. Unverheiratete Frauen ließen sich schwängern, damit sie Milch hatten und Ammen sein konnten. Bauersfrauen schickten ihre eigenen Neugeborenen zu billigen Ammen, damit sie die besser bezahlten Pfleglinge aus den Städten aufnehmen konnten. Die Armut, die die Mütter dazu brachte, sich als Amme zu verdingen, war sicher keine gute Voraussetzung für mütterliche Zuwendung oder gar für das physische Überleben des Kindes. Nach allen zeitgenössischen Berichten müssen die sanitären Zustände und Pflegebedingungen erschreckend gewesen sein. Die Sterblichkeit der Findelkinder, die im 18. Jahrhundert bei Rouen in Frankreich zu Ammen aufs Land gebracht wurden, lag bei 90 Prozent. Was schlimmer ist: Die Mütter wußten genau, daß sie damit das Todesurteil über ihre Kinder gefällt hatten.

Wie können wir, die wir in einem Jahrhundert leben, das den Müttern die angeborene Liebe zu ihren Kindern nachsagt, uns eine solche Gleichgültigkeit erklären? Häufig wird die hohe Kindersterblichkeit der vergangenen Jahrhunderte dafür verantwortlich gemacht. Eine Mutter handele psychologisch unklug, so lautet das Argument, wenn sie ihre Zuneigung in ein Kind investieren würde, das mit einer Wahrscheinlichkeit von 1:4 nicht älter wird als zwei Jahre. Selbst wenn das Kind die ersten Lebensjahre überlebte, war die Möglichkeit, daß es im jugendlichen Alter sterben würde, noch immer 1:4. Und weil die Kinder so geringe Chancen hatten, das Erwachsenenalter zu erreichen, haben sich die Mütter, so glaubt man, gar nicht erst emotional an sie gebunden, damit sie mit dem schmerzlichen Verlust besser fertig werden konnten. Diese Erklärung leuchtet ein, aber sie hat auch einen Haken. In Wahrheit war nämlich vor allem anderen die mangelnde mütterliche Fürsorge für die hohe Kindersterblichkeit verantwortlich. Der Tod vieler Kinder hätte sich vermeiden lassen, wenn die Mütter ihre Kinder gestillt hätten, selbst für Sauberkeit gesorgt und den Kindern Zuwendung und Nestwärme gegeben hätten. All das setzte sich aber erst zu Beginn des 19. Jahrhunderts durch und führte zu einem starken Nachlassen der Kindersterblichkeit – lange bevor die moderne Medizin das ihre dazu beitrug. Erst als sich mit der Modernisierung die kulturelle Einstellung zum Kinde änderte, umhegten die Mütter ihre Kinder mit größerer Sorgfalt, und die erschreckend hohe Kindersterblichkeit nahm allmählich ab.

Bezeichnenderweise war jedoch die mütterliche Zärtlichkeit, wie wir sie heute kennen, im vergangenen Jahrhundert vor allem bei den Fabrikarbeitern, der Vorhut der modernen Zeit, zu finden. Während der gesamten Periode, in der bezahlte Ammen gang und gäbe waren, hatten die Fabrikarbeiter als einzige derlei Dienste kaum in Anspruch genommen. Arbeiterkinder wurden meist nur während der täglichen Arbeitsstunden außer Haus gegeben. Als im vergangenen Jahrhundert ein fortschrittlicher Mühlenbesitzer einen Mutterschaftsurlaub bei voller Bezahlung anbot, kamen die Mütter herbeigeströmt, um von dieser Gelegenheit Gebrauch zu machen; dadurch ging die Kindersterblichkeit um ein Viertel zurück. Die Fabrikarbeiter gehörten zu den Ärmsten der niederen Stände in Europa und mußten hart für ihr Existenzminimum arbeiten. Dennoch erlagen sie nicht der Versuchung, ihre Kinder einfach sterben zu lassen – vermutlich weil ihre kulturelle Einstellung bereits von den neuen Werten und Ansichten der modernen Zeit geformt war.

Wichtige Ereignisse im menschlichen Lebenszyklus – Geburt, Reife, Heirat, Tod – werden von allen Gesellschaften auf besondere Weise als einschneidende Lebenssituationen markiert. Diese Rituale haben zweierlei gemein: Sie kennzeichnen den Übergang von einer Lebensphase zur anderen und sie sind Streßsituationen, die die Anpassung an andere Individuen notwendig machen. Selbst Personen, denen nicht anzumerken ist, daß sie durch die Interaktion mit anderen angespannt sind und die sich auch tatsächlich nicht so fühlen, bleiben vom Eintritt ins Erwachsenenalter, von der Heirat oder von einem schmerzlichen Verlust nicht unbeeinflußt – denn dadurch werden sie gezwungen, sich neue Verbindungen zu schaffen. Wenn ein nahes Familienmitglied stirbt, geht eine Person verloren, zu der man eine Beziehung hatte, und meistens muß ein Ersatz gefunden werden, mit dem man eine neue Beziehung herstellen kann, die die alte ersetzt. Wenn es sich dabei um den Tod eines Elternteils handelt, kann die Beziehung zu dem verbliebenen Elternteil nie mehr ganz dieselbe sein. Auch die Geburt eines Kindes löst eine neue Streßsituation aus. Durch das Kind verändern sich die Beziehungen, die so lange zwischen den Eltern bestanden haben. Wenn es sich um das erste Kind handelt, kann die Mutter ihrem Ehemann nicht mehr die gleiche Aufmerksamkeit widmen

Die Bedeutung der Vaterschaft

Mit der Rolle der Mutter haben sich die Forscher immer wieder beschäftigt, die Rolle des Vaters wurde gewöhnlich nicht in Betracht gezogen, hauptsächlich wohl, weil man es für selbstverständlich hält, daß die Aktivitäten des Mannes in modernen Gesellschaften außerhalb des Hauses liegen. Dennoch ist Vaterschaft auch in modernen Gesellschaften von größter Bedeutung, in nicht modernen Gesellschaften aber ist sie geradezu lebenswichtig. Das Bild zeigt einen Indianer vom Oberlauf des Amazonas, der sein überliefertes Wissen über die Herstellung von Speeren an seinen Sohn weitergibt.

wie vorher. Wenn in der Familie bereits Kinder sind, ändern sich die Beziehungen untereinander, zum neuen Kind und zu den Eltern.

1908 unternahm Arnold van Gennep den Versuch, diese Lebenskrisen zu klassifizieren. Er nannte sie «Riten des Übergangs» und definierte sie als «Riten, die jede Ortsveränderung, jede Statusveränderung, die soziale Stellung und das Alter begleiten». Er beobachtete, daß der Übergang von einem Stadium zum anderen durch zwei Phasen gekennzeichnet wird: Trennung, Übergang und Aufnahme. Während der ersten Phase werden die Wechselbeziehungen weniger. Im Falle des Todes erfolgt natürlich eine totale Trennung; während einer Krankheit findet nur eine teilweise Trennung von den Familienmitgliedern statt; bei der Initiation ist die Trennung nur vorübergehend. Das zweite Stadium – das Schwellenstadium (auch «liminales» Stadium nach dem lateinischen Wort für «Schwelle») – betrifft eine Phase, die weder die Wechselbeziehungen des vorangegangenen noch des kommenden Zustands einbezieht. Die Initiationszeremonien in den einfachen Gesellschaften können solch eine Übergangsphase sein, die mehrere Jahre dauert und zahlreiche Rituale, etwa Unschuldsproben, gewaltsame körperliche Eingriffe wie Beschneidung, Anbringen von Stammesnarben etc. und Einweihung in die Stammesgeheimnisse mit einschließen. Die Übergangsphase der Trauer dauert ebenfalls eine gewisse Zeit und ist von zahlreichen Riten begleitet, etwa dem Tragen besonderer Kleidung, dem Rezitieren bestimmter Trauergebete, der emotionalen und physischen Selbstkasteiung und dem kummervollen Gebaren in Gegenwart anderer. Während der dritten Phase schließlich, der Aufnahme, ist der Übergang abgeschlossen, und das Individuum hat einen neuen Status mit all seinen Rechten und Pflichten erreicht. Die Wiederaufnahme normaler Aktivitäten wird gewöhnlich durch eine besondere Art der Anteilnahme an der Gesellschaft symbolisiert, sei es durch Einnehmen des heiligen Abendmahls, Gründung eines Hausstands oder durch Mitkämpfen bei Fehden.

Von allen Riten des Übergangs sind die Initiationsriten (fälschlicherweise oft als «Pubertätsriten» bezeichnet, weil sie meist zum Zeitpunkt der sexuellen Reife stattfinden) die komplexesten. Sie betonen den Übergangscharakter der Phase, weil das Schwellenstadium über längere Zeit ausgedehnt wird. Die Aufmerksamkeit wird auf den Status des Heranwachsenden gelenkt, der sich zwischen zwei Lebensphasen befindet. Der junge Mensch wird als gestorben aufgefaßt und kann deshalb genauso behandelt werden, wie die Gesellschaft auch sonst mit einer Leiche umgeht. Er kann mit Erde bedeckt und gezwungen werden, bewegungslos liegen zu bleiben, oder man übergibt ihn eine Zeitlang der Gesellschaft maskierter Ungeheuer, die die Geister des Todes verkörpern. Oft wird ihm sein Name genommen. Ein Teil des Jugendlichen stirbt, dafür aber wird ein neuer Teil geboren – worauf der Gebrauch zahlreicher, doppeldeutiger Symbole während dieser Phase zurückzuführen ist. Dazu gehören die Höhle (als Symbol für das Grab gleichermaßen wie für den Mutterleib), der Mond (der zunimmt und abnimmt), die Schlange (die scheinbar stirbt, wenn sie sich häutet, aber nur um in einer neuen Haut wiederzukommen), der Bär (der auch zu sterben scheint, wenn er im Herbst in den Winterschlaf fällt, und dennoch im Frühjahr wieder erwacht) und die Nacktheit (wie der Körper, der für das Begräbnis vorbereitet wird, und das eben geborene Kind).

Wichtig ist für den Übergang, daß er in Gemeinschaft vollzogen wird und nicht allein – etwa mit Gefährten zusammen, zwischen denen Bande geknüpft werden, die überkommene Unterschiede in Status und Alter oder Verwandtschaftsverhältnis überbrücken. In vielen afrikanischen und australischen Gesellschaften, bei denen die Beschneidung üblich ist, werden die Jünglinge in einer Hütte eingeschlossen, und die Nahrung, die ihre Mütter ihnen bringen, wird von allen geteilt. Dem Sohn eines Häuptlings oder einer hochgestellten Persönlichkeit wird keine besondere Behandlung zuteil. Die Jünglinge sollen die Freundschaft untereinander festigen; man glaubt, daß besondere Bande zwischen ihnen entstehen, die auch nach Abschluß der Zeremonien erhalten bleiben.

Die Riten des Übergangs werden oft nur mehr als primitive Rituale angesehen, über die moderne Gesellschaften hinausgewachsen sind. Das aber ist keineswegs der Fall; denn viele solcher Riten tauchen immer wieder in den gebräuchlichsten zeremoniellen Handlungen moderner Gesellschaften auf. Man denke nur an Dinge wie Taufe und Beschneidung bei der Geburt; Konfirmation und Bar Mitzvah in der Pubertät; die zahlreichen Zeremonien und Rituale, die zum Heiraten gehören – wie Polterabend, Entführung der Braut und die Hochzeitsfeier selbst; Aufnahme in eine ordensähnliche Organisation oder Verbindung und die Bräuche bei der Beerdigung, die den letzten Übergang kennzeichnen.

In den Vereinigten Staaten finden sich Initiationsriten sogar bei der Ausbildung zum Fallschirmspringer. Offiziell hat die Ausbildung nichts Religionsbezogenes, und doch ist sie durchwegs von zahlreichen Ritualen und abergläubischen Handlungen begleitet. Der Übungsleiter einer Trainingseinheit zieht zum Beispiel am Einstieg des Flugzeugs eine Linie auf den Boden. Jeder Springer muß auf die Linie treten, bevor er ins Flugzeig steigt – dieses Ritual soll eine sichere Landung gewährleisten. Die Kursteilnehmer tragen allerlei Amulette, die angeblich magische Kräfte besitzen, etwa ein Paar Socken, die sie bei einem früheren Sprung, der erfolgreich verlief, anhatten. Der Anfänger lernt die geheimen Gesten, Lieder, Gebete und Witze dieser Soldatenelite. Wie bei anderen Initiationsriten ist die Übergangs- oder Liminal-Phase das Wichtigste. Der Rekrut führt fünf Sprünge durch, von denen jeder einen weiteren Schritt auf dem Weg zur endgültigen Aufnahme in den Kreis der Fallschirmspringer bedeutet. Nach erfolgreicher Durchführung des letzten Sprungs findet eine Umkehrung der Rollen statt. Der Trainingsleiter verzichtet auf militärische Disziplin und schüttelt dem Rekruten die Hand, bietet ihm das Du an und rollt sogar seinen Fallschirm zusammen. Die Liminalphase endet mit einem zeremoniellen Höhepunkt, der symbolischen Geburt eines neuen Menschen. Es wird gefeiert – dabei gilt es, in der Zeit, die zum Öffnen eines Fallschirms nötig ist, möglichst viel Alkohol in einem Zug durch die Kehle zu schütten.

Die letzte Phase der Aufnahme findet am Tag nach dem letzten Sprung statt. Sie besteht aus einem sorgfältig ausgetüftelten militärischen Ritual und kennzeichnet das Ende des harten Trainings und die endgültige Aufnahme des Anwärters. Obgleich beim Militär sonst nach Zügen eingeteilt wird, stellen sich die Männer an diesem Tag in alphabetischer Reihenfolge auf; damit werden alle bisherigen Unterschiede innerhalb des Zuges aufgehoben und die erfolgreichen Neulinge der Bruderschaft der Fallschirmspringer eingegliedert. Der Militärkaplan liest aus der Bibel und erteilt dem Anfänger den Segen der Religion. Der Divisionskommandeur steckt jedem Mann ein Paar Metallflügel an die Brust, ein Symbol seiner Auferstehung als neuer Mensch. Dieser veränderte Status wird ganz besonders deutlich, wenn die höheren Offiziere unter Mißachtung des militärischen Protokolls den neuen Fallschirmspringern den Gruß entbieten. Die Riten des Übergangs sind jetzt erfüllt. Die jungen Männer haben ihre Vergangenheit abgelegt. Ihre Zugehörigkeit zu einer neuen Gemeinschaft ist besiegelt.*

Immer wieder wird behauptet, die Erwachsenen würden den Übergang von der Jugend zum Erwachsenenalter falsch handhaben, und die Folge davon sei die «Kluft zwischen den Generationen». Die Jugend scheint sich heute im Hinblick auf Lebensstil, Politik, Religion, Sexualverhalten und fast alles andere von ihren Eltern zu unterscheiden. Diese Unterschiede beruhen aber vielleicht weniger auf der Kluft zwischen den Generationen als vielmehr auf einem «Informationsgefälle» – auf den unterschiedlichen Informationsmengen, die den jungen und den älteren Menschen zur Verfügung stehen. Junge Menschen sind heute weit mehr Informationen ausgesetzt, als es ihre Eltern waren, so wie die Eltern mehr Informationen ausgesetzt waren als die Generation vor ihnen. Heute kommen beispielsweise etwa zwei Drittel aller College-Studenten aus Familien, in denen beide Eltern kein College besucht haben. Aus einschlägigen Studien geht hervor, daß Leute mit akademischer Ausbildung anders denken und handeln als nicht akademisch gebildete. Mit anderen Worten, in ein und derselben Generation besteht genau die gleiche Informationslücke zwischen nicht akademisch Gebildeten und akademisch Gebildeten wie zwischen Eltern und Kindern. Abgesehen davon ist die Kluft zwischen den Generationen bei weitem nicht so groß, wie man meinen möchte, wenn man alles liest, was darüber geschrieben wird. Analysen der «Jugendkultur» in den Vereinigten Staaten Ende der 60er Jahre enthüllten, daß bei Protesten, bei denen es um wesentliche Punkte ging, nur zwei Prozent der Studenten mitgemacht hatten.*

Das wahre Problem liegt in der deutlichen Verlängerung der Jugend, die in modernen Gesellschaften jetzt schon mehr Jahre umfaßt als die Zeit der Kindheit. Früher war die Jugend ein kurzes Zwischenspiel zwischen Pubertät und Erwachsenenalter. In dieser Zeit wurden allmählich Status, Rechte und Pflichten eines erwachsenen Mitglieds der Gesellschaft angenommen. Im vorigen Jahrhundert war die Jugend gewöhnlich mit Abschluß der ersten Lehrzeit beendet; vor einigen Generationen erstreckte sie sich bis zur mittleren Reife; in der vorigen Generation war sie gewöhnlich mit dem Abitur beendet. Heute hält sie oft bis zum Alter von fast dreißig Jahren an, denn sowohl Berufs- als auch akademische Ausbildung dauern infolge der Akkumulation von Informationen in einer technologischen Gesellschaft immer länger. Mit anderen Worten, ein immer größerer Teil der Bevölkerung bleibt bis Ende Zwanzig sozial unreif, das heißt, von den Eltern abhängig – und das in einer Zeit, in der optimale Ernährung, Hygiene und medizinische Vorsorge zu früher körperlicher und sexueller Reife führen.

Jede Gesellschaft hat ihre eigene Methode, die nachfolgende Generation in das ihr eigentümliche Wertsystem einzuweihen. Das geschieht durch das Bewahren der Erinnerung an historische Persönlichkeiten und legendäre Gestalten, durch die Verehrung, die sie berühmten Vorfahren zollt, durch Weitergabe von Geschichten und Liedern und durch Errichtung von Symbolen, wie es etwa die Totems der Indianer sind. Die Briten zum Beispiel haben ihre Geschichten von Robert Bruce und der Spinne oder Dick Whittington und seiner Katze. In Deutschland sind es die Geschichten von Friedrich dem Großen und dem Müller von Potsdam oder von Immanuel Kant und dem kategorischen Imperativ, um nur einige zu nennen. Eine beliebte Methode, um den heranwachsenden Kindern das Wertsystem ihrer Gesellschaft zu vermitteln, ist für die Eltern in den Vereinigten Staaten der Santa Claus. Wie vieles im Kulturgut der Vereinigten Staaten hat er einen europäischen Ahnherrn, aber die Naturalisierung hat ihn völlig verwandelt. Der Ursprung der Legende geht zurück auf den heiligen Nikolaus, der im 4. Jahrhundert Bischof von Bari war und von holländischen Kauf- und Seeleuten zum Schutzpatron von Amsterdam erwählt wurde. («Santa Claus» kommt vom holländischen *Sinterklaas*, einer Vereinfachung von *Sint Nikolaas.*) Fast alles, was Santa Claus betrifft, ist ein Produkt der nordamerikanischen Kultur während eines Zeitraums von fünfzig Jahren im 19. Jahrhundert. Zum erstenmal wurde Santa Claus 1812 in Washington Irvings populärer Ausgabe von *Die Geschichte New Yorks* von Diedrich Knickerbocker erwähnt. Clement Moores *An Account of a Visit from St. Nicholas* (auch bekannt unter dem Titel *Twas the Night Before Christmas*) erschien 1837 als Buch und wurde in den darauffolgenden Jahrzehnten immer bekannter. Schließlich malte ein Lehrer an der Militärakademie von West Point ein Bild von Santa Claus, wie er auf seine heute allen vertraute Art durch den Kamin verschwindet. Das waren die Hauptzutaten, aus denen sich die Figur des Santa Claus entwickelte, und so entstand schließlich – während jener korrupten Zeit nach dem Amerikanischen Bürgerkrieg, die als das «Goldene Zeitalter» gerühmt wird – seine derzeitige Gestalt, die nach dem Jahr 1870 immer öfter auf Weihnachtskarten abgebildet wurde.

Es scheint, daß man viel gegen Santa Claus als echtes Symbol für das Wertsystem der Vereinigten Staaten einwenden könnte. Eine Nation, die stolz ist auf ihre Gradlinigkeit und Ehrlichkeit, hat sich in ihm eine Figur geschaffen, die sich jedes Jahr aufs neue einen falschen Bart anklebt und den Leuten Fröhlichkeit vorspielt. Eine Nation, die ihre Waren in Massenproduktion herstellt, erfindet sich ein Märchen, das von nichtgewerkschaftlichen Zwergen handelt, die in einer Werkstatt am Nordpol Spielsachen zusammenbasteln. Einer Nation, die einen einmal urwaldähnlichen Kontinent mit schnellen Transportwegen überzogen hat, werden die Weihnachtsgeschenke von Rentieren angeliefert. Als genügten nicht schon diese paar Punkte, um Santa Claus in Frage zu stellen, fällt einem noch so manches andere ein. Warum brauchte das Märchen viele Jahrzehnte zu seiner Entstehung, um dann im «Goldenen Zeitalter» plötzlich da zu sein, als Großunternehmer sich anschickten, den ganzen

Kontinent auszuplündern? Und wie kommt es, daß sich ausgerechnet die Leute, die an der Verbreitung der Legende interessiert waren, als seine Nutznießer herausstellen? Schließlich wurde der Publizist Washington Irving von John Jacob Astor dafür bezahlt, seine Unternehmungen hoch zu loben, einschließlich der miserablen Behandlung der Indianer; der Künstler aus West Point steht für die militärische Macht im Staat; und Clement Moore war ein kirchentreuer Konservativer, der Thomas Jefferson in Traktaten beschuldigte, den christlichen Glauben zerstört zu haben. Die Fröhlichkeit des Santa Claus ist nicht zufällig. Sie spiegelt seinen Konsensus mit der bestehenden sozialen Ordnung wider.

Das ist jedoch längst nicht alles. Santa Claus fehlt noch etwas anderes, etwas ganz Elementares. Zu Geld und Gut kommen in den Vereinigten Staaten nicht die Anständigen, die Frommen und die, die reinen Herzens sind, sondern die Gerissenen, die Ausbeuter und die Rücksichtslosen. Das brave reiche Kind kriegt ein ganzes Zimmer voll Spielsachen, aber das arme Kind, das genauso brav war, muß mit dem Schund aus dem Kramladen um die Ecke vorliebnehmen. In der Erwachsenenwelt ist der unerbittliche Konkurrenzkampf in einer ökonomischen Arena eine Realität, und dabei jagen die Erfolgreichen den Versagern Status, Macht und Besitz ab. Bestimmt ist das nicht die ökonomische Welt, in der Santa Claus zu Hause ist. Den Kindern erzählt man, Santa Claus belohne alle braven Kinder, ohne Unterschied von arm und reich – was nachweislich nicht stimmt.

Das Märchen vom Santa Claus ist in der Tat ein Paradoxon, und nicht wenige Gelehrte rätseln an einer Erklärung dafür. Manche betrachten ihn als unbewußten Versuch, den Menschen in den Vereinigten Staaten ihr Unbehagen über den eigenen Materialismus zu beschwichtigen. Diese Erklärung kann man nicht gelten lassen, denn Santa Claus gehört zu den am eindeutigsten materialistischen und am wenigsten spirituellen Manifestationen der nordamerikanischen Kultur, nämlich des Werberummels um die Weihnachtseinkäufe. Andere meinen, durch die teuren Weihnachtsgeschenke wollten die Eltern ihre Schuldgefühle abbauen, weil sie ihre Kinder das Jahr über vernachlässigt haben. Aber wenn das zuträfe, warum sollten die Eltern dann wohl so tun, als kämen die Geschenke von irgendeinem alten Herrn, mit dem man nicht einmal verwandt ist, statt von ihnen selbst? Wieder andere behaupten, Santa Claus verkörpere den Wunsch der Erwachsenen, in die glückliche Zeit der Kindheit zurückzukehren, in der die Grenzen von gut und böse deutlich abgesteckt sind. Warum haben die Eltern dann aber nicht anstelle des falschen Großvaters ein Superkind gesetzt?

Keine dieser Begründungen kommt wirklich an die Sache heran, weil keine untersucht, welchen Einfluß das Märchen vom Santa Claus bei der Sozialisation der Kinder an die – vor allem ökonomischen – Realitäten der Gesellschaft der Vereinigten Staaten ausübt. Zwei Punkte sind besonders wichtig. Erstens ist Santa Claus trotz seiner Abstammung von gewissen europäischen Dämonen, die lärmend die Zeit um die Wintersonnenwende durchtoben – der Frau Holle oder Perchta, den Holden oder Perchten und schließlich sogar dem Sankt Nikolaus, der unartige Kinder seinem Knecht Ruprecht zur Züchtigung überläßt –, in den Vereinigten Staaten kein Aufrührer, sondern eine typisch amerikanische Schöpfung, die Verkörperung rein kapitalistischer Werte: Er leistet harte Arbeit und hofft auf bessere Zeiten, nimmt die harten Umweltbedingungen am Nordpol auf sich und hält pünktlich seinen Weihnachtstermin ein. Der zweite Punkt weist auf Santa Claus als eine Erfindung von Erwachsenen hin, die sie ihren Kindern vorsetzen. Die meisten Kinder bezweifeln die Realität von Santa Claus schon von klein auf – aufgrund von Hinweisen anderer Kinder, des Fernsehens oder auch einfach deshalb, weil sie überall an den Straßenecken unzählige Exemplare dieser Figur herumstehen sehen. Trotzdem werden sie von ihren Eltern angehalten, Saint Nick Briefe zu schreiben, weil sie sonst angeblich keine Geschenke bekommen werden. Kurz, die Kinder werden von ihren Eltern unvermeidlich einer desillusionierenden Enthüllung ausgesetzt. Man läßt sie glauben, daß sie in einer magischen Wirtschaftswelt leben, in der es auf einen einfachen Brief hin massenhaft Geschenke regnet. Für diese Geschenke braucht man nicht zu arbeiten und nicht zu sparen, nur brav sein muß man, dann kommen die Geschenke ganz von allein.

Warum sollten die Eltern wohl so grausam sein, ihren Kindern etwas vorzumachen, was gar nicht stimmt? Natürlich haben sich die Eltern nicht verabredet, ihren Kindern den Santa Claus aufzuschwatzen; aber oft ziehen kulturelle Muster Konsequenzen nach sich, die vorher nicht bedacht wurden. Zweifellos wissen die Eltern, daß die Aufdeckung des Schwindels ein Trauma zur Folge haben kann, aber auch, daß die Kinder dadurch eine bleibende Erkenntnis gewinnen, die für das ökonomische Überleben in den Vereinigten Staaten von großer Bedeutung ist. Fast immer fühlen sich die Kinder von ihren Eltern angeschwindelt, belogen und betrogen, wenn sie hören, Santa Claus gebe es in Wirklichkeit gar nicht. Viele Eltern geben sich Mühe, diesem Schlag etwas von seiner Härte zu nehmen, und bedenken ihre Kinder zum Zeitpunkt der Aufdeckung mit besonders extravaganten Geschenken. Aber im Grunde ihres Herzens wissen die Eltern sehr wohl, daß sie ihrem Kind ein

Geschenk machen, das viel wertvoller ist als irgendeines, das zu kaufen ist: den demaskierten Santa Claus. Sie erzählen dem Kind, daß es in der wirklichen Welt, in der das Kind leben wird, keinen Santa Claus gibt. Daß man wertvolle Dinge nur gegen echtes Geld bekommt, das zuerst einmal verdient werden muß, daß nur harte Arbeit und Klugheit belohnt werden, nicht bloßes Gut- und Bravsein. Die wertvollen Dinge dieser Welt werden nicht an diejenigen verteilt, die sich das meiste wünschen, sondern an diejenigen, die am meisten dafür zahlen können. Damit hat das desillusionierte Kind eine drastische Lektion über das kapitalistische Wirtschaftsprinzip von Adam Smith erhalten – auf Kosten eines kleinen Kummers und einiger Tränen, die aber bald wieder getrocknet sind. So ist das wirkliche Leben, scheinen die Eltern zu sagen – und demonstrieren damit, was es mit dem Erwachsenwerden – dem Hineinwachsen in die Gesellschaft – auf sich hat.*

Als Ergebnis des Sozialisationsprozesses in der Kindheit bringt jede Gesellschaft Individuen hervor, deren jedes sich wie alle anderen Mitglieder derselben Gesellschaft verhält und nicht wie die Mitglieder anderer Gesellschaften. Leo Tolstoi hat in *Krieg und Frieden* die Menschen aus verschiedenen europäischen Ländern charakterisiert:

> Der Franzose ist selbstbewußt, weil er sich persönlich geistig sowie auch körperlich Frauen und Männern gegenüber für bezaubernd und unwiderstehlich hält. Beim Engländer fußt das Selbstbewußtsein auf der Tatsache, daß er ein Bürger des bestfundierten Staates in der Welt ist... Der Italiener ist selbstbewußt, weil er immer in Wallung ist und leicht sich selbst und andere vergißt. Der Russe aber ist gerade deshalb selbstbewußt, weil er eben nichts weiß und auch gar nichts wissen will, und zwar darum nichts wissen will, weil er nicht glaubt, daß es überhaupt möglich sei, irgend etwas zu wissen. Das Selbstbewußtsein des Deutschen ist schlimmer, unwandelbarer und widerlicher als das der anderen, weil er sich einbildet, die Wahrheit zu kennen, und zwar in Gestalt einer Wissenschaft, die er sich selbst ausgedacht hat und nun für die reine Wahrheit hält.*

Natürlich sind Tolstois Verallgemeinerungen in bezug auf den Nationalcharakter tendenziös und angreifbar, aber sie pointieren eine Neigung, die vielen Menschen zu eigen ist. Die Menschen sehen nämlich die Mitglieder anderer Gesellschaften so, als hätten alle ein und dieselbe Sozialisation hinter sich. Die meisten Nordamerikaner haben in der Schule gelernt, daß ethnische Stereotypen nicht verallgemeinert werden können, und außerdem sagt ihnen ihr Verstand, daß derartige Stereotypen oft nicht gerecht sind. Ganz gewiß sind nicht alle Italiener leichtsinnig, nicht alle Romanen leidenschaftlich, nicht alle Polen phlegmatisch, nicht alle Deutschen steif. Und doch denken wir häufig in Kategorien und ordnen den Mitgliedern verschiedener nationaler Gruppen «typische» Merkmale zu.

Inwieweit Mitglieder nationaler Gruppen als Stereotyp gesehen werden, versuchte man in den Jahren 1932, 1950 und 1967 durch Befragung von drei Studentengenerationen derselben Universität in den Vereinigten Staaten herauszufinden. Die Studenten wurden aufgefordert, aus einer Liste mit 84 Merkmalen diejenigen auszuwählen, die ihrer Meinung nach auf bestimmte Nationalitäten zutrafen. Bei den ersten fünf Merkmalen zeigten alle drei Generationen eine bemerkenswerte Übereinstimmung, auch wenn es von einer Generation zur anderen geringfügige Abweichungen gab. Hier sind zum Beispiel die fünf häufigsten Merkmale, die alle drei Generationen den Chinesen zuordneten:

1932	*1950*	*1967*
1. abergläubisch	1. loyal gegenüber der Familie	1. loyal gegenüber der Familie
2. gerissen	2. traditionsbewußt	2. traditionsbewußt
3. konservativ	3. ruhig	3. arbeitsam
4. traditionsbewußt	4. abergläubisch	4. ruhig
5. loyal gegenüber der Familie	5. arbeitsam	5. bedächtig

Zwar sieht die heutige Studentengeneration die Chinesen nicht mehr als abergläubisch und gerissen an, ersetzt diese Eigenschaften dafür aber durch andere Stereotype.

An der Art, wie die drei Generationen nationale Charakteristika zuordnen, hat sich etwas geändert. Die Studenten von heute neigen eher dazu, positive Merkmale hervorzuheben – außer, wenn es um ihren eigenen Nationalcharakter geht. Von einer Generation zur andern waren die Adjektive, die auf Bürger der Vereinigten Staaten angewandt wurden, weniger schmeichelhaft. 1932 betrachteten nur 33 Prozent der Studenten die Bewohner der Vereinigten Staaten als «materialistisch», aber 1967 war der Prozentsatz bereits auf 67 gestiegen. «Konventionell» und «prahlerisch» standen früher nicht einmal auf der Liste mit den 84 Merkmalen, trotzdem setzte die heutige Generation sie auf den 6. und 7. Platz. Natürlich könnte das daran liegen, daß die heutigen Studenten sich und ihre Gesellschaft genauer analysieren. Nach neueren Erhebungen üben die Bewohner der Vereinigten Staaten mehr Selbstkritik als andere nationale Gruppen – wenn das stimmt, wäre es eine weitere Nationaleigenschaft der Vereinigten Staaten.*

Die Sozialwissenschaftler können sich nicht darüber einigen, ob derartige Stereotypen Hand und Fuß haben oder nicht, ob der Nationalcharakter tatsächlich das Produkt der Sozialisation ist. Wenn auch jede große und komplexe Gesellschaft ein breites Spektrum individueller Verhaltensweisen zeigt, so unterscheiden sich die Menschen der Vereinigten Staaten, Rußlands, Chinas und Japans offensichtlich doch sehr stark voneinander. Diese Unterschiede machen sich nicht nur in Sprache, Kleidung und Nahrungspräferenzen bemerkbar, sondern vor allem im geistig-seelischen Bereich: Gedanken über das Selbst, Gefühle von Schuld oder Scham, die Definition von männlich und weiblich und das Sexualverhalten, um nur ein paar zu nennen. Jüngere Studien über den Nationalcharakter suchen derartige Verhaltensweisen auszuklammern und sie lieber kulturell als biologisch zu erklären. Während sich die Forscher früher oft recht vage darüber äußerten, was mit «Nationalcharakter» gemeint sei, sind sie heute im allgemeinen darin einig, daß damit beständige Persönlichkeitsmerkmale und -muster zu bezeichnen sind, die bei den erwachsenen Mitgliedern einer Gesellschaft häufiger vorkommen als bei denen einer anderen.*

Auf der Suche nach seinen nationalen Eigenschaften ist wohl kein Volk so gründlich erforscht worden wie die Japaner. Die Sozialwissenschaftler waren von der bemerkenswerten Geschwindigkeit fasziniert, mit der sich Japan vom Feudalstaat zur modernen Macht entwickelt und wie erstaunlich schnell es sich von den großen Verlusten des Zweiten Weltkriegs erholt hat. Sollte es im japanischen Nationalcharakter etwas geben, das diese Phänomene ermöglicht hat? Die Frage kann natürlich aus ökonomischer Sicht beantwortet werden: weil es so viele billige Arbeitskräfte gab; oder aus politischer: weil in Japan autoritäre Regierungen Tradition sind. Sie läßt sich aber auch mit dem Willen zu Leistung und mit der zentralen Stellung, die die Familie in der japanischen Kultur einnimmt, erklären.

Die japanischen Familien unterscheiden sich in vieler Hinsicht von denen der Vereinigten Staaten; vor allem darin, daß die Kinder mindestens bis zur Pubertät bei ihren Eltern schlafen. Es folgen einige Jahre des Übergangs. In dieser Zeit schlafen sie bei älteren Brüdern und Schwestern – mit dem Ergebnis, daß manche Kinder möglicherweise noch mit 16 bei ihren Eltern schlafen. Diese Gewohnheit führt offensichtlich zu einer Annäherung zwischen den Generationen; die Abhängigkeit der Familienmitglieder voneinander wird deutlich gemacht; sie erschwert intimes Zusammensein sexueller und anderer Art zwischen Ehemann und Ehefrau. Daraus resultiert wohl vor allem eine starke Anhänglichkeit der Kinder an die Eltern und eine besonders starke Bindung an die Mutter, die eine fast infantile Struktur behält. Und da in Japan kaum jemand für sich lebt, entwickeln die Kinder einen starken Familiensinn.

Die Erziehung, die japanische Mütter ihren Kindern angedeihen lassen, fördert die Entwicklung bestimmter Eigenschaften – wie etwa des Ehrgeizes –, die später im Leben sehr ausgeprägt sind. Japanische Kinder werden gewöhnlich mit großer Nachsicht und Milde behandelt. Körperliche Bestrafung scheint bei weitem nicht so häufig vorzukommen wie in den Vereinigten Staaten, dafür aber werden Furcht und Ängste geweckt. Die wirksamste Art der Bestrafung ist die stille Leidensmiene der Mutter als Reaktion auf schlechtes Benehmen ihrer Kinder, die sich dann schuldig fühlen. Die Mutter tut so, als sei sie für das schlechte Benehmen ihrer Kinder verantwortlich. Sie gibt sich vor anderen die Schuld am schlechten Benehmen ihrer Kinder oder wenn diese keinen Erfolg haben und in ihren Leistungen versagen. Damit verletzen Kinder ihre Mutter und haben ein schlechtes Gewissen. Ein Kind fühlt sich verpflichtet, als Anerkennung für die Selbstaufopferung der Eltern, die ihm ständig vorgehalten wird, gute Leistungen zu erbringen. Japaner, die sich ihren Eltern gegenüber schuldig fühlen, bemühen sich später gewöhnlich, ihren Fehler durch harte Arbeit wettzumachen.

Auch andere Verhaltensweisen, die häufig bei den Erwachsenen anzutreffen sind, werden auf die japanische Art der Kindererziehung zurückgeführt. Typisch ist die sexuelle Verklemmung vieler Japaner. Sie resultiert aus den Schlafgewohnheiten der Familie, die die Nacht auf engstem Raum verbringt. Der Geschlechtsverkehr wird von den Ehepaaren möglichst schnell vollzogen, praktisch ohne jedes Vorspiel und auch nicht so häufig wie etwa von Ehepaaren in den Vereinigten Staaten. Sexuelle Verklemmung geht Hand in Hand mit Schwierigkeiten in der Persönlichkeitsentwicklung. Die japanische Sprache besitzt mehrere Ausdrücke für das Wort «Glück», aber keiner davon bezeichnet ein Hochgefühl (wie «Überschwenglichkeit», «Freudentaumel», «Ekstase» oder «Fröhlichkeit»). Es kommt auch nicht oft vor, daß Japaner überschwengliche Gefühle zeigen. Der ausgeprägte Sinn für Verpflichtungen gegenüber der Familie, verbunden mit der Notwendigkeit, gute Leistungen zu erzielen, schafft eine unterschwellige Spannung, die die Japaner durch Ordnungsliebe und Aufmerksamkeit für jedes Detail zu kompensieren scheinen. Auch wenn die Kenner der japanischen Mentalität in einzelnen Punkten verschiedener Meinung sind, im großen und ganzen sind sie sich einig, daß für den japanischen Nationalcharakter das Unterdrücken von Emotionen, das Vermeiden von Extremen, sexuelle Zurückhaltung, Leistungsdenken und eine besondere Vorliebe fürs Detail typisch sind.*

Bei der Persönlichkeitsbildung sind Erfahrungen, die während Kindheit und Jugend gemacht werden, besonders wichtig, aber damit ist der Sozialisationsprozeß noch nicht abgeschlossen. Ein fortlaufender Rollenwechsel findet statt: Beruf, Ehe, Elternschaft, Großelternschaft und Pensionierung. Und ganz am Ende sieht man sich der letzten Rolle gegenüber – der des Sterbenden. Sozialisation ist ein ständiger Anpassungsprozeß, bei dem das Individuum von der Gesellschaft unterstützt, gleichzeitig aber auch über die Forderungen und Erwartungen der Gesellschaft informiert wird. Der Übergang in jede neue Rolle kostet Anstrengungen, die den Menschen verändern, so daß er danach nicht mehr derselbe ist. Das Weiterkommen in Verdienst und Status, der Umzug von der Mietwohnung ins eigene Reihenhaus, der Wohnortwechsel von einer Stadt oder einem Land ins andere – all das ist mit Resozialisierung verbunden. Bei der Anpassung an neue Lebensstile können Erwachsene genötigt sein, mehrmals im Verlauf ihres Lebens ihre Art, sich zu kleiden, ihre Eßgewohnheiten, ihre Sprechweise und ihre politische Überzeugung zu ändern, und möglicherweise sogar ihre Moralbegriffe.

In unserer Zeit wird das Älterwerden immer bedrückender. Früher hat die Gesellschaft ihre alten Mitglieder nicht pensioniert, sondern ihnen Verantwortung gegeben. Denn alte Menschen besaßen Seltenheitswert in Gesellschaften, in denen nur wenige Individuen ein hohes Alter erreichten; schon allein deshalb wurde ihnen ein besonderer Status beigemessen. Weil sie mehr Erfahrungen gemacht hatten als andere, besaßen sie mehr Wissen, das sie der Gesellschaft zur Verfügung stellen konnten. Die neue Zeit hat den Status der Älteren verändert. Die Pensionierung bedeutet gewöhnlich den plötzlichen Verlust der Rolle eines Beschäftigten. Die Rolle des älteren Ratgebers gibt es nicht mehr, weil durch die schnellen technologischen Veränderungen das Wissen, die Verhaltensweisen und sogar die Moral der Alten überholt sind. Nicht nur, daß die Alten auf dem Arbeitsmarkt nicht mehr verlangt werden, sie werden darüber hinaus auch noch als störend empfunden. Die Rolle der Alten, die sich Einsamkeit, Langeweile und Armut ausgeliefert sehen, ist in der modernen Gesellschaft ohne jede Würde.

Der Jugendkult wird zwar meist für ein Phänomen des 20. Jahrhunderts gehalten, aber schon vor 3600 Jahren wurden auf einem ägyptischen Papyrus Behandlungsmethoden zur Verjüngung älterer

Männer vermerkt. Die alten Griechen und die germanischen Stämme schrieben ihren Göttern magische Kräfte zu, die das Altern hinauszuschieben vermochten. Und noch im 16. Jahrhundert machte sich Ponce de León auf die Suche nach dem Jungbrunnen. Dieses uralte Interesse ist heute noch vordringlicher, weil der Anteil der über 65jährigen an der Bevölkerung in den modernen Nationen ständig wächst. In den Vereinigten Staaten beträgt er bereits 11 Prozent, und man erwartet, daß er bis zum Jahr 2000 auf fast 20 Prozent ansteigt. In modernen Gesellschaften schwankt die Lebenserwartung der Menschen zwischen 70 und 80 Jahren, danach sinkt sie rapide. Auf hunderttausend Personen kommen nur etwa 2 oder 3, die hundert Jahre alt werden. Von einer Million wird nur ein einziger 105 Jahre alt, und von 40 Millionen (etwa der Gesamteinwohnerzahl Englands) erreicht nur einer 110 Jahre.

Über den Prozeß des Alterns weiß man bislang nur wenig, obgleich sich die medizinische Wissenschaft seit alters her intensiv damit beschäftigt hat. So kommt es, daß sich die heutigen Theorien über das Altern nur wenig von dem unterscheiden, was bereits zu Beginn dieses Jahrhunderts bekannt war. Manches kann leicht abgetan werden, wie zum Beispiel die früher weitverbreitete Meinung, das Altern würde durch körpereigene Toxine im Verdauungstrakt verursacht, die durch geeignete Ernährung, etwa durch Joghurt, neutralisiert werden könnten. Auch dem männlichen Hormon wurde eine verjüngende Wirkung nachgesagt; daher unterzogen sich damals zahlreiche alternde Männer (darunter auch der Dichter William Butler Yeats) einer Operation, bei der ihnen die Hoden junger, nichtmenschlicher Primaten eingepflanzt wurden. Wenn die männlichen Hormone tatsächlich das Altern verhindern könnten, müßten alle Menschen, die nur einen geringen Vorrat davon besitzen, früh sterben. Tatsächlich ist das Gegenteil der Fall. Eunuchen leben meist länger als intakte Männer. Und zu guter Letzt sind die Wissenschaftler darauf gekommen, daß mit Sicherheit diejenigen am längsten leben, deren Großeltern sehr alt geworden sind. Dafür gibt es aber auch keinen gültigen Beweis. Kinder und Enkel von Menschen, die ein hohes Alter erreicht haben, neigen tatsächlich dazu, etwas länger zu leben als der Durchschnitt. Andererseits hat eine neuere Untersuchung gezeigt, daß man kaum darauf schließen kann, daß die Nachkommen der über Neunzigjährigen ein ebenso hohes Alter erreichen. Genetische Faktoren spielen offensichtlich eine Rolle, aber auch Krankheiten, Umweltbedingungen und andere Einflüsse, die bis heute noch nicht völlig geklärt sind. Was vererbt zu werden scheint, ist nicht die Langlebigkeit, sondern eher eine gewisse Anfälligkeit für bestimmte Krankheiten.*

Bis jetzt sind die Erklärungen für das Altern des Menschen noch nicht weit über die Vorstellungen hinaus gediehen, die uns aus der Medizin der Antike und des Mittelalters überliefert sind. Einmal wird der menschliche Körper als ein Gefäß gesehen, das eine lebensnotwendige Substanz enthält, die nach und nach verbraucht wird – daher die Symbole des Alters, wie wir sie kennen: die herabgebrannte Kerze, das verwelkte Blatt und das fast geleerte Glas. Eine modernere Form dieser «Abnutzungs»-Hypothese unterstellt, daß der Vorgang des Lebens schließlich eine Akkumulation von Mutationen oder einen Zusammenbruch der Immunität des Körpers zur Folge hat. Dementsprechend nutzt sich der Mensch mit zunehmendem Alter ebenso ab wie eine Maschine. Allerdings unterscheidet sich der Mensch insofern von der Maschine, als er die Fähigkeit besitzt, sich selbst zu reparieren. In fast jedem Gewebe des menschlichen Körpers findet ein ständiger Austausch statt, bei dem die Zellen regelmäßig ersetzt werden. Fingernägel wachsen und die Haut schließt sich über einer verheilten Wunde; neues Knochenwachstum verbindet die Bruchstellen eines gebrochenen Knochens; das Leberzellgewebe kann zu einem großen Teil zerstört sein, und dennoch kann es der Leber gelingen, sich wieder zu fast normaler Größe zu regenerieren.

Nach einer anderen überkommenen Meinung ist den Menschen, sei es durch göttlichen Willen oder durch biologische Vorgabe, eine bestimmte Lebensspanne zugemessen – so entstanden Symbole wie das Stundenglas, darin der Sand verrinnt, die Schatten, die gegen Sonnenuntergang länger werden, und der Ablauf der Jahreszeiten vom Frühling zum Winter. Die moderne Version dieser Hypothese sagt, daß die Lebensdauer einer Zelle oder eines Organismus genetisch programmiert sei und kaum verlängert werden könne. Bei den Säugetieren scheint die Lebensdauer mit dem Metabolismus zu korrelieren (das heißt, sie hängt zusammen mit der Geschwindigkeit, mit der sich der Stoffwechsel vollzieht). Als Beweis dafür wurde die Spitzmaus angeführt mit eineinhalb Jahren Lebensdauer, der Hund mit 18 Jahren, der Schimpanse mit 35, das Pferd mit 40 und der Elefant mit 70 Jahren – bei allen dauert das Leben so lange, wie das Herz braucht, um etwa eine Milliarde mal zu schlagen. Würde man diese Rechnung auf den Menschen übertragen, dann läge die maximale Lebensdauer bei 35 bis 40 Jahren. Grandma Moses lebte jedoch 101 Jahre, und in dieser Zeit schlug ihr Herz etwa 3½ Milliarden mal. Im übrigen hat kein Experiment mit Tieren darauf hingedeutet, daß jede Spezies eine eigene Lebensuhr besäße, die nach einer bestimmten Zeit abläuft. Untersuchungen an etwa 40 Stämmen Labormäusen zeigten, daß Langlebigkeit genetisch höchstens zu 20 bis 30 Prozent bestimmt ist, das übrige hängt offenbar mit Umwelteinflüssen zusammen. Wie immer die genaue Erklärung lauten mag – das Altwerden des Menschen ist eine Realität, und die Organe des Körpers lassen mit zunehmendem Alter nach. Im Vergleich zu einem Dreißigjährigen hat ein Fünfundsechzigjähriger nur mehr 70 Prozent der Herzkapazität, 55 Prozent der Kraft seines Händedrucks, 40 Prozent der maximalen Sauerstoffaufnahme bei körperlicher Anstrengung und 36 Prozent der Geschmacksknospen.

Die Altersforscher haben sich gefragt, warum die Menschen noch so lange weiterleben können, nachdem sie die Fähigkeit zur Reproduktion verloren haben. Natürlich ist es günstig, wenn Eltern nach dem Prinzip der natürlichen Auslese so lange am Leben bleiben, wie die von ihnen abhängigen Nachkommen sie noch nötig haben. Aber dieser selektive Vorteil erklärt nicht, warum eine Frau noch an die 30 Jahre weiterleben soll, nachdem sie ihre Wechseljahre hinter sich und folglich auch ihr letztes Kind auf die Welt gebracht hat. Aber vielleicht war der Prozeß des Alterns einfach nie von der natürlichen Auslese betroffen. Vielleicht rühren die verschiedenen Anzeichen des Alterns – nachlassende Dichte der Knochen, Schwinden der Elastizität von Haut und Muskeln und Sklerosierung der Gefäße – nur daher, daß es überhaupt keinen Grund dafür gibt, daß sie nicht vorkommen. Möglicherweise altern wir nur aufgrund eines Fehlers und nicht aufgrund der Bestimmung. Vielleicht liegen die genetischen Ursachen für die Manifestation des Alterungsprozesses schon weit zurück, in den Anfängen der Evolutionsgeschichte, und wurden niemals ausgemerzt, einfach deshalb, weil sie erst dann beim Menschen sichtbar wurden, als die Jahre, in denen er fortpflanzungsfähig war, längst vorbei waren. Es mag sein, daß die Lang- oder Kurzlebigkeit des Menschen nie zur Debatte stand, bis die kulturelle Auslese in modernen Gesellschaften manche Individuen begünstigte und sie in die Lage versetzte, mehr in ihre Gesundheit zu investieren und sich dadurch ein langes Leben zu verschaffen.

Wenn schließlich der Tod eintritt, scheint kein Lebewesen außer dem Menschen und dem Schimpansen Zeichen der Trauer von sich zu geben. Und was die Schimpansen zeigen, ist trivial im Vergleich zu dem, was der Tod in menschlichen Gesellschaften bedeutet. Für den Menschen ist der Tod nicht nur der Übergang von einem Zustand in einen anderen. Einen alten Menschen ohne Freunde und Angehörige, ohne Interessen und ohne Beschäftigung könnte man als mental gestorben bezeichnen, selbst wenn der Körper noch funktioniert. Der biologische Tod sollte eigentlich genau zu bestimmen sein, denkt man, aber auch er ist nicht eindeutig festzulegen.

Zwar gibt es verschiedene medizinische Kriterien, mit denen man den Augenblick des Todes bestimmt, aber keines ist vollkommen. Wenn die Atmung eingestellt wird, wenn das Herz aufhört zu schlagen oder die elektrischen Impulse im Gehirn nicht mehr nachweisbar sind, so gilt dies als deutliches Zeichen des Todes – aber nicht alle Teile des Körpers sterben gleichzeitig. Einige Organe sind auch nach dem offiziell festgestellten Tod noch lebendig; diese Organe kann man unter Umständen transplantieren.

Auch der Augenblick des sozialen Todes läßt sich nicht genau bestimmen. Der Tod jedes Menschen, selbst des einsamsten, hat Auswirkungen auf die Gesellschaft. Und jede Gesellschaft hat zumindest einige Regeln und Bestimmungen darüber, wie mit den Toten zu verfahren ist und wie ihr Besitz neu verteilt werden soll. Solche gesellschaftlichen Rituale wie die Beerdigung, das Trauern und die Gedenkfeiern gelten dem Ereignis selbst, sie sollen den Hinterbliebenen beistehen und das Mitgefühl der Gesellschaft zum Ausdruck bringen. Die meisten Gesellschaften halten auf die eine oder andere Art die Fiktion aufrecht, daß der Tod nichts Endgültiges sei. Sie bleiben dabei, unsichtbare Wesen anzurufen, ihre Ahnen zu verehren, sich in Zeiten der Not an die Abgestorbenen zu wenden und sie mit Opfergaben zu versöhnen. «Es gibt keinen Tod!» proklamieren die Beerdigungsriten – und doch wissen die Mitglieder der Gesellschaft, daß der Tod eine Realität ist. Sie eilen, das Loch zu stopfen, das der Tod ins soziale Gefüge gerissen hat. Reichtum, Besitz und Macht werden neu verteilt; neue Verbindungen werden geknüpft, um alte, die zu dem Verstorbenen bestanden haben, zu ersetzen. Ein menschliches Leben ist zu Ende gegangen, aber die Gesellschaft hat das frische grüne Samenkorn, das in der ausgetrockneten Hülse ruht, zum Symbol erhoben. Das letzte Ritual für den Dahingegangenen ist vollzogen, doch die Angehörigen der nächsten Generation sind schon zur Stelle und bereit für den immer weitergehenden Prozeß der Sozialisation.

EPILOG: DIE ZUKUNFT DER SPEZIES MENSCH

Als das Jahr 1000 n. Chr. näherrückte, verbreitete sich in ganz Europa die Furcht vor dem Ende der Welt. Nekromanten glaubten aus geheimnisvollen Zeichen zu wissen, daß die Gräber sich öffnen und die Toten freigegeben würden; Hexenmeister suchten Einfluß auf die Zukunft zu nehmen und vollführten alle möglichen Teufelskünste. Europa schien aufs äußerste gefährdet durch die unaufhörlichen Überfälle der Barbaren aus dem Norden und der Sarazenen aus Kleinasien. Selbst wenn Europa den Ansturm dieser wilden Horden überstehen sollte, würde seine Art zu leben, wie viele glaubten, für immer verloren sein. Aber nichts dergleichen geschah. Die Sarazenen vermittelten der westlichen Welt die Bekanntschaft mit der hellenistischen Kultur, ein Stimulans, das einen intellektuellen Aufschwung in Gang setzte. Die wilden Nordländer nahmen das Christentum an und errichteten Kathedralen, Klöster und Profanbauten; unter ihrem Einfluß entstanden in Westeuropa die Meisterwerke der romanischen und später der gotischen Baukunst; an den Höfen ihrer Herrscher blühten Gelehrsamkeit, Dichtkunst und Musik.

Heute, da sich das Jahr 2000 nähert, werden wieder düstere Vorahnungen laut. Statt auf Sarazenen und Barbaren blicken die Menschen in den westlichen Gesellschaften voller Sorge auf die wachsende Macht der Sowjetunion und Chinas. Die Möglichkeit nuklearer Vernichtung, Bevölkerungsexplosion, Hunger, Umweltverschmutzung und Erschöpfung der Rohstoffquellen der Erde – eine Litanei besorgniserregender Voraussagen, die sich fast endlos fortsetzen ließe – scheint einen verhängnisvollen Zusammenbruch der menschlichen Anpassung anzukündigen. Plötzlich sehen wir uns einem Komplex von einander bedingenden Krisensituationen gegenüber, der von Pessimisten als «Endzustand der Zivilisation» bezeichnet wurde – wo alles zugrunde geht, was die Menschen erreicht haben. Tatsächlich scheint die Spezies Mensch bei der Verwaltung ihres Planeten Erde versagt zu haben. Immer neue Krisen brechen auf und die schon bekannten ereignen sich nun an allen Ecken und Enden der Erde. Wir verzweifeln daran, eine wirkliche Lösung zu finden, denn die Lösung eines Problems schafft oft neue. Um etwas gegen die Luftverschmutzung zu tun, verwenden wir schwefelarme Kohle, aber zur Gewinnung schwefelarmer Kohle müssen wir das Land mit Bergwerken verschandeln – eine weitere Umweltbelastung. Während wir dem Jahr 2000 immer näher kommen, scheint das Gleichgewicht von Mensch und Welt nicht mehr zu stimmen. Die biologischen und kulturellen Anpassungen, die sich über Millionen Jahre hinweg entwickelt haben, scheinen Überleben und Wohlergehen nicht länger vereinigen zu können. Noch vor ein paar hundert Jahren hat man die Zukunft für sicherer und durchschaubarer erachtet als die Vergangenheit, aber inzwischen hat die Wissenschaft so vieles bislang Verborgene über die menschliche Herkunft entdeckt, daß heute fast nur noch Zukünftiges unbekannt scheint.

Viele Menschen haben eine unbestimmte Angst davor, daß das Eis an den Polen schmelzen oder daß die Sonne verglühen könne, aber die Probleme, denen sich unsere Spezies gegenübersieht, sind sehr viel vordringlicher. Einige müssen unbedingt noch vor dem Jahr 2000 gelöst werden. Es wirkt fast paradox: Zu Beginn dieses Buchs habe ich einen großen Überblick über die viele Millionen Jahre dauernde Primaten- und Hominidengeschichte gegeben, und nun, kurz vor dem Abschluß, beim Versuch, die Geschichte unserer Spezies zu einem Ende zu bringen, sehe ich mich Entwicklungen gegenüber, die innerhalb der nächsten paar Jahrzehnte vor sich gehen werden. Manch einer ist schon zu dem verzweifelten Schluß gekommen, daß wir bald das Opfer unseres eigenen evolutionären Erfolgs sein werden. Ihre Frage lautet nicht «Wie sieht die Zukunft unserer Spezies aus?» – sondern: «Hat unsere Spezies noch eine Zukunft?»

Zweifellos haben die Leser aus den Seiten dieses Buches meine ganz persönliche und anscheinend widersinnige Vorliebe entdeckt: die Begeisterung für die großartige Anpassung der Jäger und Sammler und daneben ein starkes Vertrauen in die künftigen Vorteile der Modernisierung. Zugegeben, die Aufzählung all der Mißstände, die sich auf unserem Planeten finden, bietet kaum Grund zur Freude – aber diese Mißstände sind das Ergebnis technologischer Pannen und haben nichts mit mangelnder Anpassung zu tun. Modernisierung ist mehr als Technologie; sie bewirkt die gegenseitige Beeinflussung von Technologie und biologischen und sozialen Systemen. Im Zuge der erneuten Anpassung kommt es natürlich vor, daß der eine Teil – in diesem Fall die Technologie – vorübergehend aus dem Gleichgewicht gerät.

So finde ich mich also in der Rolle eines Advokaten – sowohl für die ersten als auch für die neuesten menschlichen Anpassungsstadien; eine Aufgabe, die dem Versuch ähnelt, sich selbst an den Haaren aus dem Sumpf zu ziehen und dabei nach den Sternen zu greifen. Aber das wäre nicht das erste Wunder, das unsere Spezies mit ihrer schier unerschöpflichen Anpassungsfähigkeit vollbracht hat! An den Fossilien jener Menschen, die vor einer Million Jahren gelebt haben, lassen sich nur wenige Anzeichen dafür erkennen, daß ihre Nachkommen den Planeten Erde einmal auf eine völlig unvorhersehbare Art und Weise beherrschen würden. Vor kaum mehr als 20000 Jahren gab es auf der Welt noch mehr Paviane als Menschen. Erst im Rückblick – unserem menschlichen Privileg – können wir sehen, daß sich unsere Spezies auf eine Weise entwickelt hat, die es ihr ermöglichte, sich eine einzigartige Stellung zu verschaffen, sich von den Beschränkungen der Umwelt zu befreien und einen beträchtlichen Teil der organischen Evolution durch eine soziokulturelle Evolution zu ersetzen. Kann ein solches Geschöpf wirklich so unvernünftig sein, seine eigene Vernichtung herbeizuführen? Ich glaube nicht. Ich erhebe keinen Anspruch auf prophetische Kräfte, glaube aber doch, daß einige Voraussagen über das, was vor uns liegt, gemacht werden können. Zuerst müssen wir uns allerdings den Gefahren stellen, denen wir uns unmittelbar gegenübersehen. Allen voran den drei folgenden: der erdumfassenden Umweltverschmutzung, die das Überleben der Menschen gefährdet, der Bedrohung durch einen nuklearen Krieg und dem Gespenst einer Hungerkatastrophe bei ständig wachsender Bevölkerungszahl.

Werden wir die lebendige Umwelt, die unsere Spezies ernährt hat, derart umgestalten, daß wir nicht mehr überlebensfähig sein werden? Eine sehr reale Bedrohung – wegen der unerhörten Macht, die unsere Spezies heute über den ganzen Erdball mit all seinen Bewohnern ausübt. Heute sind wir Menschen mehr als die dominierende Lebensform; wir sind imstande, alle Lebensformen auszulöschen, einschließlich unser selbst. Allein die Gegenwart eines einzigen Menschen in irgendeinem einsamen Teil der Welt genügt, um tiefgreifende Veränderungen der Umwelt auszulösen. Natürlich verändert jede Spezies ihre Umgebung, einfach dadurch, daß sie darin lebt. Wenn zum Beispiel die Blätter und Zweige bestimmter Bäume von Affen abgefressen werden, stimuliert das die Bäume, mehr neue Zweige hervorzubringen als vorher. Aber der menschliche Lebensraum beschränkt sich nicht auf Baumwipfel; er umfaßt den gesamten Erdball.

Zu den zahlreichen Beispielen für das gedankenlose Eingreifen der Menschen in ihre Umwelt gehört der Bau des Assuan-Staudamms in Ägypten. Diese Sperre quer durch den Nil, zwei Meilen breit, staut das Wasser im Nassersee und stellt ein gewaltiges, von Menschenhand geschaffenes Reservoir dar. Der Staudamm wurde 1967 fertiggestellt und war der größte und teuerste der Welt. Die Ägypter hofften, daß er ihnen große Vorteile bringen würde: Er sollte die jährliche Überschwemmung des Landes durch den Nil verhindern, Wasser zur künstlichen Bewässerung liefern und elektrische Energie erzeugen. Was die ägyptischen Planer nicht bedacht hatten, war das komplizierte Netz wechselseitiger Beziehungen, die seit jeher zwischen dem Fluß, dem Land, bestimmten Formen des Tierlebens und der menschlichen Bevölkerung bestanden hatten. Und so wurden die erhofften Vorteile inzwischen weitgehend durch die verheerenden Nebeneffekte aufgehoben.

Vor dem Bau des Dammes lagerte sich durch die alljährliche Überschwemmung durch den Nil regelmäßig fruchtbarer Nilschlamm auf den Feldern zu beiden Seiten des Ufers ab; dadurch wurde der Boden mit Nährstoffen angereichert und gleichzeitig wurden Salze aus dem Wüstenboden herausgelöst und fortgetragen. Jetzt aber setzt sich das fruchtbare Sediment im Reservoir vor dem Damm ab; infolgedessen ist das Land flußabwärts nicht mehr so fruchtbar wie früher. Um die Nährstoffe zu ersetzen, die der Fluß einmal kostenlos geliefert hat, sind jetzt jährlich viele Millionen Tonnen chemischer Düngemittel nötig. Die Düngemittelfabriken, die gebaut wurden, um diesen Bedarf zu decken, verbrauchen riesige Mengen Elektrizität und konsumieren somit einen großen Teil der hydroelektrischen Energie, die zu gewinnen der Damm gebaut wurde. Außerdem haben die neuen Bewässerungsgräben den Salzgehalt des Bodens weiter erhöht; das Salz muß dem Boden wieder entzogen werden, und der Bau von Dränagen und Pumpen wird am Ende genauso viel kosten wie der Damm selbst. Die Auswirkungen auf den Fischbestand – eine wichtige Nahrungsquelle im Niltal sowie im gesamten mediterranen Raum – waren ebenfalls katastrophal. Da der Fluß jetzt keine Nährstoffe mehr führt, ist in den drei Jahren nach Fertigstellung des Dammes allein der Sardinenfang um 97 Prozent zurückgegangen.

Indirekt hat sich der Damm auch ungünstig auf die Gesundheit der ägyptischen Bevölkerung ausgewirkt, die hauptsächlich am Nilufer und im Delta lebt. Die Bilharziose, eine durch Parasiten hervorgerufene Erkrankung, die den Körper schließlich auszehrt, war seit jeher in Ägypten endemisch, befiel aber nur einen sehr geringen Teil der Bevölkerung. Träger der Parasiten sind Schnekken, die in flachen Gewässern leben, wie zum Beispiel in den Bewässerungskanälen. Vor dem Bau des Assuan-Stadamms trockneten die Gräben jedes Jahr aus; die meisten Schnecken verendeten, und folglich gab es auch weniger Parasiten. Heute werden die Kanäle das ganze Jahr über mit Wasser vom Nassersee gespeist, und die Schnecken haben sich geradezu astronomisch vermehrt. Daher leidet heute die Hälfte der gesamten ägyptischen Bevölkerung an der Bilharziakrankheit – und die Steigerung der Produktion, die man sich vom Damm erhofft hatte, wird durch die Schwächung der menschlichen Arbeitskraft zunichte gemacht. Wer von den Parasiten befallen ist, büßt bis zur Hälfte seiner früheren Kraft und Vitalität ein, und das ändert sich nicht einmal, wenn der Körper keine Parasiten mehr beherbergt. Diese ständige Minderung der Leistungsfähigkeit infizierter Personen verursacht Ägypten jährlich einen wirtschaftlichen Verlust von schätzungsweise 550 Millionen Dollar.

Daß der Mensch es vermochte, sich den Lauf des Nils untertan zu machen, hatte statt der versprochenen Segnungen verheerende Konsequenzen. Die erwartete Zunahme der Nahrungsproduktion hat nicht stattgefunden: Wegen der nun fehlenden Nährstoffe, die einst von den Wasserfluten mitgeführt wurden, gibt es weniger Fische, und aufgrund der Versalzung ist Ackerland verlorengegangen. Ein großer Teil der durch den Damm erzeugten Elektrizität muß jetzt darauf verwandt werden, chemische Düngemittel herzustellen und Bewässerungssysteme in Gang zu halten, die dem Boden das Salz entziehen. Anstatt zum Wohlergehen der Menschen beizutragen, hat der Damm in der gesamten Nilregion Krankheiten verbreitet, so daß die Bauern kam imstande sind, das Wasser aus den Bewässerungskanälen wirksam zu nutzen. Kurzum – der Damm ist eine ökologische Kalamität.*

Die Assuan-Katastrophe ist nur ein Beispiel für die Art und Weise, wie sich die menschliche Spezies das Leben schwergemacht, ja sich sogar in Gefahr gebracht hat. Nennen wir nur einige, noch stärker alarmierende Aussichten: Viele Wissenschaftler glauben, daß die Luftverschmutzung in der Atmosphäre einen Treibhauseffekt auslösen und den Erdball so stark erwärmen könnte, daß er unbewohnbar wird; daß die Kondenswolken, die die Überschallflugzeuge erzeugen, eine permanente Wolkenschicht über dem ganzen Planeten aufbauen und das Sonnenlicht ausschließen könnten; daß die Verunreinigung der Meere zur Vernichtung ihres Planktons – und damit auch der höheren Lebensformen, die sich davon ernähren – führen könnte; oder daß eine Massenverseuchung durch Anreicherung von Quecksilber, Blei und anderen industriellen Rückständen hervorgerufen werden könnte. Aber ich glaube nicht, daß es zu derartigen Katastrophen kommen wird; und ich glaube auch nicht, daß die Umweltverschmutzung weiterhin das Hauptproblem sein wird, wenn sich die Menschheit erst einmal wirklich an die Modernisierung angepaßt hat. Obgleich der Assuan-Staudamm erst in unserer Zeit gebaut wurde, fehlen ihm doch verschiedene typische Kennzeichen der Anpassung an moderne Verhältnisse. Entscheidend für die Realisierung neuer, moderner Einrichtungen ist, wie schon in Kapitel 9 beschrieben, die Planung – das heißt, die sozialen und biologischen Folgen einer neuen Technologie werden vorher untersucht. Das ist in Assuan nicht geschehen, aber heute ist diese Art des Vorausdenkens bei modernen Nationen eine politische Selbstverständlichkeit, wie aus den gegenwärtigen Debatten zu Fragen der Nuklearenergie, der Überschallflugzeuge und der chemischen Zusätze zur Nahrung ersichtlich wird. Ökologischen Schäden, die auf Verunreinigung zurückzuführen sind, versucht man mit neuen Schutzmaßnahmen zu begegnen, die wahrscheinlich zu einer ständigen Einrichtung werden, wenn man bedenkt, wie schnell sich die Rohstoffquellen erschöpfen und verteuern. Bereits jetzt werden 35 Prozent des Kupfers und 40 Prozent des Bleis in den Vereinigten Staaten im Recycling-Verfahren wieder aufbereitet. Kohle wird künftig eine viel zu wertvolle organische Verbindung sein, als daß man sie verbrennen dürfte. Die Abfallprodukte der Kernenergie werden nicht länger in unterirdischen Höhlen deponiert, sondern als Metall- und Wärmequelle Verwendung finden. Die Menschen werden erkennen, daß es machbar und auch in ihrem ökonomischen Interesse ist, wenn sie endlich damit aufhören, ihre Umwelt in einen Abfallhaufen zu verwandeln.*

Die zweite große Bedrohung, der sich unsere Spezies gegenübersieht, ist ein nuklearer Holocaust. Wie auch immer das Ausmaß eines Nuklearkriegs sein mag – eine gewisse Anzahl Menschen würde ihn wahrscheinlich überleben, entweder weil sie vom Ausgangspunkt der Strahlung weit genug entfernt waren oder weil sie den selektiven Vorteil einer hohen Toleranzgrenze für radioaktive Strahlung besitzen. Aber auch wer die sofortige Wirkung der Kernexplosion überlebt, ist danach dem radioaktiven Niederschlag ausgesetzt. Die Überlebenden würden vielfach mutierte Ei- und Samenzellen produzieren, die bei den Nachkommen zu Anomalien führen würden. Obgleich die Zahl mißgebildeter Nachkommen katastrophal hoch sein würde, dürfte man auch viele normale und überlebensfähige erwarten. Würden sie sich auf einem sonst völlig unbelebten Planeten wiederfinden? Höchstwahrscheinlich nicht. Pflanzen und Tiere reagieren ganz unterschiedlich auf Strahlungen. Viele uns vertraute Nahrungsarten gäbe es nicht mehr, aber die erfinderischen menschlichen Überlebenden würden aus der Notlage heraus zweifellos neue Nahrungsquellen ausfindig machen.

Wenn der *Homo sapiens* auch als Spezies erhalten bliebe, dürfte es für die Überlebenden wohl kaum möglich sein, die gleichen Gesellschaftformen zu rekonstruieren wie die, denen sie vorher angehört hatten. Die modernen Gesellschaften sind das Resultat von Milliarden kleinster Veränderungen – biologischer, mentaler, sozialer, politischer, ökonomischer und technologischer Natur –, die sich seit der Zeit des Jagens und Sammelns ereignet haben. Diese Veränderungen lassen sich nie mehr in genau der gleichen Reihenfolge wiederholen. Unsere Vorfahren vermochten die Grundlagen der modernen Technologie zu schaffen, weil ihnen gewaltige Metall- und Energiequellen zur Verfügung standen, die sie mittels einer sehr primitiven Technologie ausbeuteten. Große Landgebiete unserer Erde waren früher einmal von hoch aufragenden Wäldern bedeckt, die Holz für Energie und Bauten lieferten; Kupfer lag an der Erdoberfläche; Eisen war leicht abzubauen. Diese mühelos zugänglichen Vorkommen sind seit langem erschöpft. Heute müssen wir viele tausend Meter tief nach Öl bohren, manchmal sogar am Meeresboden; Kohlenflöze erreicht man erst, nachdem man weite Strecken durch unterirdische Höhlen zurückgelegt hat; dank einer fortschrittlichen neuen Technologie, die aus der Notwendigkeit geboren wurde, lohnt es sich, auch Erzlager mit geringem Metallgehalt abzubauen. Heute können die natürlichen Rohstoffe nur mit Hilfe einer komplexen modernen Technologie gewonnen werden – die selbst nur entstehen konnte, weil billige Rohstoffe, die es nie mehr geben wird, leicht zu bekommen waren. Wenn die moderne Technologie plötzlich durch eine nukleare Katastrophe ausfiele, könnten die Überlebenden mit den noch verfügbaren Mitteln keine fortschrittlichen Abbaubedingungen mehr schaffen. Die Anpassung, die die Überlebenden zu vollziehen hätten, und die neuen Gesellschaften, die nun entstehen würden, hätten zweifellos eine Welt ganz anderer Art zur Folge, eine Welt, wie wir sie uns heute noch nicht vorstellen können.

Zusätzlich zu den Schrecknissen einer unbewohnbaren Umwelt und eines nuklearen Holocaust sieht sich unsere Spezies vor einer dritten großen Herausforderung: der Frage nämlich, ob sie imstande sein wird, die ständig wachsende Zahl ihrer Mitglieder ernähren zu können. Gegen Ende des sechzehnten Jahrhunderts der christlichen Ära hatte sich die Erdbevölkerung verdoppelt, von einer viertel Milliarde auf eine halbe Milliarde. In nur weiteren zweihundert Jahren verdoppelte sie sich noch einmal, und etwa hundert Jahre später, 1930, waren aus einer Milliarde bereits zwei Milliarden geworden. 1975 waren es vier Milliarden. Alle zuverlässigen Vorausberechnungen deuten darauf hin, daß sie noch vor dem

Jahr 2000 die 6-Milliarden-Grenze erreicht haben wird. Um eine Vorstellung von der Größe dieses Wachstums zu geben: Man schätzt, daß Tokio gegenwärtig mehr Einwohner zählt als vor zirka 20000 Jahren die ganze Erde. Allein in Südasien steigt das Arbeitsäftepotential derzeit um mehr als 350000 Menschen pro Woche.

Was es mit der Überbevölkerung der Erde auf sich hat, läßt sich anhand einer einfachen Rechenaufgabe erklären. Angenommen, im gleichen Jahr, in dem die *Mayflower* New York erreichte, hätte sich ein gesundes junges Paar auf irgendeinem neuentdeckten Kontinent niedergelassen. Man stelle sich nun vor, daß dieses Paar acht lebende Nachkommen hervorgebracht hat, vier männliche und vier weibliche – nichts Ungewöhnliches in damaligen Zeiten – und daß diese Nachkommen pro Paar je acht weitere Kinder in die Welt setzten. Beim Tode des Gründerpaares lebten also insgesamt vierzig Nachkommen. Wenn die acht Kinder pro Paar die Regel geblieben wären und wenn alle Nachkommen überlebt hätten, dann beliefen sich die heute lebenden Nachkommen dieses allerersten Paars auf 134217728 Personen. Solche hypothetischen Berechnungen werden erhärtet durch Zahlen, die das Wachstum gewisser Volksgruppen wiedergeben. Die frankophone Bevölkerung Kanadas zählte 1759, als die Briten die Franzosen besiegt hatten und die Zuwanderung aus Frankreich aufhörte, insgesamt 7000 Seelen. Heute beträgt die Zahl der Franko-Kanadier schätzungsweise 6½ Millionen. Die Briten haben die Schlacht von Quebec gewonnen, aber die Franko-Kanadier haben mit der Wiege gesiegt.

Nach Meinung einiger Science-fiction-Autoren könnte das Problem der Übervölkerung eines Tages durch die Kolonisierung des Mondes und der Planeten gelöst werden. Dorthin könnte der Bevölkerungsüberschuß unserer Erde dann exportiert werden. Aber das wäre keine Lösung. Angenommen, es gäbe tatsächlich die Möglichkeit, ab sofort ständig Menschen auf Venus und Merkur, Mars und Mond zu verfrachten. Wenn sich die Bevölkerung im gegenwärtigen Maße sowohl auf der Erde wie auf diesen Himmelskörpern vermehren würde, dann würde in nicht mehr als fünfzig Jahren überall genau die gleiche Bevölkerungsdichte herrschen wie heute bei uns. Die Kosten dieser planetarischen Kolonisierungskampagne wären allerdings so hoch, daß sie die Ausführung verhindern würden. Die Vereinigten Staaten müßten etwa zwanzigmal soviel Geld aufbringen, wie ihr derzeitiges Bruttosozialprodukt ausmacht, nur um den jährlichen Bevölkerungszuwachs im eigenen Land abzutransportieren.*

Wenn der Bevölkerungsüberschuß aber nicht durch den Export von Menschen auf andere Planeten gelöst werden kann – was soll dann geschehen? Die Modernisierung wird dieses Problem lösen. Denn die Menschen in modernen Gesellschaften neigen dazu, weniger Kinder großzuziehen als die Menschen in unterentwickelten oder Entwicklungsländer. Die Eltern in einer modernen Industrienation müssen sich entscheiden, ob sie die riesigen finanziellen Investitionen, die heute nötig sind, um ein Kind zum vollwertigen

Bevölkerungsexplosion und -implosion
Die Weltbevölkerung vermehrt sich explosionsartig, und der Bevölkerungsüberschuß konzentriert sich vor allem in den Städten. Die Menschen, die in indische Städte wie Bombay und Kalkutta zuziehen, treffen ihre Vorgänger, die vor ihnen dorthin gekommen waren, noch immer ohne angemessene sanitäre Einrichtungen oder Wohnungen an, so daß sie sich notdürftig in Betonröhren einzurichten versuchen.

Mitglied der Gesellschaft zu machen, auf sich nehmen wollen oder nicht. Ein Kind der nordamerikanischen Mittelschicht kostet heute von der Empfängnis bis zur Hochschulreife fast 200000 Dollar. Potentielle Eltern in modernen Gesellschaften befinden sich in fast der gleichen Situation wie potentielle Eltern in einer Gesellschaft von Sammlern und Jägern. Die Sammler und Jäger mußten sich die Frage stellen, ob ihnen ein neues Kind die Extraarbeit wert war, die es macht – es mußte herumgetragen und ernährt werden, und sie mußten sich auch fragen, ob sie das Risiko eingehen sollten, daß das neue Kind einem älteren eventuell das Essen wegnehmen würde. Die finanziellen Kosten und das Risiko sind sehr hoch, sowohl bei den modernen als auch bei den Jäger-Sammler-Gesellschaften. Bei beiden hat und wird es immer Familien geben, die zahlreicher sind als der Durchschnitt, weil manche Eltern eben bereit sind, zusätzliche Belastungen auf sich zu nehmen – aber im allgemeinen ist bei beiden die Zahl der Nachkommen erheblich kleiner als in bäuerlichen oder frühindustriellen Gesellschaften, wo Kinder nur geringe Kosten verursachen. Denn das Kind verrichtet schon früh produktive Arbeit; Mobilität spielt keine Rolle; und die Ausbildung ist nicht mit großen Kosten verbunden. Die sinkende Geburtenrate in den modernen Gesellschaften ist keine Neuentwicklung in der menschlichen Geschichte, sondern sie ist eine Rückkehr zu den ersten menschlichen Anpassungsformen.

Trotzdem ist auch weiterhin mit einem schnellen Anstieg der Weltbevölkerung zu rechnen, bis die Modernisierung den gesamten Erdball erfaßt hat. Wie sollen all diese Menschen ernährt werden? In Brasilien, um nur ein Beispiel zu nennen, muß die Nahrungsmittelproduktion in den nächsten achtzehn Jahren verdoppelt werden, um eine Hungersnot zu verhindern. In der gesamten Welt wird sich bis zum Jahr 2000 die Anbaufläche pro Kopf der Bevölkerung – und damit auch die Zahl der verfügbaren Kalorien – ungefähr um die Hälfte reduziert haben. Aber eine höhere Bevölkerungsdichte bringt nicht nur einer großen Zahl von Menschen den Hungertod, sondern läßt auch die Überlebenden an Leib und Seele verkümmern. Wenn man für immer noch mehr Menschen Platz schafft und immer noch mehr Land für Produktionszwecke nutzt, werden sich die Umweltbedingungen mit Sicherheit weiter verschlechtern.

Aber es gibt schon heute neue Technologien, die noch größere Menschenmassen ernähren könnten – schätzungsweise zusätzliche 50 oder sogar 100 Milliarden Menschen. Daß die vier Milliarden Menschen, die es heute gibt, nicht alle ausreichend ernährt sind, liegt daran, daß die technologische Komponente der Modernisierung die politische, soziale und ökonomische längst überholt hat.

Arme Länder können es sich nicht leisten, ihre Landwirtschaft kurzfristig zu modernisieren, und die reichen Länder waren nicht bereit, ihnen dabei unter die Arme zu greifen. Die durch das Öl reich gewordenen Araber investieren in militärische Aufrüstung, ausländische Konzerne und Touristenhotels, anstatt mit ihrem Geld zur Modernisierung der Landwirtschaft in unterentwickelten Ländern beizutragen. Nur ein Beispiel: Wenn nicht genügend Süßwasser für die Bewässerung zur Verfügung steht, ist die Nahrungsmittelproduktion begrenzt. Die Technologie zur Entsalzung von Meerwasser ist da – was fehlt, ist das Geld zur Realisierung; aber im Augenblick scheinen die Länder, die Geld haben, nicht bereit, es mit den Habenichtsen zu teilen. Die meisten Menschen in Nordamerika und Westeuropa nehmen viel mehr Kalorien zu sich, als sie nötig hätten, während sich die meisten Menschen in Südasien, Afrika und Lateinamerika mit weit weniger begnügen müssen.

Der Nahrungsmittelvorrat der Erde ließe sich drastisch erhöhen, wenn die ökologische Nahrungskette klüger genutzt würde. Das erste Glied jeder Nahrungskette ist die Fähigkeit der Pflanzen, Sonnenenergie, Luft und Wasser durch den Prozeß der Photosynthese in Nahrungsenergie umzusetzen. Die Pflanzen ernähren Tiere, von denen sich wieder andere Tiere ernähren und so weiter; sie ernähren auch die Tiere, die dem Menschen als Nahrung dienen – oder wie Jesaja (40,6) es ausdrückte: «Alles Fleisch ist Gras.» Jedes Glied in der Nahrungskette bringt zwangsläufig den Verlust von mehr als achtzig Prozent der Energie mit sich, die im vorhergehenden Glied gespeichert war. Die längste derartige Nahrungskette für Menschen, von der wir wissen, endet auf dem Speisezettel gewisser Eskimostämme. Um ein Pfund zuzunehmen, muß ein Eskimo 5 Pfund Robbenfleisch essen. Diese 5 Pfund Robbenfleisch sind gewachsen aus dem Verzehr von 25 Pfund Fisch, die durch den Konsum von 125 Pfund Krabben und wirbelloser Meerestiere zustande gekommen sind. Die Wirbellosen schließlich hatten sich von 625 Pfund Algen ernährt. All das war nötig, damit ein einziger Eskimo ein Pfund zunehmen konnte. Mit anderen Worten: Etwa 99,8 Prozent der Sonnenenergie, die zu Beginn von den Algen umgesetzt worden war, ging verloren, bis sie beim Verbraucher – in diesem Fall dem Eskimo – anlangte. Ähnliches geschieht in anderen Gesellschaften, deren Mitglieder sich hauptsächlich vom Fleisch domestizierter Tiere oder von Fischen ernähren, die am Ende einer langen Nahrungskette stehen. Man muß also kein Hellseher sein, um vorauszusagen, daß die Menschen in zunehmendem Maße die Pflanzen und kleinen Tiere am Anfang der Nahrungskette kultivieren müssen, anstelle großer Tiere an deren Ende.

Es gibt bereits Technologien, die landwirtschaftliche Erträge enorm zu steigern vermögen; die eine intensive Bewirtschaftung des Meeres ermöglichen, mit deren Hilfe die Züchtung von Algen und Schalentieren betrieben wird, und die an der Entwicklung verschiedenartiger Pflanzen mit hohem Proteingehalt und an der Züchtung ertragreicher neuer Getreidesorten beteiligt sind. In nur wenigen Jahren haben es die Philippinen geschafft, mit Hilfe neuer Reissorten – und natürlich mit Hilfe großer Mengen Düngemittel und moderner Maschinen – vom Importeur zum Exporteur dieses wichtigen Nahrungsmittels zu werden. Versuche mit neuen Weizensorten haben in Pakistan die Ernteerträge in nur drei Jahren um etwa 70 Prozent gesteigert. Die Technologie ist für eine starke Anhebung der Nahrungsmittelproduktion gerüstet, aber die sozialen und kulturellen Systeme haben nicht Schritt gehalten, und ebensowenig ist eine weltweite humane Ethik zu erkennen, die die modernen Gegebenheiten berücksichtigen würde. Wenn jeder Bürger der Erde pro Jahr nur zehn Dollar zur Herstellung von Düngemitteln beisteuerte, würde sich die Nahrungsmittelproduktion um etwa 50 Prozent erhöhen lassen. Wenn die fortschrittliche landwirtschaftliche Bewirtschaftung, wie sie heute in Holland praktiziert wird, auch bei den anderen dreieinhalb Milliarden Morgen Ackerboden in der Welt angewandt würde, könnte die Erde 60 Milliarden Menschen ernähren – und alle wären genauso gut genährt wie die holländische Bevölkerung. Wenn eine gleichgroße Landfläche ebenso wirksam genutzt würde, wie der japanische Boden von den Japanern genutzt wird, dann könnte die Welt etwa 90 Milliarden Menschen – auf typisch japanische Art – ernähren. Die Nahrungsproduktion ließe sich noch weiter steigern, wenn die fortschrittlichen Staaten bereit wären, etwas in die Techniken zur Herstellung neuer synthetischer Nahrungsmittel zu investieren. Selbst bei den hocheffizienten Methoden der modernen Landwirtschaft ist noch fast ein Morgen nötig, um einen Menschen zu ernähren – dabei genügte ein einziger Behälter von nicht einmal einem Kubikmeter Volumen voller Algen, um praktisch den gesamten Protein-, Vitamin- und Kalorienbedarf eines Menschen zu decken.

All die düsteren Voraussagen über das Versagen der Menschen, sich auf die Dauer ernähren zu können, entbehren – zumindest für die absehbare Zukunft – wohl jeder vernünftigen Grundlage. Viele dieser Prophezeiungen stammen von Thomas Malthus, der 1798 seine Abhandlung «Principle of Population» schrieb: daß die Zahl der Menschen durch ihren Nahrungsmittelbedarf beschränkt sei, weil sie sich geometrisch vermehre (das heißt: eins, zwei, vier, acht und so weiter), während sich die Nahrungsmittelproduktion nur arithmetisch steigern lasse (eins, zwei, drei vier). Malthus kannte als Hilfmittel für die Landwirtschaft nur Land, Wasser und die Muskelkraft von Mensch und Tier. Das trifft im wesentlichen auch heute noch für den größten Teil der Welt zu. Aber in den modernen Nationen wurde die landwirtschaftliche Produktion durch zwei Dinge, von denen Malthus nichts wissen konnte, enorm gesteigert: durch die Energie aus Erdöl und die Anwendung einer neuen Technologie. Mit Energie werden landwirtschaftliche Geräte mechanisch betrieben, werden Düngemittel und Schädlingsbekämpfungsmittel hergestellt, Bewässerungsanlagen in Gang gehalten und Rohstoffe hin und her transportiert. Die Anwendung der Technologie hat ebenfalls Dimensionen erreicht, wie sie sich Malthus niemals hätte vorstellen können. Heute werden physikalische Eigenschaften und chemische Beschaffenheit des Bodens genau untersucht; es werden Pflanzenstämme gezüchtet, die unempfindlich gegen Krankheiten sind; genetisch hochwertige Zuchttiere haben die Milch- und Eierproduktion gesteigert; neue Techniken für Bewässerungs- und Entwässerungssysteme sorgen für eine bessere Nutzung des vorhandenen Wassers. Die Modernisierung der Landwirtschaft in den unterentwickelten Ländern ist auch in unserem eigenen Interesse, nicht nur weil wir als Mitglieder der menschlichen Familie für sie mitverantwortlich sind, sondern auch aus ökonomischen Gründen. Die aufkommende moderne Ethik gibt sich nicht mehr mit Krankheiten, Hunger und Krieg als einer «natürlichen» Bevölkerungskontrolle zufrieden. Der einzig sichere Weg, das Bevölkerungswachtum einzudämmen, ist die Verbesserung der Bedingungen, unter denen die übrige Welt lebt – wodurch schließlich auch die Kosten zurückgehen würden, die wir aufbringen müssen, um den Bedürftigen zu helfen.*

Obgleich die vordringlichsten Aufgaben, denen sich die Menschheit gegenübersieht, die Instandsetzung der Umwelt, die Verhinderung nuklearer Kriege und die Ernährung der wachsenden Weltbevölkerung sind, stellt sich auch die Frage nach der biologischen Zukunft unserer Spezies. Ist unsere Entwicklung zu einem Stillstand gekommen? Haben wir inzwischen die äußerste Spitze unseres evolutionären Zweiges erreicht? Die Beherrschung der gesamten Umwelt auf Erden durch die Menschen hat ein so totales Ausmaß angenommen, daß wir uns kaum vorstellen können, der heutige Mensch sei gezwungen, sich anzupassen. Andere Organismen passen sich infolge des selektiven Drucks ihrer Umwelt durch Veränderung ihrer Gene an. Nur die Menschen vermögen sich anzupassen, indem sie die Umwelt verändern, um sie für ihre Gene zu qualifizieren.

Manche Wissenschaftler sind der Ansicht, daß die anatomische und physiologische Evolution sich seit Beginn der kulturellen Entwicklung der Menschen immer mehr verlangsamt hat, und zwar so sehr, daß sich heute die Möglichkeiten der biologischen Evolution erschöpft zu haben scheinen und nur mehr die Evolution der Kultur von Bedeutung ist. Diese Meinung geht von irrigen Voraussetzungen in bezug auf die menschliche Evolution aus. Zum ersten kann niemand, der heute lebt, voraussagen, welche Bedeutung scheinbar triviale biologische Veränderungen unseres Körpers haben. Erst im nachhinein verstehen die Anthropologen, was es für einen vor Millionen Jahren geborenen Primaten bedeutete, ein so verformtes Becken zu haben, daß es leichter für ihn war, aufrecht zu gehen als auf allen vieren zu laufen. Zum zweiten ist die menschliche Evolution nachweislich ein fortschreitender Prozeß. Größere Veränderungen in der Frequenz der Erbfaktoren haben, wie wir wissen, immer mehrere Jahrhunderte gebraucht, bis sie sich durchgesetzt hatten – wie zum Beispiel die Eigenschaft, Sichelzellen zu haben, die Fähigkeit der Erwachsenen, Milch zu verdauen, und die Verteilung der Blutgruppen.

Die biologische Entwicklung ist keineswegs mit dem Aufkommen der Kultur zum Stillstand gekommen, und es ist auch nicht wahrscheinlich, daß sie es tun wird, wenn die Kulturen noch komplexer sein werden als jetzt. Wie alle andern lebenden Dinge, so sind auch die menschlichen Gene weiterhin der Mutation unterworfen. Bei jedem einzelnen der vielen zehntausend Gene, die der einzelne Mensch erbt, besteht eine geringe Wahrscheinlichkeit – etwa 1:100000 oder 200000 –, daß es sich während der fortpflanzungsfähigen Jahre des Individuums auf irgendeine Weise verändert. In Wirklichkeit ist die Mutationsrate bei den Menschen heute größer als früher – als Folge höherer Strahlung und neuer chemischer Substanzen, die in die Umwelt gelangen. Nach dem Gesetz der Wahrscheinlichkeit würden nur extrem wenige dieser Mutationen vorteilhaft sein, alle anderen müßten sich schädlich auswirken, weil sie ein bereits funktionierendes System zerstören.

Nachteilige Mutationen wurden in der Vergangenheit stets durch die natürliche Auslese eliminiert, und zweifellos wird das auch künftig geschehen, so daß die Menschen die Umwelt, die sie sich geschaffen haben, weiterhin bewohnen können. Betrachten wir zum Beispiel eine besondere Art des Zwergwuchses, die Chondrodystrophie, eine Mutation, bei der Kopf und Rumpf durchaus normal, Arme und Beine jedoch anomal kurz sind. (Man weiß von intelligenten, chondrodystrophischen Zwergen, die im 15. und 16. Jahrhundert als Hofnarren an europäischen Fürstenhöfen lebten.)

Solche Zwerge sind gewöhnlich völlig gesund und besitzen eine normale Intelligenz; doch ist die Mortalität ihrer Kinder bei der Geburt und während der Kindheit fünfmal höher als bei Nicht-Zwergen. Nicht ohne Grund ist die Auslese gegen diese Art des Zwergwuchses extrem streng. Offenbar sorgt die Natur durch Selektion immer noch dafür, daß chondrodystrophische Menschen ihre Gene in einem viel geringeren Umfang an zukünftige Generationen weitergeben können als Menschen, die dieses Merkmal nicht besitzen.

Die modernen medizinischen Verfahren haben es möglich gemacht, daß sogar Menschen mit gewissen tödlichen Mutationen zu überleben vermögen. Das Retinoblastom zum Beispiel ist ein bei Kindern auftretendes Augenkarzinom, das noch bis vor wenigen Jahrzehnten fast immer tödlich verlief, bevor die mutierten Gene auf die nächste Generation übertragen werden konnten. Heute überleben aufgrund ärztlicher Behandlung etwa 70 Prozent der Träger dieses mutierten Gens – sie können sich fortpflanzen und die Krankheit an ihre Nachkommen weitergeben. Ebenso ist es der medizinischen Wissenschaft gelungen, Personen, die von Jugend auf an Hämophilie, Diabetes und anderen, früher tödlich verlaufenden, genetisch bedingten Krankheiten leiden, zu einem normalen, hohen Lebensalter zu verhelfen. Sind diese Menschen der lebende Beweis dafür, daß die Gesetze der natürlichen Auslese allmählich durch den menschlichen Eingriff abgeschafft werden? Ganz und gar nicht. Da sich jede Spezies im Zusammenhang mit ihrer Umwelt verändert, werden die selektiven Maßnahmen in andere Richtungen dirigiert und nicht reduziert. Vor mehreren Millionen Jahren ließ zwar der selektive Druck auf die Fähigkeit der Hand, Zweige zu umklammern und sich daran halten zu können, nach, dafür wurden dieselben Hände aber immer geschickter bei der Herstellung von Werkzeugen.

Viele Krankheiten, die in vorausgegangenen Anpassungen zu einem frühen Tod führten oder auf andere Weise die Zeugung gesunder Nachkommen verhinderten, werden in der modernen Umwelt nicht mehr durch die natürliche Auslese eliminiert. Menschen, die an solchen Krankheiten leiden, sind im Darwinschen Sinne so tüchtig wie alle anderen Mitglieder der Bevölkerung – solange ihnen ärztliche Behandlung zuteil wird. Schon oft wurde das Schreckgespenst einer künftigen Menschheit heraufbeschworen, die zu einem hohen Prozentsatz mit genetischen Schäden behaftet ist und mit einem enormen Aufwand an öffentlichen Mitteln für ihre medizinische Versorgung am Leben erhalten werden muß. Gegenwärtig gibt es in den Vereinigten Staaten ungefähr 100000

Bluter – d. s. Menschen, die an Hämophilie leiden –, die durch Globulinbehandlungen lebensfähig erhalten werden – was pro Jahr pro Person 22 000 Dollar kostet. Dennoch sind übergroße Sorgen unbegründet. Phenylketonurie (PKU) ist eine Erbkrankheit, die – unbehandelt – zu schweren geistigen Behinderungen führt. Heute gibt es zuverlässige Tests, mit denen sich PKU bereits bei Neugeborenen feststellen läßt; in fast vierzig von fünfzig Staaten der USA ist dieser Test obligatorisch. Wird die Krankheit früh genug festgestellt, kann sie ohne Schwierigkeit mit einer bestimmten Diät behandelt werden, mit dem Resultat, daß sich fast alle behandelten Kinder normal entwickeln. Die Gesamtkosten der Vorsorgeuntersuchung liegen bedeutend niedriger als die Kosten für die Pflege eines einzigen PKU-Patienten, der sein Leben lang in einer Anstalt bleiben muß.*

Aber handeln die Ärzte wirklich im Interesse der Spezies, wenn sie es diesen Kindern ermöglichen, zu überleben, zu heiraten und das PKU-Gen an künftige Generationen weiterzugeben? Manch einer macht sich Sorgen, daß die physisch schwächeren, weniger intelligenten und weniger erfolgreichen Mitglieder der Gesellschaft die «höherstehenden» überrunden könnten. Offenbar findet bei der Bevölkerung der Vereinigten Staaten ein Wechsel in der genetischen Verteilung statt, der sich durch mehrere sozioökonomische Klassen zieht. Eine gebildete Frau der Oberschicht bekommt im Verlauf ihrer fruchtbaren Jahre heute im Durchschnitt zwei Kinder, während eine ungebildete Frau der Unterschicht im Durchschnitt etwa vier bekommt. Zöge man aus dieser statistischen Tatsache jedoch den Schluß, die Bevölkerung der Vereinigten Staaten würde dadurch an Gesundheit oder Intelligenz einbüßen, dann wäre das ein Irrtum. Denn es gibt überhaupt keinen Beweis dafür, daß die Oberklassen der Vereinigten Staaten ihre privilegierte Stellung einer überlegeneren genetischen Ausstattung verdanken. Viel eher ist dieses Privileg darauf zurückzuführen, daß die Nachkommen weißer Einwanderer, die sehr früh in die Vereinigten Staaten kamen, bessere Chancen hatten, reich zu werden, als Einwanderer, die erst nach ihnen kamen. Und was die schwarzen Amerikaner betrifft: Sie hatten bis vor kurzem überhaupt keine Möglichkeit, zu Wohlstand, Bildung oder Macht zu gelangen.

Außerdem befürchtet man, das intellektuelle Potential unserer Spezies, dieses Markenzeichen hominiden Erfolgs, sei im Abnehmen begriffen. Überall bringen diejenigen Schichten, die gewöhnlich als die intelligentesten angesehen werden, weniger Kinder hervor als die Masse der Bevölkerung. Allerdings wird häufig übersehen, daß Menschen mit sehr geringer Intelligenz nur wenige oder gar keine Kinder hervorbringen. Vermutlich gibt es in der Bevölkerung der Vereinigten Staaten genauso viele Schwachsinnige wie Genies. Hochintelligente Menschen haben immerhin die Möglichkeit, sich fortzupflanzen, auch wenn sie davon nicht immer vollen Gebrauch machen – geistig Schwache dagegen werden meist in Anstalten gesteckt, wo sie gar nicht erst Gelegenheit haben, sich fortzupflanzen. Zudem haben geistig Behinderte oft auch körperliche Behinderungen; wahrscheinlich hängt beides zusammen. Daher liegt die Fortpflanzungsrate dieser unglücklichen Menschen weit unter dem Durchschnitt. Das bedeutet, daß die Erbfaktoren sowohl extrem intelligenter als auch geistig stark minderbemittelter Menschen einer ständigen Eliminierung unterliegen, und zwar bei beiden in gleichem Maße. An der durchschnittlichen Intelligenz von Populationen, in den Vereinigten Staaten und anderswo, wird sich zweifellos kaum etwas ändern – nicht eher, als bis durch künftige Umweltveränderungen ein neuer selektiver Druck ausgelöst wird.

Könnte man denn nicht dafür sorgen, daß mehr intellektuell begabte und physisch gesunde Menschen hervorgebracht werden? Einflußreiche Genetiker haben den Vorschlag gemacht, Sperma einzufrieren und so lange für eine spätere künstliche Insemination zu konservieren, bis sich die genetische Zusammensetzung dieses Spermas durch Erfolg und geistige sowie physische Gesundheit des Spenders als brauchbar erwiesen hat. Zweifellos würden aber die Richtlinien zur Festlegung der Qualität der Gene Gegenstand fortgesetzter Diskussionen sein. Außerdem läßt sich bislang noch gar nicht sagen, ob die heute bevorzugten Merkmale – Intelligenz, geistige Stabilität, Energie, Mut usw. – genetisch bedingt sind (wenn ja, könnten sie an Nachkommen weitervererbt werden), oder ob sie umweltbedingt sind (in diesem Fall wären sie nicht vererbbar). Ein anderes potentielles Problem wurde 1975 deutlich, als die *British Royal Society* dem Parlament empfahl, Rockmusikstars zu verbieten, ihren Samen an kommerzielle Samenbanken zu verkaufen. Die Akademie wies darauf hin, daß aufgrund der Popularität mancher Rockmusiker mit dem kommerziell verfügbaren Samen ein schwungvoller Handel getrieben und von nur einem einzigen Spender Tausende Nachkommen in die Welt gesetzt werden könnten. Inzuchtprobleme wären dann unvermeidlich, wenn die Nachkommen untereinander heiraten würden, ohne zu wissen, daß sie Halbgeschwister sind. Und falls der Rockstar Träger eines nachteiligen Gens wäre, könnte es ganz beiläufig in einem noch nie dagewesenen Ausmaß auf die Nachkommen übertragen werden.

Im Jahr 1932 beschrieb Aldous Huxley in seinem Roman *Schöne neue Welt* eine zukünftige Gesellschaft, die ihre Menschen künstlich in Reagenzgläsern großzieht. Eine ganze Reihe der wissenschaftlichen Probleme, die Huxley mit grimmiger Satire dargestellt hat, haben die Genetiker inzwischen gelöst, und anscheinend werden sie schon bald in der Lage sein, Einfluß auf den Kurs der menschlichen Evolution zu nehmen. Heute schon wird der Fötus in der Gebärmutter untersucht, nicht nur, um sein Geschlecht, sondern auch um eventuelle genetische Schäden festzustellen. Bei einer ungünstigen Diagnose hat die Mutter so die Möglichkeit, die Schwangerschaft zu unterbrechen. Die Genetiker sind auch imstande, zu klonen, d. h., durch Entnahme von Zellgewebe eines Elternteils werden so viele identische Nachkommen produziert, wie gewünscht sind –, und das nicht nur bei Pflanzen, sondern auch bei manchen Tieren – und in Zukunft vielleicht sogar beim Menschen. Anhänger des Klonens malen sich bereits eine Welt aus, in der es von Ebenbildern vielbewunderter Persönlichkeiten wie Jesus, Sokrates, Shakespeare, Leonardo und Einstein nur so wimmeln wird. Allerdings könnten durch Klonen genausogut unzählige Neuausgaben von Iwan dem Schrecklichen, dem Hunnenkönig Attila oder Adolf Hitler die Welt bevölkern. Aber ein viel größeres Problem liegt in der Gefahr, daß jedes Individuum, dem ein überragendes Merkmal anhaftet (die ethische Größe Jesu, die Kreativität Sokrates' und Shakespeares, die wissenschaftliche Originalität Leonardos und Einsteins) unweigerlich auch Träger zahlreicher anderer Gene ist, die sich vielleicht schädlich auswirken könnten.

Genetic Engineering – das bedeutet die direkte Manipulation des genetischen Codes der DNS durch Veränderung, d. h. Subtraktion von oder Addition zu der Information, die die Zelle aufnimmt – wird als eine hervorragende Möglichkeit zur Verbesserung unserer Spezies angesehen. Die Leber eines Fötus, die das PKU-Merkmal trägt, könnte zum Beispiel die Information erhalten, sich selbst zu korrigieren und das fehlende Enzym zu synthetisieren. Die Möglichkeiten dieser genetischen Manipulation erscheinen jedoch bedeutungslos, wenn man sie der Möglichkeit zur Manipulation der kulturellen Umwelt gegenüberstellt. Angenommen, die Bürger der Vereinigten Staaten würden beschließen, den IQ durch genetische Maßnahmen zu erhöhen. Man könnte zum Beispiel Ehepaare überreden, ihre Kinder durch künstliche Befruchtung mit dem Sperma von Spendern zu bekommen, die einen hohen Intelligenzquotienten haben. Es läßt sich schwer voraussagen, was passieren würde, aber vermutlich würde sich nicht mehr als ein Prozent aller Paare darauf einlassen. Wahrscheinlich würde es sich bei diesen freiwilligen Paaren gerade um jene handeln, die selbst einen hohen Intelligenzquotienten besitzen und daher die Vorteile dieser genetischen Manipulation eher erkennen können. Nehmen wir nun weiter an, der IQ eines Menschen würde zur Hälfte durch Vererbung und zur anderen Hälfte durch die Umwelt bestimmt. Berechnungen auf dieser Basis ergaben, daß dieser genetische Eingriff den IQ der Gesamtbevölkerung in den Vereinigten Staaten in einer Generation um nicht einmal ein Zehntel eines einzigen Punkts verändern würde – und daß es 1500 Jahre dauern würde, bis er um ganze vier Punkte gestiegen wäre. Im Gegensatz dazu hat eine Studie in Philadelphia gezeigt, daß die IQ-Werte der Kinder nach sechs Jahren verbesserten Schulunterrichts im Durchschnitt um 5,1 Punkte höher lagen als vorher. Mit anderen Worten, der sechs Jahre dauernde Besuch einer qualifizierten Schule kann mehr bewirken als eine 1500 Jahre lang praktizierte genetische Manipulation.*

Offensichtlich steht der Erhaltung oder selbst Verbesserung des biologischen Erbguts, das den Menschen zu beispielloser Dominanz verholfen hat, wissenschaftlich gesehen kein ernsthaftes Hindernis im Wege. Gilt das auch für die kulturellen Implikationen biologischer und technologischer Veränderungen? Neuerungen gingen früher so langsam vor sich, daß sie kaum wahrgenommen wurden und kulturelle Institutionen sich allmählich anzupassen vermochten. Aber heute müssen Entscheidungen, bei denen es um das Wohl der Menschen geht, oft in geradezu rasendem Tempo getroffen werden. Viele der uns wohlbekannten Neuerungen – Computer, Kernenergie, Telekommunikation, Nachweis genetischer Fehler und wirksame Geburtenkontrolle, um nur einige zu nennen – gibt es erst seit längstens dreißig Jahren, und sie haben schon jetzt zu tiefgreifenden Veränderungen geführt. Eine ihrer möglichen Auswirkungen in den Vereinigten Staaten, das Nullwachstum der Bevölkerung, wird sich auf die gesamte Gesellschaftsstruktur auswirken. Gegenwärtig leben in den Vereinigten Staaten viel mehr junge als alte Menschen, das Durchschnittsalter liegt bei nur 28,9 Jahren. Wenn die Bevölkerung heute bei einem Nullwachstum stehenbliebe, gäbe es relativ wenige Geburten und damit für die heute noch große Zahl junger Menschen in einigen Jahrzehnten nur wenige Nachfolger.

Seit sie bestehen, wurden die Vereinigten Staaten von einer Jugendkultur beherrscht, einfach deshalb, weil es immer mehr junge als alte Menschen gab. (Zu Beginn des 19. Jahrhunderts lag das Durchschnittsalter aller in den Vereinigten Staaten lebenden Menschen bei nur 16 Jahren – 12,9 Jahre weniger als heute!) Wenn auf jedes Kind zwei oder drei Erwachsene kommen, so wie heute in Schweden und wahrscheinlich bald auch in den Vereinigten Staaten, falls die Geburtenrate weiter sinkt, dann ist mit einschneidenden kulturellen Veränderungen zu rechnen. Zu den sprichwörtlichen

Vorzügen der Vereinigten Staaten gehörte es, daß jeder junge Mann es hier bis zum Präsidenten des Landes oder doch wenigstens eines großen Unternehmens oder einer Organisation bringen konnte. In Zeiten, als nur relativ wenige Menschen ein mittleres oder gar hohes Alter erreichten, stießen ehrgeizige junge Leute kaum auf Hindernisse in Form von älteren Menschen, die erst aus ihren Jobs gedrängt werden mußten. Wenn sich jedoch der Altersaufbau der Bevölkerung so einspielt, daß es genauso viele Fünfundfünfzigjährige wie Fünfundzwanzigjährige gibt, werden sich die Älteren nicht so einfach vertreiben lassen und ihren vollwertigen Platz innerhalb der Gesellschaft verteidigen. Und die Fortschritte der Altersmedizin werden zweifellos dazu beitragen, ihren Anspruch auf kulturelles Ansehen zu bestärken. In Zukunft werden ehrgeizige junge Menschen daher noch härter darum kämpfen müssen, auch nur Vizepräsident oder leitender Beamter in der Verwaltung zu werden, denn das Reservoir ausgereifter Managerkräfte wird um einiges größer sein. Während ein Collegestudent früher einmal hoffen durfte, die oberste Stufe seiner Laufbahn mit 45 zu erklimmen, wird einem Studenten der nächsten Generation die Leiter wesentlich höher vorkommen, und mehr Leute werden sich auf den obersten Sprossen den Platz streitig machen.

Niemand vermag mit Sicherheit vorauszusagen, wie die Jüngeren reagieren werden, wenn sie sich plötzlich in der Minderheit befinden. Zweifellos werden sich alle Institutionen an die verminderten Möglichkeiten, die der Jugend offenstehen, anpassen müssen. Wird es zu einer Verschärfung des Generationenkonflikts kommen? Wird es zu ernsthaften sozialen Unruhen bei der in immer stärkerem Maß frustrierten Minderheit junger Leute kommen? Werden sich die Jungen verschwören, um der Majorität der Älteren die Macht mit Gewalt zu entreißen? Höchstwahrscheinlich geschieht nichts dergleichen. Soziale Schichtungen und den unterschiedlichen Zutritt zu Reichtum und Macht hat es immer gegeben – und das entsprechende Alter war seit jeher die Basis solcher Unterschiede. Die gegenwärtigen Schichtungssysteme werden sich wohl eher einfach an neue demographische Muster anpassen. Auch in anderen Bereichen wird sich die Kultur vermutlich ändern und an neue Bedingungen anpassen, genauso wie sie in der Vergangenheit immer getan hat.

Die Modernisierung hält an und greift mehr und mehr um sich; ihr ist eine optimistische Aussicht auf die Zukunft unserer Spezies zu verdanken. Schon jetzt hat die Modernisierung breite Lebensbereiche günstig beeinflußt, und wie es aussieht, wird das in Zukunft noch stärker der Fall sein. Sie wird oft verurteilt, weil sie soviel

Gewicht auf die Technologie legt, dennoch bietet sie eine gute Gelegenheit, Werte wieder zu entdecken, die der Mühe lohnen und die seit der Jäger-Sammler-Anpassung in Vergessenheit geraten sind. Die Modernisierung wurde verdammt, weil sie dem Planeten eben jene Rohstoffe entzieht, die erforderlich sind, um moderne Gesellschaften in Gang zu halten. Tatsächlich ist das Gegenteil richtig: Die verfügbaren Brennstoff- und Mineralreserven sind alles andere als weniger geworden; sie haben sich in Wahrheit mit der fortschreitenden Modernisierung sogar vermehrt. Hinter diesem Paradox steckt die Tatsache, daß die Verfügbarkeit von Rohstoffreserven unmittelbar von der Technologie abhängt, die angewandt wird, um sie zu finden, von der Energie, die zu ihrer Gewinnung nötig ist, und von dem Kapital, das für ihren Abbau aufgebracht werden muß. Diese drei Dinge besitzen nur moderne Gesellschaften. Wann immer eine moderne Gesellschaft eine Rohstoffquelle benötigte und wann immer ihre Mitglieder bereit waren, in die entsprechende Technologie Kapital zu investieren, ist diese Rohstoffquelle auch gefunden worden. In den Jahren um 1920 kostete das Pfund Aluminium 545 Dollar; fünfzig Jahre später kostete es noch etwa 50 Cents pro Pfund. Der Grund für diesen drastischen Preisschwund ist die Entwicklung einer Technologie zum Abbau von Bauxiterz und dessen Umwandlung in Aluminium, nachdem es sich als das vielseitigste industriell verwendbare Material herausgestellt hatte.

Während der letzten fünfzig Jahre wurde immer wieder versichert, die Erdölreserven gingen allmählich zur Neige, doch von einer Dekade zur andern schienen sie sich zu vermehren. Erst wenn die alten Reserven zu Ende gehen, ist eine intensive Suche nach großen neuen Quellen ökonomisch vertretbar. Vor zwanzig Jahren wurde es möglich, im Meer, auf dem Kontinentalschelf, nach Öl und Naturgas zu bohren; heute ist es möglich geworden, Bohrtürme in der Nordsee zu errichten; und wenn diese Reserven einmal erschöpft sind, wird es vielleicht möglich sein, die großen Erdöllager anzuzapfen, die im Schiefergestein unseres Planeten eingeschlossen sind. Und natürlich bieten die neuen solaren und nuklearen Energiequellen praktisch unbegrenzte Möglichkeiten. Während dieses Buch geschrieben wird, können sich die Kosten für Sonnenheizung fast mit denen für elektrisches Heizen messen. Der Energievorrat der Erde reicht bestimmt so lange aus, daß Zeit genug bleibt, die technologischen Probleme zur Nutzung der Kernenergie sowohl aus Brütern wie aus Fusionsreaktoren zu lösen.

Die Sorgen, die man sich heute um die Lagerung nuklearer Rückstände macht, erinnern an die Befürchtungen der Stadtväter zu

Voraussagen für das Jahr 2000

1967 haben zwei Futurologen am *Hudson Institute* eine Liste von technologischen Neuerungen aufgestellt, die ihrer Meinung nach bis zum Ende dieses Jahrhunderts eingeführt sein könnten. Die Reihenfolge entspricht der Wahrscheinlichkeit. Aber die Entwicklung ist so schnell vorangegangen, daß bereits zehn Jahre später einige der vorausgesagten Möglichkeiten verwirklicht waren.
Hier sind nur ein paar dieser Voraussagen aufgeführt:*

Möglichkeiten mit sehr hoher Wahrscheinlichkeit

1. Die Anwendung von Laserstrahlen zum Abtasten, Messen, zur Kommunikation, zum Schneiden, zum Schweißen, zur Energieübertragung, zur Verteidigung und zu anderen Zwecken (zum Teil erreicht)
2. Die weltweite Anwendung von Luftbildkameras zu kartographischen Zwecken, zum Auffinden von Erzlagern, zu statistischen Erhebungen, zur Landaufteilung und zu geologischen Untersuchungen (erreicht)
3. Eine wesentliche Verminderung erblicher und angeborener Defekte – (zum Teil erreicht)
4. Die dreidimensionale Photographie, auch für Film und Fernsehen (zum Teil erreicht durch die Holographie)
5. Die Durchführung von nuklearen Sprengungen bei Ausgrabungen und im Bergbau, zur Energieerzeugung und als Neutronenquelle (zum Teil erreicht)
6. Neue Methoden für eine preisgünstige, bequeme und verläßliche Geburtenkontrolle (erreicht)
7. Wetter- und Klimakontrolle
8. Allgemeine und qualitative Zunahme der Lebenserwartung, Hinausschieben des Alters und in begrenztem Maß Verjüngung
9. Verbesserung von Gedächtnis und Lernfähigkeit durch chemische Substanzen
10. Künstliche Monde zur Beleuchtung größerer Gebiete bei Nacht

Möglichkeiten mit geringerer Wahrscheinlichkeit

1. Steigerung der Intelligenz auf mechanischem Wege (zum Teil erreicht mit Computer)
2. Anregung des Wachstums neuer Gliedmaßen und Organe
3. Verwendung von Raketen für kommerzielle und private Transportzwecke
4. Wirksame chemische und biologische Behandlung der meisten Geisteskrankheiten
5. Tiefschlaf über Jahre oder Jahrhunderte
6. Automatisierte Verkehrswege
7. Steigerung der geistigen Kapazität des Menschen durch Anschluß des Gehirns an einen Computer
8. Nachweis einiger außersinnlicher Phänomene
9. Künstliche Befruchtung und Laborbabys
10. Umfangreiche bemannte Mond- oder planetarische Stationen

Möglichkeiten mit äußerst geringer Wahrscheinlichkeit

1. Steigerung der Lebenserwartung auf weit über 150 Jahre
2. Nahezu vollständige Kontrolle über Gene
3. Interstellare Reisen
4. Routinemäßige praktische Anwendung außersinnlicher Phänomene
5. Entwicklung von lebendem Plasma unter Laborbedingungen

Beginn dieses Jahrhunderts, als man London und Paris durch den Wagenverkehr bereits unter Bergen von Pferdedung begraben sah. Aber dann wurde das Auto erfunden, und das Problem löste sich von selbst. Das Auto hat wieder neue Formen der Umweltverschmutzung mit sich gebracht, und auch dagegen versucht man anzugehen. In London wurde soviel zur Reinhaltung der Luft getan, daß innerhalb von zwanzig Jahren im Winter fünf Prozent mehr Sonneneinstrahlung gemessen wurden. Auch die Themse wurde von Schmutz und Schadstoffen gereinigt, und zum ersten Mal seit vielen Jahren sind dort wieder Fische anzutreffen. Ein kurzer Blick auf die Geschichte der Hominiden zeigt, daß stets neue Techniken gefunden wurden, um neugeweckte Bedürfnisse zu befriedigen, und daher dürfen wir auch fest daran glauben, daß der moderne Mensch nicht viel anders verfahren wird.

Die Modernisierung bietet der Menschheit eine Chance, die nicht mehr bestanden hat, seit die Jäger-Sammler-Anpassung praktisch verschwunden ist: die Chance zur vollen Entwicklung aller, dem Menschen eigentümlichen Möglichkeiten. Einiges ist schon erreicht – eine Annäherung an die Gleichstellung der Geschlechter, intensivere Beziehungen zwischen Familienmitgliedern und ein Mitspracherecht aller Familienmitglieder, wenn es um wichtige Entscheidungen geht. Der wichtigste Beitrag, den die Modernisierung geleistet hat, ist vielleicht der Freiraum, den heute viele Menschen genießen. Auch wenn es überall auf der Welt noch immer Menschen gibt, die aufgrund überholter politischer und sozialer Systeme Freiheiten entbehren müssen – in den modernen Nationen sind die Beschränkungen längst nicht so groß wie bei allen übrigen. Natürlich wird noch viel Mißbrauch getrieben, so daß die modernen Gesellschaften notgedrungen Systeme zur Regulierung des komplexen Verhaltens, das mit der Modernisierung Hand in Hand geht, errichtet haben. Dabei gehen sie aber bei weitem nicht mehr so repressiv und brutal vor, wie das früher der Fall war. Selbst in der frühindustriellen Gesellschaft gehörte es oft noch zu den Vorrechten des Ehemanns, Frauen und Kinder körperlich zu züchtigen, und die Herrschaft konnte ihre Leibeigenen und Sklaven ungestraft schlagen und verstümmeln. Es ist erst hundert Jahre her, als es in Westeuropa noch weit über hundert als kriminelle, heute dagegen meist als geringfügig erachtete Delikte gab, die mit lebenslanger Zwangsarbeit oder mit dem Tode bestraft wurden, wobei die Hinrichtung öffentlich vorgenommen wurde. Selbst die Jäger und Sammler, die doch anscheinend in sozialer Gleichheit lebten, waren starken sozialen Zwängen ausgesetzt, die unmißverständlich klarmachten, welche Verhaltensweisen für die Mitglieder der Gesellschaft akzeptabel waren.

Der für die Modernisierung unerläßlichen staatlichen Bürokratie wird oft nachgesagt, sie enge die Freiheit der Menschen ein. Viele der gesetzlichen Bestimmungen sind jedoch dazu da, die Freiheit auszudehnen, und nicht, sie einzuschränken. Das Lebensmittelschutzgesetz *(Pure Food and Drug Act)* der Vereinigten Staaten beschränkt beispielsweise die Freiheit einer Minderheit von Geschäftsleuten, indem es ihnen untersagt, verunreinigte Lebensmittel und schädliche Drogen gewinnbringend zu verkaufen, doch dafür bietet es dem Rest der Bevölkerung mehr Freiheit durch Schutz vor möglichen Schädigungen. Die Sozialversicherung schränkt zwar die Freiheit der Unternehmer, noch mehr Profit zu machen, ein wenig ein, bringt aber der breiten Bevölkerung die Freiheiten eines garantierten Minimaleinkommens im Alter.

Die menschliche Freiheit ist mehr als nur die Lockerung repressiver sozialer Kontrollen. Sie bringt für Kinder wie für Erwachsene auch die Befreiung von schwerer Arbeit, Befreiung von Krankheit, von geistigen und körperlichen Behinderungen und von den Launen der physikalischen Umwelt. Für die Frau schließt sie die Befreiung von einer Aufeinanderfolge unerwünschter Schwangerschaften ein. Die Menschen sind frei, wenn sie in ihrem Handeln nicht mehr von den Beschränkungen abhängig sind, die die natürliche und die soziale Umwelt ihnen auferlegt. Die moderne Technologie hat diese Freiheiten ermöglicht. Die technologische Macht an sich ist weder gut noch böse. Sie ist einfach eine Macht, die rücksichtslos gebraucht werden kann – oder so klug, daß die beängstigenden Fallstricke der nächsten Jahrzehnte nicht zum Verhängnis werden. In diesem Rahmen erfreut sich das Mitglied einer modernen Gesellschaft einer Reihe von Auswahlmöglichkeiten, wie sie in dieser Fülle und Vielfalt bisher noch nie zur Verfügung standen, auch nicht dem größten Tyrannen in der Geschichte der Menschheit.

Zurück also zu der Frage, die in diesem Kapitel schon einmal gestellt wurde: Hat unsere Spezies eine Zukunft? Ich hätte dieses Buch nicht schreiben können, wenn ich nicht eine ganz persönliche Meinung dazu hätte. Wenn es uns gelingt, einige der großen Gefahren, die in den nächsten Jahrzehnten auf uns zukommen werden, zu überleben, dann prophezeie ich den Beginn einer neuen Ära, in der die Kräfte, die dem Menschen eigentümlich sind, effektiver sein werden als je zuvor. Optimismus ist unter anderem deshalb angebracht, weil unsere Spezies schon immer mit großen Problemen zu kämpfen hatte. Und die einzigartige Fähigkeit des Menschen, mit Problemen fertig zu werden, hat immer wieder neue biologische, kulturelle und technologische Lösungen hervorgebracht, die dann ihrerseits unsere Spezies zu immer neuen Ebenen der Anpassung geführt haben. Es besteht kein Grund, zu zweifeln, daß das auch in Zukunft so sein wird. Daher habe ich mit diesem Buch auch keinen Nachruf geschrieben, sondern eine Huldigung an unsere Spezies.

Danksagung

Dieses Buch wurde von den ersten Plänen bis zur Fertigstellung von vielen Leuten mit ungewöhnlicher Anteilnahme verfolgt. Mein Agent Carl Brandt, mit dem ich vor Jahren zum erstenmal über die Idee zu einem solchen Buch sprach, war von Anfang an ein besonders wohlwollender Fürsprecher. Mein Lektor Robert Cowley las sich unermüdlich durch die endlosen Entwürfe, und wenn er einmal besorgt war, das Buch könne vom eingeschlagenen Kurs abweichen, dann scheute er sich nicht, darauf hinzuweisen; darüber hinaus war er mir immer ein treuer und enthusiastischer Freund. Bewundernswerte Arbeit leistete Amy Clampitt, die in ihrer anspruchsvollen Art den Umbruch besorgte und sich generell um das Manuskript kümmerte; auch Marjorie Weinstein war wieder dabei und las die Korrekturfahnen mit Verstand und Sorgfalt; Sharon Fretwell blieb gelassen, als unter starkem Zeitdruck das Manuskript zu tippen war. Janice Byer und Linda Glick vom Verlag Houghton Mifflin Company widmeten sich dem Projekt mit nie nachlassender Gewissenhaftigkeit.

Ohne die Unterstützung der University of Massachusetts in Amherst hätte ich dieses Buch nicht schreiben können. Viele freundliche Leute in den Universitätsbibliotheken waren stets bereit, mich bei meinen Recherchen zu unterstützen. Teile des Manuskripts wurden von folgenden Mitgliedern des Lehrkörpers gelesen, die mir zahllose Anregungen aus ihrem jeweiligen Spezialgebiet gaben: George Armelagos (Anthropologie und Biologie), Charles Clifton (Psychologie), John P. Hewitt (Soziologie) und Wang Hui-ming (asiatische Kultur und Geschichte). Da dieses Buch zwangsläufig eine persönliche Angelegenheit sein mußte und aus einer gewaltigen Fülle an Wissen über die menschlichen Errungenschaften nur ein paar hundert Seiten herausziehen konnte, war es mir nicht immer möglich, ihre Anregungen zu übernehmen.

Noch anderen Leuten fühle ich mich zu Dank verpflichtet. Einige von ihnen haben mich im Lauf der Jahre wesentlich beeinflußt – und es war mir eine Freude, diese intellektuellen Schulden in den «Anmerkungen und Quellen» abzutragen, an Stellen, die mir dafür am geeignetsten erschienen. Die Aufzählung all derer, denen ich Dank schulde, wäre jedoch nicht vollständig, würde ich nicht meinen verstorbenen Schwager Franklin Horch anführen; ohne seine Unterstützung hätte ich die Bücher, die mir notwendig erschienen, nicht schreiben können.

Amherst, Massachusetts PETER FARB

Anmerkungen und Quellen

7 Der Chor der Greise aus *Antigone* des Sophokles ist aus dem Griechischen übertragen von Friedrich Hölderlin.

1. Affe oder Engel?

Viele der in diesem Einführungskapitel nur kurz angesprochenen Punkte finden sich in großer Ausführlichkeit bei Hockett (1973), Hulse (1971) und Buettner-Janusch (1966). Ich werde sie zudem in den nachfolgenden Kapiteln eingehender darstellen.

11 Psalm 8, ins Deutsche übertragen von Martin Luther. Aus Disraelis Ansprache bei der «Oxford Diocesan Conference» am 25. November 1864.

14 Itard übte einen sehr großen Einfluß aus. Entgegen der medizinischen Lehrmeinung seiner Zeit vermochten er und seine Anhänger zu demonstrieren, daß man die geistig Zurückgebliebenen weiterbilden könne. George Sumner sah in Paris, wie Itards Methoden praktiziert wurden, und brachte sie in die Vereinigten Staaten, wo er das erste Bildungsprogramm für geistig Zurückgebliebene entwickelte. Später übernahm Maria Montessori Itards Methoden und wandte sie bei der normalen Vorschulerziehung an. Ein glänzendes Buch über Itard und den «Wilden Jungen von Aveyron» stammt von Lane (1976). Das Zitat steht bei Lane (1976) auf Seite 26.

16 Das Zitat ist aus *The Portable Medieval Reader*, herausgegeben von James B. Ross und Mary M. McLaughlin (New York: Viking Press, 1949), S. 366.

16 Das Beispiel aus Baltimore steht bei Gardner (1972). Spitz berichtete von dieser erschreckenden Statistik in seinem 1945 erschienenen Buch.

22 Die Liste dieser Definitionen wurde von Kroeber und Kluckhohn erstellt (1952).

23 Eine hervorragende Erörterung des Anthropozentrismus findet sich bei Murdy (1975).

2. Was es bedeutet, ein Primat zu sein

Eine Vielfalt von Fakten und Ideen in diesem Kapitel verdanke ich vor allem den folgenden Arbeiten: Lancaster (1975), Eimerl und DeVore (1974), Dolhinow (1972), Jolly (1972), Weiner (1971), Kummer (1971), Young (1971) und Napier (1970). Über ausgedehnte Untersuchungen von Primaten im Zusammenhang mit ihren Anpassungen vgl. Tuttle (1975). Vor allem möchte ich Phyllis Jay Dolhinow danken, die mich an der Columbia

University mit dem Primatenverhalten bekannt machte, sowie John Napier, mit dem ich während unserer gemeinsamen Zeit an der Smithsonian Institution anregende Gespräche führte; ebenso danke ich Napier dafür, daß er mir seine Sammlung von Filmen über das Primatenverhalten zugänglich machte.

26 Zitiert aus Lane (1976), S. 20.

35 Die Werkzeugherstellung und andere in diesem Kapitel angesprochene Verhaltensweisen der Schimpansen sind von van Lawick-Goodall (1971) ausführlich dargestellt worden.

37 Über die Reaktion der Schimpansen auf das Leopardenmodell siehe Kortlandt und van Zon (1969).

38 Das Material über Jagd und Beuteteilung bei den Schimpansen findet sich bei Teleki (1973), über das Jagdverhalten der Paviane berichten Strum (1975) und Harding (1975).

41 Eine neuere Darstellung der Dominanz bei nichtmenschlichen Primaten und ihre Auswirkungen auf menschliche Gesellschaften steht bei Loy (1975).

42 Die verschiedenen Methoden der Fortpflanzung wurden von Goss-Custard *et al* (1972) erörtert.

43 Die letzten Seiten stützen sich überwiegend auf Informationen über das Sozialverhalten der Primaten bei Lancaster (1975). Eine von einer anderen Perspektive ausgehende und hochinteressante Analyse der sozialen Struktur bei den Primaten findet sich bei Eisenberg *et al* (1972).

44 Über die Protokultur bei japanischen Affen siehe Kawai (1965) und Menzel (1966).

47 Es gibt neue Erkenntnisse über in Gefangenschaft gehaltene, jedoch nicht trainierte Primaten, die mentale Fähigkeiten besitzen und Aufgaben lösen können. Vgl. beispielsweise Beck (1973).

3. Die Grundstruktur der Hominiden

Folgende Bücher erwiesen sich bei der Erarbeitung dieses Kapitels als besonders wertvoll: Campbell (1974), Fagan (1974), Howells (1973), Lasker (1973), Birdsell (1972) und Pilbeam (1972). Es sind durchweg Lehrbücher, aber für jeden verständlich, der mein erstes Kapitel gelesen hat. Zugänglicher für den gewöhnlichen Leser und sehr empfehlendswert ist Pfeiffer (1972).

49 *Hamlet,* Akt I, Szene V, übersetzt von A. W. Schlegel

53 Die neuesten Erkenntnisse über die Ramapithecinen sind bei Simons (1977) zusammengefaßt.

55 Eine rein fachliche Erörterung der Ausgrabungen am Turkanasee und in Äthiopien findet sich in Coppens *et al* (1976).

56 Eine kurze Zusammenfassung der neuesten Hypothesen über die ersten Hominiden steht in *Science*, Bd. 187 (1975), S. 940–942.

60 Die Anpassung des Neandertalers erörtert Campbell (1972), S. 40–58.

62 Zur Totenbestattung der Neàndertaler siehe Solecki (1975) und (1972).

63 Über den Zusammenhang von Körperbau und Waffen siehe Brues (1959).

65 Über die dänischen Holzfäller las ich bei Hockett (1973), S. 495.

66 Zum Körperbau des Bogenschützen siehe Brues (1959).

68 Eine detallierte Analyse der verschiedenen Theorien über den Sinn der Höhlenmalereien findet sich in Ucko und Rosenfeld (1967). Das Buch enthält zahlreiche Illustrationen.

4. Das ist der Mensch

Viele der in diesem Kapitel ausgesprochenen Gedanken gehen auf Lancaster (1975) zurück; trotz seiner Kürze hat dieses Werk eine extrem hohe spezifische Bedeutung und ist voll faszinierender Einsichten. Campbell (1974), Pfeiffer (1972) und Napier (1970) sind schon bei vorangegangenen Kapiteln als Quellen genannt worden; viele ihrer Überlegungen waren auch für dieses Kapitel wertvoll.

70 Die Zahlen über die Gehirngröße stammen aus Guiness' *Lexikon der Superlative* (Gütersloh u. a.: Bertelsmann Lexikon-Verlag 1975), S. 105, und *Kybernetik des Gehirns* von A. F. Marfeld (Reinbek bei Hamburg: Rowohlt Taschenbuchverlag, 1973), S. 21.

71 Diese und viele andere Tatsachen in diesem Kapitel über das menschliche Gehirn verdanke ich Rose (1973). Sein Buch und das von Pines (1973) seien auch dem Nicht-Fachmann wärmstens empfohlen.

74 Allerneueste Forschungsergebnisse am California Institute of Technology lassen erkennen, daß das Gehirn in bezug auf die Sprache nicht ganz so unsymmetrisch ist, wie bisher angenommen wurde. Die rechte Hemisphäre ist nicht völlig sprachlos. Es hat sich herausgestellt, daß manche Erwachsene in dieser Hemisphäre die grammatische Fähigkeit eines fünfjährigen Kindes besitzen – in der Tat eine ganze Menge für einen angeblich nicht-verbalen Bereich.

77 Im vorliegenden Kapitel konnten Funktionen des Gehirns nur kurz gestreift werden. Eingehender beschäftigen sich damit Geschwind (1972), Luria (1970) und Gazzaniga (1967). Mehr für Fachleute ist die Arbeit von Dimond und Beaumont (1974).

77 Das Bibelzitat findet sich bei Matthäus 10, Vers 30. Eine auführliche Darstellung der symbolischen Bedeutung der Haare bringt Firth (1973), S. 262–298.

79 Zwei hervorragende Aufsätze, die bezüglich der Sprache nichtmenschlicher Primaten einen anderen Standpunkt vertreten als ich, sind Fouts (1975) und Rumbaugh *et al* (1975). Beide sind der Ansicht, daß sich die Kommunikationsfähigkeiten von Menschenaffen nur graduell und nicht grundsätzlich von der menschlichen Sprache unterscheiden und daß deshalb die menschliche Sprache nicht einmalig ist (abgesehen davon, daß sie durch einen Stimmkanal ermöglicht wird). Aber gerade der Stimmkanal ist, wie ich deutlich zu machen versucht habe, für die Sprache entscheidend. Eine faszinierende Sammlung von Arbeiten über die Versuche, mittels eines Computer-Programms einer Schimpansin namens «Lana» die Kommunikation näherzubringen, bietet Rumbaugh (1977).

82 Zu den Eigenheiten der Sprache siehe Hockett und Altmann (1968) und Hockett und Ascher (1964). Eine ausführlichere Erörterung dieser und anderer Überlegungen zur Sprache bringt Farb (1974).

83 Eine ausgezeichnete Darstellung des Gehirns und der Sprache unter dem Gesichtspunkt der Evolution findet sich bei Jerison, (1976) und (1973).

84 Argumente dafür, daß die Sprache aus Gesten heraus entstand und daß sich der Stimmkanal relativ spät entwickelte, liefert Hewes (1973).

85 Marshack hat sich mit diesen Markierungen befaßt, und er erörtert sie ausführlich in seiner Arbeit von (1972).

86 Argumente dafür, daß die Neandertaler möglicherweise nicht sprechen konnten, finden sich bei Lieberman und Crelin (1971). Eine ausführlichere Darlegung seiner Hypothese von der Entwicklung der Sprache bietet ebenfalls Lieberman (1975). Seiner Argumentation widersprach unter anderen Le May (1975).

89 Meine Ausführungen über das Gehen stützen sich vor allem auf Napier (1970).

89 Mit den «Narben der Evolution» beschäftigt sich Krogman (1951).

91 Die Erkenntnis, daß die Kunst der Technologie vorausging, sowie diesbezügliche Dokumentationen verdanke ich Cyril S. Smith, Professor emeritus des MIT.

95 Die Theorie, daß der Mensch die Menschen braucht, stammt von Freedman (1975). Ich komme in Kapitel 8 noch einmal auf dieses Thema zu sprechen. Die Aussage über die Buschmänner ist von Draper (1973).

95 Daß diese Diskussionen fortgesetzt werden, beweist McHenry (1975).

5. ... als Jäger und Sammler

Die wichtigsten Quellen für dieses Kapitel boten Ucko *et al* (1972), Bicchieri (1972), Sahlins (1972) und Lee und DeVore (1968). Vor allem das letztgenannte Buch ist für das Verständnis der Jäger-Anpassung wichtig. Bezüglich der Buschmänner stellten sich vor allem Lee und DeVore (1976) und Marshall (1976) als wertvoll heraus. Vieles gewann ich aus persönlichen Gesprächen mit Irven DeVore; ich möchte ihm hier ausdrücklich dafür danken. Grundlegendes über die Pygmäen steht bei Turnbull (1962). Mehrere indianische Jäger-Sammler-Gesellschaften werden im Detail bei Farb (1978) beschrieben. Eine bedeutende, wenn auch kürzere Arbeit brachten Washburn und Lancaster (1968).

99 Eine ausgezeichnete Erörterung des «Jägerappetits» und vieler anderer Aspekte des Jäger-Sammler-Daseins findet sich bei Weiner (1971), Kapitel 4.

100 Über Aminosäuren und menschliche Ernährung siehe Scrimshaw und Young (1976).

102 *Leviathan,* Teil I, Kapitel 13. (Übersetzt von Walter Euchner. Frankfurt, Berlin, Wien: Ullstein, 1976, S. 96.)

103 *Roughing It.* In der Ausgabe von Harpers & Brothers von 1871, S. 131–132. (*Durch Dick und Dünn.* Übersetzt von Otto Wilck. Band 2 der Gesammelten Werke, München: Hanser, 1965. S. 122.)

103 Sahlins (1972), Kapitel 1.

104 Das Zitat von Father Biard steht in *The Jesuit Relations and Allied Documents,* herausgegeben von R. G. Thwaites (Cleveland, Ohio: Burrows, 1897), Band 3, S. 84–85.

106 *The Gentle Tasaday* von John Nance. (New York: Harcourt Brace Jovanovich, 1975). (*Tasaday. Steinzeitmenschen im philippinischen Regenwald.* Übersetzt von Wilhelm Höck. München: List, 1977.)

106 Sahlins (1972), S. 33.

108 Meine Ausführungen über die Buschmänner stützen sich vorwiegend auf verschiedene Veröffentlichungen von Lee, besonders auf folgende: (1972 A), (1972 B), (1969) und (1968). Wichtig sind die gesammelten Aufsätze bei Lee und DeVore (1976). Vgl. auch Marshall (1976).

111 Truswell und Hansen bei Lee und DeVore (1976), S. 166–194, bringen zusätzliche Details über die Gesundheit der Buschmänner.

112 Lee (1972 B), S. 359.

113 Zu den Untersuchungen in Arnhemland siehe McCarthy und McArthur (1960). Die klassische Arbeit über die Shoshone-Indianer im Great Basin ist von Steward (1938).

6. Nahrungsmittelproduktion und ihre Folgen

Hervorragende allgemeine Quellen für weitere Details über die Nahrungsmittelproduktion, die in diesem Kapitel nicht berücksichtigt werden konnten, sind: Braidwood (1975), Chard (1975), Fagan (1974), Lamberg-Karlovsky und Sabloff (1974) und Ucko und Dimbley (1969). Spezifische

Auseinandersetzungen mit Ursprüngen und Folgen finden sich insbesondere bei Flannery (1973) und (1969) und Smith (1976). Nachträglich möchte ich im Rahmen dieser Anmerkungen noch eine Dankesschuld abtragen: Wie sehr mich Marvin Harris durch seine Schriften und durch persönliche Kontakte (ich hörte als Student seine Vorlesungen) beeinflußt hat, verraten viele Kapitel in diesem Buch, auch wenn ich nicht jedesmal auf ihn verwiesen habe, wo ich mir einen seiner Gedanken zu eigen gemacht habe. In einer seiner Arbeiten (1975) finden sich mehr luzide und originelle Einsichten in bezug auf die menschliche Spezies als in einem ganzen Regal voll anthropologischer Werke.

118 Der Auerochs war der wilde Vorfahr des domestizierten Rindes. Er ist wahrscheinlich das Tier, das in vielen Fassungen der Bibel fälschlicherweise als «Einhorn» übersetzt worden ist. (Z. B. 4. Mose 24,8.) Als Cäsar dem Auerochsen in Gallien begegnete, äußerte er sich über die Größe und Kraft des Tieres, aber er übertrieb, als er behauptete, es sei so groß wie ein Elefant. Der Auerochs war in der Antike im Nahen Osten, in Europa und in Nordafrika weit verbreitet, und seine letzten Exemplare überlebten bis um 1627 in Polen. Im Jahr 1921 ging ein deutscher Wissenschaftler daran, diese ausgestorbene Spezies soweit wie möglich zurückzukreuzen, indem er verschiedene domestizierte Rindertypen, die noch die Auerochs-Merkmale aufwiesen, miteinander kreuzte. Diese Tiere sind den alten Illustrationen und Beschreibungen sehr ähnlich; einige Dutzend von ihnen leben heute in europäischen Zoos.

120 Die Verwendung von Mikrolithen bei der Weizenernte beschreibt Harlan (1967).

122 Das kurze Zitat stammt aus Childe (1942), S. 49.

126 Eine ausführlichere Darstellung der Hirten-Nomaden ist bei Salzman (1971) zu finden.

126 Das Zitat ist aus Childes *The Dawn of European Civilization* (London: Routledge & Kegan Paul, 1925) – das ich nicht in der Bibliographie aufführe, da es veraltet ist und nur mehr als Kuriosium gelten kann. Ein Überblick über die verschiedenen Theorien zur Herkunft der Nahrungsmittelproduktion im Nahen Osten findet sich bei Wright (1971).

129 Die überzeugendste Darlegung der ökologischen Hypothese gibt Flannery (1969). Die Frage der Handelsbeziehungen hat neuerdings in der Auseinandersetzung mit dem Aufstieg komplexer Zivilisationen immer mehr an Bedeutung gewonnen, so zum Beispiel bei Sabloff und Lamberg-Karlovsky (1975).

130 Mit der Fruchtbarkeit der Buschmänner beschäftigt sich Lee (1972 A).

132 Eine hervorragende Arbeit über den Einfluß der Population auf die Anfänge des Ackerbaus – mit besonderer Berücksichtigung Perus – hat Cohen (1975) vorgelegt. Mit dem Anwachsen der Bevölkerungszahl als einer Ursache wie auch als einer Konsequenz der

frühen Nahrungsmittelproduktion befaßt sich eingehend Bronson (1975).

135 Einzelheiten über die Herkunft der wichtigsten domestizierten Pflanzen und Tiere der Welt finden sich bei Heiser (1973).

135 Die Beobachtungen über die Wachstumseigenschaften von Teosinte-Gras, Bohnen und Kürbissen machte Flannery (1973), S. 291.

136 Einzelheiten über Tehuacan finden sich bei MacNeish (1972).

137 Zur weiteren Information über Krankheiten siehe Amerlagos und McArdle (1976), Armelagos und Dewey (1973) und Cockburn (1971).

137 Brues (1959) geht näher auf den Körperbau von Ackerbauern ein.

139 Eine eingehendere Erörterung spezifischer Technologien war in diesem Rahmen nicht möglich. Sie findet sich jedoch – sowohl in bezug auf Nahrungssucher als auch auf Nahrungsproduzenten – bei Spier (1970).

139 Das kurze Zitat ist aus *Where Winter Never Comes* von Marston Bates (New York: Scribner's 1952), S. 53. Ich habe mich über die Jahre hinweg oft und mit großem Gewinn mit meinem Freund Marston über den Übergang zur komplexen Zivilisation unterhalten – und er, der eigenwillige und kultivierte Gentleman, spürte wohl am eigenen Leibe, daß die Menschheit damit irgendwie die falsche Richtung eingeschlagen hatte. Die Weisheit seiner vielen Bücher hat seit ihrer Veröffentlichung nichts von ihrem Wert eingebüßt.

7. Ewig währt der Bauer

Man kann nicht über Bauern schreiben, ohne sich – so wie ich es getan habe – in hohem Maße auf Foster (1967) und Wolf (1966) zu stützen. Eine Reihe ausgezeichneter Aufsätze über das Dasein der Bauern und seine Auswirkungen findet sich bei Shanin (1971). Die Position der Bauern in den modernen Gesellschaften konnte ich in diesem Kapitel nur kurz streifen, ausführlicher beschäftigen sich damit Gamst (1974) und Mangin (1970).

142 Dieses Zitat von Marx stammt aus *Der achtzehnte Brumaire des Louis Bonaparte*. Er bezog sich dabei auf französische Bauern. Aus seinen anderen Schriften geht jedoch hervor, daß er die Bauern in anderen Teilen der Welt im gleichen Licht sah.

143 Eine überzeugende Darstellung der Mannigfaltigkeit bäuerlicher Lebensformen ist bei Dalton (1972) zu finden. Die Ähnlichkeit religiöser Bräuche, die ungeachtet des jeweiligen Glaubens zu beobachten ist, wird von Michaelson und Goldschmidt (1976) erörtert.

144 Hier wird R. H. Tawney von Ward (1976), S. 65, zitiert.

146 Das Beispiel aus Mecklenburg fand ich bei Wolf (1966), S. 5–9.

148 Die Ausführungen über die Ernährung der Bauern stützen sich überwiegend auf Stini (1971).

149 Über den Mangel an Organisationen in bäuerlichen Gemeinschaften und über die Haltung der Bauern in bezug auf vieles andere berichtet Banfield (1958). Eine literarische Darstellung der bäuerlichen Lebenshaltung gibt Ignazio Silone in seinem 1930 erschienenen Roman *Fontamara*.

150 Vgl. Foster (1967), Kap. 6. Die Vorstellung vom «begrenzten Vorrat an guten Dingen» ist von den meisten – wenn auch nicht allen – Sozialwissenschaftlern übernommen worden. Es hat auch andere Erklärungen für das Verhalten der Bauern gegeben, zuletzt von Gregory (1975); die Seiten im Anschluß an seinen Artikel bringen allerdings kritische Kommentare anderer Sozialwissenschaftler.

153 Viele dieser Informationen über die Einstellungen der Bauern zur Familiengröße stammen aus einem Referat, das Karen L. Michaelson 1975 auf der Jahrestagung der American Anthropological Association gehalten hat.

153 Die Angaben über Java stammen von White (1975).

154 Die Anekdote mit den Schafen in Ecuador steht bei Harris (1964).

159 Dieses Zitat und ein großer Teil meiner Informationen über chinesische Bauern stützen sich auf Skinner (1971) – der ihre Besonderheit allerdings nach meiner Meinung etwas zu sehr betont.

161 Meine Ausführungen über Bauernrebellionen stützen sich auf Landsberger (1973), Thrupp (1970) und vor allem auf Wolf (1969). Der von Franz Kuhn ins Deutsche übertragene Roman heißt, wörtlich übersetzt, eigentlich *Die Geschichte vom Flußufer;* er wurde in der Ming-Dynastie im vierzehnten Jahrhundert von Shih Nai-an aus älteren mündlich überlieferten Erzählungen zusammengestellt. Die Affinität von Maos Revolution zu früheren Bauernrebellionen erhellt aus der Tatsache, daß Mao während des Langen Marsches *Die Geschichte vom Flußufer* stets bei sich trug. Wenn Nordamerikaner und Europäer Mahyong spielen – die im Westen übliche Fassung eines alten chinesischen Spiels –, wissen sie wahrscheinlich meist nicht, daß die Spielsteine ursprünglich die Banditen-Helden in Shihs Roman darstellten.

161 Die Zahlen über die russischen Bauernaufstände im neunzehnten Jahrhundert stammen aus *History of the National Economy of Russia to the 1917 Revolution* von P.I. Lyaschtschenko (New York: Macmillan, 1949).

163 Eine ausgezeichnete Beschreibung der Bauern in einer immer moderner werdenden Welt – ausführlicher, als mir das hier möglich war – steht in Gamst (1974) im letzten Kapitel.

8. Urbane Einflüsse

In bezug auf die Grundtatsachen in der ersten Hälfte dieses Kapitels bin ich insbesondere Ward (1976) und Chard (1975) zu Dank verpflichtet, aber auch Fagan (1974), Lamberg-Karlovsky und Sabloff (1974) und Hauser (1965). Eine umfassende Sammlung von Arbeiten über fast alle Themen, die mit dem Urbanismus zu tun haben, bieten Ucko *et al* (1972). Niemand kann über Städte schreiben, ohne sich auf die Gedanken in Lewis Mumfords Werken zu beziehen, auch wenn einige seiner Schlußfolgerungen aufgrund neuerer Erkenntnisse revidiert werden müssen. Eine sehr energische Verteidigung der Stadt unternimmt Freedman (1975). Zwei exzellente Textsammlungen sind Helmer und Eddington (1973) und Southall (1973). Ich gehe in Kapitel 16 näher auf die Entwicklung komplexer Gesellschaften ein; Leser, die vor allem an diesem Thema interessiert sind, sollten Service (1975) und Adams (1966) lesen. Einen Überblick über die Bevölkerungsprobleme der Städte geben Davis (1974) und Worsley (1972) in mehreren Artikeln.

165 Über die Konstruktionen der frühen europäischen Megalithkulturen siehe Renfrew (1973). Informationen über die in Rumänien gefundenen Schriftzeichen bringt «The Tartaria Tablets» von M. F. Hood in *Scientific American*, Bd. 216 (Mai 1968).

166 Jacobs (1969) ist nachdrücklich für den Vorrang der Stadt vor dem Ackerbau eingetreten. Sie hat auf wichtige Neuerungen in den Städten aufmerksam gemacht, die später die Ackerbautechniken revolutionierten; sie hat auch darauf hingewiesen, daß sich Städte unabhängig vom Ackerbau entwickelt haben. Wenn auch viele Archäologen und Soziologen ihre These für überspannt halten, sind die Grundlinien ihrer Arbeit wohlbegründet und machen die Lektüre spannend.

166 Die Erkenntnisse über die Nekropolen verdanke ich Mumford (1961).

167 Die Bedeutung der Handelsbeziehungen für die frühen Kulturen wird unter vielen Gesichtspunkten in Sabloff und Lamberg-Karlovsky (1975) behandelt. Metallurgie und der Handel mit Metallen wurden von Wertime (1973) beschrieben.

169 Das Erste Buch der *Nomoi* oder *Gesetze* befaßt sich ausschließlich mit Argumenten für und gegen diesen Standpunkt. Zitiert wurde nach der Übersetzung von Hieronymus Müller (Band 6 der sechsbändigen Werke-Ausgabe in der Reihe «Rowohlts Klassiker»). Eine ausgezeichnete Quelle zu Fragen der Kriegführung während der Antike im Vorderen Orient ist Roper (1975). In der Tat besticht der ganze Sammelband, in dem diese Arbeit abgedruckt ist – Nettleship *et al* (1975) –, durch die Gründlichkeit, mit der hier Spezialisten zum Thema Krieg aus vielen Fachgebieten zusammengeholt worden sind.

172 Zur Evolution des Schreibens siehe Jensen (1963), Geld (1963) und Diringer (1962).

176 Ward (1976), S. 37.

177 Viele der Ideen und Statistiken auf den letzten paar Seiten verdanke ich Ward (1976).

178 Die Untersuchung der Gehgeschwindigkeit ist von Bornstein und Bornstein (1976).

179 Die Gleichsetzung einer dichtbevölkerten Stadt mit einem überlasteten System stammt von Milgram (1970). Sein gesamter Aufsatz ist eine wichtige Auseinandersetzung mit der Psychologie des Stadtlebens.

180 Das Zitat ist aus Freedman (1975), S. 8, und auch die meisten Aussagen im folgenden Absatz stammen aus dieser Quelle.

181 Die informativste Untersuchung der «Zuschauergleichgültigkeit» – mit besonderer Berücksichtigung des Falles Genovese – findet sich bei Latané und Darley (1970).

184 Das Material über Krankheiten in Städten stammt weitgehend von Levine (1975), Kapitel 14, Cockburn (1971), Boyden (1970) und Brothwell und Sandison (1967). Zur Geschichte des Schwarzen Todes siehe Ziegler (1970).

186 Wichtige Daten zur alters- und geschlechtsspezifischen Gliederung und zu anderen demographischen Fakten über Städte stehen bei Cook (1960).

187 Das Jefferson-Zitat steht in *The American City: A Documentary History* von Charles N. Glaab (Homewood, Ill.: Dorsey Press, 1963), S. 6. Das Zitat von Wright ist aus seinem Buch *The Living City* (New York: Horizon Press, 1959), S. 21, entnommen.

188 Zur Zeit der Entstehung dieses Buches machte die Revolutionsregierung von Kambodscha einen Versuch, zur Anpassungsform der Nahrungsmittelproduktion zurückzukehren. Mit Zwangsmaßnahmen hat sie die Städte entvölkert, in denen seither das Schweigen herrschte. Niemand kann voraussagen, ob sich mit der Rückkehr zur Nahrungsmittelproduktion eine florierende neue Gesellschaft formen läßt. Sollte der Versuch gelingen, wird es das erstemal in der Geschichte sein, daß eine große Gesellschaft eine in mehreren Jahrtausenden entwickelte Urbanisierung absichtlich rückgängig gemacht hat.

9. Die modernisierte Welt: auf dem Weg zur totalen Verstädterung

Niemand kann über Modernisierung schreiben, ohne von Bell beeinflußt worden zu sein, insbesondere von seinem Buch über die postindustrielle Gesellschaft (1973). Andere Arbeiten, auf die ich mich in diesem Kapitel stütze, sind Lenski und Lenski (1974), Toffler (1970), Inkeles (1969), Weiner (1966) und Ellul (1964). Eine breitgefächerte Sammlung von Aufsätzen, die weitgehend für dieses Kapitel relevant sind, stammt von Worsley (1972). Ein von Gino Germani verfaßter ausgezeichneter Artikel über die Modernisierung steht in der fünfzehnten Auflage (1974) der *Encyclopedia Britannica*, Bd. 9 des Teiles *Macropaedia*, S. 520–527. Noch einmal sei darauf hingewiesen, daß ich von der Lektüre der relevanten Abschnitte bei Harris (1975) eine Menge profitiert habe.

189 *The Education of Henry Adams* von Henry Adams (New York: Modern Library, 1931), S. 501. Erstausgabe 1906. (*Die Erziehung des Henry Adams.* Deutsch von J. Lesser, Zürich: Manesse, 1953. S. 786.)

191 Diese Zahlen sind entnommen aus Toffler (1970), S. 26.

192 Eine Sondernummer des *Scientific American* aus dem September 1971 (Bd. 224) widmete sich der Energie, ihrer Rolle in verschiedenen Anpassungen und ihren sozialen Folgen.

193 Die Zahlen bezüglich des Kalorienaufwands sind entnommen aus Pimentel *et al* (1973).

195 Diese Informationen stammen von Levine (1975), S. 329–332.

198 Für diesen Vergleich zwischen China und Europa habe ich vieles von Harris (1975), S. 433–438, übernommen. Die Untersuchung über den Einfluß der Bewässerungsanlagen in China auf politische, soziale und ökonomische Systeme machte Wittfogel (1957); die Hypothese von der Hydraulik, auf der dieses Werk aufbaut, wird von manchen Wissenschaftlern unterstützt, von zahllosen anderen jedoch als stark vereinfachend angegriffen. Früher wurde von der Wissenschaft häufig übersehen, daß zahllose technologische Innovationen in Europa nicht erst mit dem Beginn der industriellen Revolution aufkamen; vielmehr wurden die Erfindungen in der Zeit zwischen dem zehnten und dem vierzehnten Jahrhundert gemacht, in einer Zeit also, die lange als eine stagnierende Epoche angesehen wurde. Wind- und Wasserkraft wurden nutzbar gemacht, eine Eisenindustrie entwickelte sich, neue Bautechniken wurden erfunden, und die landwirtschaftliche Produktivität wurde erheblich gesteigert. Belege finden sich bei Gimpel (1977).

198 Williams (1966) setzt sich eingehend mit dem «Dreieckshandel» auseinander.

201 Die Folgen der Modernisierung werden von Lenski und Lenski (1974), Teil III, erörtert.

206 Die hier in groben Zügen dargestellten fünf Komponenten gehen auf Bell (1973) zurück.

206 Toffler (1970), S. 11.

10. Männlich und weiblich

Über geschlechtliche Unterschiede sowie das Verhalten, das in verschiedenen Gesellschaften von beiden Geschlechtern erwartet wird, ist in den letzten zehn Jahren eine umfangreiche Literatur entstanden. Eine informative kurze Zusammenfassung der allgemeinen Literatur gibt Oakley (1972); ich habe sie beim Schreiben dieses Kapitels oft zu Rate gezogen und kann sie wärmstens empfehlen, ebenso Martin und Voorhies (1975); viel Interessantes bringt auch Kessler (1976). In jüngster Zeit wurden zahlreiche wissenschaftliche Publikationen über die physischen und psychischen

Unterschiede zwischen den Geschlechtern vorgelegt. Die bisher umfassendste Untersuchung, die fast alle früheren Forschungen berücksichtigt, ist von Maccoby and Jacklin (1974); interessant sind auch die Arbeiten von Sherman (1971). Eine ausgezeichnete Sammlung von Aufsätzen über die Geschlechterrollen stammt von Rosaldo und Lamphere (1974). Rein wissenschaftlich und wichtig ist die Untersuchung über den Einfluß der Hormone auf sexuelle Unterschiede von Moneh und Ehrhardt (1972). Die wachsende Erkenntnis der untergeordneten Rolle, die die Frau in der Gesellschaft spielt, hat zu zahlreichen Publikationen geführt; unter anderen von Huber (1973), Dreitzel (1972) und Seward und Williamson (1970). Eine ausgezeichnete Sammlung von Arbeiten über das sexuelle Verhalten des Menschen bieten Marshall und Suggs (1971). Verschiedene Perspektiven in bezug auf die Rollen der Geschlechter, vor allem der Frau, sind von Raphael (1975) dargelegt.

210 Margaret Meads Studie wurde 1935 veröffentlicht. Einige Sozialwissenschaftler haben Einwände dagegen erhoben wegen unvollständiger Daten und unzulässiger Vereinfachungen. Trotzdem ist Margaret Meads Schlußfolgerung über den Einfluß der Gesellschaft auf das Verhalten der Geschlechter durch neuere Untersuchungen bestätigt worden; siehe zum Beispiel Meggitt (1964).

213 Lerner und Libby (1976), S. 153.

215 C. Plinius Secundus d. Ä., *Naturkunde,* Bd. 7. (Herausgegeben und übersetzt von Roderich König in Zusammenarbeit mit Gerhard Winkler. Heimeran Verlag, 1975.)

216 Eine ausgezeichnete Diskussion verschiedener Einstellungen zur Menstruation findet sich bei Delaney *et al* (1976).

216 Die Untersuchung über das sexuelle Verhalten der Frau ist von Udry und Morris (1968).

218 Die Informationen in diesem Abschnitt und vielen anderen dieses Kapitels verdanke ich Oakley (1972).

218 Die beiden Psychologen stellen ihre Ergebnisse bei Maccoby und Jacklin (1974) vor.

220 Diese Untersuchungen sind bei Waber (1976) dargelegt.

222 Einen Versuch, die Universalität des Patriarchats zu erklären, macht Goldberg (1973). Angebliche Ausnahmen von der Vorherrschaft der Männer in bestimmten Gesellschaften werden auf den Seiten 238–245 diskutiert.

224 Die Mbuti-Pygmäen werden manchmal als Beispiel einer Gesellschaft zitiert, in der es keine männliche Vorherrschaft gibt. Das trifft jedoch nicht zu; siehe die umfassende Untersuchung der Mbuti von Turnbull (1965).

226 Ein Überblick über die Arbeitsteilung nach Geschlechtern in 227 Gesellschaften wurde von Murdock (1937) durchgeführt.

226 Das Zitat ist aus *Male and Female* von Margaret Mead (New York: Morrow, 1949), S. 168. (Deutsch: Margaret Mead, *Mann und Weib.* Hamburg: Rowohlt, 1958. S. 127f.)

228 Die Aggression wird bei Maccoby und Jacklin (1974) behandelt, vor allem auf den Seiten 360–370, aber auch an anderer Stelle.

229 Es ist unmöglich, all diesen Erklärungen in kurzer Form gerecht zu werden. Eine gut begründete Darlegung der Hypothese vom sexuellen Konflikt (der ich dennoch nicht zustimmen kann) gibt Collins (1972). Die marxistische Erklärung stammt ursprünglich von Friedrich Engels: *Der Ursprung der Familie, des Privateigentums und des Staates (1884).* Psychoanalytische Erklärungen gibt es eine ganze Reihe; die vom «neidischen Mann» stammt von Bruno Bettelheim in *Symbolic Wounds: Puberty Rites and the Envious Male* (New York: Collier Books, 1962).

230 Die einzigen bekannten Ausnahmen von der Regel, daß Frauen sich nicht unmittelbar am Kampf beteiligen, sind die Guerilla-Streitkräfte und einige germanische Stämme, die vor über 2000 Jahren lebten. Erst kürzlich wurden in Deutschland Gräber von männlichen und weiblichen Soldaten gefunden. Daß es sich bei den Frauen um richtige Kämpfer und nicht um Troßgefolge gehandelt hat, wird durch verschiedene Tatsachen belegt: Sie erhielten Soldatengräber; sie trugen Männerkleidung; und sie waren alle aufgrund von Verletzungen gestorben. Andererseits leisteten im modernen Deutschland vor 1976 Frauen keinen Wehrdienst; und auch danach wurden sie nur im Sanitätswesen eingesetzt.

231 Für meine Zusammenfassung der Kampftheorie bin ich Harris zu besonderem Dank verpflichtet, vor allem seiner Arbeit von (1974), S. 61–107. Das Zitat steht auf Seite 87. Eine ausführlichere Behandlung dieser These findet sich bei Divale und Harris (1976); ich danke Harris dafür, daß er mir das Buch vor Erscheinen zugänglich gemacht hat. Mehr über die Ynomamo ist bei Chagnon (1974) und (1968) zu finden.

232 Eine ausgezeichnete Arbeit über die Rollen der Geschlechter lieferte Broverman *et al* (1972).

233 Die Studie über das Sexualverhalten in zahlreichen Gesellschaften stammt von Ford und Beach (1951). Manche halten die Arbeit für unvollständig und einseitig; trotzdem ist sie noch immer die sorgfältigste Darstellung der sexuellen Haltung aller Gesellschaften, die je gemacht wurde. Einen neueren, aber längst nicht so ambitionierten Versuch, einen Überblick über dieses Thema zu geben, machen Broude und Greene (1976). Über die Institutionalisierung der Homosexualität bei den Mohave-Indianern berichtet Devereux (1937). Eine kurze Geschichte der Homosexualität in der Antike findet man in *The Natural History of Love* von Morton M. Hunt enthalten (New York: Knopf, 1959), Kapitel 6. Siehe auch West (1968) über Homosexualität.

234 Die in diesem Absatz erwähnten Untersuchungen wurden von Glock (1973) zusammengestellt.

237 Das Sexualverhalten der Mangaianer beschreibt Marshall (1971).

237 Über Sexualität in Indien siehe Nag (1972).

240 Die Situation in der Sowjetunion ist in *The New York Times*, 17. Juni 1975, geschildert worden.

240 Die Untersuchungen, die eine Generation zurückliegen, wurden von Kinsey, Pomeroy und Martin (1953) und (1948) veröffentlicht. Die Daten aus dem Jahr 1972 stehen bei Hunt (1974).

242 Das Zitat stammt aus Shorter (1975), S. 254. (Deutsch: *Die Geburt der modernen Familie*. Ü. Gustav Kilpper. Reinbek bei Hamburg (Rowohlt) 1977. S. 288).

11. Eine variationsreiche Spezies

Eine ausführliche Einführung in die Materie, die in diesem und den beiden folgenden Kapiteln behandelt wird, gibt Smith (1975). Eine streng wissenschaftliche Abhandlung des Themas, dennoch gut verständlich, bieten Lerner und Libby (1976) und Lasker (1973). Das widersprüchlichste Thema in diesem Kapitel ist zweifellos die Frage der Intelligenz; zum Glück gibt es dazu eine Menge Literatur. Die wohl beste Sammlung von Arbeiten zur IQ-Kontroverse, mit einer sorgfältigen Analyse durch die Herausgeber, ist von Block und Dworklin (1976). Eine ausgezeichnete Zusammenfassung der ererbten und anerzogenen Komponenten in bezug auf die Intelligenz gibt Cancro (1971). Gegensätzliche Positionen in der Frage des Intelligenzquotienten beziehen Jensen (1973, 1969) – dessen Meinung ich nicht teile – und Kamin (1974), der mich mehr überzeugt.

244 Den faszinierenden Bericht über die Diskussion um das Menschsein der amerikanischen Indianer erzählt Lewis Hanke in *Aristotle and The American Indian* (Bloomington, Indiana: Indiana University Press, 1959).

245 Das Zitat stammt aus *Behaviorism* von John B. Watson (New York: Norton, 1925).

246 Father Cabos Zitat steht in Monge und Monge (1966), S. 73 bis 74. Dieser kleine Band ist eine klassische Studie zweier Pioniere der Höhenforschung. Siehe auch Frisancho (1975) und Clegg *et al* (1970).

248 Über Reaktionen auf die Kälte berichten Steegman (1975) und Little *et al* (1971). Die Arbeit von Steegman ist eine besonders informative Zusammenfassung dieses Themas. Andere Forschungsergebnisse bringen Roberts (1973) und Little und Hochner (1973).

248 Julius Caesar, Akt 1, Szene 2. (Deutsch von August Wilhelm Schlegel.)

250 Ich erfuhr vom sogenannten geborenen Verbrecher von Molner (1975), S. 10.

251 Die Informationen über Körpertypen (Somatotypologie) stammen von Sheldon und Stevens (1942).

252 Für die Darstellung danke ich Smith (1975).

253 Die meisten Informationen zu diesem Thema stammen von Bould (1974) und Young (1971).

257 Einen ausgezeichneten Überblick über Untersuchungen an Zwillingen gibt Mittler (1971).

258 Der Psychologe, der acht verschiedene Anlagen nennt, ist L. L. Thurstone; siehe *Psychometric Monograph* 2 (Chicago: University of Chicago Press, 1941). Die Zahl 120 stammt von J. P. Guilford, *The Nature of Human Intelligence* (New York: Mc Graw-Hill, 1967).

259 Nachdem dieses Buch beendet war, wurde ein neuer Intelligenztest erarbeitet, der frei von kulturellen Einflüssen ist. Er wurde an der University of California (Riverside) entwickelt. Dabei werden Kinder nicht an einer festen nationalen Norm gemessen, sondern an den Testergebnissen anderer Kinder aus ähnlichen sozialen, ökonomischen und kulturellen Schichten. Mit anderen Worten, der neue Test, der die Bezeichnung Sompa *(System of Multicultural Pluralistic Assessment)* trägt, zieht die kulturellen Unterschiede in Betracht. Ein Kind mexikanisch-amerikanischer Abstammung könnte bei einem traditionellen Intelligenztest 100 Punkte erringen (das bedeutet «durchschnittliche Intelligenz»). Aber verglichen mit anderen Kindern aus spanischsprechenden Familien, die auf der ökonomischen Leiter ganz unten stehen, aus ländlichen Gegenden in Kalifornien, könnte es nun auf 140 Punkte kommen (was auf ein «begabtes» Kind hinweisen würde).

260 Einzelheiten der Untersuchung an holländischen Erstgeborenen geben Belmont und Marolla (1973). Eine Darstellung der Theorie vom entthronten König, auf die die unverhältnismäßig guten Leistungen der Erstgeborenen zurückgeführt werden, gibt Richard Zweigenhaft im *Journal of Individual Psychology*, Bd. 31 (1976), S. 205–210.

261 Siehe Bodmer und Cavalli-Sforza (1976), S. 508.

262 Die Studie über den israelischen Kibbuz machten Ginsburg und Laughlin (1971).

262 Eine solche Untersuchung wurde in den Jahren nach 1930 mit zwei Gruppen von Kindern in einem Waisenhaus in Iowa durchgeführt. 13 von ihnen hatten beim Intelligenztest weniger als 70 Punkte und wurden in ein Heim für geistig Behinderte eingewiesen; dieses Heim war nicht so überfüllt, wie es meist der Fall ist, das Pflegepersonal beschäftigte sich daher eingehend mit den Kindern und versorgte sie mit anregendem Spielzeug und Büchern. Dreißig Jahre später hatten alle diese angeblich zurückgebliebenen Kinder erfolgreich die Oberschule absolviert und arbeiteten als Lehrer, Krankenschwestern, Anwälte, Berufsberater und Büroangestellte. Eine Vergleichsgruppe von zwölf anderen Waisen, die ursprünglich als «durchschnittlich» oder etwas darüber eingestuft worden waren, blieb in dem überfüllten Waisenhaus, das keine geistige Anregung bot. Nach nicht einmal ganz zwei Jahren war ihr Intelligenzquo-

tient auf 61 gesunken, niedriger also als die angeblich retardierte Gruppe. 30 Jahre später befand sich ein Drittel von ihnen noch immer in Heimen, während fast alle anderen nur ganz einfache Arbeiten verrichteten. Die gesamten Daten der Untersuchung sind bei Skeels (1966) wiedergegeben.

12. Die Erblichkeit der Vielfalt

Beim Verfassen dieses Kapitels waren mir die folgenden Bücher besonders nützlich: Bodmer und Cavalli-Sforza (1976), Lerner und Libby (1976), Molnar (1975) und Smith (1975). Den Autoren möchte ich meinen tiefen Dank aussprechen für zahlreiche Ideen, die ich in diesem Kapitel aufgegriffen, aber nicht einzeln zitiert habe. Ein umfassendes Werk, das dem Laien größte Aufmerksamkeit abverlangt, ist von Cavalli-Sforza und Bodmer (1971); eine ausgezeichnete kurze Arbeit ist ebenfalls von Cavalli-Sforza (1974).

264 Die Geschichte von Piero da Vinci fand ich bei Smith (1975). Zitat und Bericht über Pieros Leben stammen aus: *Vite de più eccelenti architetti, pittori e scultori italiani (deutsch: Künstler der Renaissance, übersetzt von F. Schillmann, 1940).*

267 Eine ausführliche Darstellung der rezessiven Gene, die weit über diese kurze Zusammenfassung hinausgeht, geben Bodmer und Cavalli-Sforza (1976).

272 Die Oxfordshire-Studie stammt von Kuchemann *et al* (1967).

273 Das Material über Ehen zwischen Angehörigen verschiedenen Glaubens und über geographische Einflüsse im Genfluß stammt von Molnar (1975), S. 110, und Goode (1964), S. 34 bis 35.

274/75 «In Memoriam», Teil 56, Strophe 4.

276 Die meisten Bücher, die ich den Bemerkungen zu diesem Kapitel vorangestellt habe, beschäftigen sich ausführlich mit der Sichelzell-Anämie; siehe vor allem auch Bodmer und Cavalli-Sforza (1976). Eine grundlegende Arbeit zu diesem Thema legte Livingstone (1958) vor.

277 Den Albinismus bei den Hopi behandeln Woolf und Dukepo (1969).

279 Eine nähere Beschreibung der Xavante-Indianer geben Salzone *et al* (1967).

279 Die Daten über Zwergwuchs bei den amischen Mennoniten stammen von Lerner und Libby (1976), S. 343.

280 Über die Samariter im Alten Testament siehe II, Könige, Kap. 17; das Gleichnis Jesu vom barmherzigen Samariter steht bei Lukas, Kap. 10. Moderne Untersuchungen über die Samariter legten Talmon (1977) und Bonné (1966) vor.

282 Die Statistiken über die Häufigkeit der Blutgruppen stammen von Boyd (1963). Korrelationen zwischen Blutgruppen und Fruchtbarkeit, Mortalität und Krankheiten werden bei Molnar (1975), S. 133–140, behandelt.

283 Für Informationen über die Wanderungen von Völkerschaften sage ich Davis (1974) Dank.

13. Die Rasse als Wahn

Zu den grundlegenden Werken zum Thema Rasse, auf die sich dieses Kapitel stützt, gehören Molnar (1975), Osborne (1971), Alland (1971), Garn (1971) und Simpson und Yinger (1965). Die Kapitel über die Rassen bei Harris (1975) sind ausgezeichnet und werden wärmstens empfohlen. Im Hinblick auf die Kontroverse Rasse und Intelligenz waren folgende Bücher von Nutzen: Kamin (1974), Montagu (1974), Cancro (1971) und Brace *et al* (1971). Eine neuere und sehr objektive (aber vielleicht zu vorsichtige) Analyse der verfügbaren Daten zu dieser Kontroverse geben Loehlin *et al* (1975); eine ausgezeichnete Sammlung von Artikeln über dieses Thema findet sich bei Block und Dworkin (1976).

286 Zu dem komplexen brasilianischen System rassischer Klassifikation siehe Harris (1970) und *An Introduction to Brazil* von Charles Wagley (New York: Columbia University Press, 1963) S. 132–147.

288 Die rassische Veränderung des Haussperlings wird in *«House Sparrow: Rapid Evolution of Races in North America»* von R.F. Johnston und R.K. Selander, *Science*, Bd. 144 (1964), S. 548–550, beschrieben.

290 Für die Darstellung der Elektrophorese danke ich Cavalli-Sforza (1974).

292 Die in diesem Absatz verwendeten Daten über Klassifikationssysteme stützen sich auf Loehlin *et al* (1975), Dobzhansky (1972) und Garn (1971).

292 Wolpoff (1968) beschäftigt sich ausführlich mit den verschiedenen Nasenformen.

295 Die Ausführungen über die Hautfarbe gehen auf zahlreiche Quellen zurück. Insbesondere siehe Harris (1975), S. 96–115, Molnar (1975), S. 117–127, Weiner (1971), S. 165–169 und Hulse (1971), S. 329–333. Loomis (1970) beschäftigt sich mit Rachitis und Hautfarbe.

296 Ich fand dieses Zitat bei Harris (1975), S. 492, der es seinerseits einem Artikel von Herbert Birch in Mead *et al* (1968), S. 49–58, entnommen hat.

297 Ich erfuhr von Ch'ien-lung durch Harris (1975), S. 433 bis 434. Das Zitat stammt aus *The China Reader*, herausgegeben von H.F. Schurmann und O. Schell (New York: Random House, 1967), S. 113.

300 Eine neuere Untersuchung über Vorurteil und Rasse, an der fast zwei Dutzend Spezialisten verschiedener Disziplinen mitgearbeitet haben, gab Watson (1974).

301 Jensen hat seine Ansichten in seinen (1973) und (1969) erschienenen Arbeiten dargelegt.

302 Siehe Block und Dworkin (1976), S. 332.

303 Man nennt es den «Pygmalion-Effekt»; eine ausführliche Darlegung ist *Pygmalion in the Classroom* von Robert Rosenthal und Lenore Jacobson (New York: Holt, Rinehart und Winston, 1968).

303 Mehr zu dieser Auffassung über das schwarze Englisch siehe *Black English* von J. L. Dillard (New York: Random House 1972) und meine eigene Arbeit von (1974).

304 *Genetics*, Bd. 83 Supplement (1976), S. 99.

14. Die intelligenten Sinne

Dieses und das nächste Kapitel beschäftigen sich mit einer Reihe von Teilgebieten der Sinneswahrnehmungen (in diesem Kapitel sind es vor allem das Empfinden, das Aufnahmevermögen und das Bewußtsein; im folgenden Kapitel geht es um das Gedächtnis, das Lernen und das Erkennen). Es ist daher schwierig, dem Laien das eine oder andere Buch zu diesen vielen Themen zu empfehlen. Er mag mit den allgemeinen psychologischen beginnen, die selbst dem zugänglich sind, der in diesen Spezialgebieten keine Vorbildung besitzt. Die Auswahl ist groß, doch ich empfehle vor allem Kagan und Havemann (1976), Brown und Herrnstein (1975), Munn *et al* (1974), Mussen und Rosenzweig (1973) und Buss (1973). Ich fand sie beim Niederschreiben dieses Kapitels alle auf die eine oder andere Weise nützlich. Ausgezeichnete Einführungen zum Thema der Wahrnehmung sind Chase (1973), Gibson (1969) und Hochberg (1964); eine umfassende Sammlung von Arbeiten zu dem Thema ist Pribram (1969). Ein wertvolles unterhaltsames Buch über den Schlaf, geschrieben von einem Pionier der Schlafforschung, ist Dement (1974). Eine Sammlung von Arbeiten über veränderte Bewußtseinszustände ist Tart (1969); ein Buch, das sich überwiegend mit Drogen und verschiedenen Trancezuständen befaßt, ist Harner (1973).

310 Ein hervorragendes Buch über Täuschungen ist von Gregory und Gombruch (1973).

313 Ein nützlicher kurzer Überblick über das Gebiet der Wahrnehmung, geschrieben von W. N. Dember, findet sich in der *Encyclopedia Britannica Macropaedia* in der Auflage von 1974, Band 14; ich bin Dember für viele Details und für seine bibliographischen Hinweise zu Dank verpflichtet.

316 Über die ÜSW gibt es eine Menge Literatur, aber sie ist nicht immer glaubwürdig. Eine Sammlung von Arbeiten, die im allgemeinen den

von ÜSW-Forschern erhobenen Befunden positiv gegenüberstehen, hat Rhine (1971) zusammengestellt; eine sehr kritische Bilanz zieht Hansel (1966). Vgl. auch Schmeidler (1969).

317 Herskovits *et al* (1969) bringen vergleichende Untersuchungen der Wahrnehmungsfähigkeit in verschiedenen Kulturen.

317 Das Sapir-Zitat ist aus seinem (1929) erschienenen Buch, S. 209. Zitiert wurde es nach Benjamin Lee Whorf, *Language, Thought, and Reality*. Übersetzt von Peter Krausser: *Sprache Denken Wirklichkeit* (Reinbek bei Hamburg: Rowohlt Taschenbuchverlag, 1963), S. 74. Das Whorf-Zitat steht dort auf S. 12.

318 Über das Navaho-Experiment berichten Carroll und Casagrande (1958).

320 Eine äußerst anregende, wenn auch radikale und zuweilen sogar exzentrische Untersuchung der Ursprünge des Bewußtseins machte Jaynes (1976).

321 Randy Gardners lange Schlaflosigkeit beschreibt Dement (1974), S. 8–12.

322 Das Zitat stammt aus Allan Rechtschaffens «The Control of Sleep», in *Human Behavoir and Its Control*, herausgegeben von William A. Hunt (Cambridge, Mass.: Schenkman, 1971). Ich fand es bei Bement (1974).

324 *Macbeth* (in der Übersetzung von D. Tieck), Akt II, Szene 2.

326 Überzeugende – und von mir nur kurz zusammengefaßte – Gründe, weshalb wir schlafen, hat Hartmann (1973) genannt.

327 Ausführlicher als bei mir werden biologische Rhythmen in mehreren neueren Büchern erörtert: Ward (1971) in leichtverständlichem Ton, Palmer (1976) und Conroy und Mills (1971) wissenschaftlich anspruchsvoller. Eine interessante Erörterung bringen die Kap. 2 und 3 in Chapple (1970).

329 Das Zitat des Jesuitenpaters Fremin steht in *The Death and Rebirth of the Senecas* von Anthony F. C. Wallace (New York: Knopf, 1970), S. 59–60. Eines der frühesten Werke Freuds ist *Die Traumdeutung* von 1900. Eines seiner letzten, *Abriß der Psychoanalyse* (1940 erschienen), enthält viel Material über Träume.

329 Schneider und Sharp (1969) erörtern Träume der Yir Yoront. Für Material über Träume und Bewußtseinsveränderung schulde ich Bourguignon (1974), (1973) und (1972) Dank.

331 Wallace und Benson (1972) beobachteten Stoffwechselveränderungen während der transzendentalen Meditation. Michaels *et al* (1976) dagegen nicht.

15. Die Welt in unserem Bewußtsein

Einige Quellenangaben, die für das vorige Kapitel gemacht wurden, gelten auch für diesen Abschnitt, vor allem die Sachbücher (die für die speziellen Themen ausführliche Bibliographien haben). Ausgezeichnete kurze Zusammenfassungen zum Thema Gedächtnis bringen Norman (1976) und Howe (1970); empfehlenswert sind auch Tulving und Donaldson (1974), sowie Shiffrin und Atkinson (1969). Eine der sorgfältigsten Untersuchungen des Lernens legen Hilgard und Bower (1974) vor; eine kurze Einführung in dieses Thema geben Borger und Seaborne (1966). Eine sehr breit angelegte Sammlung mit Artikeln über Kreativität findet sich bei Vernon (1970).

333 Das Experiment von William James habe ich Munn *et al* (1974), S. 264–265, sowie James (1890) entnommen.

336 Über den Mann mit dem phänomenalen Gedächtnis berichtet Luria (1968) in allen Einzelheiten. Das fotografische Gedächtnis und andere bemerkenswerte Arten des Erinnerungsvermögens behandelt Norman (1976).

339 Mit dem Codieren und Kategorisieren beschäftigte ich mich eingehend in meiner Arbeit von (1974), Kapitel 9.

340 Diese Informationen stützen sich weitgehend auf einen kurzen Artikel von Roland Fischer in *Psychology Today*, Bd. 10 (August 1976), S. 68–72. Siehe auch seine Veröffentlichung (1972).

341 Vom ersten Experiment berichtet Haber (1970), vom zweiten, mit den 10000 Bildern, Standling (1973).

342 Die Versuche von Reitman (1974) stützen, wenn auch nur begrenzt, die Verfallstheorie.

344/45 Pawlow berichtet über die Experimente in seinem Buch (1927), und Skinner hat seine erste Arbeit in seinem (1938) erschienenen Buch beschrieben. Skinner hat seine Ansichten über das menschliche Verhalten und die Gesellschaften in mehreren Arbeiten dargelegt, die sich an ein allgemeines Publikum richten, u. a. (1948).

346 Das Locke-Zitat ist aus seinem *Essay Concerning Human Understanding*, Buch 2, Kapitel 33, Teil 15. (*Über den menschlichen Verstand.* Aus dem Englischen übersetzt von Th. Schultze. 1897. Neuauflage Leipzig (Reclam) 1948. 2 Bände. 1. Band, Seite 511 f.)

347 In diesem Zusammenhang kann ich Gagné (1965) empfehlen, der überzeugend für eine Vielzwecktheorie eintritt, die acht Lernarten umfaßt.

348 Skinner hat in seiner Arbeit (1957) versucht, das Sprache-Lernen mit behavioristischen Mitteln zu erklären. Damit handelte er sich einen verheerenden Verriß von Noam Chomsky (1959) ein, der behauptet, die Behavioristen wollten mit Zahlen und Wörtern ihre Unfähigkeit vertuschen, die Sprache als Summe von Gewohnheiten, als die sie sie verstehen, zu deuten. Eine neuere Zusammenfassung der Ansichten über das Sprache-Lernen, die heute von vielen Psychologen und Linguisten akzeptiert werden, bringt Chomsky (1972).

351 Zur Kategorisierung siehe Roche *et al* (1976).

351 Piagets Theorie ist äußerst reich an Details, so daß sie für den Laien ohne Anleitung vielleicht etwas schwer zu verstehen ist. Es gibt aber zwei ausgezeichnete Zusammenfassungen, die zur Einführung emp-

fohlen werden, und zwar Philipps (1975) und Ginsburg und Opper (1969). Piagets Veröffentlichungen sind zu zahlreich, als daß hier alle aufgeführt werden könnten; eine ziemlich vollständige Übersicht gibt Philipps (1975).

355 Meine Bemerkungen über das kindliche Denken stützen sich auf Kagan (1972). Ausführlichere Daten siehe bei Kagan (1971).

358 Diese Information stammt von Lehman (1953).

16. Die soziale Bindung

Beim Verfassen dieses Kapitels erwiesen sich folgende Bücher als besonders wertvoll: Lenski und Lenski (1974), Williams (1970) und Nisbet (1970). Viele gute Ideen fand ich bei Chinoy und Hewitt (1975), von denen ich einige frei verwendet habe. Obgleich ich mich dabei nicht auf irgendeinen bestimmten Absatz von mir beziehen kann – der Einfluß von Parsons (1971 und 1966) ist nicht zu übersehen. Ausführlichere Untersuchungen sozialer Veränderungen, als sie mir in diesem Zusammenhang möglich waren, stellt Allen (1971) an.

364 Zahlreiche Beispiele für unterschiedliche kulturelle Verhaltensweisen in den Gesellschaften gibt Hall (1976).

365 Darwins Beobachtungen an den Fuego-Indianern sind in Kapitel 10 von *The Voyage of the Beagle* (ursprünglich 1840 veröffentlicht) dargestellt. (*Reise eines Naturforschers um die Welt.* Aus dem Englischen übersetzt von J. Victor Carus, Stuttgart (Schweizerbart) 1875, S. 262). Zusätzliche Einzelheiten erhielt ich von Oswalt (1970).

369 Stokes und Hewitt (1976) diskutieren die theoretischen Implikationen des Verhaltens in einer modernen Welt, in der die meisten Verhaltensweisen nicht direkt durch Normen abgedeckt sind.

370 Das Durkheim-Zitat ist aus *The Rules of Sociological Method* (New York: The Free Press, 1950), Seite 68 bis 69. (Deutsch: *Die Methode der Soziologie.* Leipzig (Klinkhardt) 1908. S. 96f.)

372 Viel von dem, was ich über Abweichungen geschrieben habe, verdanke ich Hewitt (1976), Kapitel 6, sowie dem persönlichen Kontakt mit ihm. Eine vergleichende Studie über Abweichungen stellt Edgerton (1976) an; einen faszinierenden Bericht über Geisteskrankheit als Abweichung gibt Foucault (1965); und eine ausgezeichnete Artikelsammlung geben Rubington und Weinberg (1973).

378 Dieses Buch ist nicht das Forum, um die Evolution der Gesellschaft und die Entwicklung verschiedener Ebenen soziokultureller Integration gründlich zu diskutieren – wie ich es bereits in Farb (1978) getan habe. Im Verlauf vieler Jahre habe ich über dieses Thema durch Diskussionen mit Elman R. Service eine Menge gelernt. Zwei seiner Bücher über die soziale Evolution, beide sehr zu empfehlen, sind (1975) und (1971) erschienen.

378 Eine grundlegende Untersuchung machte Ogburn (1950).

17. Die Masse und die Mächtigen

Zwei ausgezeichnete kurze Einführungen in die soziale Schichtung geben Gould (1971) und Tumin (1967). Kapitel 7 in DeFleur *et al* bringt eine gute Zusammenfassung des Themas. Eine bemerkenswerte Sammlung von Arbeiten bringen Thielbar und Feldman (1972), sowie Béteille (1969). Beim Schreiben dieses Kapitels fand ich Lenski und Lenski (1974) genauso hilfreich wie beim vorigen. Zwei Bände, die sich speziell mit den Problemen der Gesellschaft der Vereinigten Staaten, besonders mit der Ungleichheit beschäftigen, sind Jencks *et al* (1972) und Turner (1972). Das Thema Wohlstand und Schichtung ist eingehend von Samuelson (1973) behandelt.

381 *The Cheyenne Indians* von George B. Grinnell (Hew Haven, Conn.: Yale University Press, 1923), Bd. 1, S. 129. Diese Arbeit beruht auf dem Wissen über die Prärie-Indianer, die Grinnell seit 1870 eingehend studiert hat.

383 Die Statistiken über den Wohlstand sind aus *The Concentration of Personal Wealth in America* von James D. Smith (Washington, D. C.: The Urban Insitute, 1973).

385 Die Rangliste der Berufe wurde in Hodge *et al* (1964) veröffentlicht.

386 Ein ausgezeichneter Artikel über die Harijan ist Srinivas und Béteille (1965).

389 Beim Thema Kastensysteme habe ich mich auf zahlreiche Quellen gestützt, unter anderem auf Mencher (1974), Gould (1971), Nisbet (1970), Tumin (1965), Srinivas und Béteille (1965) und Shibutani und Kwan (1965).

391 Das Zitat ist aus Augustinus' *De Civitate Dei* («Über den Gottesstaat»).

392 Die wohl bekannteste kürzere Arbeit, in der eine Parallele zwischen Kasten in Indien und den Vereinigten Staaten gezogen wird, ist vermutlich Berreman (1959). Die grundlegende Untersuchung zum Thema machte Dollard (1949).

394 Religion und soziale Klassen in den Vereinigten Staaten werden von Demerath (1965) ausführlich behandelt.

396 Das Hawthorne-Zitat ist aus *The Heart of Hawthorne's Journals*, herausgegeben von Newton Arvin (Boston: Houghton Mifflin, 1929), S. 74.

398 Mit Heiraten über und Heiraten unter dem eigenen Stand beschäftigt sich Scott (1969).

18. Die Familie als Institution

Die soziologische Fachliteratur über Ehe und Familie ist sehr umfangreich. Verschiedene Arbeiten sind besonders nützlich – sie sind nicht nur informativ, sondern helfen einem auch, eigene Gedanken zu entwickeln. Ich hätte dieses Kapitel nicht ohne Clayton (1975), Kaphart (1972) und Goode (1964) schreiben können. Obgleich die Arbeit von Goode über zehn Jahre alt ist, hat die in ihr vertretene Auffassung von der Familie nicht an Aktualität verloren. Von den zahlreichen anderen ausgezeichneten Studien möchte ich besonders Nye und Berardo (1973) hervorheben, der sich besonders der Familie in den Vereinigten Staaten widmet. Eine ganze Reihe ausgezeichneter Artikel haben mir einen Überblick über die vorhandene Literatur über Ehe und Familie verschafft. Folgende fand ich besonders nützlich: Sussmann (1974), Winch und Spanier (1974), Dreitzel (1972), Anderson (1971) und Bohannan und Middleton (1968). Eine Fülle provokativer Gedanken über das Ehe- und Verwandtschaftssystem, mehr als möglicherweise in einem einzigen Kapitel verarbeitet werden kann, findet sich bei Fox (1967). Ich bedaure auch, daß ich nicht noch mehr Material von Shorter (1975) verwenden konnte, einer außerordentlich erhellenden Geschichte der Familie in den modernen westlichen Gesellschaften. Eine Ausgabe des *Journal of Marriage and the Family* (Bd. 35, August 1973) war der Familie gewidmet.

401 Die Antilope als Hochzeitsgeschenk wird von Turnbull (1962) beschrieben.

405 Mit zu den ersten, die die Familie als eine Art «kameradschaftlicher Einheit» interpretiert haben, gehören Burgess und Locke (1960). Was ich über die Veränderungen der Familie in den Vereinigten Staaten geschrieben habe, verdanke ich unter anderem einer ausgezeichneten Zusammenfassung bei DeFleur *et al* (1971, S. 516 bis 531).

406 Eine ausführliche Behandlung der ehelichen Legitimität bringt Goode (1964, S. 20–30).

408 Was die Familien des Bräutigams oder der Braut in den verschiedenen Gesellschaften zahlen, ist in Coult und Habenstein (1965) tabellarisch aufgeführt. Über den Brautkauf und die Mitgift berichten Goddy und Tambiah (1973).

410 Für viele Aspekte in meinen Darlegungen über die Scheidung schulde ich Goode (1966) Dank. Die statistischen Zahlen über Eheauflösungen stützen sich auf die von Davis (1973) gesammelten und interpretierten Daten.

411 Das Zitat stammt von Kaphart (1972), S. 352–353. Sein Kapitel 12 ist eine ausgezeichnete Zusammenfassung der Untersuchungen, die im Hinblick auf die romantisch-leidenschaftliche Liebe angestellt wurden. Da die wichtigsten Quellen in seinen ausführlichen Fußnoten zitiert sind, will ich sie hier nicht wiederholen. Bei meinen Ausführungen habe ich mich dankbar auf sein Kapitel und seine Bibliographie gestützt. Außerdem bin ich Goode für verschiedene Gedankengänge in seinen Veröffentlichungen, vor allem in den (1964) und (1959) erschienen Arbeiten zu Dank verpflichtet.

413 Die Fragen sind von Clayton (1975), S. 366–374, übernommen – einer Dokumentation mit Quellenangaben, sowie mit einigen Vorbehalten im Hinblick auf die angewandte Methode.

417 Bei meinen Ausführungen über die Kern- und die Großfamilie habe ich mich weitgehend auf Goode (1964) gestützt.

422 Clayton (1975) brachte mich auf die Idee, die Oneida-Community als Beispiel für die Gruppenehe zu verwenden. Weiteres wertvolles Material fand ich bei Kaphart (1972). Die ausführlichste Beschreibung des Experiments gibt Carden (1970); Robertson (1972) zählt die Gründe für den Zusammenbruch auf. Der zeitgenössische Bericht eines Gynäkologen über die faszinierenden sexuellen Aspekte des Experiments wurden im *American Journal of Obstetrics*, Bd. 17 (1884), S. 785–793, veröffentlicht; dieser Artikel wurde in Harwin (1969), S. 320–326, neu abgedruckt. Eine ausgezeichnete kurze Abhandlung über Oneida und verschiedene andere Kommunen findet sich bei Hostetler (1974).

422 Über Polyandrie im Himalaya-Gebiet berichten Berreman (1975) und Goldstein (im Erscheinen) in allen Einzelheiten.

423 Das Beispiel für Polygynie stammt von Murdock (1957), der ebenfalls nur auf vier Gesellschaften mit Polyandrie stieß.

424 Die Liste der Vorteile, die durch Monogamie gegeben sind, stammt aus Kaphart (1972), S. 56. Die Informationen über verschiedene Eheformen verdanke ich sowohl seiner als auch der Arbeit von Clayton (1975).

425 Die Informationen über Betschuanaland und über die Ehe zwischen nahen Verwandten zu Beginn dieses Kapitelteils stammen von Lerner und Libby (1976), S. 365–366.

426 Studien über Nachkommen aus Inzestverbindungen haben Adams und Neel (1967) gemacht.

427 Die Information über Inzest bei den Ptolemäern stammt von Caspari (1972), S. 340–341. Siehe auch Adams und Neel (1967).

427 Die Untersuchung über Inzucht in Japan stammt von Schull und Neel (1965).

429 Das Tylor-Zitat ist aus seinem Buch «On a Method of Investigating the Development of Institutions», *Journal of the Royal Anthropological Institute*, Bd. 18 (1888), S. 267.

430 Das Beispiel der Eskimos von Belcher Islands ist von Guemple (1971).

432 Diese demographische Erklärung wurde von Fox (1967) vorgelegt. Seine Darlegungen (1972) umfassen eine komplette Inzesttheorie, die leider zu komplex und zu ausführlich ist, als daß ich ihr in einem kurzen Kapitel gerecht werden könnte. Ohne die zahlreichen Informationen aus seiner Arbeit von (1967), für die ich ihm danke, hätte ich den Inzest nicht so gründlich behandeln können.

434 Diese Schätzung wurde von Cogswell und Sussman (1972) veröffentlicht.

434 Mit der Familie im Kibbuz befaßt sich Talmon (1972). Bei Kammeyer (1975) sind Artikel über Alternativen zur traditionellen Ehe zusammengefaßt.

19. Die Altersstufen des Menschen

In diesem Buch ist schon eine Reihe von Aspekten des Menschseins erörtert worden, die von Sozialwissenschaftlern oft unter dem Begriff der «Sozialisation» zusammengefaßt werden: Lernen, Spracherwerb, Geschlechterrolle, soziale Schichtung, die Stellung der Kinder in den verschiedenen Anpassungen und schließlich die Familie. Weitere Aspekte der Entwicklung des Individuums innerhalb der Gesellschaft werden in diesem Kapitel besprochen. Williams (1972), Danziger (1971) und Clausen (1968) legen umfassende Untersuchungen zur Sozialisation vor. Viele Themen, die mit der Sozialisation, der Persönlichkeit und dem Nationalcharakter zu tun haben, auf die ich aber in diesem Buch nicht eingehen konnte, werden ausführlich in Barnouw (1973), Hsu (1972) und Wallace (1970) behandelt. Zu erwähnen sind auch die Untersuchungen über das Kindesalter von Dreitzel (1973) und Elkin und Handel (1972). Eine wichtige Geschichte der wechselnden Vorstellungen der Gesellschaft in bezug auf die Kinder schrieb Bromley (1974). Das grundlegende Werk über die Biologie des Alterns schrieb Comfort (1964); ausgezeichnet sind auch die betreffenden Kapitel bei Young (1971).

438 Tanner (1973) beschreibt die Biologie des Wachstumsalters.

439 Über die Menstruation schreiben Frisch (1975) und Zacharias (1976).

440 Die Experimente mit Müttern wurden Ende der 50er Jahre von Harry F. Harlow und seinen Mitarbeitern an der University of Wisconsin begonnen und haben zwanzig Jahre gedauert. Siehe vor allem Harlow (1974) und Mitchell (1968).

442 Dieses Zitat und alle Beispiele über den Mangel an mütterlicher Zuwendung im Europa früherer Jahrhunderte verdanke ich der Pionierarbeit von Shorter (1975), vor allem S. 168–204.

443 Ariès (1962) beschreibt die Veränderungen in der europäischen Familie, die seit dem Mittelalter stattgefunden haben.

448 In seinen Arbeiten von (1974) und (1967) hat Turner die Liminalphase ausführlich beschrieben. Meine Ausführungen über die Riten des Übergangs stützen sich im großen und ganzen auf seine Arbeiten; außerdem auf Chappell (1970) und natürlich auch auf van Gennep (1960). Das Beispiel der Initiation von Fallschirmspringern stammt von Weiss (1967).

449 Eine von den üblichen Ansichten abweichende Darlegung der studentischen Protestbewegung findet sich bei Peterson (1970).

453 Zahlreiche Sozialwissenschaftler zeigen sich von der Bedeutung des Santa Claus in der Gesellschaft der Vereinigten Staaten fasziniert. Meine Auslegung unterscheidet sich von allen andern, kommt aber der von Wolf (1964) ziemlich nahe. Sereno (1951) gibt eine ausgezeichnete psychoanalytische Erklärung, die ich aber auch nicht akzeptiere. Eine historische Analyse des Santa Claus als Teil der Weihnachtsfeier gibt Barnett (1954). Oswalt (1970, S. 6–11, gibt

einen kurzen Überblick über den Mythos als eine Art kulturellen Musters der nordamerikanischen Gesellschaft.

453 Das Tolstoi-Zitat stammt aus dem Roman *Krieg und Frieden* von L. Tolstoi, Stuttgart (Parkland) C. 1974. Aus dem Russischen übertragen von Marianne Kegel. Neunter Teil, Seite 873. Ich wurde durch Chinoy und Hewitt (1975) darauf aufmerksam, denen ich für viele meiner Bemerkungen über die Sozialisierung Dank schulde. Für zahlreiche Anregungen danke ich auch Hewitt (1976).

455 Die Untersuchung nationaler Stereotypen ist von Karlins *et al* (1969).

457 Mein Interesse am Nationalcharakter wurde von Barnouw neu belebt, und viele Anregungen verdanke ich seiner Arbeit von (1973). Ausgezeichnete Studien des japanischen Nationalcharakters bringen Norbeck und DeVos (1972), Norbeck und Parman (1970), Nakane (1970), Caudill und Plath (1966), Hall und Beardsley (1965), Silberman (1962) und Beardsley *et al* (1959). Als führend in den Studien über den Nationalcharakter darf man heute wahrscheinlich Hsu betrachten; siehe vor allem seine Arbeiten von (1972) und (1971), die nicht nur Fallstudien bringen, sondern auch eine theoretische Untermauerung geben. Als Objekt von Studien des Nationalcharakters kommt die Sowjetunion gleich hinter Japan. Ein ausgezeichneter Vergleich zwischen Kindern in der Sowjetunion und den Vereinigten Staaten stammt von Bronfenbrenner (1970).

458 Eine Untersuchung der familiären Komponente der Langlebigkeit machte Abbott *et al* (1974).

Epilog: Die Zukunft der Spezies Mensch

Die wichtigsten Quellen für dieses Kapitel waren Bodley (1976), Levine (1975), Mesarovic und Pestel (1974), Lenski und Lenski (1974) und Handler (1970). Zahlreiche Gedanken kamen mir beim Lesen von Bell (1973) und Toffler (1970).

467 Ein großer Teil der Informationen über die Auswirkungen des Assuan-Staudamms stammt von Farvar und Milton (1972) und von einer Arbeit von Claire Sterling im *National Parks and Conservation Magazine*, August 1971, S. 10–13; geholfen hat mir auch ein Vortrag von Susan Meswick beim Jahrestreffen der American Anthropological Association, 1975.

468 Eine ausgezeichnete Erörterung der Umweltverschmutzung findet sich bei Levine (1975) im 15. Kapitel.

470 Die statistischen Zahlen der letzten Absätze stammen von Lerner und Libby (1976), Smith (1975) und Mesarovic und Pestel (1974).

475 Ausgezeichnete Darstellungen der Probleme des Bevölkerungs-

wachstums und des Nahrungsmittelvorrats geben Lerner und Libby (1976), Kapitel 15; Levine (1975), Kapitel 11 und 13; Revelle (1974); und Handler (1970).

478 Mit den modernen Methoden der Behandlung und Verhinderung genetischer Krankheiten beschäftigt sich Motulsky (1974).

481 Viel von dem, was ich auf den vorangegangenen Seiten über Möglichkeiten genetischer Manipulation gesagt habe, stammt von Lerner und Libby (1976), Kapitel 22.

484 Die Voraussagen sind in etwas abgewandelter Form von Kahn und Wiener (1967), S. 51–57, übernommen.

Bildernachweis

Seite 15: Cornell Capa (Magnum), S. 21: Zeichnung von Eliza McFadden nach *Origins of Man* von John Buettner-Janusch, New York: John Wiley & Sons, 1966, S. 28: Zoo in San Diego, S. 31: Zeichnung von Eliza McFadden nach *Human Ecology*, herausgegeben von Norman Levine, North Sciutate, Mass.: Duxbury Press, 1975, S. 36: Zeichnung von Eliza McFadden nach *The Natural History of Man* von J. S. Weiner, New York: Doubleday, 1973; und *Monkeys and Apes* von Pru Napier, New York: Grosset, 1972, S. 39: Nicholson (Anthro-Photo), S. 65: Zeichnung von Eliza McFadden nach *The Human Species* von Frederick Hulse, New York: Random House, 1971, zweite Auflage; und *Man the Tool-Maker* von Kenneth P. Oakley, Chicago: University of Chicago Press, 1959, S. 68: Zeichnung von Eliza McFadden nach *Paleolithic Cave Art* von Peter J. Ucko und Andrée Rosenfeld, Copyright 1967 Ucko und Rosenfeld. Mit Erlaubnis des Verlages McGraw-Hill Book Company, S. 73: Zeichnung von Eliza McFadden nach *The Brain Changers* von Maya Pines, New York: Harcourt Brace Jovanovich, 1973, S. 76: Zeichnung von Eliza McFadden nach *Tools and Human Evolution* von Sherwood L. Washburn, Copyright 1960 *Scientific American;* alle Rechte vorbehalten, S. 85: mit freundlicher Genehmigung Alexander Marshacks, S. 87: Zeichnung von Eliza McFadden nach *The Roots of Mankind* von John Napier, New York: Harper & Row, 1970, S. 90: mit freundlicher Genehmigung John Napiers, S. 96: Culver Pictures, S. 100–101: Zeichnung von Eliza McFadden nach *Man the Hunter*, herausgegeben von Richard B. Lee und Irven DeVore, Chicago: Aldine Publishing Co., 1968, S. 107: John Nance (Magnum), S. 109: Richard B. Lee (Anthro-Photo), S. 119: Zeichnung von Eliza McFadden nach *Culture, People, Nature* von Marvin Harris, New York: Crowell, 1975, S. 124: Zeichnung von Eliza McFadden nach *Culture, People, Nature* von Marvin Harris, New York: Crowell, 1975, S. 127: George Rodger (Magnum), S. 147: Zeichnung von Eliza McFadden nach *Peasants* von Eric Wolf, Copyright 1966 Eric Wolf. Mit Erlaubnis des Verlags Prentice-Hall, Inc., Englewood Cliffs, N.J., S. 155: Constantine Manos (Magnum), S. 173: mit Erlaubnis des Verlages Macmillan Publishing Co., aus *The Human Adventure* von Gretel H. Pelto und Perth J. Pelto, 1976, S. 194: Zeichnung von Eliza McFadden nach *Human Ecology*, herausgegeben von Norman D. Levine, North Sciutate, Mass.: Duxbury Press, 1975, S. 197: René Burri (Magnum), S. 208: Culver Pictures S. 223: Süddeutscher Verlag, S. 227: Abigail Heyman (Magnum), S. 235: mit freundlicher Genehmigung des Museum of the American Indian, Heye Foundation, S. 249: mit Erlaubnis des Verlages Harcourt Brace Jovanovich, aus *The Island of the Fisherwomen* von Fosco Maraini, Copyright 1960 Leonardo da Vinci Editrice, Bari; Copyright der englischen Übersetzung 1962 Hamish Hamilton Ltd. und Harcourt Brace Jovanovich, S. 254–255: mit freundlicher Genehmigung der White Rock Corporation, New York, N.Y., S. 270–271: Zeichnung von Melanson Associates nach *Heredity, Evolution, and Society* von I. Michael Lerner und William J. Libby, San Francisco: Freeman, 1976, zweite Auflage, S. 273: Zeichnung von Eliza McFadden nach *An Introduction to the Study of Man* von

J. Z. Young, New York: Oxford University Press, 1971, S. 283: mit freundlicher Genehmigung des IBM Research Laboratory, San José, Ca., S. 287: mit freundlicher Genehmigung des American Museum of Natural History, S. 306: Süddeutscher Verlag, S. 319 links: Ullstein, rechts: mit freundlicher Genehmigung der Bell Laboratories, S. 316: Zeichnung von Eliza McFadden, S. 325: mit Erlaubnis des Verlages Random House, aus *Psychology Today*, New York: CRM-Random House, 1972, dritte Auflage, S. 360: Ellen Galinsky, Süddeutscher Verlag, S. 433: Haroji Kubota (Magnum), S. 441, mit freundlicher Genehmigung Harry F. Harlows vom Primate Laboratory der University of Wisconsin, S. 445: Cornell Capa (Magnum), S. 462: Ullstein, S. 471: Bruno Barbey (Magnum).
Schutzumschlag: ars mundi Collection, Bücher-Büchner, Hannover.